U0829878

第八届

建筑遗产保护与可持续发展·天津

学术会议论文集

宋昆　冯琳　主编

天津大学出版社
TIANJIN UNIVERSITY PRESS

图书在版编目（CIP）数据

第八届建筑遗产保护与可持续发展・天津学术会议论文集 / 宋昆，冯琳主编. -- 天津 ： 天津大学出版社，2025. 5. -- ISBN 978-7-5618-7997-9

Ⅰ. TU-87

中国国家版本馆CIP数据核字第2025NE0924号

DIBA-JIE JIANZHU YICHAN BAOHU YU KECHIXU FAZHAN・TIANJIN XUESHU HUIYI LUNWENJI

策划编辑　郭　颖
责任编辑　郭　颖
装帧设计　谷英卉

出版发行　天津大学出版社
地　　址　天津市卫津路92号天津大学内(邮编:300072)
电　　话　发行部:022-27403647
网　　址　www.tjupress.com.cn
印　　刷　廊坊市海涛印刷有限公司
经　　销　全国各地新华书店
开　　本　889mm×1194mm　1/16
印　　张　28.5
字　　数　903千
版　　次　2025年5月第1版
印　　次　2025年5月第1次
定　　价　96.00元
审 图 号　国审字(2025)第01196号

会议组织

主办单位:
天津大学

承办单位:
天津大学建筑学院
天津大学建筑设计规划研究总院有限公司

支持单位:
天津市建筑学会
天津市城市规划学会
天津大学出版社
天津住宅建设发展集团有限公司
天津市房屋鉴定建筑设计院有限公司
天津华惠安信建设工程有限公司
中国文物学会20世纪建筑遗产委员会
天津市福莱特投资管理集团有限公司
天津市旧城区改造生态化技术工程中心
天津市健康人居环境与智慧技术重点实验室
天津大学城市更新与发展研究院

支持媒体:
《城市学报》杂志、《城市 环境 设计》(UED)杂志、《建筑遗产》学刊、*Built Heritage* 等

论文集编委会

主编:宋昆　冯琳
编者:张昕楠　汪丽君　高峰　赵迪　张威　左进　杨雪　胡子楠　姚钢　李康　陈萌　李瑞琦

序一

在贯彻党的二十大擘画的中国式现代化宏伟蓝图、践行习近平总书记关于加强历史文化遗产保护传承战略部署的时代坐标下，第八届建筑遗产保护与可持续发展·天津学术会议如期而至。来自全国各地的专家学者再聚海河之滨，以“推进文化自信自强，铸就社会主义文化新辉煌”为使命，共同探索建筑遗产保护传承的创新路径。这座肇城建卫六百余载的国家级历史文化名城，这座一百三十年前开现代高等教育先河的巍巍学府，再次成为赓续历史文脉、守护城市记忆的思想高地。

回望十八载春华秋实，“建筑遗产保护与可持续发展”系列会议始终与时代脉搏同频共振。从理论创新的星火初燃到技术方法的迭代升级，从管理机制的范式变革到公众参与的活力迸发，会议构建起跨学科、跨领域的学术平台，汇集了涵盖理论、技术、实践、管理、教育等全方位研究成果的数百篇学术论文。时光荏苒，白驹过隙，我们不仅见证了“北京中轴线——中国理想都城秩序的杰作”等文化遗产成功列入《世界遗产名录》的辉煌时刻，更亲历了《中华人民共和国文物保护法》在新时代背景下修订完善的历史进程。这些里程碑式的成果，既是文化遗产保护事业蓬勃发展的缩影，也为学术研究提供了广阔的发展前景。

本届会议站在中国式现代化建设的新起点，直面“加强城乡建设中历史文化保护传承”的时代命题。当前，建筑遗产保护事业既面临着城市更新与历史传承的平衡难题，也孕育着传统文化创造性转化的时代机遇。本届会议征集的学术论文凝聚学界智慧结晶，积极深入探讨数字化技术与遗产保护的创新实践、城乡历史文化空间的可持续发展、历史空间结合当代生活的创造性转化等。这些研究成果为破解保护与传承的二元命题提供了新思路，为构建中国特色历史文化遗产保护理论体系注入了新动能，更让凝固的岁月在新时代焕发出永恒的生命力。

习近平总书记指出，历史文化遗产不仅生动述说着过去，也深刻影响着当下和未来。在中国式城乡建设转型升级的关键时期，建筑遗产保护事业更需要专业的定力、创新的魄力与传承的耐力。守正创新，要求我们在尊重历史原真性的基础上探索技术突破；知行合一，需要我们将学术理论转化为可操作的实践方案；薪火相传，呼唤着代际传承中的使命担当。本届会议的学术成果正是对这些理念的生动诠释。

历史的长河奔涌向前，文化遗产的保护传承永远在路上。每一处建筑遗产都是文明基因的载体，每一道历史褶皱都蕴含着启迪未来的密码。站在新的历史方位，我们既要守护好文化遗产的物质形态，更要挖掘其精神内核；既要传承传统营造技艺的精髓，更要推动其在当代语境下的创新转化；既要构建科学系统的保护体系，更要培育全民参与的文化生态。唯有如此，才能让历史文化遗产真正“活起来”，成为滋养当代生活的精神源泉。

栉风沐雨，初心如磐；新征程奋楫扬帆，使命在肩。期待本届会议的学术成果能化作点点星火，照亮建筑遗产保护传承的前行之路。愿所有文化遗产守护者以敬畏之心守护文明根脉，以创新之智激活历史基因，共同谱写物质文明与精神文明相协调的现代化新篇章！

天津市规划资源局原一级巡视员，天津大学博士生导师

天津历史风貌建筑保护专家咨询委员会第一、二、三届主任，现任中国文物学会常务理事

路红

序二

党的二十大报告深刻阐释了中国式现代化的内涵，明确提出“加大文物和文化遗产保护力度，加强城乡建设中历史文化保护传承”，将文化遗产保护传承提升至赓续中华文脉、推进文化自信自强的重要战略高度。2024年，“北京中轴线——中国理想都城秩序的杰作”成功列入《世界遗产名录》，标志着我国文化遗产保护事业迈入新阶段。这一成就不仅是国际社会对中国文化遗产价值的认可，更激励我们以更高标准、更科学方法推动遗产保护与城乡可持续发展的深度融合。

建筑遗产保护与可持续发展·天津学术会议自2007年创办以来，始终紧扣国家战略需求，汇聚全球智慧，累计吸引近两千位国内外专家学者参与，发表论文数百篇，成为我国建筑遗产保护领域最具影响力的学术平台之一。第八届会议以党的二十大精神和习近平总书记重要指示为指引，以“创新、协调、绿色、开放、共享”五大新发展理念为核心，围绕“推进文化自信自强，铸就社会主义文化新辉煌”目标，聚焦建筑遗产保护传承的理论突破、技术创新与实践探索，为新时代城乡可持续发展提供智力支持。

本次会议设立了“建筑遗产保护传承的理论与创新”“建筑遗产保护传承的技术与方法”“建筑遗产保护传承的评价与管理”“城乡可持续发展中建筑遗产保护传承的策略与实践”“数字化赋能建筑遗产保护传承的路径与应用”“建筑遗产保护传承的公众参与和人才培养”六个议题，进一步深化会议内容的广度与深度。守文明根脉，探理论前沿，聚焦建筑遗产价值阐释与整体性保护，学者们从“中国式现代化”视角出发，重新审视建筑遗产在构建国家文化认同中的作用，揭示文化遗产在增强民族凝聚力中的独特价值，为理论创新注入时代内涵；融科技之力，破保护难题，探讨数字孪生技术、智能诊断系统等数字化手段在遗产监测、修复中的潜力，以及传统技艺与现代材料科学的结合路径，展现技术革新对遗产保护的推动作用；促城乡共生，践可持续发展，通过典型案例印证“以用促保”理念的可行性，探索建筑遗产全生命周期评估机制，推动保护工作与“双碳”目标协同并进。

本次会议共收到投稿98篇，经专家评阅，论文集收录全文49篇，收录摘要46篇。稿件来自天津大学、清华大学、同济大学、东南大学、华南理工大学、重庆大学、西安建筑科技大学、南京大学、武汉大学、北京建筑大学、深圳大学、昆明理工大学、故宫博物院、中国文物保护基金会等50余所知名建筑类院校和研究机构。论文聚焦当下遗产保护领域的重点难点问题，研究视角新颖、方法多元，展现出新生代学人的创新活力。

论文集编委会

2025年5月

目 录

建筑遗产保护传承的理论与创新

建筑遗产保护传承的技术与方法

建筑遗产保护传承的评价与管理

城乡可持续发展中建筑遗产保护传承的策略与实践

数字化赋能建筑遗产保护传承的路径与应用

建筑遗产保护传承的公众参与和人才培养

摘 要

建筑遗产保护传承的理论与创新

校园更新视角下大学校园建筑遗产保护思考
——以武汉大学早期校园为例

Thoughts on the Protection of University Campus Architectural Heritage from the Perspective of Campus Renewal
—Taking the Early Campus of Wuhan University as an Example

王亚鑫　冯　刚

摘　要：武汉大学早期建筑是全国重点文物保护单位，有重要的历史文化价值。本文以武汉大学校园更新需求为基础，梳理武汉大学校园规划与建筑发展历程，分析武汉大学校园建筑设计功能特点及风格特征，结合校园发展过程中校园建筑遗产保护方面存在的问题，提出针对性保护策略，以期为我国当代校园建设与建筑遗产保护带来有益的思考。

关键词：遗产保护；武汉大学早期校园；建筑遗产；大学校园

Abstract: The early-period architectures of Wuhan University are designated as a national key cultural relics protection unit with important historical and cultural value. This article takes the development background of Wuhan University's campus renewal to sort out the process of campus planning and architectural development, summarize the characteristics of Wuhan University's campus architectural style, elaborate on the problems that exist in the protection of campus architectural heritage in the process of campus development, and finally propose targeted protection strategies to provide reference value for campus heritage protection.

Keywords: heritage protection; early campus of Wuhan University; architectural heritage; university campus

引言

高校建筑遗产是在我国现代高等教育发展过程中，反映校园建设或使用过程中的相关时代背景、社会思潮或民族文化，服务于高等教育事业，具有一定的历史价值、艺术价值、科学价值、社会价值和文化价值的建筑群落、建筑物、构筑物及其整体环境意象[1]。校园更新是在规划、建筑、景观等方面做出的新旧替换的行为，是校园发展到一定阶段必然要经历的再开发过程[2]。

依据我国现行的文化遗产界定标准，高校建筑遗产可同属不可移动文物建筑和历史建筑两大类。其中，不可移动文物建筑包括已公布为各级文物保护单位但尚未核定公布为文物保护单位的文物建筑和不可移动文物[3]；历史建筑指经市、县人民政府确定公布的具有一定保护价值的建筑物、构筑物，或者登记为不可移动文物的建筑物、构筑物，能够反映历史风貌和地方特色，且未公布为文物保护单位的建筑物、构筑物[2]。截至 2019 年，我国共有 39 个被列为全国重点文物保护单位的大学校园建筑（表 1），武汉大学早期建筑是其中较早被列为全国重点文物保护单位的大学校园建筑，具有重要的研究价值。

表 1　被列为全国重点文物保护单位的高校遗产保护建筑(截至 2019 年)

序号	名称	公布批次(时间)	主要组成	时代	地址
1	清华大学早期建筑	第五批(2001 年)	现存清华学堂、清华大学图书馆、清华大学体育馆、清华大学大礼堂等 20 座建筑	近代	北京市
2	北京大学红楼	第一批(1961 年)	北京大学原校部、文科及图书馆所在地,现为北京新文化运动纪念馆	1916—1952 年	北京市
3	未名湖燕园建筑	第五批(2001 年)	原燕京大学校门、办公楼、图书馆所在地,现由北京大学管理使用,包括外文楼、体育馆、南北阁及一至六院男女生宿舍等	近代	北京市
4	京师大学堂分科大学旧址	第六批(2006 年)	现存建筑均坐北朝南排在一条东西向马路的北侧,其中位于中央的两栋为主楼,位于东西的两栋为配楼	清	北京市
5	北京大学地质学馆旧址	第七批(2013 年)	建筑平面为曲尺形,地上南翼三层、东翼二层,砖混结构	1935 年	北京市
6	辅仁大学本部旧址	第七批(2013 年)	现存辅仁大学教学楼及涛贝勒府花园部分建筑	清至民国	北京市
7	通州近代学校建筑群	第七批(2013 年)	包括潞河中学、富育女校、北京护士学校三校的近代建筑。潞河中学现存重要建筑卫氏楼、谢氏楼、文氏楼、潞友楼、教士楼、饭厅、博学亭等;富育女校现存映竹楼、翠柏楼、图书馆、百友楼,均为砖木二层结构;北京护士学校现存四座洋楼,为民国建筑,保存基本完好	清至民国	北京市
8	京师女子师范学堂旧址	第六批(2006 年)	由六栋二层楼房组成,现由北京市鲁迅中学管理、使用	清至民国(1909 年建成)	北京市
9	国立蒙藏学校旧址	第六批(2006 年)	西路有三进院落,主要由府门、正厅、过厅、后厅、东西跺殿、东西配殿等建筑组成,东路有四进院落,建筑规模相对较小,包括大门、正殿、北房、东西配殿、东西耳殿	清	北京市
10	协和医学院旧址	第六批(2006 年)	包括医学堂旧址、娄公楼、哲公楼、文海楼三座主体建筑和后期所建的 A 至 P 号楼	清至民国	北京市
11	东北大学旧址	第五批(2001 年)	包括东北大学教职员住宅、图书馆大楼及其后的红墙、体育场等	近代	辽宁省沈阳市
12	武汉大学早期建筑	第五批(2001 年)	包括图书馆、文学院、男生寄宿舍、宋卿体育馆、理学院等 17 处	近代	湖北省武汉市
13	金陵大学旧址	第六批(2006 年)	现存东大楼、西大楼、北大楼、图书馆、东北大楼、礼拜堂、学生宿舍等	民国	江苏省南京市
14	中央大学旧址	第六批(2006 年)	原中央大学体育馆、图书馆、江南院、金陵院、中大院、大礼堂、南校门、生物馆、科学馆、梅庵等	民国	江苏省南京市
15	金陵女子大学旧址	第六批(2006 年)	包括七幢宫殿式的建筑(100 号楼会议楼、200 号楼科学楼、300 号楼文学馆、400 至 700 号楼四幢学生宿舍)和图书馆、大礼堂	民国	江苏省南京市
16	集美学村和厦门大学早期建筑	第六批(2006 年)	包括群贤楼群、芙蓉楼群、建南楼群共 15 幢建筑(只考虑厦门大学建筑早期建筑群)	民国	福建省厦门市
17	湄潭浙江大学旧址	第六批(2006 年)	包括湄潭办公室图书室旧址(文届)、谈家桢等教授住处(天主堂)、研究生院旧址(义泉万寿宫)、湄江吟社旧址(西来庵)、理学院物理系旧址(双修寺)、永兴分校教授住处、农学院畜牧场实验楼旧址、文艺活动旧址(欧阳曙宅)、学生住处(李氏住宅)	1940—1946 年	贵州省湄潭县
18	之江大学旧址	第六批(2006 年)	包括钟楼、慎思堂、图书馆、都克堂等 22 幢建筑	民国	浙江省杭州市
19	浙江大学龙泉分校旧址	第七批(2013 年)	浙大龙泉分校旧址芳野曾家大屋坐南朝北,共二进七开间,门楼欧洲风格,内厅土木结构,中西合璧。现内设浙大校史馆和龙泉历代名人馆	1939 年	浙江省龙泉市
20	国立西南联合大学旧址	第六批(2006 年)	包括国立西南联合大学纪念碑、国立西南联合大学原教室、"一二·一"运动四烈士墓、石雕火炬柱、国立昆明师范学院纪念标柱	近代	云南省昆明市
21	湖南省立第一师范学校旧址	第六批(2006 年)	旧址建筑共 36 栋,包活主体连廊建筑,一师一附小和工人夜学等三大部分	民国	湖南省长沙市
22	岳麓书院	第三批(1988 年)	包括书院主体、附属文庙及中国书院博物馆	清	湖南省长沙市

续表

序号	名称	公布批次(时间)	主要组成	时代	地址
23	湖南大学早期建筑群	第七批(2013 年)	包括二院(现物理学院实验楼)、科学馆(现校办公楼)、工程馆(现教学北楼)、大礼堂、老图书馆、胜利斋教工宿舍、第一学生宿舍(现基建处办公楼)、第七学生宿舍(现离退休处办公楼)、老九舍(今重点实验室)等	1920—1950 年	湖南省长沙市
24	北洋大学堂旧址	第七批(2013 年)	现存南楼、北楼、团城三座建筑	1902 年	天津市
25	山西大学堂旧址	第七批(2013 年)	现存建筑为西学西斋及部分围墙	1904 年	山西省太原市
26	吉林大学教学楼旧址	第七批(2013 年)	由主楼、东楼、西楼三座建筑组成	1929 年	吉林省吉林市
27	东吴大学旧址	第七批(2013 年)	包括林堂、孙堂、葛堂、维格堂、子实堂、健身房、女生宿舍及六座小楼	清至民国	江苏省苏州市
28	安徽大学红楼及敬敷书院旧址	第七批(2013 年)	书院包括门坊、长廊、斋舍与碑廊;红楼	清至民国	安徽省安庆市
29	原齐鲁大学近现代建筑群	第七批(2013 年)	原齐鲁大学、齐鲁大学医学院及附属医院的近现代建筑	1905—1924 年	山东省济南市
30	四川大学早期建筑	第七批(2013 年)	包括华西校区第一、二、四、五、六教学楼,老图书馆,办公室,华西钟楼,四川大学办公大楼	1913—1954 年	四川省成都市
31	圣约翰大学近代建筑	第八批(2019 年)	包括交谊室、怀施堂、罗氏图书馆、思颜堂、六三楼等	1879—1948 年	上海市
32	上海交通大学早期建筑	第八批(2019 年)	包括中院、新上院、新中院、图书馆、北四楼、盛宅等 16 处建(构)筑物	1896 年	上海市
33	沪江大学近代建筑	第八批(2019 年)	包括思晏堂、中学上院和中学下院、怀德堂、馥赉堂、女生体育馆艾得蒙堂、湛恩纪念图书馆、思魏堂	1906—1948 年	上海市
34	南开大学思源堂	第八批(2019 年)	思源堂	1925 年	天津市
35	芜湖内思高级工业职业学校旧址	第八批(2019 年)	内思楼	1934 年	安徽省芜湖市
36	曲阜师范学校旧址	第八批(2019 年)	包括礼堂、工字教学楼和考棚	1905—1931 年	山东省济宁市
37	重庆大学早期建筑	第八批(2019 年)	包括理学院、工学院、文字斋、寅初亭及周边自然环境	1933—1935 年	重庆市
38	云南大学会泽院	第八批(2019 年)	会泽院	1924 年	云南省昆明市
39	国立西北联合大学旧址	第八批(2019 年)	包括西北联大法商学院旧址、西北联大工学院旧址及大成殿建筑	1938—1946 年	陕西省汉中市

数据来源:第一至八批全国重点文物保护单位名录及参考文献 [2]。

1 武汉大学早期校园范畴及布局

1.1 武汉大学早期校园范畴

武汉大学早期校园兼有“全国重点文物保护单位”和“国家重点风景名胜区”两个独特的身份,于 1930 年 3 月开始建设,1936 年建成,早期校园占地面积 200 多 hm^2,地址选在东湖之滨的珞珈山,由李四光和著名林学家叶雅各亲自勘测。校园内分布有珞珈山、狮子山、火石山等 10 多座大小山体。四周环绕有东湖水面,视野开阔,湖光山色,景观格局独特。校园规划和建筑设计由美国人 F.H. 凯尔斯(F.H.Kales)完成。整个校园分两期建设。其中历史建筑面积约 7 万 m^2,包括文、法、理、工四大学院的大楼及图书馆、体育馆、华中水工试验所、学生宿舍、餐厅、会所、名人故居等 [4](图 1、表 2)。1953 年,武汉大学根据国家院系调整政策,分出工学院等工科专业,同时接收湖南大学、南昌大学、河南大学等高校的部分文理学科,最终确立了以文理为主的综合性大学的办学定位。2000 年,武汉大学与武汉水利电力大学、武汉测绘科技大学、湖北医科大学合并重组,组建为现在的武汉大学 [5]。本文所研

图 1 武汉大学早期校园规划

(图片来源:参考文献 [6])

究的武汉大学早期校园即1953年学校院系调整之前在核心保护区范围内的校园。

表2 武汉大学历史建筑详情

建筑名称	现用名称	栋数	层数	建筑面积/m²	竣工时间	建筑类型	建筑结构	设计者	施工方
男生斋舍	樱园一舍至四舍	4	4	13 773	1931年	科教	砖混结构	F.H.Kales，R.Sachse	汉协盛营造厂
学生饭厅及俱乐部	大学生活动中心	1	2	2 727	1931年	科教	—	—	—
文学院	数学与统计学院	1	4	3 928	1931年	科教	—	—	—
理学院		5	5	4671	1391年	科教	钢筋混凝土框架结构	F.H.Kales，R.Sachse	汉协盛营造厂
				5449	1936年				
周恩来旧居		1	3	392	1931年	住宅	—	—	—
郭沫若旧居		1	3	476	1931年	住宅	—	—	—
国立武汉大学牌楼		1	—	40.5	1933年	牌楼	钢筋混凝土结构	—	—
半山庐	人事部	1	2	507	1933年	住宅	—	—	—
图书馆	图书馆典藏部	1	6	4 767	1935年	图书馆	钢筋混凝土框架结构	F.H.Kales	上海六合公司
法学院	外国语学院	1	4	4 013	1936年	科教	钢筋混凝土框架结构	F.H.Kales	—
工学院	行政楼	5	4	8 140	1936年	科教	钢筋混凝土框架结构	F.H.Kales	上海六合公司
体育馆	老体育馆	1	4	2 748	1936年	体育	钢筋混凝土框架三拱钢架结构	F.H.Kales	上海六合公司
华中水工试验所	档案馆	1	2	2 197	1936年	科教	钢筋混凝土框架结构	A.Leverspiel	—

数据来源：参考文献[5]。

1.2 武汉大学早期校园规划布局

武汉大学早期建筑布局的显著特点是依山就势，组团变化有序。校园中山多地少，建筑设计师凯尔斯运用中国园林、寺庙因山就势的布局手法，利用山势、地形、地貌，在放射状自由式整体布局的基础上，精心布局了建筑群体。他将大学的标志性建筑图书馆布置在校园中心的狮子山顶，在东、西两侧安排文、法学院，在山南坡建学生宿舍，形成一个和谐的建筑群，理、工两个学院因附属建筑较多，形成各自独特的建筑群，从而构成了轴线对称、主从有序的建筑群布局。主轴线包括体育馆—下沉式花园—体育场—大礼堂，南北轴线有两条，分别是医学院—理学院—工学院—水塔以及图书馆—宿舍群—法学院[7]（图2、图3、图4）。

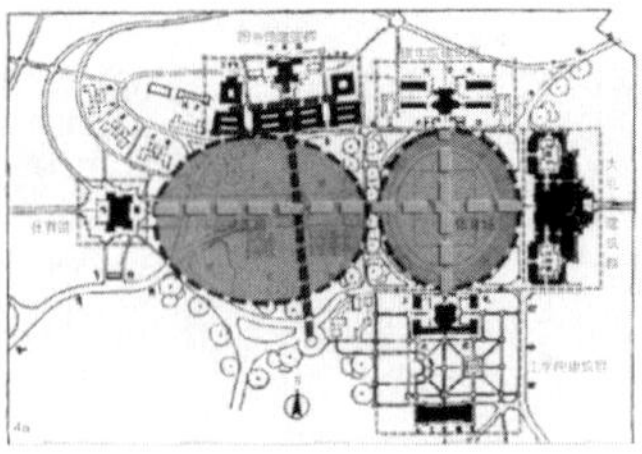

图2 武汉大学早期建筑群

（图片来源：参考文献[2]）

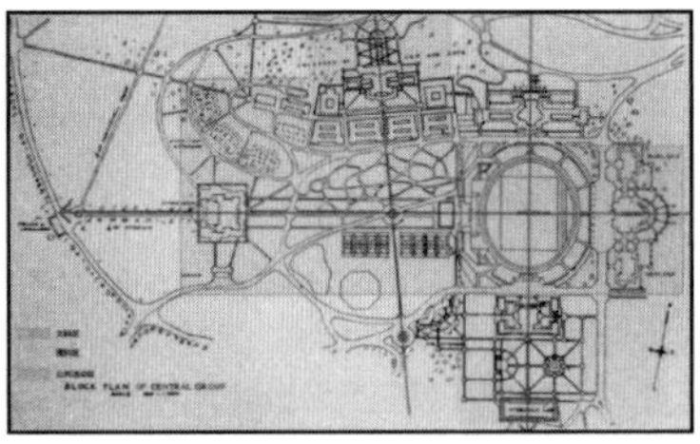

图3 武汉大学早期校园轴线

（图片来源：参考文献[8]）

图4 武汉大学早期建筑群鸟瞰

（图片来源：https://www.whu.edu.cn/whsh/zqjzq.htm）

1.3 武汉大学早期建筑群设计

武汉大学早期建筑群将中国传统建筑理念与西方建筑工艺、古典建筑艺术相融合。建筑单体因山就势，错落有致，气势恢宏。主要的教学类建筑群包括图书馆建筑群、理学院建筑群和工学院建筑群。

1.3.1 图书馆建筑群

该组建筑群沿狮子山呈带状排列，建筑坐北朝南，错落有致（图5）。其中图书馆是建筑群的主体，位于山顶中央，是武汉大学的标志性建筑，也是整个校区的制高点[9]。建筑整体外观为中国传统的殿堂式建筑，主体建筑顶部为八角歇山顶，四周附楼为歇山顶，建筑群脊装饰精美，体现了中国宫殿式建筑的特点（图 6）。图书馆两侧为二层副楼，后两角各有藏书室一座，东西分别为文学院和法学院（图 7、图 8）。南面为学生斋舍（樱园宿舍），由四栋宿舍楼组成，宿舍楼沿等高线建造出不同层次的房屋，房屋底层地面位于不同的高度，而屋面则在同一平面上，形成“天平地不平”的格局，为了突出入口的导向性，将拱形入口上部抬升一层，做成传统的屋顶形式，呼应周围建筑（图 9）。图书馆建筑群的建筑风格整体以古典屋脊造型为主要特征，建筑外观以绿色琉璃瓦为基调。

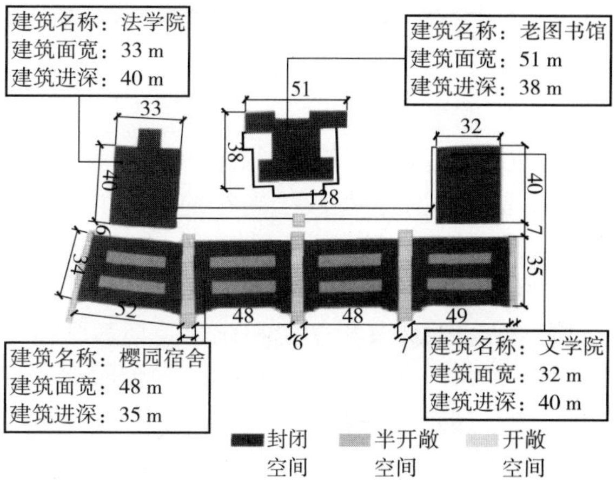

图 5　武汉大学图书馆建筑群

（图片来源：参考文献 [4]）

图 6　武汉大学图书馆

（图片来源：参考文献 [9]）

图 7　武汉大学文学院

（图片来源：参考文献 [7]）

图 8　武汉大学法学院

（图片来源：参考文献 [7]）

图 9　武汉大学学生斋舍

（图片来源：参考文献 [7]）

1.3.2　理学院建筑群

理学院建筑群邻近斋舍，如果其设计继续沿用斋舍的建筑处理手法，整体风格可能会略显单调。为此，设计师将跨度近 20 m 的穹顶作为科学会堂的屋顶，在理学院建筑群的设计中引入创新的处理手法，赋予建筑主体独特突出的形象（图 10、图 11）。该设计不仅在建筑形式上突破了斋舍区的传统模式，还有效地凸显了科学会堂在理学院建筑群中的核心地位和标志性作用[10]。尽管理学院配楼在屋顶形式和建筑色彩上与斋舍区保持一致，但它们仅在庭院形式上保持衔接，整体建筑风格在统一与变化之间实现了巧妙的平衡，既尊重了整体建筑风貌的一致性，又体现出理学院独特的建筑功能。

1.3.3　工学院建筑群

工学院建筑群以教学楼为主体建筑，平面布局为正方形（图 12、图 13）。主体建筑内部设有五层挑高空间，采用透光玻璃屋面设计的钢梁屋架，打造出通透的玻璃中庭。这一设计不仅增强了室内采光效果，还突出了建筑的特征。主体建筑周边分布着四栋配楼，这些配楼主要用于学院办公。主体建筑与配楼之间由连廊连通。院落、建筑和连廊共同构成了一个整体，既保证了各功能空间之间的便捷联系，又丰富了建筑群的空间层次感。典型的“中西合璧”设计风格被运用在整个工学院建筑群中。在建筑形态上，现代玻璃中庭体现了西方建筑工艺的运用，而庭院布局与建筑整体的简洁，不仅在功能性与美观性上实现了统一，更体现了设计师对文化融会贯通的深刻理解和推陈出新的能力[11]。

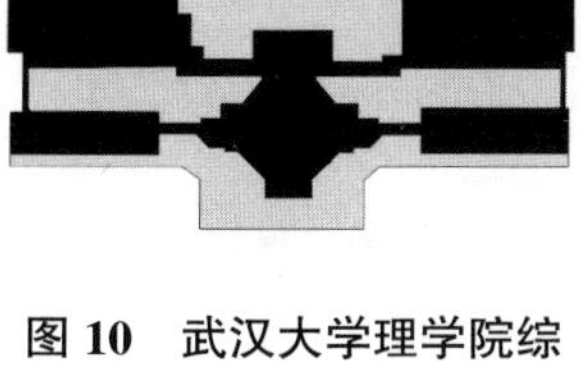

图 10　武汉大学理学院综合楼总平面图

（图片来源：作者自绘）

图 11　武汉大学理学院

（图片来源：参考文献 [9]）

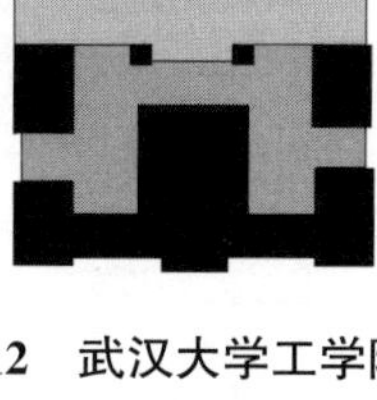

图 12　武汉大学工学院总平面图

（图片来源：作者自绘）

图 13　武汉大学工学院

（图片来源：参考文献 [6]）

2 武汉大学校园更新现状及遗产保护存在的问题

2.1 校园更新现状

2000年，武汉大学、武汉水利电力大学、武汉测绘科技大学和湖北医科大学四所高校合并重组，形成了新的武汉大学。相较于当年的国立武汉大学，新组建的武汉大学不但基本恢复原有校址，而且获得了南侧武汉科技大学和北侧湖北医科大学校址的土地使用权，总占地面积超3.7 km^2[12]（图14）。随着武汉大学的重组，新的校园建设也随之启动，武汉大学先后建设了介于珞珈山和侧船山之间的文科区教学楼、珞狮路沿线的计算机学院和化学院新教学楼、位于珞珈山脚的枫园教学楼、新研究生院、文科综合楼和体育馆等大量新建筑[13]。早期建筑的校园遗产保护以及新建建筑对早期建筑的影响等问题也随之出现。

2.2 遗产保护存在问题

2.2.1 缺乏对校园历史规划的延续

武汉大学早期校园规划中，通过主次分明的轴网串联起不同的功能区域，既调控了空间形态，又形成了层次分明的空间肌理。这种布局方式不仅构建了校园的空间秩序，也成为校园建筑文化传承的重要载体，成为校园的标志性特点。特别是在校园核心区域的建设中，规划始终遵循明确的空间引导，从而营造出空间的连续性[14]。

但是在核心区域以外的新建部分建筑空间，并没有完全遵循旧有轴线系统。尤其是中华人民共和国成立后不同时期的阶段性建设，在校园中表现为棋盘式网格生长，缺乏对传统校园的保护意识以及前瞻性，不仅割裂了原有院落式的空间肌理，还导致了新旧区域之间的空间衔接不畅[8]。同时，传统校园的核心区也未采取有效措施对原有的序列进行维护和强化。核心区域空间组织的层次感和外部空间的多样性都有所欠缺，所以原有格局逐渐模糊，在校园整体空间结构中起不到应有的主导作用。这种核心与外围区域的双重失衡，使得武汉大学校园结构逐渐模糊。因此，对于高校传统校园遗产的保护，不仅要对建筑进行保护，更要注重对其历史空间肌理与场所精神的保护，构建既具历史传承又具有现代性的校园空间体系，确保校园规划的持续性与文化价值的延展。

2.2.2 建筑风格的割裂

随着时代的发展，武汉大学逐步新建了大量教学及科研相关建筑，这些新建筑并未直接继承武汉大学早期建筑的风格，而是更为直接地展现了时代发展的特征。在中华人民共和国成立初期，武汉大学校内出现了苏联式风格的建筑，并逐步形成了模仿莫斯科大学建筑风格的工学部教学区和信息学部教学区[15]。而改革开放后，随着与国际交流的日益密切，校园内出现了更具现代气息的建筑，比如有着后现代主义气息的人文科学馆、传统园林与现代建筑结合的文科区、极具动态性和雕塑感的万林艺术博物馆等。将这些新建筑置入老校区视野下，新建筑各自为政，缺乏必要的呼应和联系，不仅冲击着历史校园原有的建筑风格，还使得校园整体建筑形象混乱。以工学部主楼为例（图15），该建筑于2000年投入使用，但由于其巨大的体量遮挡了武汉大学东湖的景色、破坏了该区域的天际线、与周围建筑的风格并不和谐等原因，其于2016年被拆除，成为武汉大学近几十年来拆除的最大体量的建筑[12]。这也说明了校园新旧建筑风格冲突确实对校园整体建筑风格发展和建筑遗产保护产生了影响。

图14 武汉大学校园建筑年代示意

（图片来源：浙江省古建设计研究院（武汉大学早期建筑保护规划编制单位））

图15 武汉大学工学部主楼

（图片来源：参考文献[16]）

图16 武汉大学计算机学院

（图片来源：参考文献[16]）

武汉大学建筑风格的发展过程中出现了两个现象：一方面是新建建筑过于现代化，与传统建筑不融合;另一方面是效仿传统建筑的风格。武汉大学出于对自身校史的重视,大力挖掘自身历史,考虑到建筑是铁的史书,规划新建筑时对历史与文脉的呼应有所考虑,但由于效仿解读不足,出现了对历史建筑造型进行简单模仿的新建筑。例如,仿照传统建筑修建的中式大屋顶,只简单地考虑了坡屋顶这一元素符号,在色彩、材质、体量、细节等方面,对凯尔斯原设计在深层次的推敲上有所欠缺(图 16)。

3 大学校园建筑遗产保护策略

3.1 校园规划

经过上述分析可以发现,在发展过程中,武汉大学内部布局的部分建筑考虑了早期校园规划的轴线关系,但是由于不同时期的规划没有统一的指导原则,因此现在校园的整体形态和轴线关系并不完整。武汉大学可加强原有轴心系统,保持校园整体形态完整可读,在校园风格发展中体现校园发展历程,且建筑风格形态统一。因此,武汉大学校园建筑风格设计应秉承风格分区或风格统一的总体原则,在保持原有轴线关系的基础上,展现历史文化底蕴。无独有偶,天津大学卫津路校区作为中华人民共和国成立初期院系调整背景下的第一批新建校园,也存在校园建设和遗产保护的矛盾。其校园发展过程中,对校园轴线进行了调整,新的校园轴线和早期校园建筑虽然构成明确统一的空间结构,但是部分建筑,例如第 25 教学楼,其在校园东西轴线上,因建筑体量过大,给校园轴线空间整体效果带来不利影响。所以历史校园规划的保护与延续,在中国传统大学校园的建设发展中应受到重视。

3.2 建筑单体

随着时代发展,办学规模扩大,既有建筑的功能不能满足当前教育的需求,为了更加高效地利用学校内部的建筑空间,可以将历史建筑的功能与校园其他建筑的功能进行置换或融合。针对外立面具有保护价值的建筑,在功能更替与整合的过程中要结合建筑本身的结构体系和空间特点,保留建筑原貌。在建筑单体设计方面,不仅要考虑建筑遗产的保护,新建建筑对保护建筑的影响也是需要注意的问题。武汉大学新建建筑单体风格部分考虑了早期校园色彩与风格延续,但是仍有部分新建建筑的设计对整体风貌考虑不足。同样天津大学卫津路校区新建建筑也存在这个问题,对早期校园风貌尊重不足,新建建筑风格和色彩没有与保护建筑形成很好的呼应。所以在新旧建筑的功能置换与融合不能满足现代校园对建筑空间使用要求的情况下,新建建筑的设计既要考虑传统建筑的设计风格,也要体现时代精神,不能与传统建筑格格不入,也不能一味地仿古失去新意。建筑遗产的保护也应有相应的原则进行指导。

3.3 政策制度

对于目前校园建筑被列为全国重点文物保护单位的大学,在政策制度层面,可以采取从上到下的模式,由管理机构或组织机构设置,以学校为主导,参考师生意见,通过分级管理、抓大放小、分权施策来进行校园建筑遗产的保护。这样遗产保护的责任就落到了不同的机构、不同的人群身上,既可以提高师生乃至公众对遗产保护的参与度,又可以提升校园遗产保护事业的活跃程度。同时,武汉大学根据《中华人民共和国文物保护法》的有关规定,对早期建筑在修缮方面设置了以下政策和基本原则[16],可为其他大学校园建筑遗产保护提供参考。

(1)历史建筑应当延续其历史用途,如果被用于新的用途,要最大限度地保持其原始颜色、材料、建筑特征、建筑空间以及相关空间关系。如果不能确定保护处理的技术方法和利用的方式,应当采取安全保护措施,如果需要,先采取技术稳定措施,直至附加保护工程实施。

(2)对历史建筑的历史风貌应加以保护。对表现历史建筑特征的外观、空间及空间关系等,要避免更换历史建筑的原始材料和可修复的历史材料。

(3)对每幢楼的年代、位置、用途等内容进行登记造册。对所用材料和现存历史资料进行释义、加固、保护等处理,做到物理与视觉效果相协调,能借鉴的要近距离检查,能记录的要完整存档,对已发现的历史资料要及时整理。

(4)对能反映历史建筑的外观、装饰和建筑工艺或工艺技术等方面的特色材料进行保护。

(5)对历史建筑残缺不全的部分,要修旧如旧,在必须更换严重破损的历史建筑构件时,选用相同的材料，要求与原构件在外形、色彩、质感等视觉效果上最大限度地吻合。

(6)对与历史建筑相邻的建筑物或添加的新建构件等，必须保证今后拆除时不会对历史建筑的基本结构和整体造成影响，也要保证历史建筑周边环境不受影响。

4 总结

保护和合理利用校园建筑遗产对学校的发展具有重要意义，是校园建筑遗产规划与建设中不可忽视的关键核心。校园建筑遗产保护不是静态的维护，而是一个动态的、可持续发展的过程。在不断提升教学质量、扩大办学规模、增加校园建筑面积，为师生提供更高质量的教学和生活环境的同时，高校还需要高度重视其悠久的办学历史、独具特色的场所性建筑以及优美的历史校园环境，将其视为校园发展的遗产并悉心保护。在武汉大学的校园更新与建筑遗产保护实践中，学校积累了深厚的历史积淀，保存了丰富的建筑遗产。特别是早期校园规划中的规划布局和院落式空间肌理，塑造了校园独特的空间秩序，这些历史建筑不仅是学校办学历史的重要见证，还是校园文化的精神象征。

武汉大学的发展历程中，尤其是改革开放后的扩展与改造中，出现新建区域与原有传统校园空间之间的空间结构协调不足、传统体系和院落格局遭到一定程度的割裂等现象。高校快速发展与遗产保护之间，难免存在矛盾与冲突，但是可以通过科学合理的保护理念和因地制宜的更新策略，在保护与发展的平衡中找到突破口。应深入挖掘校园建筑遗产的历史价值与文化内涵，将其视为校园文化建设的重要组成部分，并纳入学校总体发展规划中。在实际实施中，可以通过遗产修复、历史建筑再利用、文化景观再现等方式，对传统核心区的空间秩序进行强化，同时注重新建区域与旧有区域的空间衔接，使传统与现代在校园中实现共生与对话。此外，应建立系统的校园建筑遗产保护机制，对历史建筑、场所性建筑及校园环境进行全面梳理和评估，明确保护重点，制定保护区的保护策略，并加强保护与更新过程中的公众参与，引导师生共同参与校园文化传承。保护与发展之间的矛盾并非无法调节。在注重校园教学功能优化的同时，也要重视校园建筑遗产的价值，在满足当前功能需求的同时，实现对历史文脉的保护。本文对武汉大学校园建筑遗产保护进行分析，并对天津大学卫津路校区与武汉大学建筑遗产保护方面存在的问题进行对比，以期为中国大学建筑遗产保护起到借鉴作用，最终实现中国大学历史传承与现代发展并重的校园建设目标。

基金资助：国家自然科学基金面上项目（编号：52078325）；天津大学研究生文理拔尖创新奖励计划项目（项目编号：A2-2022-005）。

王亚鑫　天津大学　博士研究生
冯刚　天津大学　教授

参考文献

[1] 国家文物局法制处. 国际保护文化遗产法律文件选编 [M]. 北京：文物出版社，2007.
[2] 陈飞，邓蕴奇，陈娟. 文物价值体系下的高校建筑遗产识别与保护：以武汉大学为例 [J]. 中国文化遗产，2017(5)：21-32.
[3] 国际古迹遗址理事会中国国家委员会. 中国文物古迹保护准则(2015 年修订)[M]. 北京：文物出版社，2015.
[4] 黄经南，周恒，王国恩. 武汉大学校园空间特色研究 [J]. 新建筑，2012(5)：41-44.
[5] 傅欣. 浅谈武汉大学历史建筑的建筑历史 [J]. 华中建筑，2009，27(10)：147-149.
[6] 李传义. 武汉大学校园初创规划及建筑 [J]. 华中建筑，1987(2)：68-73.
[7] 朱鹏飞. 基于校园更新的武汉大学建筑风格研究 [D]. 武汉：武汉大学，2017.
[8] 曹伟，蔡园园. 融合自然 因山就势 山上有黉 武汉大学：东湖之滨珞珈山麓的美丽校园 [J]. 中外建筑，2015(1)：10-17.
[9] 陈晓恬，任磊. 中国大学校园形态发展简史 [M]. 南京：东南大学出版社，2011.
[10] 涂慧君. 大学校园整体设计 [M]. 北京：中国建筑工业出版社，2007.
[11] 徐上飚. 武汉大学历史探究 [M]. 武汉：湖北美术出版社，2014.
[12] 谢红星. 武汉大学校史新编(1893—2013)[M]. 武汉：武汉大学出版社，2013.
[13] 范晓剑. 大学老校区更新与发展 [D]. 上海：同济大学，2007.
[14] 杨秉德. 从凯尔斯到沈国尧：武汉大学人文科学馆述评 [J]. 新建筑，2000(1)：61-64.
[15] 盛晶，孙姗姗. 校园历史建筑的异质介入式更新研究 [J]. 设计，2016(12)：124-125.
[16] 谷扬. 文脉视角下的武汉大学校园空间与建筑研究 [D]. 武汉：武汉大学，2017.

广州钢铁厂建设史程与遗存现状

Construction Process and Remains of Guangzhou Iron and Steel Works

张振杰 冯 江

摘 要：广州钢铁厂是华南地区第一家现代钢铁工业，其遗存现已被列入第四批广东省工业遗产。文章通过整理和分析广州钢铁厂的相关史料，揭示其空间发展历程及演变的内在逻辑，进而从空间史角度对现状遗存做出简要的价值判断，为当下正在进行中的广州钢铁厂工业遗产保护提供一定的历史依据和理论支持。

关键词：广州钢铁厂；广钢公园；空间演变；工业遗产；保护

Abstract: As the first to adopt modern ironmaking technology in South China, Guangzhou Iron and Steel Works is now included in the fourth batch of Guangdong Industrial Heritage. Based on historical materials, this paper reveals the spatial evolution process and its inherent logic of Guangzhou Iron and Steel Works and makes a brief value assessment on the remains from the perspective of spatial history. The conclusion offers a certain historical basis and theoretical support for the ongoing protection efforts.

Keywords: Guangzhou Iron and Steel Works, Guanggang Park, spatial evolution; industrial heritage; conservation

引言

广州钢铁厂（简称“广钢”）始建于 1957 年，1958 年投产，位于广州西南郊的白鹤洞东塱村一带，占地面积约 2 km^2。广钢的建成标志着广州现代冶铁业的开端。在建成后的 50 余年间，广钢持续扩大规模、改进技术，年产钢量从投产初期的 2.6 万 t，逐步增加到 1985 年的 30 万 t、1990 年的 50 万 t，至 2004 年达到 300 万 t。2010 年，由于环境污染问题，广钢被列入广州市“退二进三”的名单，之后厂区内的各个分厂陆续停产。2013 年，随着广钢的彻底关停，广钢及周边 6.46 km^2 的范围被规划为“广钢新城”，厂区中心 35 hm^2 的范围被保留下来作为公共绿地，拟建设为广钢公园。2022 年 10 月，广钢公园保护与建设工作开始实施。

广钢的建设过程分为两期共四个阶段，其间经历了生产分区的调整和建构筑物的多轮扩建。理解这一动态发展过程及其内在逻辑，对于广钢工业遗产的保护与利用具有重要意义。笔者在参与广钢工业遗产保护工作的过程中，注意到有关广钢空间发展史的整理尚欠系统，故以此文略作补充。

1 广钢的筹建

1.1 摆脱“手无寸铁的时代”

广东地区的传统冶铁业可追溯至汉代，至明清发展至高峰，屈大均《广东新语·卷十五·货语·铁》中提到：“铁莫良于广铁……下铁矿时，与坚炭相杂，率以机车从山上飞掷以入炉，其焰烛天，黑浊之气，数十里不散。”在中国近代钢铁工业史上，广东是全国最早计划兴办钢铁工业的省份。1889 年，张之洞上呈奏折，拟在广州凤凰岗建设炼铁厂，因同年张之洞调任湖广总督而中断，随后张之洞主持修建了汉阳铁厂。1933年，陈济棠拟在广州白鹤洞建设钢铁厂，但最终只打了几根石碑[1]。以上两次尝试的失败，加之时局的动荡，使得广州始终未能采用新法冶铁，晚清至民国时期被人们称为“手无寸铁的时代”，直到新中国“一五”时期结束。1956年底，冶金工业部提出了“三大、五中、十八小”的钢铁工业布局方案，广钢是“十八小”之一。1957年2月，广钢筹建组成立，广钢的筹建工作正式开展。

1.2 厂址选择与建设计划

广钢原计划不设炼铁系统，而是从中央政府统一调拨生铁炼钢，其厂址最初选定在广州东郊黄村工业区（车陂涌以东的旧飞机场地段）[1]。1957年5月，冶金工业部同意将广钢的定位提升至包含焦化、炼铁、炼钢、轧钢等生产流程的钢铁联合企业，于是广钢筹建组重新考虑选址问题。同年7月，经广州市人民委员会批准，选定市中心西南方向约10 km处的白鹤洞东塱村作为建厂地址。当时该地已有建于1954年的广州造船厂（简称“广船”），广钢的加入使得白鹤洞重工业区初具规模，将广州的工业格局向西南方向扩展。

厂址位于一片高岗之上，整体高于周边约15 m，北邻广中公路，东邻珠江。主厂区为一不规则矩形区域，东西长约2 km，南北长约1.3 km，位于东侧的广船和北侧的船厂生活区之间，主厂区的东北侧设有独立的原料码头，通过长约1 km的铁路与主厂区相连。主厂区内部是一片起伏状的丘陵地带，遍布大大小小的山岗，其地形总体上西南和东南部地势较高，且起伏程度较大，东北部地势较低，且起伏相对平缓，整体高差约4 m[1]。该厂址有几个突出的优点：①高于最高洪水位，工程地质条件较好，且土方量较少；②位于丘陵地带，占用农田少；③接近电源，可直接利用1 km外的芳村变电站进行供电；④毗邻珠江，水源充沛，水运发达；⑤靠近铁路，可修筑铁路专线与广三铁路连接；⑥临近广船，可形成产业集群关系。

确定厂址后，广钢筹建组根据广东省铁矿与煤矿资源储备情况，结合广州市对钢铁的需求量，于1975年4月向冶金工业部提出原料供应、建厂设计、施工协作关系等方面的意见，并于次月编成设计任务书。工厂分两期建设。1958年2月，国务院批准先进行第一期建设，规模为年产钢5万t。1960年3月，冶金工业部批准进行第二期扩建工程，规模按年产钢50万～60万t考虑，计划先行建成30万t左右的规模。

2 山岗上的烟囱——广钢一期工程

一期工程最早开始施工的是炼焦、炼铁两个车间。1958年7月1日，1号高炉建成点火。1959年第一季度，一期工程基本建设完成。1960年底之前，又进行了部分增建。这一时期，广钢建成了约23万m^2的生产区、约8万m^2的码头区、约8万m^2的生活区，以及一条长约7 km从广三铁路的五眼桥站分叉向南延伸至广钢的铁路专线。

其中生产区位于主厂区的东南角，包括各生产车间及办公用房，东侧毗邻广船。生产布局如下：

①堆料场：位于生产区北部，用于堆放来自码头的原料。

②焦化车间：位于堆料场西北侧，包括两座17孔炼焦炉，将煤处理成焦炭，作为还原剂供应南侧的炼铁高炉使用。

③炼铁车间：位于生产区中部以西，北邻焦化车间，包括两座54 m^3高炉。功能是利用高温将铁矿石炼作铁水，并将铁水运至其东侧的炼钢车间进行精炼。炼铁所需的水，引自厂区东南方向的珠江支流——新爵涌，涌边设有专用的蓄水塘。

④炼钢车间：位于高炉东侧，包括八座3 t转炉和一座1.5 t电炉。功能是将铁水和废钢精炼成钢坯。

⑤轧钢车间（一轧、二轧）和无缝钢管车间：位于生产区南部。功能是将钢坯处理成型。

各车间按照堆料—焦化—炼铁—炼钢—轧钢的生产顺序由北到南排列，形成连贯的生产布局（图1）。这样的排布顺序是由物料运输的需求决定的：码头的位置决定了堆料场的最佳位置——生产区北部，与堆料场联系较为紧密的焦化、炼铁和炼钢车间则设于生产区中部，其中易产生较多废气的焦化车间和炼铁车间置于中部西侧的下风向，办公区和食堂置于生产区东南角的上风向，剩余的空间设置轧钢车间和无缝钢管车间。车间的主体建筑多为沿东西向的长条形体量，实施方案采用通用设计，其中两座炼铁高炉是利用宣化铁厂拆迁调来的两座高炉重建而成的。

原料码头和生活区分别位于生产区的东北侧 1 km 处和西北侧 1 km 处。其中，原料码头位于主厂区东北侧的珠江边，南临广船，进厂的铁矿石、熔剂及辅料由船只运到码头起卸，经加工处理后用火车或汽车运往生产区 [1]。职工生活区“钢铁新村”被安排在一期厂区西北侧约 1 km 处，北邻广船的生活区“船厂新村”。此外，还有两处独立的生活区设于广中公路北侧高地上，生活区内的建筑适应地形而采用灵活的朝向和标高，总体上以朝南为主。

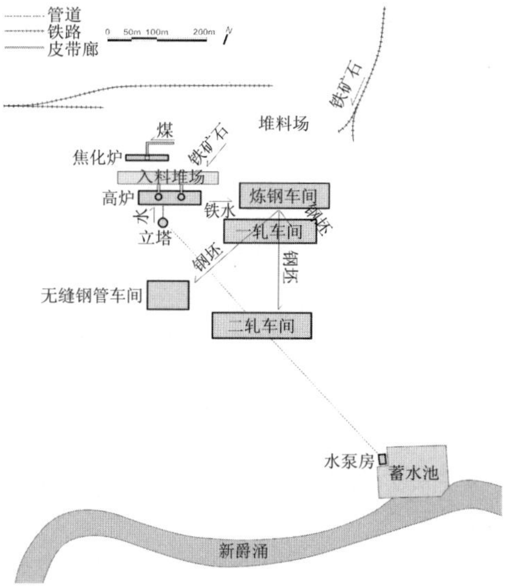

图 1　1960 年一期工程生产区工艺流程示意
（图片来源：作者自绘）

广钢一期工程的交通组织较为简单，厂区内的一条临时马路南北向贯穿整个厂区，连接生产区和钢铁新村，是二期工程中厂区主干道开拓路的前身。此外还有两段铁路，包括原料码头和生产区之间的专用铁路和一条东西向贯穿厂区的铁路，后者是广钢铁路专线在厂区内的延伸。

总体来看，一期工程的实施受到地形、水文、周边既有建筑、生产技术等多重因素的影响：原料码头和生产区的位置由水运、水源、地势和已建成的广船共同决定，并进一步影响了生产区的具体布局；生产区内的建筑排布以物流运输的效率为主导形成简洁的平面关系；生活区配合广船生活区进行布置；厂内的南北向马路和两段铁路分别承担了职工和物料的运送职责，其形态受地形影响而出现多处转弯。

3　烟雾中的机器——广钢二期工程

不同于快速建成的一期工程，二期工程建设进展缓慢。1970 年，两座 255 m^3 高炉（3 号、4 号高炉）建成投产，标志着生产重心开始向厂区腹地及西北转移。1985 年，广钢的生产布局基本成熟，年产钢达到 30 万 t。此后，广钢的建设进入新阶段，厂区内继续进行着部分扩建活动，但总体的功能分区基本保持稳定。根据上述时间节点，可以将这一建设过程划分为三个阶段：1960—1970 年、1970—1985 年、1985—2010 年。

3.1　1960—1970 年（二期工程第一阶段）

1960 年 5 月，刚开展不久的二期工程被暂停，当时只完成了 3 号高炉炉体及四座热风炉的安装，直至 1965 年才渐渐恢复建设。之后的五年间，在开拓路西侧的平坦地带扩建了第二炼铁车间（简称“二铁车间”）和第二炼钢车间（简称“二钢车间”），其中二铁车间的 3 号、4 号高炉被安排在厂区几何中心靠近铁路的位置，构成二铁车间主体。1967 年码头北半段被改造为深水码头，水深 3.49 m，可停泊 500 t 的船只，运输能力显著提升。

3.2　1970—1985 年（二期工程第二阶段）

二期工程第二阶段形成了以 3 号、4 号高炉为核心，以东西向的皮带廊和铁路为纽带的核心建筑群。这一阶段是广钢二期工程的关键阶段。在二铁车间和二钢车间建成后，生产区继续向西拓展，陆续新建了烧结车间、焦化车间、炼钢车间以及轧钢车间。1977—1985 年，广钢进行了一系列的技术升级和调整，一期工程中的焦化、炼铁、炼钢车间也陆续撤销或转型，从而形成了新的生产布局（图 2、图 3）。新建的炼钢车间和轧钢车间均布置在西北部的平坦地带，而南部的剩余荒地用作堆料场和煤场，形成了东部铁矿石堆场、南部煤料堆场、中部炼铁车间、西北部炼钢和轧钢车间的整体态势。

炼铁高炉既是炼铁原料汇集的地方，又是炼钢与轧钢车间的源头。在这一阶段，高炉的位置和平面布置对整个厂区的建筑排布起到决定性作用。

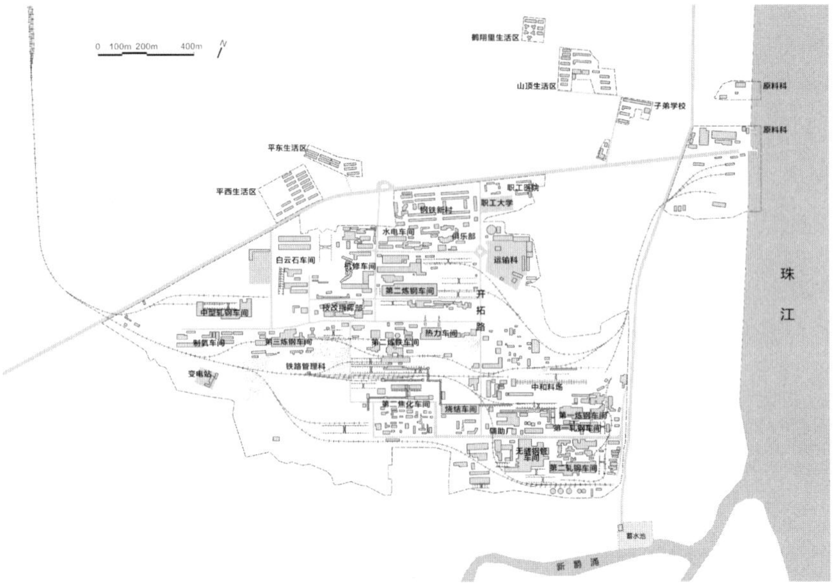

图 2　1985 年广钢厂区平面图

（图片来源：作者自绘）

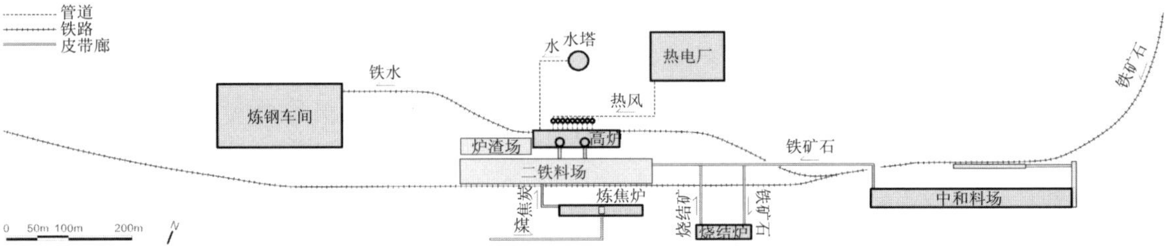

图 3　1985 年核心建筑群的生产流程示意

（图片来源：作者自绘）

①第二炼铁车间：主体建筑 3 号、4 号高炉沿东西向并排布置，平面几乎对称，南侧设有原料的堆放和处理系统，用于接收运往高炉的各类原料，北侧设一排热风炉及烟囱，西侧设渣场，共占地约 2.1 万 m^2。生产用水来自珠江干流，通过新建于鹤洞码头的泵房供给。

②第二焦化车间：主体建筑为两座炼焦炉，总长 125 m，宽 16 m，紧邻高炉南侧，产出的焦炭可通过皮带廊快速运往高炉，与之配套的辅助设施布置在炼焦炉的南侧，共占地约 12 万 m^2。

③烧结车间与中和料场：烧结车间位于炼焦炉东侧，配备烧结机，将铁矿石处理成烧结矿后，通过复杂的皮带廊将原料运往高炉，以提高生产效率，车间共占地约 7.4 万 m^2；烧结车间东侧的中和料场，为烧结车间提供精细混匀的铁矿石原料，主体是 300 m 长的原料传送带。

④第三炼钢车间（简称“三钢车间”）：位于高炉西侧，采用转炉炼钢工艺，该工艺需要利用铁水自身的热量进行冶炼，因此该车间通过铁路与高炉直接联系，形成快速运输线，占地约 2.3 万 m^2。

⑤热力车间：位于高炉的东北侧，与厂区东部的一次料场通过皮带廊相连，拥有四台锅炉和六台鼓风机，以煤和煤气为主要原料，为高炉提供热风，也为各大车间生产蒸汽，占地约 1 万 m^2。

可见，在这一阶段，广钢在地形的影响下形成了自东南向西北的建筑分布态势，而生产技术、物料运输以及能源需求则进一步塑造了具体的建筑排布。这一过程中，以高炉的物料运输需求为主导，以东西向的皮带廊和铁路为纽带，产生了广钢的核心建筑群。

3.3 1985—2010 年(二期工程第三阶段)

在这一阶段,已有的生产区变得集约化,厂区的生产布局走向成熟,建筑密度不断增大,曾经的丘陵荒地被浓烟滚滚的机器彻底占据。1986 年,广钢进行改制,并对生产结构进行了部分重组,各生产分区的命名由原来的"车间"改称"分厂",例如二铁车间改为炼铁分厂,二钢车间改为电炉炼钢分厂,三钢车间改为转炉炼钢分厂。此后,广钢继续改进技术,提高产能,各个分厂都进行了一定的扩建活动,其中,变动较大的包括以下分厂。

①炼铁分厂:1991—1994 年, 3 号、4 号高炉又分别扩容至 300 m^3 和 350 m^3;2003 年,在 3 号、4 号高炉东侧又增建容量为 380 m^3 的 5 号高炉,因采用新技术,其北侧配有布袋除尘器和除尘风机房。

②电炉炼钢分厂:于 1988 年建成了一座 40 t 的超高功率电炉及连铸工程,两年后,电炉炼钢分厂一分为二,厂房总面积从原先的约 1.8 万 m^2 扩大至约 3.1 万 m^2。

③连续轧钢分厂:成立于 1990 年,位于厂区西侧,南临中型轧钢分厂。

④煤气公司:组建于 1989 年 12 月,位于厂区的西南角,用于收集焦化车间和炼铁车间的副产品煤气,主体建筑是三座煤气柜,容量分别为 2 万 m^3、5 万 m^3、3 万 m^3,用于存储炼焦炉、高炉和转炉的煤气。

随着生产布局的成熟以及产能的快速提高,职工宿舍的需求量也在日益扩大。据统计, 1986—1995 年,建(购)房总面积为 17.8 万 m^2,职工宿舍除了分布在厂区附近的观鹤、山顶、鹤翔、平东、平西五个宿舍区,还分布在广州市区内的东山、濠畔街、永兴街、江南大道、芳村、冲口等 40 多个地点[2]。

4 空中的矿石——广钢建筑发展特征

4.1 建筑单体的发展特征

广钢各车间的主体建筑物经历了多次改扩建,这些形态各异的建筑在发展过程中表现出不同的特点。有些建筑在生产分区迭代的过程中不断被新建筑取代,这一特征与国内许多钢铁厂类似。根据空间特征的不同,广钢生产区的建构筑物可以分为以下三类。

①大型露天设备。这类建筑物通常体量较大,具有复杂的工艺和特殊的造型,适合露天建设,具有很强的辨识度,如炼铁高炉、焦化炉。其中, 3 号、4 号高炉约 55 m 高,是厂区内最高的建筑,在空间上构成厂区的核心。焦化炉具有特殊的生产形式,由煤塔、推焦车、焦炉、拦焦机、熄焦车、焦台、筛焦楼等部分组成,炼焦时会产生大量蒸汽。

②构筑物。厂区内的构筑物分布较为零散,有着特殊的形体,如中和料场、皮带运输廊、人行天桥、吊车排架、龙门吊、水塔、烟囱、蒸汽管道、煤气柜、除尘器、储油池。这些构筑物在生产环节中起辅助作用,但对于钢铁厂的空间塑造来说却至关重要。烟囱是厂区中最高的构筑物,在 20 世纪 90 年代,广钢一共有 12 座烟囱,其中焦化车间的烟囱高 70 m,至今保存完好;皮带运输廊在半空中将各类车间连接起来,其长度、倾角、结构、材料各异,形成复杂的空间效果;吊车排架、龙门吊是可移动的巨型构筑物,伴随着物料的运输而往复运动,其下方是各类物料的堆场。

③厂房建筑。这类建筑一般由大跨度的厂房形成"外壳",将复杂的机器设备遮蔽其中,它们的形体有些比较简单,有些受设备形状的影响而呈现出不规则状,如烧结车间、炼钢车间、轧钢车间、热电厂。这些建筑有一共同特征——由多个长条形建筑并联而成。每一个长条形建筑称为一"跨",不同的"跨"包含不同的生产工序。随着设备的升级和产能的扩大,厂房的单跨长度和跨数均有增长。位于高炉西侧的转炉炼钢分厂主厂房就是一个典型案例,其演变过程为:1967 年,建成 66 m×18 m 的主跨(炉子跨)和 66 m×22.5 m 的副跨(铸锭跨),配两座转炉;1971 年,主、副跨向西延长 30 m;1972 年,主、副跨向东西两侧各延长 18 m,达到 132 m;1981 年,在铸锭跨南侧 34 m 处增建了一座长 120 m、宽 21 m 的钢锭精整副跨;1986 年,陆续增设了各类辅助用房;1990 年,又增加一连铸副跨(图 4)。

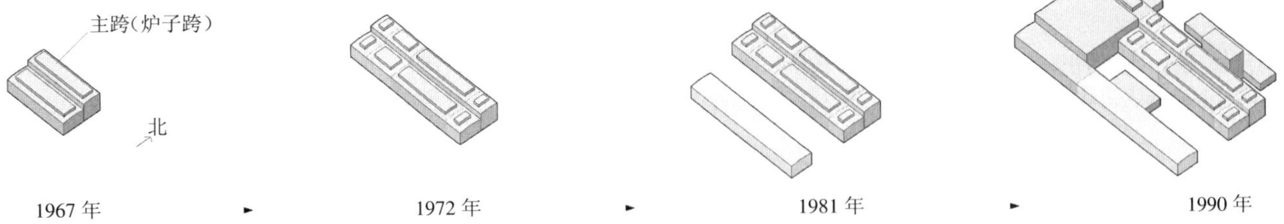

图 4　转炉炼钢厂房的扩张过程

(图片来源:作者自绘)

4.2　运输系统的升级

运输系统对广钢的生产起到关键作用。广钢的运输系统经历了两个阶段:铁路网的日趋完善和皮带运输廊系统的建立。建厂初期,生产所用的原料主要由轨距为 762 mm 的小铁路承担。1971 年起,准轨铁路逐渐代替了小铁路,并随着生产规模的扩大而陆续增设支线,在 1980 年前后遍布全厂。1985 年,厂内铁路总长度达到 20.834 km[1]。与此同时,空中的皮带运输廊系统也在日渐完善,第一条皮带廊建于 1960 年,负责将煤从粉碎机运至炼焦炉顶部的煤仓。20 世纪 70 年代以后,与国内其他钢铁厂一样,广钢开始用架空的皮带廊代替铁路作为铁矿石原料的主要运输方式[10]。至 1978 年,陆续建成了原料堆场—烧结车间、烧结车间—高炉、堆煤场—焦化车间的皮带廊。20 世纪 80 年代中期,伴随着烧结车间的扩建和中和料场的建设,料场和高炉之间的皮带廊趋于完善,形成了复杂的空间运输系统。20 世纪 80 年代末,热电厂进行扩建,料场和热电厂之间也建起了一系列皮带廊。广钢的物料运输系统如图 5 所示。皮带廊的应用使得复杂的物料运输工作得以分化,铁矿石的运输路径从地面走向空中,为后续产能的进一步提升奠定了基础。

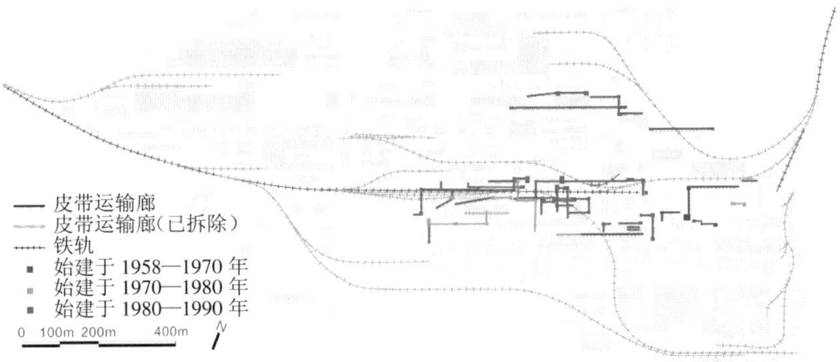

图 5　物料运输系统

(图片来源:作者自绘)

5　楼群中的锈迹——广钢工业遗存现状

2013 年,广钢新城控规出台,将厂区中心 35 hm^2 的范围定为公共绿地,即广钢公园。之后的十年间,广钢公园范围之外的生产设施被陆续拆除并被住宅小区取代,形成了如今锈迹斑斑的广钢公园被一百余栋现代商住楼所包围的特殊景象,公园内的铁路网和许多生产设备也被拆除或迁移。2020 年,广钢公园保护与建设项目正式启动,意味着广钢进入了保护与利用阶段。目前,广钢工业遗存包括:广钢公园范围内的生产设施、码头的部分仓库、职工宿舍区,以及广钢铁路专线。其中只有广钢公园和广钢铁路专线被列入第四批广东省工业遗产,且公示名单对核心物项的列举较为模糊。

5.1　具备工业遗产身份的遗存

广钢公园的平面大致呈矩形,被城市道路划分为东区、中区、西区三部分,其范围与停产前的几个主要生产分区均有重叠。广钢公园现状遗存分布及照片如图 6、图 7 所示。东区的遗存包括原料堆场的龙门吊、热电厂干煤棚、中和料场、废钢堆场等用于原料存储和处理的建筑;中区的遗存密度最高,主要有 3 号、4 号高炉建筑群,5 号高炉的除尘风机房和布袋除尘器,净水站,以及部分皮带廊;西区的遗存密度较小,主要有转炉炼钢分厂的钢锭精整跨和与之配套的放散塔、三个煤气柜、一栋火车调度楼。此外,在东区和西区还分别保留了两处铁轨和两个火车头。总体来看,广钢公园包含了以高炉建筑群为中心的生产区域,与前文提到的核心建筑群范围基本一致。

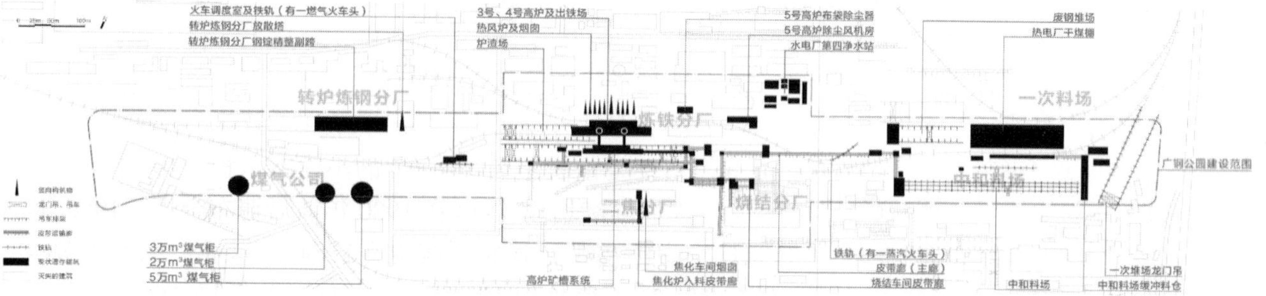

图 6　广钢公园现状遗存分布

(图片来源:作者自绘)

图 7　部分广钢公园现状遗存照片

(图片来源:作者自摄)

广钢铁路专线的大部分铁轨被保留至今,整条线路北段较高,高于周围地坪约 4 m,南段较低,高于周围地坪约 1.5 m,沿途跨越了五条河涌和若干条道路,共有五座桥梁和一座涵洞,其中最具特色的当数花地河大桥，该桥在1985年经历了结构加固，创造性地采用了分散桩基—网格地梁—斜撑支托的加固方案，具有独特的造型效果。

5.2 无工业遗产身份的遗存

在广钢公园的北侧，零散分布着原料码头、职工宿舍等遗存。原料码头保留了部分仓库建筑，目前被其他企业使用，主要包括中国石油广州培训中心和岭南谷鹤翔小镇创意园，码头通往堆料场的铁路已经灭失。曾经的职工宿舍，目前仍被作为住宅继续使用，包括广钢观鹤小区（原钢铁新村）、广钢鹤平小区（原西平、平东生活区）、鹤翔里小区（原鹤翔里生活区和山顶生活区）。曾经的职工大学和职工医院现合并为广钢新城医院，子弟学校现改为真光中学初中部，广钢幼儿园至今仍在正常运营。

6 结语

广钢的建设经历了两期共四个阶段，前三个阶段逐步形成了完整的生产布局，最后一阶段在各生产车间内部进一步增扩建，从而形成了最终的厂区空间形态。从整体上看，这一建设过程是生产布局由东南向西北扩张、物料运输由地面向空中分化、建筑密度由稀疏走向致密的过程，其间受到城市规划、市场需求、厂区地形和水文条件、生产工艺等因素的共同影响：城市规划影响着厂址的选择，市场需求推动着工厂规模的扩大，地形和水文条件引导着空间扩张的趋势，生产工艺的升级决定着建筑的具体建造方式以及建筑之间物料传送的形式。

当前广钢公园的范围与广钢最辉煌时期的核心建筑群范围基本一致。广钢公园体现了广钢历史上先进的钢铁冶炼技术，具有显著的历史价值。在对其进行保护利用时，应重视空间演变所留下的痕迹。在建筑单体层面，应对现有建筑不同时期的改扩建内容进行区分，同时对已不存的建筑所在的空间位置进行记录和标识。在厂区整体层面，应注重建筑群所形成的空间关系以及生产工艺在其中的体现，如铁矿石在空中运输的轨迹、产品的堆放与运送流线等。因此，在对公园内的遗存进行修缮、加固、改造时，应尤其注意对历史信息的甄别与保存，与此同时，也应当对那些没有工业遗产身份的遗存予以足够的重视，从而实现真正意义上的整体性保护。

张振杰　华南理工大学　硕士研究生
冯江　华南理工大学　教授

参考文献

[1]《广钢志》编辑办公室. 广钢志·第一卷 [Z].1988.
[2]《广钢志》编辑办公室. 广钢志·第二卷 [Z].1999.
[3] 广州市地方志编纂委员会. 广州市志·卷三 [M]. 广州：广州出版社，1995.
[4] 广州市地方志编纂委员会. 广州市志·卷五（下）[M]. 广州：广州出版社，2000.
[5] 彭长歆，刘晖，钟冠球. 中国工业遗产史录·广东卷 [M]. 广州：华南理工大学出版社，2023.
[6] 吴庆洲. 建筑哲理、意匠与文化 [M]. 北京：中国建筑工业出版社，1989.
[7] 广州市城市建设档案馆. 1978 年广州市历史影像图集（下）. 广州：广州市城市建设档案馆，2008. 非正式出版物.
[8] 李萍萍，吕传廷，袁奇峰，等. 广州城市总体发展概念规划研究 [M]. 北京：中国建筑工业出版社，2002.
[9]《钢铁厂总图运输设计参考资料》编写组. 钢铁厂总图运输设计参考资料 [M]. 北京：冶金工业出版社，1978.
[10] 丁泽州. 钢铁厂总平面设计 [M]. 北京：冶金工业出版社，1998.
[11] 冶金工业出版社《中国冶金百科全书》编辑部. 中国冶金百科全书：冶金建设（上）[M]. 北京：冶金工业出版社，1998.
[12] 冶金工业出版社《中国冶金百科全书》编辑部. 中国冶金百科全书：炼焦化工 [M]. 北京：冶金工业出版社，1998.
[13] 魏大胜. 广钢 5# 高炉新工艺设计特点 [J]. 南方金属，2004（4）：49-50.
[14] 刘晖，刘华东. 广州工业遗产的价值认定与保护制度 [J]. 城市建筑，2015（10）：32-35.
[15] 周霞. 广州城市形态演进 [M]. 北京：中国建筑工业出版社，2005.

京师大学堂历史地段建筑形态演变研究

The Evolution of Architectural Forms in the Historical Site of the Imperial University of Peking

赵越伊　陈　雳　孔　菲

摘　要：中国近代社会经历了剧烈的建筑转型发展，传统建筑形制面对建筑的新功能与新风格的崛起，呈现出新的空间意义。北京和硕和嘉公主府经历了由马神庙改建，到京师大学堂创立，再到北京大学延续发展的过程，并形成了一个庞大的建筑群，其建筑风格多样，包括中国传统建筑、近代西洋式建筑和现代主义建筑等多种风格，多元兼容与跨越已经成为该建筑群的一大特色。本文以相关区域的建筑遗产为研究对象，梳理其历史沿革和规制变化，从历史演变和风格特点两方面着手，揭示近代建筑多元发展的特殊建筑形态及特征意义。

关键词：和硕和嘉公主府；京师大学堂；北京大学；梁思成；近代建筑历史

Abstract: Modern Chinese society has experienced a drastic architectural transformation and development, and traditional architectural forms have taken on new spatial significance in the face of the rise of new functions and styles of architecture. The Princess Heshuo Hejia's Mansion in Beijing has gone through the process of reconstruction from the Temple of the Ma Shen, to the founding of the Imperial University of Peking, and to the continuation of the development of Peking University, and has formed a large architectural group, in which there are a variety of architectural styles, including traditional Chinese, Western-influenced modern, and modernist architectures, etc. And the diversity and compatibility of the architectural group has become a major feature. This study takes the architectural heritage of the relevant area as the research object, combs through its historical evolution and regulatory changes, and reveals the special architectural form and characteristic significance of the diversified development of modern architecture from the aspects of historical evolution and stylistic characteristics.

Keywords: Princess Heshuo Hejia's Mansion; Imperial University of Peking; Peking University; Liang Sicheng; history of modern architecture

中国近代社会经历了我国历史上最大的社会巨变，被称为"三千年未有之大变局"，这一点在建筑历史上表现得尤为明显。清末民初，在传统建筑的旧形制发展至顶峰之时，整个建筑界不得不面对新功能、新形式的崛起，以及随之而来的新旧形制的并立与彼此的消长，于是此时形成了二者之间兼容与跨越的特殊建筑形态。位于北京内城东侧的和硕和嘉公主府就经历了从传统王府到京师大学堂的历史性嬗变，这种变化复杂而有趣，甚至今天还在悄无声息地延续。

1　公主府到大学堂的历史

和硕和嘉公主生于1745年（乾隆十年），卒于1767年（乾隆三十二年），为清高宗乾隆的第四女，于1760年（乾隆二十五年）下嫁福隆安。和硕和嘉公主去世之后，公主府被内务府收回另作他用。

和硕和嘉公主府始建于1760年（乾隆二十五年），原址为马神庙，俗称"四公主府"。马神庙始建于1446年（明正统十一年），是为御马监所修建的祭祀马神的庙宇。1755年（乾隆二十年），清代大学士傅恒在此地修建了家宅及宗祠，即松公府。根据清《乾隆京城全图》的记载，马神庙迁移后的位置位于东安门河沿街西侧，处于马神庙街与新开路胡同的交汇处。然而，《清乾隆京城全图》绘制完成时，和硕和嘉公主府尚未修建，因此图中未能呈现公主府的平面布局。

京师大学堂是中国近代第一所国立综合性大学，也承担着全国最高教育行政机构的职责。1898 年（光绪二十四年），清政府在维新活动中开始推行教育改革，在同年 7 月 3 日，光绪帝批准创办京师大学堂，由庆亲王奕劻与礼部尚书许应骙负责大学堂建校方面的工程事务。在奕劻与许应骙上奏皇帝的奏折中可以看到，大学堂的建设计划仿效了日本大学校园的建设模式与规划布局。但是由于图纸没有寄到，且“庀材鸠工，亦尚需时日”，因此最终在“地安门内马神庙地方空闲府第”即和硕和嘉公主府创建了临时校舍。不过奏折中也提到，这一方案是权宜之计，最终目的仍是按照日本大学校园的标准，建设一座全新的校园。

大学堂开办仅一年多，便遭遇庚子事变。八国联军进攻北京，俄军占据大学堂，校舍大部分被毁。庚子事变后，清政府关闭大学堂。随后在戊戌变法失败后，京师大学堂“以萌芽早，得不废”，并于 1902 年（光绪二十八年）重新恢复办学活动，校舍仍沿用公主府旧址。

2 传统的建筑规制

清代公主府的建筑布局以北方四合院为基础，通过多进院落的组合构成宏大的建筑体系。建筑群采用多跨多进的结构组织形式，院落以前后相接的方式串联布局。东西向的院落并列分布，形成层次分明的多路建筑格局。这种布局具有强烈的秩序感，并且体现了浓厚的宗族伦理观念。尽管《乾隆京城全图》中未具体绘制和硕和嘉公主府的平面图，但依据现存遗址和相关文献记录，仍可推断其建筑规制（图 1）。

按清代的等级标准，和硕和嘉公主府属于郡王府级别。公主府占地范围约为东西宽四十丈、南北长六十丈。府北毗邻高房胡同，两侧分别设有夹道。院落呈三路布局，中路为主路，东西两路都为辅路。西路和中路都为五进院落，东路为花园。中路和东路均有内院与外院之分，进入公主府大门后为车马夫和杂役居住之地的外院，通过二门后才进入内院。中路第三进院内有称作迎安殿的正殿，为硬山顶五开间。中路第四进院为公主寝殿，同为硬山顶五开间，寝殿前有宽阔的月台。第五进院落内有两层高的后罩楼，俗称“公主梳妆楼”，为双层九开间。东路为海棠院，即花园区域。

公主府的中路建筑沿南北中轴线排列，从南至北依次布置了正殿、后寝和后罩楼等核心建筑，西路为功能相对简单的额驸院，东路为府内配套的花园。这种布局体现了主人地位的尊贵，也呈现出“前朝后寝”的空间格局。整体来看，和硕和嘉公主府建筑群具有清晰的轴线布局与空间秩序感，其格局反映了传统建筑对礼制和权威的高度重视。

3 京师大学堂的功能转换

京师大学堂初创时期，其校舍完全沿袭了和硕和嘉公主府的原有格局。1898 年（光绪二十四年），内务府对和硕和嘉公主府进行了一系列修缮与新建工作。据记载，当时修缮的房屋有三百四十余间，同时新建房屋一百余间。尽管此后校内建筑有所增添，但校园的整体范围并未显著扩展。修缮后的校园布局与和硕和嘉公主府整体格局一致，呈现出由三条轴线构成的传统中式建筑院落形态（图 2）。

大学堂获拨公主府后，根据其原有格局对老建筑进行适应性改造，同时结合课程设置及“太学”制度，赋予建筑新的功能。一方面，将正殿、寝殿、梳妆楼等核心建筑改造为教室、藏书楼等现代校园功能建筑。另一方面，购买周边民房改造为学生宿舍。由临时代管京师大学堂的吏部左侍郎许景澄向内务府提交的呈文可得知，“正所寝殿五间”即位于公主府中路正殿之后、后罩楼之前的寝殿被改为大学堂的藏书楼。公主府后罩楼则用于安置物理、化学实验所需的各类仪器（图 3）。经过这一阶段的改建，公主府校园正式启用，迎来了京师大学堂的首批学生，但因庚子事变课程中断。

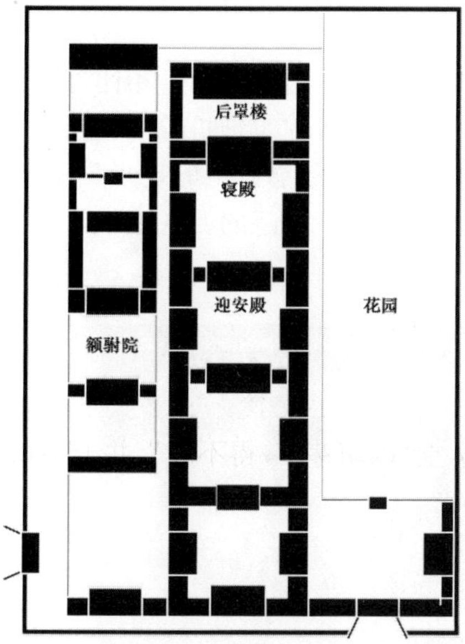

图 1　和硕和嘉公主府总体布局
（图片来源：作者自绘）

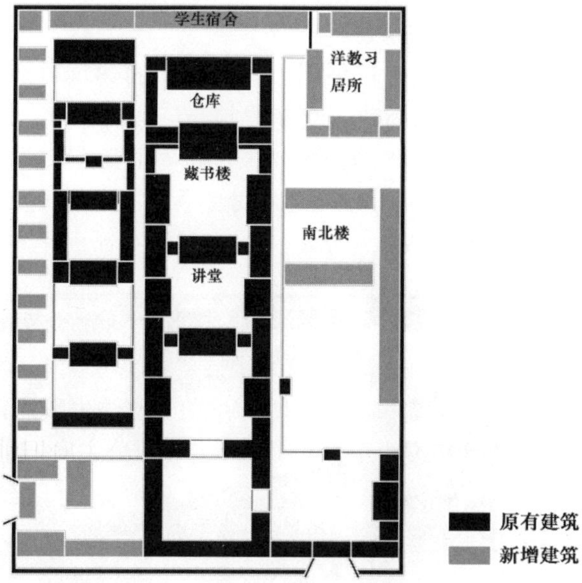

图 2　1900 年大学堂校舍格局
（图片来源：作者自绘）

图 3　1899 年京师大学堂师生在原和硕和嘉公主府后罩楼前的合影
（图片来源：参考文献 [4]）

1902 年（光绪二十八年），清政府下令恢复京师大学堂，“中学为主、西学为辅”的教育理念体现在校园建设上，学校在整修受损建筑的同时，进一步整理和扩展公主府的空间格局。大学堂拓展了公主府周边区域，通过购置沙滩汉花园的空地，建造宿舍和操场，并对校区格局进行了更系统的改造。

1904 年（光绪三十年），为解决新增学生的住宿问题，大学堂在公主府西侧空地修建宿舍，称为西斋。该宿舍由十四排中式平房组成，设计沿用传统书院的布局。在初创时期的大学堂中被用作藏书楼的公主寝殿，在此时期被改为神殿，寝殿的中厅供奉着孔子的神位，东西屋也作教室，为学生接受训诫的场所。壬寅（1902 年）京师大学堂重建后，后罩楼被设为藏书楼。直至清末，图书馆的建筑位置和基本格局一直保持不变。后罩楼的楼上用作书库以存放图书，楼下则设为阅览室，供读者使用。由于藏书楼空间狭窄，后来对后罩楼进行了改造，将门窗移至廊柱外侧。同时拆除了后罩楼院落东西两侧的院墙，但保留了原院墙的院门和牌楼（图 4）。

新增的译学馆校舍也采用了中西合璧的建筑风格。与 1900 年初创时期的大学堂相比，此时的大学堂在原公主府范围内新建了更多建筑与广场（图 5）。公主府内包括大门等建筑被拆除，新建了一系列西式建筑，包括呈倒“U”形的校舍、“大洋楼”和“工字楼”等。经过改建，和硕和嘉公主府逐步具备了新式大学应有的基本空间形态，校园建筑分为保留的传统建筑与京师大学堂时期新建的西式建筑两类，呈现出中西杂糅的特色（图 6）。

图 4　壬寅大学堂重建后作为藏书楼的后罩楼

（图片来源：参考文献 [4]）

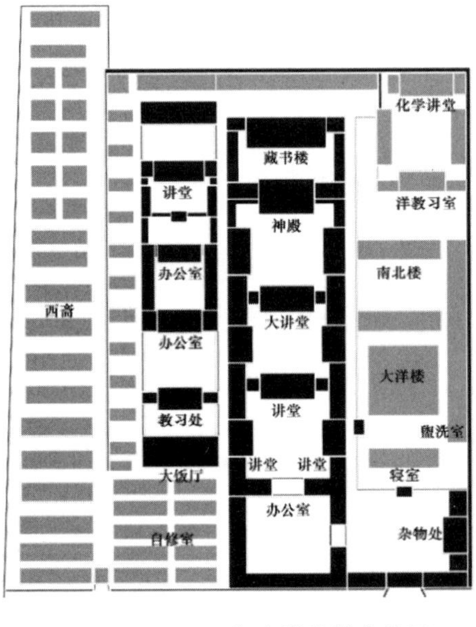

图 5　1911 年大学堂校舍格局

（图片来源：作者自绘）

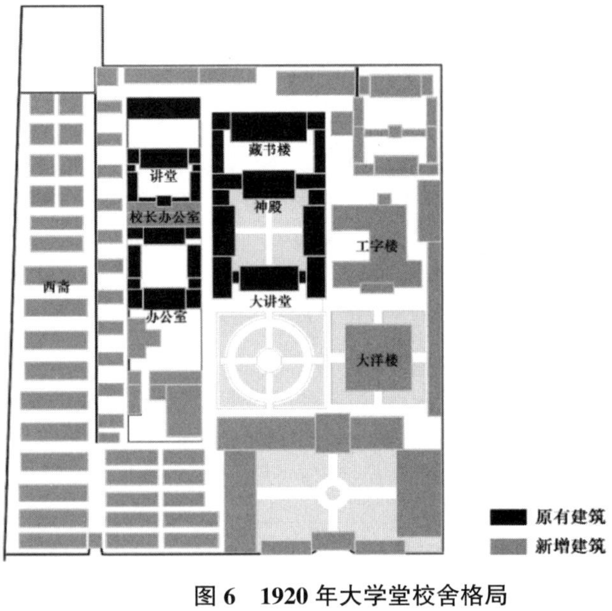

图 6　1920 年大学堂校舍格局

（图片来源：作者自绘）

总体而言，京师大学堂的校园形态演变体现了传统书院格局逐步解体，并向西方大学模式过渡的过程。这一转变主要表现在对西方建筑形式的借鉴上，而学堂整体的布局仍以传统书院式格局为主。京师大学堂的构架由传统书院演化而来，其道路系统依附于建筑群的布局，主轴线决定了主要的行进路线。次要道路常与廊道相结合，成为建筑的一部分，主次轴线的交点一般是位于中轴线上的重要建筑。由公主府改建后的京师大学堂，公主府原有轴线被新建建筑改变，围绕灵活的建筑布局发展。西部的轴线沿用中国传统四合院布局，纵深发展。东部的轴线则采用西方布局方式，以环绕建筑的空间展开，具有西方建筑布局规划的特点。两条轴线平行共存，使传统书院模式与西方大学模式在校园中处于拼接状态（图7）。在校园的院落布局中，建筑群的理念在西斋区域已有所体现。然而，大部分建筑仍以四合院为主，仅有少量独立的西式建筑。整体来看，京师大学堂时期的校园呈现出一种多样化拼贴的风貌，传统与现代风格交织融合。

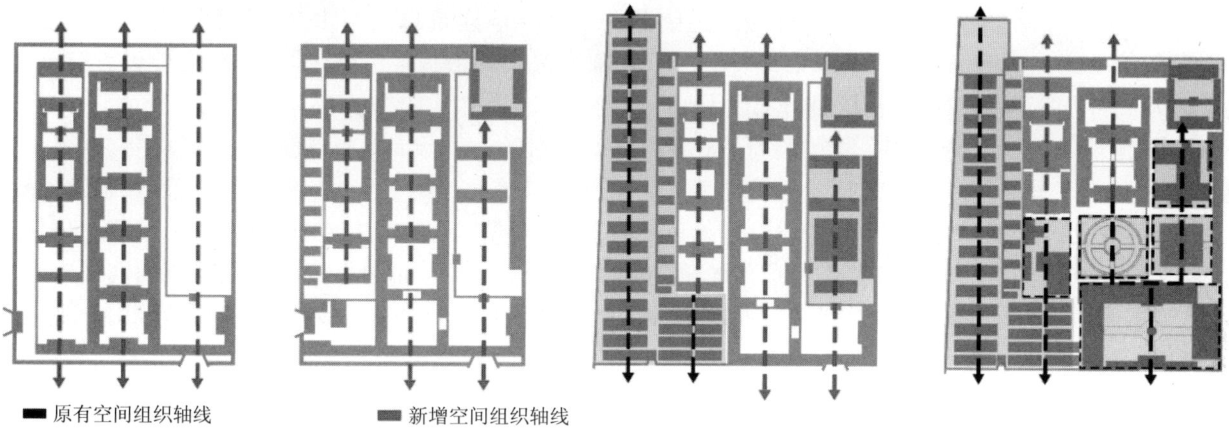

图 7　京师大学堂空间组织流线演变

（图片来源：作者自绘）

4　北京大学校舍的新建筑

1912 年中华民国成立后，京师大学堂更名为国立北京大学，标志着民国时期发展历程的新开端。校园的整体建筑布局基本保持原状，仅莲花池被李四光与地质系师生重新设计。随着招生规模逐年扩大，原有的校舍已无法满足需求，学校在沙滩地区新建斋舍以缓解压力。

1916 年（民国五年），北京大学红楼开始动工。次年，蔡元培担任北京大学校长，并聘请陈独秀担任文科学长。1918 年（民国七年）下半年，红楼竣工并投入使用。红楼的建成成为民国时期北京大学校园建设的重要里程碑，这座建筑由中法实业公司和仪品公司共同建造，设计手法新颖超前，竣工后曾被称为“新大楼”或“文科大楼”，代表了新派文化气象，一度成为北京大学的形象标志。

北京大学红楼最初是为了解决学生住宿难题而建，后来改为校部，同时用作图书馆和文科教学场所，地下室则设置为印刷厂。大楼一层为图书馆，二层设有教室、行政办公室和大教室，三、四层则全部为教室。蔡元培先生担任校长期间，曾在二楼西侧（现 208 室）办公。红楼汇聚了众多学术与文化新锐人物，并成为新潮社、国民杂志社、新文学研究会、哲学研究会等革新团体的活动中心。《新潮》《国民》《每周评论》等进步刊物均在地下室的红楼印刷厂印刷出版。红楼不仅是中国近代史上传播马克思主义及民主科学思想的重要阵地，还是新文化运动的核心场所、五四运动的发源地之一，同时为中国共产党的创立提供了重要基础。

1920 年（民国九年），北京大学取消了分科的教学制度，红楼被重新命名为北京大学第一院。抗日战争期间，日军占领北平，此地成为日军中国驻屯军宪兵队司令部和日本宪兵队本部等机构的驻扎地。在北洋政府统治下，由于教育经费极度匮乏，学校建设长期停滞不前。直到 1931 年（民国二十年），学校才通过中华教育文化基金董事会的五年"合作研究特款"得以缓解经济困难。时任校长蒋梦麟组织筹划新校舍的建设，以提升北京大学的硬件办学条件。在此期间，北京大学图书馆、地质馆以及女生宿舍楼陆续建成。此时，北京大学校舍多分布在景山东侧和北河沿地区，胡适曾将这一带形象地称为北平的"拉丁区"。

1934 年（民国二十三年），北京大学图书馆在松公府西侧的院落建成，由建筑师沈理源设计。这座建筑呈现出十足的现代感，外墙简洁利落，大块饰面分隔，窗洞排列规则，没有繁复的装饰，与老建筑昏暗琐碎的风格形成鲜明对比。除了外观设计先进，这座图书馆在供暖、卫生和电气设施上也非常现代化。

北京大学地质馆于 1935 年（民国二十四年）7 月在松公府以西建成，由梁思成主持设计。这座建筑呈曲尺形，除楼板、屋顶和主要外墙使用钢筋混凝土外，其余部分以砖砌成。地质馆是北京大学校园的首座独立系馆，位于校园最西，与新图书馆分布于道路两侧。地质馆建筑总高约 18 m，占地面积为 791 m^2，总建筑面积约 1 900 m^2，平面布局呈 L 形。南部三层，北部为两层并带有地下室，地下部分主要设置储藏区、锅炉房及磨片加工区等。地上三层则分布着教室、陈列室、阅览室、实验室及办公室等功能空间。

这座建筑的设计充分利用了场地特征，充满巧思。建筑的外观设计完全服从于内部功能，摒弃了传统建筑常见的三段式划分，建筑师尝试将外墙、窗户及洞口等元素进行一体化设计，从而凸显出"空间性"。两侧在具有鲜明对比的同时，也通过巧妙的衔接合为一体。尤其是建筑左侧部分，利用三个体块之间的细微错动、比例上的精微调整以及顶部轮廓的起伏来打破建筑立面的平直感。细节方面同样一丝不苟，建筑正面不设置显露雨水管以保持立面的整体性。转角砖柱较上下墙面通过内收巧妙地引导视觉转向侧面的空间变化（图 8）。

图 8　北京大学地质馆建筑正面旧照

（图片来源：《梁思成全集（第九卷）》）

梁思成设计的北京大学女生新宿舍楼也于 1934 年（民国二十三年）至 1936 年（民国二十五年）顺利建成，建筑位于校园北部，与红楼隔广场相望。该建筑平面呈 U 形，主体为三层结构，总高约 14 m，南面楼梯间以西部分为四层，总高约 18.6 m，并在东侧屋顶设有一座小亭。宿舍共有 220 余间房间，分为八组，各组设有独立入口，按照《千字文》的起句"天、地、玄、黄、宇、宙、洪、荒"排序（图 9）。

女生宿舍楼的设计采用小组团构成，主入口采用券洞形式，从主入口可进入内院。其平面功能分区直接体现在外立面上，窗户上下檐口及窗台以外凸的窄条装饰，并辅以竖线条分隔墙面区间，同时通过贯通竖直的落水管进一步强化立面节奏。南面楼梯间以西部分增高为四层，打破了建筑高度过于平坦的单调感与以中央楼梯间为轴的对称构图，从而增添错落感(图 10)。梁思成在建筑完成后数年间曾自评道：“平素去雕饰，而纯于立体及表面之比例、布置之权衡上发挥其图案效果。”

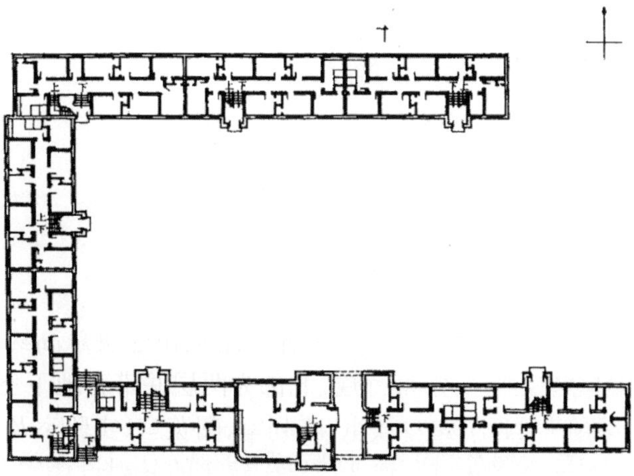

图 9　北京大学女生宿舍楼首层平面图
(图片来源:《梁思成全集(第九卷)》)

图 10　北京大学女生宿舍楼正面旧照
(图片来源:《梁思成全集(第九卷)》)

5　延续的现状与重新认识

在北京大学迁走之后，这一片区域成为人民教育出版社的办公场所。不少原有建筑被改建或拆除，例如原京师大学堂“工字楼”等。和硕和嘉公主府的大殿是目前公主府保存较为完好的建筑，曾作为老北大的大讲堂，如今改为酒店使用。公主府正殿现为一家律师事务所，建筑保存状态较好。而西斋的中式平房虽整体结构尚完整，但由于长期缺乏维护，现作为某单位宿舍使用，已经出现私搭乱建的现象，逐渐演变为居民“大杂院”，建筑格局也受到较大影响。由梁思成设计的宿舍楼至今仍保留，但建筑年久失修，整体状况较为破败。尽管如此，其主体结构基本完整，围绕中心庭院的设计也大致保留了原貌。

从早先的公主府到京师大学堂，再到北京大学旧址，该区域经历了复杂的近代历史演变，基址与城市肌理保存完整，但许多珍贵的老建筑由于年久失修，破损已经非常严重。早在 1990 年，京师大学堂建筑遗存就被列为北京市第四批文物保护单位，虽然相关的保护工作已经展开，但是还没有到位，旧址区域缺乏统一的规划和有效的管理，历史和内涵未能得到深入挖掘和弘扬。该区域建筑遗产的价值应该得到充分的认识，并制订完整的保护计划。

赵越伊　北京建筑大学　硕士研究生
陈雳　北京建筑大学　教授
孔菲　北京建筑大学　硕士研究生

参考文献

[1] 董良. 时代转换下的校园历史印记：北京大学建筑里的近代史 [J]. 中华民居，2011(11)：49–57.
[2] 席雅卿，张剑葳. 从旧风气到新思想：基于北京大学建设史的新型教育空间生成与观察 [J]. 建筑学报，2022(9)：81–87.
[3] 姚伯岳. 京师大学堂第一座藏书楼原址小考 [J]. 大学图书馆学报，2018，36(1)：90–96.
[4] 北京大学，中国第一历史档案馆. 京师大学堂档案选编 [M]. 北京：北京大学出版社，2001.
[5] 俞同奎. 四十六年前我考进母校的经验 [M]// 走进北大旧事. 北京：生活•读书•新知三联书店，1998.
[6] 陈晓恬，任磊. 中国大学校园形态发展简史 [M]. 南京：东南大学出版社，2011.
[7] 刘国刚. 北京清代公主府建筑规制与特征研究 [D]. 北京：北京建筑大学，2020.
[8] 北京市政协文史和学习委员会. 加强对京师大学堂建筑遗存的保护 [J]. 北京观察，2009(3)：52–54.
[9] 吴良镛. 吴良镛选集：广义建筑学 [M]. 北京：清华大学出版社，2011.
[10] 梁思成. 清华大学营建学系(现称建筑工程学系)学制及学程计划草案 [N]. 文汇报，1949–07–10.
[11] 秦佑国. 从宾大到清华：梁思成建筑教育思想(1928—1949)[J]. 建筑史，2012(1)：1–14.
[12] 丁垚. 梁思成建筑设计作品辑略 [J]. 建筑学报，2021(9)：26–47.
[13] 梁思成. 梁思成全集：第九卷 [M]. 北京：中国建筑工业出版社，2001.

庚子事变后天津及周边地区法国军事设施规划建设考证

A Textual Research on the Planning and Construction of French Military Facilities in Tianjin and the Surrounding Areas after Yihetuan Movement

王翰涛　涂颖佳　青木信夫

摘　要:1901 年清廷与列强签订《辛丑条约》,允许八国联军沿京山(北京—山海关)铁路沿线建营驻军。本文以法国在天津及周边的四处兵营建筑为例,梳理其建造过程与平面布局,探究外国兵营的现代军事观念及其对地方城市发展的影响。法国在中国领土上建造军事设施,必然是为落实从清廷新攫取的"驻兵权"、实现侵占中国国家主权的政治目的服务;但作为当时西方军事建筑最新知识引入中国的成果,我们也应看到近代外国兵营建筑遗产所反映的技术与文化特征,以促进对该类重要历史事件遗存的认知和保护利用。

关键词:近代建筑;天津;八国联军;法国;兵营;军事工程

Abstract: In 1901, the Qing government was forced to sign the Treaty of Xinchou, which allowed the Eight-Nation Alliance to build barracks along the Beijing-Shanhaiguan Railway. This paper takes the four French barracks in and around Tianjin as an example, explores the applied modern military concepts and the barracks' impacts on urban development, by sorting out their construction process and plan layout. The construction of French military facilities on Chinese territory was inevitably for the political purpose of implementing the "right of garrison" newly seized from the Qing government and encroaching on China's national sovereignty. However, because of the introduction of the latest knowledge of Western military architecture into China at that time, we should also see the technological and cultural characteristics reflected in the architectural legacy of the foreign barracks of the modern era to promote the understanding of the remains of this important historical event.

Keywords: modern architecture; Tianjin; Eight-Nation Alliance; France; barracks; military engineering

引言

庚子事变后,1901 年八国联军胁迫清政府签订《辛丑条约》,允许八国联军在北京东交民巷使馆区及京山铁路沿线各城镇建立驻兵营地。八国联军所建兵营的选址与分布,既是军事战略需求的体现,也与当时的城市格局、交通条件以及当地的地理环境紧密相关。研究这些兵营的材料选择、建筑形式与布局设计,不仅有助于理解各国当时的建筑技术与军事需求,还能揭示西方军事建筑在中国土壤上的适应与变迁。迄今为止,仅有少数学者注意到近代军事建筑遗产的价值,对近代外国在华建筑遗产的深入研究更是寥寥。国内绝大多数军事遗产研究都着眼于近代以前的军事工程(如城墙、炮台、长城)、军事聚落(如边疆与海防卫所、营汛)等物质遗存,近年来只有邓浩、奚江琳等[1-2]论述梳理中国近现代军事遗产的构成与价值;而对近代外国在华军事建筑较为深入的专题研究,仅见赵伟对重庆法国水师兵营[3]、周楠对中东铁路沿线军事建筑[4]、蔡为哲对广州湾法国租借地兵营区[5]、冯恺悦对旅顺海防堡垒[6]的研究等。

本文以天津法租界、东局、军粮城、塘沽四处法国兵营为例，在比较视野下通过历史文献梳理其组群布局与结构特征，探讨外国兵营建筑的历史价值与文化特点，提供建筑史研究新视角，旨在为在华外国兵营建筑遗存的当代保护与研究提供理论支持。

1　法国兵营建设之历史背景

《辛丑条约》签订生效后，列强开始落实其在华"驻兵权"，以"保护运输安全"为由，划分京山铁路驻防区段：北京至黄村（英），黄村至廊坊（意），廊坊至天津（德），天津至塘沽（法），塘沽至唐山（英）、滦州至山海关（日）。为了方便调遣驻军，意大利在黄村，德国在廊坊、杨村，法国在军粮城，英国在芦台、唐山，日本在滦州、昌黎，各自修建了兵营。同时，京津地区主要港口塘沽、秦皇岛（冬季海河结冰时使用）及京山铁路起点、战略要地山海关也同时驻扎了多国军队，相应地也建设了各国营盘。

1902 年，联军将天津地方行政权交还清政府后，开始撤回各国主力部队，只留下约两成驻屯军。1906 年，德国交还廊坊、杨村兵营，意大利交还黄村兵营；1910 年，法国也交还了军粮城兵营。辛亥革命后，德、俄在中国政府外交斡旋之下决定完全撤军，法军也仅保留《辛丑条约》分配兵力的半数；与之相反，英、日为保持在华特权并不情愿撤军，驻军总数不变甚至略有增加，只是调遣铁路沿线驻军往京津两地集中，但仍在各营房保持少量驻军，这批营房直至抗战胜利后才由中国政府全部正式收回。直到 20 世纪 50 年代，新中国废除各种不平等条约，收回各国在东交民巷前使馆区内的兵营建筑产权，标志着外国在华"驻兵权"的正式终结（图 1）。

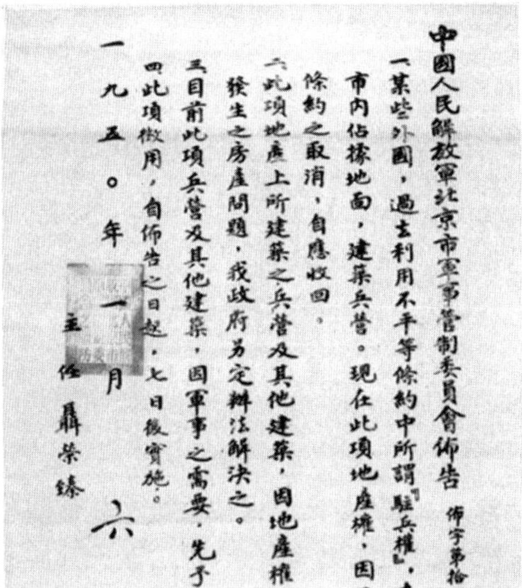
中國人民解放軍北京市軍事管制委員會佈告　佈字第拾伍號

一、某些外國，過去利用不平等條約中所謂『駐兵權』，在北京市內佔據地面，建築兵營。現在此項地產權，因不平等條約之取消，自應收回。

二、此項地產上所建築之兵營及其他建築，因地產權收回所發生之房產問題，我政府另定辦法解決之。

三、目前此項兵營及其他建築，因軍事之需要，先予徵用。

四、此項徵用，自佈告之日起，七日後實施。

一九五〇年一月六日

主任　聶榮臻

图 1　关于收回帝国主义国家在北京的兵营及其他建筑的布告

（图片来源：中国国家博物馆，布告网址为 http://www.chnmuseum.cn/zp/zpml/gshww/202104/t20210401_249456.shtml）

在联军内部协议的驻军分配中，法国驻军名额与英、德、日三国相当，其于北京、天津、军粮城、塘沽、秦皇岛/山海关五处驻防。1900 年天津被占之初，法军利用从被毁建筑上拆下的砖瓦木材，在法租界内修建了四座临时兵营，同时占领原北洋水师营务处并将其改建为永久性兵营，以在庚子之役中阵亡的公达乐（Contal）中尉命名。随着战事逐渐平息，法租界重新开始城市建设，四个临时兵营所在地块被转交给公议局重新开发，仅有的公达乐兵营显然无法承接四个兵营原可容纳的士兵与物资，因此法军正式动议接管天津东郊贾家沽原由俄军占领的北洋机器局东局废址，在天津近郊建设规模远超其他各国驻津兵营的东局子兵营。鉴于塘沽是京津海运的主要转运港口，1900年联军便在塘沽划定了各国管理的土地界限，兴修兵营、船坞等军事设施，法国也不例外。直到1947年，法国政府才将这两处兵营交还给中国政府[7]。军粮城法国兵营则是1901年各国划定负责的京山铁路守备路段的产物，该兵营规模较小，1910年交还给清政府，至民国初年被拆除，其材料被用于建造地方学校[8]。

2 天津地区法国兵营建造过程梳理

以1901年1月16日清廷全盘接受列强提出的《议和大纲》为界，联军在华北地区的军事设施建设可大致分为两个阶段。第一阶段所建兵营主要为联军侵华战争服务。在此期间，法国在天津地区建造的军事设施包括法租界内的四座临时兵营、塘沽军事码头及附属兵营。第二阶段，联军保留北京使馆区小规模驻军的同时，将大部分驻军调往天津，通过在城市中建设永久性的“某国兵营”并用阵亡的军官为其命名，在天津城区内植入受各国文化支配的军事纪念空间，从而巩固其在华北地区的军事存在与威慑。此阶段法国在天津地区建造的军事设施，包括占据北洋水师营务处旧址的法租界紫竹林公达乐兵营、占据北洋机器局贾家沽东局旧址的东局子兵营、扩建的塘沽兵营与新建的军粮城兵营。这两个建造阶段在时间上相差无几，体现的兵营建设思想也别无二致，但建设背景及建筑材料供应程度的不同在其建筑组群布局和所采用的建造技术上又有着明显体现。

2.1 搭建临时兵营——入侵过程中的权宜之计

1900年7月，八国联军攻占天津后建立临时军政府“天津都统衙门”，取代清政府在天津的地方政权。各国决定将大部分军队驻扎在天津，在保证天津临时军政府正常运转的同时，也以撤军为条件促使“西狩”的清廷尽早回京同各国订立和约，从而达到进一步侵占中国主权的目的。1900年10月，法军工兵旅指挥官埃米尔·罗格朗-吉拉德下令在天津修建兵营、医院与马厩，并为随军行政、邮政、卫生、财务等部门建造办公楼、仓库等设施，且要求配备有足用的供暖设备。工兵们就地取材，雇佣中国人从周围房屋废墟拣选可以再次使用的砖瓦，所需木材则向通过上海法租界公董局总工程师约瑟夫·朱利安·肖洛介绍的法国供应商采购。

天津法租界城区发展的总体趋势，是从东侧的大法国河坝逐渐往西拓展，土地价值也呈现为自东往西递减，而法军在天津的四座临时过冬兵营也都位于价值较低、开发较少的租界西部（图2）。联军占领天津时，法租界西界大致为今解放桥南桥头、赤峰道大沽北路路口两点连线[9]。法国在联军内部协议中，获得了对原法租界西侧直到墙子河（今南京路）东岸土地的声索权，在法国驻津领事对外发布扩展租界通告前的一个月[10]，法军工兵旅已提前开始在该区域上平整土地、建设两座过冬兵营——勒维克兵营、海大道兵营，另外两座兵营——贝拉格兵营、中国剧院兵营也被安排在紧邻法租界旧西界的街区。其中，勒维克兵营与贝拉格兵营工程规模较大，承载的功能更为复杂，由法军工兵旅两位长官亲自督建，因此以他们的名字分别为两座兵营命名。所不同的是，勒维克兵营坐落于战后的中国民房废墟，规划不受地块限制，布局较为完善；而贝拉格兵营则位于扩界前的法租界，受既有街区形态的制约，兵营内有市政道路穿过，布局相对分散，且缺乏专门的练兵场所。

在军事建制上，法军将派遣来华参加八国联军的部队统编为殖民地第十六步兵团，并令其在战争结束后继续驻扎于华北各兵营。1900年联军初占天津后，法国驻津领事直接没收法租界内的北洋水师营务处，将其简单改建后供兵团司令部、补给部门使用，同时驻有一支百人连队，其余部队则驻扎于上文提及的四座临时兵营。但这些兵营终究是临时的，法军需要及时另觅土地建造新兵营：一方面，兵力分散必然给部队调遣带来不便；另一方面，兵营所在地块也成为法租界城市开发的障碍。不同于紫竹林兵营坐落于寸土寸金的法租界核心区，完全没有扩建可能，法军的正式兵营本可选择面积较大、配套完善的勒维克兵营进行改建，但法租界在自行扩界后，原本偏处一隅的勒维克兵营顺势成为海河边的热门地段。早在兵营建成不久治安恢复稳定后，法租界的土地开发便也逐渐恢复，建成时尚处偏僻地段的临时兵营，势必成为城市化发展的障碍。

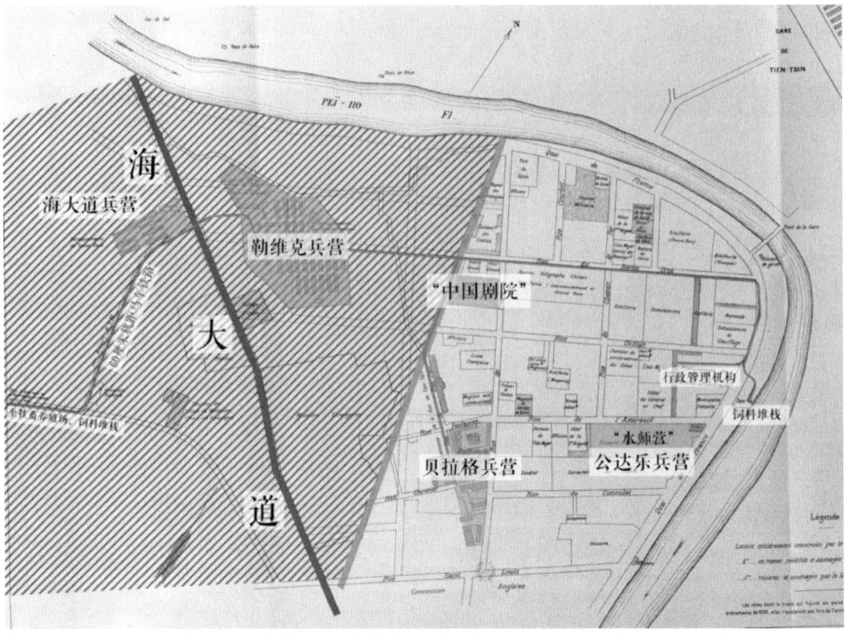

图 2　天津法租界内兵营分布

（图片来源：法国国家图书馆藏，埃米尔•罗格朗–吉拉德《中国工兵 1900—1901》，附页地图，http://gallica.bnf.fr/ark:/12148/bpt6k873019w，中文由王翰涛标注）

图片说明：法租界内共有一座长期兵营与四座临时兵营，黑线为连接各兵营的马车铁路路线，灰线为 1861 年划定的法租界西界，阴影区域为庚子事变后法租界大致拓展范围。

1900 年 12 月，兵营甫一落成，天津法租界董事会便通过了由法国领事杜士兰与领事馆秘书孟聂耳制定的城市规划，以法租界东部核心区方格路网为样板，重新调整西部地块道路走向与街块形状[9]。贝拉格兵营所在的靠近英租界的南部街区，则决定开辟克莱蒙梭广场，并在中央设置法国菜市，使其成为法租界的新商业中心。1929 年，公议局拆除菜市，将原址重新调整为新建公议局大楼的前广场。从城郊集镇到军事禁地，融入租界后又从商业中心变为政治中心，克莱蒙梭广场用地性质的调整体现了法租界西扩后早期地段土地价值的急速上升，为了尽可能获取商业利益，作为负面空间的兵营只能另觅场地重新安置。

2.2　兴修长期兵营——长期军事影响力的象征

北洋机器局，又称天津机器制造局，1867 年由崇厚创办，三年后由李鸿章接办，他将自己的幕僚、主管江南机器制造总局行政事务的沈保靖调来担任总管，在其努力扩充下，北洋机器局成为华北的重要军事工业基地，拥有当时全国最大的火药制造厂[11]。1900 年，俄军攻占北洋机器局总局所在地——位于东郊贾家沽的东局。1901 年 9 月，通过联军内部协商，俄军将北洋机器局东局旧址移交给法军使用。根据法军工程兵军官描述，当他们前去接收时，机器局西半部分厂房已经沦为废墟，可移动的设备被抢运一空，规模较大的厂房都被拆毁，以向联军都统衙门提供砖块、木材、铁件等材料；东半部的原手工作坊及住宅等中式平房保存尚好，但所有门窗、隔墙、地板也都被拆走。1901 年 10 月，法军工程兵提出在东局废址修建兵营，以便将大部分驻军调离天津城区；租界内的紫竹林兵营仅保留兵团司令部及一个卫队，该队也可为法租界提供社会治安保障。

在之后的一年里，工程兵一边清理场地，一边制定兵营具体规划（图 3）：由于东局总面积过大，乃至与天津城面积相当，法军兵营仅占用东半部，通过修缮、改建残存房屋，就足以容纳城内驻扎的绝大部分法国占领军。工兵在规划中按照关系紧密程度，将兵团各部门、军种划分为六大组团，安置于兵营中的六个相互联系但又互相稍作区隔的区域。兵营主入口沿用原机器局南大门，穿过大门便进入工程兵、骑兵、行政部门使用区域；沿主路继续向北直行，右侧可达军官宿舍与军队医院，左侧则是士兵营房、职能部门办公室及相应配套设施。两大类组团之间隔以内部河道，保持了军官宿舍与军队医院的独立性，尽可能减少了部队日常操练造成的影响。

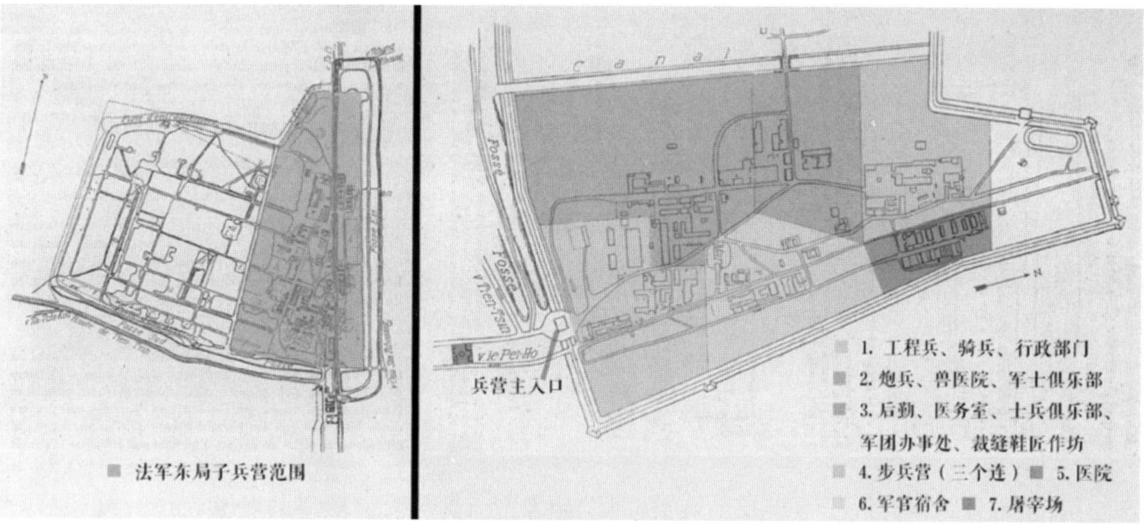

图 3　东局子兵营范围及功能分区示意

（图片来源：法国国家图书馆藏，欧宾·萨巴蒂耶《1901—1906 年占领时期的中国工兵》，第 58、63 页，http://gallica.bnf.fr/ark:/12148/bpt6k3758127，中文由王翰涛标注）

联军在大沽口建设的兵营与海军码头并不在登陆点大沽，而是在大沽上游北岸、因京山铁路设站而兴起的港口城镇塘沽。联军强占塘沽镇区及其周围大片土地，私相授受将其划为英、法、俄、日四国“租界”（图 4），界内土地及建设由各国军队自行管理支配。需要说明的是，各国在塘沽自行命名的“租界”，自始至终从未获得清廷与民国政府承认。早在鸦片战争后的 1864 年，法国便要求清廷在塘沽划定法国专管租界，清廷自然不可能答应，此事便不了了之。直到八国联军占领塘沽，法国才根据所谓“法理依据”趁势占地，被法国圈占的土地面积在塘沽所谓的四国“租界”中也是最大的，包括三块不相连的片区：京山铁路以南塘沽中心镇区所在的五边形地块（此处也是法国此前声索“塘沽租界”之所在）、南面隔海河相望的一片三角形滩地及塘沽火车站下游一处老码头。法军强占了位于中心镇区的协台衙门房屋，将其改为军官宿舍，并征用临近土地修建营房、医院与瞭望塔；同时，在海河两岸强占土地上各建一处海军船坞，其中北岸船坞规模较大，通过铁路支线与京山铁路干线相连，并建有仓库、作坊、军官宿舍等配套设施。直到抗日战争结束，塘沽法国海军兵营转交给中法合资的仪兴新记轮船公司，陆军兵营则转给当时借用该地办学的私立津宁中学，方才结束了法国在塘沽非法占地的历史。

1906 年大规模撤军后，尽管法军在数量上并不占优，但却占领了各国兵营中最大的东局子兵营，在塘沽强占的土地也比其他国家多。法军选择在东局驻军而不在法租界内建造新兵营，只是联军内部占领设施分配的偶然结果，几乎起不到《辛丑条约》中给予列强“保护”铁路线的作用。在兵营正式启用前，时任直隶总督袁世凯致信催促法军早日归还东局废址，指出东局并非法军攻占而是从俄军转手而得。法军司令不愿耗力耗财另建兵营，辩称联军内部调整不影响其对东局作为战利品的支配权，同时又表示愿意归还，但要求中国政府赔偿法军高昂的“建设成本”。最后中方妥协，东局成为法国在华北的重要军事基地，直到被日本在侵华战争中逐出。法军在塘沽大肆圈地建营，依据之一是数十年前清廷没有回应的租界划界“请求”，二则是辩称联军内部协定由法国负责驻防塘沽，以至于 1906 年英、俄两军撤出塘沽，日本也仅留驻数人时，法军在塘沽仍然保持着数十人规模的驻军。不同于法军早期在租界修建的临时兵营，法军希望借由紫竹林、东局和塘沽三处兵营发挥长久的军事影响力，这是在不平等条约之下对中国主权的进一步蔑视与践踏。

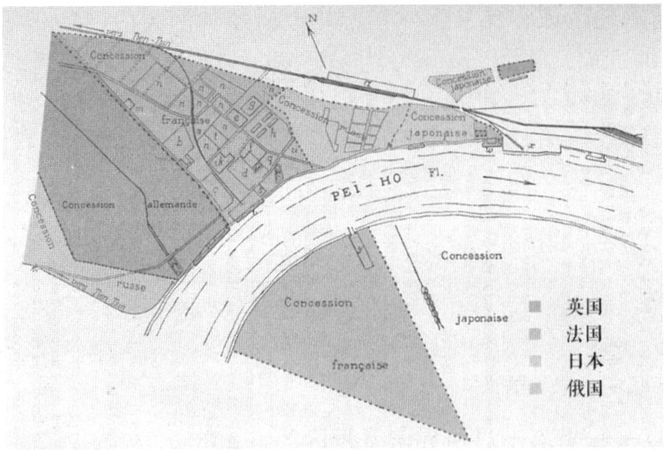

图 4　英、法、俄、日四国在塘沽自行划定、从未获中国政府承认的"租界"

（图片来源：法国国家图书馆藏，欧宾•萨巴蒂耶《1901—1906 年占领时期的中国工兵》，第 115 页，中文由王翰涛标注）

3　兵营空间的工程知识跨境转移

在法国，工程师最早起源于军事技术人员，即设计维护火炮与防御工事的专家。1691 年，法军"工兵团体"正式建立，推动了法国工程行业的整体职业化与近代化[12]。1716 年，专职维护修建道路桥梁的"路桥团体"诞生，标志法国的工程已经超越军事、进入市政领域[13]。18 世纪中叶，巴黎国立路桥学校与梅济耶尔军事工程学校开办，此时工程师教育还以实践为主，直到 1794 年巴黎综合理工学院成立，大量知识理论被应用于教学活动，法国工程师得以受到全面正式的教育，在教与学中逐渐发展出复杂的工程知识体系。拿破仑执政后，下令对法国工程院校进行军事化改革，所有学生在校都要接受严格的军事管理，从而为军队输送更多优秀的工程人才，在众敌环伺下保卫法国。在本土与各国作战的同时，法国也积极侵略北非开展殖民活动，两者共同促进了法国军事工程知识体系的现代化。1802 年，全球第一种军事工程学术期刊《工兵军官论文集》在法国发行出版，来自巴黎综合理工学院、法国国立工艺学院等重要工程院校的学者在此发表当时最新的军事工程学术成果，知识面涵盖军事建筑（兵营、厨房、马厩等）与物理知识（静力学、热力学、材料强度测试）等，也发表了许多具有开创性的文章，讨论根据材料物理性质决定不同气候下经济的建筑材料与方式。八国联军在华北修建的兵营，同联军修建的电报线与修复的道路桥梁，都应用了当时较为先进的设计理念和技术，旨在提高管理"科学性"的同时尽可能降低时间与费用成本。本节从总体布局与建筑单体两方面对天津地区法国兵营展开讨论。

1823 年，法国工兵上尉贝尔马斯在《工兵军官论文集》发表了《关于军事建筑的论文》，介绍军事建筑的一般构图原则、不同兵种的营房特点，讨论了营房平面中设计隔间宿舍、半室外敞廊的优点。这篇论文对近代许多国家的兵营建筑都产生了深远的影响，更被日本陆军士官学校前身——"兵学寮"直接译为日文，以《造营法》为题出版，成为日本近代早期兵营建设参考书[14]。兵营建筑群的总体布局，在场地没有边界限制时，一般都是简单直接的行列方阵，这样当人位于建筑群的中心轴线尽端时，就会产生一种将整个建筑群尽收眼底的视觉效果，从而使建筑群显得更为宏大雄伟[15]。法军在天津法租界修建的临时兵营中，除了贝拉格兵营因使用修缮后的遗存建筑使其呈现为不规则布局，其他三座兵营无论规模大小都采用了这种方阵布局，法军在塘沽、军粮城两地修建的长期兵营也是如此。

庚子事变前，勒维克兵营原址有座大型法国剧院，因而其也被称作"法国剧院兵营"。兵营北邻紫竹林村通往天津城的要道——紫竹林大街，但在起建兵营时，该地街市已几乎被毁殆尽。在法租界对岸的老龙头火车站东南方，法军修建了一座临时浮桥跨越海河与法租界葛公使路（今滨江道）相通，该路西延伸段的尽头直对勒维克兵营正门。兵营建筑群的总体布局与中式营房类似，四周围以围墙，葛公使路穿过大门继续延伸成为整个兵营的中轴线，将其分为南北两组营房，轴线西端尽头是兵营内部的一处封闭院落。避开市政道路以其为中轴建设营房，也是出于经济考虑尽可能久地使用营房：1903 年为了连通法租界西部街区，中轴线已正式辟为市政道路，而路两旁此时尚未被征用，从而支持法军放手东局子兵营而无太多后顾之忧。勒维克兵营南北两组营房均为方阵布局，每排营房的数量则根据场地的利用情况来确定，南侧分别建有九座、三座两列营房，北侧仅在西端靠近指挥官院落处，分别建有三座、四座两列营房，因为东端靠近主入口处，有一座仅存的中国民房，经工兵改建后作为兵营医务室使用。在北侧营房西北处，还有一个被墙围起的独立地块，地图标注为法国耶稣会士苗履实名下马厩，为连接各兵营、物资堆栈与海河码头的马车铁路提供马匹。马车铁路是一种在街道上铺设轨道，由马拉动车辆在轨道上行驶的城市公共交通工具，是 19 世纪末欧美常见的交通工具。轨道进入勒维克营区后，先沿中轴线经过三排营房再向左稍偏，从内部院落南墙外通过，继而转北铺至马厩门口，最后转西出营区围墙、取道海大道兵营门口小路，通往铁轨西端终点——坐落于日租界未开发区的牲畜养殖场（图 5）。

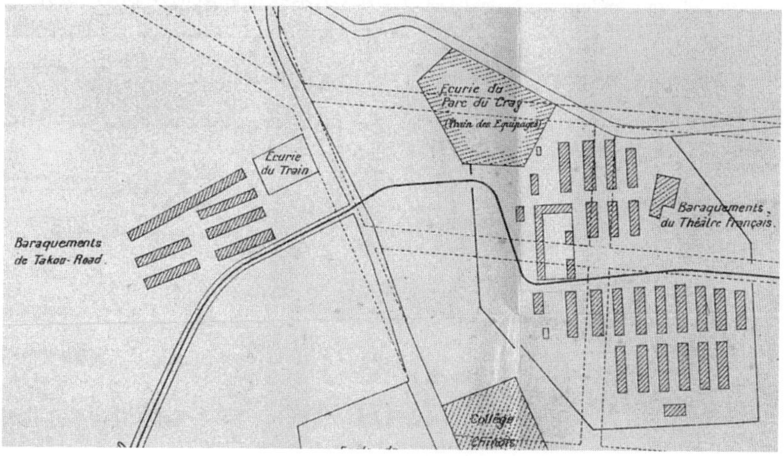

图 5　海大道兵营（左）与勒维克兵营（右）

（图片来源：法国国家图书馆藏，埃米尔•罗格朗 – 吉拉德《中国工兵 1900—1901》，附页地图，http://gallica.bnf.fr/ark:/12148/bpt6k873019w）

4　结论

天津法租界、东局、军粮城和塘沽的四座法国兵营，见证了外国军事建筑在中国的适应与演变，同时也是近代全球技术转移的重要载体。本文梳理了法国在天津及周边兵营建筑的建造过程与平面布局，探究了外国兵营的现代军事观念及其对地方城市发展的影响。法国在中国领土上建造军事设施，兵营的建筑材料、布局和设计融入了法国乃至西方的建筑技术，同时适应了中国的地理环境，展现了本土与异国工程实践的结合。

基金资助：国家自然科学基金面上项目（52178021）——近代东亚地区法国租界规划建设比较研究。

王翰涛　天津大学　博士研究生
涂颖佳　天津大学　助理研究员
青木信夫　天津大学　教授

参考文献

[1] 邓浩，奚江琳，杨涵. 军队建筑遗产研究与群体价值认知 [J]. 中国园林，2012，28(1)：105-107.
[2] 奚江琳. 军队建筑遗产构成与价值评析 [J]. 中国文化遗产，2015(2)：52-57.
[3] 赵伟. 重庆法国水师兵营保护与再利用研究 [D]. 西安：西安建筑科技大学，2013.
[4] 周楠. 中东铁路军事建筑研究 [D]. 哈尔滨：哈尔滨工业大学，2016.

[5] 蔡为哲. 广州湾白雅特城建筑研究 [D]. 广州：华南理工大学，2021.

[6] 冯恺悦. 地缘政治视角下的旅顺近代海防堡垒特征研究 [D]. 沈阳：沈阳建筑大学，2022.

[7] 冯雨泉. 东局子、万新庄（村）[M]// 中国人民政治协商会议天津市河东区委员会文史资料征集工作委员会. 天津市河东区文史资料 第 1 辑. 天津：[出版者不详]，1988：25.

[8] 中国人民政治协商会议天津市东郊区委员会文史资料研究委员会. 天津东郊文史资料 第 2 辑 [M]. 天津：[出版者不详]，1990：59.

[9] 李天. 天津法租界城市发展研究（1861—1943）[D]. 天津：天津大学，2015.

[10] 吕颖，齐义虎. 天津法租界的扩张及老西开事件（1861—1917）：以法国外交部档案为基础史料的考察 [J]. 史林，2018（5）：1-7，33，218.

[11] 刘佐亮. 天津机器局：中国北方重要的科学技术基地 [M]// 传统与现代的交融：近代天津社会文化变迁. 第 2 版. 天津：天津社会科学院出版社，2022：79-117.

[12]KONSTANTINOS C. Theory and practice in the education of French engineers from the middle of the 18th century to the present[J]. Archives internationales d’histoire des sciences，2010，60：43-78.

[13]SHINN T. Des corps de l’etat au secteur industriel：genèse de la profession d’ingénieur，1750-1920[J]. Revue française de sociologie，1978，19（1）：38-71.

[14]MAEJIMA M. Édifier et équiper les bases de l’armée japonaise：transferts de technologie France-Japon，1868-1930[D]. Paris：CNAM，2014.

[15]BELMAS J-V. Mémoire sur les bâtiments militaires[J]. Mémorial des officiers du génie，1823（6）：225-339.

滇越铁路云南段桥梁工程营建技术初探
——以人字桥为例

A Preliminary Exploration on Bridge Construction Techniques in the Yunnan Section of the Yunnan-Vietnam Railway
—Taking the Faux Namti Bridge as an Example

唐　莉　杨爽雨　郑　溪

摘　要：滇越铁路作为中国第一条国际铁路，其桥梁工程蕴含着非凡的历史与技术价值。本文通过查阅历史图档及田野调查等方法，深入探究云南段桥梁工程营建技术。以人字桥为例，详细解析其设计理念、施工流程及技术创新，揭示其在铁路桥梁建设领域的重要地位和深远影响，为现代桥梁工程的发展提供经验与启示。

关键词：滇越铁路；桥梁工程；人字桥；工程技术

Abstract: As China's first international railway, the Yunnan-Vietnam Railway, holds extraordinary historical and technological value in its bridge engineering. This article delves into the construction technology of the bridge engineering in the Yunnan section through methods such as consulting historical archives and field investigations. Taking the Faux Namti Bridge as an example, it analyzes its design concept, construction process, and technical innovation in detail, revealing its important position and far-reaching influence in the field of railway bridge construction, providing experience and insights for modern bridge engineering development.

Keywords: Yunnan-Vietnam Railway; bridge construction; Faux Namti Bridge; construction technique

引言

滇越铁路是法国殖民越南时期修建的一条铁路，始建于1903年，于1910年正式通车，连接中国昆明和越南海防，全长859千米，其工程难度之大和设计之险峻，使当时的英国《泰晤士报》将其与苏伊士运河、巴拿马运河并称为“世界三大工程奇迹”[1]。2018年，滇越铁路被列入中国工业遗产保护名录（第一批），成为国家重要的工业遗产。这条铁路不仅促进了区域经济繁荣和文化交融，更在工程技术发展史上留下了浓墨重彩的一笔。目前关于滇越铁路桥梁工程方面的研究仍显不足，特别针对在物质条件匮乏的情况下，如何在悬崖峭壁之间使用传统人力及工具建造出如此宏伟且结构稳固的铁路桥梁等关键问题亟待深入探究。本文以云南铁路博物馆、滇越铁路研究会及昆明铁路局相关工作人员后代个人收藏的图文档案为基础，结合田野测绘、历史图档调研、对比研究等方法，聚焦滇越铁路云南段的桥梁工程营建技术，以人字桥为典型案例，深入剖析其在结构设计、施工策略等方面的适应性调试，以期挖掘滇越铁路云南段桥梁工程的技术价值，突破现有研究的局限，以支撑滇越铁路遗产保护及利用。

1 滇越铁路云南段桥梁概述

滇越铁路云南段全长 465 km，起点位于昆明，终点为河口。该铁路穿越高山、峡谷和河流等复杂多变的地形，在 150 km 的范围内，高程落差达到 1 800 m（图 1）。在这样的自然条件下，桥梁建设成为工程中的关键部分。滇越铁路云南段总计有桥梁 425 座①，其中较为著名的桥梁见表 1。滇越铁路云南段的桥梁按设计形式大致可以分为石拱桥、钢梁桥以及石拱钢梁混合桥三种类型。石拱桥采用当地材料，运用传统的造桥技术，将石材砌筑成拱结构，支撑上方的铁路轨道，其拱门高度、宽度和承载力都经过严密计算，超越了一般石拱桥的设计标准。云南段石拱桥一共有 108 座，其中以玉林山七孔桥（图 2）最具代表性。石拱钢梁混合桥有 295 座，两端为中国传统的石砌拱桥，中间为西方现代化钢结构桥梁，形成了独特的中西结合的风格，混合桥中最具代表性的是小龙潭大花桥（现已损毁）。钢梁桥有 22 座，因其材料强度高、构件轻盈且便于加工和运输架设，成为滇越铁路中大跨度桥梁建设的首选结构类型。在钢结构桥中，五家寨铁路桥（人字桥，见图 3）是最为突出的代表[2]。滇越铁路云南段桥梁工程体现了当时先进的工程技术，作为该线路不可或缺的组成部分，这些桥梁连接了地形，保障了运输安全，还极大地提高了铁路的通行能力和运输效率，为云南的经济发展和文化交流做出了不可磨灭的贡献[3]。

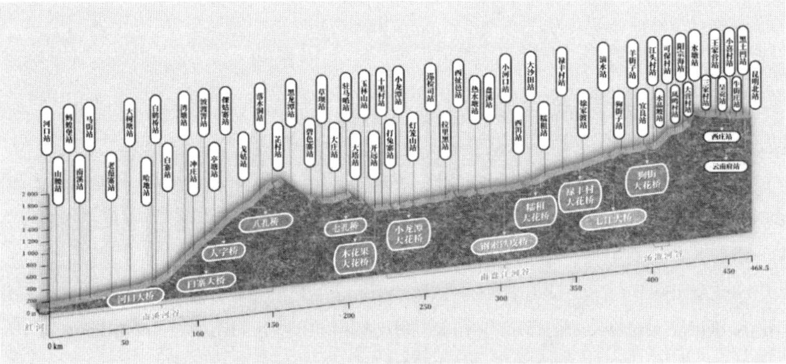

图 1 滇越铁路云南段沿线地形及著名桥梁示意

（图片来源：作者自绘）

表 1 滇越铁路云南段著名桥梁相关信息

桥梁名称	桥梁类型	现存状况
狗街大花桥	石拱钢梁混合桥	现存
七江大桥	钢梁桥	损毁
禄丰村大花桥	石拱钢梁混合桥	现存
糯租大花桥	石拱钢梁混合桥	现存
钢索铁皮桥	钢梁桥	损毁
小龙潭大花桥	石拱钢梁混合桥	损毁（后重建）
木花果大花桥	石拱钢梁混合桥	现存
玉林山七孔桥	石拱桥	现存
八孔桥	石拱桥	损毁
五家寨铁路桥（人字桥）	钢梁桥	现存
白寨大桥	钢梁桥	损毁（后重建）
河口大桥	钢梁桥	现存

① 数据来源于《滇越铁路》（云南人民出版社），滇越铁路云南段现存铁桥 22 座、石桥 108 座。

图 2　玉林山七孔桥

（图片来源：《滇越铁路》（云南人民出版社））

图 3　五家寨铁路桥

（图片来源：作者自摄）

2　标志性桥梁工程——人字桥

19 世纪末，伴随滇越铁路的修筑，近代西方科学技术大规模传入中国，特定的自然环境造就了滇越铁路独特的工程技术特色。在滇越铁路云南段的众多桥梁中，最引人注目的无疑是人字桥。这座桥梁的桁架由两个等腰三角形构成，形似汉字“人”，故而得名。人字桥在工程技术水平和知名度方面均名列前茅，为滇越铁路云南段其他桥梁建设提供了宝贵的技术和经验借鉴。

2.1　人字桥概况

五家寨铁路桥，又称次南溪河铁路桥、人字桥，位于云南省红河哈尼族彝族自治州屏边苗族自治县和平乡五家寨次南溪河峡谷，地处波渡箐站与倮姑寨站之间（图 4）。桥梁全长 67.15 m，宽 4.2 m，桥面距谷底 102 m，桥梁总重 179.5 t，由两个等腰三角形桁架拱臂组成，底部支撑于山腰间的两个铸钢球形铰支座上，顶部合拢后连接于钢枢上，使桥梁无须桥墩即可横跨深谷。人字桥由法国巴底纽勒建筑工程公司的工程师保罗•约瑟夫波登①（图 5）根据力学原理设计，并由该公司承建，于 1907 年 3 月开始施工，1908 年 12 月建成通车[4]。1998 年 11 月 13 日，人字桥被公布为云南省文物保护单位；2006 年 5 月 25 日，人字桥被国务院批准列入第六批全国重点文物保护单位名录。

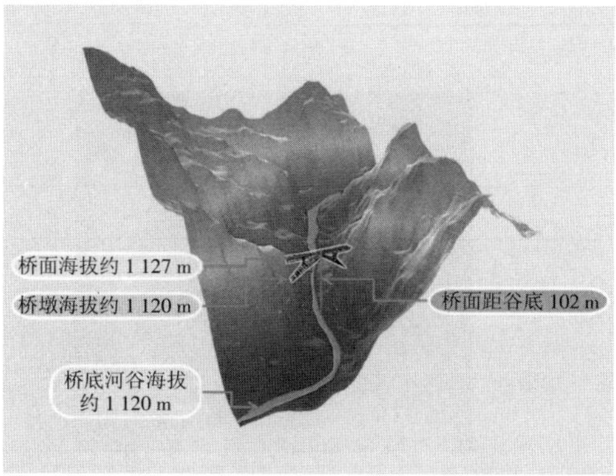

图 4　滇越铁路人字桥位置示意

（图片来源：作者自绘）

图 5　保罗•波登

（图片来源：巴黎中央理工学院历史档案）

① 保罗•约瑟夫•波登（Paul Joseph Bodin，1847—1926，简称保罗•波登）是法国著名的桥梁工程师，毕业于巴黎中央理工学院，1874 年加入法国巴底纽勒建筑工程公司。他一生致力于全球范围内的桥梁设计探索，给桥梁工程的发展带来了深远影响，代表桥梁设计项目有威敖铁路桥、阿索波斯铁路桥、五家寨铁路桥。

2.2 设计理念

人字桥的设计充分考虑了次南溪河谷地形(图6)和气候特点，选用桁式钢结构桥型，其独特的两个等腰三角形桁架结构(图7)可高效地将桥梁所受荷载均匀分散至两侧桥台，有力保障桥梁稳定。同时，适中的桁架高度既能保证桥下有足够的净空高度满足河道通航和泄洪的需求，又能与周围的山体景观相协调。与传统的桥梁结构相比，桁式钢结构桥在跨越较大跨度时具有显著的优势。它减少了中间桥墩的设置，满足了次南溪峡谷之间架设大跨度桥梁的需求。此外，钢结构的高强度和轻盈特性显著减轻了桥梁的自重，从而降低对基础承载力的要求。针对云南地区多风、多雨的气候特征，施工团队在桥梁的结构细节上也进行了优化，通过加固构件之间的连接节点，桥梁的抗风和抗震性能得到了明显提升，确保在复杂气候条件下结构的安全性和稳定性[5]。

图6 次南溪河谷地形示意

(图片来源：作者自绘)

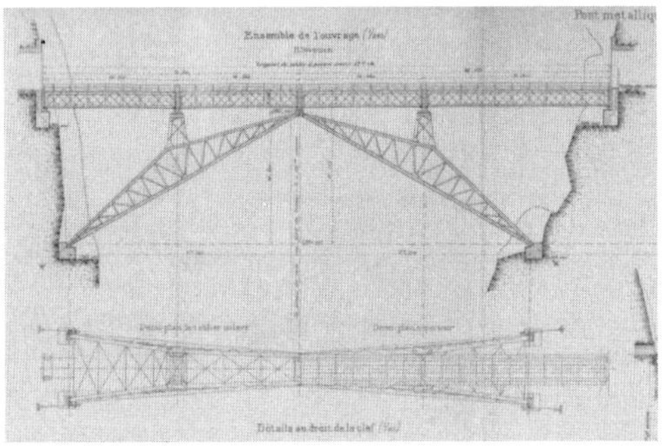

图7 人字桥结构

(图片来源：《滇越铁路》(云南人民出版社))

2.3 施工过程

人字桥的建设流程(表2)环环相扣，每一步都紧密相连，相互影响。整个过程中，建设团队凭借精湛的技艺与智慧，成功应对施工难题，克服了人字桥施工的高难度和复杂性。

表2 人字桥建设流程

序号	建设过程	时间	历史照片
1	昆明端基础性工程开展	1908年3月27日	

续表

序号	建设过程	时间	历史照片
2	河口端基础性工程开展	1908 年 4 月 15 日	
3	昆明端修建砖石支撑墙	1908 年 5 月 18 日	
4	组装河口端拱臂	1908 年 6 月 2 日	
5	人字桥拱臂合拢过程	1908 年 7 月 16 日 8 时	
5	人字桥拱臂合拢过程	1908 年 7 月 16 日 9 时 30 分	

续表

序号	建设过程	时间	历史照片
5	人字桥拱臂合拢过程	1908 年 7 月 16 日 10 时 30 分	
		1908 年 7 月 16 日 12 时	
6	轨道铺设	1908 年 7 月 30 日	
7	桥面架设	1908 年 11 月 24 日	
8	人字桥建设全部完工	1908 年 12 月 6 日	

2.3.1　开凿隧道和桥台

人字桥建设首先进行的是在河岸两端的隧道口进行桥台的开凿工作。这一过程需要精准定位，确保桥台的位置与后续的施工环节紧密契合，同时考虑地形的稳定性以及与周边岩体的连接牢固性，为整个桥梁的搭建奠定坚实基础（图 8）。

2.3.2　开挖施工槽

在两端隧道洞口距轨道面上方 19.14 m 的峭壁处，开挖出一个宽 4.4 m、高 3.8 m、深 4.0 m 的施工槽（图 9），用于安置绞车及滑车等起重设备（图 10），为后续材料的吊运和构件的拼装提供必要的作业空间和条件，尺寸的精准控制和位置的合理确定对施工顺利推进至关重要。

2.3.3　运输材料

人字桥座基所需的花岗岩、桥梁钢构件、配件、水泥等材料均从越南经过复杂路线运往工地。这一过程充满挑战。因地处偏远山区，交通不便，施工团队综合运用畜力运输、人力搬运以及特制简易运输索道（图 11）等方式，成功克服地形障碍与运输限制，全力保障物资按时、安全抵达施工现场 [6]。

图 8　人字桥桥台建设
（图片来源：私人收藏）

图 9　工人们在隧道口上方开挖施工槽
（图片来源：私人收藏）

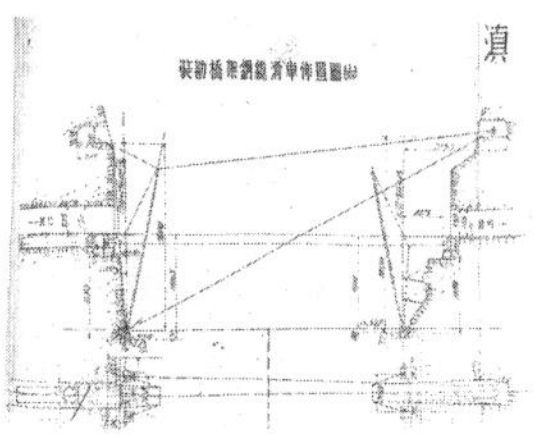

图 10　装勘桥架钢缆滑车布置图
（图片来源：西南联大档案馆）

图 11　建设材料运输过程
（图片来源：私人收藏）

2.3.4　安装球形拱座承台

在隧道下方砌筑钢筋混凝土拱座承台，并在其上精准安装铸钢球形支座。拱座承台的质量和稳定性直接关系到整个桥梁的承载性能。在施工过程中，工人们必须严格控制混凝土的浇筑质量和支座的安装精度，确保拱座承台能够稳定地承受后续桥梁结构的荷载，为桥梁的灵活转动和受力传递提供稳固的支撑点。

2.3.5　拼装三铰拱的拱臂

在球形拱座承台建造完成后，工人们在两岸的支座处将拱臂自下而上竖向组装。这要求建设者们具备高超的高空作业技能和精准的构件拼接能力，在复杂的山地环境和有限的作业空间内，将各个部件精确无误地组装在一起，确保拱臂的结构完整性和稳定性。

2.3.6　三铰拱的拱臂合拢

工人们借助两端绞车与拱臂顶部的滑车装置实现拱臂的合拢，操作时缓慢放松绞车，使拱臂绕支座作圆弧转动，待顶部枢轴孔精准吻合后穿入钢枢，并在拱脚安装锚固螺栓。这一环节对施工的精度和协调性要求极高，任何微小的偏差都可能影响到桥梁整体的稳定性。

2.3.7　拼装上部简支钢桁梁

施工团队用连续拖拉的方法架设上部简支钢桁梁，每次拼铆约 18 m，再向前推进，经多次循环直至全部就位。这一过程需要精确计算每次拖拉的力度、方向和距离，以防因拖拉不当而导致构件变形或损坏。

2.3.8　铺设桥面及轨道

在桥梁主体结构完工后，依循相关标准规范铺设桥面及轨道，这是保障铁路安全运行的最后一道工序。施工人员需要对桥面进行平整和加固处理，确保其平整度和承载能力符合要求。在铺设轨道时，要严格控制轨道的间距、高程和坡度，使用专业的测量工具和调整设备，保证轨道满足列车行驶的平稳性与安全性要求。在施工团队的不懈努力下，人字桥施工流程顺利完成。

2.4 结构技术创新

人字桥桁架结构的设计科学合理，其三角形的结构使得各杆件主要承受轴向力，能够充分发挥钢材的抗拉和抗压性能。在竖向荷载作用下，各杆件的应力分布均匀，未出现明显的应力集中现象，确保了桥梁的变形控制在合理范围内，符合铁路桥梁的刚度要求。而桁架通过弦杆和腹杆的协同工作，将荷载传递至桥台基础，有效分散了桥梁承受的压力和拉力。此外，人字桥的横向联系增强了桥梁的整体稳定性，有效地防止桥梁在横向风荷载和列车横向摇摆力的作用下出现失稳现象。凭借合理的结构设计和高超的施工工艺，人字桥在长期使用中承受列车的反复荷载作用，始终保持其优良的结构性能。

人字桥的成功建设意义重大，为滇越铁路云南段其他桥梁的建设提供了丰富的技术经验和示范样本，其独特的设计理念与先进的建造工艺被广泛推广和应用，有力推动了滇越铁路桥梁工程技术的进步。在建设过程中，也培养了一批实践经验丰富的桥梁工程技术人才，他们在滇越铁路后续建设及云南地区其他基础设施建设中发挥了关键作用，为当地的工程建设行业注入了强大的技术动力，促进了云南地区工程技术水平的持续提升。

3 结语

通过对滇越铁路云南段人字桥的设计理念、建造工艺和结构特点等方面的深度剖析，可以一窥滇越铁路云南段桥梁工程营建技术的卓越成就。人字桥不仅是滇越铁路建设史上的丰碑，更是当时工程技术智慧的结晶。它所代表的滇越铁路云南段桥梁工程技术，在应对复杂地形和恶劣气候条件方面展现出了独特的创新性和适应性，为现代桥梁工程技术的发展提供了重要的历史借鉴。同时，人字桥也承载着丰富的历史文化价值，它见证了中国近代铁路建设的艰辛历程，是人类工程史上的宝贵遗产，值得深入研究和保护。在未来的桥梁工程建设中，我们应充分吸取滇越铁路云南段桥梁工程技术的精华，结合现代科技手段，不断推动桥梁工程技术的创新与发展，创造出更多既具有实用价值又富有文化内涵的桥梁杰作。

基金资助：国家自然科学基金委员会地区科学基金项目（编号：52268005）。

唐莉　昆明理工大学　讲师
杨爽雨　昆明理工大学　硕士研究生
郑溪　昆明理工大学　讲师

参考文献

[1] 牛韶斐. 铁路遗产再生：滇越铁路保护与更新设计研究 [J]. 四川建筑，2014，34(2)：61-63.
[2] 刘军. 滇越铁路沿线桥梁的考察与拍摄 [D]. 昆明：云南艺术学院，2018.
[3] 庄兴成，范德伟. 简论滇越铁路的历史作用 [J]. 红河学院学报，2018，16(6)：9-11.
[4] 裴逸风. 滇越铁路人字桥：共享活工业遗产 [J]. 北京规划建设，2023(3)：60-63.
[5] 丁目，吴远东. 滇越铁路桥之魂 [J]. 今日民族，2014(7)：40-43.
[6] 罗智远. 滇越铁路：一根枕木一条命，一颗道钉一滴血 [J]. 创造，2010(Z1)：108-109.
[7] 史峻炎，郭晶. 滇越铁路滇段沿线建筑遗产研究综述 [J]. 工程与建设，2024，38(2)：274-275，278.
[8] 段锡.1910 年的列车：滇越铁路百年纪事 [M]. 昆明：云南美术出版社，2002.
[9] 唐琦，张可. 铁路遗产整线再利用模式研究：以滇越铁路滇段为例 [J]. 华中建筑，2024，42(8)：95-101.
[10] 丁世福. 滇越铁路的修建及其通车后的影响 [J]. 云南社会科学，1982(3)：69-76.
[11] 李海霞. 滇越铁路遗产资源梳理及价值潜力研究 [J]. 中国文化遗产，2021(2)：90-102.
[12] 严婷婷. "滇越铁路"文化线路沿线城镇与建筑研究 [D]. 重庆：重庆大学，2021.
[13] 马东跃. 滇越铁路的保护与开发：一种工业遗产的视角 [J]. 长春理工大学学报(社会科学版)，2012，25(10)：72-74.
[14] 王福永. 滇越铁路保护与利用：在有共识的基础上合力共进 [J]. 新建筑，2024(5)：26-29.
[15] 吴晓丹. 滇越铁路云南段研究述评 [J]. 西南学林，2017：193-204.

我国活态建筑遗产的研究热点、进程及展望
——基于 CiteSpace 与 VOSviewer 的可视化分析

Research Hotspots, Progress, and Propects of Living Architectural Heritage in China: A Visual Analysis Based on CiteSpace and VOSviewer

邓靖凡　杨　菁　张凤梧

摘　要:“活态遗产”衍生于“活态古迹”,自 2018 年联合国教科文组织总部文化部门非物质文化遗产科更名为活态遗产处后,“活态遗产”被提及的场合从建筑领域扩展到舞蹈、手工业等多个门类。该词的强化使用在一定程度上代表着该理念被广泛认可。本文广泛查找近二十年来中国知网(CNKI)数据库中收录的文献,将与活态建筑遗产相关的文章筛选出来,利用文献计量分析工具 CiteSpace 和 VOSviewer 对活态建筑遗产的发展、应用、研究等进行可视化分析,直观呈现其研究现状及趋势,旨在梳理该领域的发展现状,为之后的研究提供一定的参考。

关键词:活态遗产;知识图谱;可视化分析;CiteSpace;VOSviewer

Abstract: The term “living heritage” was initially derived from “living monuments”. Following the renaming of the Intangible Cultural Heritage Section under UNESCO's Culture Sector to the Living Heritage Division in 2018, its mention expanded from the architectural field to encompass various categories such as dance and handicrafts. The enhanced use of this term indicates a degree of widespread acceptance of this concept. This paper conducts an extensive search of the literature indexed in the CNKI database over the past two decades, screening out articles related to living architectural heritage. Through bibliometric analysis tools such as CiteSpace and VOSviewer, a visual analysis is conducted on the development, application, and research of living architectural heritage, presenting its current research status and trends in an intuitive manner. The aim is to review the current development status in this field and provide a reference for future studies.

Keywords: living heritage; knowledge graph; visual analysis; CiteSpace; VOSviewer

引言

活态建筑遗产指依旧保持着原有功能并被当地社区持续使用与传承的建筑遗产。这类遗产不仅涵盖建筑本身,也与建筑所在地的传统习俗紧密相连。相比传统建筑遗产,活态建筑遗产的“活”在于其鲜明的动态性与持久性。它不仅凸显了遗产与所在社区之间密切且生动的互动,还体现了非物质文化与物质文化不可分割的共生价值。

“活态遗产”的概念最早可溯源于 19 世纪末,当时欧洲的建筑史学家们已经开始注意到历史建筑在使用功能上的延续性及其所承载的历史价值。例如,法国学者克洛凯(Louis Cloquet)在 1894 年便率先提出了“活态古迹”的概念[1],他将这些依然保持原有功能的建筑视为遗产的同时,也强调它们的使用价值。随着时代发展,这个理念也不断得到完善。

1 研究对象、背景与问题提出

1.1 研究对象

“活态遗产”衍生于“活态古迹”[2]，自提出后，经历了漫长的发展历程（表1）。在发展过程中，其词义逐渐演变为“从建筑长久生命历程中获得历史价值，并在发展中不断变化的遗产”。2018年联合国教科文组织总部文化部门非物质文化遗产科更名为活态遗产处，自那时起，“活态遗产”被提及的场合从建筑领域扩展到舞蹈、手工业、体育等多个门类[3-4]。但相比于国外更广泛的提及范围，国内以“活态遗产”为关键词的应用大多停留在建筑、规划等学科[5-6]。

表1 “活态遗产”概念的发展历程

发展阶段	相关人物或机构	发展内容
20世纪初	克洛凯、李格尔	“活态古迹”概念的提出与完善[1]
20世纪末	联合国教科文组织、国际古迹遗址理事会等	“活态遗产”在《世界遗产名录》的每版修改中逐渐被重视，在《实施世界遗产公约的操作指南》中被作为条目列出[7]
21世纪初	国际文物保护与修复研究中心	“活态遗产地项目”于2002—2003年启动，界定活态遗产以延续型为核心特征[8]
2018年	联合国教科文组织	总部文化部门非物质文化遗产科更名为活态遗产处，“活态遗产”在国内较多应用于建筑、规划等学科[5-6]

1.2 研究背景

国内在早期，尤其是21世纪前，由于对建筑遗产价值认知不足及遗产保护发展不足，缺少有强话语权的遗产保护力量，致使许多有价值的历史建筑在城市建设、翻新过程中遭到不可逆的损毁[9]。2002年，《中华人民共和国文物保护法》开始对存在于建筑中的遗产进行价值分类，此时建筑遗产开始得到重视；2021年，中共中央办公厅、国务院办公厅印发《关于在城乡建设中加强历史文化保护传承的意见》，强调遗产保护的重要性[10]。然而，随着国内旅游业的发展，很多历史建筑因“去原住民”的统一管理而呈现同质化，保留原本文化的“活态遗产”保护理念应该受到重视。在这个时期，对活态遗产的理念、应用和研究进行分析具有重要意义，也是进一步对建筑遗产开展保护工作的抓手。

1.3 问题提出

国内关于建筑遗产保护的研究在营造学社时期便得到充分发展，但关于建筑遗产活态保护的研究在2007年之后才陆续开始。目前虽有一定的研究成果，但相关领域的机构与学者多只关注自身的研究，相关主体之间的联系较少[11]，结合CiteSpace、VOSviewer等文献计量可视化工具的分析也很少。在建筑遗产方向，已有的CiteSpace分析只涉及我国乡土建筑的研究趋势、国内历史建筑的研究进展、遗产保护评估体系的可视化分析等。实际上，CiteSpace与VOSviewer可以直观反映学者机构的合作、关键词聚类、关键词突变等，二者互为补充可以直观清晰地呈现领域内的关键研究内容和热点趋势[12]。

2 研究方法与数据

2.1 文献计量学与索引工具

文献计量学为1969年形成的独立学科，在特定领域的文献调查中起到定量分析的作用。CiteSpace与VOSviewer是文献计量最常用的分析工具[13]。其通过知识图谱的方式，分析作者、机构等文章信息，从而梳理研究内容及热点趋势。

2.2 数据检索与提取

本文以中国知网（CNKI）为数据来源，以“活态遗产保护”“建筑遗产保护”“建筑保护”为检索词，选取全时间段(1900—2023 年)为检索时间,并以“CSSCI”“核心期刊”“EI 来源期刊”“硕博士论文”为查询对象,共检索到 702 篇相关文献。进一步去除与建筑、规划等学科完全无关的文献后,共得到 673 篇文献。

3　活态建筑遗产保护研究现状分析

3.1　年度发文量统计分析

对从 CNKI 数据库得到的文献进行统计,并在 CNKI 上直接进行可视化,得到我国活态建筑遗产相关文献的年度发文量(图 1)。可以看出,活态遗产保护方向的进程主要分为三个阶段。

(1)缓慢发展阶段(2005—2010 年):这一阶段活态建筑遗产研究发展整体较慢,文献较少,处在起步阶段。

(2)稳步增长阶段(2011—2013 年):这一阶段发文量稳步增加,且遗产保护学科也稳步发展,理论支撑较为充分。

(3)波动增长阶段(2014—2023 年):2014 年,住房和城乡建设部等四部门发布《关于切实加强中国传统村落保护的指导意见》,自此遗产保护学科进一步得到重视,关注度也更高。

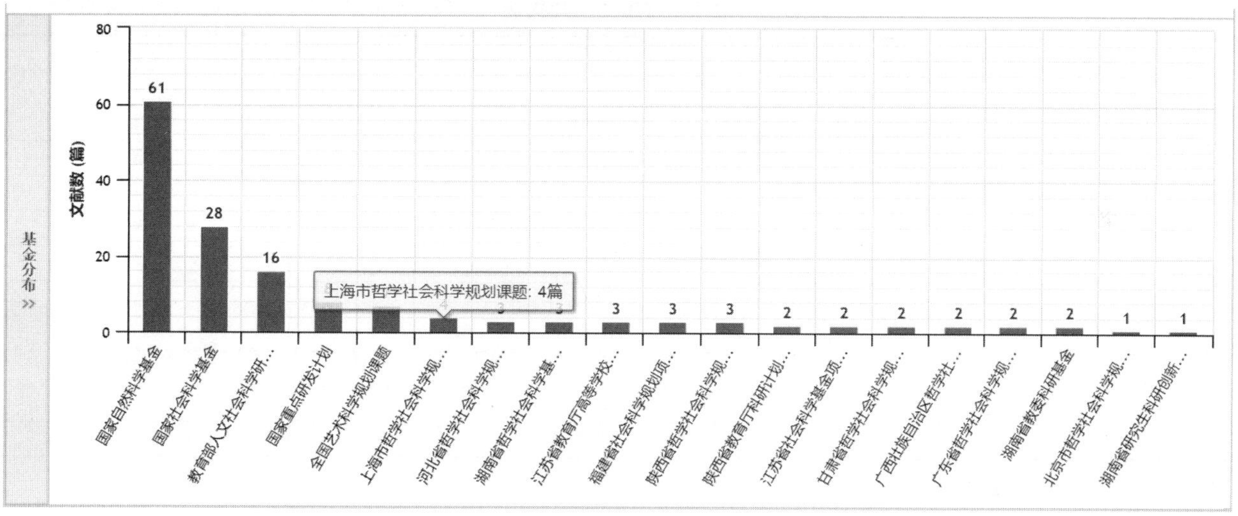

图 1　年度发文量

(图片来源:作者根据 CNKI 数据绘制)

3.2　发文作者与机构统计分析

发文作者和机构是研究产出的主体,对其进行可视化分析能够较为清晰地看出该领域研究分布的情况。向软件输入数据后,分析发文作者共现网络。图 2 为由 CiteSpace 绘制得到的作者合作网络,其 中作者名字字号大小表示与其他人联系的多少,连线深浅表示作者之间联系的强弱,从图中可以看出整体联系较弱,研究较为独立与分散,交流并不频繁。图 3 为由 VOSviewer 绘制得到的作者合作网络,其中只显示发文两篇以上的作者,圆圈大小表示发文量多少。发文量排名靠前的作者发文情况如表 2 所示。

对机构进行可视化分析,结果如图 4 所示,机构名称字号大小代表与其他机构联系的强弱,连接线条数为合作次数。其中,以清华大学、同济大学等高校为中心的集团地域跨度较大,其与北京、兰州、上海等地的机构都有联系;西安建筑科技大学则与复旦大学联系紧密,天津大学的研究交流行为主要发生在建筑学院内部。机构之间的联系说明学科之间存在一定的交流,且比起地域相近,研究方向相近的机构联系更紧密。对发文机构的发文量进行统计排序,结果如表 3 所示。可以看出,西安建筑科技大学发文量遥遥领先,其他机构也有一定程度的研究。

图 2　国内作者合作网络 1

（图片来源：作者使用 CiteSpace 绘制）

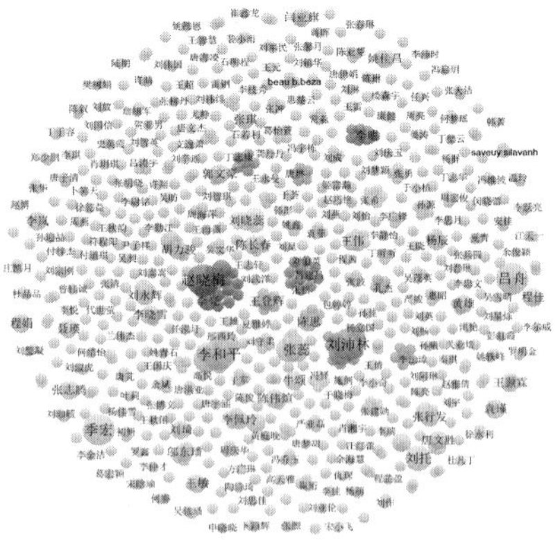

图 3　国内作者合作网络 2

（图片来源：作者使用 VOSviewer 绘制）

表 2　作者发文量排名

发文量排名	作者	发文量
1	刘沛林	4
1	李和平	4
1	季宏	4
1	吕舟	4
2	肖竞	3
2	邹君	3
2	肖洪未	3
2	杜乐	3
2	赵晓梅	3
2	刘托	3
2	张蕊	3

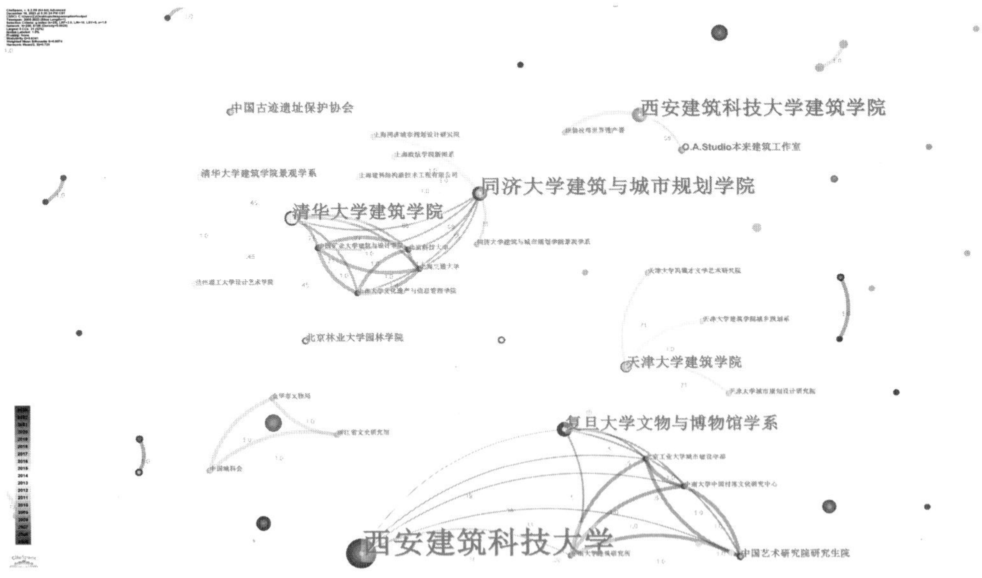

图 4　国内研究机构合作网络

（图片来源：作者使用 CiteSpace 绘制）

表 3　机构发文量排名

发文量排名	机构名称	发文量
1	西安建筑科技大学	47
2	重庆大学	32
3	华中科技大学	17
3	天津大学	17
5	北京建筑大学	16
6	清华大学	14
7	同济大学	14
8	东南大学	13
9	安徽建筑大学	11
10	郑州大学	10
10	华南理工大学	10

3.3　关键词共现分析及聚类分析

将数据导入 VOSviewer，绘制关键词共现图谱。图 5 为聚类视图，节点的大小取决于综合强度；不同颜色对应不同聚类。可以清晰地看到，提及次数最多的关键词为“传统村落”，“保护”“文化遗产”“文化景观”“非物质文化遗产”“可持续发展”等关键词被提及的次数也较多，说明在活态建筑遗产领域，这些方面的研究较多。从密度视图（图 6）可以看出，这些关键词的节点密度也较高。

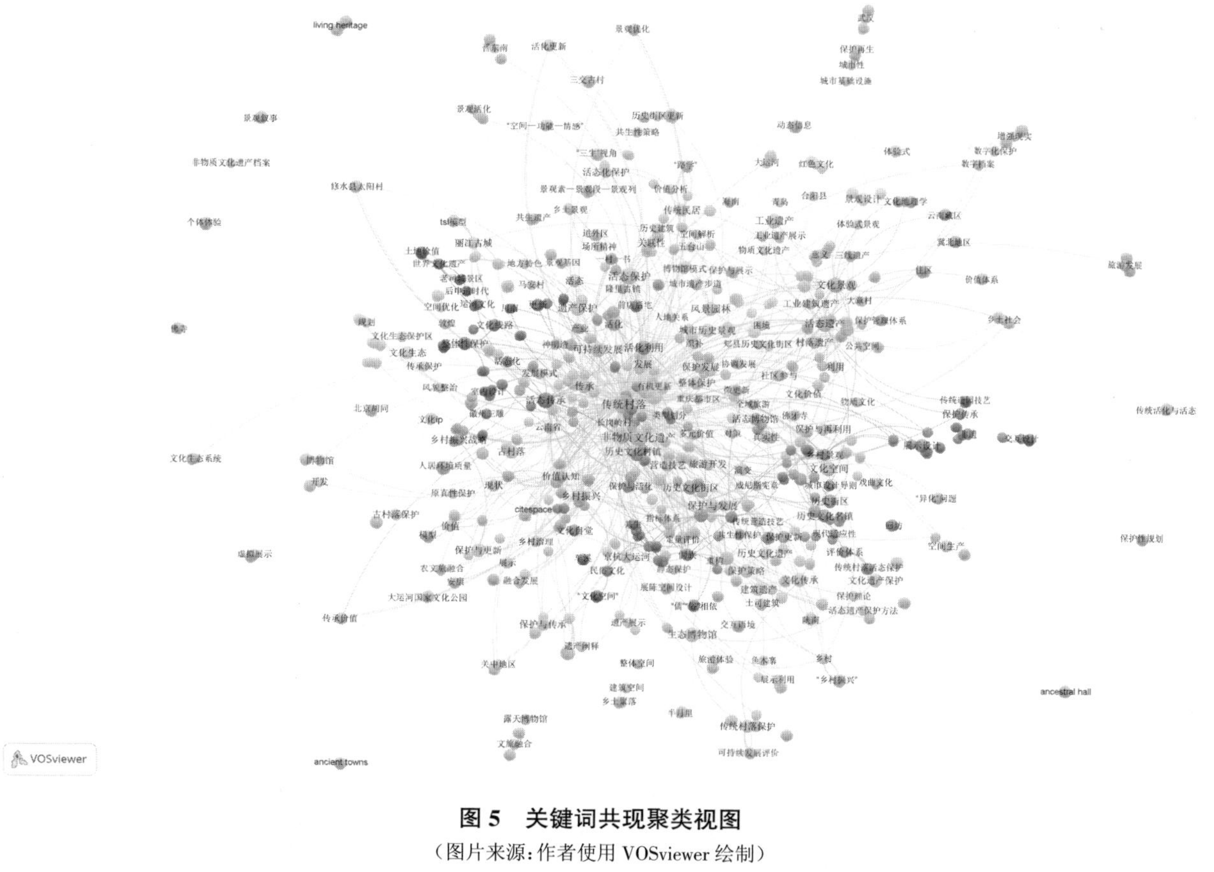

图 5　关键词共现聚类视图

（图片来源：作者使用 VOSviewer 绘制）

在 CiteSpace 中将时间切片设置为 1，将关键词作为节点，聚类类别选择关键词聚类，得到图 7 所示的关键词聚类。从图 7 可以更为清晰地看出与“活态遗产保护”相关的主要有“传统村落”“文化空间”“活态保护”“活态遗产”“文化景观”“活态传承”“乡村振兴”等知识群组。

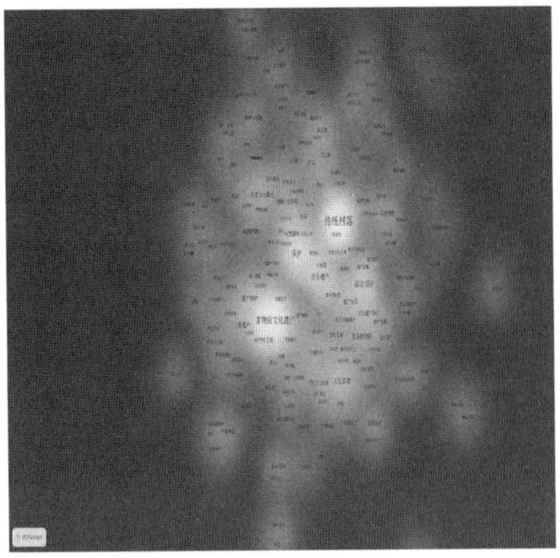

图 6　关键词共现密度视图

（图片来源：作者使用 VOSviewer 绘制）

图 7　关键词聚类分析

（图片来源：作者使用 CiteSpace 绘制）

4　活态建筑遗产保护研究趋势分析

4.1　关键词共现标签视图与关键词突显图谱分析

关键词检测展现各个阶段中的研究重点及研究脉络，并可直观地探析当下的研究热点。利用 VOSviewer 导出关键词共现标签视图（图 8），按照关键词的平均年份进行颜色映射，结合 CiteSpace 生成的关键词突显图谱（图 9），可以看出“利用”“古村落”“保护”等词汇的研究时间早、持续时间长，而“整体保护”的概念自 2017 年开始被提及得较多。在相关词汇中，“传统村落”“传统民居”“活化”等的研究起步较晚，但发展较快，已在短期内取得了较多成果。

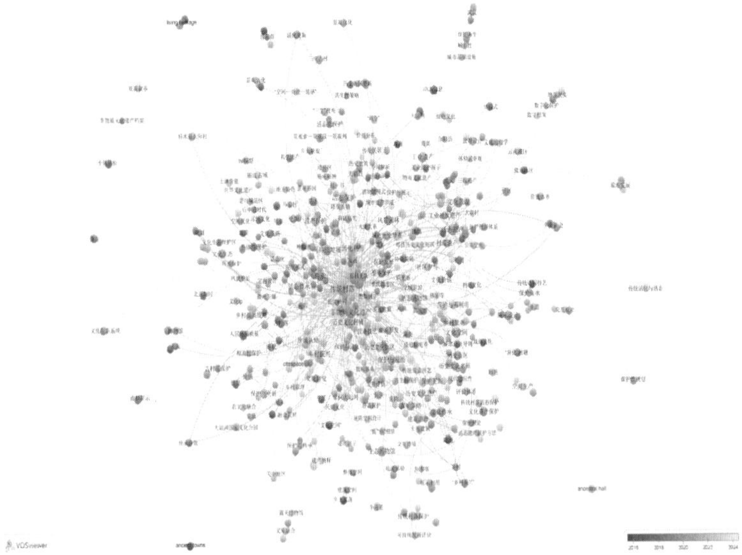

图 8　关键词共现标签视图

（图片来源：作者使用 VOSviewer 绘制）

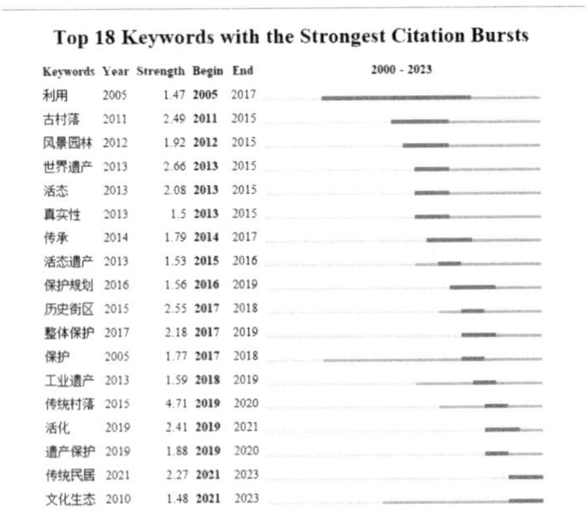

图 9　关键词突显图谱

（图片来源：作者使用 CiteSpace 绘制）

4.2　关键词聚类 timeline 及 timezone 分析

将关键词聚类图谱以 timeline 的形式表示，结果如图 10 所示，每条横向的线条代表一类词汇，由左到右为 2005—2023 年词汇的发展。

图 10　关键词聚类 timeline 视图

（图片来源：作者使用 CiteSpace 绘制）

可以看出，“传统村落”“活态保护”方面的研究开始得较早，持续时间也较长，直到今日仍被广泛提及，但发展趋势存在明显的差异：“传统村落”在发展初期并没有太多的研究记录，2014 年《关于切实加强中国村落保护的指导意见》发布后，其受到的关注才大增，研究活动开展得也较多；除了这两方面外，“文化空间”在 2005 年受到的关注较多，直到 2021 年都在持续稳定发展；“活态遗产”“文化景观”“活态传承发展”方面的研究开始得相对较晚，在整个进程中均稳定发展。

利用 CiteSpace 软件得到关键词 timezone 图谱，如图 11 所示，图中横轴从左到右为时间由远及近，纵轴为关键词的综合重要程度(by degree)，颜色代表关键词的类别，曲线代表词与词之间的联系。在 timezone 中进行可视化，发现年份与聚类有一定程度的关联。比如“活态保护”“活态传承”等相关聚类均在 2016 年左右发文较多，而“文化景观”在 2011 年左右发文较多。整体来看，发表较晚的论文对发展较早的论文参考较多，各关键词所在的文献也有互相引证的情况。2020 年及之前的关键词主要与各个学科相关，描述的是抽象的定义及概念，而自 2021 年开始关键词较多出现实际项目与具体地区，这一定程度上说明了在理论发展较完善的基础上，实际项目与对活态建筑遗产的实践开始推进，新出现的词语“地域性”也说明民族特色是现在的一个热点趋势。

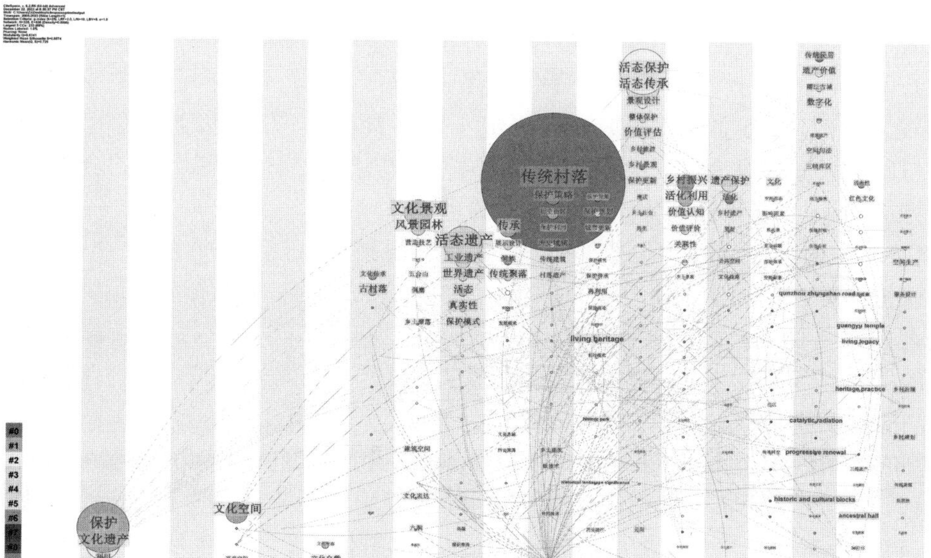

图 11　关键词聚类 timezone 视图

（图片来源：作者使用 CiteSpace 绘制）

4.3 热点名词图谱补充分析

由于保护理念相关的文献关键词可能较为抽象，因此将文献信息导入 CiteSpace 后，提取热点名词突显图谱进行补充。从关键词突显图谱（图 12）和热点名词突显图谱（图 13）可以看出，两者整体较为相关，但在“可持续发展”“生态博物馆”。

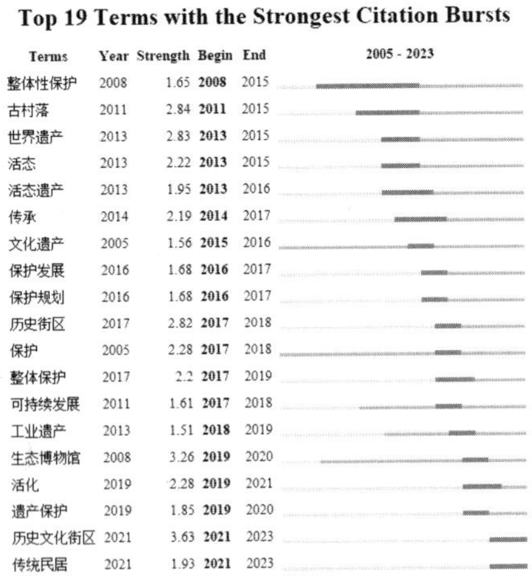

图 12 关键词突显图谱

（图片来源：作者使用 VOSviewer 绘制）

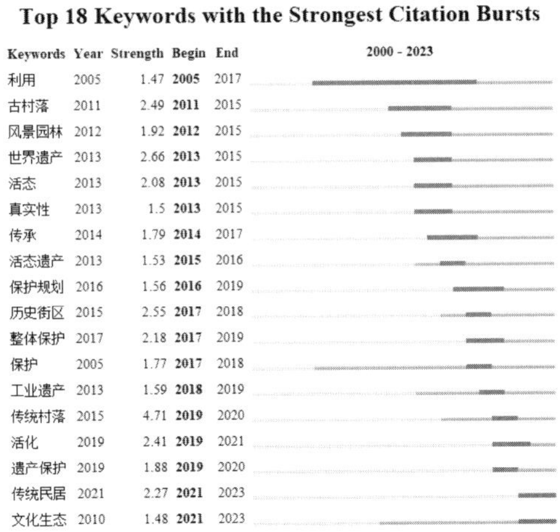

图 13 热点名词突显图谱

（图片来源：作者使用 CiteSpace 绘制）

5 结论与展望

5.1 结论

本文对 CNKI 期刊数据库中活态建筑遗产相关的文献进行研究，结合 CiteSpace 与 VOSviewer 进行可视化分析，生成知识图谱。通过对元素的拆解分析对现有情况进行总结。从文献研究量和分析结果来看，国内活态建筑遗产的理论研究已进入实践阶段。本文得出的主要结论有以下三点。

（1）国内活态建筑遗产相关研究的发文量日益增长，作者来自不同领域且相对独立。

从知识图谱来看，近二十年的研究呈现明显增加的趋势，发文量和词汇受重视度明显提升。从作者及机构共现图谱可以看出，进行这一领域研究的学者来自不同学科，并从自己的专业角度出发进行研究。这种研究态势较为分散，一方面使得研究内容更加丰富多样，另一方面也使得研究成果的整合度不高。学术交流合作与研究资源共享应同时兼顾广度和深度，通过建立跨学科、跨领域的合作机制，可以充分发挥各学科的优势，这或许是未来活态建筑遗产研究的重要方向。

（2）活态建筑遗产保护逐渐从世界遗产保护扩大到传统民居、村落保护。

随着遗产保护的理念愈加受到认可以及政策的大力支持与人们对文化遗产保护意识的提高，活态建筑遗产保护的范围不断扩大。其注重保持文化遗产的活力和可持续性，不仅关注建筑本身，还关注建筑与环境等方面的关系。随着活态保护理念的发展与实践，最近开发的传统民居和村落得以保持原有风貌，避免陷入“千篇一律”的窘境。

（3）传统建筑遗产保护逐渐从建筑本体保护过渡到“以人为本”的保护和可持续发展阶段。

在这个阶段，保护工作不再仅仅局限于建筑本体，而是更加注重建筑与原本处于此处的人的关系以及未来的发展，更多地考虑当地使用者的需求和利益，并尊重他们原本的生活习惯。此外，由于传统建筑与民居往往和自然环境紧密相连，因此在保护工作开展时，也需要更多地保护自然环境、修复生态环境等。总之，“以人为本”的活态建筑遗产保护和可持续发展是传统建筑保护的重要方向，也是使传统建筑在新时代被尊重与看到的方法。

5.2 展望

“活态遗产”这一概念最开始由国外提出，而本文抓取的数据主要来自国内，其实更偏重于探析国内研究、发展。在理论溯源的过程中，了解一些概念变化相关的研究的意义是重大的。因此，未来继续深挖活态建筑遗产概念的发展及应用时，参考 WOS（Web of Science）是非常有意义的，可以完善理论方面的研究。

此外，由于 WOS 上的文献被引链接较为完整，因此在筛选外网文献并进行分析时，可以得出文献互相引用的情况，从而作为理论的补充。

在实施传统建筑保护措施时，必须坚定地遵循“以人为本”的原则，在经济发展迅猛的今天，仍需时刻铭记保护的使命。我们的目标不是单纯地保留建筑物的外观，更是更为生动、全面地进行保护，使文化遗产得到真正的传承和发扬。

邓靖凡　天津大学　硕士研究生
杨菁　天津大学　副教授
张凤梧　天津大学　副教授

参考文献

[1] UNESCO. Global strategy [EB/OL] .[2023-07-07] . https://whc.unesco.org/en/globalstrategy.

[2] 陈李波，何晓粤，姚洪. 国内历史建筑研究历程与展望：基于 CiteSpace 数据可视化分析 [J]. 城市建筑，2022，19（1）：122-126.

[3] 陈蔚，胡斌. 当代城市历史遗产的保护：以“互补方法论”的观点 [J]. 重庆建筑大学学报，2005（5）：33-36.

[4] 刘渌璐，孙莹，李洁，等. 活态遗产及其保护方法研究综述 [J]. 城市规划，2022，46（5）：115-122.

[5] 爱川纪子. 联合国教科文组织的《保护非物质文化遗产公约》与韩国 [J]. 沈燕，译. 民间文化论坛，2016（2）：5-11.

[6] 联合国教科文组织. 保护非物质文化遗产公约 [G] // 中华人民共和国文化和旅游部国际交流与合作局. 联合国教科文组织《保护非物质文化遗产公约》基础文件汇编（2018 版）. 2020.

[7] WIJESURIYA G. Living heritage [Z] . ICCROM，2015.

[8] POULIOS I. The past in the present：a living heritage approach-Meteora，Greece [M] . London：Ubiquity Press，2014.

[9] 赵晓梅. 活态遗产理论与保护方法评析 [J]. 中国文化遗产，2016（3）：68-74.

[10] 郭翠潇. 构建科学、合理的非物质文化遗产分类体系：以《保护非物质文化遗产公约》名录数据库的统计分析为中心 [J]. 民族文学研究，2021，39（6）：158-168.

[11] 李晶晶. 我国乡土建筑研究的现状及趋势：基于 CNKI 论文数据库的计量可视化分析 [J]. 住区，2020（Z1）：104-108.

[12] 闫晨，吴玉萍，周卫，等. 历史街区研究知识图谱的可视化分析 [J]. 西南师范大学学报（自然科学版），2021，46（7）：159-168.

[13] 张睿婕，高元，李佳奇. 近 30 年来中国传统村落的研究热点、进程及展望：基于 CiteSpace 的可视化解析 [J]. 现代城市研究，2021（11）：1-7，15.

拟像成真
——重庆山洞传统风貌区历史街道界面泛地域化演变进程研究

"Simulacra" Become Reality
—A Study on the Pan-regionalized Evolution of Historical Street Facades in Chongqing Shandong Traditional Style District

温 泉 刘梓星 徐 辉

摘 要：重庆山洞传统风貌区，以"传统巴渝"与"抗战陪都"两种风貌特征为指引，在近十年的建设中，产生了一大批拟像化的、泛地域化的历史空间，此类空间甚至成为当下建设中"真实"的参照。对此，本文从地域性概念中的特性与共性角度出发，对相关理论进行梳理，以山洞历史街道界面演变进程为实证，研究发现街道界面的陪都风貌形成于 1939 年中央迁建区的建设，逐步消逝于近百年居民自发自建的活动中，2016 年后风貌区的更新建设进入了三处误区，其一即过度强调地域性中的特性而忽略共性，其二即以典型特性取代具体特性，其三即拟像成真，这三处误区导致风貌区街道界面泛地域化的演变。

关键词：重庆山洞传统风貌区；地域主义；批判地域主义；历史街道界面

Abstract: The Chongqing Shandong Traditional Style District, guided by the two stylistic characteristics of "Traditional Bayu" and "War-time Provisional Capital", has generated a large number of simulated and pan-regionalized historical spaces over the past decade, which have even become references for "realities" in current construction. This paper examines related theories from the perspectives of "specificity" and "commonality" within the concept of regionalism using the evolution of historical street facades in the Shandong area as an empirical case. It shows that the War-time Provisional Capital style of the street facade formed during the construction of the "Central Relocation Area" in 1939 and gradually disappeared over nearly a century due to residents' spontaneous self-construction activities. The renovation and development of the district's style after 2016 entered three pitfalls: first, overemphasizing specificity at the expense of commonality; second, substituting typical specificity for actual specificity; and third, simulacra becoming reality.

Keywords: Chongqing Shandong Traditional Style District; regionalism; critical regionalism; historical street facade

引言

2016 年出台的《重庆市主城区传统风貌保护与利用规划》提出"传统巴渝""明清移民""开埠建市""抗战陪都""西南大区"五类主城区传统风貌特征，同年出台的《重庆市山洞传统风貌区风貌保护规划》随即确立以"传统巴渝"与"抗战陪都"两种风貌特征，作为山洞传统风貌区更新建设的风格指引。但是，在山洞传统风貌区近十年的建设实践中，机械地套用此类大历史时期、泛地域背景下的风貌特征，在"地域性"这一模糊的空间概念下，在同时期典型风貌特征的掩盖下，风貌区内累积形成了一大批拟像化的、虚假的历史空间，具体地方独有的、真实延续的历史特征，被此类空间篡改、掩盖继而被替代，并最终成为误导其后更新实践的一种"似是而非"的参照。

对此，本文关注的重点并不是粗暴“移植”地域风貌的问题，而是探讨典型化、泛地域化的风貌特征对具体地点、具体时期历史风貌的篡改与替换。

1　地域性概念中的特性与共性

古罗马时期，建筑师维特鲁威（Vitruvius）在《建筑十书》中，初步探讨了建筑与特定地点、自然环境及地方传统的关联，但并未阐明现代术语意义上的地域性（Regionalism）的概念[1]。17—18 世纪，随着如画风格（Picturesque Style）以及其后浪漫地域主义（Romantic Regionalism）的兴起，英国建筑景观的设计开始有意地模仿本土的自然景观，强调本土化与文化背景，即更偏重于强调地域性概念中的特性与差异性，以示与他国古典主义的区别。至 19 世纪，随着工业革命的进程，资本、技术与资源的争夺催生出商业地域主义（Commercial Regionalism），其本质上仍保持着如画风格或浪漫地域主义的倾向，且更为粗暴地将地域风格视作引人注目的景观符号[2-3]。直至 20 世纪初，芒福德（Mumford）才对地域主义的概念进行了重构。芒福德的地域主义不再停留于仅强调地域间的差异，他强调地域风格形成的背后具有相似的、真实的动机，即面向环境进行理解与抉择，而非局限于对过去形式的机械复制；同时，他主动接纳技术的进步，以此优化具体地域中的传统建造方式[4]。沿着芒福德的思路，弗兰姆普敦（Frampton）等人提倡批判地域主义（Critical Regionalism），同时反思了传统与现代，将地域文化与世界文明的微妙平衡，视作地域文化永葆活力、世界文明维持多样性的关键[3, 5-6]。柯尔孔（Colquhoun）的质疑则更进一步揭示了地域主义概念中特性与共性的关系，他认为地域主义本身即潜藏着普适性的可能，地域性建筑不是通过模仿“共同体”而产生的，而是发现存在形式与环境的因果关系，对普适性的强调不过是对地域主义本质的重新发现[3]。

在国内，吴良镛先生在《批判性地域主义：全球化世界中的建筑及其特性》一书中文版序中指出，地域主义不能脱离“现实主义”（Realism），要避免流于形式的模仿或特色符号的提取，并回归到对日常生活的关注[8]。这与斯蒂文·莫尔非（Steven Moore）提出的“再生的地域主义”（Regenerative Regionalism）概念中反对一味追求“陌生化”形象的观点相似[9]。卢健松通过广义的地域性与狭义的地域性概念，指出专业建筑师所践行的地域主义本身即包含了现代与传统两面，不可能完全剔除现代性（共性），而回归到当地人因时因地、自发自建的原始状态，也无法通过单纯的符号拼贴（只强调特性），达成一种真实的地域性[10-11]。不同学者对地域性相关概念的解读见表 1。

表 1　不同学者对地域性相关概念的解读

学者	地域性	
	特性	共性
芒福德（Mumford）	地方性	普适性
楚尼斯（Tzoni）[7]	多样性	普适性
弗兰姆普敦（Frampton）	地域文化	世界文明
柯尔孔（Colquhoun）	模拟“共同体”	因果关系
吴良镛	—	现实主义
斯蒂文·莫尔（Steven Moore）	“陌生化”形象	回归日常
卢健松	符号拼贴	现代性/因果关系

综上所述，自然状态下的地域性本身即包含特性与共性两面，表面上是建造形式的差异性，实际上是建造环境（条件）的差异性，本底里则是回应因环境而建造的共通性，地域主义概念从形成初期对特性的偏重强调，到后来发展过程中对共性的寻回，以及对二者平衡的辩证思考，构成了地域主义相关概念的发

展主线。以此为线索，对山洞传统风貌区历史界面演变进程进行梳理，可发现基于地域概念的三种误读，这三种误读直接导致了风貌区街道界面泛地域化的演变。

2　山洞传统风貌区历史界面演变进程

2.1　街道界面的演变时期

山洞“抗战陪都”传统风貌区位于重庆市沙坪坝区，地处抗战历史文化集中的“歌乐山—山洞”沿线。山洞原名青龙嘴，山洞得名，源于四川省第一座公路隧洞的建设，1931 年成渝公路山洞隧道（图 1）与山洞跨线桥（老鹰岩跨线桥，图 2）建成后，此地逐步成为重庆市区通往成都的重要交通节点，遂易名为“山洞”[12]。全面抗战爆发之后，国民政府迁都重庆，山洞（歌乐山区）凭借其层峦叠嶂、易于隐蔽的地形，以及古树参天、森林幽幽的自然环境，成为战时军政要员一处理想的疏散地，当时的国民政府军政首脑（蒋介石、林森、何应钦等）均在山洞地区营建其官邸别墅，巅峰时，山洞地区公馆、驻地、机构、学校等不下百余处[13]，政要名流往来不绝，因此时人称山洞为“小陪都”。

图 1　成渝公路之山洞

（图片来源：1934 年《大公报（天津）》）

图 2　蜀道难：老鹰岩之险道

（图片来源：1936 年《美术生活》）

山洞因路而名，也因路而兴，风貌区内沿老成渝公路（现山峰路与山洞路）、平正村支路两侧形成了紧密排布的建筑界面。在近百年的时间维度上，风貌区街道界面的演进历程，可分为成渝公路与中央迁建区建设、重庆解放后工商业发展和风貌区保护建设三个历史时期。

1）成渝公路与中央迁建区建设时期

1931 年，渝简马路总局主持修建的成渝公路途经山洞地区，并建成山洞隧道与老鹰岩跨线桥，山洞遂也从歌乐山沿线的一处山地乡野，到被纳入城区间主要交通网络之中。山地林田中自然散布的乡村民居，逐渐聚合为沿老成渝公路的乡间集市。此时沿公路的众多建筑，仍多为当地居民通过自建或互助建设的竹木茅草捆扎的临时棚屋或简易的穿斗矮房，并未形成具有明显地域特色的街道界面。

1939 年，山洞镇正式被设定为国民政府中央迁建区，大量军政要员的公馆别墅、中枢机构、办事处与银行等在此建设[14]。中央迁建区自 1939 年动议建设至 1946 年国民政府还都南京方止，在七年的建设中，仅山洞地区官邸别墅的建筑面积，就占该地区建筑总面积的 20.6%[15]。另一方面，出于战时防轰炸、防延烧及隐蔽防空的需要，公馆建筑大多沿成渝公路两侧及周边山林地中疏建，机构、办事处等建筑则考虑交通便捷，依旧沿公路两侧修建。同在 1939 年，位于山洞西南方 11 km 处的白市驿军用机场建成，山洞林园公馆（蒋介石官邸）到白市驿机场的简易道路也一并修筑完成。在此时期，沿成渝公路山洞段两侧建成了数量众多的抗战简洁式样的建筑（图 3），此类建筑由于战时物资供应紧张，多采用当地民居常用的土、木、石、瓦材料，去繁就简，几乎不做装饰，构造简易实用[16]，由此形成了一楼一底、建筑开间重复排列的抗战时期山洞特色的街道界面[16-17]。

山洞张群公馆　　国民政府军委会仓库沿线　　山洞宪兵连沿线

图 3　山洞地区陪都时期的公馆与街道

（图片来源：廖庆渝《重庆歌乐山陪都遗址》）

2）重庆解放后工商业发展时期

1949 年 11 月，蒋介石及随从自山洞林园公馆出发，乘车至白市驿机场后逃往成都 [18]，当月 30 日重庆解放。此时期，山洞地区原有建筑权属发生变化，原归属政要个人或政府机构的独立、独栋使用的建筑，大部分转为多户普通民众所共有，并依据柱跨开间对单体建筑进行了划分，拆分为多个“门面”后，由多个家庭（商业经营）单元共同利用，各家庭单元生活经营需求不同，也就各自在原有建筑框架内进行了一定改造，此时的街道界面逐渐丧失了陪都时期重复排列的界面特征（图 4）。

重庆渝中区中山四路　　重庆沙坪坝区山洞路　　重庆沙坪坝区山洞路（旧貌）

图 4　山洞脱离真实历史风貌向典型地域风貌附会

（图片来源：左一、二为作者自摄，右一源自廖庆渝《重庆歌乐山陪都遗址》）

图片说明：山洞路沿线经风貌区建设逐步向中山四路的陪都风貌靠拢，但这与山洞历史上真正的陪都风貌毫不相关

1980 年后，山洞地区乡镇制造业、建材产业逐步兴起，外来建设者及务工者涌入，再加上现代廉价建材得到普及，大量当地居民为了改善居住条件，选择直接拆除私人拥有的建筑“开间”，重建为独立的住房或商铺 [12]。另一方面，对地区内自发性建造的管控持续缺位，上一时期中各家庭（商业经营）单元独立抉择、自发改动建筑（界面）的演变模式继续发生，更进一步强化了单体建筑内各“开间”之间的差异，“下商上住（储）”“前商后住（储）”的空间使用模式普遍存在（图 5、图 6），此时期沿街建筑的频繁改造与多次重建，使得街道界面几乎丧失了可识别的地域特征，就此落入类棚户区风貌。

3）风貌区保护建设时期

2016 年，重庆山洞“抗战陪都”传统风貌区设立，沿山洞路、山峰路、平正村支路的三条主要历史街道被划定，当年便重复、一致地将山洞路沿线的民居、商铺、历史建筑界面，向重庆开埠建市时期渝中母城里的洋行、领事馆与兵营等建筑形象附会，多采用青砖墙、外廊、券廊等典型建构，以统一贴面的方式，试图达成所谓的陪都风、民国风。至 2022 年，又对沿线部分现代建筑参照此形式进行了贴面，在风貌区核心保护区内初步形成了“统一”“鲜明”但虚假的历史风貌，其无法从山洞的任何历史时期找到对应存在，也未能与环境及当下居民的日常生活建立起任何联系。

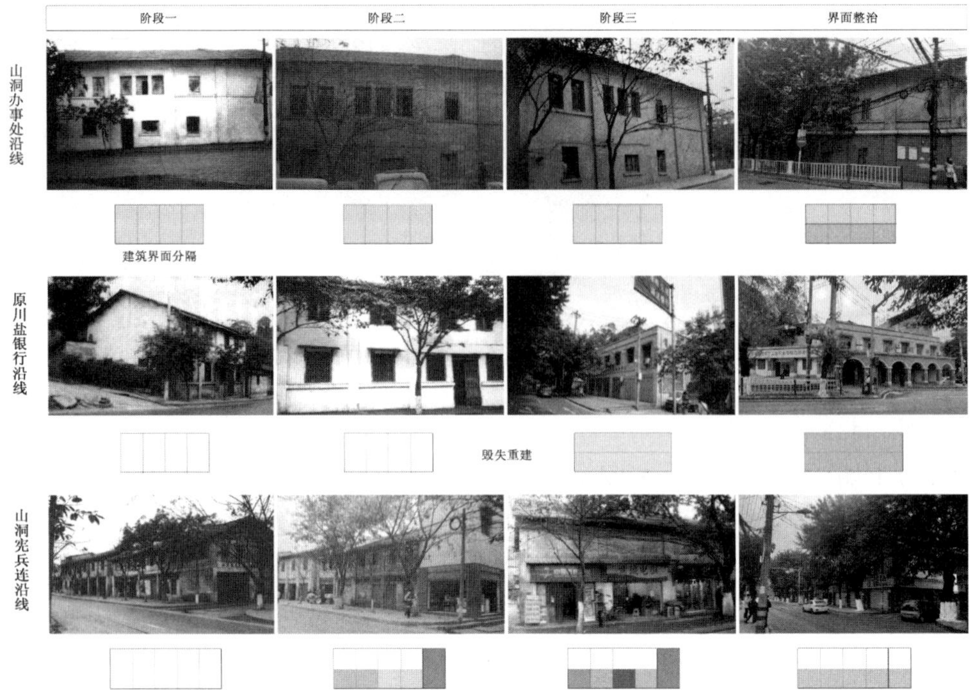

图 5　三处街道界面的演变实证

（图片来源：作者自摄、廖庆渝《重庆歌乐山陪都遗址》、山洞老住户刘金全先生提供）

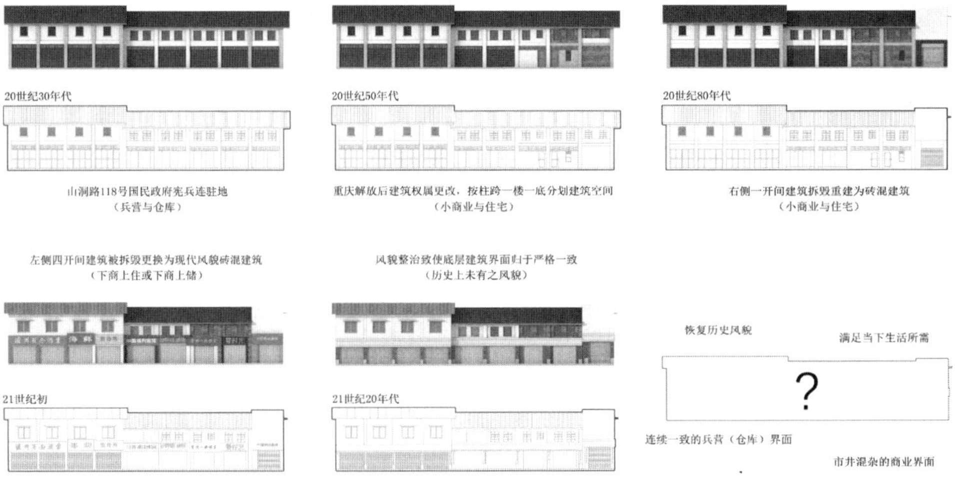

图 6　山洞宪兵连驻地沿线街道界面演变历程

（图片来源：作者自绘）

2.2　三处街道界面的演变进程

以风貌区街道界面不同历史时期的发展历程为基础，进一步对其中三处具有代表性的街道界面进行探究。这三处街道界面具有类似的演进起点、差异的演变过程和当下“相同”的界面形象。

1）山洞办事处沿线

位于山洞路 17 号的国民政府歌乐山郊区办事处为一楼一底的土木结构（砖柱、土墙、木屋架）建筑，建筑表面通刷糙面“防空警戒黄”，整体界面形象简洁朴素[19]，该建筑本体至今仍在原址完整留存，但长期缺乏维护，因此建筑持续破败。山洞办事处当下的界面形象，源于 2016 年风貌区内的界面整治运动，然而山洞办事处作为有确切史料、照片可考的历史建筑，竟也在建筑的一层加上青砖贴面与石膏线条，极大破坏了历史建筑的原真性。

2)山洞宪兵连沿线

原国民政府山洞宪兵连驻地位于山洞路118号。山洞宪兵连是在1939年中央迁建区建设的背景下,为了保卫人数众多的迁居要员及其家属安全,以及维护交通治安秩序而设立的[17]。驻地沿街有两座砖木结构建筑,其中一座面街五开间,一座面街四开间,分别为当时的宪兵连仓库与营房,均为一楼一底的抗战简洁式建筑。1949年底重庆解放后,该组建筑权属转换分置,依据建筑柱跨开间划分为独立的房屋单元,供居民日常生活经营使用,在各家庭(商业经营)单元差异化的空间需求与经年累月的使用中,形成了较为混乱的界面形象[13]。2016年进行界面整治时,以横向贯通的方式沿街塑造相同的界面形象,这在忽视了宪兵连沿线街道界面真实历史风貌的同时,也阻断了该街道界面的演化进程。

3)原川盐银行沿线

原川盐银行山洞分行位于山洞路14号,其同样于1939年随中央迁建区的设立而建设,时为一楼一底的土木结构(夯土墙、木屋架、瓦屋面)建筑,还可见木质格扇门窗等细节,旁侧有一座单层土木结构裙房。川盐银行沿线建筑均因年久失修毁失,原址在2000年前后,新建有二层砖混结构现代房屋。与前两处界面的演变进程不同的是,对该建筑沿线界面的统一整治,并非发生在2016年风貌区沿街界面大规模整治期间,而是在2022年完成的,但其依旧不加考证地参照2016年风貌整治时形成的所谓"民国风",具体则采用了如青砖贴面、增设券廊、贴饰石膏线条等整治手法,试图强化、遵循这类已然在风貌区中占据主导地位的"风貌特征"。

2.3 基于地域性概念的三种误读

基于前文对地域性概念及三处街道界面演变进程的梳理,可以发现风貌区近十年间建设的三处错误(图7):其一,过度强调地域性中的特性而忽略共性;其二,以典型特性取代具体特性;其三,拟像成真,即为了迎合前期错误建设形成的所谓"风貌",将错就错,继续推进风貌打造,以形成一种不容置疑的、整体性的虚假历史风貌。

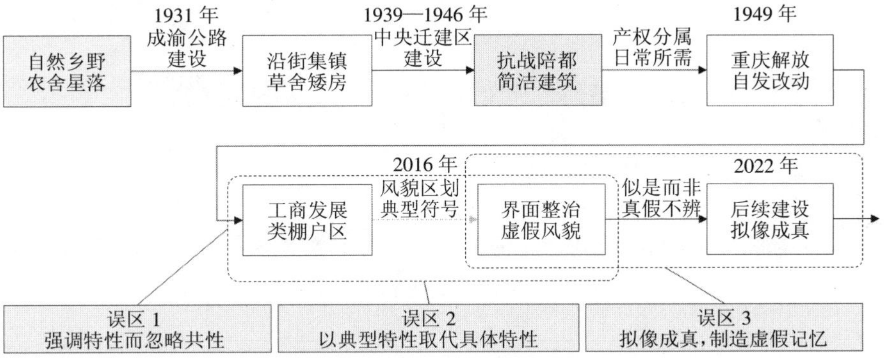

图7 山洞风貌区街道界面演变进程及建设中的三个误区

(图片来源:作者自绘)

1)强调特性忽略共性

当下风貌区街道界面严格一致的青砖贴面,看似是基于对共性的强调而进行的统一规范建设,实则这种错误建设背后是对特性的过度追求,即挪用同历史时期最显著的景观符号进行大量复制与拼贴,试图以此寻回风貌区街道界面已然丧失的抗战陪都风貌,然而,这一操作不但未能寻回地域特性,反而阻断了地域中真正的共性,即当地居民积极回应环境、主动运用新技术的建造历程。

2)以典型特性取代具体特性

站在2016年山洞"抗战陪都"传统风貌区方始建设之时,面对街道两侧已然丧失殆尽的陪都风貌,运用部分同时期典型景观符号进行更新建设,本身无可厚非,但也并非能不加考证地滥用。陪都时期山洞公路两侧应以抗战简洁式建筑与巴渝传统穿斗木构建筑为主,整个山洞地区可考的历史建筑,极少出现青砖、外廊、券廊等建构特征。如果说只强调特性是丧失了生活的真实性，那么以典型特性取代具体特性则是丧失了历史的真实性，使得风貌区街道界面落入泛地域化的误区之中。

3）拟像成真，制造虚假记忆

艺术史学者张晴滟曾提及这样的歪曲行为：未经证实的转述成为正统说法后，以至于倒逼历史亲历者重构其历史记忆。建筑学者杨宇振提到：通过裁切历史片段来生产空间，进而形成一种当下的既定现实，并最终篡夺成为个体记忆，这种被篡改的记忆并非算作“失忆”，但却是一种被随意支配、被生产消费的“记忆”，是一种真假难辨、似是而非的“伪忆”[20]。风貌区 2016 年界面整治运动形成的虚假历史风貌，竟在 2022 年成为“真实”的参照，并持续指引一系列现代建筑进行界面风貌的统一，这无疑是一种明显错误且荒谬的转换。

3　地域视角下的三处界面更新实践

地域性、地域主义的相关概念与设计方法，在我国历史街区、传统风貌区的建设中已并非新理念，但在长期的实践中又产生了新的问题。从前文风貌区街道界面演变进程的研究可以发现，街道界面的陪都风貌（特性）形成于中央迁建区建设时期，逐步消逝于此后近百年间居民回应环境变化、自发自建的活动中，而在正式设立保护区划的近十年中，依靠错误、典型景观符号的批量复制，不但未能寻回自身的地域特征，反而落入了泛地域化与拟像成真的错误循环中。对此，本文提出三种更新设计策略，并以风貌区内三处街道界面作为更新实践的参照（图 8）。

图 8　三处界面的更新设计实践

（图片来源：作者自绘）

1）“据实还原、据史还原”——山洞办事处界面更新

国民政府办事处建筑现为沙坪坝区级文保单位，该建筑自中央迁建区时期建成，沿街界面除门窗稍有变动外，几乎原样留存至今，因此在保护更新上应“据实还原、据史还原”，严格按照历史信息进行修复，清除 2016 年界面整治运动中建设的青砖贴面。同时，从现实考虑，办事处建筑与山洞街道政府驻地相距不足 50 m，可考虑在进行内部整修后纳入政府日常工作使用。

2）“瞻前顾后、与古为新”——山洞宪兵连界面更新

山洞宪兵连界面更新引据常青院士的观点——“瞻前顾后，与古为新”[21]。山洞宪兵连驻地沿线建筑，在陪都时期均为一楼一底的简洁式建筑，后经历整体空间分置、局部拆毁重建以及界面整治，现为文保建筑与现代建筑混杂的状态，且均有居民日常使用。对于此街道界面，不能简单、严格一致地还原为“陪都风貌”，应考虑到现有空间权属、住户日常生活及经营小商业的需求，将尚存的文保建筑还原至 1946 年（国民政府还都南京）到 1949 年（重庆解放）前后的风貌。此时期，原山洞宪兵连建筑保存完整，同时也已

进行了权属划分，各"开间"可进行有限的差异化改造，以此满足当下日常所需。对于文保建筑原址的现代建筑，可使用新材料、现代风格进行调整，与文保建筑保持差异的同时，弱化其突兀的建筑体量。

3)"新旧可辨、和而不同"——原川盐银行界面更新

原川盐银行山洞分行及其沿线建筑已然不存，现有建筑为2000年前后修建的砖混房屋，其又在2022年被附着上青砖贴面，由于该建筑处于风貌区核心保护区划中，应清除其沿街立面上与山洞地区无关的历史景观符号，运用现代材料、工艺，基于现代风格进行界面更新，可适当呼应历史中山洞分行的风貌，做到"和而不同"。

4　结论

见微知著，地域性概念中的特性是特定时期共性的外显，而共性是特性恒存的内核。在风貌区建设中，只强调特性容易落入泛地域化的窠臼，而只关注共性，则会使历史风貌快速丧失于缺乏管控的自发自建中。因此，地域性概念中的特性与共性并不应该是对立的两面，应将二者置于同时考虑的境地，维持二者长期依存、一元化的状态[22]，其中真实性，即能否真实地面对历史与当下生活，是一个关键的评判点。

基金资助：国家自然科学基金项目（项目编号：52108005）——西南多民族地区风土建筑的技术谱系识别及演进机理研究。

温泉　重庆交通大学　副教授
刘梓星　四川科技职业学院　助教
徐辉　重庆交通大学　副教授

参考文献

[1] 维特鲁威. 建筑十书 [M]. 陈平，译. 北京：北京大学出版社，2012.

[2] CANIZARO V. Critical regionalism: collected writings on place, identity, modernity, and tradition[M]. New York: Routledge, 2018.

[3] 王颖，卢永毅. 对"批判的地域主义"的批判性阅读 [J]. 建筑师，2007(5)：12–17.

[4] MUMFORD L. Sticks and stones: a study of American architecture and civilization[M]. New York: Dover Publications, 1924.

[5] 沈克宁. 批判的地域主义 [J]. 建筑师，2004(5)：45–55.

[7] 楚尼斯，勒费夫尔. 批判性地域主义：全球化世界中的建筑及其特性 [M]. 中国建筑工业出版社，2007.

[8] 吴良镛. 地域建筑文化内涵与时代批判精神：《批判性地域主义：全球化世界中的建筑及其特性》中文版序 [J]. 重庆建筑，2009(2)：53.

[9] 雷铁，单军. 地方•技术•"再生式"建筑：摩尔"非现代"地区主义概述 [J]. 建筑与文化，2012(3)：47–50.

[10] 卢健松. 自发性建造视野下建筑的地域性 [J]. 建筑学报，2009(S2)：49–54.

[11] 卢健松. 建筑地域性研究的当代价值 [J]. 建筑学报，2008(7)：15–19.

[12] 刘国庆. 沙坪坝区志 [M]. 成都：四川人民出版社，1995.

[14] 苏健红，吴广. 重庆抗战时期"迁建区"范围内抗战遗产的保护与利用初探 [J]. 遗产与保护研究，2018，3(6)：60–71.

[15] 谢璇. 1937—1949 年重庆城市建设与规划研究 [D]. 广州：华南理工大学，2011.

[17] 廖庆渝. 重庆歌乐山陪都遗址 [M]. 成都：四川大学出版社，2005.

[16] 侯实. 西南近代建筑风格演变 [M]. 上海：同济大学出版社，2023.

[21] 常青. 瞻前顾后　与古为新：同济建筑与城市遗产保护学科领域述略 [J]. 时代建筑，2012(3)：42–47.

[6] FRAMPTON K. Towards a critical regionalism: six points for an architecture of resistance[J]. Postmodern culture, 1983: 16–30.

[13] 刘梓星. 日常生活视野下的"重庆山洞传统风貌区"街巷空间更新研究 [D]. 重庆：重庆交通大学，2024.

[18] 吴展渊. 陆军大学在重庆山洞起义始末 [J]. 红岩春秋，2023(10)：66–71.

[20] 杨宇振. 一公里城市：日常生活. 危机与空间生产 [M]. 北京：中国建筑工业出版社，2022.

[22] 张永和. 超越二元：读弗兰姆普敦《批判的地域主义》[J]. 建筑师，2024(1)：42–45.

[19] 黄晓东. 重庆抗战遗址遗迹保护研究 [M]. 重庆；重庆出版社，2013.

近代天津教育建筑的建设及特征探究
——基于建设经费的视角

A Study on the Construction and Characteristics of Modern Tianjin Educational Architecture
—A Perspective from Construction Funds

李 康 冯 琳

摘　要:有关教育建筑的研究成果较多,但教育建筑的经费来源、管理及对校园的影响未见论述。本文利用近代官方文件中有关天津地区教育建筑建设相关的财政数据及民国文献中关于教育经费的统计,分三部分研究天津教育建筑的建设发展。经费来源逐渐明晰,政府管理逐渐有序,校园建筑逐渐成熟。

关键词:近代天津;教育建筑;建设经费

Abstract: There are many research results on educational architecture, but there is no discussion on the funding sources, management, and impact on campuses of educational architecture. This article uses financial data related to the construction of educational buildings in Tianjin from modern official documents, as well as statistics on education funding from Republican literature, to study the development of educational buildings in Tianjin in three parts. The funding sources are gradually becoming clear, government management is gradually becoming orderly, and campus buildings are gradually maturing.

Keywords: modern Tianjin; educational architecture; construction funds

引言

近代以来,伴随着中西方文明的对抗与融合,我国教育发生重大变革。我国传统教育逐渐式微,新式教育得到重视,逐步发展形成新的国家教育体系。这一过程催生出大量新的教育建筑,它们成为近代城市变革的重要力量。国内对教育建筑的研究始于 20 世纪 80 年代,集中于史料挖掘、遗产保护、建筑特征、设计思想等方面。如天津大学学者冯刚聚焦于我国近代大学校园的建筑风格和建筑思潮等方面;清华大学学者刘亦师根据墨菲档案等文献,探讨墨菲参与设计的多所校园,包括规划、建筑和景观特征等。但是有关教育建筑建设经费方面的研究暂付阙如。建设经费反映建设主体的意愿,直接决定建筑规模与质量,从而影响建筑风格直至城市风貌。因此对建设经费的系统调查与分析十分必要。

众所周知,教育经费的来源和运用与近代的政治和社会密切相关。天津作为我国近代开埠较早的城市,教育活动十分活跃。从李鸿章创办的洋务学堂到袁世凯主导的新式学堂,从国立北洋大学到私立南开学校,至新中国成立前夕,天津各级各类学校达 200 余所,形成从学前教育至高等教育的完整教育体系。在这一过程中历经教育制度的革新、管理体系的更迭以及社会生活的转变,见证建设经费对教育建筑的影响,在全国范围内具备典型性。因此,本文对天津近代创办的 400 余所学校进行调查,回答教育经费从何而来,建筑费用占比多少,进一步探究造成这一结果的原因以及对教育建筑的影响等。

1 近代天津教育建筑建设经费调查与分析

近代天津教育事业大致经历五个阶段，即洋务运动时期、清末新政时期、北洋政府时期、南京国民政府时期以及战后恢复时期。其中教育建筑的建设集中于前四个阶段，因此本文对建设经费的调查与分析从这四个时期入手，并选取其中有代表性的年份或阶段。

1.1 洋务运动时期（1860—1894 年）

洋务运动时期，我国的教育主线依然在科举取士的传统阶段，天津也不例外。天津地区的新式教育主要围绕李鸿章主导创办的几所洋务学堂开展。因此，建设经费的数据来源主要为李鸿章本人的公文以及书信等[1]。（图 1）

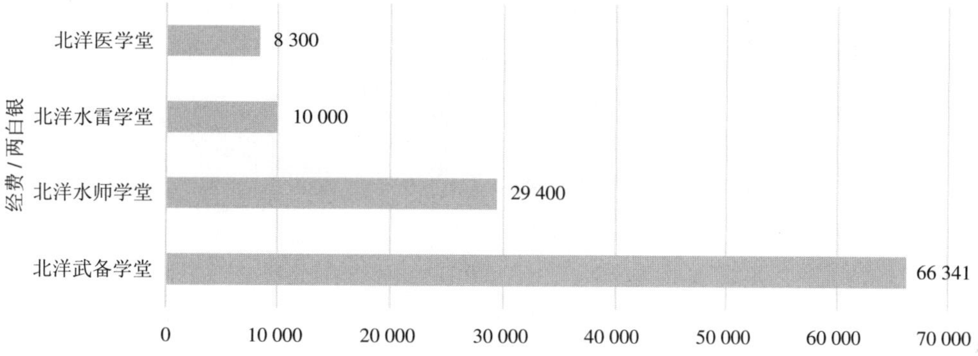

图 1　洋务运动时期学堂建设经费统计

（来源：根据文献 [1] 自绘）

这一时期，天津洋务学堂的建设经费主要来自北洋海防经费，由北洋大臣奏请朝廷拨发。由此可以看出其洋务学堂的建设基本为国家军事目的服务。根据统计，北洋水雷学堂和北洋医学堂规模较小（房屋 70 余间），建设经费相对较少（约 10 000 两白银）；北洋水师学堂规模居中（房屋 100 余间），建设经费约 30 000 两白银；北洋武备学堂规模最大（房屋 500 余间），经费最多（约 66 000 两白银）。

1.2 清末新政时期（1895—1911 年）

清末新政时期，我国的教育事业发生重大变革。新式大学出现，科举制度被废除，系统学制颁布，这些都表明教育发生了根本变化。这一时期为天津地区新式学校发展的第一个高潮，初步形成从小学到大学的完整教育系统。对教育经费的统计来源主要为直隶学务公所于 1907 年和 1910 年对本地区的教育调查[2-3]，建设经费的统计来源主要为官方公文[4-5]和校史记载[6-9]等。（图 2、图 3）

这一时期新式学堂大量出现。根据 1909 年经费统计，高等学堂和职业学堂的教育经费投入最多，其中高等教育和师范教育受到重视，各校常年经费投入均高于 10 000 两白银；实业教育更注重职业技能的快速培训，各校常年经费投入相对较少，为 5 000~6 000 两白银不等。由此也可知在职业教育上的经费投入两极分化严重。根据对 1895—1912 年学堂建设经费的调查，高等学堂和职业学堂创办初期的新校园，建设经费比较高昂，如北洋大学堂博文书院和西沽校区的建设花费高达 120 000 两白银以上；而对原有建筑改建的费用一般较低，如初级师范学堂的改建房屋花费 3 000 两白银[4]。

1.3 北洋政府时期（1912—1927 年）

北洋政府时期，天津地区的教育发展趋于平稳。教育制度进一步完善，至五四运动后，普及教育得到提倡，中小学校逐渐增多，社会教育开始发展。对这一时期教育经费的统计主要源自直隶学务公所（教育厅）于 1914 年和 1918 年对本地区的教育调查[10-11]，调查涉及民国元年和民国七年天津地区各类学校的岁入和岁出总额，并详细统计了各项收支情况，其中包括营建修缮费用。另外本调查也统计出各类学校的校产情况，包括屋宇及地基、图书、标本、模型、理化器械、实验用品等款项。（图 5、图 6）

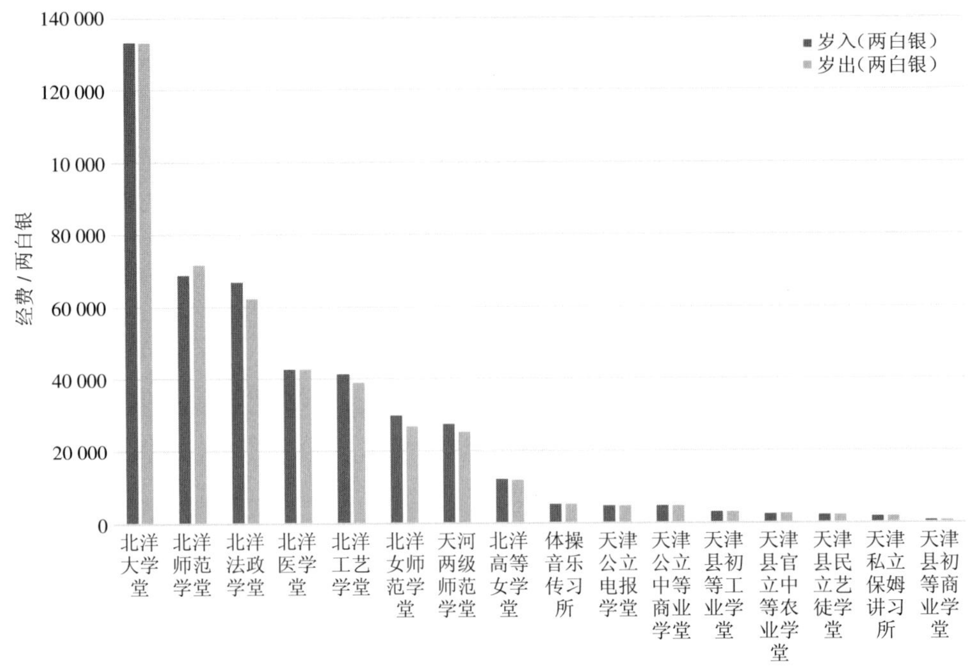

图 2　1909 年天津部分高等和职业学堂教育经费统计

（来源：根据文献 [3] 自绘）

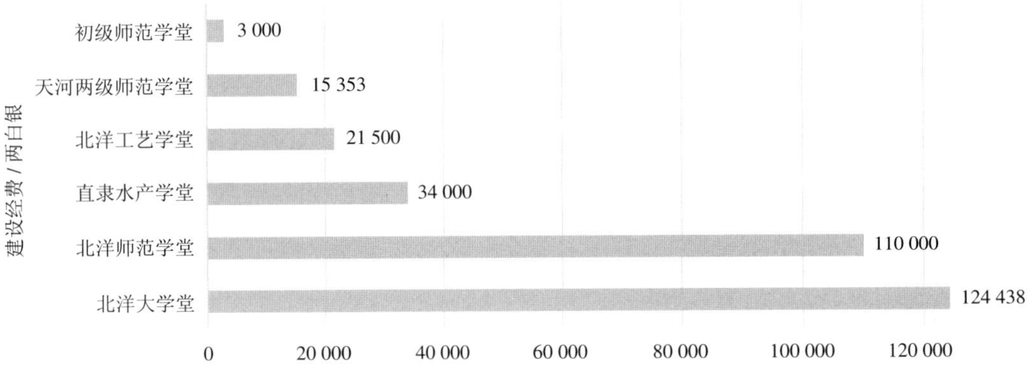

图 3　1895—1911 年天津部分学堂建设经费统计

（来源：根据文献 [6–9] 自绘）

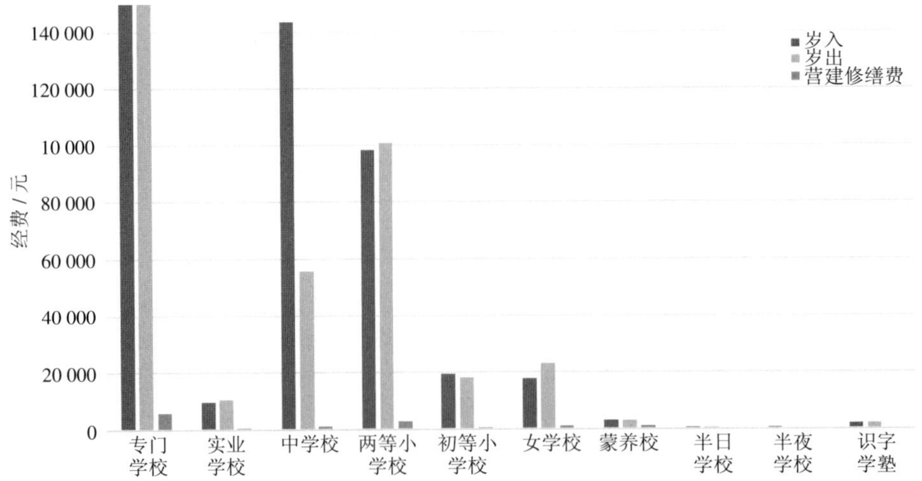

图 4　1914 年天津地区各类学校经费及建设经费统计

（来源：根据文献 [10] 自绘）

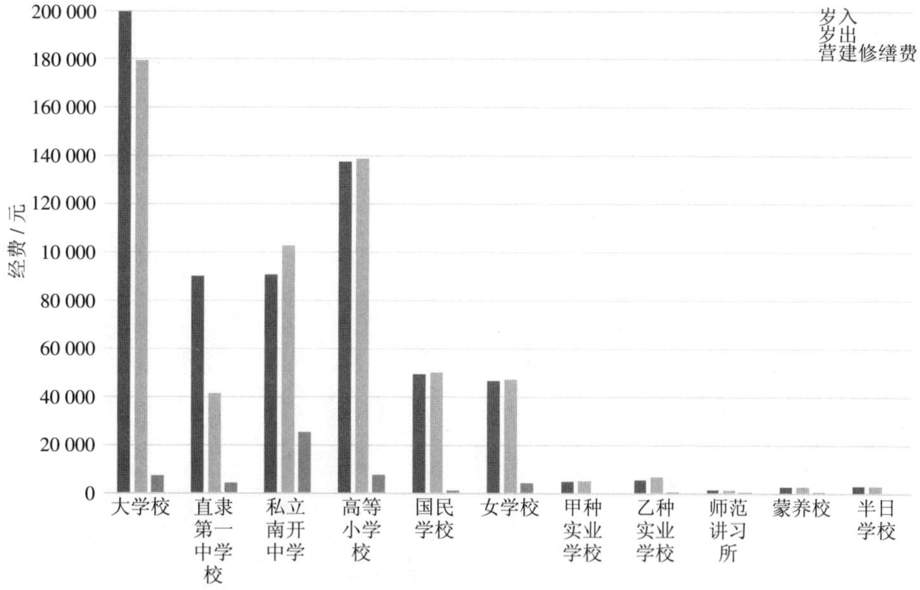

图 5　1918 年天津地区各类学校经费及建设经费统计

（来源：根据文献 [11] 自绘）

根据统计，这一时期的教育经费集中在专门学校、中学校和两等小学校这三类上，以 1914 年为例，专门学校经费支出约占天津教育经费总支出的 50.8%，中学校约占 12.8%，两等小学校约占 23.1%。其次是初等小学堂和女学堂，两者在教育经费上同样具有一定体量，各约占 4.1% 和 5.3%，蒙养院因学校数量较少仅占 0.8%。至 1918 年，教育经费投入比例略有变化，其中大学校经费支出约占统计经费总支出的 31.0%，两所中学校（直隶第一中学、私立南开中学）约占 24.9%，高等小学校约占 24.0%，国民学校约占 8.6%，女学校约占 8.2%。在每年教育经费支出中，营建修缮费用占比较低。以 1914 年为例，主要学校的营建修缮费用仅占总经费的 2% 左右，如专门学校约占 2.7%，实业学校和中学校各约占 2.0%，两等小学校约占 2.9%。至 1918 年，受天津水灾影响，各学校营建修缮费用占比略有增加，如大学校营建修缮费用约占总经费的 4.1%，直隶第一中学校约占 10.5%，高等小学校约占 5.5%，国民学校约占 2.2%，女学校约占 8.8%。

1.4　南京国民政府时期（1928—1936 年）

南京国民政府成立后，时局趋于稳定。教育制度更加正规化、法制化，教育经费相对稳定，天津地区的教育事业迎来第二个高峰。大量学校得以开办，包括各类专门学校、中学校、小学校和幼稚园等。至 1937 年，各类学校约 400 余所。这一时期教育经费的调查数据来源于三部分：一为 1934 年国立北平师范大学研究所出版的《天津市小学教育之研究》，其中涉及市立小学校经费的具体情况 [12]；二为教育部于 1934 年推出的《第一次中国教育年鉴》，主要包括高等学校的经费统计 [13]；三为天津市档案馆内学校立案、学校调查表等馆藏文件，主要包括各私立中小学校的经费状况 [14-16]。（图 6、图 7）

根据统计，这一时期天津地区教育经费较为充裕，高等学校教育经费较高，岁出均在 60 000 元以上，而房屋日常修缮费用较低。根据现有数据，天津市立师范学校修缮费约占总支出的 5.3%，河北省立第一师范学校约占 0.9%。中等学校根据校园规模教育经费不同，公立学校经费较高，均在 40 000 元以上，私立学校经费较低，在 5 000~40 000 元不等。修缮费用基本占学校支出的 5% 以下，如法汉中学修缮费约占 2.1%，私立中西女学约占 5%，私立树人中学约占 0.6%，私立安徽中学约占 2.2%。市立小学的修缮费多数在 100 元以下，仅占总费用的 0.1%~3.0%。对新校园建设经费而言，根据现有数据统计，教会中小学校的建设经费相对较高，均在 14 000 元以上，重要学校（如究真中学）的建设经费甚至高达 80 000 余元，私立中小学校的建设经费较低，多数在 10 000 元以下。但是对比教育经费，建设费用相对较高，可知校园起步阶段投入巨大。

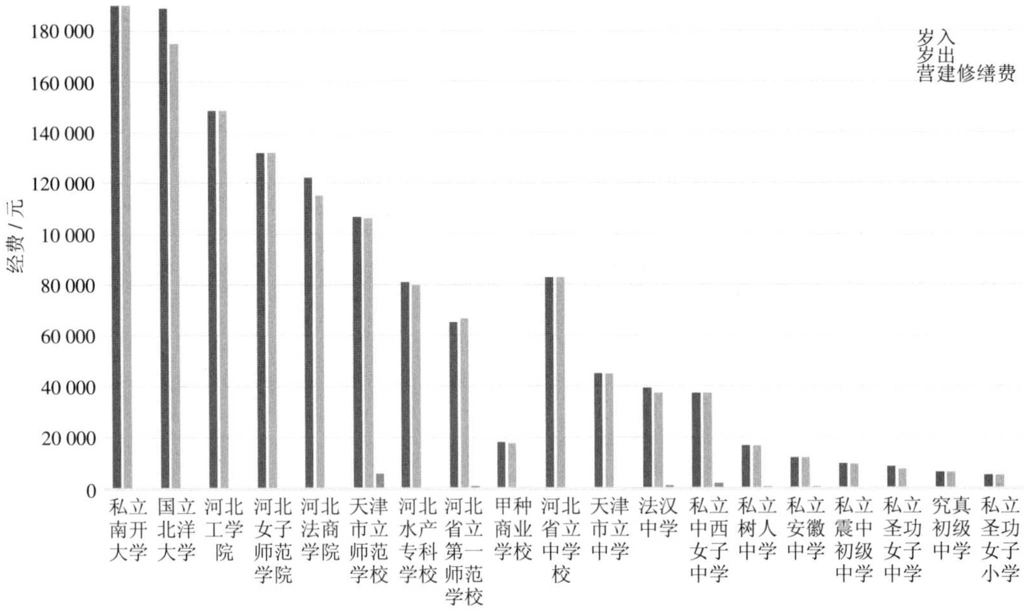

图 6　1930 年前后天津地区中等以上学校教育经费及修缮费统计

（来源：根据文献 [12–13] 自绘）

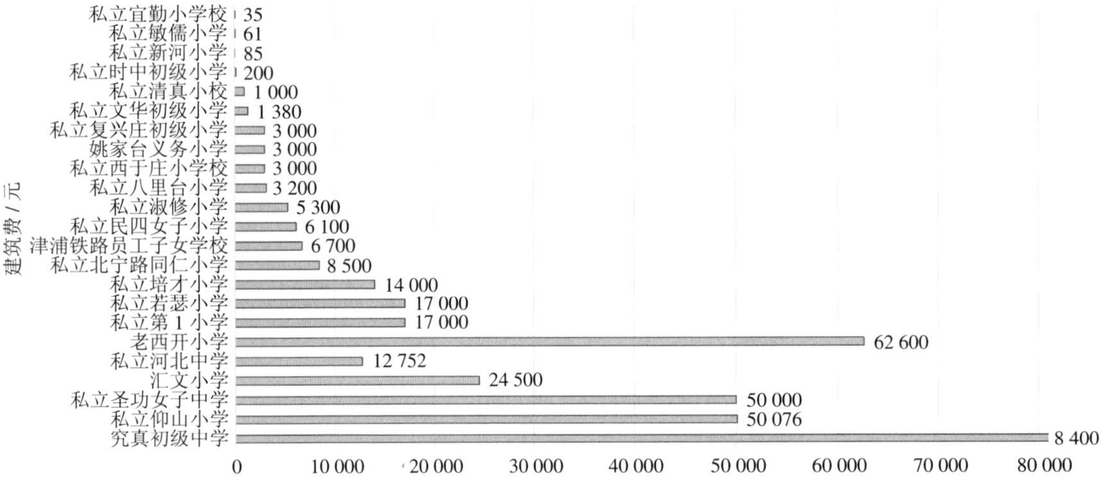

图 7　1930 年前后天津部分中小学校园建设经费统计

（来源：根据文献 [13–15] 自绘）

2　研究发现

通过对上述天津近代教育经费与建设经费的调查和分析，可以分别从经费来源、管理机制及建筑特征等方面解读出以下历史现象。

2.1　经费来源

在天津近代教育事业的发展过程中，校园数量逐渐增多，对教育的投入逐步变大，因此教育经费的筹集和拨发成为校园建设及发展的首要问题。统计发现，洋务运动时期天津洋务学堂建设经费由北洋海防拨发，由此反映出洋务学堂的建设围绕军事目的，或培训军事技能，或生产军事设备，这与天津“拱卫京师”的地理位置密不可分。至甲午战争后，新式教育开始脱离军事行为，高等教育受到重视，建设经费骤然增加，仅北洋大学堂一校的建筑费就已超出洋务运动期间学堂建设费用的总和。因此对教育经费的筹措成为当务之急。此时教育经费的来源途径多样，包括官方税银、政府拨款、银行贷款、社会筹集等。以北洋大学堂为例，博文书院时期（1895—1900 年）经常费来自米麦进口税、开平煤税、电报局岁捐和招商局岁捐 [17]，建设经费来自海关税收和社会筹集 [5]。西沽校区初始（1902 年）经常费来自粮租银及武库废铜售银 [18]，建设经费来自德国赔偿银。1906 年经常费改由临城矿务局拨发 [18]，1908 年又由藩署库、学务公所、海防支应局和盐运署共同拨付。由此可见这一时期教育经费经常“东拼西凑”，并无固定来源。

北洋政府成立后，教育经费的来源逐渐稳定，主要来自官款拨给、公款提充、学生缴费、校产收入、乐捐等，其中官款拨给占比最大，而建设费用常以教育经费的临时费拨发。以 1912 年天津县两等小学校的经费组成为例，官款拨给 60 077 元，公款提充 15 980 元，学生缴费 7074 元，乐捐 10 630 元，校产收入 4 135 元。这一时期私人办校开始形成势力，但经费主要依靠私人募捐，至学校运营后，常出现财政赤字。如南开大学创建伊始，由私人募捐 85 000 元，除建筑、购地、设备及日常开支，仅剩余 6 000 余元 [19]，至 1920 年经费支绌，岁出 33 500 元，岁入 24 400 元。南京国民政府期间，教育经费管理进一步规范化、制度化。随着接受教育的人数增加，教育经费进一步增加，天津地区的教育经费主要由中央国税（卷烟统税）补助，约占总额的 91.9%，而地方自筹金额仅占约 8.1%。公立学校经费主要来自政府公款、学生学费、基金利息，以市立小学校为例，其中政府拨款占比 86.8%，学生学费占比 8.38%，基金利息仅占 0.24%[12]。而私立学校的教育经费拨付也形成一定惯例，创立初期主要依靠校董募集资金，建筑或租借校舍，剩余经费形成学校基金。经常费则主要包括基金息金、学费收入和其他收入，根据校情不同，各部分占比不同。

2.2 管理机制

天津近代教育经费来源由无序到有序的变化，很大程度上得益于管理机制的更新。洋务运动时期，天津洋务学堂的建设主要由李鸿章委托其幕僚操办，如北洋水师学堂由李举荐吴赞诚筹办，北洋武备学堂又指定周馥筹办。这一时期洋务学堂并不隶属学部管理，一般由北洋大臣推荐官员担任总办（校长），总办直接向北洋大臣和朝廷负责。政府机构对天津地区新式学校的“管理真空”一直持续到 1905 年前后，此时《奏定学堂章程》颁布，章程中规定“每年需将学堂所办事务、教科课程、教员名数、学生入学人数、学生毕业人数及出入费用，呈报本州、县官，由州、县官禀报本省学务处汇呈督抚查核，督抚择其要略，兹明学务大臣考察，每半年汇咨一次”[20]。完整的教育管理系统初步构建，天津率先建立学校司，后发展为直隶学务处，1906 年在天津县设立劝学所，管理中等以下教育 [21]。根据经费拨发情况，此时天津地区教育形成两套系统，即府立学堂和县立学堂。至北洋政府和南京国民政府时期，以前述管理系统为基本框架，逐步发展为教育部、教育司、教育局三级管理体制，各级学校由相应管理部门负责经费拨发，而私立学校则向相应部门报备立案，以取得办学资格。根据经费拨发情况，此时天津地区教育系统主要分为国立学校、省立学校、市立学校以及县立学校。

2.3 建筑特征

教育经费直接反映校园的物质建设，尤其是对建筑经费的投入。建筑经费的多寡直接反映该校的建设规模和建筑质量，侧面反映建筑方位和建筑风貌，同时也体现出投资方的意愿与期待。洋务运动时期，建筑经费的投入直接反映建筑的规模。北洋武备学堂（柳墅行宫校区）建设资金高达 66 000 余两白银，校园面积多达 124 余亩，校内除 500 余间衙署式学堂建筑外，还包括广阔的操场、水池、花园、营房和庙宇等。而北洋医学堂建设经费为 8 300 余两白银，校园为紧凑的三进院布局 [22]。对北洋武备学堂和北洋水师学堂的高投入也从侧面反映出清政府迫切改善军人军事素养的期望。至清末新政时期，校园建设经费大幅度增加，一方面是因为校园数量增加，另一方面是因为校园内容增多、建筑风貌转变及建筑质量提升。如北洋大学堂博文书院校区建设经费投入 63 438 余两白银，校园面积约 86 亩，相比北洋武备学堂建筑面积更小，但建设费用更高。从校园内容上来说，博文书院相比武备学堂并无更多内容，甚至省去了花园、水池、操场等空间。从建筑风貌上来说，对比武备学堂的传统建筑，博文书院主体为欧洲修道院式建筑，“回”字形，立面为典型的西式风格，采用砖木结构形式，建筑主体十分坚固（图 8）[23]。又如北洋师范学堂建筑经费为 110 000 两白银，校舍 265 间，占地 237 余亩。从校园内容上来说，北洋师范学堂相比武备学堂有更多的室内空间(包括教室、宿舍和办公室等)和室外空间(包括花园、植物园和体操场等)。从建筑风貌上来说,北洋师范学堂的主要教学楼采用西洋形式。

图 8　博文书院学堂大楼

(来源:文献 [23])

北洋政府和南京国民政府时期,校园建设延续清末新式学堂的模式,大量资金投入校园建筑,同时专业建筑师开始加入,使得校园进一步扩大,建筑风貌得到极大丰富,建筑质量显著提升。以私立南开大学八里台校区的建设为例,截至 1923 年,校园面积达 400 余亩,花费近 50 万元,校园规模宏大,建筑单体多样,在建设过程中因专业设计人员参与,建筑更加实用坚固美观,如天津基泰工程司设计建造的男生第一宿舍楼和科学馆等(图 9)[24]。

图 9　南开大学八里台校区校景

(来源:文献 [24])

相比于动辄数十万两花费的高等学校校园,大多数初等和中等学校的建筑花费较低,甚至无建筑经费的投入,或租用民房,或使用闲置的公所、寺庙。究其原因一是经费有限,无法支撑巨额的建筑花销;二是校园规模较小,学生仅数十人,并无建设需求。如私立时中小学,截至 1930 年,有学生 40 余人,教室两间,建筑费用仅 123 元(购置房屋)。

3 结论

本研究通过对多种文献资料中教育经费和建设经费的整理，提取、整合出大量的数据，利用数字工具，将天津近代教育建筑相关的内容进行直观表达。从建设经费的角度，梳理天津近代教育建筑的发展脉络。在时间维度上，随着建设经费的逐渐增加，校园空间逐渐成熟。在空间维度上，天津范围内中等以上学校数量少，经费多，校园建筑丰富；中等以下学校数量多，经费少，校园空间简单。

李康　天津大学　博士研究生
冯琳　天津大学　副教授

参考文献

[1] 顾廷龙，戴逸. 李鸿章全集奏议（10~13）[M]. 合肥：安徽教育出版社，2008.
[2] 直隶学务公所总务课. 教育统计表图 [M]. 天津：北洋官报局，1907.
[3] 直隶学务公所. 直隶教育统计图表 [M]. 保定：直隶教育图书局印书处，1910.
[4] 骆宝善，刘路生. 袁世凯全集 第十三卷 [M]. 郑州：河南大学出版社，2013.
[5] 全德生. 天津大学——北洋大学校园规划建设过程研究（1895—2015）[D]. 天津：天津大学，2016.
[6] 本省公牍：工艺学堂章程（继第三十二册）[N]. 北洋官报，1903（33）：8-9.
[7] 北洋师范学堂. 北洋师范学堂汇编 [M].[出版地不详]：[出版者不详]，1909.
[8] 天津河间两级师范学堂决算表 [J]. 直隶教育杂志，1907（5）：54-56.
[9] 赵思和，李炳垣. 直隶省立甲种水产学校一览 [M]. 天津：协成印刷局，1917.
[10] 直隶学务公所. 直隶教育统计图表 [M]. 天津：怡泰印务局，1914.
[11] 直隶教育厅. 直隶教育统计图表 [M].[出版地不详]：世华印刷局，1918.
[12] 李建勋. 天津市小学教育之研究 [M]. 北平：北平师范大学研究所，1934.
[13] 周邦道. 第一次中国教育年鉴•丁编 [M]. 上海：开明书店，1934.
[14] 天津档案馆. 档案号：401206800-J0252-1.
[15] 天津档案馆. 档案号：401206800-J0110-1.
[16] 天津档案馆. 档案号：401206800-J0227-1.
[17] 天津大学校史编辑室. 北洋大学——天津大学校史资料选编 [M]. 天津：天津大学出版社，1991.
[18] 北洋大学. 国立北洋大学卅周年纪念册 [M].[出版地不详]：北洋大学，1925.
[19] 南开大学. 南开大学校史资料选（1919—1949）[M]. 天津：南开大学出版社，1989.
[20] 王虞鑫圭，唐良炎. 学制演变 [M]. 上海：上海教育出版社，2007.
[21] 赵宝琪，张凤民. 天津教育史：上卷 [M]. 天津：天津人民出版社，2002.
[22] 宋昆，李康，冯琳，等. 天津洋务学堂的兴起及建筑特征研究 [J]. 建筑史学刊，2022，3（4）：18-26.
[23] 宋昆. 天津大学校园建设图录 [M]. 天津：天津大学出版社，2022.
[24] 李世锐. 百年南开建筑图集 [M]. 天津：天津古籍出版社，2019.

汉藏文化交融视野下香日德班禅寺景观解析

Analysis of the Landscape of Xiangride Banchan Temple from the Perspective of the Blending of Han and Tibetan Cultures

张思怡　崔文河

摘　要：香日德班禅寺位于都兰县香日德镇，都兰有多条古道交汇，特殊的地理位置使得这里成为经济、政治、文化、族群交融汇聚的重要地点。香日德班禅寺不仅是历代班禅从西藏前往内地进行政教活动的主要场所，还是蒙古族、藏族、汉族等民族日常进行宗教活动的公共场所，见证了各民族间交流交往的发展历程。本文首先梳理了香日德班禅寺得以建立的历史原因与寺庙变迁历程，从历史的更迭中发现香日德往日的繁华与兴盛。其次，对寺庙相地选址进行分析，发现其环山抱水、藏风聚气的选址特征；对寺庙空间组织层面进行分析，通过对比三个寺庙发现，其空间组织以藏式为母且受汉族文化的影响。对建筑与构筑物的细部构建纹样进行分析，发现其包含汉藏传统纹样与装饰构件。最后通过历史梳理、空间分析、特征总结，提出香日德班禅寺景观更新建议。本文旨在分析汉藏文化交融对寺庙景观空间层面产生影响的具体体现并总结其特征，在此研究基础上对空间环境进行提升，从而为族群间的交流交往交融提供现实空间载体。

关键词：藏传佛教寺庙；香日德班禅寺；汉藏文化交融；寺庙景观

Abstract: The Banchan Temple in Xiangride is located in Xiangride Town, Dulan County. Several ancient roads converge in Dulan, and its special geographical location makes it an important place where the economy, politics, culture, and ethnic groups converge. The Banchan Temple in Xiangride has not only served as the main place for successive Banchan to conduct political and religious activities on their trips between Tibet and the inland, but also as a public place for Mongolian, Tibetan, Han and other ethnic groups to conduct daily religious activities, witnessing the development process of exchanges among all ethnic groups. This article first combs through the historical reasons for the establishment of the Banchan Temple in Xiangride and the changing process of temple, and discovers the past prosperity of Xiangride from historical changes. Secondly, an analysis of the temple site selection reveals that it is surrounded by mountains and water, with the site selection characteristics of gathering wind and qi. For the analysis of the temple's spatial organization level, mainly through the comparison of three temples, it is found that its spatial organization is based on the Tibetan style and is also influenced by Han culture. The analysis of the detailed construction patterns of buildings and structures reveals that they include traditional Han and Tibetan patterns and decorative components. Finally, through historical review, spatial analysis and feature summary, suggestions for the landscape renewal of the Banchan Temple in Xiangride are put forward. The article aims to analyze the specific manifestations of the influence of the blending of Han and Tibetan cultures on the temple's landscape space level and summarize its characteristics. Based on this research, the spatial environment is improved, thereby providing a practical spatial carrier for exchanges and integration among ethnic groups.

Keywords: Tibetan Buddhist temples; the Banchan Temple in Xiangride; the blending of Han and Tibetan Cultures; temple landscape

引言

香日德班禅寺位于都兰县香日德镇，都兰从古至今都是连通内地与西藏的要塞，多条古道交汇于此，如丝绸之路青海道、玉石之路、湟中道、羌中道、青藏古道等，特殊的地理位置使得这里成为经济、政治、文化、族群交融汇聚的重要地点[1]。通过对香日德班禅寺的历史进行梳理可以发现，其不仅是历代班禅从西藏前往内地进行政教活动的主要场所，还是蒙古族、藏族、汉族等民族日常进行宗教活动的公共场所，见证了各民族间交流交往的发展历程。香日德班禅寺所处的地域与寺庙本身都蕴含重要的文化价值，但维修扩建时只关注到了建筑，却忽略了与之相呼应的景观空间，丧失了其独特的景观风格，所以本文对香日德班禅寺进行深入研究，旨在为后续的藏传佛教寺庙的传承与创新提供参考。

1　香日德班禅寺的历史和变迁历程

1.1　佛教在香日德地区传播的因素

(1)地理优势与文化交汇：香日德寺位于海西蒙古族藏族自治州都兰县香日德镇，该地处于柴达木盆地的西南部。其南部被布尔汗布达山、阿尼玛卿山阻隔，东部被青海南山阻隔，山脉这一天然屏障为该地带来了河流与丰富的降水。西、北方向地势平坦，利于交通与农业的发展，向北可至德令哈市，向西至格尔木市。柴达木河自南向北流经该地，将香日德镇划分为东部和西部，河流为其提供了丰富的水资源。因地理位置的特殊性，该地成为丝绸之路青海道在“柴达木盆地南缘路线”上的重要一环，也成为青海道僧人、旅人等途径休整补给的重要节点。文献古籍上曾记载，中原僧人西行求经及西域僧人到长安弘法的线路都经过该区域。

(2)历史古道与宗教交流：《洛阳伽蓝记》中曾记载，僧人宋云、慧生在北魏神龟元年(518 年)从洛阳出发西行赴西域求经，经过青海湖之北，穿越柴达木盆地时，途经伏罗川(青海都兰县诺木洪一带)，而西域乾陀罗国僧人阇那崛多，亦在西魏大统元年(535 年)赴长安弘法的过程中，途经吐谷浑国和鄯州交界的地方，也就是现在都兰县一带[2]。早期往返中原地区与西域地区的宗教人士途经此处进行休整，为后续藏传佛教在此处的传播奠定了历史与文化基础。

(3)多元民族与悠久佛教信仰历史：都兰自古以来便是一个多民族地区，最早为羌族牧地，之后经历过多次政权更替，但较长时间内归属吐谷浑部的鲜卑族(约 300 年)和吐蕃藏族(约 600 年)管辖。明朝政府统治都兰时，大量蒙古族迁居青海。羌族、蒙古族、藏族、鲜卑族等民族都信仰佛教，虽然有些民族在历史的长河中消失，并与其他民族融合演变为别的民族，但其共同信仰的藏传佛教仍在都兰地区延续并发展。现寺庙主要香火庄为察汗毛村、沙珠玉村、艾力斯台村、敖包图村、秀毛村、智玉村等，信教群众约 5 000 人。

1.2　香日德班禅寺的变迁历程

寺庙始建于 1780 年(清乾隆四十五年)，属于藏传佛教格鲁派寺庙，距今已有 200 多年的历史，曾遭受四次重大损毁，屡经重建。最初寺庙整体分为两个部分：一处为“德钦拉章”，作为接待堪布与宗教上层人士的驿站；另一处为“德钦颇章”，是用于宗教活动的寺院[3]。

(1)首次建立(1780 年)：其最初建立源于六世班禅罗桑华丹益希从扎什伦布寺出发，经过青海去北京给乾隆祝寿，途中经过香日德时由当时驻扎在此的固始汗和硕特的一个部落派人接待，并修建寺庙。当时寺庙规模不大，只有 50 m^2 左右，但后来遭到毁坏[4]。高宗也为接待六世班禅仿照扎什伦布寺修建了须弥福寿之庙(又称“班禅行宫”)。无论是香日德班禅行辕还是须弥福寿之庙都是信仰藏传佛教人士为班禅而修建，这类寺庙、行宫的修建体现了多元文化的交流。

(2)第二次修建(1875 年)：香日德所处地理位置十分重要，其是藏传佛教僧侣从内地前往西藏途中进行休整的重要地点，所以七世班禅时期，又在原址旁重建寺院，并进行扩建，此次扩建规模达到 180 m^2 左右，僧侣也扩充到70人，但寺庙在1903年因洪水泛滥再次遭到毁坏[5]。

（3）第三次修建（1924年）：1924年，九世班禅曲吉尼玛等人经青海去往北京、南京，途中因一些原因受阻，留在了青海，遂即决定再次修建行辕[5]，并选址在原寺庙附近的上柴开地区，此次修建将寺庙面积扩大至1 250 m^2，可容纳千人诵经，内部建筑包含经堂、僧舍、斋房等，还拥有耕地6 000亩（1亩 $\approx$ 666.7 m^2），以及羊、马、骡子等牲畜。这也是香日德班禅寺规模最大的时期，寺中有大量经文、唐卡、佛像等宝贵财物，但后来遭到破坏而损毁。因香日德所处自然环境适合种植粮草作物且地处要塞等诸多因素，1949年时十世班禅选择此处进行避难。在青藏、川藏线未开通之前，慕生忠将军也将香日德作为中转站，在此筹集物资送往西藏。

（4）第四次修建（1984年）：宗教活动恢复后，信众向十世班禅请示重修寺庙，得到同意后在原址进行了重建工作，寺庙占地约500 m^2，包含经堂、僧舍等设施，这也是我们现在所看到的香日德班禅寺。通过调研得知，寺庙整体进行了扩建，在寺庙外围部分已经修建了新大门、柴达木第一历史陈列馆和一些商业建筑等，寺庙扩建部分修建了都兰县中华民族共同体体验馆，原寺庙内部规划修建新的僧舍、班禅香日德德钦宫殿。

香日德是内地进入西藏的重要中转点，且拥有肥沃的土壤、适宜的气候、灌溉水源等多种利于农业发展的自然因素，使得香日德有多条古道经过，古道带来文化的交流，因以上诸多优势，香日德在历史上多次发挥了重要作用。族群的迁入让香日德地区杂居着蒙古族、藏族、汉族等多个民族，其中大多信仰藏传佛教，这也是藏传佛教在此处不断存在与发展的民众基础。香日德班禅寺在历史上屡次遭到毁坏，却又屡次重建，是因其背后承载着重大的历史意义与文化交流的重要职责。

2 香日德班禅寺的空间特征及景观要素分析

通过前文对香日德班禅寺的历史变迁历程的梳理可以发现，丝绸之路青海道经过此处带来了民族之间经济、生活、文化上的交流[6]，这些互动与交流在空间层面有所反映。本章从宏观、中观、微观，即相地选址、空间组织、细部构建三个层面对香日德班禅寺进行分析，总结汉藏文化交融在空间层面所呈现出的特征。

2.1 相地选址：环山抱水，藏风聚气

藏传佛教寺庙选址遵循“萨谢”理论（也被称为“勘验相地之术”），其理论由汉地堪舆文化、印度佛教学与藏族原始宗教苯教结合而成，用于聚落、寺庙、住宅等建筑选址。其中相地对山的要求遵循七大原则，这七大原则对山脉走向、山体稳定性、朝向、坡度、海拔均有详细要求，具体为：选址要背靠山峰，具有坚固的山麓；左右山峰包围；山脚有平坝；面朝山峰；位于穴地之上等[7]。香日德班禅寺处于河谷位置，河谷被布尔汗布达山脉包围，西北部地势平坦开阔，为大片耕地，河谷东西两侧连接成片低矮山丘，此地形特征也被藏族誉为吉祥宝地，西藏的桑耶寺、扎什伦布寺等藏传佛教名寺都位于河谷地区且四周环山。寺庙东低、南聚、前坦，背靠山脉高耸坚固，面朝山脉海拔较低、绵延起伏、视野开阔，呈现藏风聚气的风水特征。

吉地不可无水，聚落寺庙选址附近须有河流或湖泊。香日德沿河流分布大片耕地，村落散置其中，村落中的居民是寺庙信众主要来源。寺庙由西到东整体呈现出“山—地—水—山”的景观格局。昔日的吐谷浑香日德古城也位于香日德地区，地处香日德河东岸，香日德地区也是古代王城、宗教寺庙、村落地址的优选之地。寺庙所处之地气候宜人、水土肥沃、光照充足，适宜居住和静修，其中体现着民族智慧。

2.2 空间组织：藏式为母，融合汉式

2.2.1 空间组织特征

香日德班禅寺作为扎什伦布寺在青海地区的子寺庙，其建筑的总体布局以及建筑单体的风格手法均以所属母寺的整体或单体为基本模板[8]。须弥福寿之庙也仿照扎什伦布寺修建而成，三者之间具备关联性，但却呈现出不同的空间特点。本节对这三个具有代表性的寺庙的布局进行比较研究，从而分析香日

德班禅寺的空间组织特点。

扎什伦布寺作为藏传佛教格鲁派四大寺庙之一，具备完整的寺庙制度与寺院组织。对扎什伦布寺布局形式进行分析可以发现，其整体呈自由式布局，沿等高线分布，低处为寺庙附属的扎仓，高处则为经堂、佛殿、行宫、灵塔等佛殿建筑，经堂（措钦大殿）位于寺庙核心位置，殿堂建筑向东西方向扩展。与之类似的还有噶丹寺、色拉寺、哲蚌寺等格鲁派大寺，这类寺庙都强调措钦大殿的重要性，沿等高线按等级高低呈现自由式分布特征，建筑群体庞大。

香日德班禅寺作为子寺庙，规格较小，在空间组织上延续格鲁派大寺以经堂为中心的布局，仿照母寺的建筑样式与布局进行修建，如香日德班禅寺大门入口左右两侧墙壁绘制有唐卡，这与扎什伦布寺一致。其建筑样式以藏式为母，细部装饰融合汉式风格，布局呈现轴线关系但并不完全对称规整。最为古早的建筑为经堂，后在经堂后方加建了佛殿，佛殿上设置歇山顶的汉族建筑符号构件，随着佛殿的加建，构成了“门廊—经堂—佛殿”的经典格鲁派“纵向三段式”的平面形制[9]，从而使寺庙中心区域完整的佛殿建筑轴线成为整个寺庙空间的核心。轴线式平面布局是受汉文化影响而演变出来的空间形式，传统藏传佛教大寺大多呈现自由式分布的特点。除核心建筑外，其景观空间也不同于建筑群体紧凑的扎什伦布寺，香日德班禅寺内部保留了大量绿化空间，寺院地形平坦，道路布局受地形影响更小，呈现出纵横交错的关系。与之类似的还有藏式行宫罗布林卡，其道路垂直分布，绿地占比高达83%。整体空间与江南园林的曲径通幽、步移景异不同，藏式园林呈现出疏朗开阔、树木繁茂的特点，罗布林卡中的建筑、门廊的柱体与雀替部分受汉族工艺的影响采用了精美的木雕，在香日德班禅寺中也可以发现受汉文化影响的彩绘纹样与木雕装饰。

承德的须弥福寿之庙也是仿照扎什伦布寺建造的，其受汉族文化的影响更大。在空间序列上，寺庙前半部分采用汉式建筑样式，建造山门、碑亭和琉璃牌坊，这种布局形式在外八庙中的其他几个寺庙中也有体现，如普陀宗乘之庙等，其后半部分则为仿藏式建筑。其修建是为接待班禅使用，建筑形式融合汉族、藏族、蒙古族等多民族的风格和文化元素，是不同民族文化之间交流与融合的体现，其汉藏融合的形式与手法（例如在空间布局、建筑样式、装饰元素等方面）可为后续香日德班禅寺的改造与设计提供参考。

通过分析三个寺庙的空间布局可以发现，三者存在一定的联系，传统藏传佛教大寺建筑为其他寺庙的修建提供模板范式。越靠近中原地区，受汉文化影响越深，在景观空间上更多地呈现出汉族文化特征。传统大寺如扎什伦布寺，受自然地形影响大，由于历史悠久且不断扩建，建筑布局更为自由，建造材料和手法较为粗犷；香日德班禅寺地处河谷地区，地形平坦，布局受地形影响小，建筑体量更小，绿化面积大，环境更为宁静，适宜清修；须弥福寿之庙按地势修建，大量运用汉式建造样式建筑，细部精巧细腻，屋顶多运用琉璃瓦，装饰纹样采用龙、凤、云纹等，气势恢宏带有皇家风范。多元的寺庙景观环境体现了藏族、汉族、满族、蒙古族等民族在互相尊重的基础上实现着文化之间的多元共融。

2.2.2 主要分区与建筑分布

香日德班禅寺的寺庙空间主要分为四大分区：核心区域、次要区域、附属区域、拓展区域（表1）。核心区域主要包含四座建筑：措钦大殿、强巴佛大殿、十世班禅展览馆、德钦宫殿。其中，十世班禅展览馆并不举行宗教活动，仅用于展览。措钦大殿（经堂）是寺庙中最为核心的建筑，强巴佛大殿也是核心建筑之一，其他建筑围绕措钦大殿布置、扩建。经堂也是寺庙中年代最为久远的建筑，其为砖木结构，二层藏式平顶密梁式建筑，装饰色彩主要为红、黄、褐三色，屋顶摆放金幢、宝瓶，中间摆放二兽听法装饰。经堂内部正中间设有班禅大师讲经的莲花宝座，两边阶梯上供奉佛像，内部书柜中还藏有数百卷经书典籍。寺庙现最高建筑强巴佛大殿整体为用钢筋混凝土浇筑的半框架结构，上下共六层，高22 m，占地面积约680 m^2，建筑主要由红色、黑色构成，顶部设置歇山鎏金金顶装饰，建筑平顶部分四角装饰金幢和牦牛幢，金顶四角飞檐部分装饰鳌头铜雕，中间屋脊部分装饰金翅鸟。建筑内部供奉着高16 m的未来佛（弥勒佛），四周绘制唐卡。十世班禅展览馆为砖木结构二层藏式平顶建筑，以红、黄两色为主，内部四周展柜摆放班禅照片和一些书籍、服饰。香日德德钦宫殿是由钢筋混凝土浇筑而成的二层平顶建筑，内部中心采用中空设计，二层设置内走廊。在经堂周边的草坪和空地上，还摆放有雕塑和经幡柱，经幡柱上面挂满经幡，其他空地区域还散置煨桑炉。

次要区域的玛尼房建筑内部放置四个转经筒，外部的转经廊道内共放置 252 个转经筒，廊道内侧绘制了 1 108 尊佛像。寺庙还有新旧两个灯房，内部有供桌用来放置酥油灯，旧燃灯房为半地下式的做法，但因安全隐患已废弃，新燃灯房为钢筋混凝土结构，因而丢失了传统民族特色。

附属区域设置在大门两侧，主要为管理办公用房，管理用房南侧有一个厨房，节日时厨房才会开放。

拓展区域主要包含都兰县中华民族共同体体验馆。该区域位于寺庙北侧，场地周围做了大量硬化处理，场馆体量大，与原寺庙内的景观空间造成了割裂感，寺庙东侧其他扩建区域为大片荒废空地，空地内部挖设了一些沟渠用来排水。

通过对香日德班禅寺的空间组织分析可看出，宗教建筑位于寺庙的核心位置，寺庙因受到汉族文化的影响在建筑建造技艺、细部装饰、建筑彩绘上呈现出一定的汉式特征，在年代最久的措钦大殿建筑结构上可以发现传统汉式建筑建造工艺，强巴佛大殿屋顶上装饰的金顶也体现了汉式特征。其原本的建筑与景观极具特色，但随着寺庙的扩张，只是仿照藏式建筑的特点建造，在空间组织、建筑材料、建筑样式等方面逐渐偏离了原本的藏式文化特色，慢慢失去了其文化底色。

表 1　寺庙主要区域

核心区域	 措钦大殿	 强巴佛大殿	 十世班禅展览馆	 德钦宫殿
次要区域	 玛尼房	 转经道	 煨桑炉	 燃灯房
附属区域	 管理用房	 厨房	 管理用房	
拓展区域	 都兰县中华民族共同体体验馆	 排水沟渠	 空地	

2.3　细部构建：汉藏兼收，纹案相汇

寺庙内的建筑及构筑物的门窗及柱体上绘制有彩绘纹样，除包含藏式传统，如动物纹样（老虎、雪狮

等），还有中式传统纹样（龙纹）；在转经长廊内侧还绘制有人物纹样千佛图、文字纹样六字真言；在墙体、天花、柱体、门、窗等位置绘制有植物纹样，如莲花纹、忍冬纹、宝相花纹、菊花纹、桃子、诃子等。莲花纹在藏汉文化中均有特殊的宗教寓意，而卷草纹、宝相花纹等更多体现了汉族装饰艺术风格，这些纹样在寺庙中的广泛应用，展示了藏汉文化在装饰纹样上的交流与融合。此外，还有藏式传统宗教纹样（吉祥八徽、佛珠等）与植物纹样形成的组合纹样，以及门窗装饰的白玛曲杂等藏式独有的特色装饰等。除了这些装饰彩绘外，建筑、门上还装饰有斗拱构件。

表 2　建筑装饰纹样

动物纹样	 老虎纹样	 雪狮纹样	 龙纹 1	 龙纹 2
植物纹样	 卷草纹 1	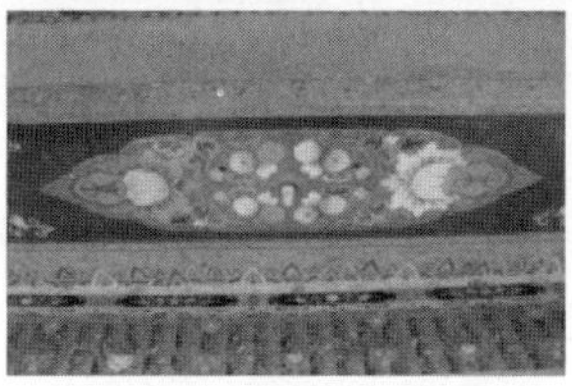 桃子	 忍冬纹	 卷草纹 2
宗教纹样	 吉祥八徽（宝瓶）	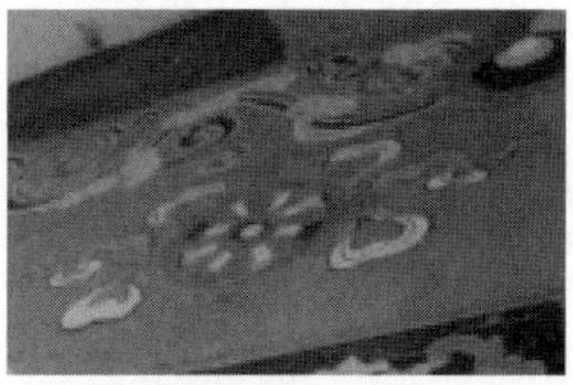 吉祥八徽（法轮）	 佛珠	 金刚杵
其他纹样	 几何纹样（香布）	 六字真言（转经筒）	 白玛曲杂（窗框、门框）	 人物纹样（转经廊道）

3　香日德班禅寺在藏汉文化交融中的意义与价值

（1）文化传承与交流的载体：香日德班禅寺作为藏汉文化交融的产物，承载着两种文化的传承与交流使命。它见证了历史上藏汉民族之间的友好往来和文化互动，寺庙内的建筑、装饰等各个方面都蕴含着丰富的文化信息，这些信息通过寺庙的存续得以传承，并在当代社会继续发挥着促进文化交流的作用。

（2）地域文化特色的体现：香日德班禅寺的独特文化风貌是当地地域文化特色的重要体现。它融合了藏汉文化的精华，与柴达木盆地的自然环境相结合，形成了一种独特的地域文化景观。这种地域文化特色不仅反映了当地人民的生活方式、宗教信仰和审美观念，也为地域文化的多样性做出了贡献。

（3）多元文化共生的范例：寺庙所展现出的藏汉文化相互影响与交融的现象，是多元文化共生的一个范例。在这个空间里，两种文化不是简单叠加，而是相互渗透、相互促进，共同创造出一种新的、富有活力的文化形态。这种多元文化共生的模式为当今社会处理不同文化之间的关系提供了有益的借鉴。

4　香日德班禅寺未来的提升方向

4.1　景观空间微更新

在对寺庙内的景观空间进行微更新时，应注重使地面铺装、院墙、燃灯房等保留传统藏式风貌与建造技艺。例如，地面铺装可采用当地石材，并按照藏式传统图案进行铺设；院墙的建造可继续使用传统的毛石或夯土材质，表面用石灰或赭石进行抹面，墙体形体做收分处理，即墙体底部略宽，向上逐渐收窄，保留其独特的墙体造型和色彩；燃灯房的更新应在保证安全的前提下，保留传统的半地下式的建筑形式和内部空间布局。在扩建景观长廊、景墙、煨桑炉、白塔等构筑物时，继续沿用融合的藏式传统纹样和汉式纹样，例如在煨桑炉、白塔的基座部分绘制莲花、卷草纹等纹样装饰；在空间布局上遵循传统的空间组织，梳理空间的联系，保留纵横交错的道路结构，将空间围合使之形成静谧的庭院空间。

4.2　景观与建筑的协同发展

（1）重视景观空间：更新扩建时不能仅关注建筑方面，也要重视与之相对应的景观空间。景观空间应与建筑空间相互协调、相互补充，共同营造出完整的寺庙空间环境。例如，在加建新的建筑时，要考虑其与周边绿化空间、道路结构的关系，避免建筑和景观空间形成割裂感。

（2）汉藏文化的协调融合：在具体的景观设计上，应深入研究如何使汉藏文化在寺庙景观中协调融合。可以从景观元素的选择、布局和文化内涵的表达等方面入手。例如，在植物配置方面，可以选择具有藏汉文化共同寓意的植物品种；在景观小品的设计上，将藏汉文化元素巧妙结合，使游客和信众从寺庙景观中感受到藏传佛教文化与汉族传统文化的融合交汇。

5　结语

香日德班禅寺作为藏汉文化交融的独特范例，在相地选址、空间布局、建筑风格、景观风貌及装饰细节等方面展现出丰富的文化内涵和独特的空间特征。通过对其历史、空间特征和文化价值的研究，我们不仅深入了解了这座寺庙的独特魅力，也为其未来的保护、传承与发展提供了理论依据。在当代社会，如何更好地保护和传承香日德班禅寺这样的多元文化遗产，促进不同文化之间的交流与融合，是我们面临的重要课题。希望本研究能够为香日德班禅寺以及其他类似的文化遗产保护与发展提供有益的参考。

张思怡　西安建筑科技大学　硕士研究生
崔文河　西安建筑科技大学　教授

参考文献

[1] 周大鸣，马斌斌. 道路与族群互动：南丝绸之路上的都兰县及其研究 [J]. 西北民族研究，2021（1）：123-134.
[2] 李健超. 汉唐两京及丝绸之路历史地理论集 [M]. 西安：三秦出版社，2007.
[3] 汪什代海·索南达杰. 柴达木地区藏传佛教寺院历史文化概述 [M]. 成都：四川人民出版社，2021：142.
[4] 辛光武. 中国名镇香日德 [J]. 柴达木开发研究，2015（6）：52-56.
[5] 额尔登. 香日德寺：一座藏蒙交汇地带寺院的历史与现状 [J]. 青海民族研究，2017，28（4）：207-212.
[6] 吴明娣. 汉藏工艺美术交流研究 [D]. 北京：首都师范大学，2002.
[7] 龙珠多杰. 萨谢（ས་དཔྱད།）：藏族堪舆文化解析 [J]. 青海民族研究，2017，28（1）：160-163.
[8] 张鹏举. 内蒙古地域藏传佛教建筑形态研究 [D]. 天津：天津大学，2011.
[9] 托亚. 内蒙古汉藏结合式格鲁派经殿建筑研究 [D]. 大连：大连理工大学，2021.

建筑遗产保护传承的技术与方法

预防性监测在故宫遗产系统性保护中的作用探析

Analysis of the Role of Preventive Monitoring in the Systematic Conservation of the Heritage of the Forbidden City

王中金　张云飞　张鑫铖

摘　要：系统性保护是文物行业的热点词汇，涵盖预防性保护、抢救性保护、利用、管理、研究等各方面，强调各种保护管理手段的系统实施。系统性包括前瞻性、主动性、整体性、完整性、长期性、循环性理念，从问题导向的“预防性”到目标导向的“系统性”已成为发展方向。作为预防性保护的基础，故宫的监测工作在紧急风险预警、保存状态评估、劣化机理认知、技术效果评价等方面发挥作用。

关键词：预防性；监测；故宫；系统性；保护

Abstract: Systematic conservation is a hot word in the cultural relics industry, covering preventive conservation, rescue conservation, utilization, management, research and other aspects, emphasizing the systematic implementation of various conservation and management means. Systematic principles include forward-looking perspective, proactive action, holism, integrity, long-term and circularity. The shift from the problem-oriented “preventive” to the goal-oriented “systematic” has become the development direction. As the basis of preventive conservation, the monitoring work of the Forbidden City plays a role in emergency risk early warning, preservation state assessment, deterioration mechanism cognition, and efficacy validation of conservation interventions.

Keywords: preventive; monitoring; Forbidden City; systematic; conservation

引言

2024年，政府工作报告提出“加强文物系统性保护和合理利用”，党的二十届三中全会通过的《中共中央关于进一步全面深化改革 推进中国式现代化的决定》提出“推动文化遗产系统性保护和统一监管”。何为“系统性保护”？学界还没有明确定义，从已有文献[1-2]看，至少涵盖了不同类型和级别文物的统筹保护、文物本体与周边环境的整体保护、物质遗产与非物质文化遗产的协同保护等内容，并依赖于传承工作的协调机构与遗产保护的督察制度的建立。系统性保护已成为文物行业的热点词汇，2023年印发的《关于加强央属文物保护管理工作的意见》中的“系统性保护”涵盖预防性保护、抢救性保护、利用、管理、研究等各方面，强调各种保护管理手段的系统实施，而广义上的预防性保护体系还包含安全风险管理与应急能力建设等相关内容，这点在故宫的保护管理体系中已有体现[3]。

1　简述预防性保护

预防性保护在国内有理论与实践基础。首先是理念原则方面，1961年《文物保护管理暂行条例》指出，“维修工程中，遵守恢复原状或保存现状的原则”，随后初步形成了以条例为依据的一套文物法规，此时

“保护”的内涵是对原状或现状的“保存”，而对于利用是谨慎的。1982 年《中华人民共和国文物保护法》(简称《文物保护法》)沿袭了条例的一些基本思想，而随着《威尼斯宪章》等国际文件在国内引发了“真实性”的讨论，学界开始重新审视不改变“原状”的内涵，并注意到要“保留历史信息”。随着开发与保护的矛盾日益突出，20 世纪 90 年代制定了“保护为主、抢救第一”的方针与“有效保护、合理利用、加强管理”的原则。2002 年修订的《文物保护法》将其整合为“十六字”文物工作方针以处理建设与保护的矛盾。第二是保护措施方面，2000 年《中国文物古迹保护准则》参照了《威尼斯宪章》的内容，规定了有效保护的宗旨和不改变文物原状的原则，并将价值作为评估的对象，虽然没明确预防性保护的概念，但是提出了“日常保养”“预防灾害侵袭”“对有隐患的部分实行连续监测”等核心内容。2004 年《关于加强我国世界文化遗产保护管理工作的意见》提出了监测预警的要求。2005 年国际古迹遗址理事会(ICOMOS)在《西安宣言》中强调了环境对遗产保护的重要性，并对建设工程提出了遗产影响评估的要求，此后遗产影响评估逐渐受到国内重视，这也是行政审批的要求。遗产影响评估是针对特定活动或项目的评估，旨在识别和评估拟议的活动或项目对自然和文化遗产地的遗产本体及承载价值的影响，并要求在项目拟定之前开展，其前瞻性与预防性理念相契合。

2010 年前后，国内的专家学者开始发表有关预防性保护的文章[4-7]，如今莫高窟、故宫已基于风险管理理论建立了预防性保护的体系[8-9]，以风险管理的视角看待当时廓清的核心内容。在风险识别方面，应确定建筑遗产面临的风险因素，并及时发现不利因素；在风险分析与评价方面，通过定期检测和系统监测，掌握遗产结构的损毁变化规律；在风险应对方面，通过灾害预防、日常维护、科学管理等方式及时消除或减弱隐患。2011 年《国家文物博物馆事业发展“十二五”规划》中首次正式提出“预防性保护”，之后的相关政策文件中则不断加强与完善(表 1)。在资金支持方面，2018 年的专项资金里设立了“预防性保护”专项；在技术实施方面，2015 年颁布了保养维护的技术规程，2018 年通过了发展文物保护装备的纲要；在科技研发方面，2021 年《“十四五”文物保护和科技创新规划》与 2023 年《关于加强文物科技创新的意见》中均将与预防性保护相关的关键共性技术攻关与专有装备研制升级列为主要目标，突出了预防性保护的前置要求；在保护管理方面，保护规划被写入 2024 年《文物保护法》，管理规划也是《实施世界遗产公约的操作指南》中提倡的有效管理体制。

表 1　预防性保护相关的主要政策文件(2011 年至今)

年份	名称	相关内容简要
2011 年	国家文物博物馆事业发展“十二五”规划	实现文物抢救性保护与文物预防性保护的有机结合
2015 年	中国文物古迹保护准则	为了减少对文物古迹的干预，应对文物古迹采取预防性保护。保养维护及监测是文物古迹保护的基础
2015 年	古建筑保养维护操作规程	主要包括日常检查、定期检查、专项检查和小修保养等内容
2016 年	国家文物事业发展“十三五”规划	两个转变
2016 年	关于进一步加强文物工作的指导意见	加强文物日常养护巡查和监测保护，提高管理水平，注重与周边环境相协调，重视岁修，减少大修，防止因维修不当造成破坏
2018 年	国家文物保护专项资金管理办法	设立了“预防性保护”专项
2018 年	关于加强文物保护利用改革的若干意见	统筹好文物保护与经济社会发展，在保护中发展、在发展中保护。健全世界文化遗产监测预警和巡查监管制度
2018 年	文物保护装备发展纲要(2018—2025 年)	安全防范与监管、文物勘查与考古、文物监测与修复、文物展示与利用
2021 年	“十四五”文物保护和科技创新规划	重点开展不同类型文物材质特性和病害特征研究，突破病害发展预测方法。 部署实施文物关键技术攻关，通过国家科技计划，支持文物科技创新研究。 大力发展文物专用装备，建立健全文物专用装备产业链、供应链
2023 年	关于加强文物科技创新的意见	
2023 年	关于加强央属文物保护管理工作的意见	提升央属文物保护管理的系统性、科学性水平
2024 年	中华人民共和国文物保护法(2024 年修订)	将保护规划纳入基本制度

2 故宫的监测管理

2.1 监测的作用机制

目前基于风险管理的中国馆藏文物预防性保护体系已初步建立，而不可移动文物领域预防性保护还处于概念推广阶段，故宫的预防性保护机制尚未全面建立[10-12]。第一，古建筑所处的自然环境几乎不可控，无法实现馆藏文物的标准要求，自然侵蚀与缓慢劣化是无法完全避免的问题；第二，古建筑是“用”的文物，人类健康与文物保存对环境的要求往往相悖，使用也会造成更多的维护需求与频次，客观上加大了干预风险；第三，面对古建筑更为复杂的风险环境，在馆藏文物中建立的保存环境标准、劣化机理研究以及保护干预措施往往不适于古建筑，支撑预防性保护的基础理论与应用研究并不充分；第四，古建筑的存在形式千差万别，个性化问题突出，在技术干预与保护管理上不能一概而论。古建筑预防性保护有以下共识：以对文物的最低限度干预为原则，在时机上要求能尽早地观测到隐患，并评估其发展趋势与影响程度，在力度和范围上提倡经常性的小修小补，避免过大的干预措施以尽力保存现状，在频次上力求减少保养的次数，即通过增强保养工程的精准性与耐久性来加大相邻两次工程的时间间隔，在管理上讲究防患未然，通过日常管理与应急预案等方式对风险源与风险事件进行管控预防。上述各项措施都依赖对风险作用机制、过程及特征的清晰认知，而此类的基础研究与措施实施均需要准确全面的监测数据做支撑（表 2）。

表 2 关于预防性保护的认知

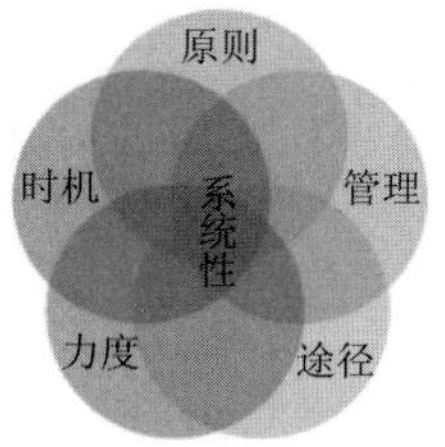

视角		描述
干预视角	原则	最低限度干预
	时机	能尽早地观测到隐患
	力度	小修小补
	频次	经常性、日常性
	途径	加大相邻两次工程的时间间隔
	管理	日常管理与应急预案
理论视角	框架	风险管理理论
	基础	风险作用机制、过程及特征

“预防性保护”与“监测”很早就开始被一起讨论[13-14]，在知网上以“预防性”与“监测”为主题进行检索，发现预防性监测的理念活跃在多个领域（图 1），发表于 2020 年的文章《历史性建筑的预防性保护》[15]指出，公共卫生比较视角有助于理解建筑遗产预防性保护策略的本质和作用原理，这体现了遗产保护理论来源的多元性，比如影响评估、风险管理、可持续发展、气候变化、社区韧性等等。有学者整理了欧洲预防性保护发展中的概念变化[16-18]，发现“预防”发展为“计划”或“规划”的背后是一套系统的思维框架，这种系统性包括前瞻性、主动性、整体性、完整性、长期性、循环性的理念，可以说预防性是系统性的起源，而系统性是预防性的内核，从问题导向的“预防性”到目标导向的“系统性”已成为发展方向（表 3）。

表 3 预防性保护的发展概念

时期	提出者/代表者	中文	外文
20 世纪 50 年代	切萨雷·布兰迪	预防性修复	preventive restoration
20 世纪 70 年代	乔凡尼·乌尔巴尼	计划性/规划式保护	programmed conservation
20 世纪 80 年代	伯纳德·费尔登	预防性维护	preventive maintenance
20 世纪 90 年代	斯特法诺·戴拉·托雷	计划性/规划式保护	planned conservation

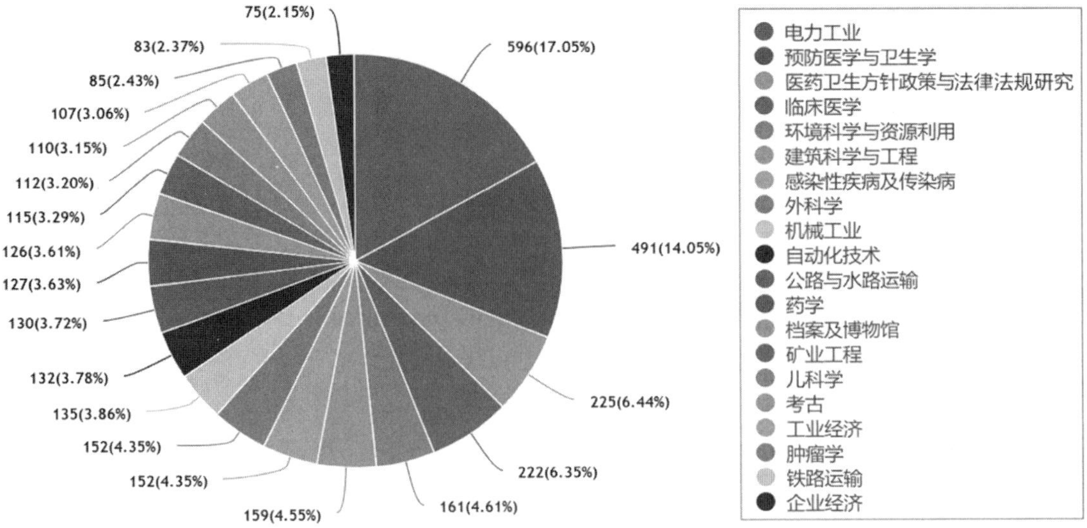

图 1 “预防性监测”相关文章的学科分布

（图片来源：作者自绘）

监测是以预防性与前瞻性的视角看待风险问题，首先通过采集基础数据认知遗产本体在各类风险因素作用下的残损劣化机理，然后评定和预测遗产的安全状态及其劣化方向，最后在风险事件前、中或后进行后果评估，为决策管理或技术活动提供支撑。正如 2017 年《木质建成遗产保护准则》规定，监测工作须贯穿保护干预过程并持续进行，监测数据应作为建筑历史资料妥善保存。除了可以识别文物本体与影响因素的变化情况，监测也可用于保护管理体系运行机制以及保护效果的评价。2022 年《世界文化遗产影响评估指南》指出遗产保护始终面临着各种变化，管理体制应能够及时预测并管理这些可能在未来发生的变化，形成反应式遗产管理体系。

2.2 故宫监测的历程

2011 年，故宫世界遗产监测中心成立。作为“平安故宫”子项之一的世界文化遗产监测正式启动，沿着遗产本体损毁预防与环境影响风险预防这两条国际主线，首先明确了文物建筑、室外陈设、古树名木、可移动文物的遗产本体，环境质量、观众动态、基础设施、非文物建筑、安全防范的影响因素，开展文物建筑普查以摸清文物底账进而搭建监测体系；然后通过系列监测项目对技术进行探索，遗产本体监测从午门、中和殿、咸若馆的监测以及室外陈设的数字化开始，影响因素监测从气象站与环境站的建设以及室内温湿度监测开始，同时设计了以总平台与各专项监测平台辅助保护管理整体评估，以及辅助制定遗产要素保护措施的多层次数据管理体系。

2021 年，故宫世界遗产监测部成立。以国家重点研发计划“不可移动文物本体劣化风险监测分析技术和装备研发”项目为契机，开始利用风险管理重构故宫管理体系。在环境分析方面，基于风险环境与故宫内各部门职责，确定权力持有者与利益相关方。在风险识别方面，基于风险要素组成与前期的技术基础，制定故宫风险清单与监测清单。在风险分析与评价阶段，对比研究巡查监视与技术监测的应用场景（表 4）[19]，并研发了新的系列监测技术以推进预防性保护的实施。故宫建立了包括风险识别、监测设计、技术适宜性评价、实施保障、监测效果评价的管理全过程体系，监测在紧急风险预警、保存状态评估、劣化机理认知、技术效果评价上发挥作用[20]，能够实现“变化可识别、风险可评价、病因可分析、技术可评估、成本可接受”的目标。在风险应对方面，通过调整与不可移动文物保护相关的部门职能，建立规划、实施、评估、监督等遗产保护管理机制[3, 9]。

表 4　故宫监测的分类方法与作用示意

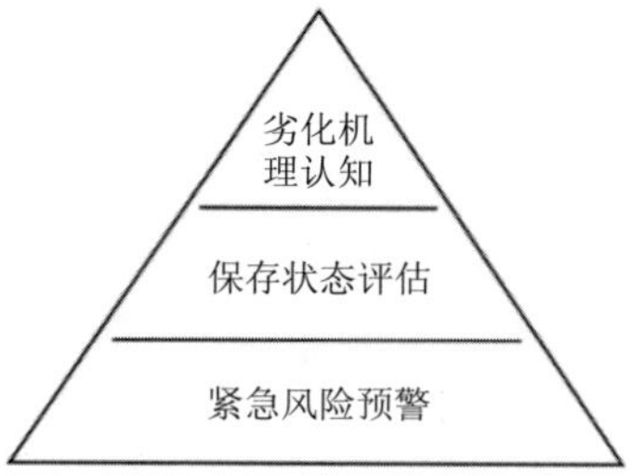

方法	分类
风险要素	风险源监测、风险事件监测、风险后果监测
保护视角	遗产本体监测、影响因素监测
体系规模	系统（体系）监测、专项监测
技术原理	人工检查、工程测绘、自动检测
对象范围	整体监测、局部监测、连接监测、构件监测
实施时机	保前监测、保中监测、保后监测
作用机制	预防性监测、工程性监测、研究性监测
记录指标	直接监测、间接监测
记录深度	定性监测、定量监测
采集频次	不定期监测、定期监测、实时监测

3　监测的作用探析

3.1　紧急风险预警

作为在明清皇宫基础上建立的博物馆，故宫的古建筑既是文物，也承担了展览、办公、服务等功能，这种“宫”与“院”共存的形式，加剧了保护传承与开放利用之间的矛盾，而研究并调整两者的关系是解决矛盾的首要任务[12]。确认风险对象是开展风险识别的基础，故宫的风险对象主要包括各种文物、观众及在故宫内的办公服务人员，广义上看还包括单位影响与社会形象，据此确定典型的风险类型：一是自然风险，室内外的环境对文物和观众都有影响，尤其是气候变化的风险协同作用；二是社会风险，比如为保证开放展览必需的展厅改造、基础设施建设等，以及观众接触遗产的风险；三是遗产自身的既有病害与未来风险，需关注其时空分布特征并观察活动性，以此作为保护决策的依据；四是保护管理与干预活动产生的风险，任何不当的保护管理行为都可能产生二次风险与剩余风险。故宫制定了系列管理政策、计划和流程以减少相关风险，不仅包括针对古建筑的巡查检视、科学监测、日常保养，也包括安全防护方面的巡查检查、值班值守、隐患整改、设施维护，一般的安全管理规定涵盖防盗、防爆、防破坏、用电、消防、辐射、地下空间、基础设施、施工管理等内容，也针对特定情况下的展览、防汛、开放、气象、火灾、极端天气、公共卫生等编制了应急预案，对标 2023 年印发的《关于加强央属文物保护管理工作的意见》中“提高安全防护能力”的内容，故宫建立了预防性风险防范体系。

实时监测是应对紧急风险的基础，这一点在气象预警方面体现尤为突出（图 2）。气候变化引起的问题大多是长期的、缓慢的、永久性的，而极端天气造成的风险往往是突发的、密集的、反复的。从风险管理的角度，对紧急事件开展事中响应的难度偏大，应对方式主要为事前准备与事后恢复；从监测分析的角度，应尽可能全面地采集气候信息，不仅包括极端天气事件，还需要分析气候短周期的变化，虽然短周期内的破坏性可能较小，但及时采取措施对避免长期影响有着积极意义。首先，开展监测评估是气候风险管理的首要工作，通过积累数据可改善对风险作用机制与遗产保存状态的认识的不确定性，进而评估突出的普遍价值（OUV）的威胁因素，凝练脆弱性或风险评估的指标；然后，依据脆弱性评估更新气候适应框架，设计具体的缓解和适应措施，判断风险的可接受程度以及应对风险后的剩余风险与二次风险，平衡保护与利用的矛盾，回溯各种措施的有效性，最终增强遗产韧性；此外，探索韧性等参与保护管理的行动对融合机制与协同作用有推进意义，同时可增强社会凝聚力，提高遗产地的气候适应能力，最终形成应对气候变化的良性循环。

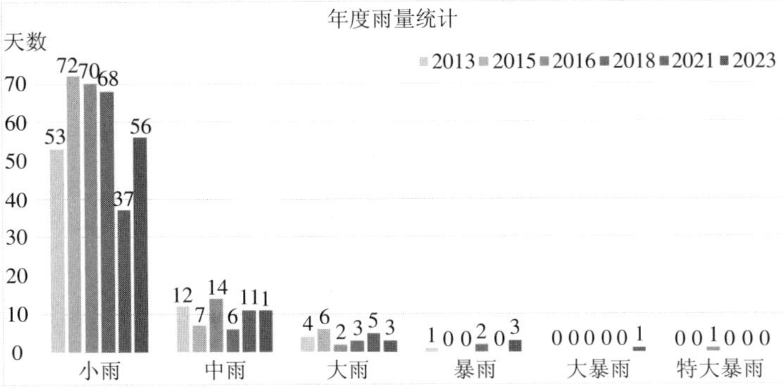

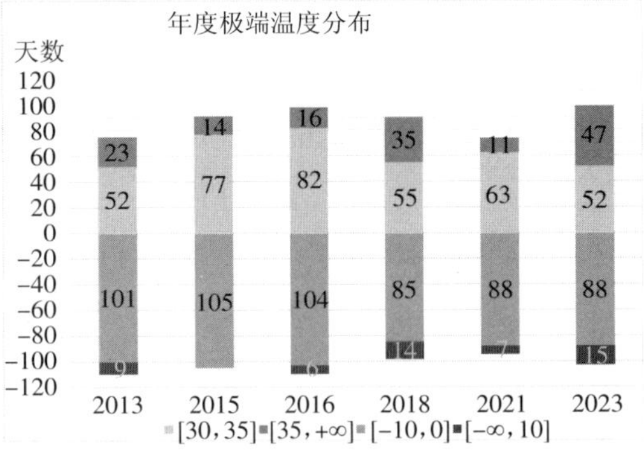

图 2　近十年故宫气象数据统计

（图片来源：作者自绘）

3.2　劣化状态认知

监测是一项连续性的活动，这不是指依靠先进技术来高频率、无间隔地采集信息，而是指建立可持续、可优化的监测体系并利用数据开展风险分析[19]。文物本体的劣化是一个过程，而遗产监测贯穿对风险要素进行管理的全过程。监测提供基础现状数据，在风险识别阶段的作用是通过风险预分析建立风险清单，在风险分析阶段的作用是判断风险产生的可能性与影响程度，在风险评价阶段的作用是针对既有病害与潜在风险进行判断与归类，在风险应对阶段监测也可作为风险保留时的一种应对方式。按照要素组成可将风险可分为风险源、风险事件、风险后果，本体巡查监测主要是针对风险后果开展的，遗产环境监测主要是针对风险源与风险事件开展的，风险源与风险后果是相对的，这体现在本体劣化过程的持续性上，“灾”与“害”存在因果关系，过去的风险变成现实即是现在的病害，而既有的病害持续恶化也会产生新的风险。因此，通过监测观察并确定病害的活动性非常重要。病害的活动性包括稳定病害、活动病害、可诱发病害。在观测活动性的基础上，进而判断文物本体的安全状态，并积累数据开展风险作用机制的研究。

古建筑保护技术在很大程度上参考了现代工程技术，但受到“不改变原状”的限制，许多成熟的工程技术并不适用于古建筑，可以说，监测设备虽不属于特种设备，但要满足的却是极端需求。故宫早期以定期监测的方式开展本体监测，采用的设备 / 技术主要包括全站仪、水准仪、激光扫描、摄影测量、收敛监测、振动监测等，这样虽能确认古建筑的安全保存状态，但随着交通建设、保护修缮、设施改造等工程活动，开放参观、办公服务等功能使用，暴雨、强风、冷暖骤变、干湿交替等气候变化与极端天气以及生物侵袭等问题的出现，在预警紧急事件、研究劣化过程等方面捉襟见肘。具体如下：在空间上以代表性点位的监测成果表征构件、部位乃至建筑整体状态的方法，因点位设计的科学性、系统性及隐蔽部位观测方法等方面的问题易产生监测盲区；在时间上采用定期监测的数据间隔往往较大，两次采集之间的文物状态存在信息空白，无法及时预警紧急事件，也不能充分捕捉持续、缓慢的劣化演变。古建筑劣化往往是多种内外因素综合作用的结果，因此本体劣化与环境风险的关联性研究极为重要。监测数据作为研究基础，其是否有效体现在能否准确、完整地记录风险变化上，而因欠缺科学采集策略与适宜监测技术，造成文物本体数据与环境风险数据之间的鸿沟。据此研发系列“小型化、低功耗、高精度、多参数、智能化、电池供电、实时传输”的实时监测装置[20]，弥补了本体监测在数据量与时效性上的不足，识别了不同保存状态下古建筑的微观状态，重点关注范围、极值、速率、分布等内容，分析可能的损害机制和补救措施，而长期连续采集也为建筑结构劣化机理与过程的研究积累了基础数据（图 3）。

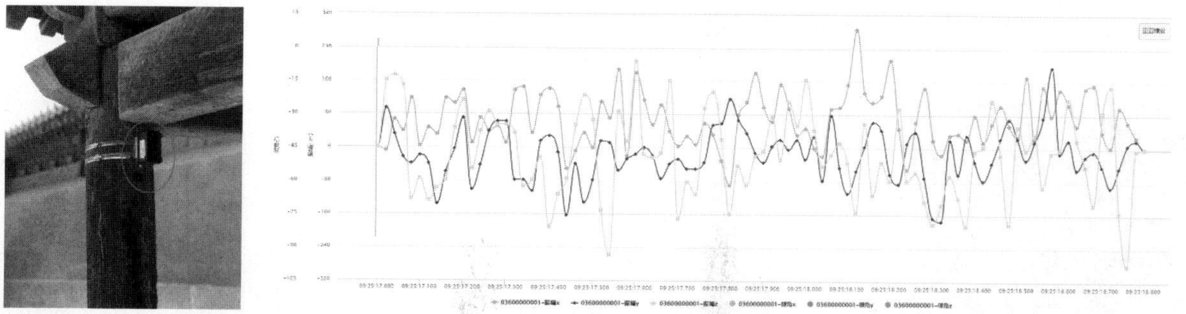

图3 实时监测装置的安装与系统后台

（图片来源：作者自绘）

3.3 管理方法研究

2005年《实施世界遗产公约的操作指南》纳入了“保护管理”的内容，规定世界遗产在申报阶段就需要对遗产影响因素进行说明并列出拟开展的监测项目，遗产地需要通过定期报告的形式提交其保护管理状况，若破坏严重则以反应式监测的方式开展审查。该操作指南不仅制定了“规划、实施、监测、评估和反馈”的循环机制，还列举了系列工具和方法，如管理规划、影响评估、风险防范等。而建立动态、持续更新的信息收集机制是管理发挥作用的前提，对信息的收集是不断重复循环的过程，一旦收集并分析了现有信息，任何相关的数据缺口就都需要填补，可能需要开展新的基线研究，所以应制定一种严格的方法来收集额外的数据，包括明确的地域和时间范围，并在最终报告中予以描述，也要注意过程中可能会产生新的管理方法的可能性。

2022年《世界文化遗产影响评估指南》概述了世界遗产体系、原则，并解释了开展影响评估的过程，据此审视故宫的管理现状，故宫以遗产本体与影响因素两条主线开展实践，梳理了文物建筑、古树名木、室外陈设、可移动文物以及空间秩序的遗产载体，解决了“这个项目/计划的影响是什么”的问题；按照风险管理的理论重塑监测与保护管理体系，建立了风险要素清单与监测清单，解决了“它对OUV的影响是什么”的问题；逐步研究新技术与新方法，说明已开始解决“如何评价以及评价的依据”的问题。下面以雨花阁遗产保存环境研究为例阐释。雨花阁是一座多层楼阁，作为局部制高点，其风致与人致振动的效应明显，作为原状展厅，保护与利用的矛盾较突出，基于既有的风险清单与病害勘察结果，确定监测指标是温度、相对湿度、颗粒物与污染物、振动、光照、风场，据此搭建了以各类前端监测技术与后台数据系统为主的风险监测预警体系，通过探索文物本体与保存环境的内在联系，量化监测指标，探索风险阈值，及时记录室内外环境因素的变化情况，进而评估各种管理措施对室内环境变化的影响，再提出管理改善建议。在保证文物安全的前提下，提升保存与参观环境的质量，制定合理的日常管理与保护制度是一个复杂的问题。项目需通过日常巡查与科学监测及检测分析相结合的技术方式，科学认知不同环境条件对建筑保存状态的影响，比如关于室内灰尘的研究，首先开展一年期的季节性被动采样观测，每季节采样一次，通过定制的扫描电子显微镜系统对降尘单颗粒形貌特征、元素组成进行统计分布，通过离子色谱仪和紫外可见分光光度计获得气态污染物质量浓度，并结合建筑通风和人员活动以及颗粒物实时监测的结果（图4），分析影响降尘的环境因素，基于降尘关键化学组分和粒子微物理特征规律，解析文物材质面临的潜在威胁和病害演化趋势，提出预防性保护建议。

4 结语与展望

建设预防性保护体系毫无疑问是实现系统性保护的重要内容，其中关于劣化机理、过程、特征的研究是实现精准干预的理论基础，这需要有关键共性技术与专有装备研制方面的突破。故宫基于监测痛点与应用需求，提出具有普遍适用性的故宫古建筑本体监测技术开发要点，可为相似的技术开发提供参考。科技创新是文物事业高质量发展的核心动力，而科研基础条件依然薄弱，比如缺乏古建筑专用的标准实验室，使装备加速实验与技术评价开展受限。

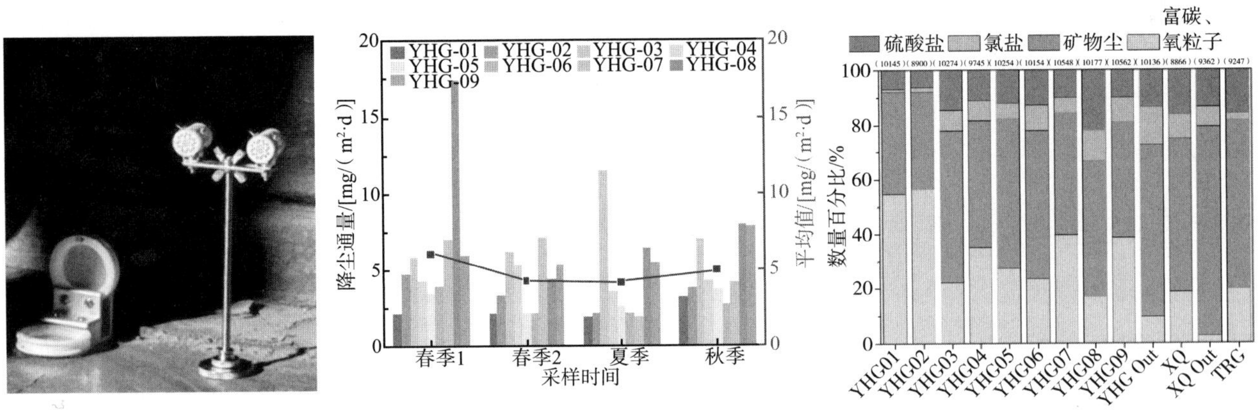

图 4　降尘颗粒物的粒子数量占比

（图片来源：作者自绘）

基金资助：国家重点研发计划“不可移动文物本体劣化风险监测分析技术和装备研发”项目（编号：2019YFC1520900）；“旭日慈善基金”公益支持。

王中金　故宫博物院　馆员
张云飞　故宫博物院　馆员
张鑫钺　故宫博物院　馆员

参考文献

[1] 朱宁宁. 加强文物系统性保护和合理利用 [N]. 法治日报，2024-03-11（5）.

[2] 李瑞，翟如月. 以高质量发展奋力谱写中国式现代化新篇章 [N]. 中国文物报，2024-07-26（1）.

[3] 王旭东. 故宫的系统性保护实践：争做世界文化遗产保护管理的典范 [J]. 人民论坛，2024（16）：6-13.

[4] 单霁翔. 文化遗产保护科学技术发展辩证思考：写在中国文化遗产研究院成立之际 [J]. 文物，2008（3）：56-69，1.

[5] 詹长法. 预防性保护问题面面观 [J]. 国际博物馆（中文版），2009（3）：96-99.

[6] 吴美萍，朱光亚. 建筑遗产的预防性保护研究初探 [J]. 建筑学报，2010（6）：37-39.

[7] 吴美萍. 国际遗产保护新理念：建筑遗产的预防性保护探析 [J]. 中国文物科学研究，2011（2）：90-95.

[8] 王旭东. 基于风险管理理论的莫高窟监测预警体系构建与预防性保护探索 [J]. 敦煌研究，2015（1）：104-110.

[9] 狄雅静. 试论故宫世界文化遗产监测体系架构 [J]. 故宫博物院院刊，2023（1）：22-32.

[10] 吴美萍. 关于开展不可移动文物预防性保护研究工作的几点想法 [J]. 中国文化遗产，2020（3）：4-13.

[11] 王旭东. 基于风险管理和多学科协同的中国馆藏文物保护实践与展望 [J]. 中国博物馆，2021（S2）：8-18.

[12] 王旭东. 基于新发展理念的故宫世界文化遗产保护实践与探索 [J]. 故宫博物院院刊，2023（1）：4-21.

[13] 吴美萍. 预防性保护理念下建筑遗产监测问题的探讨 [J]. 华中建筑，2011，29（3）：169-171.

[14] 白成军，韩旭，吴葱. 预防性保护思想下建筑遗产变形监测的基本问题探讨 [J]. 西安建筑科技大学学报（社会科学版），2013，32（2）：54-58

[15] 柯恩•范巴伦，戎卿文. 历史性建筑的预防性保护 [J]. 中国文化遗产，2020（2）：89.

[16] 吴美萍. 欧洲视野下建筑遗产预防性保护的理论发展和实践概述 [J]. 中国文化遗产，2020（2）：59-78.

[17] 戎卿文. 国际建筑遗产预防性保护学术网络的生成与进展：欧洲践行者的足迹 [J]. 自然与文化遗产研究，2020，5（1）：88-103.

[18] 戎卿文，张剑葳. 从防救蚀溃到规划远续：论国际建筑遗产预防性保护之意涵 [J]. 建筑学报，2019（2）：88-93.

[19] 王中金，郭青松，谢江东. 古建筑健康监测技术与装置研发的适用性初探 [C]// 中国文化遗产研究院. 世界文化遗产监测. 北京：文物出版社，2022：74-88.

[20] 王中金. 故宫古建筑本体风险实时监测技术开发 [J]. 建筑技术，2025，56（6）：732-735.

基于三维激光扫描技术的精细化重建与数字化保护
——以武汉大学华中水工实验所为例

Precise Reconstruction and Digital Preservation Based on 3D Laser Scanning Technology
—A Case Study of the Huazhong Hydraulic Laboratory of Wuhan University

童乔慧　刘怀钰

摘　要:武汉大学华中水工实验所是国家级文物保护单位,是武汉大学早期建筑的代表之一。本研究通过三维激光扫描技术对其开展数字化保护,系统实现建筑信息采集、点云处理与建模编码,完成精细数字化建档,并探索基于建筑信息模型(BIM)技术和数字孪生的历史建筑保护路径。研究成果为武汉大学华中水工实验所的历史保护提供新思路,亦为同类遗产的数字化保护实践提供参考。

关键词:武汉大学华中水工实验所;三维激光扫描;历史建筑保护;精细化重建;建筑信息模型

Abstract: The Huazhong Hydraulic Laboratory of Wuhan University is a national cultural heritage site and one of the representatives of the early buildings of Wuhan University. This study carries out digital conservation of the heritage through 3D laser scanning technology, systematically realizes architectural information acquisition, point cloud processing and modeling coding, completes precise digital archiving, and explores the approach for historic building conservation based on Building Information Modeling(BIM) and digital twin technology. The results provide a new idea for the heritage conservation, and also provide a reference for the digital conservation practice of similar cultural heritagesites.

Keywords: Huazhong Hydraulic Laboratory of Wuhan University; 3D laser scanning; preservation of historic buildings; precise reconstruction; BIM

引言

随着科技的发展,历史建筑的保护工作所使用的方法不再局限于传统的测绘手段,人工测绘外业测量时间长、受测绘者专业素质影响大、数据精准度有所欠缺,而作为非接触的测量新技术,三维激光扫描技术已成为获取建筑物空间信息的重要手段[1],为历史建筑的测绘提供了新的思路。三维激光技术可以点云的形式表达三维空间的几何形态,同时还可以采集高分辨率相片,形成物体的三维正射影像,再现物体的真实三维形态[2]。这种数据采集方式可以收集到建筑装饰、铺作结构和屋面结构的精确数据,使误差减小至 2 mm 水平。

目前三维激光扫描技术主要应用于测绘学科,在历史建筑的保护领域则多被应用于数字化建档、迁建修复以及建筑结构安全性评估[3]方面。武汉大学华中水工实验所(简称“水工所”)2001 年入选国家级文物保护单位,其作为武汉大学早期建筑的代表之一,自建成以来已有近 90 年的历史。本研究以水工所为例,在三维激光扫描形成的点云数据的基础上进行精细化建模,为后续历史建筑档案留存、展示提供技术支持,同时为该历史建筑及其他类似建筑的保护、修缮、展示等提供技术支撑和可借鉴的模式。

1　水工所概况

1922年，为治理长江中下游水患、培养后备人才，国民政府和武汉大学共建华中水工实验所[4]。1936年，水工所正式落成，平面为两层，一层为水利试验场，二层为设备间，具体信息如表1所示。1938年10月，武汉沦陷，水工所成为日军马厩[5]。1948年，武汉大学联合湖北省政府开展水工所内设备建设，恢复水利试验和研究[6]。改革开放后，水工所被改造为武汉大学档案馆[7]。2019年，由于建筑维护工作的缺位，水工所被判定为危房，学校重视档案的重要性和不可再生，将档案搬离水工所，水工所目前为待修缮的状态。

表1　华中水工实验所相关信息

建筑面积/m^2	2 197	结构类型	钢筋混凝土结构、钢桁架结构
总建筑师	开尔斯（Kales）	助理建筑师	亨明斯（Hemmings）、贝里（Berrley）
通进深/m	21.80	通开间/m	113.20
总造价/万银圆	9.89	施工公司	汉口景明洋行

表格来源：作者整理。

水工所的总建筑师开尔斯1907年从麻省理工学院建筑系毕业，接受了系统的布扎式（Beaux-Arts）建筑教育模式，毕业后在东亚地区的旅游及建筑师的工作经历使他积累了大量关于中国传统建筑的知识与工作经验[7]。水工所的施工单位汉口景明洋行则是由英国建筑师亨明斯和贝里共同创办的[7]。水工所施工的工匠是中国本土工匠，且具备在施工过程中进一步完善设计的主观能动性[8]。这样的建筑设计师和施工单位的合作，使得水工所同时具备西方古典建筑和东方传统建筑的特点（图1）。

图1　水工所现状点云

（图片来源：作者自绘）

水工所位于武汉大学梅园二路和人文路交叉口东南侧，南邻珞珈山，北侧为四方楼，位于武汉大学以九一二操场为中心的校园主要轴线南侧末端，成为校园中心区域建筑群的一部分（图2）。目前水工所内部已经废弃，但其简洁的形制以及抽象化的中国传统建筑装饰依然具有极高的研究价值[9]。水工所被评估为危楼后，武汉大学对其进行封闭管理，目前内部情况未知，外部可观察到许多植物生长、破坏屋面层，屋身混凝土剥落，以及苔藓、盐碱等建筑病害现象，抢修工作迫在眉睫（图3）。

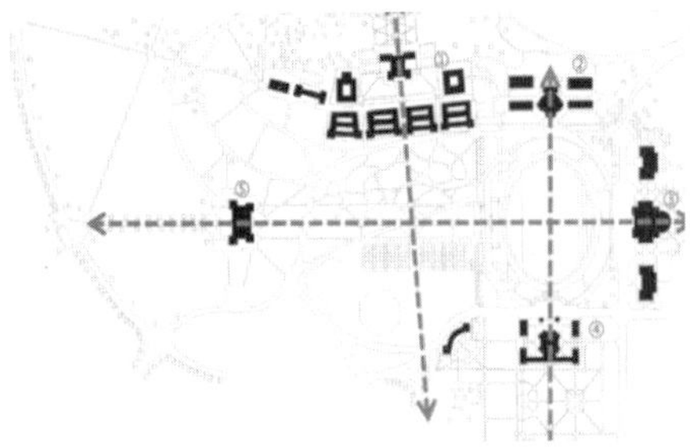

图2　水工所与校园轴线的关系

（图片来源：作者自绘）

图3　水工所现状病害

（图片来源：作者自摄）

2　基于三维激光扫描技术的精细化重建

关于水工所的既往研究主要集中于水工所设计方案的演变[9]、BIM 技术在该栋建筑保护工作中的应用[7]等方面，对其数据信息的收集和数字建模的精确性有待提升。三维激光扫描技术的应用能够获取水工所外部每个点的空间色彩信息，依据获取的数据，本研究对水工所进行点云归一化处理、三维建模以及分部件的编码管理，并采用获取的精确数据进行模型重建以及云平台管理。

2.1　点云处理过程

本研究使用徕卡 RTC360 对水工所进行激光扫描，徕卡 RTC360 属于高效架站式扫描仪，能节省外业现场的工作实践。由于徕卡扫描仪的工作原理是不同点位之间存在视线交流和点云数据的重叠度[9]，综合考虑水工所周边环境的复杂程度和建筑本身的层数分布，扫描一共分为三个部分进行。得到数据后，需要使用徕卡的 Cyclone 软件对点云数据进行拼接、去噪，最后导入 CAD 进行矢量化图纸绘制。

点云拼接是将多站扫描数据拼接为一个整体的过程。在 Cyclone 软件内打开侧视图，对齐不同测站重叠部分点云高度，并在俯视图根据不同测站点云重叠部分进行对齐，随后软件通过点云匹配算法求得不同测站的最佳重合点云数据，优化并建立测站间的联系，如是对三个部分的点云数据依次进行归一化处理，形成相对完整的水工所整体点云[9-10]（图 4）。

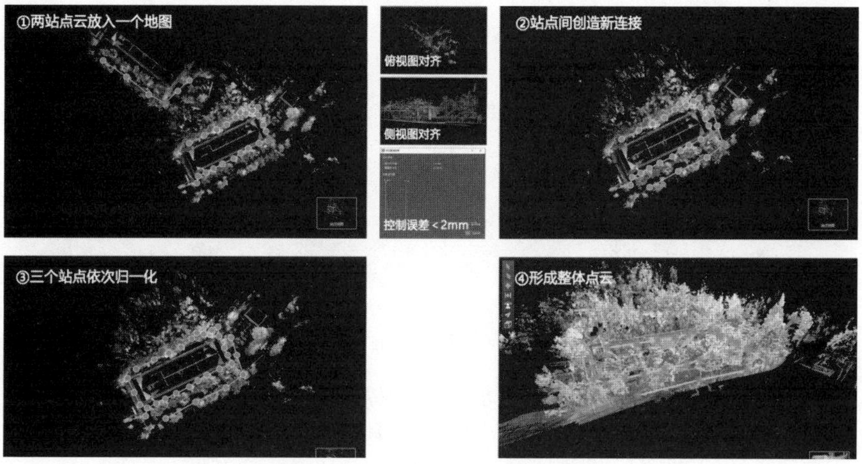

图 4　Cyclone 点云拼接流程

（图片来源：作者自绘）

点云去噪与过滤是一种基于点云滤波的方法，在获取的点云数据中保留有效点，剔除无效点，从而提高点云数据质量[11]。点云中建筑周围存在很多车辆行驶、行人经过以及植株树木的干扰，这些干扰建筑轮廓线的点云同样需要予以剔除，仅保留建筑场地内的树木以及地形的点云数据。

导入 CAD 软件进行矢量化使用的是 Cyclone 软件导出的 RCP 格式文件。该格式文件与 CAD 兼容。可通过矩形命令选中点云建筑部分，避免地形、周边保留的树木点云对建筑单体绘制的影响，亦可通过截面功能避免对侧立面对绘制中立面的干扰。

2.2　水工所点云数据分析

本研究根据 Cyclone 软件导出的点云数据，绘制水工所立面图纸并建模。武汉大学早期建筑是 20 世纪初“中国固有式”建筑的代表，其特征为使用西方建筑技术，而追求形似中国传统建筑的整体效果[12]。观察得到的点云数据可以发现，水工所的建筑设计模式亦和其他武汉大学早期建筑保持一致，因此此次对点云数据进行建模处理时，将水工所置于武汉大学早期建筑的环境中。为方便后续数字化建档的数据管理和武汉大学早期建筑的横向比较，将水工所建筑信息分为四个主要层次：第一层为水工所主体；第二层为台基层、屋身层、铺作层、屋面层四个主要部分；第三层为各部分的墙、门、窗及其他装饰构件；第四层为各构件的具体部件(图 5)。这四个层次同样可以用来总结归纳除水工所之外的武汉大学早期建筑信息。

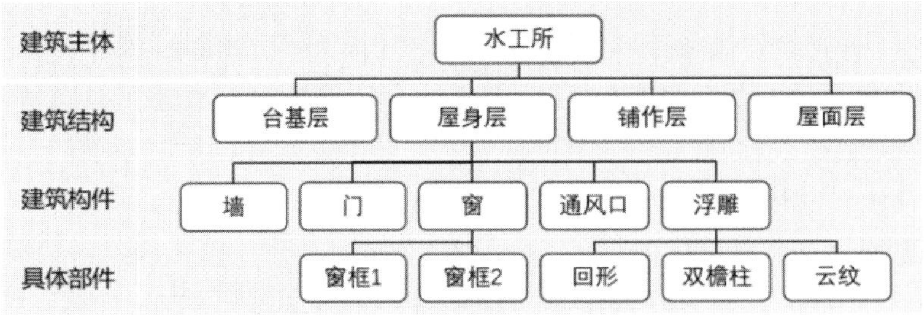

图 5　水工所建筑信息管理

(图片来源:作者自绘)

2.2.1　台基层

水工所坐落于一段西低东高的斜坡上,因此建筑台基层在西侧较为明显,台基层包含部分西侧地下层,推测建筑北侧和西侧均有栏杆,但目前留存的仅剩西侧和部分北侧栏杆。栏杆镂空图案类似简化后的饕餮纹,纹样呈左右轴对称,左右两部分又呈中心对称。为适应台基的两次折角,部分栏杆镂空图案仅保留两侧图案,仅呈左右对称,因此栏杆构件有长短两种样式,短栏杆见于建筑西北侧转角处(图 6)。

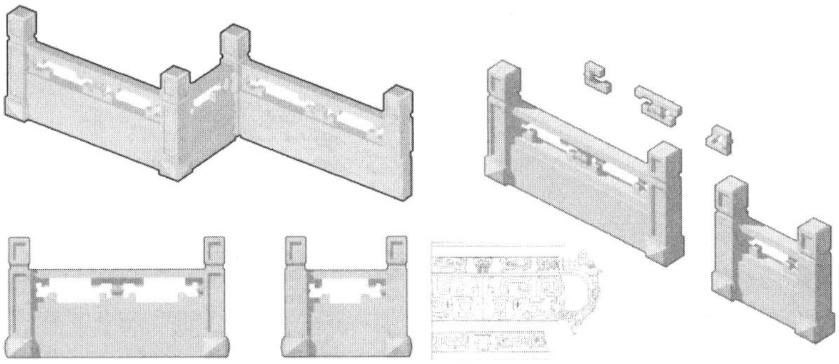

图 6　水工所台基层栏杆

(图片来源:作者自绘)

2.2.2　屋身层

水工所的屋身层包含的构件类型较多:墙、门、窗、通风口、浮雕。其中,水工所的墙体并非厚度统一,为强化建筑左右对称、庄严厚重之美,东西侧墙体更厚,因施工难度问题不存在收分。

水工所的门、窗保持较为简洁的设计,门一共两种样式,窗框一共四种样式,不同样式分布在“H”形平面的不同部分以及立面的不同高度,在水平和垂直两个方向上为水工所营造了节律感。

在门洞和窗洞附近存在修饰性线脚和装饰性图案,以浮雕形式呈现,在还原浮雕厚度时对点云进行了剖切处理。门洞浮雕的类型也有两种,均采用简化后的线脚装饰,南北立面大门正中有简化后券心石的浮雕,而东西立面在门洞周围的浮雕上增加了放射状纹路,代替了券心石,却也同样强化了门洞对称之美。主立面采用双檐柱浮雕装饰窗户间隔墙面的做法,柱身采用方形便于施工,柱础部分也为方形,仅用线脚划分。与双檐柱一起组成单元出现的还有简化后的雀替、凸出壁面的枋和假梁头(图 7、图 8)。主立面两端窗洞上回形浮雕装饰是武汉大学早期建筑的典型装饰 [5],同样采用剖切确定厚度。

2.2.3　铺作层

水工所的铺作层斗拱在形制上是单下昂补间四铺作,并不在结构上作为建筑承重的一部分,应当归为浮雕构件,但由于武汉大学早期建筑普遍在斗拱、云纹等装饰构件中存在模仿中式传统建筑的意图 [13],本研究仍将铺作层浮雕构件按照斗拱的搭建规律进行理解。

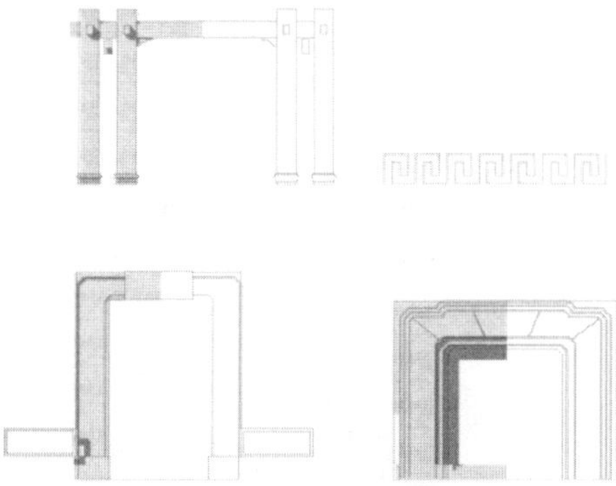

图 7　水工所屋身层浮雕

（图片来源：作者自绘）

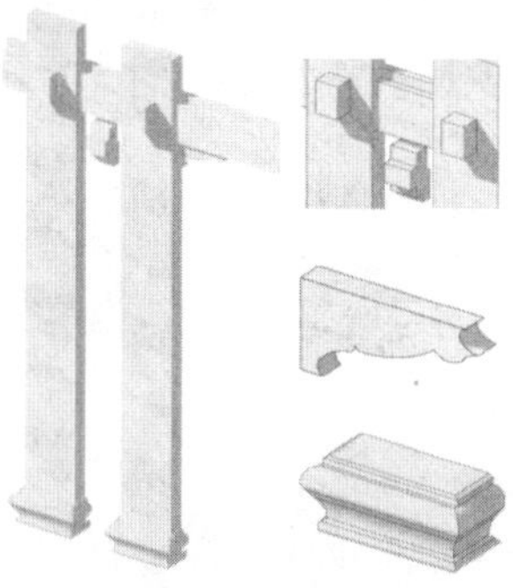

图 8　水工所屋身层壁柱浮雕细节

（图片来源：作者自绘）

水工所的斗拱浮雕并不是完整的斗拱形态，工匠仅对凸出于墙面部分的斗拱进行刻画（图 9）。从形态上分析其营造连接件：水工所斗拱分为栌斗①、泥道栱②、插昂③连华栱④三部分。水工所的栌斗为方形，斗欹为内顱⑤。泥道栱及其上散斗部分没入墙面，并无栱瓣及卷杀处理，栱端仅做曲线，散斗的内顱也简化为直线。插昂连华栱的插昂和华栱在外观上并未细分，而是连为一体。在建模时分别对三部分进行建模标注，简化斗拱中存在的槽、刻口等缺口，方便修缮人员理解斗拱外形（图 10）。

2.2.4　*屋面层*

水工所平面呈 H 形，屋面层也由两种屋顶形制结合而成，中部为重檐庑殿顶，两端体块为歇山顶，但山面朝向南北，山花板并不完全封闭，而是采用方格漏窗增加室内采光，这种做法在武汉大学老图书馆、农学院雅各楼以及燕京大学的贝公楼[14]都有应用，山花开窗克服了中国传统大屋顶遮光、不通风的缺陷，是西方建筑师在华探索、改进中式大屋顶所作的尝试之一。

图 9　水工所铺作层细部照片

（图片来源：作者自摄）

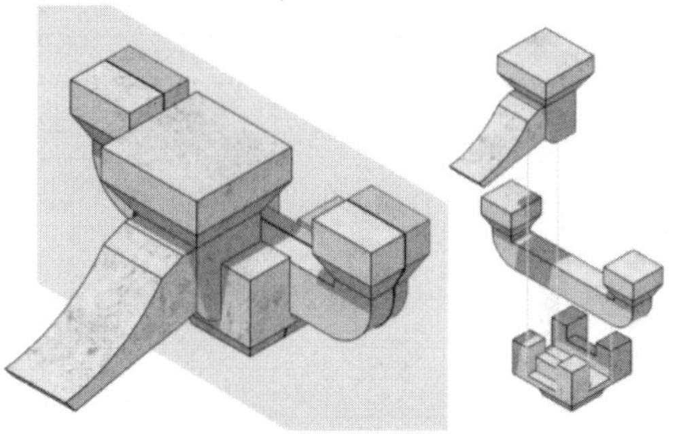

图 10　水工所铺作层浮雕细节

（图片来源：作者自绘）

在屋檐的设计上，水工所的方案设计阶段曾出现过三重檐夹两行小窗的设计图纸（图 11），同样利于采光、通风。在设计优化过程中，水工所最终只保留二重檐，但被简化的第三重屋檐并没有被完全取消，而是被部分保留在主立面庑殿顶前后两个坡面中段左右两侧，因此水工所庑殿顶也和传统形制有所区别，为联系简化后的屋檐，庑殿顶正脊垂下四条屋脊，在立面上丰富了屋顶的层次。

屋面层主要包含的构件类型有：屋脊、屋瓦、窗、烟囱、浮雕。庑殿顶屋脊的正脊上存在镂空铜钱装饰。庑殿顶正脊以及歇山顶的正脊和戗脊上都装饰简化后的云纹，只是尺寸上正脊的浮雕更大，强调了屋脊的主从关系。歇山顶垂脊的装饰纹路虽和其他屋脊不同，但保持了马赛克锯齿状的特征，远看时浮雕风

① 栌斗：斗拱最下层的承重部件，方形斗状。

② 泥道栱：正心位置的第一道横栱。由于栱眼壁常用土坯封闭，表面采用灰泥抹平，故称泥道栱，清代称为正心栱。

③ 昂：斗栱中在中心线上前后伸出，前端下斜带尖的木材部件称为昂，《营造法式》称为下昂，其功能与翘相同，形式不同。

④ 华栱：宋式斗栱上向外出挑的栱。

⑤ 内顱：内顱卷杀是指向内剜刻出数瓣内凹曲面。

格统一。水工所的屋瓦采用武汉大学早期建筑象征性的元素绿色琉璃瓦。烟囱位于建筑屋顶西南角和东北角，这种屋顶上增加烟囱的形式在近代建筑中西合璧风格的屋顶上十分常见[15-17]（图 12）。

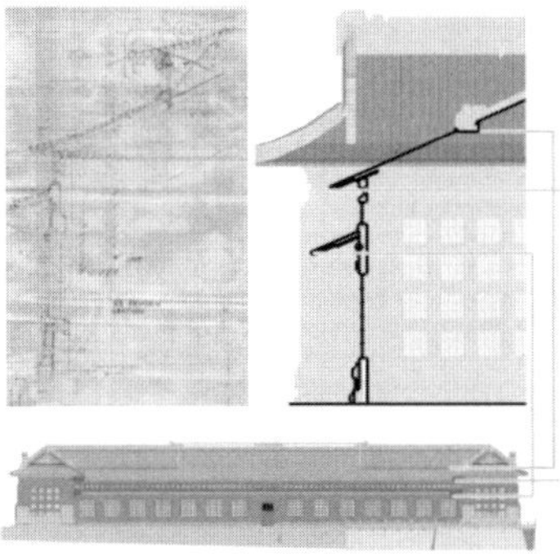

图 11　水工所屋面层屋檐

（图片来源：作者自绘）

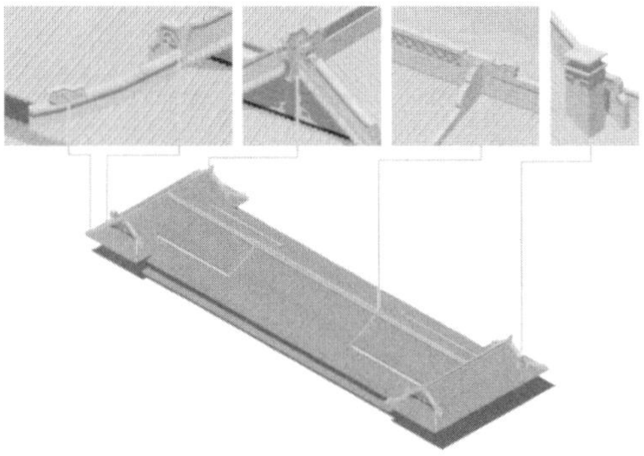

图 12　水工所屋面层构件

（图片来源：作者自绘）

2.3　建模编码管理

三维激光扫描技术得到的数据是目前水工所的几何信息，但是作为一栋历史悠久的建筑，水工所的立面劣化信息、营建信息等非几何信息并未被整合到三维模型中。为方便后续信息整合，按照划定的、适合武汉大学早期建筑的信息层次划分，为不同建筑建模部件进行编码管理，具体举例如表 2。

水工所作为武汉大学早期建筑中编码管理的实验对象，一级编码的具体代码还未确定。编码通过四级分级确定到早期建筑中某一栋建筑的具体部件，例如 TJLN001 为台基层栏杆构件北立面左起第一个栏杆单元，其余具体部件照此类推。

表 2　水工所相关信息

一级编码	二级编码	三级编码	四级编码				
华中水工实验所	台基层 TJ	墙 Q	W001				
		门 M	W001				
		窗 C	W001	W002	W003	W004	W005
		栏杆 L	W001	W002	W003	W004	……
			N001	N002	N003	N004	……
	屋身层 WS	墙 Q	……				
		……	……				
	铺作层 PZ	浮雕 F	……				
	屋面层 WM	屋脊 J	……				
		……	……				

表格来源：作者整理

3　历史建筑保护的云平台管理

在历史建筑修缮领域，普遍存在图纸缺失、图纸和施工不符以及测绘误差等问题，这些问题导致历史建筑修缮过程中制约因素较多[18]。本研究使用三维激光扫描技术，获取水工所的精确几何信息以及全景照片，不止用于水工所的数字化存档，还用于后续水工所建筑的保护、修缮与管理工作。

3.1　建筑修缮中 BIM 技术的应用

针对水工所进行建筑修缮的全过程中，未修缮部件标注、部件修缮前后更新、修缮完成留档等信息需依托 BIM 技术以及项目参与方的设计管理平台进行整合。在三维激光扫描的基础上，BIM 技术获得的数据精确而全面，建筑修缮项目的不同参与方都可以对模型进行操作，实现数据的共享[19]。在设计管理平台，对建筑的修缮精确到具体部件，根据编码，信息管理人员可以获取部件的简介、点云、尺寸参数、材质、细部照片、三维模型以及其他相关资料，并在修缮的全过程对信息进行及时更新(图 13)。

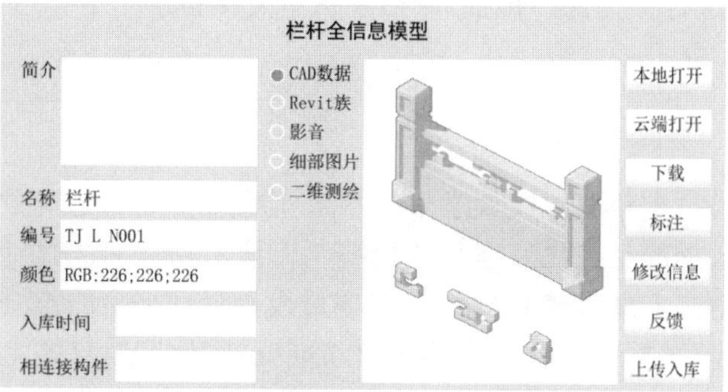

图 13　信息整合、调取、修改、标注面板示例

（图片来源：作者自绘）

除信息整合与更新外，BIM 技术本身具有良好的三维模拟性，可以将实际需要建造的东西提前运用数字化手段预演示[19]，但需要注意的是，如果将所有采集的信息全部添加到模型构件中，无疑会影响信息传输的速率，造成信息的冗余并混杂垃圾数据[20]。因此在实际修缮过程中，可以根据工程需要，将水工所结构信息、搭接顺序以及修缮工序等信息依次在模型中注明，同样也可以在 BIM 平台上对构件模型尺寸进行快速测量。

3.2　构建历史建筑保护的云平台

在上述研究的基础上，可将水工所的建筑几何信息以及非几何信息进行权限调整，面向公众开放水工所的相关图文介绍。历史建筑的价值不止在于其数字化档案的完整以及风貌的还原，更在于其文化内涵的传达。水工所为培养水利人才、治理长江水患而建，属于武汉大学治学精神的具体象征之一。将三维模型上传云平台，并补充水工所建成年代、时代背景故事以及建筑师、结构师等信息，线下、线上参观武汉大学的公众均能通过扫描二维码的方式进一步了解水工所的价值和历史渊源(图 14)。

除了对历史建筑外观的整体游览外，也可尝试选取历史建筑中重要或有特色的部件进行展示，并配以简单明了、通俗易懂的解释，向参观者科普水工所这类中西结合式建筑遗产，罗列其中属于西方建筑的部件和脱胎于中国传统建筑设计的部件，点击超链接即可跳转到 CCBIM 平台的模型展示，有利于参观者在模型互动中了解基础的建筑知识，能够培养公众对建筑遗产的鉴赏能力(图 15)。

图 14　CCBIM 平台二维码手机端查看效果

（图片来源：作者自绘）

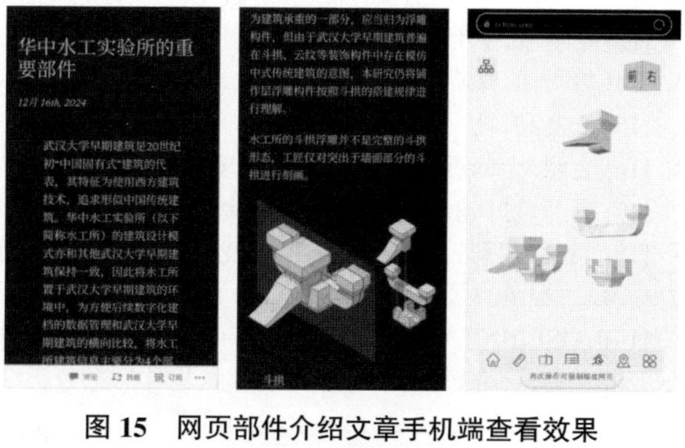

图 15　网页部件介绍文章手机端查看效果

（图片来源：作者自绘）

在对水工所精细化建模的基础上，本研究可作为数字孪生的基础。数字孪生技术包括物理实体、虚拟实体、虚实之间的连接和数据以及服务等维度[21-22]，生成步骤可分为数据采集、模型构建、仿真模拟和展示传承[23]。随着研究的深入，数字孪生技术不仅局限于三维建模、可视化展示，更向综合性决策分析方向不断迭代，但该技术的基石和难关仍在于初期信息整合和精细化模型的建成。对水工所及其他武汉大学早期建筑进行精细化数据采集与建模，促进文化遗产数据、实体模型和语义信息的整合[24]，这些工作的目的在于跨越数字孪生技术的入门门槛，作为该技术实际应用的基础工作，使得武汉大学校园建筑遗产更大限度地发挥文化价值，进行文化推广传播，彰显和传承文化自信[25]。

4 结语

本文应用三维激光扫描技术获取武汉大学华中水工实验所精确的建筑数据信息，完成了该栋建筑的数字化建档。通过对点云数据的精细化处理与建模编码管理，为武汉大学早期建筑保护工作的理论建设和实践经验开辟了新的视角。未来通过 BIM 技术与项目设计管理平台的整合应用，我们可以实现历史建筑信息的共享与实时更新，显著提升修缮工作的效率与准确性，保证信息的完整和及时更新。此外，利用该技术生成的精细化模型，不仅为水工所打造了数字化展示平台，将其作为公众教育的生动教材，结合丰富的图文信息，广泛传播水工所的历史价值与文化内涵，为历史建筑的保护与利用提供宝贵参考，还为新时代下历史建筑的活化利用与文化传承探索了新路径，有效增强公众的保护意识，推动历史建筑在现代社会的可持续发展。

童乔慧　武汉大学　教授
刘怀钰　武汉大学　硕士研究生

参考文献

[1] 李敏珍，刘春，周源. 激光扫描历史建筑精细化重建与部件化管理 [J]. 遥感信息，2015，30(6)：18–23.

[2] 马小伟，高磊，冉磊，等. 利用全景移动测量系统进行城市专题数据提取 [J]. 测绘通报，2017(1)：163–164.

[3] 李明. 三维激光扫描在高耸结构检测中的应用 [J]. 建筑结构，2022，52(S1)：2219–2221.

[4] 国立武汉大学周刊 [J]. 武汉大学档案馆，1935.

[5] 童乔慧，杨飞，刘天卉. 历史建筑保护的 BIM 技术运用：以武汉大学华中水工试验所为例 [J]. 华中建筑，2021，39(5)：31–36.

[6] 国立武汉大学. 国立武汉大学一览(中华民国廿六七年度合刊)[M]. 武汉：国立武汉大学出版社，1938.

[7] 童乔慧，唐莉，吴歆瑀，等. 中国近代实验室之华中水工试验所建筑设计方案研究 [J]. 建筑师，2020(1)：61–68.

[8] 唐艺窈，童乔慧，尚伟. 武汉大学早期建筑群翼角建造探析 [J]. 建筑遗产，2023(1)：101–108.

[9] 胡玉祥，张洪德，韩磊，等. 三维激光扫描技术应用于建筑物竣工测绘的探讨 [J]. 测绘通报，2022(S2)：100–104.

[10] 谢洪，闫利，任大伟，等. 一种激光点云与密集匹配点云融合方法 [J]. 中国激光，2022，49(9)：166–176.

[11] 董莹. 3D 激光扫描技术在曲面建筑平立剖面图测绘中的应用 [J]. 激光杂志，2024，45(10)：255–260.

[12] 唐莉，童乔慧. 另一种面向：近代工程师莱文斯比尔的在华探索 [J]. 世界建筑，2023(1)：40–45.

[13] 陈慧东，童乔慧. 武汉大学早期建筑的国际化发展历程 [J]. 建筑与文化，2017(8)：102–104.

[14] 盛一诺，蒙克. 老树如何发新枝：一位美国在华建筑师的"适应性建筑"实践 [J]. 装饰，2023(11)：101–107.

[15] 朱友利，杜书波. 本土转译视角下的福建近代"中西合璧式"教堂建筑 [J]. 建筑遗产，2024(2)：74–83.

[16] 史明. 无锡近代住宅缪公馆建筑外观装饰的特异性 [J]. 南京艺术学院学报(美术与设计)，2017(6)：180–184.

[17] 罗晶，过伟敏. 南通近代"中西合璧"建筑的发展及式样类型 [J]. 学术探索，2013(4)：131–134.

[18] 尚伟，何聪，郑小雪，等. BIM 技术在历史建筑保护中的应用：以林祥谦烈士就义处修复工程为例 [J]. 建筑经济，2022，43(S2)：307–311.

[19]LAISERIN J. Comparing pomes and naranjas[EB/OL].[2024–12–15]. https://laiserin.com/features/issue15/feature01.php.

[20] 王茹，韩婷婷. 基于 BIM 的古建筑构件信息分类编码标准化管理研究 [J]. 施工技术，2015，44(24)：105–109.

[21]GLAESSGEN E，STARGEL D. The digital twin paradigm for future NASA and U.S. Air Force vehicles[C]//Proceedings of the 53rd AIAA/ASME/ASCE/AHS/ASC Structures. Structural Dynamics and Materials Conference. Honolulu，USA：AIAA，2012.

[22]TAO F，ZHANG M，LIU Y，et al. Digital twin driven prognostics and health management for complex equipment[J].CIRP annals-manufacturing technology，2018，67(1)：169–172.

[23] 张智，党安荣，陈杨，等. 基于数字孪生的长城文化遗产保护与传承研究 [J]. 中国园林，2024，40(6)：35–41.

[24] 张智，党安荣，侯妙乐，等. 长城文化遗产保护与利用的信息技术方法框架构建 [J]. 遥感学报，2021，25(12)：2339–2350.

[25] 杨滔，李晶，李梦垚，等. 苏州古城历史文化遗产保护与活化的数字孪生方法 [J]. 城市规划学刊，2024(1)：82–90.

广府传统塑画的价值及其保护传承研究

Research on the Value, Conservation and Inheritance of Guangfu Traditional Sculpture Paintings

林　佳　陈晓楠

摘　要：塑画是彰显广府传统建筑特色的重要构件。其使用石灰制作，精致美观，不仅有常规认知里的装饰作用，更是建筑的重要组成和维护构件，并因广府地区的特殊气候而形成富有特色的建造逻辑与材料工艺，其制作技术也被列入国家级非物质文化遗产。近年塑画的保护传承普遍出现问题。传统技艺的失传失真导致业界采用现代材料替代，破坏了塑画防水防渗、防虫杀菌、干燥木结构的建筑功能；保护机制的不完善使修缮技术单一化、现代化，其多流派的状态被"统一"，失去遗产的多样性、真实性；片面的价值认识致使遗产教育仅宣传其精美造型，大大削弱公众对塑画的认识和认同。基于实地调研和匠师访谈，本文系统梳理了广府塑画的整体价值和材料工艺，结合现代遗产保护原则，提出符合塑画保护和传承的基本思路和实施建议。

关键词：广府塑画；多重价值；传统工艺；修缮技术

Abstract: Sculpture paintings are important components that showcase the traditional architectural features of Guangfu area. Sculpture paintings are made of lime, exquisite and beautiful. It not only has the conventional decorative function, but also is an important component and maintenance element of architecture. Due to the special climate in Guangfu area, it has formed a distinctive construction logic and material craftsmanship. Its production technology has also been listed as a national intangible cultural heritage.In recent years, there have been widespread problems in the protection and inheritance of plastic paintings. The loss and distortion of traditional skills have led to the use of modern materials in the industry, which has destroyed the building functions of waterproof, anti-seepage, insect proof, sterilization, and dry wooden structures of sculpture paintings. The imperfect protection mechanism has led to the homogenization and modernization of restoration technology, and the state of multiple schools has been "unified", losing the diversity and authenticity of heritage. A one-sided understanding of its value leads to only promoting its exquisite appearance in heritage education, greatly weakening the public´s understanding and recognition of plastic paintings. Based on field research and interviews with craftsmen, this article systematically summarizes the overall value and material craftsmanship of Guangfu sculpture paintings, and combines modern heritage protection principles to propose basic ideas and implementation suggestions that are in line with the protection and inheritance of sculpture paintings.

Keywords: Guangfu traditional sculpture paintings; multiple value; traditional crafts; repair technique

引言

广府[①]传统建筑塑画（简称"塑画"）是广府建筑特色的重要载体，源自古代建筑体系，在清代到达高峰，民国后仍十分兴盛，今天尚在使用。塑画是塑形和绘画相结合的工艺美术，因不同建筑部位和欣赏角

① 广州府是历史行政区划，府始设于1368年（明洪武元年），到清代，广州府管辖14县。本文所指的广府地区即为清代广州府管辖的14县范围，约包括今天广州、佛山、中山、珠海、香港、澳门、东莞、深圳、龙门、江门、清远等地区。该区域明清时期远离政治中心、经济发达、文教兴盛，形成了独具特色的广府建筑文化。

度，在平面绘画中加入微突、半突又或全突出平面的形体，色彩丰富、形式多样①[1]、题材各异的设计和平面做、半边做、凌空雕②（图 1）表现技法，成品极富美感，向来被认为是传统建筑的重要装饰。

平面做塑画　　半边做塑画　　凌空雕塑画

图 1　广府塑画的表现技法

（图片来源：作者自摄）

但在高温高盐、多风多雨的广府地区，对建筑本身而言，塑画保护木构件、补漏补缺、防虫杀菌、吸潮吸湿的多重作用，是更重要的实际功能。正因如此，作为维持建筑功能和安全不可或缺的重要构件，塑画广泛用于官衙、学宫、祠堂、寺庙、园林、民居等各类建筑，数量庞大并呈现高度程式化③的特点。据不完全统计，仅祠堂一类，广东第三次全国文物普查登录的数量已达 7 500 处，总数超过 20 000 处[2]。至 2016 年，已记录的平面塑画共 4 097 幅[3]，尚未包括寺观、村落民居及近现代建筑中的数量。

为实现建筑功能，大多数塑画身处室外，遭受日晒雨淋。因此，有针对性地选择材料并加工，是制作的先决条件；顺应天时进行施工和养护，是抵抗岭南特殊的气候环境的工艺基础。塑画的材料、工艺复杂且极富理性和经验，已成为彰显广府工匠智慧的承载物。2008 年，广州灰塑④及其制作工艺被列入第二批国家级非物质文化遗产代表性项目名录。

然而，对此兼具物质和非物质双重身份的遗产，当下的研究多聚焦在其艺术效果，并在此基础上扩展至社会、民俗、文化等方面。该角度重视画作及其内容、题材本身，对塑画作为建筑重要构件的功能及其材料、工艺的关注远远不够，价值认识仅得其偏。以致在修缮中只重视画面艺术效果的修复重现，材料、工艺任意替换的情况极为常见，导致了大量"修缮即消失""空留其壳"等不可忽视的问题。修缮工程告终，建筑功能同时告终。遗产价值宣传和保护教育也仅以艺术珍品视之。因此，基于多角度、多科学方法开展研究，不仅是全面认识塑画价值的基础，也是对其科学保护和修复的基础。

1　塑画的多重价值

1.1　塑画的艺术、历史和社会价值

作为广府传统建筑中的重要装饰，塑画通过龙水墨、人物画、花鸟画、山水画、杂画、诗文、集锦式等多种形式，结合自然、人物、花卉、纹样、动物、水果等各异形象，综合运用壁画、浮雕、圆雕、透雕等造型手法，达至构图讲究、绘制精美、主题突出、寓意深刻的艺术效果。塑画在岭南乃至中国画史上有重要地位，塑画名师第一人白玉蟾是《岭南画征略》里宋代广东仅载有的两位画家之一[1]，李魁、黎文源均是在岭南画史留名的大师。清同治、光绪间，黎文源在慈禧大修颐和园时以善壁画赴京应考，评为第一，派任"内廷供

① 谢燕涛在《岭南广府传统建筑壁画研究》中将广府塑画基本形式分为单幅和组合两类。画心外有仿卷轴画装裱形式的外画框，内框形状有长方形、长方形内圆角、正方形、扇面式、圆形、仙桃式、佛手瓜式、冬瓜式、扇面折页式、弧形折页式各式。

② 平面做即平面绘制，半边做即半浮雕，凌空雕即圆雕和透雕。

③ 广府塑画有模式化的固定位置、样式和绘画题材。

④ 灰塑即包括塑形和绘画，与塑画采用相同的材料、工艺，共享题材、故事、构图、色彩等，区别在于一倾向塑形，一倾向绘画。但事实上，塑画中多有突出画面的半浮雕甚至立体塑形，灰塑表面也采用与绘画同样的上彩方式。灰塑匠师既会塑画又会灰塑，只是各有侧重，绝大多数名家精通两者。

奉”，在宫廷从事壁画工作[4]。得益于广州“一口通商”政策，广府塑画也是较早融合中西画技的流派，杜泊洲绘于1846年的塑画中便出现西式的构图和裸体人物[5]（图2）；邹积业绘于1943年的《风云路》中采用了焦点透视画法并选用汽车、火车轮船等现代题材（图3）。

图2　广州欧阳氏宗祠塑画中的西式构图和人物

（图片来源：胡晓宇《广州现存传统建筑壁画的概况综述》）

图3　广州从化存理李公祠塑画《风云路》

（图片来源：许隽协《广州地区传统建筑壁画的西洋化表现探析》）

在教育率普遍低下的传统社会，各类造型艺术是最重要的社会教化手段，遍布城乡的塑画是极好的教科书，主要宣扬国家道德规训、教导社会生活的准绳等。塑画中常用桃园结义、古城会、郭子仪祝寿等故事来褒扬忠孝信义、危难时君臣不弃、朋友间同甘共苦等美德，以达到尊宗敬祖、爱老护幼、修身齐家等道德教化目的。此外，塑画也用于祈福和表达对美好生活的向往，采用包括吉祥如意、福寿健康、子孙延绵、加官晋爵和家乡环境（如树木、水果、山水等）来展现生活之美的题材。在艺术审美、道德教化、祈愿祈福、身份认同等同样的社会需求下，广府各县塑画共享着相同的主题、内容、精神，形成地区性审美取向，又因业主的不同、宗族的竞争而充满强烈的个性。其不仅是清代珠三角经济高度发展，民间工艺美术竞相辉映的实证，更是以宗族组织为基础的广府社会内部相互依存又激烈竞争的状态在文化艺术中的投影。

进入民国，激励开智成为塑画的重要功能。事实上，传统时代的塑画中就多有独占鳌头、蟾宫折桂等内容，激励宗族子弟奋发学习、致力科举以求高中，造福社会、衣锦还乡。及至近代，国家倾颓、民不聊生，提倡国民奋起以开民智、争取民族独立、建设现代化国家等要求成为社会的新思想和文化。广东是近代侨乡和革命策源地，塑画中早已出现国外发达社会城市的场景和西式骑楼、钟楼、轮船、汽车、飞机等题材。楹联匾额中的题字，在祈福之余，也有如“民智开通”等激励社会进步的标语（图4）。外敌入侵之际，鼓舞民众奋起抵抗的标语成为最新题材，壁画《风云路》中在描绘火车、轮船等先进工具的同时，也附带了“国破山河在，城春草木深”等忧国忧民的诗句，体现出国家危难时宗族之“家”转化为匹夫之“国”的壮志豪情（图3）。

图 4　塑画窗楣中“民智开通”的标语及火车题材

（图片来源：作者自摄）

1.2　塑画的建筑价值

尽管其文教、宣传意义重大，但塑画的位置却不依常理，甚至不符合美术原则。塑画绘制于墙身与屋顶相交处，外侧绘制于檐口之下，内部则出现在墙体与檩条相交位置，均处高位，因此塑画也被当地人称为“墙头画”（图 5）。其结果是：第一，画作很难被看全，且观者需大角度仰头欣赏，姿势不舒服；第二，观看到的是透视变形较大的画作，艺术效果大打折扣；第三，由于墙体较高（大量清末祠堂做到两层，高度在 8 m 以上），观赏距离较远，大量细节难以观赏，落款题字更是有如蚊须，无法辨识；第四，塑画常被檩条、梁架打断，不能连续作画。山墙上的画幅呈菱形构图，既难于观赏，也难于构图，与我国大多数地区将壁画放于建筑视觉中心，占据最好观赏位置的做法相比，广府塑画实是异类。

图 5　塑画在传统建筑中的位置

（图片来源：作者自摄）

事实上，装饰和教化只是塑画后期发展出来的功能，保证和维持建筑及构件安全才是其最重要的功能，也是其产生的因缘。直至明初，广府重要建筑仍主要使用木结构，墙体作维护之用，且因经济问题多采用泥砖或夯土。明中叶起，广府地区经济大规模发展，人口激增，财富积累，砖石成为城市乡村的首选建材，建筑也开始从木结构向砖石结构转变，直至清中期完全成熟。因广府地区高温、高盐、高湿度的气候特点，使用木材变得谨慎，后期仅用于承托瓦面，梁、柱几乎完全被砖石替代，木檩条直接插入墙体，新的体系产生了新的问题，也导致了塑画的出现。

1.2.1　檩洞的产生与处理

木檩入墙，首先要处理的是檩洞的开口和收口。砖的尺寸小于木檩，要砌筑并打磨成圆洞费工费时，因此檩洞常加工为方形，然后用碎砖填补，以提高施工效率和美化洞口。广府地区台风、暴雨频发，屋面经常出现轻微颤动及少量移位，而砖墙本身在建好的 1~3 年内，也会在灰膏干透之前自行调节以达到内部力量的平衡。此过程中，墙体内部会产生轻微位移，因此木檩与砖洞必须留有足够的空隙（一般是木材两边各留 1~2 cm)，以维持建筑的安全。因此，用砌墙的软性材料——石灰进行补洞抹面，既不影响木檩自行调节位移，也可对放满碎砖的洞口进行美化，兼顾外观、功能和施工方便三个方面，石灰补檩洞遂成为工程必不可少的一环。随着建筑的发展，填洞石灰被进一步塑形美化，各檩洞间石灰连成一体，并添加彩绘纹样作为装饰，发展成为兼具美观、功能和教化的广府塑画。

1.2.2　防虫与杀菌

木檩入墙，檩头的处理变得至关重要。由于热空气自然上升，高处成为湿热空气汇聚之地，屋架的木结构长期被湿热空气包围；另一方面，由于温差大，木料表面极易形成冷凝水，屋顶木构件受潮吸水的速度远高于其他构件；此外，檩头因处于墙体内部，无法通风干燥，遂长期处于潮湿状态。广府地区气候炎热湿润，非常适合虫、菌生长，木材一旦受潮湿润，白蚁则闻风而至，真菌也迅速滋生，破坏建筑结构[6]。广府地区工匠流传的“干千年，湿千年，不干不湿就三年”① 的说法，正是这一现状的真实写照。

塑画正是解决此问题的关键。由于石灰具有吸水特性，塑画可以迅速吸取檩头的冷凝水，保持檩头干爽。而遍布于墙头的塑画，也能大量吸取屋架范围的水分，降低湿度，消减冷凝水现象；另一方面，石灰呈碱性，有杀菌驱虫② 的作用，檩头交接处的石灰对真菌有抑制作用，避免其滋生带来的木料糟朽问题。再者，塑画实际上对墙头进行了整体封闭，阻止虫菌通过砖缝攻击内部的檩头和桷板头。无疑，塑画是解决高温高湿地区木结构入墙问题，增加建筑寿命的关键技术。

塑画关系到砖木体系下的木构件安全，因此也必定出现在建筑的墙头高处。在与建筑安全、寿命息息相关的情况下，塑画遂成为建筑的必要构件，广泛出现在广府诸类型传统房屋中，并呈现位置、形式、题材、工艺流程上高度程式化③ 的特点。富户的住宅及祠堂等公共建筑固是聘请能工巧匠进行塑画制作，极尽奢华之能事；一般户主即使在资金紧张难以负担塑画的情况下，仍会选择在同样位置铺设厚灰层或者绘制简单图案来满足需要。

1.3　**塑画的材料和工艺价值**

为满足前述功能，塑画不仅出现在建筑内部砖木相交处，也需出现在外部。广府传统建筑砖墙虽采用双隅空心的结构，但仍不能完全吸收或隔离外部渗入的雨水，因此外部相对位置也要制作塑画。因室外水分远较室内丰富，所以外部塑画厚度远超室内，通常会将其制作为半浮雕塑画(部分甚至制作成凌空雕)(图 6)。另一方面，为保证通风，大多数广府建筑并不完全封闭，尤其是塑画集中的祠堂和庙宇等。也就是说，塑画绝大部分处于室外或半室外空间，不仅遭受日晒雨淋，还要面对广府地区的台风和湿热气候，仅是维持其自身的存在就需解决抵御物理撞击、抵御盐分入侵、抵御风雨冲刷、保持与墙体黏合等问题，且需有足够的柔韧性以塑造形体、保证颜色持久、保证吸潮吸湿等性能。高强度、高韧性、足够的模量均是基本要求，需要复合材料才能应对。因此，塑画形成了独特的材料加工和制造工艺。

塑画的基础材料是灰，包括传统方式烧制的石灰以及用牡蛎壳烧制成的壳灰，通过加入不同的辅料配合特殊的工艺，形成不同性能的灰料，组合使用，以解决上述问题。广府塑画自砖墙向外，由草筋灰层、纸筋灰层、石灰膏层、颜料层四个基本结构层组成(图 7)。

1.3.1　草筋灰层

塑画最底层是草筋灰④，连接墙体与纸筋灰层。广府地区温度起伏大，塑画表面受阳光直晒，升温快，墙体在塑画后，升温慢，加之两种材料热胀冷缩体积变化不同，容易出现剥离现象，导致壁画与墙体间产生缝隙，加速塑画的空鼓和剥落。草筋灰内部有纤维，柔软度较好，冷热状态下体积跟随墙体变化，与墙体“软硬结合”，有效减小了热胀冷缩造成的变形差，成为塑画与墙体间的“缓冲层”。另一方面，草筋灰与

① 对于“湿千年”的说法，指的是木料若长期被水包围，断绝与空气接触，虫蚁、真菌无法到达滋生，可保安全。广府地区龙舟每年使用后均沉于水底保护，待第二年端午再取出，照此方法目前已经有保存 260 多年的“老龙”，仍在使用。而广府许多传统建筑地下也打有木桩进行地基加固，木桩长年不坏。

② 部分业主甚至在石灰中加入少量砒霜进行杀菌。

③ 此处指广府传统建筑塑画常见位置和样式的高度程式化。

④ 草筋灰由石灰、黄土按 3:7 或 4:6 掺和，或用由中砂、石灰与砂按一定比例掺和，制作石灰膏。在养灰池中，将 5～6 cm 长的干稻草泡湿，上压一层石灰膏，铺一层泡湿的干稻草段，如此分层叠压，上再加一层水，存放 15 d 后软化，稻草与石灰膏共同沉淀后制成。

面层的纸筋灰有效结合，其内部较粗的纤维有很好的支撑作用。当塑画为半浮雕塑画时，若浮雕部分仅突出 2~3 cm，直接加厚草筋灰层至需要的高度即可。若浮雕部分突出厚度较多，则需在底层加入一层砂灰[①]作地仗层以起到更好的支撑作用。若使用凌空雕，突起较多部分内部需要绑扎铁线或铜线作骨。

图 6　广府祠堂中的凌空雕塑画

（图片来源：作者自摄）

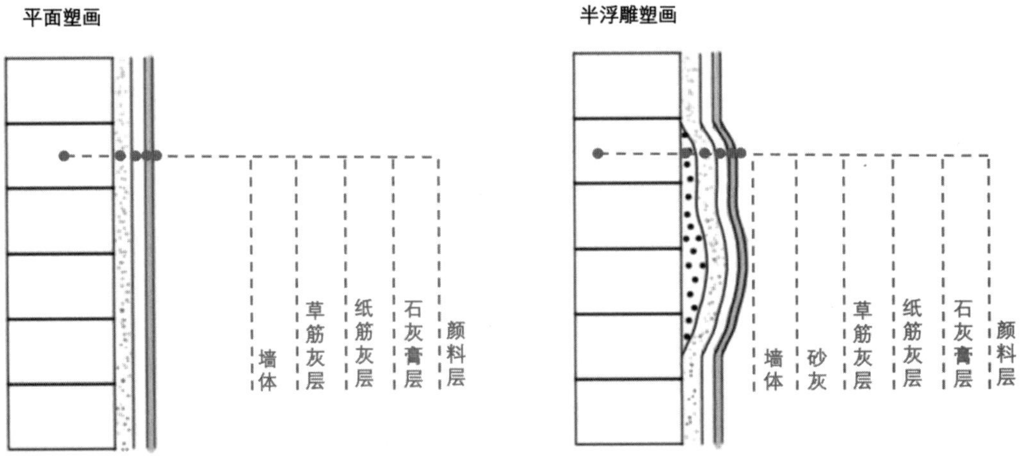

图 7　平面做与半浮雕塑画的结构示意

（图片来源：作者自绘）

1.3.2　纸筋灰层

草筋灰层上覆盖纸筋灰[②]。纸筋灰质地远较草筋灰细腻，干燥后硬度高、韧性好、表面平整度好，既可找平，也可加工塑形，工匠直接在其上进行绘画雕刻，并通过加入颜色产生更立体细腻的形体。功能上，纸筋灰是塑画的保护层，其高硬度不但可抵御普通的物理冲击，更重要的是应对广府地区的高盐及海风侵蚀。高湿度的天气使得塑画灰料干燥较慢，随海风而来的盐分极易在塑画制作过程中或者刚完成时，

① 砂灰由草筋灰中加入砂子制成。

② 纸筋灰是使用生石灰和水按照 1:3 比例混合泡制成石灰膏，过细筛除去沙石等杂质。后按大概 100:1 比例加入糯米粉和红糖，按 20:1 比例加入捣烂、浸湿的草纸浆，混合后密封，常温下封存 20~30 d，纸筋灰即成。

渗入破坏塑画。施工中,工匠会根据天气及塑画形态,加入糯米或者红糖(主要成分为蔗糖):糯米增加灰的韧性,使之可以塑造更复杂的体型,同时抗冲击;红糖使纸筋灰加速硬化,在表面形成保护膜防止盐分渗入。广府塑画被匠人誉为“硬壳软心”,软心指的是草筋灰层,硬壳就是纸筋灰层。

1.3.3 *石灰膏层*

纸筋灰层上为石灰膏层。石灰膏[①]远较纸筋灰细腻,其作用是使表面平整,便于为塑画创造以供上彩的“画布”。同时光滑的石灰膏面可以减少表面青苔等生物生长的着点。

1.3.4 *颜料层*

颜料层为塑画的最上层结构,使用传统矿物颜料进行绘画。矿物颜料与纸筋灰搅拌,融为一体,成为色灰,直接塑形,或者直接使用颜料灰水[②]进行绘制上色,两者皆可以将色彩融入下面的灰层,让色彩更持久。绘制过程中一般以炭条勾勒轮廓,落稿设墨线,后进行打底色、设色。

事实上,在施工过程中,上述四个灰种需要根据塑画的设计形态、作画位置、所处地理条件、季节和天气情况、施工工期、经济因素等因素,因应工匠的经验,调整配比及工艺,来解决环境和天气问题、室外保存问题,绝非一成不变的标准程序,更多是积千百年的工程经验。清代民国时期,广府地区经济发达,建造业竞争激烈,为求生存,古代工匠也竭尽所能地改进工艺,使塑画质量达到高峰。因此,仅是塑画的材料加工和营造技艺,本身已是具备极高价值的非物质文化遗产。

2 塑画的保护传承现状与策略

2.1 塑画的保护传承现状

目前,广府地区塑画的传承出现较为严重的问题,除极少数传承人仍举步维艰地坚守传统阵地外,包括部分登录在册的传承人在内的大量工匠都在市场大潮中随波逐流。塑画工艺的真实性丢失固不待说,即使是基本的工程质量也未必有保障,工程完成两三年即需修缮者并不少见。该情况也波及文物建筑的修缮领域,大量塑画遭遇“破坏性修缮”。传统工艺失传失真、多流派的“统一化”、修缮机制不够完善、现代材料的消极影响是导致上述问题的主要原因。

2.1.1 *传统工艺失传失真*

灰塑技艺失传问题自民国开始。广府地区西式建筑体系进入较早,建筑从原砖木结构转为砖混结构或框架结构,塑画在传统体系中防漏防渗、防虫杀菌、干燥木料、补缝填洞的建筑功能逐渐失去,沦为装饰。在只需塑形即可完成任务的前提下,匠师自然不会延续上文所提费时费力的材料加工。久而久之,塑画工艺被有意识地省略,应对建筑需求的智慧并逐渐遗忘,大量灰塑工匠转型流失,许多优秀流派也传承中断。与失传同时的还有失真。近代建筑立面以水刷石、水磨石、石膏为高级、时尚的材料,加之混凝土干燥速度快、硬度高,配以高效率的工业化生产,遂大行其道。为应对市场,不少匠师也在塑画中掺入混凝土,既标榜使用最新材料,又可提高生产率,使塑画开始不按原材料和工艺施工,造成只有部分手艺传承,又或在传承过程中走样的失真情况。

2.1.2 *多流派的“统一化”*

塑画工艺在清末达到高峰,珠三角各县大匠名派辈出。如番禺县沙湾黎氏、靳氏、老氏、杨氏,南海县布氏、关氏,花县王氏、邵氏,肇庆高要邓氏等,自北部山区到今珠海、深圳一带的海边都有各自匠师群体,所传工艺也会因应地区审美、地区物产、地区气候等有所不同。如香港、澳门、珠海、东莞等沿海地区多使用产于沿海的蚝壳灰,多画少塑,颜色较为清淡;而广州、佛山、肇庆等地区则采用产自山里的石灰,形体华美,立体感强,颜色浓烈。众多的地域流派各显神通,形成了丰富多彩、蔚为大观的塑画世界。如今,大部分流派已经消失,塑画的工艺趋于统一,修缮设计说明传抄不断,施工中也多使用统一配比,并加入混

① 白石灰水静置分层,取沉淀在底层的膏状物即得石灰膏。石灰膏质地比纸筋灰更细腻。

② 传统矿物颜料水采用清澈石灰水蒸煮矿物颜料粉,煮好后研磨而成。通过蒸煮和研磨可以更好地让矿物颜料颗粒完全被碳酸钙包裹,更利于颜色融入塑画材料中。

凝土，丰富多彩的工艺多已不见，原各流派应付所处区域特殊问题的珍贵经验也未能保存。

2.1.3　保护机制不够完善

塑画的保护修缮机制不够完善。勘察阶段，多数考察评估未能整体记录塑画遗产的艺术特点，以致画面变动、内容更改、色彩变化等问题，从实物至设计，艺术价值已先打折扣；设计阶段，设计者不了解塑画的整体价值，在设计中使用通行的掺入混凝土做法，且大多抹去旧物，重新绘画，以致塑画价值大打折扣且无法与原建筑有机融合；施工阶段，验收机制不够严谨，不按图施工，材料工艺不过关等问题较多，验收无科学检测要求，仅凭外观判定；此外，塑画的修复无科学、细化、可操作的行业标准，工程定额与实际相距较大。

3.1.4　现代材料的消极影响

在塑画工艺失传与失真，混凝土价格低廉的情况下，多数塑画采用混凝土作为基础材料再混入石灰的做法，为塑画的延续带来新的问题。第一，灰从碱性变成偏酸性，无法防虫杀菌，不但失去保护木结构的功能，且因酸碱度改变导致完成不久便出现菌斑及青苔，变得难看之余，也加速了自身质量的劣化。第二，硬度骤升，且热胀冷缩后的体积变化与灰有差别，导致与面层灰的脱离，造成塑画内部空鼓现象。第三，表面质感与传统相差较大且较难塑形，加之采用现代颜料上色，颜色无法与灰泥相融，不出数年便即脱落。第四，材料呈酸性且硬度较强，在腐蚀底层砖墙的同时也挤破砖墙，导致塑画与墙面的空鼓、剥落。

2.2　塑画的保护传承策略

基于塑画的完整价值认识，结合上述保护现状问题，塑画的保护传承应从价值挖掘、完善传承机制、完善修缮机制、研发修缮技艺多方面完善。

2.2.1　完整挖掘塑画的整体价值

进一步发掘塑画的价值，将其置于建造、维护的实际需求和材料技术的历史背景下进行考察，充分了解其之于传统建筑的艺术、社会、文化、建筑、材料的多重价值，避免因价值认识不全而导致的失传失真；将塑画置于建筑灰作技艺的整体背景下进行考察，了解作为传统凝胶材料的灰的基础技艺和经验，完善塑画的技术基础；研究记录塑画现存流派的技艺，结合材料分析科学，充分还原广府塑画的流派历史及工艺；建立基于地域流派的塑画资料库，为修复和传承提供支撑。

2.2.2　研发基于传统智慧的修缮技术

开展对传统工匠及其技艺的访谈和记录，研究总结其使用传统材料和工艺进行修理、维护的技艺；整理传统建筑中的残损病害问题，研发基于传统材料技艺的残损病害修复技术，坚持使用传统材料和工艺进行遗产修复，保证塑画多重价值的保护和传承；充分研究现代材料如混凝土、石膏、化工颜料等与灰的常态混用带来的消极影响，对已有破坏性案例进行分析总结，明确混用材料的优缺点，在文物修缮坚守传统技艺之余，充分允许新材料在新建筑中的尝试。

2.2.3　完善非遗保护传承机制

完善非物质文化遗产传承人考察机制，内容扩大至其实践作品的材料分析检测，现场考核其操作工艺，综合分析其作品艺术效果、建筑功能、质量和性能，通过相关考核后，才可以登录确认。此外，完善检查制度，不定期对其完成的相关工程进行检测，确保作品质量、材料配比与工艺符合登录标准。

2.2.4　完善遗产保护修缮机制

开展基于建筑学、材料分析学、材料病理学等跨学科的研究，建立塑画材料分析方法，为修缮给出现状材料的成分和配比，从机制上加深文物塑画的前期检测科学性；完善修缮设计机制，确保修缮方案、做法严格按照材料分析和文献分析得出的配比进行设计，杜绝不合理的现代材料介入；完善修缮前、施工中、竣工后的检测、检查和验收机制，保证施工材料质量和施工工艺。

3 结语

广府塑画具有极高的历史、艺术和社会价值，其常被忽略的建筑构件价值中深藏着广府工匠累积千年，对建筑材料、工艺、构造适应特殊地域气候的思考。塑画不仅需保护外观、风貌等美术价值，更应通过对传统建筑和塑画的整体、关联性分析，对建筑本身、传统工匠的多角度研究，保证其价值认识的真实性、完整性，进而开展全面、科学的保护工作。

进一步看，塑画本身之外，塑画作为传统建筑灰作的材料、工艺集大成作品，是进一步深化灰作研究的基础。作为中华民族使用千年的凝胶材料，灰是传统建筑的根基，是除木、砖、石、瓦等“硬”性材料之外的最重要的“软”性材料。在传统石灰大部分被混凝土代替的今天，传统建筑的有机体系不保，修复问题频出，在许多传承人都使用混凝土进行塑形的情况下，灰作研究是不得不直面的问题，也反映了保护界对遗产本身的理解仍有较大偏颇。

再者，除广府外，中国其他地区的传统工艺、材料研究仍有待深入，通过多科学方法详细了解其作用原理和修缮维护方法不仅能更好地保护地方文化遗产，避免被同种技术“统一化”“现代化”，也能更好地为当代解决极端气候和气候变化对遗产保护带来的挑战提供历史经验的借鉴。

林佳　华南理工大学　讲师

陈晓楠　华南理工大学　硕士研究生

参考文献

[1] 谢燕涛. 岭南广府传统建筑壁画研究 [D]. 广州：华南理工大学，2018.

[2] 杨扬. 广府祠堂建筑形制演变研究 [D]. 广州：华南理工大学，2013.

[3] 胡晓宇. 广州现存传统建筑壁画的概况综述 [J]. 古建园林技术，2020(4)：47–52.

[4] 司徒彤. 番禺县人物志 [M]. 广州：番禺县县志编纂委员会办公室，1991.

[5] 许隽协. 广州地区传统建筑壁画的西洋化表现探析 [J]. 美与时代(中)，2022(10)：123–128.

[6] 王雪云. 浅谈岭南地区古建筑白蚁防治技术：以佛山祖庙为例 [J]. 城市建筑，2023，20(12)：185–188.

传统蒙古包插孔式套脑营造技艺数字化留存及应用研究

Study on Digital Retention and Application of Traditional Yurt's "Jack-type Toono" Construction Techniques

孟春荣　张钦迪

摘　要：蒙古包，古称穹庐、毡包或毡帐，其传统结构由套脑、乌尼和哈那三部分构成。套脑作为顶部结构，呈圆润且隆起的形态，仿若日月之轮，拱博如穹。本研究选择插孔式套脑作为案例，运用 Rhino 软件、三维激光扫描技术和增强现实（AR）技术等现代手段，实现非物质文化遗产中的蒙古包插孔式套脑营造技艺的展示和保护。本文还探讨了营造技艺数字化及可视化呈现的可行性，并通过田野调查、建筑考古、访谈专家、文献研究和图样考据等多维方法论，实现了该结构的三维虚拟复原。

关键词：蒙古包；套脑；数字化保护；三维激光扫描技术；增强现实

Abstract: The traditional structure of the yurt(historically termed as dome, felt bag or felt tent) consists of three parts: the toono, the uni and the khana. As the top structure, the toono, the rounded and bulging shape of the yurt, resembles the wheel of the sun and the moon, and the arch of the yurt is like a dome. In this study, we choose the "jack-type toono" as a case study, and use modern means such as Rhino software, 3D laser scanning technology and augmented reality(AR) technology in order to realize the display and preservation of its construction techniques in intangible cultural heritage. This paper also explores the feasibility of digitization and visualization presentation of the construction techniques, and realizes the 3D virtual restoration of the structure through multi-dimensional methodologies such as field survey, architectural archaeology, interviews with experts, literature research, and drawing evidence.

Keywords: yurt; toono; digital conservation; 3D laser scanning technology; AR

引言

本文旨在探讨和展示通过现代技术如三维激光扫描和 AR 技术来保护和传播非物质文化遗产的有效性。本文特别关注中国传统建筑结构的数字化复原研究，以及如何利用现代技术增强文化遗产的可视化和互动性。刘思捷等在《基于三维虚拟技术的〈营造法式〉中殿堂建筑木结构的复原研究》中，通过建筑考古、文献研究及图样考据等方法，成功地复原了《营造法式》中记载的一等材殿堂建筑木结构，并通过三维仿真与虚拟现实技术，将复原成果进行了可视化虚拟展示。这不仅增强了文化遗产的传播效果，也为相关领域提供了宝贵的学术参考[1]。同样，任羽楠等在《唐华清宫朝元阁遗址复原研究》中，基于出土的建筑遗迹和相关历史文献，复原了朝元阁建筑群的原始面貌。这项研究不仅重现了盛唐时期的建筑风貌，也对理解唐代高等级建筑的结构和艺术风格提供了直观的资料[2]。李建等在《VR/AR 技术在历史文化街区保护与数字化复原中的应用研究》中，强调了虚拟现实（VR）/AR 技术在突破时间和空间限制，充分挖掘和利用文物价值方面的重要作用[3]。利用这些技术，可以使得历史文化街区的保护与复原工作更加生动并具有更强的教育性。黄永林等更是深入探讨了数字化技术在非物质文化遗产保护中的应用，提出了一系列系统的方法和建议，为非物质文化遗产的数字化保护提供了科学的指导[4]。

从这些研究可以看到，数字化技术不仅能够有效地保护和传承文化遗产，还能增强公众的参与感和体验感，从而更好地服务于文化遗产的教育和传播。本文将进一步探讨这些技术如何在全球文化遗产保护中发挥更大的作用，尤其是在中国这样一个历史悠久、文化丰富的国家。

1 插孔式套脑的信息采集

1.1 蒙古包构架系统

蒙古包结构巧夺天工，其建造不需使用砖石，而是“柳木为骨，毛毡为表，以绳相缚”。蒙古包主要由套脑、乌尼和哈那三大部分组成，如图 1 所示。套脑位居顶端，一般选用杨树、白桦或黑桦等木质，偶尔亦见使用榆木或檀木，设计考究以利通风与采光，并有效调节室内温度。乌尼为连接套脑与哈那的细长木棍，其规格要求一致，数量依套脑形制而定，顶端与套脑连接，底端设置绳扣，以附着哈那顶端。乌尼通常采用松木或红柳制成，确保结构坚固。哈那则负责调整蒙古包的高度与尺寸，以适应不同环境条件，其灵活的网格设计既能均匀分散乌尼所带来的压力，又能通过每片哈那将重力传导至地面，维持结构稳定。此外，哈那的凸弧形中间部分及其向内弯曲的顶底设计，便于绳结固定，增强了整体的稳定性。

套脑部分

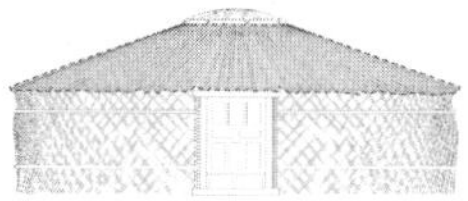

乌尼部分

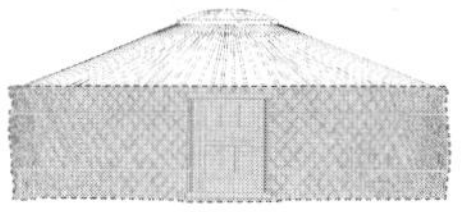

哈那部分

图 1 蒙古包结构

1.2 套脑调研综述

本课题组自 2018 年起致力于保护蒙古包套脑营造技艺这一非物质文化遗产，深入内蒙古自治区各市，通过访问牧民、蒙古包生产厂家以及技艺传承人，对蒙古包的传统技艺、传承模式和使用状况进行了全面了解。调研发现，传统营造技艺制作的蒙古包在牧区中的存量有限。值得注意的是，尽管一些被遗弃在户外的蒙古包结构部件历经数十甚至上百年，仍然具有重要的历史和研究价值，但对它们的保护意识不足。

2 溯源

2.1 文本

《蒙古民族毡庐文化》记载，蒙古包的顶部天窗，在蒙古语中称作“套脑”，它是居所内外空气交换和光线照入的主要通道。其形状一般由围绕中心的两个同心圆组成，十字交木固定，顶部略呈半圆弧，下部平面为圆形，大小由中心横木长度决定，直接影响蒙古包的整体尺寸。清代以来，套脑有两种形制，即与乌尼连接式和分开插椽式，前者从横木处一分为二，成两个半圆，后者连为一体。天窗（套脑）形制，其尺寸是制作蒙古包时其他部件大小的决定因素[5]。

北方少数民族很早就普遍使用蒙古包，西汉史学家司马迁创作的《史记·天官书》中记载了北方游牧民族有居住“穹闾”的习惯。强盛于秦汉时期的匈奴也“父子同穹庐而卧”。从穹庐字面上来看，“穹”指中间隆起、四周下垂的空间，由此可见，不晚于西汉时期，蒙古包套脑已形成初级的形制。

宋人彭大雅所著的《黑鞑事略》中也涉及穹庐，徐霆补注云：“穹庐有两样：燕京之制，用柳木为骨，正如南方罘罳，可以卷舒。面前开门，上如伞骨，顶开一窍，谓之天窗，皆以毡为衣，马上可载。草地之制，以柳木织成硬圈，径用毡挽定，不可卷舒。车上载行，水草尽则移，初无定日。”[6] 这段文字清晰地描述了两种毡帐的差异，即前者可以折叠（卷舒），以牲畜驮载。另一种以车载负不可以折叠。帐幕大小，视其主人社会地位和经济实力而定。对于较小的帐幕，一头牛拉车就可以载运，较大的则要三四头牛或更多牛拖曳。

《多桑蒙古史》载草原牧人使用的蒙古包形制为：“所居帐幕结枝为垣，形圆，高与人齐。上有椽，其端以术环承之。外覆以毡，用马尾绳紧束之。门亦用毡，户向南。帐顶开天窗，以通气吐炊烟，灶在其中……”

元朝以后蒙古民族退居漠北，历经明代，不断地将传统的居住形式加以完善。插孔式套脑蒙古包，即套脑与数根乌尼是分开的，在套脑边缘有一圈孔槽用来插乌尼。内蒙古博物馆所藏的清代绘画《草原生活图》中的蒙古包外形与其相似[7]。

2.2 图像

图 2 所展示的蒙古包顶部框架，凸显了插孔式套脑的内外圈特征，反映出该设计在当时的广泛应用情形。图 3 详细记录了蒙古包搭建过程中的一个关键步骤：工匠们正精准地将乌尼杆嵌入套脑的相应插孔中，此举显现了蒙古包建造的传统技艺。

图 2　蒙古包插孔式套脑示意

（图片来源：《瑞典蒙古师团摄影集》）

图 3　蒙古包搭建过程

（图片来源：《瑞典蒙古师团摄影集》）

2.3 实物

图 4 为察哈尔蒙古包（现收藏于内蒙古工业大学设计院），其造于 1820—1830 年，由原清朝正蓝旗察哈尔部落牧民查哈泰的祖太爷传下来，系用乌力亚苏台和芦苇台的柳树手工精制而成。查哈泰传给青格力，青格力传给恩和。恩和传给奎苏庙主僧旦毕尼玛。主僧旦毕尼玛于 1958 年传给次女诺日吉玛，1998 年诺日吉玛传给其姐杨金苏的长子赛音乌其日拉。

现十代人传下来的察哈尔蒙古包完整无损地留在传承人赛音乌其日拉手中，被认定为正蓝旗非物质文化遗产。察哈尔蒙古包的插孔式套脑，展示了其精湛的手工艺技术和独特的文化价值。这一代表性遗产至今保存完好，是研究和理解蒙古包套脑营造技艺尤其是插孔式套脑结构的重要资料。

图 4　察哈尔蒙古包

3　数字化套脑复原

3.1　三维激光扫描仪的应用

3.1.1　站式激光扫描仪

三维激光扫描仪基于激光测距原理工作：仪器发射激光束至目标物体表面，反射回传感器后，根据光的往返时间计算距离，从而获得物体的空间定位，并生成三维点云数据。这些数据记录了物体表面的三维坐标、反射率和纹理信息，能够迅速重建出目标的三维模型以及相关的线、面、体图件数据[8]。

在本课题组的调研中，主要采用徕卡 BLK360 三维激光扫描仪以及 EinScan Pro 3D 扫描仪对蒙古包进行测绘和数据采集，实现对蒙古包数据的精确记录和长期保存（图 5）。

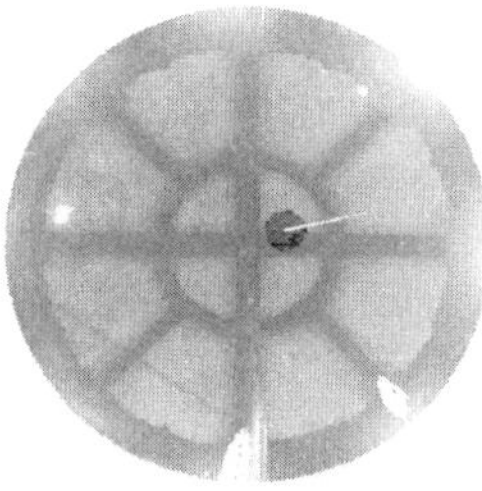

锡林郭勒盟蒙古包

乌兰察布中旗蒙古包

图 5　三维激光扫描仪使用示例

3.1.2　手持激光扫描仪

2024 年 1 月，本课题组对内蒙古自治区乌兰察布市进行了实地考察。在此次调研中，课题组在一户牧民家中意外发现了一件蒙古包套脑残件。为了对这一珍贵文物进行保护性数字化复原，课题组运用 EinScan Pro 3D 扫描仪，结合之前的调研成果及相关专著资料，对该套脑残件进行了详细的三维扫描与数据记录（图 6）。通过这种科技手段，不仅精确地捕捉了残件的细节，更重要的是为后续的研究与传承提供了坚实的数据基础。这一数字化复原工作，既延续了文化遗产的生命，也扩展了当前蒙古包研究的深度与广度。

原件

3D 复原模型

图 6　蒙古包套脑残件原件及 3D 复原模型

3.2 三维模型

3.2.1 三维模型与点云模型

在使用三维扫描仪完成蒙古包套脑的数据采集后，课题组将采集得到的三维点云数据导入建模软件 Rhino。通过 Rhino 软件几何构建工具，课题组对原始扫描数据进行处理与规整，进而建造出 3D 模型。这一过程涉及多种几何操作，确保模型在几何形态与实际物件一致。此项工作不仅提升了模型尺寸的精确度，也为后续的分析和研究提供了可靠的基础，是数字化保存和文化遗产研究中的重要步骤。通过三维扫描仪建立的模型如图 7 所示。

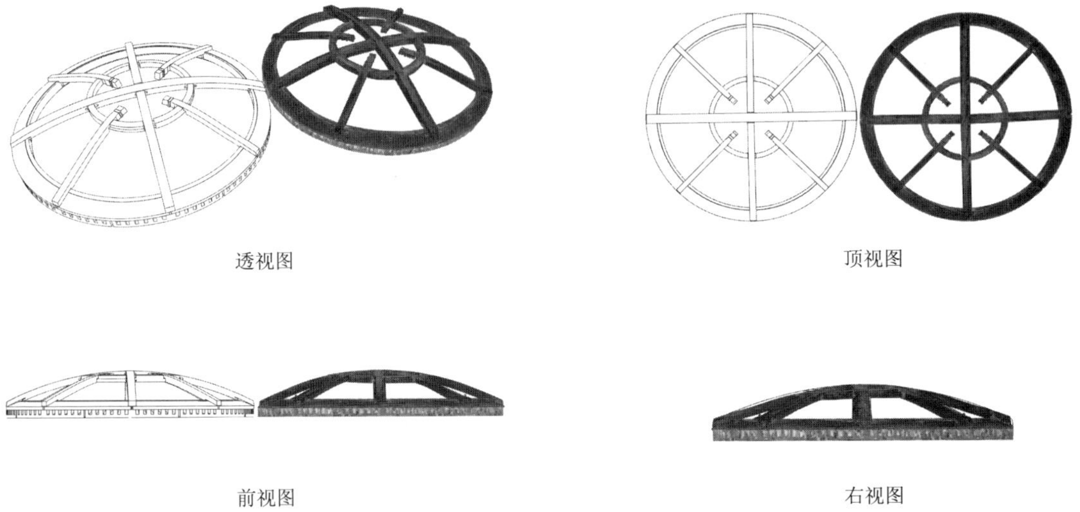

图 7　通过三维扫描仪建立的模型

在 Rhino 软件中完成蒙古包插孔式套脑的 3D 模型构建之后，该模型便能够生成包括形状和尺寸在内的详细构件信息。这些信息能够清晰地展现套脑的具体结构细节，包括各部分的精确尺寸和连接方式，为研究蒙古包的营造技艺提供了直观且准确的参考。

3.2.2 构件尺寸

蒙古包插孔式套脑包括主梁、副梁、次梁、小梁、侧圈梁、上圈梁、下圈梁等构件，整体及各构件尺寸见表 1。

表 1　构件尺寸表

插孔式套脑整体

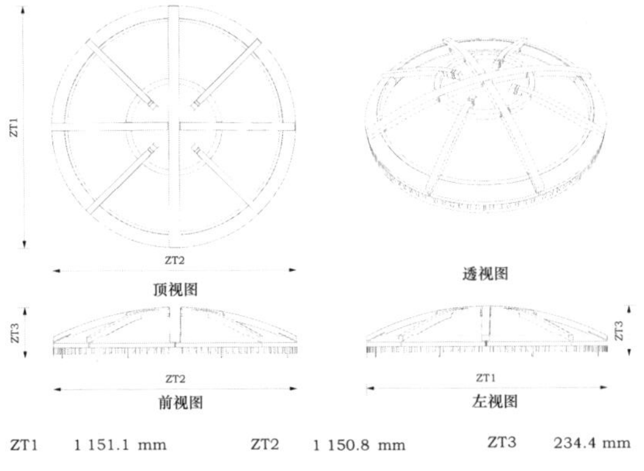

主梁

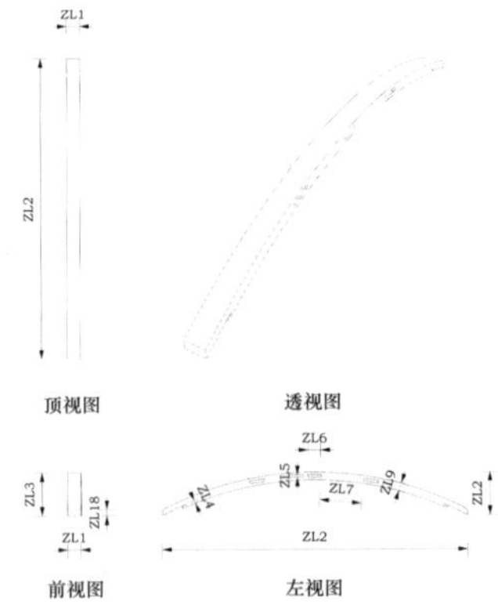

名称	尺寸 /mm
ZL1	50.0
ZL2	1 151.9
ZL3	165.5
ZL4	10.0
ZL5	10.1
ZL6	46.9
ZL7	142.7
ZL8	24.0
ZL9	34.1

续表

套脑呈现出由若干木质梁构件组成的一个规则半椭圆体，中心有数根内梁，周边放射性地布置的与底部环形结构连接并支撑的梁条叫圈梁。套脑整体长 1 151.1 mm，宽 1 150.8 mm，整体高 234.4 mm。整体特点上，蒙古包需要抵御风雪的实际需求，圆顶形的框架有助于分散风压和降水，便于雪水的流失

主梁是一根长 1 151.9 mm、宽 50.0 mm、高 165.5 mm 的木质构件，它的弧度向内对称弯曲。整个主梁上分布着椭圆形的开孔，用于安装副梁、小梁支撑结构。这种开孔的布局对维持整个套脑结构的稳定性以及实现模块化组装至关重要。因此，主梁的设计在满足负载分布和结构稳定性的同时，也体现了蒙古包传统造型美学

副梁

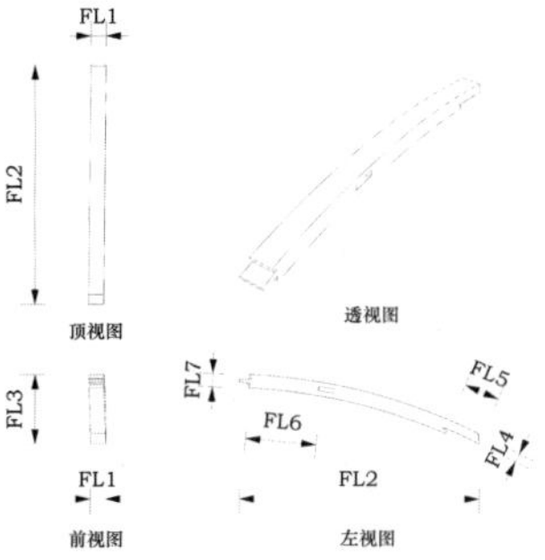

名称	尺寸 /mm
FL1	36.0
FL2	569.8
FL3	165.0
FL4	21.3
FL5	84.7
FL6	165.4
FL7	32.2

副梁长 569.8 mm，宽 36.0 mm，整体高 165.0 mm，其形状是呈弯曲的长方体，一端插销形状，另一端为与圈梁结构相适配。中部有一个椭圆形开孔，是安装小梁时的定位孔。在整体中，副梁被设计插入主梁，在左右两侧各安装一个，以提升整个结构框架的稳定性和承载能力

次梁

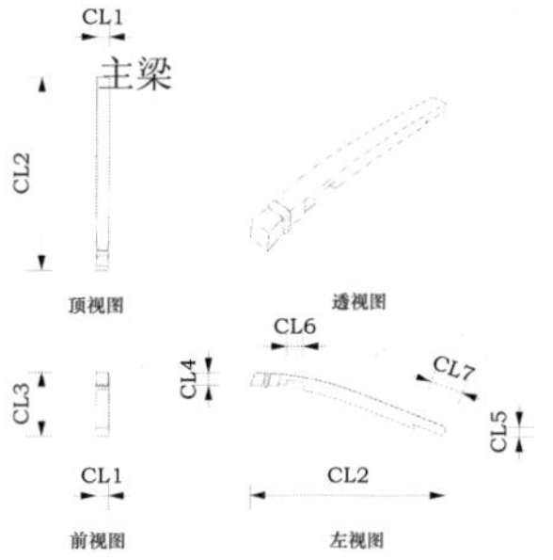

名称	尺寸 /mm
CL1	29.0
CL2	445.7
CL3	151.7
CL4	30.6
CL5	23.3
CL6	76.8
CL7	39.1

次梁长 445.7 mm，宽 29.0 mm，高 151.7 mm，是一呈略微弯曲的长方体。构件一端有一矩形凹槽，以便于与小梁稳固连接；另一端是上凹的长方体形状，用以搭接圈梁。在整体中，该构件共有四根，对称且均匀地分布在套脑上

小梁

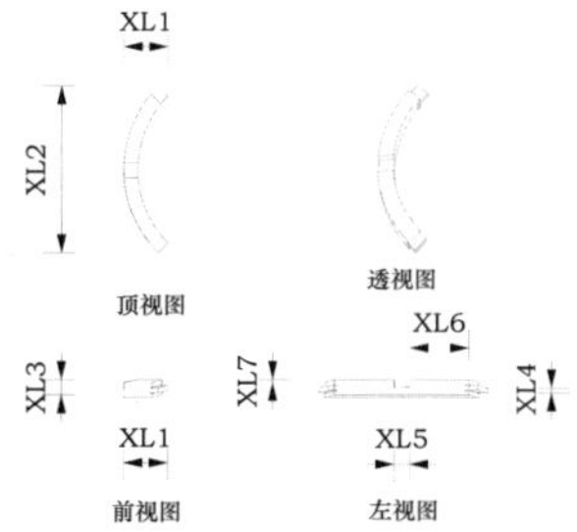

名称	尺寸 /mm
XL1	82.4
XL2	316.5
XL3	28.5
XL4	9.1
XL5	29.0
XL6	110.8
XL7	4.8

小梁是一个弧形的长条木构件，端部带有凸出的插销。长 316.5 mm，宽 82.4 mm，厚 28.5 mm。左端的插销用以固定在主梁上，右端插销插在副梁上，这样的相互搭接保证了整个套脑结构的稳固性。中间的凹槽部分放置次梁，确保次梁可以稳固地嵌入其中，分担屋顶的压力

侧圈梁

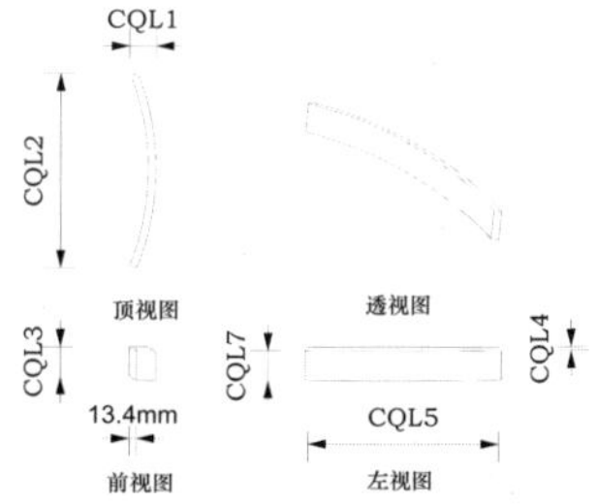

名称	尺寸 /mm
CQL1	51.0
CQL2	383.4
CQL3	58.0
CQL4	6.8
CQL5	373.0
CQL6	13.4
CQL7	58.0

侧圈梁是一根弯曲的长木条，长 383.4 mm，宽 51.0 mm，厚 58.0 mm。呈光滑的弧线形状，置于圈梁内侧。弯曲设计与蒙古包的整体圆形轮廓相吻合。侧圈梁和上圈梁、下圈梁结合构成圈梁，加固整个结构，挡住插乌尼杆的孔，使得乌尼杆插到合适的位置

上圈梁

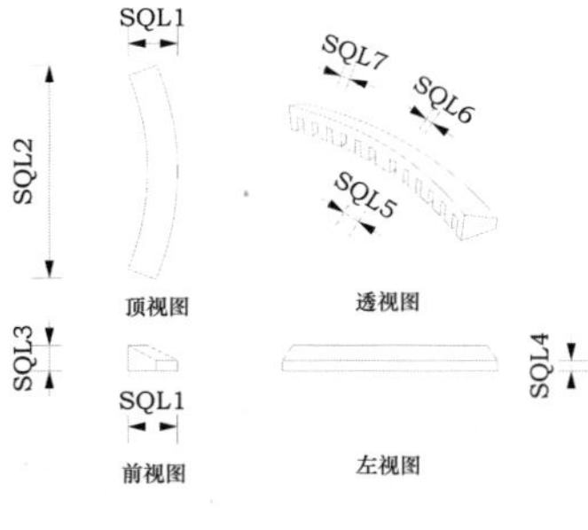

名称	尺寸 /mm
SQL1	99.0
SQL2	430.3
SQL3	51.7
SQL4	21.0
SQL5	34.4
SQL6	13.6
SQL7	19.4

上圈梁为弯曲长条，长 430.3 mm，宽 99.0 mm，厚 51.7 mm。其内侧雕刻了规则排列的凹槽，每个凹槽均匀分布，旨在精确地插接乌尼杆，这种精细的工艺确保了结构的牢固性，为整个蒙古包的圆顶结构提供了可靠的支撑，确保了传统居所的稳定与安全

下圈梁

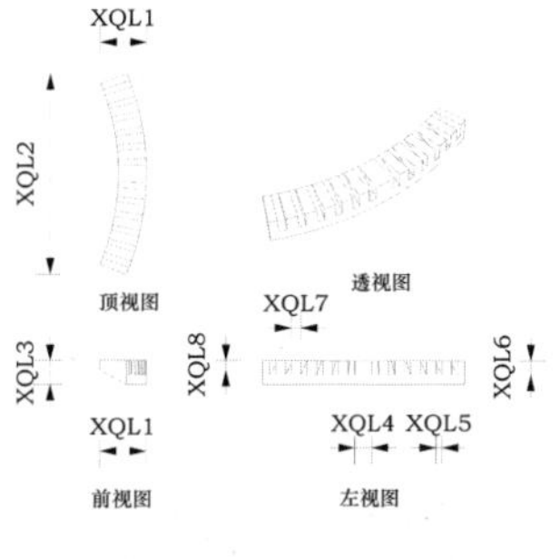

名称	尺寸 /mm
XQL1	98.8
XQL2	433.0
XQL3	51.7
XQL4	37.4
XQL5	12.0
XQL6	30.7
XQL7	20.4
XQL8	21.0

下圈梁安置在圈梁结构的下侧，长 433.0 mm，宽 98.8 mm，厚 51.7 mm。侧面看上去是一段平稳的弧形。整体上，下圈梁的长度和曲度都与上圈梁匹配，内侧切割有一系列等间距的矩形凹槽，它们对应上圈梁的凹槽，能够与上圈梁错位相接，形成一系列斜向的空洞，用于插接乌尼杆

3.2.3 套脑搭建

蒙古包插孔式套脑搭建步骤如图 8 所示。插孔式套脑的构造以木材为主体，其结构由一根主梁、两根副梁、四根小梁、四根次梁，以及各八片的侧圈梁、上圈梁和下圈梁组成。外圈梁接缝处须位于主梁、副梁、次梁之下，防止雨雪渗透至结构内部，

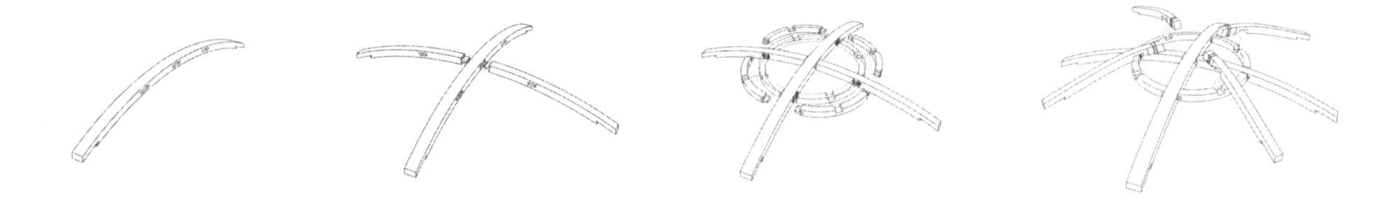

①设置主梁，作为套脑结构的基本骨架　②在主梁的两侧，各嵌入一根副梁　③在主梁与副梁之间的适当位置搭接小梁　④次梁搭设在小梁之上，稳固内部框架

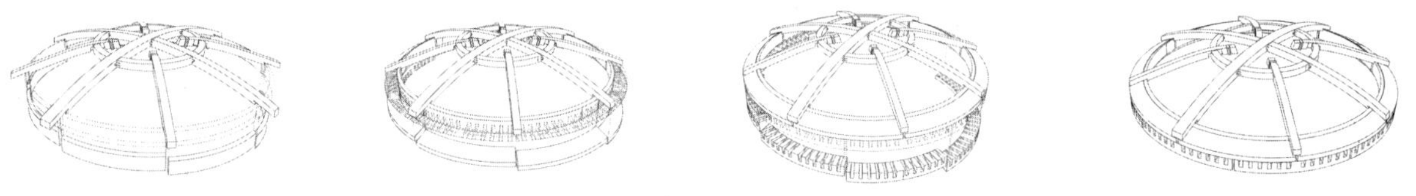

⑤在外圈梁按照规定位置放置侧圈梁　⑥上圈梁放置在与侧圈梁相对应的位置　⑦上圈梁下错位放置下圈梁，增加稳定性　⑧形成了一个牢固的蒙古包套脑结构

图 8　蒙古包插孔式套脑搭建步骤

3.3 AR 技术

3.3.1 AR 技术概述

AR 技术是指把现实世界中某一区域原本不存在的信息，基于某种媒介并经过仿真后叠加到真实世界，被人类感官所感知的技术[9]。摄像头拍摄到真实的场景，识别到需要识别的标识，捕捉标识的信息，并且在指定的位置显示需要叠加到现实世界的虚拟模型。

该项目中 AR 技术是在三维激光扫描套脑模型的基础上通过 Unity 2023 外加 Vuforia 10.21.3（ARSDK）实现的，效果如图 9 所示。

左视图　正视图　右视图

图 9　AR 效果图

3.3.2 技术思路

在 Unity 软件中创建一个名为“蒙古包套脑 AR”的 3D（Built-in）新项目，将 Vuforia 的相关文件拖入 Unity 的 Assets 目录并运行。随后，记录项目名称并登录 Vuforia 官网，以便获取相应的许可密钥（License Key），此操作的目的是将许可密钥填入 Unity 中，从而消除程序运行时的水印。接下来，将用于 AR 识别的标识图像上传至 Vuforia 官网进行评星，评星达标，便可下载相应的数据包。将此数据包导入 Unity 的 Assets 目录中，并创建一个“Image Target Behaviour”，加载之前导入的数据包。此外，将所需展示的虚拟模型导出为 fbx 格式，并连同相关贴图一起导入 Unity 的 Assets 目录中。将这个模型拖放至已设置的识别标识上方。通过这些步骤，运行项目，系统便能在识别到的标识图像上方生成一个叠加到现实世界中的虚拟模型，从而实现 AR 技术的应用。这一过程不仅展示了 AR 技术的实际应用，也为相关研究

和开发提供了实例和参考。

4 结论

传统手工艺是特定民族文化场域中造物观念的集大成者，它不仅凝聚着先民们朴素的造物哲学与情感记忆，还代表着民族地区极具特色的文化符号，是民族文化艺术中的瑰宝和弥足珍贵的文化遗产。这些传统手工艺更是当代创造性保护和创新性发展的源泉，具有原真性、实用性和活态性等多种特征。在数字化技术创新的背景下，构建虚拟交互平台，不仅可以数字化地记录和保存蒙古包套脑的手工技艺，还能根据传统工艺流程创新优化营造技艺内容的展示模式。这种方法将营造技艺及其背后的传统文化进行可视化以及交互性革新，突破了单向性文化知识科普的方式，为传统蒙古包套脑营造技艺的数字化保存及文化展示体验设计提供了新的思路和方法。

在建立数字化工艺资料库的基础上，本研究实地记录传统工艺的整个过程，与当地传统工匠进行深入接触，并获得一手原始数据。构建虚拟环境，结合 Rhino 软件中建立的 3D 模型、三维激光扫描仪和 AR 技术等现代新媒体技术，提供多样的传播方式，并为用户提供虚拟互动的机会。借助 AR 技术，可以生动地展示制作工艺流程。借助田野调研、文献梳理和专家访问等，使用 VR 技术构建的三维虚拟空间可使参与者与虚拟空间内的事物实时互动，提供最真实的视觉感官体验，并达到完全沉浸的体验效果，使观众仿佛置身于虚拟创造的“真实世界”中 [10]。

基金资助：国家自然科学基金蒙古包装饰元素的文化基因与传承机制研究（项目编号：52068055）；内蒙古自治区科技计划中国非物质文化遗产蒙古包营造技艺数字化保护与应用平台建构（项目编号：2023YFSW0005）。

孟春荣　内蒙古工业大学　教授
张钦迪　内蒙古工业大学　硕士研究生

参考文献

[1] 刘思捷，文正杰，熊奇伟，等. 基于三维虚拟技术的《营造法式》中殿堂建筑木结构的复原研究 [J]. 建筑结构，2023，53（S2）：2127–2132.

[2] 任羽楠，邢福来. 唐华清宫朝元阁遗址复原研究 [J]. 考古与文物，2023（5）：101–119.

[3] 李建，张杰.VR/AR 技术在历史文化街区保护与数字化复原中的应用研究 [J]. 科技与创新，2021（18）：26–28，30.

[4] 黄永林，谈国新. 中国非物质文化遗产数字化保护与开发研究 [J]. 华中师范大学学报（人文社会科学版），2012，51（2）：49–55.

[5] 张彤. 蒙古民族毡庐文化 [M]. 北京：文物出版社，2007.

[6] 彭大雅. 黑鞑事略 [M]. 长沙：商务印书馆，1937.

[7] 张彤. 蒙古包溯源 [J]. 文物世界，2001（6）：52–56.

[8] 刘军志. 基坑监测技术应用现状与发展方向研究 [J]. 房地产世界，2023（2）：148–150.

[9] 刘珊珊，徐建，高路. 基于移动端的图像识别增强现实系统设计 [J]. 武汉轻工大学学报，2021，40（1）：102–106，111.

[10] 梁华林. 新媒体视域下传统手工艺数字化保护设计研究：以岭南酒文化博物馆为例 [C]// 中国创意设计年鉴·2020-2021 论文集. 成都：四川师范大学电子出版社，2022.

闽南地区居民红砖厝建筑酥碱病害表征研究
——以福建省漳州市埭美村为例

Study on the Efflorescence and Disintegration Diseases of Southern Fujian's Red-Brick Dwelling Buildings
—A Case Study of Daimei Village, Zhangzhou, Fujian Province

朱 莹 陈聃倩

摘 要:红砖厝是闽南民居的典型代表之一,对地域性文物建筑的研究有着重要的价值与意义。但闽南地区属于亚热带海洋性季风气候,气候温暖湿润,年平均气温较高,降水量大,同时还常遭受台风、暴雨洪涝等气象灾害对红砖厝建筑有着不可逆转的影响。本文以我国福建省漳州市埭美村建筑的酥碱病害问题为例,通过田野调查和逻辑循证等方法对历史建筑的病害表征进行了分析和总结,旨在理清自然物理环境下其表面特征和发生机理,为建筑文物保护工作提供科学的参考依据。

关键词:酥碱病害;红砖厝建筑;建筑文物保护;病害表征

Abstract: The red-brick dwellings are one of the typical representatives of the folk houses in southern Fujian, holding significant value for the research of regional cultural relic buildings. However, the southern Fujian region is characterized by a subtropical maritime monsoon climate, with a warm and humid conditions, high annual temperatures, and a large amount of precipitation. At the same time, it often suffers from meteorological disasters such as typhoons, rainstorms, and floods, which have irreversible impacts on the red-brick dwelling buildings. Taking the problem of efflorescence and disintegration diseases of the buildings in Daimei Village, Zhangzhou, Fujian Province, China as an example, this paper analyzes and summarizes the disease manifestations of historical buildings through methods such as field investigations and logical evidence-based analysis. The aim is to clarify the surface characteristics and formation mechanisms of these buildings under the natural physical environment, thereby providing a scientific reference for the protection of cultural relic buildings.

Keywords: efflorescence and disintegration diseases; red-brick dwelling buildings; protection of cultural relic buildings; disease manifestations

引言

闽南古厝(图 1)指的是位于闽南地区的传统民居,主要分布在厦门、漳州和泉州等城市。在闽南语中,“厝”意为房子,而用红砖建造的房屋特称为“红砖厝”。红砖厝不仅是闽南最具代表性的传统建筑,还蕴含着鲜明的地域特色,体现了该地区古建筑技艺的精髓。在闽南古厝的传承过程中,“红砖文化”扮演了至关重要的角色。红砖厝的建筑风格不但在闽南地区独树一帜,而且在世界范围内也拥有独一无二的地位。作为中国南方传统建筑的典范之一,红砖民居建筑蕴含着深厚的文化内涵和历史价值。“红砖文化”不仅概括了闽南古厝建筑特色的发展与成就,还象征着闽南人坚韧不拔、豁达开朗的品质和积极进取的精神。红砖厝丰富的建筑艺术表现构筑了红砖文化深邃而独特的底蕴,使其在中国传统建筑领域占据了

图 1　闽南古厝照片

图 2　闽南红砖样式整理

举足轻重的地位[1]。

“红砖”作为闽南地区传统古厝建筑中不可或缺的关键材料，其历史可以追溯到南北朝以及隋唐时期（图 2）。在那个时代，闽南地区就已经掌握了烧制红砖的技术。到了宋元时期，红砖建筑在闽南地区已经非常普遍。进入明清时期，红砖不仅在公共建筑中得到应用，而且在民居建筑中也得到了广泛的使用，它不仅仅是一种建筑材料，更蕴含了深厚的文化价值和历史意义。然而，随着岁月的流逝，许多建筑构件开始退化，红砖的材料功能逐渐丧失，导致病害频发且难以预防，这使得修复工作变得异常困难且修复成本高昂。特别是在东南沿海地区，由于复杂的地理条件以及高湿高热的气候环境，红砖厝建筑所面临的病害问题更加多样化，这给保护和修复工作带来了极大的挑战。

图 3　砖构建筑表面泛碱

图 4　砖构建筑砌块粉化

红砖厝建筑病害的主要表现分为三大类：酥碱病害、砌体裂缝、生物侵蚀。酥碱病害按严重程度分为轻度酥碱（轻微白霜）、中度酥碱（盐类析出）和重度酥碱（砌体酥粉脱落）；砌体裂缝分为细微开裂与贯穿开裂；生物侵蚀则分为霉变、地衣生长、苔藓生长。

酥碱病害在红砖厝建筑中较为常见，在木构件和砖石构件中均有表现且在砖构件中最为严重。红砖作为一种闽南特色的古老建筑材料，主要由黏土或沙土经高温烧制而成，其内部含有大量孔隙，这使得红砖建筑的酥碱病害成为一种普遍现象。自 19 世纪 30 年代起，科学界开始关注盐类对多孔隙材料的侵蚀作用。研究发现，盐溶液过饱和后析出的晶体是破坏孔隙结构的主要因素。此外，材料孔隙越小，盐溶液的浓度越高，结晶压力就越大。这些研究结果后来被发表在《自然》等科学杂志上，这一现象被命名为“盐风化”。在闽南地区的特定环境影响下，红砖文物建筑的酥碱病害表现出独特的形态特征[2]。

“酥碱”一词最初用于描述土石材料因水分侵蚀而形成的盐类结晶和疏松状态，随后被广泛应用于砖构文物建筑的保护领域。埭美村的酥碱病害主要表现为粉化和白华现象。砖砌块具有较强的吸水性，粉化（图 3）源于水分的毛细作用、冻融应力对微观结构的破坏以及风力侵蚀的加剧作用。白华亦称泛碱（图 4），是指可溶性盐随水分蒸发在表面结晶，反复溶解和结晶会对材料的力学性能造成损害。在不同的地区和环境条件下，酥碱现象的发生频率存在差异，其可单独出现，也可混合发生，对红砖建筑造成损害[3]。

综上所述，闽南地区红砖厝建筑的酥碱病害较为普遍，本文选取福建省漳州市埭美村的红砖厝建筑作为研究对象，对其酥碱病害现状进行调研，并进行系统分析，总结出建筑易出现酥碱病害的部位及酥碱病害的类型，通过逻辑循证分析其原因，为提出预防性保护策略提供依据。

1　福建省漳州市埭美村建筑保存现状调查

1.1　埭美村红砖厝建筑分布及特征

埭美村位于福建省漳州市东园镇九龙江南溪下游，全村四面环水，被称为“水上古村落”，村内古厝成群，是闽系红砖建筑文化的杰出代表[4]，埭美村先后获评福建省历史文化名村和中国历史文化名村。走进埭美村，红砖瓦、灰白墙、燕儿尾，典型的闽南建筑风格扑面而来。近年来，当地政府持续加大对埭美村的保护性修缮和环境整治，大力发展乡村旅游，这座深藏于闽南绿水青山间的传奇古村落焕发出更美丽的光芒。埭美村的古厝是闽南红砖建筑群的典范，276 座古厝傍水而建，均为典型的闽南四合院风格，布局呈中轴对称排列，前后左右有机衔接，新旧有序。

图 5　陈氏宗祠

村子四面环水，一条内河如长龙玉带般紧绕村庄，从空中往下看，整片古村恰似漂浮在河面之上，形成了“绿水绕村，玉带环社”的独特景观，故其被誉为“闽南小周庄”。此外，村内古榕遍地，有一株跨河古榕已有 300 多年历史，发大水时曾因“一桥飞架南北”，成了村民口中的“救命树”。除了古民居建筑群，埭美村还有妈祖庙、三王公庙、祖师公庙等民间信仰性建筑，以及“家风堂”“乡愁馆”等文化展示场所，供游客参观游览，感受当地的民俗文化和古朴家风。

图 6　埭美村总平图

埭美村建筑的整体布局遵循“九宫建筑”体系，以陈氏宗祠(图 5)为中心，沿东西两边排开，同时以该排为起点自北向南排列，形成 3 排、每排 9 座厝的“九宫格”规则布局形态(图 6)。其中明清时代的 49 座古厝一律向北，20 世纪 60 年代建造的 227 座古厝一律向南。古厝之间的山墙仅留 1 m 间距，侧门户相对，打开侧门可形成贯通东西的廊道；前后两排古厝间都留有超过 10 m 宽的大石埕，不设围墙，是村民晒谷及公众活动的场所。

埭美村的房屋主体在建造时使用大量的红砖红瓦，而台基阶石则选用白色花岗岩，体现了红砖和白石的完美结合。古厝的屋顶多为两端微翘，造型别致的燕尾脊，而墙体和屋脊等部位的雕刻装饰则十分精致。闽南红砖厝不管是在结构上还是装饰上都蕴含着工匠们高超的智慧和朴素的艺术修养。

1.2　埭美村红砖厝建筑保存现状

文物建筑的病害现象是建筑本身对不适的环境因素做出的回应，产生原因十分复杂，涉及构件的部位和类型、构件的环境因素、构件受环境侵蚀的时间长短等，因素不同，病害现象也会发生变化。为全面了解福建省漳州市埭美村经砖厝建筑的病害现状，在前期调研阶段扫描式地对文物建筑的整体外观、每个立面、立面的每一个部位进行图像采集，将包含文物建筑现状信息的照片结合调研中的其余音像资料、文字材料进行记录，如文物建筑所处的位置、周边的环境特征、重点部位的气象数据、各个立面现状的图片采集以及描述、文物建筑整体的现状评价。本文从福建省漳州市埭美村的 276 座古厝中，抽取建筑形式、周边环境以及病害特征富有典型意义的建筑，对其情况进行记录(表 1)。

表 1　埭美村代表性建筑现状

建筑部位	现状图片		
立面			

屋面			

续表

建筑部位	现状图片		
檐口		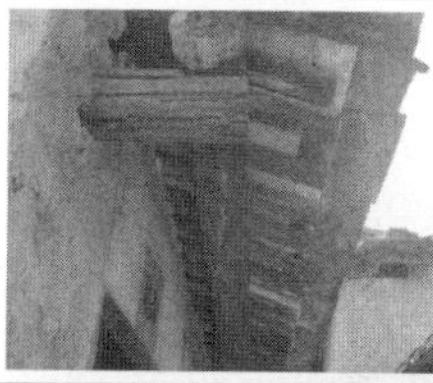	
檐口			
燕尾脊	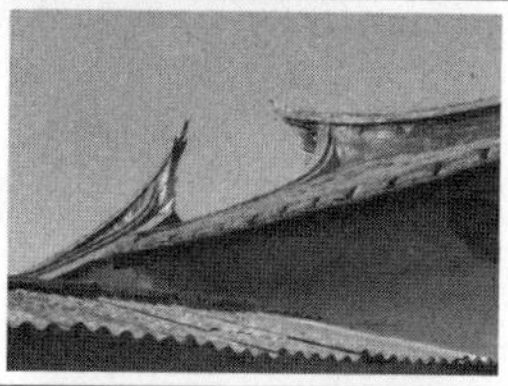	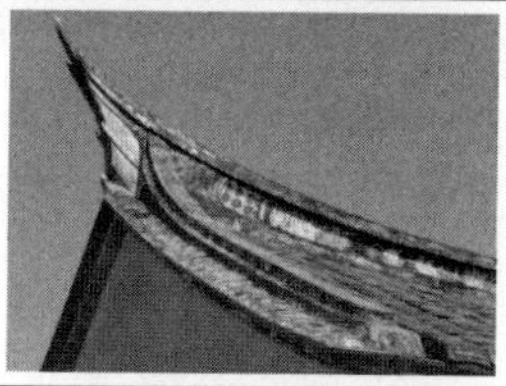	
斗拱			
梁檩			

就保存现状而言，得益于村民世代守护与近年来保护意识觉醒，大部分红砖厝建筑主体结构尚存，依旧屹立于原址，维持原有格局风貌。古厝墙体砖石虽历经风雨侵蚀，仍坚固支撑屋面；燕尾脊多数保存完好，高高翘起，姿态不减当年，成为古村天际线的独特标识。然而，岁月痕迹难掩，酥碱病害在村内红砖厝建筑上表现普遍且突出。许多墙体表面布满白色盐霜结晶，如霜花般斑驳，轻轻触碰，粉末簌簌掉落，砖块质地疏松易碎；墙角、墙根等部位受损更为严重，砖块层层剥落，甚至出现局部空洞，危及墙体整体稳定性，若不及时治理，将逐步蚕食建筑寿命，使这些承载历史记忆的瑰宝面临坍塌厄运。

2 埭美村红砖厝建筑酥碱病害的主要表现特征

2.1 酥碱病害形态

墙体酥化现象，亦称作粉化，其主要特征为青砖或红砖、砂浆内部孔隙的增加。该现象在潮湿的环境条件下尤为显著，墙体内部的含水量会显著增加。由于长期的冻融循环作用，墙体表面会逐渐发生粉化，并且这种粉化现象会向墙体内部蔓延，进而对墙体结构产生侵蚀效应，影响墙体的稳定性和耐久性。

墙体泛碱现象，亦称白华现象，这种现象在历史建筑中尤为常见。这些墙体通常采用混合砂浆进行砌筑。在潮湿的环境条件下，混合砂浆中的石灰膏以及水泥中的碱性氧化物会与水、二氧化碳发生化学反应，生成碳酸钙、硫酸盐等物质。这些物质会在墙体表面形成白色粉末状的沉积物，导致墙体泛碱并呈现白色，从而对墙体造成侵蚀，影响墙体的美观和结构的完整性。

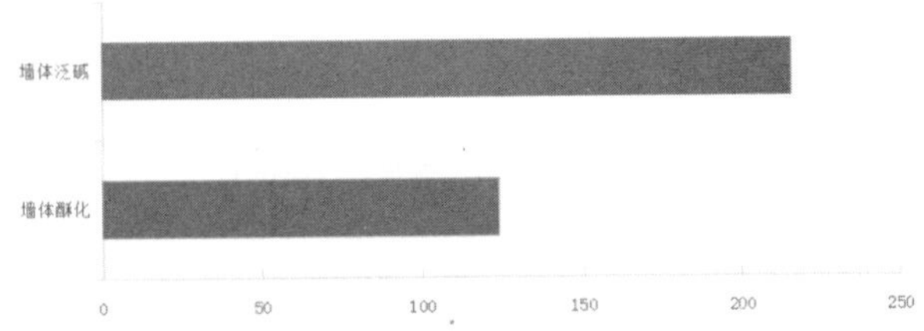

图 7　埭美村红砖厝建筑病害数量统计

在埭美村红砖厝建筑上，酥碱病害呈现出多样且鲜明的外观特征。墙体表面普遍泛起一层如霜似雪的白色物质，这是盐分结晶析出的直观表现。这些白色结晶呈粉末状或细小颗粒状，密密麻麻附着于砖块表面。随着病害发展，砖块质地逐渐疏松，原本坚硬紧实的红砖变得易碎，用手指稍用力按压，砖块表面即出现凹坑，甚至粉末剥落，丧失原有强度。

实地调研显示，埭美村红砖厝建筑普遍出现酥碱病害，276 栋古厝中有 233 栋受影响，病害发生率高达 84.42%（图 7）。酥碱病害在多部位出现，形态多样，确定这些病害的基本形态和位置分布，有助于总结规律和探究其作用机理。

2.2　酥碱病害分布

对 276 栋红砖厝建筑样本现状调研后统计发现，酥碱病害在红砖厝建筑的各个部位均有发生，分布情况呈现出一定的差异性，红砖厝建筑各个部位泛碱和酥化分布的具体情况如表 2 所示。

表 2　红砖厝建筑酥碱病害表现

位置	形态	酥碱的病害表现		
墙体	泛碱	图像示意		
		形态描述	大面积泛碱	斑块状泛碱，轻微粉化
	酥化	图像示意		
		形态描述	严重粉化，外饰面大面积脱落	严重粉化，外饰面大面积脱落
檐下、窗下檐墙体	泛碱	图像示意		
		形态描述	斑块状泛碱	斑块状泛碱
	酥化	图像示意		
		形态描述	粉化现象严重，部分脱落	粉化现象严重，轻微脱落

续表

位置	形态	酥碱的病害表现		
勒脚	泛碱	图像示意		
		形态描述	石材表面析出水线	斑块状泛碱
勒脚	酥化	图像示意		
		形态描述	砖砌块粉化严重	砖砌块粉化严重
屋面	泛碱	图像示意		
		形态描述	大面积泛碱	斑块状泛碱
	酥化	图像示意		
		形态描述	瓦片酥化严重，部分脱落	瓦片酥化严重，部分脱落

由表 2 和图 10 可知，最为常见的酥碱病害部位有勒脚、墙体、屋面，以及檐下、窗下檐墙体。墙角、墙根部位作为病害“重灾区”，受损状况更为严重。此处因更易积聚水分、盐分，砖块层层剥落，形成深浅不一的凹陷，部分区域甚至出现局部空洞，仿若被岁月无情啃噬，内部砖体结构裸露在外，岌岌可危。长期受雨水冲刷，剥落的砖块粉末混合着雨水，在墙根处形成一道道泥渍流痕，宛如古厝的“泪痕”，诉说着病害肆虐的沧桑。

但这种集中性并不是由砖构材料的集中所致，而是由文物建筑不同朝向和部位的微观环境造成的。勒脚是红砖厝建筑酥碱病害发生频率最高的部位，根据调研数据统计，在 276 栋红砖厝建筑中共有 456 处发生酥碱病害，其中勒脚处的酥碱病害数为 208 处，占总酥碱病害数的 45.6%；墙体次之，其酥碱病害数为 127 处，占总酥碱病害数的 27.9%；屋面的主要建筑材料是红瓦，据统计，屋面处的酥碱病害数为 83 处，占总酥碱病害数的 18.2%；檐下、窗下檐部位因有屋面、窗台阻挡风雨侵蚀，酥碱病害现象较少，酥碱病害数为 38 处，占总酥碱病害数量的 8.3%。

2.3 酥碱病害分级

酥碱病害按程度可分为轻度、中度、重度三个级别，各级别统计见表 3。轻度酥碱时，墙体表面仅有少量白色盐霜析出，砖块外观基本完整，仅边角处偶见轻微粉末脱落，对建筑整体外观影响较小，若不仔细甄别，易被忽视；中度酥碱阶段，白色盐霜覆盖墙体较大面积，砖块表面明显粉化，用手指擦拭有大量粉末附着，局部砖块出现小面积剥落，建筑外观呈现斑驳破旧之感，美感大打折扣；重度酥碱下，墙体大片砖块严重粉化、剥落，墙体内层结构显现，墙角、墙根空洞随处可见，墙体摇摇欲坠，不仅完全破坏建筑外观完整性，更对结构稳定性构成致命威胁，亟待抢险修复。

对病害程度的分析表明，酥碱位置及酥碱病害数量与病害发展规律相吻合，轻度酥碱病害数量多于重度酥碱。在破坏程度方面，重度酥碱明显高于轻度酥碱。调查发现，263 处轻度病害分布在 127 栋建筑中，病害分布较为均匀，主要集中在勒脚台基、檐下墙体、大面积山墙及窗间墙，概率大致相等。勒脚的微环境较差，更易因毛细作用与土壤发生水分交换，导致砖砌体中盐类残留，进而结晶泛碱破坏材料内部多孔结构，因此病害发生的概率较高。墙体共有 73 处出现轻度酥碱，主要表现为表面泛碱严重，表层出现轻微酥碱风化现象，质地开始松软，灰缝也有少量脱落。微环境作用于建筑，产生轻度病害后，会逐渐演化为重度病害。不同建筑部位的转化程度不同，勒脚的变化速度最快，有 22 处重度酥碱分布于勒脚处，占重度酥碱数量的 46%，其次是墙体，有 14 处，窗下檐墙体处重度酥碱数最少。由此可见，微环境越稳定的区域，酥碱状况越弱。同样，檐下墙体的状况也相对较好。

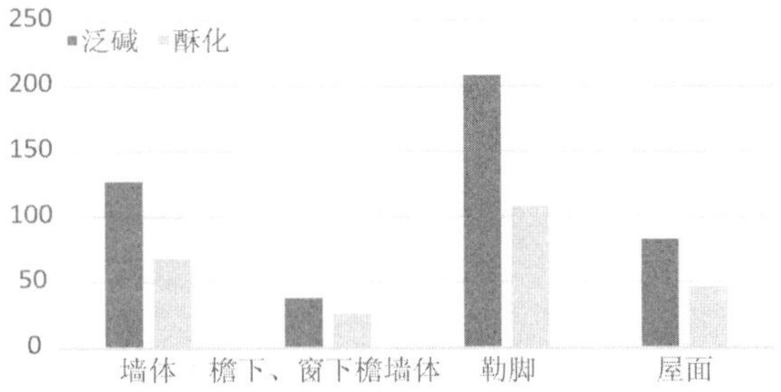

图 10　埭美村红砖厝建筑酥碱病害形态统计

表 3　各级别酥碱病害统计

病害表现	墙体	屋面	勒脚	檐下、窗下檐墙体	合计	发生率/%
轻度病害	73	48	120	22	263	57.7
中度病害	40	26	66	12	144	31.6
重度病害	14	9	22	3	48	10.5
合计	127	83	208	37	455	100
发生率/%	27.9	18.2	45.6	8.3	100	—

3　酥碱病害的病理循证

3.1　自然因素

3.1.1　气象参数

闽南地区独特的环境条件是导致红砖厝酥碱病害的关键外在诱因。该地区属亚热带海洋性季风气候，气候温暖湿润，年平均气温约为 21 ℃，年降水量高达 1 200~1 700 mm，充沛的雨水为病害滋生提供温床。降雨频繁，墙体长期受雨水冲刷渗透。一方面，雨水溶解墙体内部盐分，使其迁移至表面，水分蒸发后盐分结晶析出，反复作用下，砖体孔隙结构受到破坏，引发酥碱；另一方面，高湿度环境使红砖长期处于饱水状态，其强度削弱，加速风化。在梅雨季节，埭美村红砖厝墙体表面白色盐霜明显增多，雨水流淌痕迹处盐霜堆积尤为严重，便是有力佐证。

此外，闽南地区夏季高温炎热，太阳辐射强烈，墙体表面温度常超 40 ℃。高温加速水分蒸发，促使盐分快速结晶，热胀冷缩效应还使砖体产生微裂缝，为盐分侵入、水分留存创造更多通道，进一步加剧酥碱病害发展，多种环境因素相互交织，对红砖厝建筑的耐久性构成严峻挑战。

3.1.2　水文地质

地下水也是不可忽视的因素。埭美村地势低洼，靠近水系，地下水位较高，地下水通过毛细作用上升至墙体底部，源源不断补给盐分与水分。经检测，距地表 1~2 m 深的土壤含盐量可达 0.3%~0.5%，盐分随地下水迁移，在墙体内部积聚，当环境温湿度变化时，盐分反复结晶、潮解，致使墙体底部率先出现酥碱，并逐渐向上蔓延，墙角处砖块受侵蚀而剥落的情况往往更为严重。

3.2　材料因素

建筑材料自身特性是引发酥碱病害的内在根源。闽南红砖厝所用红砖，其原料多取自当地黏土，部分黏土含碱量偏高，烧制过程中，碱金属氧化物（如氧化钠、氧化钾）未完全挥发，留存于砖体内部。当遇水，这些碱性物质溶解，随水分迁移至砖体表面，水分蒸发后结晶析出，日积月累，破坏砖体结构，导致酥碱。经检测，病害红砖内部含碱量较健康红砖高出 20% ~ 30%，可见高含碱量与病害紧密关联。

砂浆方面，传统闽南红砖厝使用的石灰砂浆或混合砂浆，质量稳定性欠佳。石灰砂浆硬化慢、强度低，在潮湿环境下，易受雨水冲刷、地下水渗透影响，发生软化、溃散；混合砂浆若配比不当，水泥用量少、骨料杂质多，黏结性能差且孔隙率大，为盐分侵入提供便利通道，盐分结晶膨胀致使砂浆与红砖黏结失效，加剧墙体酥松。

此外，不同建筑材料间兼容性问题突出。红砖与砂浆热膨胀系数、吸水率存在差异，温度、湿度变化时，二者变形不一致，界面处产生应力裂缝，盐分、水分乘虚而入，加速酥碱病害发展。因此，从材料源头把控，优化选材与配比，对防治病害至关重要。

3.3 人为因素

施工工艺不当是引发酥碱病害的重要人为因素。在红砖厝建造过程中，若砌筑砂浆饱满度不足，砖块间缝隙过大，不仅会削弱墙体整体性，更为盐分、水分侵入提供便捷通道。部分工匠为赶工期，未严格遵循“三一砌筑法”，致使砂浆黏结不牢，日后受环境侵蚀，盐分在缝隙处结晶膨胀，撑开砖块，加速酥碱发展。

排水系统设计与施工缺陷同样危害巨大。闽南地区多雨，若屋面排水坡度设置不合理，雨水排泄不畅，屋面长期积水下渗至墙体；地面排水系统若未与周边水系合理衔接，雨季时，地面积水反流至建筑基础，墙体长时间受浸泡，内部湿度饱和，为盐分迁移、结晶创造理想条件，促使酥碱病害频发。

缺乏定期维护也是病害加剧的关键推手。许多红砖厝建筑历经岁月，屋主未对建筑进行周期性检查、修缮，任由雨水冲刷墙体、檐口破损不修、墙缝开裂未补。长期风吹雨淋下，墙体微小损伤逐渐累积放大，盐分持续侵蚀，原本的轻微病害恶化成重度酥碱，使建筑不堪重负，曾经辉煌的闽南红砖厝在疏于维护中走向衰败，凸显科学施工与长效维护对建筑保护的关键意义。

4 结论

实施乡村振兴战略是党的十九大做出的重大决策。乡土建筑遗产的保护与活化不仅是乡村振兴的可持续动力，更是维系地方文化认同的重要纽带，也是乡村发展建设的关键步骤。审视当前建筑遗产的状况，我们发现其面临的病害问题多种多样，成因也极为复杂。对于传统村落的乡土建筑遗产而言，保护工作是一项艰巨而长远的任务，特别是红砖厝建筑遗产，由于其所处的特定自然环境，潮湿问题成为引发多种病害类型的关键因素。

本研究聚焦闽南地区居民红砖厝建筑酥碱病害，以漳州市埭美村红砖厝建筑为典型，深入剖析病害表征、成 因、监测与修复策略，取得系列成果。通过实地调研与案例分析，精准描绘酥碱病害外观特征，从墙体表 面盐霜析出、砖块粉化剥落至墙角墙根空洞形成，划分病害程度级别；揭示其对结构稳定性的破坏，造成墙体强度降低、裂缝滋生、墙角变形，危及建筑安全；明确材料劣化机制，红砖矿物成分改变、砂浆黏结失效、孔隙率吸水性异常变化都会使病害加速恶化。深入研究潮湿病害问题，将为福建地区建筑遗产保护提供支持，并为预防性保护和修复提供参考。这有助于加强传统村落建筑遗产保护，促进乡村遗产旅游经济发展，推动美丽乡村建设，实现乡村振兴。

基金资助：2024 年度教育部人文社会科学研究一般项目（项目编号：24YJAZH249）；华侨大学校基金项目（项目编号：24BS108）——闽南地区传统红砖建筑病害基因图谱及其生成机理研究。

朱莹　华侨大学　副教授
陈聃倩　华侨大学　硕士研究生

参考文献

[1] 侯艳芳，侯婷婷，李婷婷. 红砖建筑典范：探究闽南古厝的魅力 [J]. 砖瓦，2022(2)：31-32，35.
[2] 申宇，刘松茯. 基于微观环境参数的东南沿海砖构文物建筑酥碱病害研究 [J]. 建筑学报，2022(S2)：61-67.
[3] 刘松茯，陈思. 气象参数对砖构文物建筑酥碱的影响 [J]. 建筑学报，2017(2)：11-15.
[4] 吴志刚. 闽东南传统民居聚落气候适应性研究 [D]. 广州：华南理工大学，2020.

恭王府院落礼制格局研究
——空间句法理论辅证

Research on the Etiquette Layout of Prince Kung's Mansion—Evidence from Space Syntax Theory

郭佩艳　刘庭风　吕太锋　王　宇　李凤仪

摘　要：古代礼制文化影响和制约着院落格局，院落格局进而体现出空间的礼仪序列和伦理秩序，空间句法理论能够很好地解释传统院落的这一历史现象。研究以清代典型遗存院落恭王府为例，运用古籍信息提取与空间句法理论相结合的研究方法进行论证。结果表明：①礼制文化影响下的传统院落恭王府具有特定的伦理格局和礼仪序列，由此实现了古代等级制度下“尊卑有等、男女有别、长幼有序”的传统伦理秩序；②院落中的通行路线呈现出明显的礼仪性、生活性、服务性功能区划，三者的空间连通性差异明显；③空间句法理论的凸空间模型可视化呈现出院落空间格局与礼文化互为表里的关联性；④凸空间模型计算结果解析和辅证了礼制文化下传统院落礼仪空间的高可达性和外向性伦理特点，其“前庭—殿庭—厅庭—寝庭”主要功能空间呈现出外向性与内向性、公共性与私密性的伦理差异。研究可视化呈现出了蕴含在传统院落的礼文化思想，对于古代礼文化和传统庭院文化的挖掘和传播具有重要意义。

关键词：恭王府；空间句法；礼制格局；礼仪序列；伦理秩序

Abstract: Ancient etiquette culture affects the layout of traditional courtyards, which further reflects the etiquette sequence and ethical order of the space. The space syntax theory can reflect this phenomenon of traditional courtyards. Taking the Prince Kung's Mansion as an example, we use ancient classics information extraction and space syntax theory for argumentation. The results are as follows. ① Under the influence of etiquette culture, the Prince Kung's Mansion exhibits a specific ethical layout and ritual sequence, embodying the traditional hierarchical principles of distinctions between noble and humble, men and women, and elders and young under the hierarchical system. ② There are three types of walking routes in the courtyards basing on the function: etiquette, life and service. The connectivity of the three types of routes is different. ③ The convex space model of space syntax theory presents the interrelated relationship between the spatial pattern of discharge and etiquette culture. ④ The computational results of the convex space model testify the high accessibility and extroverted nature of ritual spaces, with the main functional zones(“front courtyard-main hall courtyard-reception courtyard-private courtyard”)exhibiting the ethical order of extroversion and introversion, publicity and privacy. The study presents the etiquette system contained in traditional courtyards visibly. This study is of great significance for the excavation and dissemination of ancient etiquette culture and traditional courtyards culture.

Keywords: Prince Kung's Mansion; space syntax; etiquette layout; etiquette sequence; ethical order

考古显示，我国早在龙山文化时期的芦山峁大营盘梁遗址[1-2]已经出现前殿后寝布局的两进式夯土建筑院落，至此奠定了古代以庭院为组织元素的居住形式。而古代“礼”文化贯穿在几千年的历史进程中，“礼”文化下的礼仪制度是维护统治阶级利益的工具，影响衣食住行方方面面，其中的建筑典章制度对院落格局产生深远影响。

传统礼制文化与建筑文化在并行发展过程中形成了互调互适的关联性，礼制文化影响下的院落格局隐含着空间内与外、主与次的伦理关系。古代礼制文化影响下院落格局特点的探索，对传统礼制文化与建筑文化的再认识与传承具有重要作用，也可以为明清遗存建筑院落的保护性再利用提供人文空间重构的依据。

空间句法理论可以呈现出多个空间之间的拓扑关系、可达性、视觉感知、聚集或离散程度等。目前较多学者运用空间句法理论探索传统聚落空间模式或院落空间文化，如：对传统聚落空间组织模式和内在伦理功能的探讨[3]；对传统村落深层空间结构的探讨[4]；对历史城镇空间格局的探讨[5]；对福建土楼伦理功能的探讨[6]；对特定区域居住建筑空间组构规律的探讨[7]；对古典私家园林空间组织特征的探讨[8-9]等。这些研究的对象是多种尺度的传统聚落或院落，其研究结果证明空间句法理论在传统聚落或院落空间关系的定量化研究中具有可靠性和必要性。

恭王府是清代京城遗存院落中保存和修复较好的案例，其院落格局较好地呈现出古代礼制文化影响下的伦理观。本文以恭王府为例，通过古代典籍和空间句法理论相结合的研究，论证礼制文化影响下传统院落的格局特点。

1　建筑典章制度影响下恭王府的历史沿革

1.1　和珅宅与固伦和孝公主府时期(1750—1799年)的布局特点

清代礼制文化趋于成熟，建筑典章制度因袭明制进行修撰，由于清代王府主要坐落于京城中，受限于基址规模和政治因素，其院落规模和建筑形制整体低于明代规制。《钦定大清会典》记载亲王府制：正门五间，正殿七间，翼楼各九间，后殿五间，后寝七间，后楼七间，共屋五重[10]。《大清律例》记载品官宅制度：一品二品厅房七间九架，正门三间五架[11]。

正如《清实录》所载，所有李侍尧入官中一所房屋，著赏给和珅，作为十公主府第[12]。恭王府在营造初期是乾隆皇帝赏给和珅作为固伦和孝十公主的下嫁府第，和珅此时官品已为正一品，因此其宅第可以同时遵照一品官宅与固伦公主府制度进行建造，根据乾隆谕旨“嗣后固伦公主品秩，著视亲王”[13]可知，其时，固伦公主府制与亲王府制同。

和珅时期的宅第与建筑典章制度相比较，既有低于制度也有逾制的现象：在六座主要功能建筑中，仅有西路寝堂锡晋斋为七间，同时符合一品官员和亲王(固伦公主同)府后寝的间架制度，其余均为五间，低于建筑典章制度的标准；由于殿与寝分布于不同轴线，主轴屋五重功能布局与亲王府制亦有所差异，亲王府制中“前殿后寝”布局根据院落地块特点变为中轴“殿”、左右轴“寝”的布局，且“寝”又采用了“前厅后寝”布局；和珅府时期建造的锡晋斋内装修僭越建筑典章制度[14]，《清史稿》记载和珅二十大罪之一为：“所钞家产，楠木房屋僭侈踰制，仿照宁寿宫制度。”[15]其中楠木房屋所指即锡晋斋，和珅罪状说明礼制文化下建筑典章制度在宅院建造中的强制性限定，《大清律例》中详细规定了对逾制者的律令。

1.2　庆亲王府时期(1799—1850年)的布局特点

嘉庆四年(1799年)和珅被论罪赐死后，和珅宅第赐给庆郡王永璘，庆郡王搬入居于西路，东路仍是固伦和孝公主居所，直至十公主道光三年(1823年)薨逝[16]。

嘉庆二十五年(1820年)，永璘晋封为庆亲王，整个时期府第建筑布局与形制没有随永璘爵级的提升而变化，由遗存样式雷图档中辅国将军奕劻(永璘之孙)居住时期的平面图可见，当时的布局与恭亲王府时期平面布局基本一致。其中主要差别有二：一为前院内有两排房，至恭亲王府时期拆除，其时有图档标有“拟拆去抵用木料”[17]字样可证；二为乐道堂在样式雷图档中奕劻居住时期和恭亲王居住时期均为五开间加转角房，而现状则为五开间加耳房，没有转角房，根据样式雷图档推测此处为后来修复时所改造的(图1、图2)。

1.3　恭亲王府时期(1852—1937年)的布局特点

恭亲王奕䜣在入居之前进行过一次较大规模的修缮，据奏折中记载，主要对屋顶、地面等进行了修缮，按亲王府规制将府门、银安殿等中轴主要礼仪建筑的屋顶换为绿色琉璃瓦，对丹陛、月台等进行修葺[18]。据相关考证推测，银安殿在恭亲王府时期进行过重建，且向南扩建增加了一步走廊而成为现状[19]，但受庭院基址面宽限制，开间数量因延续原有基址尺寸，固只能建为五间而无法达到亲王府正殿七间的规制[20]。受到庭院尺度限制也无法重建翼楼，因此这个时期虽然进行了较大规模的修缮，但其殿、寝重数、开间数等主要布局并没有发生太多变化，与亲王府制仍不相符（图 2）。

在以上三个主要历史时期，府第中仅局部发生过修缮或改建，整体布局并没有发生变化。其后，恭王府经历了民国辅仁大学时期、新中国成立后时期，在历史更迭中银安殿、南侧倒座房等多所建筑已损毁，在 2005—2008 年进行了一次大规模的保护修缮，恢复了恭亲王府时期的主要建筑布局。

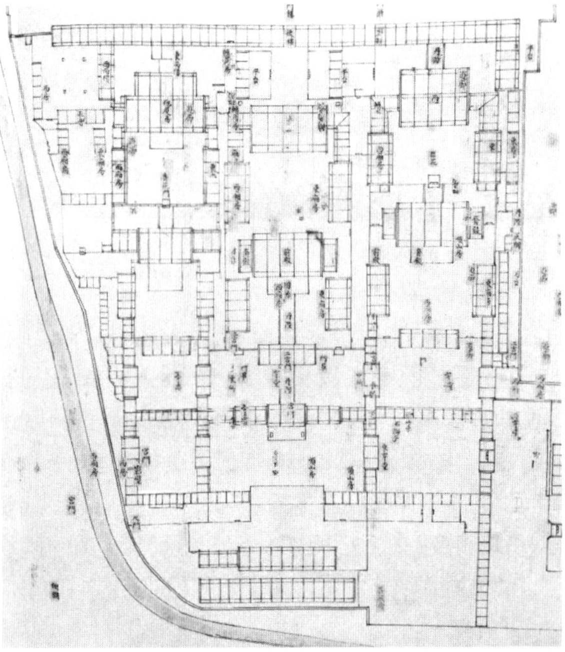

图 1　样式雷图档中辅国将军奕劻居住时期平面图

（图片来源：《国家图书馆藏样式雷图档·王公府第卷(4 函)》）

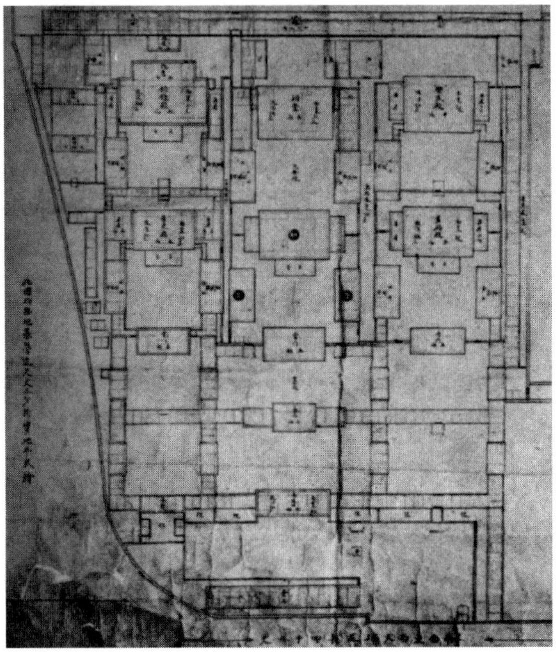

图 2　恭亲王奕䜣居住时期平面图

（图片来源：《恭王府建筑文化沿革考》）

2　礼制文化影响下的恭王府院落伦理布局特点

2.1　恭王府院落功能布局中的伦理观

恭王府各个历史时期并未完全符合相应阶层的建筑典章制度，然而其功能布局中所呈现的伦理观仍是礼制文化影响下的产物，其布局实现了等级制度下“尊卑有等、男女有别、长幼有序”的伦理秩序。

古代院落中礼仪性最高的空间是举行各种礼仪活动的主要场所“堂”（或“殿”“厅”）和主客相迎相送礼的大门前庭空间。恭王府是一座三路五进的院落，其三路的前两进均是具有等级标志性的正门和仪门，作为院落的前导空间居于轴线前部，是相迎相送礼的重要礼仪性活动空间，其成为礼仪空间的前序。

府第中路是纯礼仪性主轴线，其第三、第四进是整个府第等级最高的礼仪性建筑银安殿和嘉乐堂所在的庭院。中路整体面宽最宽，三进、四进庭院的东西两侧分别有进出中路的服务性巷道，银安殿前有突出的月台和南北贯通的丹陛，这些庭院礼仪元素共同烘托出银安殿的最高礼仪等级。银安殿及其庭院处于府第几何中心，体现出最高礼仪空间择中而立的伦理布局特点。

东路和西路的第三、第四进分别是“前厅后寝”的居住建筑，前厅空间多福轩和葆光室作为会宾客、行礼仪的礼仪性活动空间，具有外向性特点，后寝乐道堂和锡晋斋分别是带有垂花门的封闭性较强的独立庭院，形成内向性的居住庭院，其内外之分的空间特性体现了“男女有别”的伦理观。

明清时期建筑方位布局中崇尚尊左（东）思想，身份等级高者或长者居左。在和珅宅时期，固伦和孝公主下嫁后，按长幼有序思想应是和珅居左，然而公主身份等级高于品官，因此府第东路是固伦和孝公主下嫁后的居所，西路是和珅居所，东路院落面宽大于西路。由此可以看出，在宗法等级制度下的功能布局中，“尊卑有等”重于“长幼有序”的伦理观。

2.2　恭王府通行路线中的伦理等级

府第中不同身份者的通行路线差异体现出主仆之间“尊卑有等”的伦理道德观，同时又有节日和礼仪活动路线与平日路线的差异。

主仆路线的差异主要体现在主人通行时沿轴线穿行，而仆人通过沿四条服务性主次巷道走庭院的侧门。在府第院落的东西两侧分别设置了府第主巷道，同时在中路礼仪建筑银安殿与嘉乐堂的东西两侧分别设置了府第次巷道，便于仆人服务通行，次巷道的出现既满足了通行需求，又突出了中轴礼仪庭院相对独立的空间序列和择中而立的方位关系。

在中路和东路的仪门两侧分别开有东西侧门，平日仪门关闭，走两侧门；有礼仪活动时仪门开启，走中轴线。另外在西路仪门内、东路与西路后寝的垂花门内均设有可移动的屏风，平日入门后正对屏风，由屏风两侧进入庭院，屏风起到空间划分和视线遮挡的作用；有礼仪活动时将屏风移走，形成沿轴线直行的通行路线，增强了礼仪活动氛围。

礼仪性通行路线沿轴线直线分布增强礼仪空间的可达性，生活性通行路线沿轴线辗转穿行，而仆人穿行的服务性通行路线则避开正门和主轴，以周围巷道和庭院侧门为主，曲折而隐蔽，三者的空间连通性差异明显（图 3）。

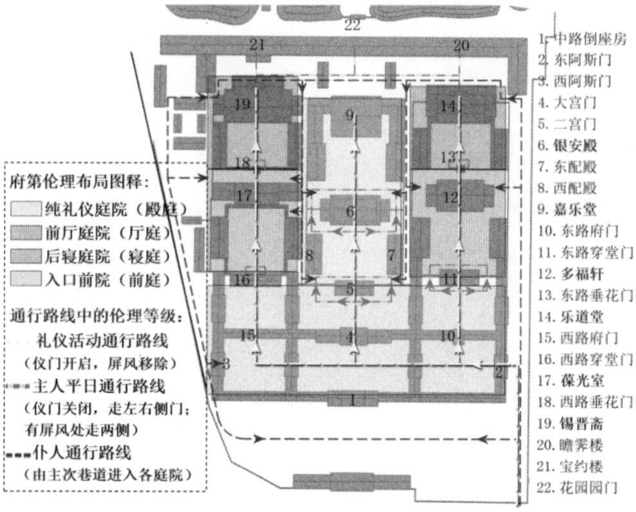

图 3　恭王府院落伦理布局特点分析

（图片来源：作者改绘）

3　基于空间句法计算的恭王府院落伦理布局

3.1　空间句法理论的应用

20 世纪 70 年代末，比尔•希列尔（Bill Hillier）及其团队提出空间句法理论 [21]，国内有关空间句法的介绍和讨论则最早出现于 20 世纪 80 年代 [22]，2007 年《空间句法与城市规划》的出版在国内开拓了空间句法理论在城市规划领域中的应用 [23] 并得到持续探索 [24-26]，随后的研究扩展至更小尺度的村落、古典园林、传统院落等建筑学和风景园林学领域。

目前 Depthmap 是空间句法计算中较普遍使用的软件，软件包含的常用模型有凸空间模型、视域模型、轴线模型、线段模型[27]。凸空间模型计算可以获取空间系统中各个元素的空间整合度和拓扑深度，进而分析不同空间单元的可达性、连通性以及聚集或离散程度。根据研究对象和研究目标的特点，本文选取凸空间模型进行计算分析，以有特点的空间拓扑关系计算所得的整合度（integration value）、深度值（depth value）作为主要研究变量进行空间逻辑关系的研究。

Depthmap 软件进行凸空间模型计算的操作步骤为：研究对象范围的确定→基础图的绘制与空间元素关系分析→计算图形的转换或生成→空间句法模型的变量计算→输出变量图形或散点图。

3.2 恭王府凸空间模型的设定与计算

Depthmap 凸空间模型中的拓扑结构由相邻空间之间的连接性而获取。庭院或巷道是恭王府三轴五进所有建筑空间的结构节点，彼此之间形成直接或间接的连接。建构凸空间模型时，根据空间相互通达的关系设定元素，将每个具有空间组织和连接功能的庭院或巷道作为一个元素，同一座建筑内部有明确的功能或空间划分，分割为相应多个空间元素。

古代院落元素系统具有外部空间元素独立成系统、内部空间元素依托外部联系在一起的特点，外部的空间序列引导着使用者潜在的行为路径，以实现不同功能之间的连接。因此，在凸空间算法中，为了便于分析外部空间庭院因位置差异而形成的空间逻辑结构，对恭王府的外部空间（图 4）和全局空间（图 5）两种拓扑结构分别进行凸空间模型计算。

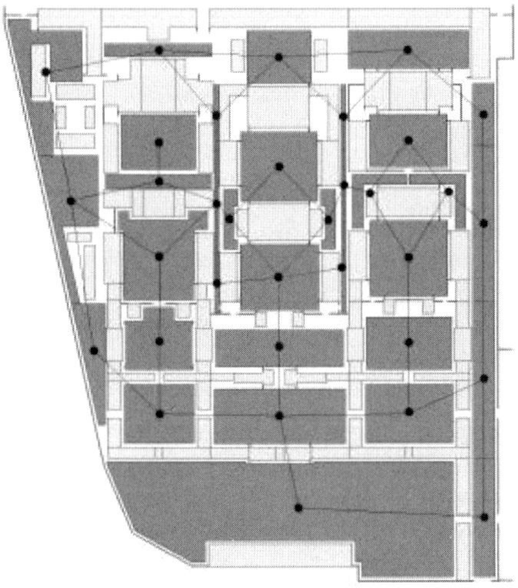

图 4　恭王府外部空间拓扑结构

（图片来源：软件生成）

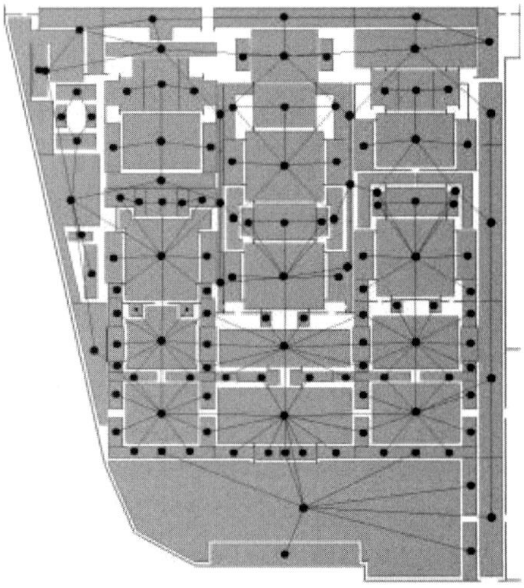

图 5　恭王府全局空间拓扑结构

（图片来源：软件生成）

首先连接庭院、巷道等外部空间形成的拓扑结构进行空间逻辑计算。由于巷道空间较长，且与其他空间的多个连接点距离较远，若作为一个整体空间元素无法体现巷道空间连接位置的有效性和空间拓扑管理的有效性[28]，因此将巷道按多个开口的相对位置分割为多个空间元素，如贯通南北的东巷道共向西侧庭院开口四处，按照开口位置相对居中的原则将巷道划分为四个空间元素。由入口至末端将庭院、巷道等外部空间按空间行进路径进行节点链接（link），形成外部空间的拓扑逻辑关系，运用 Depthmap 软件的凸空间模型运行，获得外部空间元素的整合度和拓扑深度计算结果（图 6）。

在外部空间拓扑结构基础上，进一步将室内空间与相应外部空间进行空间节点链接（link），从而实现内外空间全局的拓扑结构，运用 Depthmap 软件的凸空间模型运行，获得恭王府全局空间系统的整合度和拓扑深度计算结果（图 7）。

以上两组计算结果显示：①外部空间和全局空间的整合度、拓扑深度变化趋势较一致；②两者整合度与拓扑深度均成反比，即空间的整合度越高，其拓扑深度越小；③全局空间拓扑深度（452~977）远远大于外部空间拓扑深度（105~160），全局空间整合度（0.7~1.85）大于外部空间整合度（0.7~1.23），全局空间的拓扑关系更复杂。

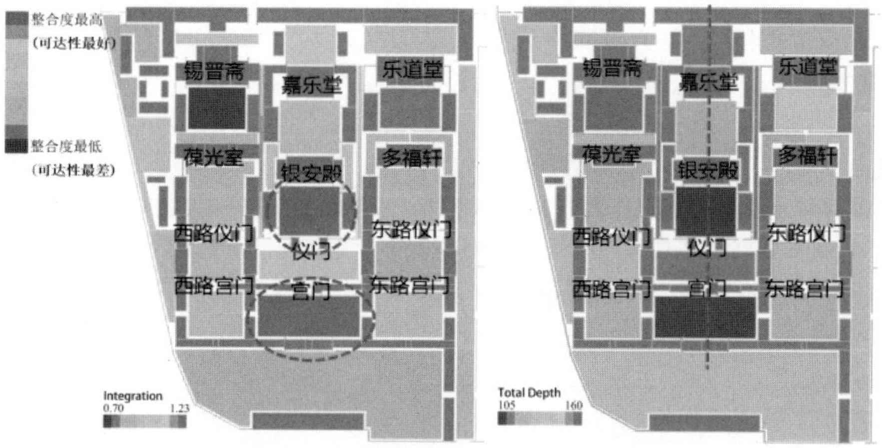

图 6　恭王府外部空间整合度（左）和拓扑深度（右）

（图片来源：软件生成）

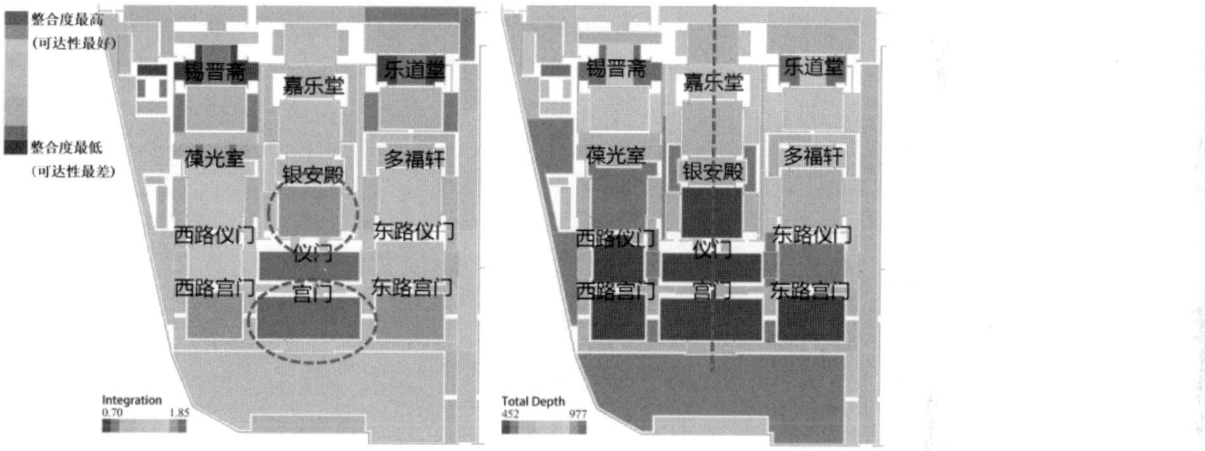

图 7　恭王府全局空间整合度（左）和拓扑深度（右）

（图片来源：软件生成）

3.3　恭王府凸空间模型呈现的院落伦理秩序

恭王府前三进庭院前后串联，拓扑结构关系简单，后两进通过四条巷道彼此连接，拓扑结构关系呈复杂状连接。计算结果中整合度与拓扑深度呈反比，因此仅选择其整合度值进行比较研究。

由外部空间元素凸空间模型的计算整合度结果可知，六座主建筑及两进大门的前庭院空间的整合度（可达性）由高到低为：银安殿庭院（1.23）> 宫门庭院（1.19）> 仪门庭院（1.13）> 东路宫门庭院（1.06）> 西路宫门庭院（1.05）> 葆光室庭院（1.02）> 嘉乐堂庭院（0.96）> 西路仪门庭院（0.95）> 多福轩庭院（0.92）> 东路仪门庭院（0.91）> 乐道堂庭院（0.79）> 锡晋斋庭院（0.70）。

由全局空间元素凸空间模型的计算整合度结果可知，六座主建筑庭院及两进大门庭院空间的整合度（可达性）由高到低为：宫门庭院（1.85）> 仪门庭院（1.78）> 西路宫门庭院（1.70）> 银安殿庭院（1.66）> 东路宫门庭院（1.62）> 西路仪门庭院（1.61）> 葆光室庭院（1.53）> 东路仪门庭院（1.45）> 多福轩庭院（1.28）> 嘉乐堂庭院（1.26）> 乐道堂庭院（1.01）> 锡晋斋庭院（1.00）。六座主建筑空间的整合度（可达性）由高到低为：

银安殿(1.22)> 葆光室(1.15)> 多福轩(1.00)> 嘉乐堂(0.99)> 乐道堂(0.829)> 锡晋斋(0.827)。

1)外部和全局两种凸空间模型计算结果呈现的伦理布局一致性分析

两者计算结果中整合度变化趋势的相符度较高,所呈现的伦理布局特点整体较一致:三条轴线中整合度最高的是礼仪性中轴,说明其可达性最好,空间的外向性和公共性最强;整合度最高的空间元素是宫门庭院(前庭)和银安殿庭院(殿庭),说明这两个庭院可达性最好,这两个庭院是外向性礼仪活动中最活跃的空间场所;银安殿及所在"殿庭"具有一定政治功能,是府第权力中心,具有最高礼仪等级;"前庭"是府第礼仪序列的起点,是所有重要礼仪活动中主人与宾客相迎相送的场所,从周代《仪礼》[29]至清代《大清通礼》[30],在礼典沿革中大门前空间始终是各种礼仪活动的重要场所;计算结果中"殿庭"和"前庭"是府第中最高可达性空间,解析和辅证了其作为最高礼仪性节点,空间具有公共性和外向性的伦理特点。

嘉乐堂及其庭院作为祭神场所是整个大家庭范围的礼仪空间场所,多福轩和葆光室及其庭院(厅庭)作为东西居住轴的"厅"空间是小家庭范围的礼仪接待空间。计算结果中这三处"厅庭"的整合度均低于"殿庭"又高于后部的"寝庭",可达性介于二者之间,起到了空间过渡作用。"厅庭"是礼仪性较高的家庭公共活动空间,在品官及以下阶层的宅院中是最高礼仪空间。计算结果解析和辅证了其公共性和外向性均位于"殿庭"与"寝庭"之间的伦理特点。

东路和西路第四进乐道堂和锡晋斋所在庭院(寝庭)是寝空间,在拓扑结构中分别是尽端节点,拓扑深度最深,可达性最低,计算结果解析和辅证了"寝庭"作为居住功能空间节点其内向性和私密性最强的伦理特点。

外部和全局两种凸空间模型计算结果共同呈现出"前庭—殿庭—厅庭—寝庭"功能空间的可达性由高而低的变化,解析和辅证了大门、殿、厅、寝功能空间的外向性与内向性、公共性与私密性的伦理差序。

2. 外部和全局两种凸空间模型计算结果呈现的伦理布局差异性分析

两者计算结果中部分空间整合度有一定差异:由于全局模型中的各个庭院在拓扑结构中所连接的室内空间数量差异较大,因此对于同一个外部空间,全局空间元素比外部空间元素计算结果中的拓扑深度整体偏大;仪门所在的第二进庭院差异最大的是,全局模型中空间整合度排序大大提高,主要原因是围合此庭院的建筑空间元素数量较多,提升了其拓扑计算的可达性;全局模型中嘉乐堂所在庭院整合度排序降低,其主要原因是一进、二进建筑空间元素的增加量较大,拓扑结构产生的变化提升了前三进的整合度,致使嘉乐堂庭院整合度排在了东、西路仪门及多福轩之后。

4 结论

恭王府院落具有基于礼和居功能需求的特定礼仪序列和伦理秩序:①最高礼仪空间银安殿及其庭院处于府第的几何中心,体现出"择中而处"的空间伦理秩序;②宫门和仪门作为相迎相送的礼仪空间和内外区隔的前导空间,以其等级标志性强调了庭院的礼仪空间序列;③东路和西路第四进的垂花门进一步围合了"寝"空间,形成独立的内向性庭院,强调"男女有别"的伦理空间序列;④庭院中的通行路线由三路轴线与主次四条巷道组成,呈现出明显的礼仪性、生活性、服务性功能区划,三者的空间连通性差异明显,主仆通行路线的差异体现出"尊卑有等"的伦理秩序。

基于空间句法理论的恭王府凸空间模型体现了院落的拓扑结构关系,计算结果可视化呈现出院落表层空间布局与深层礼文化之间互为表里的关联性,解析和辅证了庭院的伦理差序:①三条轴线中礼仪中轴整合度最高、可达性最好,其中银安殿和宫门前庭整合度最高,满足了作为最高礼仪性节点,其空间公共性和外向性伦理布局的需求;②东西居住轴整体整合度低于礼仪中轴,且体现出明显的前部"厅"空间整合度高、后部"寝"空间整合度最低的规律,满足了前部礼仪空间呈外向性、公共性,后部居住空间呈内向性、私密性的伦理布局需求;③"前庭—殿庭—厅庭—寝庭"主要功能空间呈现出礼仪性与可达性的正相关,四者礼仪性与可达性均为由高而低,解析和辅证了大门、殿、厅、寝功能空间的外向性与内向性、公共性与私密性的伦理差序。

礼制文化背景下院落伦理布局的研究拓展了古代"庭"文化的研究视角，在"坚定文化自信，传承和弘扬中华优秀传统文化"的时代背景下，传统院落的保护性再利用成为学科的重要任务，本研究为人文空间重构提供理论依据。

基金资助：国家社会科学基金后期资助项目(项目编号：24FYSB028)"古代居住院落礼制格局的演变"；青岛农业大学博士启动基金(项目编号：663/1123004)。

郭佩艳　青岛农业大学　副教授
刘庭风　天津大学　教授
吕太峰　中国海洋大学　副教授
王宇　山东建筑大学　副教授
李凤仪　青岛农业大学　副教授

参考文献

[1] 马明志，翟霖林，张华，等. 陕西延安市芦山峁新石器时代遗址 [J]. 考古，2019(7)：29–45，2.

[2] 陕西芦山峁遗址考古获重大发现 将延安筑城史至少前推 2300 年 [J]. 文物鉴定与鉴赏，2018(2)：24.

[3] 孔宇航，张兵华，胡一可. 传统聚落空间图式语言体系构建研究：以福建闽江流域为例 [J]. 风景园林，2020，27(6)：100–107.

[4] 戴晓玲，浦欣成，董奇. 以空间句法方法探寻传统村落的深层空间结构 [J]. 中国园林，2020，36(8)：52–57.

[5] LIAO P，GU N，YU R R，et al. Exploring the spatial pattern of historic Chinese towns and cities：a syntactical approach [J]. Frontiers of architectural research，2021，10(3)：598–613.

[6] 张兵华，王志强，陈家炜. 福建南靖土楼"空间—路径"的伦理功能解析 [J]. 中国文化遗产，2021(5)：92–99.

[7] 闫楚倩，马航，刘大平. 基于空间句法的哈尔滨近代居住文化解读 [J]. 建筑学报，2020，22(S2)：152–157.

[8] 林辉，肖旋. 拙政园空间结构的演变与空间句法分析 [J]. 园林，2012(1)：60–63..

[9] 曹玮，薛白，王晓春，等. 基于空间句法的扬州何园空间组织特征分析 [J]. 风景园林，2018，25(6)：118–123.

[10] 张廷玉，等. 钦定大清会典(乾隆朝)[DB]. 天津大学图书馆：书同文古籍数据库.

[11] 阿桂，等. 大清律例 [M]. 天津：天津古籍出版社，1993.

[12] 中国第一历史档案馆：《清实录》大清高宗纯皇帝实录卷之一千一百九乾隆四十五年六月下.

[13] 中国第一历史档案馆：《清实录》大清高宗纯皇帝实录卷之一千二百五十八乾隆五十一年七月上.

[14] 杨乃济. 谈恭王府 [J]. 故宫博物院院刊，1980(4)：13–26.

[15] 赵尔巽. 清史稿(列传一百六•和珅)[M]. 北京：中华书局，2021.

[16] 张壮. 恭王府建筑文化沿革考 [M]. 北京：中国建材工业出版社，2014.

[17] 国家图书馆. 国家图书馆藏样式雷图档•王公府第卷(4 函)[M]. 北京：国家图书馆出版社，2020.

[18] 李国荣，鲁宁. 清宫恭王府档案总汇•奕䜣秘档(第一册)[M]. 北京：国家图书馆出版社，2009.

[19] 李华，孙建国. 北京清代恭王府银安殿基址发掘简报 [J]. 文物春秋，2008(3)：36.

[20] 郭佩艳，张壮，刘庭风. 历史再现：恭王府建筑群的修缮复建研究 [J]. 华中建筑，2019，37(1)：88–90.

[21] HILLIER B，HANSON J. The social logic of space [M]. Cambridge，UK：Cambridge University Press，1984.

[22] 希列尔，赵兵. 空间句法：城市新见 [J]. 新建筑，1985(1)：62–72.

[23] 段进，希列尔. 空间句法在中国 [M]. 南京：东南大学出版社，2015.

[24] 杨滔. 空间设计：空间句法的应用 [M]. 北京：中国建筑工业出版社，2021.

[25] 杨滔. 空间网络的价值：多尺度的空间句法 [M]. 北京：中国建筑工业出版社，2019.

[26] 段进，杨滔，盛强，等. 空间句法教程 [M]. 北京：中国建筑工业出版社，2019.

[27] 王士坤. 基于空间句法的邯郸市主城区老旧社区公共空间分析及改造研究 [D]. 邯郸：河北工程大学，2021.

[28] 吕明扬. 内外之际与空间格局：基于空间句法的苏州汪宅空间布局研究 [J]. 建筑学报，2020(6)：120–123.

[29] 彭林. 仪礼 [M]. 北京：中华书局，2012.

[30] 来保，等. 大清通礼 [M]. 北京：全国图书馆文献缩微复制中心，1996.

岭海之间的古堡：饶平大城所城营修史和对东城垣的调查

An Ancient Fort in Southeastern China's Coastal Area: The Construction History of Dacheng Fort in Raoping and the Investigation of the East Wall

黄思达

摘　要：大城守御千户所城（简称"大城所城"）始建于明洪武二十七年（1394 年），起因备倭而创建，是广东潮州府的海防前卫，处岭东边防要地，扼守着闽粤交汇处的东界半岛。明朝中后期，城内人口和住宅密度急剧增加，大城所城开始向民化转型，从一个军事聚落演变为多姓杂居的地缘性村落，而原有城防和庙宇系统布局和功能得以延续，目前东部城垣保存最为完整。作为社会维度中的空间要素，大城所城承载着 16 世纪东界半岛军民抵御海寇侵扰的集体记忆，同时也向世人呈现了一座明清时期的军事古堡跨越 600 多年的历史过程。

关键词：大城所城；军事聚落；地缘性村落

Abstract: Dacheng Shouyu Qianhusuo Fort (abbreviated as "Dacheng Fort") was established in 1394 (the 27th year of the Hongwu reign, Ming Dynasty) as a coastal defense stronghold against Japanese pirates. Situated on the strategic Dongjie Peninsula at the Fujian–Guangdong border, it served as a key maritime bulwark under Chaozhou Prefecture's jurisdiction. During the mid–to–late Ming period, demographic expansion and residential densification triggered its transformation from a military settlement into a multi–clan geographical village, while preserving its original defensive structures and temple network. The eastern ramparts remain the best–preserved section today. As a spatial artifact of social dimensions, Dacheng Fort embodies collective memory of 16th–century coastal resistance against maritime raiders and a 600–year material chronicle of Ming–Qing military architecture

Keyword: Dacheng Fort; military settlement; geographical village

1　区位和聚落形态

大城所城位于广东省潮州府[①]饶平县宣化都所在东界半岛的尖峰山南麓，原为典型的沿海实土卫所[②]。东界半岛是黄冈河下游入海口的冲积扇平原，陆块从北向南伸出海洋，并与韩江中下游平原蜿蜒曲折的海岸线围成了一个内幽的海港，即"柘林澳"，东界之地扼守着闽粤交汇处，是东部沿海与南太平洋诸

① 本文论述的潮州按明清时期潮州府所辖地域范围划定，位于广东省东部沿海，与福建省交界，为浙闽经海道入粤的门户，又有韩江贯穿全境（从韩江入海口可溯流而上到达闽西和赣南山区），因而成为明代广东受倭寇、海盗和山贼影响最深的地区，也一直在海防上有重要的地位。

今天的潮汕地区依照行政范围划分，包括汕头、潮州、揭阳 3 个地级市，管辖的区、县、县级市有潮安、饶平、潮阳、潮南、澄海、南澳、普宁、揭东、揭西、惠来。本文所研究的对象属于文化现象，与环境和民系构成关联密切，如果简单套用行政区划来界定开展研究的地域或许不够全面。陈春声在《从地方史到区域史：关于潮学研究课题与方法的思考》中提出对潮汕历史文化的研究应该由韩江水系经过的自然地理切入，故本研究将潮汕视为一个整体的历史地理区域，该区域除了今天行政所属的潮汕地区外，还包括梅州市、汕尾市的部分地区（与惠来接壤的陆丰市），参考历史上隋唐至明清之潮州府所辖地区。

② 实土卫所指的是那些拥有自己管辖地域和户籍的卫所，这些卫所实际上承担了一部分地方政府的职能。

岛南北交通的要冲，也是明代前期潮州海防卫所[①]中保存最为完整且从未迁址的一个。

大城所城城池轮廓呈方形，坐北朝南（南向西偏移 13°），面积约 173 万 m^2，周围城垣每面均设城门，各城门上原有重檐屋顶的城门楼（已灭失），城四角置敌台（现仅残存东南隅敌台），城外环绕护城河，河宽两丈左右、长六百九十六丈。城内为“三街六巷”格局[②]，4 条通往各城门的主街呈“十”字交汇，街面用石板铺设，14 条支巷从主街分化而出，使全城分割成方格网道路肌理（图 1）。

图 1　大城所城及周围环境无人机航拍图

（图片来源：作者自摄）

2　所城的创建

明初东南沿海倭寇出没，朝廷以防御倭寇侵扰为名，沿着整个海岸线普遍建立卫所，塑造了明代潮州的海防格局。据陈天资《东里志》记载，明洪武二十七年（1394 年），百户顾实创建大城所城，初创之时并无建置，城池位于小金山下，城墙高一丈七尺，周围六百四十三丈，四门各建城楼，城垣四隅转角各建敌台，此前经宣化都指挥花茂奏设，与城池相适应的神庙祭祀系统、官署、演武场以及军械库开始配套出现。所城在初创之时，城池的防御任务由诸百户之军职官员掌控，战时可供周围东里半岛上诸乡的百姓入城避难。

根据光绪九年（1883 年）刊《饶平县志》记载，明朝廷对大城所城进行正式的军事建置是在营城创建的 10 年后，即洪武三十七年（1404 年），名为“大城守御千户所”，同时调配大量军士和随从官员前来驻守，目的是防范海上的流寇[③]对沿海地区村庄的劫掠。朝廷命安陆侯吴杰在沿海地区训练士卒防范倭寇，并建造城池守御[④]（明初潮州府辖地有蓬州[⑤]、潮阳[⑥]、大城 3 处守御千户所）。

① 明代潮州的海防格局是在明洪武 30 多年间逐步建立起来的。除了设于潮州府城的潮州卫及“内属”的 5 个千户所和位于内陆的程乡千户所之外，设立于近海地方的有大城、蓬州、靖海和海门 4 个守御千户所，以及东陇水寨和柘林水哨。这些军事组织在以后近 300 年地方社会与海盗、倭寇和山贼的复杂互动中，始终处于备受关注的重要地位（陈春声：《明代前期潮州海防及其历史影响（上）》，中山大学学报（社会科学版），2007 年第二期）。

② 陆元鼎通过对潮安象埔寨民居的个案研究，指出河南中原地区唐代都城的闾里棋盘式规划与象埔寨“三街六巷七十二厝”的格局有传承的关系，而背后的影响因素是颍川郡的移民，以实例论证了潮汕与古中原地区文化与民系上的渊源。

③ 光绪九年刊《饶平县志》有说，流寇来源于元代被征召随蒙古贵族征伐日本的南方士卒，他们战后不愿回陆地上定居，而是漂泊于海上，靠在沿海地区劫掠为生。

④ （清）刘抃原本、惠登甲增修：光绪九年印本《饶平县志》卷之五，兵防，第 13 页。

⑤ 蓬州守御千户所位于牛田洋内海的底部。

⑥ 潮阳守御千户所位于朝阳县城，后迁到滨海的海门村，更名为海门千户所。

3 16 世纪的破坏

16 世纪(明中叶)堪为大城所城命运多舛的一个世纪，此时潮州极为动荡，自然灾害频发，大城所城两度被海寇攻陷并遭到屠戮，加上地震和飓风的摧残，城池破坏严重，陈天资《东里志》记载，大城所城于 16 世纪发生的大规模战乱多达 7 次，虽然朝廷在澳湾处又设柘林水寨把守，但当时城外护城河直接与河道相连，成了海防上的缺漏，海寇战船只需溯河而上即能直抵城下。

《东里志》载，明嘉靖三十二年(1553 年)海盗何亚八劫掠东里各乡，动用大铳(火炮)轰击城垣，大城所城之西几乎成为无人区，民宅多被焚毁，频繁攻防战造成城垣多处坍塌，外围栅栏也残缺不全。8 年后的一场战乱，倭寇彻底攻陷大城所城并大肆破坏，宗族乡绅连同入城避难的百姓都不幸罹难，书籍家谱毁坏殆尽，城内房舍被纵火焚烧。据《东里志》载:“凡东里累世积蓄，书籍文史，前贤名作，家谱典故，皆烧毁无存，积尸如山……东里罹祸，古未之有也。”战乱后城池得到小规模修复，明隆庆二年(1568 年)海寇曾一本围攻城池并被击退，可知当时城再次由官兵占据，并能维持防御功能。16 世纪内的最后一次大规模破坏发生在明万历三年(1575 年)，一场突如其来的地震造成城垣和房屋大量毁坏，仅一个月后又发生兵变，直到明崇祯十年(1637 年)大城所城才得到全面修复，而此时与万历年间的地震和兵变已相距半个世纪之久。

4 民化转型的历史过程

明万历年间陈天资修编《东里志》载“而大城屹立于诸村之中”。16 世纪后，大城所城未被归入东界半岛诸村，延续了海防职能。此时正值明卫所民化转型时期，“按东里旧家，皆立祠堂”，作为宗族象征的建祠活动在城内愈演愈烈，至今城中尚存的林、郑、李、许四姓氏的家族祠堂均标榜为明时创建。伴随宗族建设和人口增长，城内出现繁荣的商贸活动，以大城所城仓前市最为远近闻名，是东里之地交易农产品和日用品的枢纽，所城附近乡民“行者挑贩鱼鲜瓜果，居者聚收布匹、麻铁、杂货等物，东里家用食物，多贸易于此”。

根据《樟林乡土史料》[①] 保留的康熙元年(1662 年)官府颁布的迁界告示，迁界期间大城所城正好处在饶平县迁海边界线上，清初迁海政令的颁行，使潮州沿海三五十里“迁界”范围内的乡寨被官兵摧毁，而大城所城并未经历此命运，除了城址并不毗邻海岸外，清廷可能考虑到大城所城本就有完备的城防工事，外围城垣还十分方便官府对迁入的乡民进行管控，所城被官府划入了界内，附近柁林寨、赖家、下岱埔、上湾、下湾、上里乡、大埕、长美、神前、岭后等乡民迁至城内居住，清廷还从饶平县城拨调官兵前来驻防。在清初迁海的背景下，城内人口和房屋密度陡增，加速了所城民化转型的进程。

明代的卫所在清代延续了 80 多年，到清雍正初年才大体完成了并入行政系统的改革 [②]。对大城所城的裁撤发生在清雍正九年(1731 年)[③]，从此大城所城彻底完成了民化转型，城内各姓祠堂及神庙混杂在万瓦鳞鳞的民宅之中，散落于城内各处，祭祀空间不能统领全局，大城所城最终演变成保留城垣、护城河等城防工事的多姓混居的地缘村落，并以实现集体治安为目标，这与 18 世纪以后潮汕平原上广泛形成的单姓宗族的血缘村落迥异，后者通常以家族祠堂为核心，其余房屋环绕布置 [④]，形成井然有序的“向心环绕式”聚落形态。

① 陈春声:《地方故事与国家历史:韩江中下游地域的社会变迁》•第三章•从倭乱到迁海——社会动乱与文献编修，生活•读书•新知三联书店，2021 年:第 214 页。

② 顾诚:《卫所制度在清代的变革》. 北京师范大学学报(社会科学版)，1988(2)。

③ 杨晨宇:《清雍正九年至十三年卫所的裁并》援引《畿辅通志》，史志学刊，2017:10。

④ 肖旻在《“从厝式”民居现象探析》一文指出，粤东地区向心围合式(民居)体现的整体性、秩序性是与传统社会的礼制文化相适应的，只有大家族的居住建筑才可能完成“向心围合式”住宅的设计和营造。

5 对东城垣的调查

目前大城所城外围以东的城垣保存最完整、连贯，全长约 466 m，墙垣做收分，实测墙基处厚 6.88 m、墙顶厚 5.2 m（巡防道宽度）、墙高 4.3 m。墙主体用贝灰砂岗土夯筑，再用大石条内外包砌，砌筑浆采用传统贝灰砂岗土混合砂浆。墙顶巡防道未发现原有铺装痕迹，巡防道路面以前很可能为素土夯实，两侧外缘有排列整齐的丁砌阶沿石以稳固墙体（图 2 、图 3）。

图 2 东城垣南段（东城门以南段）航拍照

（图片来源：作者自摄）

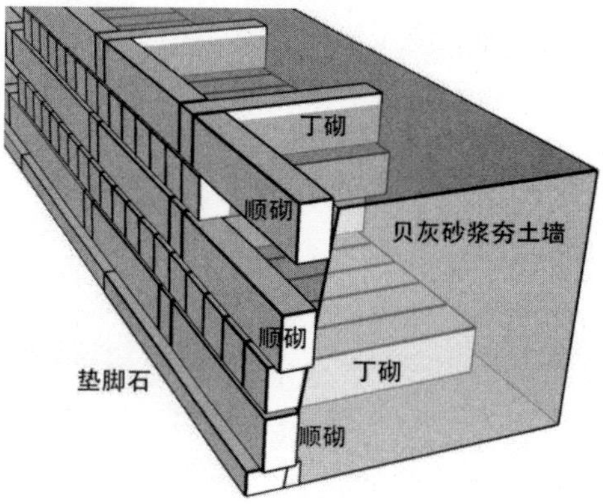

图 3 夯土城垣与外包石条构造透剖视图

（图片来源：作者自绘）

20 世纪 90 年代，城垣外侧立面、护城河及环城步道得到整修，但城垣内侧立面包石缺失较多，夯土墙裸露，土层在雨水冲刷、有害可溶盐的作用下持续风化剥落，部分段落残缺已十分严重，土墙表面及石条砌缝间杂草丛生，树木根系已和墙体盘扎一体（图 4）。

图 4 城垣内立面现状

（图片来源：作者自摄）

5.1 营造尺长

由于城垣普遍风化残缺，室外地坪较原地面不断垫高，按现地面墙垣高与原高度相差较多，无法折算。实测大城所城周长 1 831 m，按文献城周围六百四十三丈折算，每尺长 28.5 cm。根据李哲扬对潮州大木构架的调查，与建筑营造活动紧密关联的木尺合 29.6~29.8 cm①，少有低于 29.6 cm 或超过 29.8 cm。综合木尺长与以上折算数字相差仅 1 cm，考虑现状四周城垣多有残缺，实测周长并无法准确反映原周长，故暂用木尺 29.6 cm 为折算用尺。

5.2 城垣高度

根据康熙版《广东舆图》记载，城高"一丈六尺八寸"，与木尺长 29.6 cm 折算，得城垣原高度为

① 李哲扬：《潮州传统建筑大木构架》，广州：广东人民出版社，2009 年：第 195 页。

4.970 m，约合 5 m，与实测墙高 4.45 m 尚存在约 0.5 m 之差（图 5），考虑到城垣周围地面的垫高和墙垣风化残缺，亦合情理。若按城周围折算尺长为 28.5 cm 进行折算，合城高约 4.78 m，与实测值仅存 33 cm 之差，从折算结果来看，《广东舆图》所载城高“一丈六尺八寸”比地方志所载“一丈七尺”更为可信，故推测大城所城原城垣高度大概为 5 m。

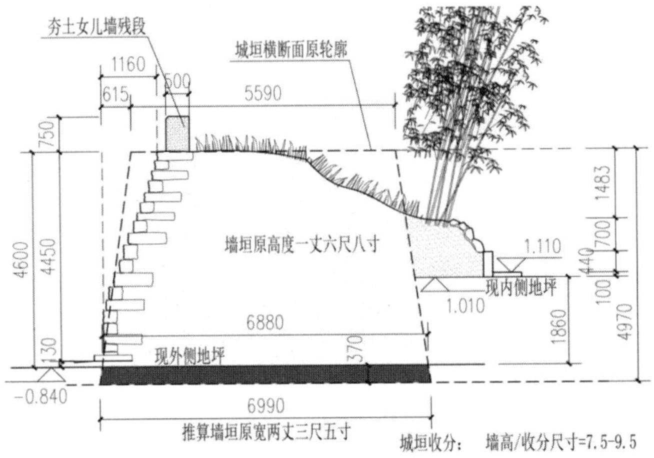

图 5　东城垣某段横截面现状及原形制尺寸注释图

（图片来源：作者自绘）

5.3　城垣外包石砌法

东城垣残段外包石条为白麻石（花岗岩的一种）材质，按加工精细程度分为“方整块石”和“毛石”两类，条石规格多样，实测数据如下：石条高 220 mm、235 mm、240 mm、260 mm、270 mm、310 mm；石条宽 150 mm；石条长 880 mm、1 000 mm、450 mm、1 700 mm、2 000 mm、110 mm。现场调查石条砌法有以下几种。

A 型。“一顺一丁”结合“落落丁”错缝砌筑，全用方整块石，地面上 12 cm 厚的条石奠基，再一层顺一层丁，顺层每两相邻顺砖间介入丁石，上下层错缝（图 6）。

B 型。用方整块石按“一顺一丁”砌，取样在东城门甬道及券顶位置（图 7），顺砌条石长度为 2 m 左右，丁砌条石宽度多为 20~22 cm。

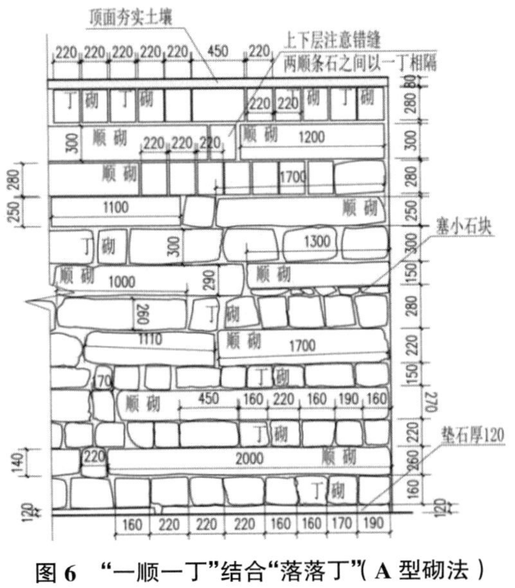

图 6　“一顺一丁”结合“落落丁”（A 型砌法）

（图片来源：作者自绘）

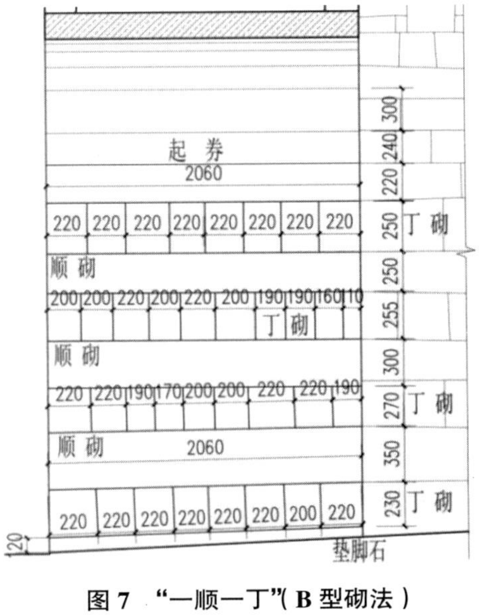

图 7　“一顺一丁”（B 型砌法）

（图片来源：作者自绘）

C 型。将方整块石与毛石结合砌，先用方整块石按 A 型砌至 1.6~1.8 m 高度，再将以上部分墙面用毛石砌，到墙顶再用方整块石丁砌(图 8)。

D 型。石块多不规整且不经加工，全用未精细加工的毛石砌筑，大块毛石累叠，大石块空隙之间填充小石块。

5.4 东城门

东城门又称朝阳门，文献记载原有重檐门楼，现该楼无存。门洞用长约 2 m 的白麻石板条起砌半圆状并列券，形成筒拱状的洞甬道。实测从甬道地坪到券顶的高度为 3.39 m，半圆券矢高约 1 m，门洞总面宽约 2.6 m，甬道总进深(城垣厚)为 6.88 m。每块券石宽 26 cm，厚 13~16 cm，城门洞宽 2.6 m，恰好等于 10 倍券石宽，另外门洞券顶通高等于 13 倍的券石宽。与木结构建筑或者仿木砖石结构不同，城垣营建在尺度上往往较少涉及十分细碎的模数单位，推测 26 cm 值是与石构件的加工有关，进而影响城门尺度权衡(图 9)。

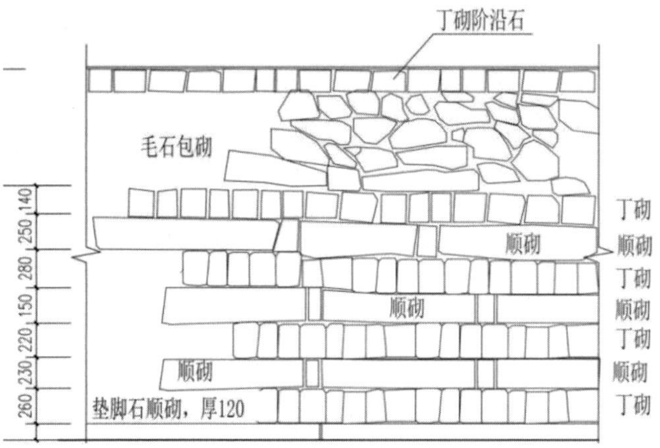

图 8 方整块石与毛石结合(C 型砌法)

(图片来源:作者自绘)

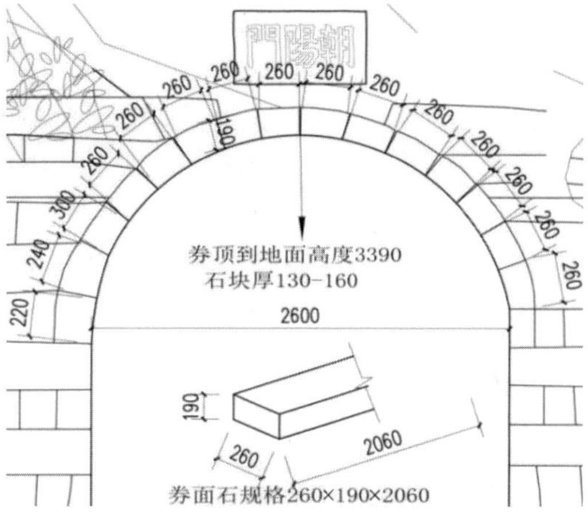

图 9 东门券石门洞砌法与石块尺寸

(图片来源:作者自绘)

6 总结

大城所城于 14 世纪末创建，在明帝国沿海动荡不安的 16 世纪里，城池经历战火摧残并开始民化转型，商贸和宗族建设勃兴，在 18 世纪清王朝的迁海令与裁撤卫所的推动下，该城最终成为一处带有早期城防工事性质的地缘性村落，至今其仍是留有当地居民和他们传统生活方式的活态遗产地。大城所城承载了东界半岛的人们在跨越 600 多年历史进程中世代累积的“集体记忆”，包括城池修筑、山海寇乱、移民、屯田、宗族组织、宗教、军民关系和贸易交通等方面。从原初到现在，所城都是不断变化的结果，它也将随着当今社会和环境的动态变迁传承给子孙后代，这是我们对其进行保护必然要承认和尊重的客观现实。

目前大城所城城垣的内侧墙体依然土体裸露，残缺严重。以对东城垣的考古调查为例，原初结构的信息残留尚不足以支撑将该处城垣复原至 16 世纪以前的样貌，以虚构和理想化的所谓“原状”实施修复并不适用，过度干预极易造成对饱含“集体记忆”价值的破坏。建议当下较为妥当的方式是优先保障文物本体的“延年益寿”和“妥善保存”，但基于已有真实、可靠的历史信息实施的小范围修补应得到认可，譬如对垮塌严重的城垣，可依据邻近段落位置进行补夯，再参考残存段落的砌法(上文已归纳)对裸露土墙包砌石条，以减缓城垣土体在自然侵蚀下的解体速度，技术干预后的东城垣应尽量留有历史的痕迹并达到“如实传承”的目标。

黄思达　潮州市博物馆(潮州市粤东考古中心 潮州华侨博物馆) 讲师、助理馆员

参考文献

[1] 陈天资. 东里志 [M]. 潮州：饶平县地方志编纂委员会办公室印行《东里志》(校订注释本)领导小组，2001.
[2] 陈春声. 明代前期潮州海防及其历史影响(上)[J]. 中山大学学报(社会科学版)，2007(2)：24–32，125.
[3] 刘抃修 侯世禄.(清康熙二十六年刊)饶平县志 [M].
[4] 刘抃原本、惠登甲增修.(光绪九年印本)饶平县志 [M].
[5] 广东舆图 [M] 北京：书目文献出版社，1997.
[6] 周硕勋.(清乾隆二十六年刊)潮州府志 [M].
[7] 陈春声. 地方故事与国家历史：韩江中下游地域的社会变迁 [M] 北京：生活•读书•新知三联书店，2021.
[8] 李哲扬. 潮州传统建筑大木构架 [M]. 广州：广东人民出版社，2009.
[9] 黄挺. 中国与重洋：潮汕简史 [M]. 北京：生活•读书•新知三联书店，2017.

预防性保护视角下历史街区保护研究
——以宣化钟鼓楼历史街区为例

Research on Historic District Conservation from a Preventive Conservation Perspective
——Take the Xuanhua Bell and Drum Tower Historic District as an Example

高欣宇 张凌波 刘立钧

摘　要：近年来我国历史文化遗产保护方式逐渐由抢救性保护向抢救性保护与预防性保护并重的保护方式转变。目前国内的预防性保护研究对象多以建筑遗产为主，鲜少涉及历史文化街区。本文以宣化钟鼓楼历史街区为例，探讨了预防性保护理念在历史街区保护中的应用，阐述了预防性保护的内涵与流程，对宣化钟鼓楼历史街区的街巷格局、景观与人文风貌、建筑遗产进行了详细分析，识别了该街区面临的主要风险，提出了针对性的预防性保护策略，从宏观、中观、微观三个层面提出历史街区预防性保护体系完善策略。

关键词：预防性保护；历史街区保护；宣化钟鼓楼历史街区

Abstract: In recent years, China's approach to historical and cultural heritage conservation has gradually shifted from rescue-oriented conservation to a balanced emphasis on both rescue-oriented and preventive conservation. Currently, domestic research on preventive conservation predominantly focuses on architectural heritage, with little attention given to historic districts. This paper, taking the Xuanhua Bell and Drum Tower Historic District as an example, explores the application of the preventive conservation concept in the protection of historic districts, elaborates on the connotation and process of preventive conservation, and conducts a detailed analysis of the street pattern, landscape, cultural ambiance, and historic buildings within the Xuanhua Bell and Drum Tower Historic District. It identifies the main risks faced by the district and proposes targeted preventive conservation strategies, along with strategies for improving the preventive conservation system for historic districts at the macro, meso, and micro levels.

Keywords: preventive conservation; historic district conservation; Xuanhua Bell and Drum Tower Historic District

引言

历史文化遗产保护体系中，历史街区作为“历史文化名城—历史街区—文物保护单位”三级保护体系中承上启下的重要环节[1]，其保护的必要性不言而喻。随着城市的不断发展，历史街区面临着诸多挑战，如建筑老化、功能衰退、环境恶化等。传统保护方式往往侧重于事后修复，难以有效应对各种潜在风险，导致历史街区的真实性、完整性和可持续性受到威胁。因此，探索一种科学、系统且具有前瞻性的保护方法显得尤为迫切。

预防性保护作为源于欧洲本土的文化遗产保护理论，其思想根源可以追溯至古希腊与古罗马时期[2]。20世纪50年代，意大利文物保护专家切萨雷·布兰迪基于可移动文物的保护，首次提出了“预防性保护”

的理念，标志着预防性保护理念被正式引入历史文化遗产保护范畴[3]。1987年颁布的《华盛顿宪章》强调“持续维护对保护历史城镇至关重要”，要求针对诸如自然灾害、环境污染等威胁，制定并实施具有适应性的预防及修复策略[4]。1990年，意大利国家修复研究中心着手开展了“文化遗产风险地图”项目研究，该项目旨在通过全面系统地分析和评估文化遗产的当前状况及其所处环境中的风险要素，实现文化遗产的预防性保护目标，并将预防性保护的范围扩大至整个区域[5]。近年来，随着数字化技术的不断发展，遗产保护中风险评估的方法逐渐完善并普及，监测、定期巡查、保养维护等预防性保护的专项工作被纳入预防性保护的工作框架，预防性保护的内容不断充实并渐成体系[6]。预防性保护理论的不断发展和数字化技术的成熟，为历史街区保护提供了新的思路。

1　预防性保护的内涵与流程

1.1　预防性保护的内涵

20世纪60年代，切萨雷·布兰迪在《预防性修复》中指出，预防性保护是指采取积极行动，消除遗产所面临的威胁，并确保保护措施得到有效执行，从而避免在紧急情况下对遗产进行修复[7]。此后，预防性保护的概念一直备受关注与讨论。2008年，国际文物保护与修复研究中心（ICCROM）对预防性保护的概念进行了界定，即采取一切必要手段和措施，有效预防或减轻遗产未来可能遭遇的退化和损坏[8]。国内学术界对此进行了深入研讨，进一步丰富和完善了预防性保护的内涵。戎卿文等提出，预防性保护涵盖遗产自然老化损耗及突发性灾害防范，是集检测、保养、监测、防控于一体的综合体系。其实施需由周密规划设计和循环反馈机制支撑，相较于传统保护模式，突出特点为计划性、动态可调性、开放性、全面性、循环迭代性及长期连续性[9]。

预防性保护是一种前瞻性的保护策略，强调在历史文化遗产遭受损害之前，通过科学监测、系统评估、环境调控及日常维护等手段，提前识别并控制潜在风险，从而有效降低损害发生的可能性，延长历史文化遗产的寿命。

1.2　预防性保护的流程

2003年，国际古迹遗址理事会（ICOMOS）提出了建筑遗产预防性保护的四个核心步骤，即“病例查询—诊断—治疗—控制”，这一流程已成为预防性保护工作实践中的常用指南[3]。总结20世纪欧洲预防性保护实践，将其总结为“前期准备—风险识别—风险评估—风险防范”四个环节（图1）。在国内的预防性研究中，李爱群提出了更为详细和完善的框架体系图，整体划分为基础信息搜集、风险因素识别、风险评估、风险防范四个阶段，与国外趋于成熟的实践框架相契合[10]。

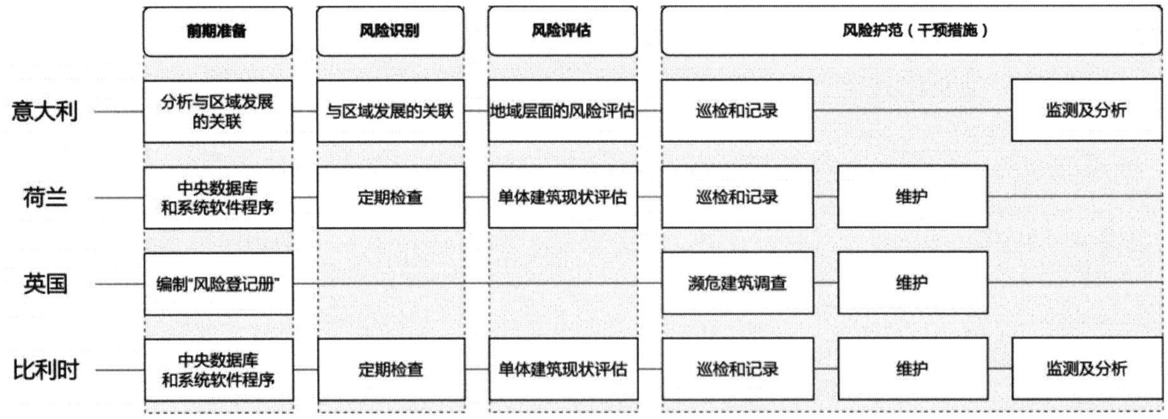

图1　20世纪欧洲各国预防性保护各环节概要

（图片来源：作者改绘自文献[3]）

根据国内外对预防性保护体系流程的研究，结合历史街区保护的特点，将历史街区预防性保护的流程总结为“保护前期准备—风险识别与评估—风险防范”三个环节。

1.3 历史街区预防性保护的必要性

历史街区是城市历史文化的重要载体，蕴含丰富的物质与非物质文化遗产，其风貌与城市历史环境融合，构成独特的文化景观。然而，城市建设和社会经济发展使历史街区面临风险，城市更新、基础设施建设及日常生活都可能损害其历史风貌和文物建筑。因此，探索并实施长期、动态的规划式预防性保护方案至关重要。通过科学规划、有效管理和持续监测，确保历史街区风貌完整保存，为城市历史文化传承和可持续发展奠定基础。

历经数十年努力，我国世界遗产、全国重点及省级文物保护单位等高级别的历史文化遗产保护状况显著改善，历史文化遗产的重大风险基本解除，各类不可移动文物现状与之相似，大规模抢修阶段已近尾声，我国历史文化遗产保护方式逐渐由抢救性保护向抢救性保护与预防性保护并重的保护方式转变[11]。目前国内的预防性保护研究对象多以建筑遗产为主，鲜少涉及历史文化街区等，建立适用国内历史街区的预防性保护体系是题中应有之义。

2 宣化钟鼓楼历史街区概况

2.1 研究范围

宣化钟鼓楼历史街区位于河北省张家口市宣化区宣化古城内（图 2），北起东大街，南至按院街南口，全长 200 m[12]，以钟鼓楼为中心，向四周辐射，涵盖周边具有历史价值和文化特色的街巷、建筑物及环境要素。保护范围是以牌楼北路马路西侧为基线向西外扩 150 m，以牌楼北路马路东侧为基线向东外扩 45 m，全国重点文物保护单位为钟楼、鼓楼和时恩寺。

图 2 宣化钟鼓楼历史街区范围

（图片来源：作者改绘自文献 [13]）

2.2 使用管理现状

宣化钟鼓楼历史街区内的土地用途多样，包括居民住宅、商业经营、文化展示等。随着城市的建设，部分传统建筑被改造或用于非传统用途，导致街区的历史风貌和特色受到一定影响，也给街区的管理带来了一定难度。

街区内的建筑物历史悠久，承载着丰富的历史文化信息，多用于餐饮、零售等商业功能。但部分建筑存在老化、破损等问题，急需修缮和保护。同时，由于历史原因和产权归属的复杂性，建筑物的使用和管理也面临诸多挑战。一些建筑物被私自改造或占用，严重影响了街区的整体风貌和历史文化价值的传承。

目前宣化钟鼓楼历史街区已经初步建立了管理体系，涉及多个部门和机构的协作与配合，但存在职责不清、管理效率低下等问题，缺乏统一的管理规划和协调机制，导致街区的管理工作难以有效推进。此外，街区内的居民和商户对街区的保护意识不强，缺乏主动参与街区管理的积极性。

总而言之，宣化钟鼓楼历史街区在使用管理方面呈现出多元化的特点，既体现了其作为历史街区的复杂性，又反映了其在保护和发展中所面临的挑战和机遇。

3　宣化钟鼓楼历史街区预防性保护研究

3.1　宣化钟鼓楼历史街区预防性保护框架

借鉴国内外对文物建筑预防性保护体系流程的研究，结合宣化钟鼓楼历史街区的现状特点及保护历程，尝试构建其预防性保护体系，主要包括保护前期准备、风险识别与评估、风险防范三个环节(图 3)。

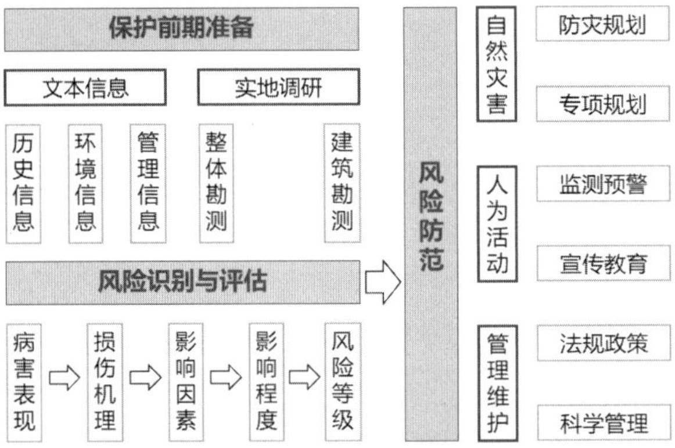

图 3　宣化钟鼓楼历史街区预防性保护框架

(图片来源：作者自绘)

3.2　保护前期准备

对宣化钟鼓楼历史街区的基础资料进行收集，包括街区的街巷格局、景观风貌、建筑遗产等多方面的信息，为预防性保护的后续环节提供准确的基础资料支撑。

3.2.1　街巷格局

宣化钟鼓楼历史街区以钟鼓楼为中心，街区内主要街道与次要街道相互交织，共同构成了街区的骨架，街巷布局整体上呈现鱼骨式结构。主要街道以钟鼓楼为中心向四周延伸，形成了街区的主轴线，承担街区的主要交通和功能。次要街道相对较窄，与主要街道形成良好衔接和互补(图 4)。

3.2.2　景观及人文风貌

宣化钟鼓楼历史街区景观特色体现在清远楼、镇朔楼及周边布局上。两楼为街区标志，展示明代建筑风格，承载深厚历史文化内涵。街区保留明清传统空间形态，街道宽度适中、走向合理、便利生活且体现古代城市规划科学性。建筑多青砖灰瓦、飞檐翘角，错落有致，与两楼相互映衬，构成独特的景观风貌。

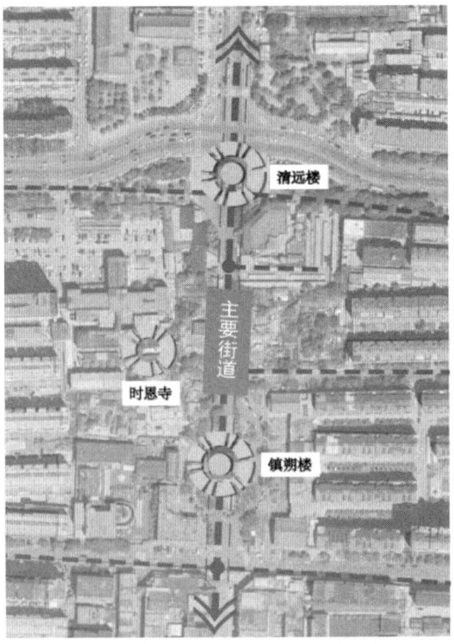

图 4　宣化钟鼓楼历史街区街巷格局

(图片来源：作者自绘)

宣化钟鼓楼历史街区的人文风貌主要体现在其丰富的历史文化遗产与独特的社区文化上。街区内的建筑、雕塑、牌坊等环境小品，不仅是历史的见证，也是文化的传承。清远楼与镇朔楼上悬挂的匾额、石碑等，记录了宣化地区的历史变迁与文化传承。同时，街区内的居民世代相传着传统的生活方式与手工艺技能，如制作宣化剪纸等。

3.2.3　建筑遗产

宣化钟鼓楼历史街区的建筑遗产分为文物建筑和风貌建筑两类，其中文物建筑主要包括清远楼（钟楼）、镇朔楼（鼓楼）、时恩寺，风貌建筑指能够反映地区历史风貌和地方特色的其他建筑。

清远楼始建于 1482 年，为高台楼阁式建筑。墩台高 8 m，占地 728 m^2。楼阁高 17.50 m，三檐两层，绿琉璃瓦顶，呈十字歇山式多角形，总高 25.80 m。面宽五间，进深三间，楼上悬万斤八卦铜钟，钟声悠扬，可传四十余里[14]。

镇朔楼始建于 1440 年，与清远楼遥相呼应，为高台楼阁式建筑。楼高 24.88 m，占地 1 052.3 m^2。两层设计，绿琉璃瓦顶，面宽七间，进深五间，四周环廊。楼前悬“镇朔”，楼北挂乾隆书“神京屏翰”，寓保卫京城、镇守边疆。楼内置巨鼓，长 2.2 m，直径为 15 m，为古时报时用。

时恩寺，初建于 1470 年。目前仅大殿得以保存，其面积为 309.6 m^2。大殿宽度为五间，深度达三间，整体高度为 10.3 m，采用单檐庑殿式布瓦顶。目前，山门、配殿及禅房等建筑已修复完毕。

3.3　风险识别与评估

本文从街区格局、景观及人文风貌、建筑遗产三个层面，探寻宣化钟鼓楼历史街区的价值，同时识别可能会对历史街区造成威胁的风险因素，将风险进行分类，针对各类风险制定相应的风险防范措施，探索适合宣化钟鼓楼历史街区的预防性保护方案。

3.3.1　街巷格局风险识别与评估

宣化钟鼓楼历史街区处特定地理气候环境，街巷格局面临多重自然灾害威胁。虽不在直接地震带，但邻近地质活动可能间接影响街巷结构。地震风险低，但一旦发生，可能破坏路面、排水系统等，影响街巷格局和通行。夏季强降水是另一威胁，暴雨易引发内涝，对排水系统构成压力，甚至导致积水，破坏街巷格局。

在人为活动方面，随着城市建设的不断推进，街区内部及周边的建设活动可能对街巷格局造成破坏，如新建建筑遮挡视野、施工过程中的挖掘对路面造成损害等。同时，过度的商业开发也可能使街巷格局趋于商业化、同质化，丧失原有的历史和文化特色，并增加街巷的承载压力。

在管理维护方面，缺乏有效的管理和维护机制是街巷格局逐渐衰败的一个重要原因。如果街巷的清洁、照明、安全等方面得不到及时有效的维护，将严重影响居民的生活质量和街区的整体形象。此外，相关法规对历史街区的保护如果不够严格或执行不力，也可能导致街巷格局的随意改动和破坏。

3.3.2　景观及人文风貌风险识别与评估

在自然灾害方面，宣化地区因地理位置和气候条件，面临多重自然风险。可能突发地震，破坏古建筑，导致建筑破损倒塌。暴雨、洪涝等水文灾害也不容忽视，会冲刷地基、侵蚀材料，加剧建筑老化损坏，影响景观稳定性和耐久性。

在人为活动方面，街区内外建设若缺乏规划，新建建筑或与宣化历史风貌冲突，破坏和谐性。旅游过度商业化、游客不文明行为、居民商户保护意识不足，均可能导致景观退化、人文风貌丧失。社会结构变化、人口流动、生活方式转变亦影响深远，如传统社区结构解体导致社区文化消散，人口流动带来文化冲突问题，生活方式改变使传统习俗技艺失传。

在管理维护方面，部分部门和人员对非物质文化遗产的保护意识不强，可能导致保护工作的滞后和不到位。同时，缺乏系统的保护规划和有效的实施机制，使得人文风貌的保护工作难以形成合力。此外，公众对非物质文化遗产的认知和参与度也有待提高，缺乏广泛的社会基础和民众支持，保护工作难以持续和深入。

3.3.3 建筑遗产风险识别与评估

在自然环境方面，气候的极端变化、地质的不稳定性以及生物的侵蚀都构成了对历史建筑的威胁。地震作为地质不稳定性的直接表现，其发生时的强烈震动可能对街区内的古建筑造成严重的结构性破坏。宣化夏季暴雨、大风等极端天气可能直接损害建筑的屋顶和墙体，而温度、湿度的波动则加速建筑材料的老化。

在人类活动方面，周边的建设活动、建筑的使用维护以及人为的破坏都可能对历史建筑造成损害。新建建筑可能与历史建筑风貌不协调，施工过程中的振动和挖掘也可能影响建筑的地基。过度使用和缺乏专业维护会加速建筑的老化，而故意或无意的人为破坏则可能留下不可逆的伤痕。

在管理维护方面，历史建筑面临的风险包括：保护法规缺失或执行不力；资金技术不足；公众保护意识淡薄。缺乏有效法规支持，保护工作难保障；资金技术短缺，维护修缮难进行；公众意识淡薄，社区参与度低，保护工作缺动力。

3.4 风险防范

将宣化钟鼓楼历史街区的街巷格局、景观及人文风貌、建筑遗产三方面的保护内容面临的风险因素分为三类（表1），分别为自然灾害风险、人为活动风险及管理维护风险，并针对不同类型的风险因素制定风险防范措施。

表1 宣化钟鼓楼历史街区风险因素汇总

保护内容		风险因素		
		自然灾害	人为活动	管理维护
街巷格局		地震及暴雨等极端气候	内部及周边地区建设活动，过度商业化	管理制度不完善，相关法规执行不力
景观及人文风貌		地震及暴雨等极端气候	内部及周边地区规划，新建建筑风貌，旅游开发，社会变迁	管理制度及保护意识不完善，公众保护意识淡薄
建筑遗产	文物建筑	地震、暴雨及温度、湿度波动	周边建设影响，缺乏专业维护	管理制度执行不力，资金不足
	风貌建筑	地震、暴雨及温度、湿度波动	建筑本体改建，周边建设影响，过度使用，人为破坏	政策法规缺失，公众保护意识淡薄

3.4.1 绘制历史街区风险地图

基于上述对宣化钟鼓楼历史街区的风险识别及评估，梳理历史街区在风险因素影响下亟待保护的要素，将其与风险信息进行叠合，可生成宣化钟鼓楼历史街区的风险地图（图5），以直观了解风险情况，为预防性保护工作中的风险宏观把控奠定基础[14]。

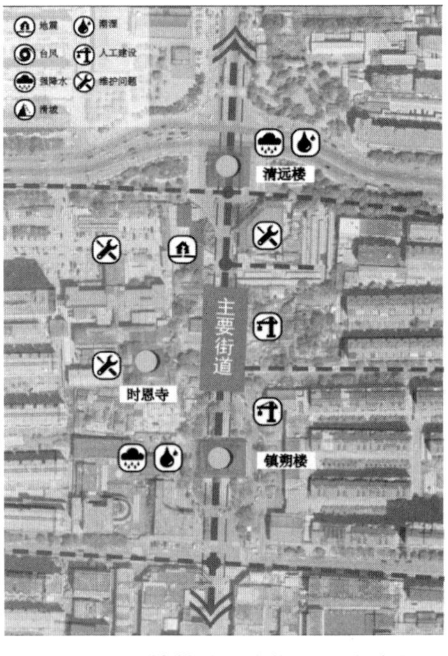

图5 宣化钟鼓楼历史街区风险地图

（图片来源：作者自绘）

3.4.2 制定合理防灾规划

制定合理防灾规划对宣化钟鼓楼历史街区的保护至关重要。需要综合考虑街区的历史建筑特点、地理位置、气候条件以及潜在的灾害类型，如地震、洪涝、火灾等。规划应明确各类灾害的应对措施，包括预警系统的建立、疏散路线的设定、应急物资的准备以及灾后修复方案的制定。同时，规划还需确保与相关部门和机构的紧密合作，以便在灾害发生时能够迅速、有效地展开救援和保护工作，从而最大限度地降低灾害对历史街区造成的损害。

3.4.3 强化管理维护

严格控制街区内及街区周边的活动行为，包括商业经营、居民生活、游客游览等，确保所有活动都在不损害历史建筑和街区风貌的前提下进行。同时，加强管理制度的执行力度，建立健全的巡查、监督、处罚机制，确保各项管理制度得到有效落实，对违反规定的行为进行及时纠正和处罚，从而全面保障历史街区的安全与发展。

3.4.4　重点建筑持续监测

宣化钟鼓楼街区建筑监测目前以人工巡查为主，对重点遗产保护有积极作用，但监测范围有限，内容宽泛，易遗漏风险。动态监测是预防性保护的核心，应结合移动工具、大数据与地理信息系统（GIS），开发数字化工具，全面收集分析数据，制定详尽的监测指标，选择有针对性的技术监测建筑本体及周边，避免资源浪费。

3.4.5　促进公众参与保护

建立上下结合的预防性保护体系，加强宣传教育，提高公众对历史街区价值的认识，鼓励居民、游客等积极参与保护。通过志愿服务、文化讲座、互动体验等形式，让公众了解街区文化内涵，激发保护热情，形成全社会共护氛围，确保宣化钟鼓楼历史街区得到持续有效保护与发展。

4　历史街区预防性保护体系完善对策

4.1　宏观层面：政策引领，加强管理

法律政策作为预防性保护的核心工具，应当与防灾规划实现深度融合，加强对政策制定、法律法规执行及管理实施等环节的深入探究，清晰界定各级单位在遗产保护工作中的具体职责、运维管理的操作流程、资金筹集的有效渠道、监督反馈的运行机制以及公众参与的合法权限，从而为历史街区的预防性保护建立完善的制度框架。

组织管理是确保建筑遗产保护措施有效实施的关键要素，需构建一套遗产管理与维护机制，明确管理规范、权责分配、工作规划及详细任务，以保障监测、日常维护等预防性措施得以有效落实。针对遗产管理运维团队，管理制度应确保其能够切实承担起日常维护、保养及监测的职责。同时，管理制度还应涵盖游客行为准则，以避免人为因素对历史街区造成不必要的损害。

4.2　中观层面：规划先行，公众参与

保护规划是建筑遗产保护的关键，应依据历史街区风险评估划定保护边界。针对自然灾害、人为破坏及自然老化等风险，需制定防灾策略，加强管理干预。同时，细化运维管理，制订资金筹措计划，确保预防性保护工作顺利进行，获得足够的资金支持，最终实现保护规划中的预防性保护目标。

公众参与是激活遗产潜力、提升保护成效的重要因素。应当拓展公众参与的渠道，建立多元化的社会参与机制。在日常的遗产管护工作中，积极鼓励公众参与其中，以便及时发现并应对遗产存在的风险。开通意见渠道，听取公众对保护工作的建议；设立专家顾问团，科学决策；倡导民间组织参与管理，为预防性保护献智出力，推动保护规划的制定与实施。

4.3　微观层面：技术支撑，筑牢基础

基于预防性保护对信息的需求，强化信息体系标准化的探究工作，明确信息的类别、格式规范及准确性要求，构建起统一规范的信息需求体系框架。在此基础上，依托数字化技术手段，加快遗产文本资料和勘察监测数据的数字化进程，整合建筑风貌、文字记录、图像信息、测绘点云数据、材料特性等多维度信息源，构建一个涵盖遗产本体状态、周边环境、结构特征、材料属性、病害情况、监测记录及维修历史等全方位的遗产现状大数据平台，为遗产的监测与管理工作提供坚实可靠的数据支撑。

5　结语

本研究从保护前期准备、风险识别、风险评估及风险防范等方面，以宣化钟鼓楼历史街区为例探索了

历史街区的预防性保护工作流程与方法。结合历史街区的特点，从街巷格局、景观及人文风貌、建筑遗产三方面对其进行风险识别和风险评估，针对不同风险提出了相应的风险防范措施，从宏观、中观、微观三个层面提出了历史街区预防性保护体系完善对策。

高欣宇　天津城建大学　硕士研究生
张凌波　天津城建大学　硕士研究生
刘立钧　天津城建大学　教授

参考文献

[1] 潘鹏程. 基于 HIAs 的历史街区保护规划评估研究 [D]. 南京：东南大学，2019.

[2] 易晓列. 广州建筑遗产防火防风性能评估及预防性保护 [D]. 广州：华南理工大学，2022.

[3] 李睿智. 基于脆弱性指数的近现代建筑遗产预防性保护研究 [D]. 济南：山东建筑大学，2024.

[4] 吴美萍. 欧洲视野下建筑遗产预防性保护的理论发展和实践概述 [J]. 中国文化遗产，2020(2)：59–78.

[5] ACCARDO G，GIANI E，GIOVAGNOLI A. The risk map of Italian cultural heritage[J]. Journal of architectural conservation，2003，9(2)：41–57.

[6] 朱登波. 中国不可移动文物预防性保护的国内经验和江苏省工作路径研究 [D]. 南京：东南大学，2021.

[7] BRANDI C. Preventive restoration（1963）[J]. Historical perspectives on preventive conservation，2013，69.

[8] 李行言. 北京 20 世纪遗产建筑混凝土材质的预防性保护 [D]. 北京：北京工业大学，2016.

[9] 戎卿文，张剑葳. 从防救蚀溃到规划远续：论国际建筑遗产预防性保护之意涵 [J]. 建筑学报，2019(2)：94–99.

[10] 李爱群，周坤朋，解琳琳，等. 中国建筑遗产预防性保护再思考 [J]. 中国文化遗产，2021(1)：13–22.

[11] 郭波. 解州关帝庙预防性保护实践和探索 [J]. 文物鉴定与鉴赏，2022(23)：41–44.

[12] 王红旭. 宣化历史文化名城低效用地识别及规划策略研究 [D]. 张家口：河北建筑工程学院，2023.

[13] 梁月星. 基于色彩控制的宣化古城微改造策略研究 [D]. 张家口：河北建筑工程学院，2020.

[14] 何韶颖，杨钰琪，汤众，等. 传统村落预防性保护研究：以潮州市狮峰村为例 [J]. 城市发展研究，2021，28(11)：16–21.

建筑遗产保护传承的评价与管理

广州市历史建筑认定机制优化研究

Study on Optimizing the Recognition Mechanism of Historic Buildings in Guangzhou

刘金兰 张智敏 孙 婧

摘　要：历史建筑是历史文化名城保护体系的重要组成部分，2014—2023年，广州市已认定公布七批共828处历史建筑。十年来广州历史建筑的认定机制已经逐步完善，但仍有亟待改进的地方。本文首先系统梳理广州七批历史建筑推荐总体情况和演变过程，总结认定机制改进情况。其次具体分析广州第八批历史建筑推荐认定过程，揭示推荐来源不均、线索信息缺失、公私权力矛盾突出的核心问题，针对性提出促进推荐来源多元化、建立遗产保护动态管理数据库、完善补偿激励措施的策略。最后以平民宫旧址为例，深入探讨其认定的争议点，通过文献研究与现场勘探相结合的方法，对其价值进行科学评估。文章旨在优化历史建筑推荐认定机制，为后续历史建筑认定与保护工作提供借鉴。

关键词：历史建筑；认定机制；平民宫旧址；广州

Abstract: Historic buildings are an important part of the protection system of historic city. From 2014 to 2023, Guangzhou has recognized and announced seven batches of 828 historic buildings. In the past ten years, the mechanism of recognizing historic buildings in Guangzhou has been gradually improved, but there are still places that need to be improved. Firstly, this paper systematically combs through the overall situation and evolution process of the seven batches of historic buildings in Guangzhou, and summarizes the improvement of the recognition mechanism. Secondly, this paper specifically analyzes the process of recommending and identifying the eighth batch of historic buildings in Guangzhou, revealing the core problems of uneven recommendation sources, missing clue information, and prominent contradiction between public and private power, and puts forward the strategies of promoting the diversification of recommendation sources, establishing a dynamic management database for heritage protection, and improving the compensation incentives. Finally, taking the former site of the Civilian Palace as an example, the controversial points of its identification are discussed in depth, and its value is assessed scientifically through the combination of documentary research and on-site exploration. The aim of the paper is to optimize the mechanism of recommending and identifying historical buildings, and to provide reference for the subsequent identification and protection of historic buildings.

Keywords: historic building; recognition mechanism; the former site of the Civilian Palace; Guangzhou

1　广州市历史建筑概况

2008年，《历史文化名城名镇名村保护条例》(简称《条例》)颁布实施，提出与单体文物保护制度相结合的多层次历史文化名城保护体系[1]。经过多年发展，广州的历史文化名城保护体系逐步完善。目前基本形成“市域—历史城区—历史文化街区和历史风貌区—历史文化名镇名村和传统村落—不可移动文物—历史建筑和传统风貌建筑—非物质文化遗产”七个层次的保护体系[2]。历史建筑是历史文化名城保护体系中重要的一环，《条例》中对历史建筑的定义为：“经城市、县人民政府确定公布的具有一定保护价值，能够反映历史风貌和地方特色，未公布为文物保护单位，也未登记为不可移动文物的建筑物、构筑物”[1]。

2012年开始，广州市分批有序推进历史建筑认定工作，截至2023年，广州已认定公布七批共828处历史建筑（图1、表1）。第一、二批历史建筑认定工作以"'小步快跑'，进一步丰富历史建筑类型"① 为指导原则，2014年1月确定广州市第一批历史建筑398处，2014年9月确定广州市第二批历史建筑80处，2014年12月省政府、省住建厅同意公布。第三批历史建筑认定工作开始注重入户调研 ②，历史建筑分布集中成片，突出保护区域和发展区域的历史文化保护。2014—2015年，广州市全面开展第五次文物普查和历史建筑普查（简称"五普"），全市各区推荐上报的历史建筑线索共806处，并分为第四至六批进行推荐申报。2016年公布的《广州市历史文化名城保护条例》创设了普查前置、预先保护、适时评估、注重产权人意见等制度 ③，指导第四到六批历史建筑认定工作。第七批历史建筑均为工业遗产类型，数量降至13处。广州历史建筑推荐工作开启"小步慢跑"模式 [3]，不再追求数量，而与现行政策和社会热点相关。

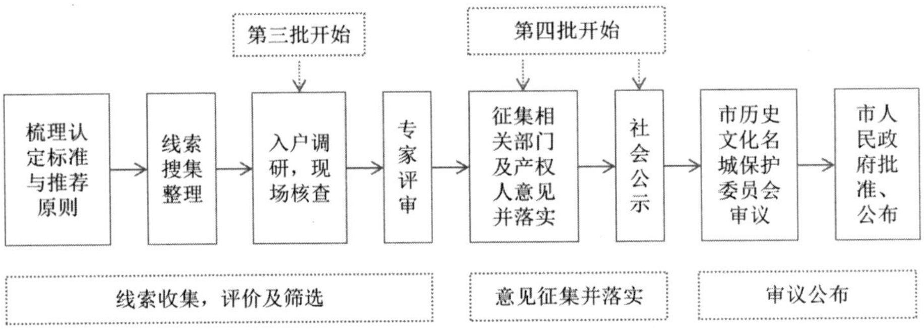

图1 广州市历史建筑认定工作主要流程

（图片来源：作者自绘）

表1 广州市第一至七批历史建筑总体情况

批次	数目	历史建筑公布时间	名单总体特点	认定机制改进
第一批	398	2014年12月	历史城区为主	"小步快跑"原则，进一步丰富历史建筑类型
第二批	80	2014年12月	城乡结合，全市分布，类型丰富	
第三批	86	2016年6月	城乡结合，集中成片，类型丰富	重视入户调研、记录详细资料
第四批	52	2018年2月	城乡结合，村落遗产丰富	①普查前置，预先保护，适时评估；②保护与发展并重；③形成可进入、可退出的动态更新机制和程序；④开始注重产权人意见
第五批	103	2018年2月	集中成片，类型丰富	
第六批	96	2019年1月	村落遗产为主，类型丰富	
第七批	13	2022年7月	工业建筑专题，公共性强	开启"小步慢跑"模式，注重工业建筑保护

表格来源：作者自绘。

① 2013年12月6日，广州市文物管理委员会和广州市历史文化名城保护委员会第三次会议指出："应按'小步快跑'原则，结合全市文化遗产普查工作，陆续推进后续批次历史建筑的申报认定。下阶段的推荐名单应进一步补充名人故居、骑楼、古井、古桥和古码头等历史建筑类型。"

② 2014年11月20日，第三批推荐名单专家评审会指出：历史建筑的推荐要严格落实经入户调查后才能予以推荐的原则，对于成果中没有入户调查取得内部详细资料的建筑本次先不予推荐。

③ 根据2016年公布的《广州市历史文化名城保护条例》第十八条，历史建筑保护名录的制定和调整，由市城乡规划行政主管部门会同市文物行政管理部门组织专家论证后提出方案，通过政府网站和主要新闻媒体向社会公示，征求公众意见，公示时间不得少于三十日，并通过召开座谈会、论证会等方式征求有关部门、建筑物所有权人和其他利害关系人的意见，经市历史文化名城保护委员会审议后，报市人民政府批准。

2 广州市第八批历史建筑推荐工作的挑战与对策

2.1 推荐过程

2.1.1 推荐历史建筑线索数据来源

第八批历史建筑提名来源主要有以下几种。①提级推荐：从全市11区已认定公布的传统风貌建筑共1 206处、“五普”成果中尚未被认定的296处历史建筑线索中进行遴选提级。②文评遴选：在城市更新过程中，通过历史文化遗产调查评估发现具有保护价值的建构筑物，并进行遴选，共收集近年来各区历史文化遗产调查评估成果26份。③社会推荐：公众、媒体、单位等社会推荐有44处。

2.1.2 认定标准及推荐原则

参考《广州市历史文化名城保护条例》(2016)第二章第十三条历史建筑认定标准[①]，结合广州市各区实际，确定本次推荐标准和原则。第八批历史建筑推荐标准的制定延续《广州市历史文化名城保护条例》(2016)保护名录的认定标准，同时优先考虑中心城区、郊区的城镇中心，能够反映近现代城市建设水平、遗产价值较高的建(构)筑物单体，并结合各区实际情况，从已认定为传统风貌建筑的保护对象、历史文化遗产影响评估中的成果、广州市不可移动文化遗产普查认定的线索以及公众、媒体、单位等社会推荐的建(构)筑物中择优推荐。

2.1.3 拟定推荐名单

自2023年开展广州市第八批历史建筑推荐申报工作以来，依法依规开展基础数据筛选、现状核查、专家审查、征求意见、社会公示、局办公会、市名城委审议等认定程序，最终确定推荐名单13处(表2)。从空间分布上看，建筑集中分布于历史城区附近；从推荐来源看，提级推荐和社会推荐占比大；从时代看，民国时期的建筑最多；从类别看，近现代住宅最多。第八批历史建筑推荐名单总体反映出民国时期广州进行大量住区建设的时代特征，以及历史文化遗产保护中公众参与的重要性。

表2 广州市第八批历史建筑最终推荐名单

序号	名称	所属区	建成时间	所属重点区域	所属建筑类别	推荐来源
1	正南路2号	越秀区	民国时期	历史城区	金融商贸建筑	提级推荐
2	正南路2-1号	越秀区	民国时期	历史城区	近现代住宅	提级推荐
3	大南路187、189号骑楼	越秀区	民国时期	历史城区，北京路历史文化街区	典型风格建筑或构筑物	文评遴选
4	大南路191、193号骑楼	越秀区	民国时期	历史城区，北京路历史文化街区	典型风格建筑或构筑物	文评遴选
5	启明一马路2号民居	越秀区	民国时期	新河浦历史文化街区	近现代住宅	提级推荐
6	大华街10号民居	越秀区	民国时期	历史城区	近现代住宅	社会推荐
7	平民宫旧址	越秀区	1931年	历史城区，传统中轴线历史文化街区	其他近现代重要史迹及代表性建筑	社会推荐
8	豪贤路173号民居	越秀区	民国时期	历史城区	近现代住宅	社会推荐
9	惠来旅店旧址	荔湾区	民国时期	历史城区	金融商贸建筑	提级推荐
10	冼基西27、27-1号民居	荔湾区	民国时期	历史城区，和平中历史文化街区	近现代住宅	提级推荐
11	水晶宫船厅	番禺区	20世纪50—70年代	无	历史事件或重要机构旧址	提级推荐
12	区芳浦别墅(从化书院)	从化区	1935年	无	名人故、旧居	社会推荐
13	谢义邦别墅	从化区	1935年	无	名人故、旧居	社会推荐

表格来源：作者自绘。

① 2024年1月1日起施行的《广州市历史文化名城保护条例》未对历史建筑认定标准进行说明。广州市第八批历史建筑推荐标准的制定延续《广州市历史文化名城保护条例》(2016)保护名录的认定标准。

2.2 困难与挑战

2.2.1 提名建筑空间分布过于集中

从广州市前七批历史建筑的整体数据来看，越秀区和荔湾区的历史建筑占全市的比例各为30%左右，这从侧面反映出具有保护价值的建筑的空间分布特征。而第八批最终推荐名单中越秀区独占推荐总数的一半，为何这批历史建筑会集中于越秀区呢？由表2可知，社会推荐及文评遴选这两种推荐来源所属区的比例很大程度上决定最终名单所属区的比例。最初收集名单时社会推荐的44处线索中有37处位于越秀区，收到的26份文评资料中有10份来自越秀区，造成最终推荐名单集中于越秀区。

2.2.2 线索信息缺失导致大量重复性工作

广州第四、五、六批历史建筑认定中已对“五普”的历史建筑线索筛查过一遍，剩余的历史建筑线索被调整为传统风貌建筑线索。近年来新增传统风貌建筑有很大一批是从这部分线索中筛查出来的。但是重新考察评估这批线索时，发现其所有权人和利害相关人几乎都不同意纳入保护，部分建筑安全隐患较大。在前期工作中没有较好地记录和保留不推荐理由这部分信息，造成了大量重复性工作。

2.2.3 公私权力矛盾突出

2024年1月1日起实行的《广州市历史文化名城保护条例》第十条提到，保护对象主管部门提出保护对象方案时应当征求保护对象所有权人和其他利害关系人的意见[4]。第八批初步筛查出的名单中近现代住宅偏多，这类建筑产权复杂，且大多是私权，由所有权人自己居住或者出租。私房产权人担心纳入保护会受限制，修缮程序复杂，影响发展。虽然进行了协商沟通，但他们大多仍存在抵触心理，不同意所有建筑被推荐为历史建筑。

2.3 解决策略

2.3.1 促进推荐来源多元化，鼓励公众参与

在历史建筑推荐与保护过程中，公众发挥着举足轻重的作用，且地区活跃度对推荐结果的空间分布有显著影响。各区可培养公众对古建筑的爱好，如组织公众进行“寻访古建筑”扫街活动，逐步形成民间的古建爱好团体；可加大文化遗产保护知识的宣传力度，鼓励公众参与，有序组织公众进行推荐等。

2.3.2 完善评选机制，建立遗产保护动态管理数据库

历史建筑线索或传统风貌建筑线索信息缺失主要在于之前工作的数据收集整理不系统。建议完善评选机制，增加不推荐理由这部分信息，同时建立遗产保护动态管理数据库，方便各部门协同工作。这一数据库也可以在剔除隐私信息后向公众开放，帮助公众对整体保护情况有较全面的认识，以利于后续遗产保护工作的顺利进行。

2.3.3 完善补偿和激励机制，鼓励历史建筑活化利用

所有权人不同意推荐的问题一度引发社会讨论[5]。历史建筑活化利用方面缺少针对性思考，尤其是对于私人产权的居住类建筑。所有权人担心评为历史建筑后责任大于利益，且他们没有看到同类型建筑较好的活化利用案例，对所有建筑评为历史建筑较为抵触。应完善激励机制，加大对历史建筑活化利用的思考，根据建筑特点进行利用，如可以将居住类建筑发展为特色民宿，形成榜样效应，减少所有权人的顾虑。

3 平民宫旧址认定过程的核心问题及解决策略

平民宫是民国时期广州的第一座平民住宅，由岭南建筑大师林克明设计，于1931年建成。随着历史变迁，平民宫一度被以为已经不复存在。约在10年前，陆续有公众和媒体发现了外观“面目全非”的平民宫旧址，但是一直到广州市第七批历史建筑公布，平民宫旧址仍旧没有得到保护。2022年，《新快报》重新报道了平民宫旧址并依法进行上报[6]。广州市规划和自然资源局组织专家进行现场踏勘与评估，专家们认为平民宫旧址有较高的历史价值，但争议点在于，平民宫旧址的原状保留了多少，这有待进一步评估和

查证，建议将其确定为预先保护对象，保护期为一年。

2023 年 6 月，广州市第八批历史建筑推荐工作正式启动，平民宫旧址作为媒体推荐线索被提名。需要重新对其价值要素进行核查评估，决定是否认定其为历史建筑。

3.1 平民宫今昔对比

据史料记载，“平民宫全座工程，系用钢筋三合土建筑……高有四层楼，全用西式，外面看去好像三级塔一样……后尾通高第马路处，装造拱门三度，取三民主义的意思”[7]。最初的平民宫由前后座组成。前座为四层，正面呈逐级退台状（图 2）。从剖面图来看，平民宫还有地下室（图 3）。前座一层有飘檐和敞廊，左右各有六根轻盈的细柱，四层比二、三层稍窄，三层中间有圆弧形阳台（图 4）。前座背面突出的圆弧形楼梯与方正的形体形成对比，有强烈的雕塑感，后座两层高，东西对称，后座入口处有三个相连拱门（图 5）。

图 2　平民宫正立面图

（图片来源：Canton. A World Port[J]. The Far Eastern Review. June 1931.）

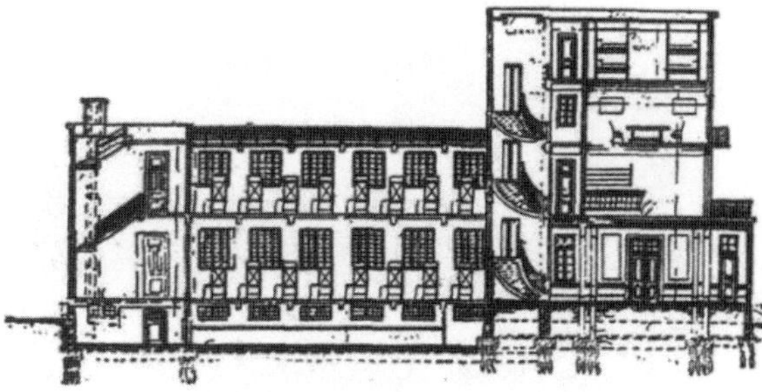

图 3　平民宫剖面图

（图片来源：Canton. A World Port[J]. The Far Eastern Review. June 1931.）

图 4　平民宫正面

（图片来源：Edward Bing-shuey Lee. Modern Canton[M]. Shanghai: The Mercury Press，1936.）

图 5　平民宫背面

（图片来源：广州市政府. 新广州，第 1 卷第 5 期，1932）

1938 年，平民宫惨遭日军轰炸，其后座东侧部分被炸毁[8]。1970—1995 年，中国人民解放军武警二支队驻大南路[9]。据市民回忆：1983 年左右，平民宫加建第五层，外立面贴瓷砖，重新装窗户。加改建时房屋出现下沉现象，又重新加固地基。1987 年将东西后座和拱门拆除，建新的住宅楼。2000 年物业公司拆掉了一层的楼梯，加建电梯。

如今平民宫旧址外观几乎完全看不出以前的形制。建筑只剩下前座，建筑外立面贴满白色瓷砖，局部脏污泛黄，窗户全部改为铝合金窗，窗洞也被加大。一层敞廊被封堵，变成了建筑内部空间的一部分，三层正中圆弧形阳台消失，四、五层均被加建且跟三层齐平（图 6）。前座背面圆弧形楼梯西侧突出了一个方形体块，为新加建的电梯（图 7）。西南侧加建外挂楼梯，通向二、三层（图 8）。屋顶铺满通风隔热层，为不上人屋面（图 9）。建筑后座、拱门及地下室不复存在。

图 6　平民宫前座正面现状

（图片来源：作者自摄）

图 7　平民宫前座背面现状

（图片来源：作者自摄）

图 8　西南侧加建的外挂楼梯

（图片来源：作者自摄）

图 9　平民宫现状鸟瞰

（图片来源：作者自摄）

3.2　平民宫旧址原状甄别与价值评估

3.2.1　平民宫旧址主体建筑结构尚存

平民宫旧址一层中间通道保留（图 10），据住过平民宫的市民回忆，通道宽度没变。如今可看见通道里天花线脚完整（图 11）。通道里柱子、梁上白色抹灰脱落，露出内部绿色水磨石面层，柱子、梁均做了抹角处理（图 12）。墙面抹灰脱落部位可见里面的黄泥批荡，同时在建筑二、三层其他墙体部位也发现原有的面层。三楼一房间还保留有花阶砖（图 13）。从以上线索看出，建筑室内格局虽有所调整，但是平民宫旧址主体建筑结构尚存。

图 10　一层通道入口

（图片来源：作者自摄）

图 11　通道里线脚完整的天花

（图片来源：作者自摄）

图 12　通道里的柱子

（图片来源：作者自摄）

图 13　三层花阶砖

（图片来源：作者自摄）

3.2.2　二、三层圆弧形楼梯为原物

室内现存的水磨石圆弧形楼梯为识别这栋建筑为平民宫旧址最有力的证据。据 1931 年《广州市政府市政公报》记载，“楼梯均作螺旋式，以红毛泥石屎镶筑而成，梯之栏杆则改装铁枝，作各种花式”。“红毛泥石屎”即钢筋混凝土。如今一层楼梯已被拆，上二层的楼梯洞口也被封堵(图 14)。二层楼梯尚存，但上下均被封堵，楼梯上堆满杂物(图 15)。三层楼梯梯井部位被封堵，楼梯可以正常使用，通往四层(图 16)。二、三层的楼梯均为原物。四层楼梯为 20 世纪 80 年代加建五层时所建，目前正常使用(图 17)。

图 14　原来一层楼梯位置

（图片来源：作者自摄）

图 15　二层楼梯(原物)

（图片来源：作者自摄）

图 16　三层楼梯(原物)

（图片来源：作者自摄）

图 17　四层楼梯(加建)

（图片来源：作者自摄）

四层楼梯仿照原来的楼梯修建，但可以从一些细节上看出两者的差别。二、三层楼梯的铸铁防滑条每隔三个菱形有一个圆点(图 18)，四层楼梯的防滑条没有圆点，且做工更粗糙(图 19)。二、三层楼梯的水磨石扶手颜色偏灰(图 20)，四层新建的楼梯扶手偏暗红(图 21)。二、三层楼梯为平民宫旧址保留的最重要的价值要素之一，四层楼梯虽为后来加建，但仍有一定的历史与艺术价值。

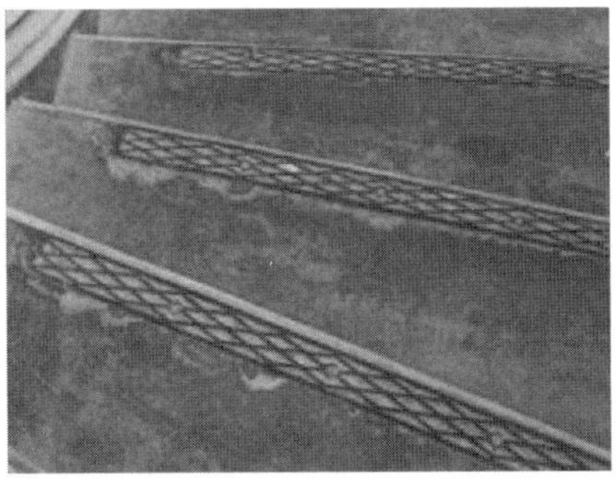

图 18　三层楼梯防滑条
（图片来源：作者自摄）

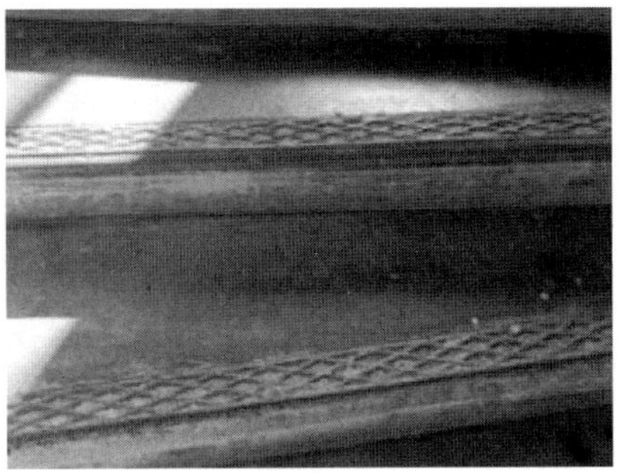

图 19　四层楼梯防滑条
（图片来源：作者自摄）

图 20　三层楼梯扶手
（图片来源：作者自摄）

图 21　四层楼梯扶手
（图片来源：作者自摄）

3.3　平民宫旧址价值总结

从历史与社会意义上看，平民宫是民国时期广州市政府在地方军政当局支持下第一次介入公共住房领域的空间操作与社会实践[10]。它旨在为平民提供廉价、卫生、舒适的住所和公共交往的场所，在全国具有创新性和领先性。从建筑风格上看，平民宫是广州近代第一座系统运用现代主义理论的摩登建筑作品[11]，其立面简洁流畅，富有雕塑感。尽管目前平民宫旧址加改建的情况较为严重，但建筑的基本结构、平面布局以及部分室内构件仍然得以保存，建筑本身具有较高的历史、艺术、科学技术和社会文化价值，符合广州市历史建筑认定标准，故其被推荐为历史建筑。

4　总结与展望

本文总结了广州市第一到七批历史建筑认定机制演变过程和改进情况。对第八批历史建筑整体推荐过程以及最终推荐名单特征进行深入剖析，挖掘其表象后的问题，并提出针对性解决策略。平民宫旧址经媒体发掘、专家论证，先被纳入了预保护对象，而后有序展开对其的认定过程，是对常规认定保护过程很好的补充，本文展示了其认定过程的核心问题及解决策略，从单体建筑视角探讨认定过程的细节问题。希望本文能为后续的历史建筑推荐、认定以及保护利用等工作提供借鉴。

刘金兰　华南理工大学　硕士研究生
张智敏　华南理工大学　副教授
孙婧　华南理工大学　博士研究生

参考文献

[1] 历史文化名城名镇名村保护条例 [J]. 司法业务文选，2008，(19)：3–11.
[2] 广州历史文化名城保护规划 [EB/OL].(2016–01–08)[2025–01–05]. https://flk.npc.gov.cn/detail2.html?NDAyOGFiY2M2

MTI3Nzc5MzAxNjEyN2YyNTgzMzMyMmE.

[3] 赖寿华，孙永生，冯萱. 广州历史建筑保护的制度性障碍 [J]. 城市观察，2015(1)：99-106.

[4] 广州市历史文化名城保护条例 [EB/OL].(2023-12-08)[2025-01-05]. http://zfcxjst.gd.gov.cn/zwzt/pzts/bhcc/fgzc/content/post_4518674.html.

[5] 陈文，何姗，梁肇思.12 村民上书反对自家列入历史建筑 [N/OL]. 新快报 [2025-01-05]. http://collection.sina.com.cn/yjjj/20130925/0954128333.shtml.

[6] 何姗，方汝敏. 岭南建筑大师林克明设计民国广州第一座平民宫有望获保护 [N/OL]. 新快报 [2025-01-05]. https://mp.weixin.qq.com/s?__biz=MjM5OTYwODE4Nw==&mid=2650224700&idx=1&sn=26ef39ed4d23eb9516e998f45a74e223&chksm=bf3b7228884cfb3e82d917a14b3921af503cc8f7a257dcff71b141c8d167f3436e86b82da985&scene=27.

[7] 程天固. 广州市工务之实施计划 [M]. 广州：广州市工务局，1930.

[8] 广州市档案馆. 侵华日军在广州暴行录 [M]. 北京：中国档案出版社，2005.

[9] 广州市越秀区地方志编纂委员会. 广州市越秀区志 [M]. 广州：广东人民出版社，2000.

[10] 彭长歆. 为城市低收入者设计：广州近代平民住宅建设 [J]. 建筑史，2015(2)：127-137.

[11] 彭长歆. 现代性•地方性：岭南城市与建筑的近代转型 [M]. 上海：同济大学出版社，2012.

近代北京市政建设对早期建筑遗产保护观建立的影响

The Role of Modern Beijing's Municipal Construction in Shaping Architectural Heritage Conservation Concept

高　超

摘　要：近代的北京市政制度和建设活动为北京开展近代化遗产保护实践奠定了基础，并对培养市民阶层的广泛性遗产保护观做出重要贡献。鉴于该时期中国尚未形成系统的建筑遗产概念认知和理论思想，本文通过梳理北京早期市政体系建设中有关名胜古迹保存的内容，对早期遗产保护观的形成进行探讨。

关键词：市政建设；遗产保护观；遗产保护理论

Abstract: The modern municipal system and construction activities in Beijing laid the foundation for the practice of modern heritage conservation practices in the city and made significant contributions to cultivating a broad-based heritage conservation consciousness among citizens. Given the absence of a systematic conceptual framework and theoretical understanding of architectural heritage in China during this period, this paper explores the formation of early heritage conservation concepts through an examination of the relevant content pertaining to the preservation of historical sites and monuments in the early Beijing's municipal system development.

Keywords: municipal construction; heritage conservation concept; heritage conservation theory

引言

建筑遗产保护观的形成与发展需要部分社会客观因素作为基础支撑，其中包含内外相对稳定的社会环境、一定的物质基础和精神文明需求、先进理论频现、交流和传播形成社会思潮风气等，这些因素相辅相成。显然，鸦片战争时期由坚船利炮带来的近代文明所引起的复杂混乱的晚清社会环境不具备近代建筑遗产保护思想的发展和实践探索条件[1]。辛亥革命以后出现的一系列社会变革则为众多领域思想多方多域交融提供了沃土，北京地区近代建筑遗产保护思想同样借此契机才从真正意义上萌芽与发展。

1　概述

本土自发性倡导市政概念的出现彰显了中国早期城市化进程得到初步发展，社会各界群体逐渐开始关注如何规划、管理和建设城市等问题，试图为中国的城市发展谋求出路。虽早在清末，当权者就曾照本宣科，效“泰西之法”开展过一些推动城市发展的举措（例如继京城安民公所之后成立巡警部和内外城巡警总厅，以及颁布《城镇乡地方自治章程》），但社会本质属性不发生变革，城市主体服务对象的错位注定其无法实现城市化真正意义上的进步。民主革命胜利以后，举国上下民主风气渐开，市民社会开始建立，自由主义经济盛行[2]，加之游历海外归国的学者和先进知识分子倡议建立现代城市体系和学习西方先进的市政建设和管理经验，该时期的中国城市体系建设和市政制度得到稳定发展。中国近代市政管理宽泛到几乎涉及城市中的所有事物，包括工商业、交通、公安、卫生、公共事业、文化教育和规划建设等[3]。基于此，对于像北京这样拥有规模宏大的古城池和数量庞大的古建筑的城市，如何协调这些古物同城市现代发展需求间的矛盾自然也是当时的市政学者、市政管理部门和市民所关注和思考的问题，正是在这个过程中北京出现了一些有关古城墙、古建筑等的保护思想和实践活动。

2 萌发阶段——保护思想依附城市发展

北京市政发展在初期是完全效仿西方城市管理体系开展的，这一点可以从1913年朱启钤提议组建的京都市政公所的组织结构及其起草的《京都市政条例》中窥见。在此阶段，市政管理机构更多关注于城市的现代发展问题，市政工作主要集中在城市道路、交通、管网、卫生、工商业和公共事业等领域，这也使得城市中的历史性构成要素需要尽可能为城市现代转型服务甚至做出让步，例如对北京古城墙和古建筑保护方式的选择取决于是否契合现代城市建设要求。这并不意味着市政建设过程完全不顾城市的历史性要素，而是会根据整体城市发展的现实情况酌情保护，至于程式和制度，均处于十分模糊的状态。这个阶段的古建筑保护完全依附于市政建设，建筑遗产保护观呈现服务于城市现代发展需求的特征。

2.1 游离于城市交通发展浪潮中的“存与废”

北京早期市政建设的首要任务是开展城市道路整修和交通改造工作，因为相关要素直接关系到城市商贸活动的形式及经济发展的水平。重新规划架构城市交通系统意味对原有城市空间格局的革新甚至重组，特别是对于北京这座拥有深厚农耕文明属性的皇城而言，如果缺乏对城市格局规划的系统专项研究而随意开展改建活动，势必对古城造成某种程度的伤害[4]。当然，这是建立在当代较为成熟的遗产保护理论基础之上才得以洞察的。与之相比，近代北京地区呈现的建筑遗产保护观在城市历史要素同现代发展需求的现实博弈中做出了让步。

北京早期的城市交通改造在一定程度上阐释了这点，最典型的实践就是朱启钤任职京都市政公所督办时主持的改造正阳门活动。作为汇集北京城主要街道和京汉、京奉铁路的重要交通枢纽地，由城门—翁城—箭楼三个单元构成的狭窄冗长的单通道不足以支撑既有的交通流量，当时解决这一问题的方式是片面地将翁城围墙拆除，以打通东西向交通，并在正阳门左右城墙各新开两孔门洞用于疏解交通(图1)。在主持正阳门改造活动时，朱启钤也提出了保留箭楼和城楼两座形制崇巍的建筑以做城市纪念物供众人观览(图2)。

“京师为首善之区，中外人士观瞻所萃，凡百设施，必须整齐宏肃，俾为全国模范。正阳、崇文、宣武三门地方，阛阓繁密击肩摩，益以正阳城外京奉、京汉两干路贯达于斯，愈形逼窄，循是不变，于市政交通多窒碍，殊不足以扩规模而崇体制……”“如正阳门翁城东西月墙分别拆改，于原交点处东西各开二门，即以月墙地址改筑马路，以便出入。另于西城根化石桥附近，添辟城洞已出，加造桥梁以缩短城内外之交通。又翁城正面箭楼，工筑崇巍拟仍存留，惟于旧时建筑不合程式者，酌加改良；并另添修马路，安设石级，护以石栏，栏外种植树木，以供众览……”①

事实上，翁城或城墙与箭楼、城门楼是同一构筑体系之下不同的分工组成部分，应当以整体的建造逻辑视角来审视，而非通过客观的物质表现形态来判断其价值层级。翁城的存在符合箭楼和城门楼之间合理的建造和递进逻辑关系，其作为前后两建筑之间重要的空间联系，是成就有机整体性的重要组成[5]。这也是当下我们不遗余力地对具有重要历史价值的建筑遗存开展复原研究的主要原因(图3)。但基于事物发展过程规律的客观影响，早期建筑遗产保护观存在认识不足的局限性其实在所难免，而由此观念影响的让步于城市交通发展建设的结果就是大规模古城墙被破坏。

① 北京市政协文史资料研究委员会，中共河北省秦皇岛市委统战部. 蠖公纪事：朱启钤先生生平纪实. 北京：中国文史出版社，1991.

图 1　火车穿越瓮城

（图片来源：清华大学建筑学院资料室）

图 2　正阳门箭楼改造图

（图片来源：The Far Eastern Reivew（远东时报），July，1915.）

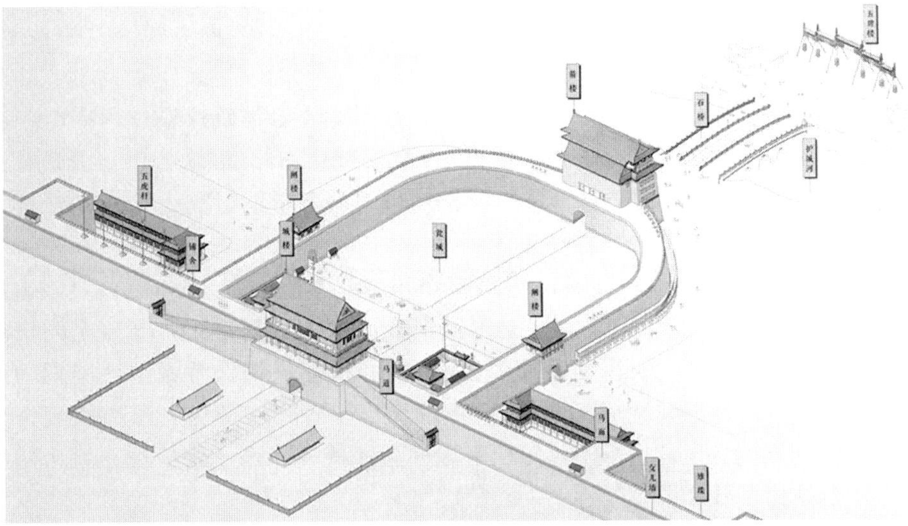

图 3　正阳门瓮城复原图

（图片来源：正阳门博物馆）

民国初期，北京市的城门城墙基本保存完整，但为了改善交通，在城墙上陆续打开了多个缺口。由此开始，对城墙的破坏一发而不可收，用土取砖都从城墙上挖取，使得城墙的豁口越来越多，城门越来越多，如左安门豁口、御河桥城门、会场口城门、南池子和南长街城门，在宣武门和正阳门之间开的和平门、德胜门豁口、安定门豁口等。至此，城墙东西北三面只剩下零散的几段，城墙南段正面东西墙及有天安门的中华门的围墙尚完整[6]。

2.2　在城市公共场所营造中的价值体现

北京早期城市公共场所的营造对城市中古建筑的保护发挥了一定的积极作用。与城市交通建设时处于边缘地位不同，北京古建筑所散发的人文历史韵味以及帝国宏伟的气息使其在北京城市公共场所的营造中居于核心地位。民主主义社会的建立将北京的城市归属权交至社会大众手中，城市建设和发展的目标转向适用于城市的居住群体，原本王宫贵族专用的殿宇、园林也逐渐面向市民开放。城市中公共空间使用的公平化、平民化是现代化城市的重要标志和立身基础，北京的市政工作者们也意识到这一点，并且在这个过程中起到积极推动的作用，主要表现在设立城市公园、广场和绿化等市政工作中。皇城之下，在有限的城区面积中，空间的占有往往同地位直接挂钩，这就使得普通大众所享有的活动空间狭小且缺乏，庙会似乎成为市民最主要的公共活动场所。学习西方城市建设的市政公所成员也已经发现北京城的这一现象并亟欲给这座城市带来改变。

“禁御既除，熙攘弥便，遂不得不亟营公园为都人士游戏之所。开放之需，设置公园，包括中央公园、城南公园、北海公园、海王村公园及道旁公园……"①

3 理论阶段——渐成体系独立发展

20世纪30年代，北京市政体制在十多年的发展过程中逐渐成熟，城市建设虽受战争、迁都和财政等问题影响，但也缓慢向前发展。此时，国内的市政学者也从全盘照搬西方城市建设体制中跳脱出来，开始独立思考适合本国国情的城市发展模式，并形成了部分市政理论成果[3]。例如董修甲、白敦庸、杨哲明等市政学者的著作，以及殷体扬(《市政评论》)、市政机构(《市政月刊》)创立的市政刊物[7]。这些著作及刊物不仅供专业人士进行学习交流，同样为市民参与市政工作创建了发声的平台。

活跃的城市建设思想在此时呈现出多样迸发的态势，也极大地促进了对城市中古建筑保护的关注。越来越多的建筑学家和市绅精英开始投身于城市古建筑的保护活动[9]。北京古建筑保护逐渐出现精细化、独立化发展态势，以完全独立的体系发展，其中营造学社的成立及其重要刊物《中国营造学社汇刊》对中华人民共和国成立以后的建筑遗产理论的形成产生了深远影响。

3.1 营造学社的成立

中国古建筑史学体系的建立和建筑遗产保护理论的孕育主要得益于留学海外接受过专业培养的归国建筑师们对本国建筑史学方面进行深入挖掘研究[9]。20世纪20年代后，以刘敦桢、梁思成、杨廷宝、吕彦直等为代表的一代归国建筑师将西方先进的建筑思想和系统研究手法引入国内，直接影响了中国本土性建筑理论的发展。这些建筑师的积极倡导提升了整个学政界对北京古建筑的关注和深层次的认知。此时，由市政府和学者合作开展的北京古建筑保护实践是对建筑遗产保护观的加强和发展，而脱离于市政府建设需求而独立发展的古建筑保护研究团体——中国营造学社应运而生。

营造学社的成立对中国古建筑的研究和保护乃至整个中国建筑史学界而言都是革新性的，其所取得的一系列成果在当下仍发挥着巨大作用。营造学社是由著名市政学者朱启钤带领成立的，从事多年市政工作的朱启钤在北京城开展了大量的城市改造和建设工作。在此期间，他协调了众多古建筑保护与城市发展的矛盾，当然其中也是保护与破坏并存的，这对他后续决心投身于对中国古建筑的系统研究产生了重要影响。营造学社可谓一群专业的学者从事专业的研究用以解决专业的问题，当这样的团体推动古建筑的保护研究，使其逐渐形成一个成熟独立的系统，并选择新的发展方向时，带来的结果是，古建筑保护从处于依附城市发展的边缘地位，逐渐转变为限制城市扩展的不得不考量的重要因素。这也促使该团体后来深度参与了北京古建筑保护法规的起草，并指导城市发展过程中涉及的古建筑保护实践。

3.2 市政府推动保护法规的出台与部门的建立

随着南京国民政府将北京(北平)划为特别市，城市自治的地位得以确立，特殊的城市地位促使北京开始出台地方性的古建筑保护相关政策法规乃至设立机构。最重要的是该时期相关法规政策的出台得到了古建筑领域专家团队的技术支持，这让北京古建筑的保护更具科学性和可操作性。北京地方相关法规政策的出台是地区对古建筑保护重要性认可的体现，普法的过程则是对全社会古建筑保护意识的塑造和培养，故此可以说，市政府主导、古建筑保护团体干预的北京地区建筑遗产保护观正在悄然建立。

1928年，北京成立北平市政府，代替市政公所接管城市建设等相关事务。同年10月，市政府颁布《北平特别市政府关于文物保护训令》用以保护北京城中的大量文物古迹，对本市的古建筑进行实质性保护。1933年，袁良任北平市市长，其实施了北平市游览计划，意图将北京打造为世界文化之都。他于1935年组织成立旧都文物整理委员会，并在市政府设立北平市文物整理实施事务处，聘请营造学社的朱启钤、梁思成、刘敦桢等专家作为技术顾问，参与古建筑保护方案的制定和修缮，专款专项开展北京市古建筑的保护工作。袁良在职期间开展的古建筑保护工作不仅在当时引起巨大反响，而且对宋哲元、何思源等后继北京市市长产生了深远影响[10]。

① 吴廷燮. 请开放京畿名胜酌订章程单请示. 北京市志稿·建置志. 北京：燕山出版社，1998.

1915 年，市政公所在社稷坛的基础上修建了中央公园（也就是今日的中山公园）（图 4）。选择社稷坛的主要原因有三点：一是社稷坛作为曾经的皇家祭祀场所，其功能和形式对普通大众而言具有一定的吸引力；二是社稷坛空间广阔，有上千颗参天古树，具备自然风光和人文景观，不需要投入大量资金进行建设（图 5）；三是社稷坛位于城市中心，具有便利的区位条件。市政公所在中央公园的建设过程中，对社稷坛的相关景观进行修复，园内古建筑经修缮后开放，作为其他商业活动场所使用，例如餐馆、茶馆、台球厅、射艺室等（图 6）。市政公所成立中央公园管理局用以管理和维护公园的日常运营，并规定管理局不得擅自拆除和翻修园内古建筑。

可见，作为城市公园开发资源的古建筑在一定程度上能够得到必要的保护，但古建筑的过度开发和不合理利用还有待商榷。诚然，这种保护主要还是建立在契合现代城市部分功能建设需求和处于资本运营基础上的由市政推进的保护行为，但对培养市民鉴别和欣赏古建筑承载的历史韵味和精神意义起到促进作用，对后续建筑遗产保护观的广泛树立起到推动作用。

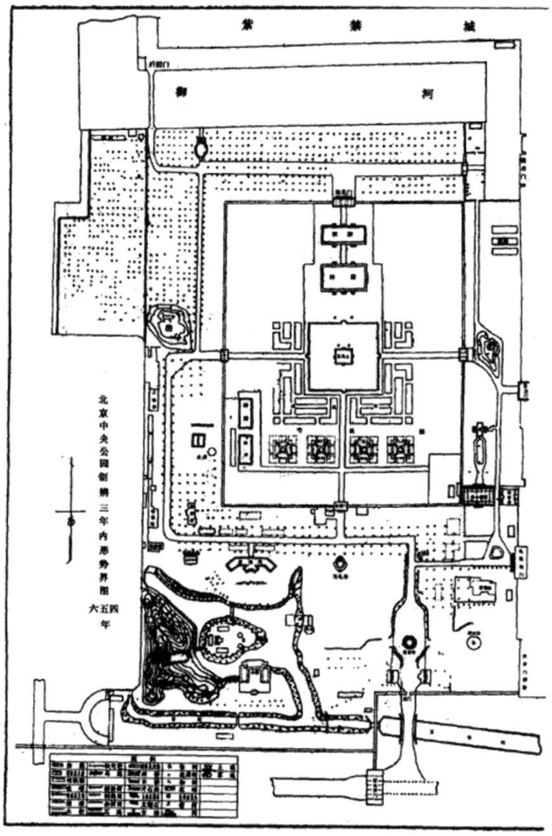

图 4　社稷坛的古迹与公园的融合

（图片来源：中山公园管理处. 中山公园志 [M]. 中国林业出版社，2002.）

图 5　社稷坛的既有建筑

（图片来源：中山公园管理处. 中山公园志 [M]. 中国林业出版社，2002.）

图 6　中央公园的商业建筑

（图片来源：中山公园管理处. 中山公园志 [M]. 中国林业出版社，2002.）

4　结论

在近代中国整体社会尝试现代化转型的阶段，新社会、新思想、新文化的活跃让国家站在了新的起点上。同样，这也成为中国建筑遗产保护理论发展的开端，在理论体系建立乃至成熟前，经历的是相关概念的塑造，无疑，近代便是理论概念塑造的时期，是早期建筑遗产保护观形成的阶段。早期的北京市政建设对地区遗产保护观的塑造产生了直接影响，可见，无论是起初的市政公所还是后续市政府组织的一系列古建筑保护实践都是构建建筑遗产保护理论基础的过程。市政公所接管城市建设和管理权之时，其主要目标是通过习得西方国家的先进城市建设理论迅速完成北京城的现代化转型，在此期间，所形成的是让步于城市现代化发展需求的边缘性建筑遗产保护观，通常而言建筑的去留由当局者的主观臆想决定，大众无法与也无意参与决断，主要依靠当局者所具备的保护意识和职业素养。随着市政体制逐渐成熟，市政府城市建设工作和管理部门细化，即体系制度建设更加完善，市政管理设立了专业的古建筑管理机构，并颁布了相应的法规政策，加之归国的先进建筑师积极开展中国古建筑保护工作，总体而言，该时期的北京地区已经逐步形成较为准确的古建筑整体社会保护意识，建筑遗产的泛概念同保护观逐步形成，为后续建筑遗产保护理论的构建拉开了序幕。

高超　北京建筑大学　博士研究生

参考文献

[1] 刘守柔. 清末民国文化遗产保护的兴起与演进研究 [D]. 上海：复旦大学，2014.

[2] 王亚男，赵永革. 近代西方"市政建设"思想的引入和对北京发展方向的讨论 [J]. 北京社会科学，2007(2)：90–95.

[3] 涂文学. "市政改革"与中国城市早期现代化 [D]. 武汉：华中师范大学，2006.

[4] 赵可. 白敦庸提出的北京城墙改造计划 [J]. 民国春秋，1998(1)：23–24.

[5] 喜仁龙. 北京的城墙与城门 [M]. 邓可，译. 北京：北京联合出版社，2017.

[6] 王亚男.1900—1949 年北京的城市规划与建设研究 [M]. 南京：东南大学出版社，2008.

[7] 朱洪涛.《市政评论》(1933—1949)研究 [D]. 武汉：华中师范大学，2015.

[8] 高路. 1900—1937 年中国社会精英对城市化与城市现代化道路的探索 [D]. 武汉：华中师范大学，2013.

[9] 林源. 中国建筑遗产保护基础理论研究 [D]. 西安：西安建筑科技大学，2007.

[10] 吴家林，徐香花. 何思源与北平的城市建设及管理 [J]. 北京社会科学，2000(1)：71–78.

景观信息链视角下沙元村文化景观基因识别与价值评价研究

Research on Cultural Landscape Gene Identification and Value Evaluation of Shayuan Village from the Perspective of Landscape Information Chain

梁宝凤　刘　伟　郑春银

摘　要：本研究聚焦于凉山州会理市沙元村，从景观基因信息链视角，揭示其独特的地域文化景观基因特征并进行价值评价。研究结果表明：①沙元村的整体文化景观保存较为完整，在环境、布局、建筑和文化方面均展现出鲜明的特色；②沙元村的景观基因价值评价显示，村落选址和格局评价得分为 90 分，传统建筑评价得分为 64 分，非物质文化遗产评价得分为 77 分；③景观基因信息链在整合沙元村文化景观方面发挥重要作用，信息元和信息点通过地域文化和物质形式表达了村庄独特的历史传承，信息走廊有效连接村落各个信息点，信息网络则反映了传统与现代的互动。研究旨在为新时代下沙元村文化景观的保护和开发提供新思路。

关键词：景观基因信息链；沙元村；价值评价；基因识别；谱系构建

Abstract: This study focuses on Shayuan Village in Huili City, Liangshan Prefecture, with the objective of revealing its unique regional cultural landscape genetic characteristics and evaluation through the landscape information chain perspective. The results of the study are as follows. ① The overall cultural landscape of Shayuan Village is relatively well preserved, showing distinctive features in environment, layout, architecture, and culture. ② The evaluation of landscape gene value of Shayuan Village shows that the evaluation score of village site selection and pattern is 90, the evaluation score of traditional architecture is 64, and the evaluation score of intangible cultural heritage is 77. ③ The landscape genetic information chain plays an important role in integrating the cultural landscape of Shayuan Village. The information elements and points effectively convey the village's unique historical inheritance, encompassing both regional culture and material forms. The information corridor serves to efficiently connect the various information points within the village, while the information network reflects the dynamic interaction between tradition and modernity.The primary objective of this study is to provide novel concepts for the conservation and development of the cultural landscape of Shayuan Village in the contemporary era.

Keywords: landscape gene information chain; Shayuan Village; value evaluation; gene identification; genealogy construction

引言

沙元村是四川省人民政府认定的第四批传统村落之一，始建于清朝中期，曾是南方丝绸之路的重要交通驿站，该村人文资源丰富，具有重要的文化价值和保护意义[1-2]。然而，随着城市化的快速发展，传统村落面临着人口外流、商业化过度、文化遗产保护不足以及文化传承中断等一系列严峻问题[3-6]。其中，村落文化景观的同质化和独特性丧失日益严重，主要原因是缺乏对村落自身文化景观特征的深入探索，忽视了其基因层面的重要性[7-8]。此外，尽管历史遗迹和建筑的基因特征在塑造这些传统村落的文化景观方面发挥着重要作用，但随着时间的推移，这些因素对当代建筑实践的决定性影响逐渐减弱。由此可见，目前的景观基因研究大多集中在表层的形式分析上，而对其核心内涵的探讨仍处于探索阶段。基于此，本研究从景观基因信息链的视角出发，以凉山州会理市沙元村为例，进行跨学科的综合分析。本研究旨在阐明其文化景观基因的表现特征和价值，为沙元村的文化景观保护、传承和可持续发展提供新的理论支持和研究视角。

1　研究对象与方法

1.1　研究对象

沙元村位于凉山州会理市的云甸镇，是清朝中期南方丝绸之路中最具代表性的传统村落之一。该村北面与荆凉村相邻，南面与云兴村相邻，距离会理县城 55 km。沙元村位于山谷之间，传统民居沿山谷和道路而建，呈带状分布。作为一个历史悠久的村落，沙元村在历史、文化、社会发展中孕育了丰富的文化遗产，尽管近年来现代化进程和外来文化的冲击对其产生了一定影响，但当地村民通过集体记忆和文化的传承，仍保留着古老的生产方式、民居建筑和自然资源，形成了具有鲜明地域特色的多样化文化景观。因此，选取沙元村作为研究对象，具有典型性，也具有重要的学术和实践价值。

1.2　研究方法

1.2.1　景观基因的识别和提取

基因识别和提取的任务是建立完整的基因结构模型。具体而言，第一步是构建沙元村景观基因识别指标体系（表 1）。在该指标体系中，沙元村的景观基因分为物质景观基因和非物质景观基因。其中，物质景观基因基于环境要素、空间布局和传统建筑 3 个要素构建出 10 个具体的识别指标。另一方面，非物质景观基因基于民族信仰、宗族文化、历史记忆、传统技艺和文化活动 5 个要素构建出 5 个具体的识别指标。

表 1　沙元村景观基因识别指标体系

范围	识别类型	识别因素	识别指标	指数解读
沙元村	物质景观基因	环境要素	景观环境	自然环境与风水方面相关的景观特征
			文化环境	村落的历史、文化以及与社会特征相关的环境要素
			选址位置	村落在地形地貌上的选址特征
		空间布局	村落布局	村落的空间形态
			交通系统	巷道与巷道的结构特征
		传统建筑	建筑类型	建筑的功能属性
			建造年代	建筑的建造年份
			平面类型	建筑空间的组织方式
			营建技艺	材料使用、施工方法、结构特点以及其他方面的经验技巧
			装饰特征	建筑不同部位的图案装饰
	非物质景观基因	信仰文化	信仰对象	宗教及民居神灵的信仰和崇拜
		宗族文化	姓氏宗教	血缘关系形成的家族文化
		历史记忆	人物事迹	流传的历史事件和人物
		传统技艺	手工工艺	手工实践中传承技能的表达
		文化活动	活动类型	节庆活动

表格来源：作者自绘。

1.2.2 景观基因价值评价和信息链构建

景观基因信息链是在景观基因理论的基础上提炼并加以应用的创新理论。其核心的部分包括景观信息元、景观信息点、景观信息廊道和景观信息网络[9-10]。为了深入探讨沙元村景观基因特征，本研究采用实地调研和《四川省传统村落评价标准》(DBJ51/T165—2021)规定的多种研究方法，对其系统地进行识别、分析、评价和信息链构建，提炼出景观基因中的核心要素。

2 结果与分析

2.1 景观基因识别结果和谱系构建

沙元村景观基因的识别结果主要分为环境基因、布局基因、建筑基因和文化基因4个主要类别。为了便于查询具体的景观基因信息，本研究参考《基础地理信息要素分类与代码》中与N级代码等相关编码理论，提出沙元村景观基因编码程序，将编码结构设置为“地域码＋特征码”[11]。其中，沙元村地域编码设置为DP，特征编码则分为一级指标(DP1)、二级指标(DP1X)、三级指标(DP1XX)以及基因要素(DP1XXX)，每一层级用阿拉伯数字表示，编码最终形成由字母和数字共同组成的6位代码。

2.1.1 环境基因

环境基因主要包括山水环境、文化环境和生产环境3个方面(表2)。沙元村地处河谷开阔之地，农田集中分布于沟谷和平缓坡地，形成景观斑块，摩梭河蜿蜒形成景观廊道，林木覆盖山体是沙元村的天然屏障，形成景观基质，营造出绝佳的景观环境和微气候。村落的文化环境主要包括古树名木、龙王庙、水碾房、南方丝绸之路古道和廖家桥等，这些要素承载着村落的历史记忆和文化沉淀，为其长期稳定发展奠定了坚实的基础(图1)。

表2 沙元村环境基因谱系

一级	二级	三级	基因要素
DP1 环境基因	DP11 山水环境	DP110–	DP1101 依山而建，山环水抱
	DP12 文化环境	DP120–	DP1201 古树名木，龙王庙
	DP13 生产环境	DP130–	DP1301 石埂梯田，桑蚕养殖

表格来源：作者自绘。

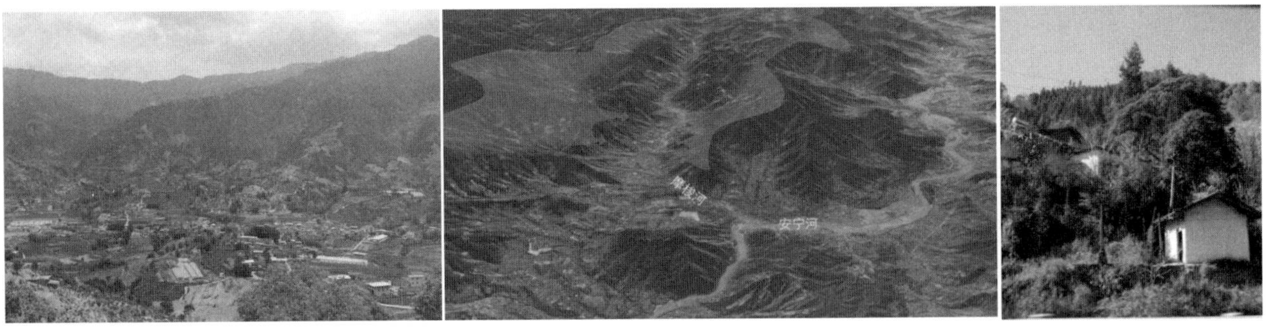

图1 沙元村实地调研图

(图片来源：作者自摄)

2.1.2 布局基因

布局基因主要包括村落选址、空间形态和巷道格局3个方面(表3)。沙元村选址于群山环抱、绿水环绕的宽阔地带，又称“卧牛地”。该地形整体西高东低，在一定程度上有利于排水和避免洪水灾害。村落沿道路带状展开，体现了典型的商道交通型传统村落格局。此外，村内建筑群的布局与巷道走向紧密相关，建筑一般垂直于巷道，形成分支状的巷道格局。为了顺应山体走势，民居建筑大多朝向西南或东南，许多院落组团依山势沿坡地向上排列，形成了“线性＋竖向”相结合的层次丰富且布局灵活的村落形态。

表3　沙元村布局基因谱系

<table>
<tr><th>一级</th><th>二级</th><th>三级</th><th>基因要素</th></tr>
<tr><td rowspan="3">DP2 布局基因</td><td>DP21 村落选址</td><td>DP210–</td><td>DP2101 河谷缓坡型</td></tr>
<tr><td>DP22 空间形态</td><td>DP220–</td><td>DP2201 带状形</td></tr>
<tr><td>DP23 巷道格局</td><td>DP231 巷道类型</td><td>DP2311 分支状</td></tr>
</table>

表格来源：作者自绘。

2.1.3　建筑基因

从建筑基因的角度来看（表4），沙元村的传统建筑主要是清朝中期的建筑，多为土木结构的川滇民居。随着城镇化建设的发展，近年来新建现代民居建筑逐渐增多，但整体建筑传统风貌较好。建筑功能类型可分为民居建筑和公共建筑，民居形式多样合理，主要分为一字形民居、L民居和合院式民居3个类型，其中，合院式民居采用最多。屋顶形式主要为平屋顶和坡屋顶，传统民居为坡屋顶，现代民居为平屋顶。传统民居建筑材料主要为夯土、木材、砖材和青瓦。建筑物层数大多为1~2层，较少建筑层数较多（图2）。

表4　沙元村建筑基因谱系

<table>
<tr><th>一级</th><th>二级</th><th>三级</th><th>基因要素</th></tr>
<tr><td rowspan="16">DP3 建筑基因</td><td rowspan="14">DP31 民居建筑</td><td rowspan="3">DP311 民居类型</td><td>DP3111 一字形</td></tr>
<tr><td>DP3112 L形</td></tr>
<tr><td>DP3113 合院式</td></tr>
<tr><td rowspan="2">DP312 屋顶形式</td><td>DP3121 坡屋顶</td></tr>
<tr><td>DP3122 平屋顶</td></tr>
<tr><td>DP313 山墙造型</td><td>DP3131 人字悬山式</td></tr>
<tr><td rowspan="4">DP314 建筑材料</td><td>DP3141 夯土</td></tr>
<tr><td>DP3142 木材</td></tr>
<tr><td>DP3143 砖材</td></tr>
<tr><td>DP3144 青瓦</td></tr>
<tr><td rowspan="3">DP315 建筑层数</td><td>DP3151　1层</td></tr>
<tr><td>DP3152　2层</td></tr>
<tr><td>DP3153　3层</td></tr>
<tr><td rowspan="2">DP32 公共建筑</td><td>DP321 宗祠类</td><td>DP3211 龙王庙</td></tr>
<tr><td>DP322 地方自治类</td><td>DP3221 村委会</td></tr>
</table>

表格来源：作者自绘。

图 2　村落建筑年代、结构、层数

（图片来源：作者自绘）

2.1.4　文化基因

从文化基因的角度来看（表 5），沙元村的文化体系主要体现在信仰文化、宗族文化、历史记忆、传统技艺和文化活动 5 个方面。沙元村的信仰文化体现了多元的信仰体系，其中，信仰活动包括祭祀和崇拜，涵盖了对古代圣贤、民间神祇以及自然神的敬仰和崇拜。宗族文化在村民的社会生活中占据了核心地位，村民的聚居方式大多以血缘关系和宗族为基础。沙元村还保留着许多著名的历史故事和传统技艺，如古法制红糖、土法制香和土法造纸等。此外，村落还有相对多样的文化活动，如庙会活动、祭祖活动、蹢脚舞、摩梭营威风锣鼓等，这些活动不仅丰富了村民的日常生活，还反映了村庄在历史、信仰、经济和社会方面的文化积淀，展现了村庄社会生活的多样性。

表 5　沙元村文化基因谱系

一级	二级	三级	基因要素
DP4 文化基因	DP41 信仰文化	DP411-	DP4111 祭祀
			DP4112 崇拜
	DP42 宗族文化	DP421-	DP4211 血缘
	DP43 传统技艺	DP431-	DP4311 土法制红糖
			DP4312 土法制香
			DP4313 土法造纸
	DP44 文化活动	DP441-	DP4411 庙会活动
			DP4412 祭祖活动
			DP4413 蹢脚舞
			DP4414 摩梭营威风锣鼓

表格来源：作者自绘。

2.2　沙元村景观基因价值评价

本研究从景观基因信息链的视角，运用实地调研、半结构化访谈、系统分析以及《四川省传统村落评价标准》（DBJ51/T165—2021）规定的多种研究方法，对沙元村的选址与格局、传统建筑及非物质文化遗产进行了系统的价值评价。

2.2.1　村落选址和格局评价

沙元村选址和格局的各项指标反映了其文化景观基因的保护状况和价值优劣，根据上述提到的研究方法对沙元村选址和格局进行评价，得分为 90 分（图 3）。如从久远度来看，沙元村形成于 1912 年以前，反映出较强的历史延续性和文化积淀，具有较强的历史价值。从历史环境要素的视角分析，沙元村涵盖自然环境要素和人工环境要素，人工设施、古道、水井、建筑遗址等多种历史与文化因素，构成了其文化景观基因的物质支撑。在村落格局完整性方面，沙元村传统格局较好，院落体系较为完整，其空间组织遵循历史，延续传统的生产生活方式、乡风民俗，建筑物的利用率较高，传统生活模式与村落建筑形态表现出高度的协调性。进一步从文化价值的角度来看，沙元村的选址、规划、营造具有典型的地域特色、传统生活特征和历史性价值。

类别	序号	指标	指标分解	分值标准及释义	分值
定量评估	1	久远度	村落现有选址形成年代	1912 年以前，6 分；1912—1949 年，4 分；1949 年以后，2 分	6
	2	丰富度	现存历史环境要素种类	(1)自然环境要素：古河道、古树名木等； (2)人工环境要素：特色公共活动场地、塔桥亭阁、堤坝、井泉沟渠、壕沟寨墙、古道驿站、碑幢刻石、庭院园林，以及传统禅意遗存、历史上建造的用于生产、消防防盗、防御的设施等历史环境要素种类。 以上两类环境要素，每种得 2 分，满分 14 分	14
定性评估	3	格局完整性	传统村落体系完整性	村落保持良好的传统格局，院落体系十分完整，15 分	
	4			村落保持基本良好的传统格局，院落体系较为完整，10 分	10
				村落保留了一定的集中连片格局，能较为完整地看出原有院落体系，6 分	
				村落保留了少量的传统基本骨架体系，能零散地看出原有院落体系，3 分	
			传统生产生活方式、乡风民俗及其依托的场所或建筑物的利用率	利用率高，与生产生活保持密切联系，5 分	5
				活态使用，与生产生活有一定联系，3 分	
				基本不使用，1 分	
				完全不使用，0 分	
			传统风貌协调性	格局体系中无突出不协调建筑，整体风貌完整协调，15 分	
				不协调建筑少，不影响整体风貌，10 分	10
				不协调建筑多，影响了整体风貌，6 分	
				不协调建筑较多，风貌非常混乱，3 分	
	5	科学文化价值	村落选址、规划、营造反映的科学、文化、历史和考古价值	具有典型的地域、特定历史背景或民族特色，村落与周边环境能明显体现选址所蕴含的深厚文化或历史背景，有极高的科学、文化、历史和考古价值，25 分	25
				具有一定的地域和文化价值，村落与周边环境能明显体现选址所蕴含的深厚文化或历史背景，有较高的科学、文化、历史和考古价值	
				保持本地区普遍的传统生活特色，村落与周边环境勉强体现选址所蕴含的文化或历史背景，8 分	
	6	协调性	村落与周边优美的自然山水环境或传统的田园风光保有和谐共生的关系	村落周边环境保持良好，与村落和谐共生，清晰体现原有选址理念，20 分	20
				村落周边环境有一定程度改变，但与村落较和谐，能够体现原有选址理念，15 分	
				村落周边环境遭受较为严重的破坏，与村落建设相冲突，难以体现原有选址理念，5 分	
合计					90

图 3 村落选址和格局评价

（图片来源：作者自绘）

2.2.2 传统建筑评价

沙元村的传统建筑在久远度、稀缺度、规模、比例、丰富度、完整性等方面均展现出较高的评价价值，总评分为 64 分（图 4）。沙元村现存最早建筑可追溯到清朝，其中部分建筑已被列为地方文物保护单位，具有较高的建筑遗产价值。在规模和比例方面，沙元村传统建筑的占地面积较大，民居建筑相对集中，整体占地面积在 2 hm^2 以上，评分为 10 分。此外，传统建筑用地面积占全村建设用地面积的比例超过 60%，分值为 13 分。丰富度和完整性是衡量沙元村文化景观基因多样性和保护状态的重要维度。沙元村建筑的历史功能种类繁多，包括住宅、商业、驿站、庙宇、楼塔等功能类型，分值为 6 分。现存的传统建筑及周边环境在一定程度上得到了较好的保护，评分为 10 分。此外，在工艺美学价值方面，沙元村现存的传统建筑展现出较高的美学价值，包括造型、结构、材料和装饰等美学特征，分值为 10 分。在传统营造工艺传承的评价中，沙元村至今仍保留着一定的传统材料、工具和工艺。

类别	序号	指标	指标分解	分值标准及释义	分值
定量评估	1	久远度	现存最早建筑修建年代	明代及以前（1644 年以前），4 分；清代（1644—1911 年），3 分	3
				民国（1912—1949 年），2 分；1949—1980 年，1 分	
			传统建筑群集中修建年代	1912 年以前，6 分；1912—1949 年，4 分	4
				1949—1980 年，3 分	
	2	稀缺度	文物保护单位等级	国家级，5 分，超过 1 处每处增加 2 分；省级，3 分，超过 1 处每处增加 1.5 分	
				市县级，2 分，超过 1 处每处增加 1 分；列入第三次文物普查的登记范围，1 分，超过 1 处每处增加 0.5 分	2
	3	规模	传统建筑占地面积	2 公顷以上，10~15 分；1~2 公顷，5~9 分；0~1 公顷，0~4 分	10
	4	比例	传统建筑用地面积占全村建设用地面积比例	60% 以上，12~15 分；40%~60%，8~11 分；20%~40%，4~7 分；0%~20%，0~3 分	13
	5	丰富度	建筑历史功能种类	居住、传统商业、驿站、祠堂、庙宇、书院及其他种类，每种得 1 分，满分 10 分	6
定性评估	6	完整性	现存传统建筑及其建筑细部乃至周边环境保存情况	现存建筑及周边环境原貌保存完好，建筑质量良好且分布连片集中，风貌协调统一，仍有原住居民生活使用，保持了传统区域活态性，15 分	
				现存建筑及周边环境原貌保存较完好，建筑质量较好且分布连片，仍有原住居民生活使用，不协调建筑少，10 分	10
				现存传统建筑（群）部分倒塌，但“骨架”存在，部分建筑细部保存完好，周边环境有一定破坏，不协调建筑较多，5 分	
				传统建筑大部分倒塌，存留部分结构构件及细部装饰，周边环境破坏较为严重，3 分	
	7	工艺美学价值	现存传统建筑具有建筑造型、结构、材料或装饰等美学价值	现存传统建筑所具有的造型、结构、材料、装饰等具有典型地域性或民族特色，建造工艺独特，建造细部及装饰十分精美，工艺美学价值高，15 分	
				建筑造型、结构、材料或装饰等具有本地域一般特征，代表本地文化与审美，部分建筑具有一定装饰，文化、美学价值较高，10 分	10
				建筑造型、结构、材料或装饰等不具备典型民族或地域代表性，美学价值一般，5 分	
	8	传统营造工艺传承	至今仍大量应用传统技艺营造日常生活建筑	至今日常生活建筑营造仍大量应用地域性材料、工具和工艺，采用传统建筑形式，具有传统禁忌等地方习俗，成为非物质文化遗产，技术工艺水平有典型地域性，10 分	
				至今日常生活建筑营造较多应用地域性材料、工具和工艺，采用传统建筑形式，具有传统禁忌等地方习俗，技术工艺水平有地域性，6 分	6
				至今日常生活建筑营造较少应用地域性材料、工具和工艺，采用传统建筑形式，营造特色有地域代表性，3 分	
合计					64

图 4　村落传统建筑评价

（图片来源：作者自绘）

2.2.3　非物质文化遗产评价

非物质文化遗产评价的多指标分析中，沙元村在稀缺度、丰富度、连续性、规模和传承人等方面展现出较高的价值，分值为 77 分（图 5）。沙元村的部分非物质文化遗产被列入市级保护名录，且其中的一项入选了省级非物质文化遗产，至今仍保留着多项传统技艺和文化活动。传承人是非物质文化遗产中的关键节点，沙元村本地村民占 90% 以上，且仍有村民在传承传统技艺。活态性评价显示，沙元村非物质文化遗产展现出较强的组织性和传承活力，分值为 15 分。在依存性维度，非物质文化遗产相关的生产材料、加工、活动及其空间、组织管理、工艺传承等内容与沙元村特定物质环境紧密相关,不可分离,分值为24分。

类别	序号	指标	指标分解	分值标准及释义	分值
定量评估	1	稀缺度	非物质文化遗产级别	国家级10分;省级5分;市级3分;县级1分(多项不累加)	3
	2	丰富度	非物质文化遗产种类	市级,每项0.5分;省级,每项1分;国家级,每项2分。满分5分	1
	3	连续性	至今连续传承时间	民国以前，15分;新中国成立以前，8分	15
	4	规模	传承活动规模	全村参加，5分;30人以上，4分	5
				10~30人，3分　10人以下2分	
	5	传承人	是否有明确代表性传承人	有,且为省级以上，5分	
				有,且为市级以上，3分	3
	6	原真性	本地居民比例	90%以上，6分;75%~90%，3分;50%~75%，1分;50%以下，0~1分	6
			徙居历史	100年以上，4分;50~100年，2分;小于50年，1分	4
定性评估	7	活态性	传承情况	传承良好,具有传承活力,有组织管理，15分	15
				传承一般,无专门组织管理，10分	
				传承濒危,无活力，5分	
	8	依存性	非物质文化遗产相关的仪式、传承人、材料、工艺以及其他实践活动等与村落及其周边环境的依存程度	遗产相关生产材料、加工、活动及其空间、组织管理、工艺传承等内容与村落特定物质环境紧密相关,不可分离，24~30分	24
				遗产活动组织与工艺传承与村落较为密切,为本地域共有特色遗产,具有代表性，8~15分	
				遗产可不依赖村落保持独立传承，0~7分	
	9	历史影响	重大历史事件发生地或原有建筑物、特定场所保存完好情况	好，5分;较好，3分;一般，1分	1
合计					77

图5　非物质文化遗产评价

(图片来源:作者自绘)

2.3　沙元村景观基因信息链构建

根据沙元村景观基因的识别与提取结果,本研究构建了沙元村的景观基因信息链,涵盖信息元、信息点、信息廊道和信息网络。沙元村的信息元包括自然环境、建筑形态、装饰符号以及历史相关的记忆。例如,摩挲大堰、古树名木、龙丹山、小尖山等自然环境要素,承载着特定时期的风水文化和历史传说。而龙王庙作为宗教建筑信息元,体现了村民的信仰。信息点则是沙元村中承载这些信息元的具体位置和节点。庙宇、村道、古树或驿站等都可视为一个独立信息点,这些信息点通过其明确的空间定位,构成村落景观节点网络。比如,国道108和通组路作为沙元村的主要交通廊道,连接了多个古道驿站和文化节点,成为信息点之间交流和传递的枢纽。信息廊道是指连接沙元村各个信息点的线性结构,在空间中起到信息流动和传递的作用。沙元村的村落小道,特别是国道108和通组路,串联了多个历史文化信息点,成为商业、社会交往和文化活动的主要通道,促进村落的文化和历史记忆在时间和空间上得以延续和传播。然而,村落的信息廊道并非随机形成的,而是受地理环境、经济发展和社会活动等多重因素影响,呈现出一种有机的、适应性的结构特点。沙元村的信息网络是由多个信息元、信息点和信息廊道共同构成的,涵盖建筑群、传统技艺、宗族信仰等具体文化内容,同时也包括沙元村的道路系统和山水布局。如国道108的修建促进了沙元村的商业繁荣,形成了多层次的经济文化网络。由此可见,沙元村景观基因信息链的构建和传承是动态发展的过程。

3 结论

基于景观基因信息链的视角，本研究对会理市沙元村的文化景观进行系统分析，主要结论如下。

（1）沙元村的整体文化景观保存度较高，传承了丰富的历史文化。景观基因特征主要包括环境、布局、建筑和文化四大类型，构建了沙元村文化景观基因谱系。同时，也反映出沙元村典型的景观特征，具有较高的代表性和研究价值。

（2）根据实地调研、半结构化访谈、系统分析和《四川省传统村落评价标准》（DBJ51/T165—2021）规定的方法等对沙元村的景观基因进行价值评价，得出村落选址和格局评分为 90 分，传统建筑评分为 64 分，非物质文化遗产评分为 77 分。

（3）景观基因信息链是景观基因信息的核心环节，从村落交通到传统建筑，再到自然景观要素，景观基因元素覆盖景观信息链中的信息元、信息点、信息廊道和信息网络，为沙元村的文化遗产保护和活化利用提供理论指导。

基金资助：2024 年西南民族大学研究生创新型科研项目；羌族传统建筑营造口诀及其文化的抢救与保护研究（项目编号：NAIC202403）。

梁宝凤　西南民族大学　硕士研究生
刘伟　西南民族大学　教授
郑春银　西南民族大学　讲师

参考文献

[1]BIAN J，CHEN W，ZENG J，et al. Spatial distribution characteristics and influencing factors of traditional villages in China[J]. International journal of environmental research and public health，2022，19(8)：4627.

[2] 邹诚，玄锦，杨钧宁，等. 万里茶道起点下梅古村落景观基因信息链构建及特征分析 [J]. 中国园林，2023，39(2)：96-102.

[3] 向远林. 陕西传统乡村聚落景观基因变异机制及其修复研究 [D]. 西安：西北大学，2020.

[4] 邢可誉. 基于景观基因的沈北新区锡伯族乡村景观保护与传承研究 [D]. 哈尔滨：东北林业大学，2023.

[5] 吴向阳，张晓敏. 乡村振兴视域下传统村落现代转型的机制与路径 [J]. 农业经济，2024(7)：67-69.

[6] 刘付强. 五邑地区传统村落景观的脆弱性评价及保护发展策略研究 [D]. 广州：华南农业大学，2021.

[7] 雷泽鑫. 基于历史文化景观记忆识别系统对山西传统聚落保护的研究 [D]. 太原：太原理工大学，2018.

[8]HU，Z，JOSEF S，MIN Q，et al. Visualizing the cultural landscape gene of traditional settlements in China：a semiotic perspective[J]. Heritage science，2021，1：1-19.

[9] 费雪艳，程叶青，孔熙平，等. 传统村落文化景观基因识别与基因链分析 [J]. 自然资源学报，2024，39(8)：1760-1779.

[10] 胡最，唐梁凤，许江燕. 传统村落文化景观基因信息链的提取与空间特征研究：以张谷英村为例 [J]. 衡阳师范学院学报，2023，44(3)：1-14.

[11] 韦娜，冯新雅. 陕北传统聚落景观基因信息编码与图谱构建 [J]. 南方建筑，2023(10)：88-97.

历史文化街区的视觉认知与情感构建
——基于 ZMET 与游客凝视理论的实证分析

Visual Cognition and Emotional Construction of Historic Cultural Districts
—An Empirical Study Integrating ZMET and Tourist Gaze Theory

黄健文　刘泽晟

摘　要：本研究整合了 ZMET 和旅游凝视理论，以探索视觉符号和情感联想如何构建和优化历史城市景观的形象。研究基于江门市长堤历史文化街区展开，应用 ZMET 对获取的图像和文本资料进行分析并发现游客对长堤历史文化街区的看法主要集中在“历史遗产”和“文化融合”方面。共识地图增强了该地区的旅游形象，并为文化遗产保护和城市更新提供了实用的参考建议。

关键词：游客凝视理论；ZMET 技术；共识地图；历史文化街区

Abstract: This study integrated ZMET and tourist gaze theory to explore the manner in which visual symbols and emotional associations shape and enhance the image of historic cityscape. Focusing on Changdi Historic Cultural District in Jiangmen, the study applied the ZMET to analyze images and textual data. The findings revealed that tourists' perceptions of the district primarily center on the themes of "historical heritage" and "cultural integration". The consensus map strengthens the district's tourism image and offers practical insights for cultural heritage preservation and urban renewal.

Keywords: tourist gaze theory; ZMET; consensus map; historic cultural district

引言

历史文化街区是其所在城市历史文化的物质载体，背后蕴含着浓厚的历史文化底蕴和构成城市建设发展的文化规律，其丰富的文化内涵和空间特征，经过岁月的洗礼仍能通过不同形式展现在大众视野当中，焕发新生。

2011 年，联合国教科文组织为促进在全球城市发展中更好地保护历史遗产，提出了《历史城市景观建议书》并强调“历史城市景观”的概念，认为历史城市景观不仅包括传统意义上的历史建筑和遗址，还涵盖其周边的自然环境、人类活动、文化元素等[1]。因此，历史城市景观是一种动态的、综合性的文化遗产概念，作为城市历史孕育地，反映了不同时间、不同文化的城市发展痕迹。这些街区作为城市历史文化资源的重要组成部分，已经成为文化遗产的重要传播媒介和保护载体[2]，同时也是可持续遗产旅游的核心内容之一[3]。

然而，随着城市更新的深入推进，尽管当前已有部分针对历史文化街区的相关学术研究[4]，优质的方案在多方努力下也得以推动并落地建成，取得一定的成效[5]，但总结历史文化街区的共性与个性需要我们的共同努力[6]，并提出具有针对性的建议。

本研究以江门市长堤历史文化街区(简称“江门长堤”)为研究对象,不仅关注游客视角下历史文化街区的形象构建,价值探讨如何通过优化旅游体验提升文化遗产保护的可持续性,同时进行具有针对性的有效保护和传承。此过程中,如何平衡并梳理江门长堤的侨乡文化保护和旅游发展的二元对立关系,将对当地社区的经济、环境和侨乡文化的传播产生深远影响。

首先通过 ZMET(萨尔特曼隐喻诱引技术)开展访谈,并使用 ROSTCM 6.0 软件对收集的图像和文本资料进行分析,揭示游客在旅游过程中对江门长堤的认知和情感联结。其次,在游客凝视理论的框架下,构建江门长堤的共识地图,以更好地反映游客的认知偏好与情感需求。最后,对共识地图进行解释分析,并针对当前江门长堤的发展现状提出优化其整体旅游形象、加强历史文化遗产保护及改善城市更新的策略。本研究的核心问题是:如何通过 ZMET 技术与游客凝视理论,构建有效的旅游形象优化策略,并在历史文化街区的保护与传承中实现可持续发展的目标。通过对江门长堤的实证分析,本文为城市历史文化街区的旅游形象塑造与城市更新提供了新的视角与实践方案。

1 研究区域

江门长堤位于江门市蓬江区蓬江河沿岸,具有悠久的历史,面积达 80.95 hm^2。其规模宏大、建制完整,是江门地区保存较为完整的历史街区之一[7]。建筑始建于 20 世纪初期,呈现岭南特色与海外华侨文化的融合,主要由骑楼建筑组成,既有宽敞的步道供行人行走,也提供了遮风避雨的骑楼空间[8]。长堤街保存了具有地域特色的街巷和百年老字号商铺,体现华侨经济繁荣时期的商业氛围,是怀旧和体验岭南风情的重要场所,展示侨乡文化及中西融合的历史底蕴,成为宝贵的历史文化遗产[9]。江门长堤凭借其独特的地理优势和历史底蕴,成为联系国内侨胞和海外华人华侨的精神纽带,并通过独特的物质载体,如骑楼、碉楼、墟市等进行展示,是我国城市历史文化资源的重要组成部分,更是我国近现代城市发展史不可多得的文化瑰宝(图 1、图 2)。

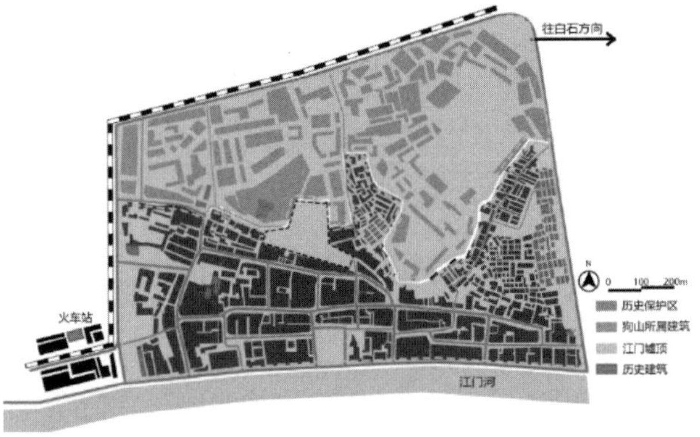

图 1 江门长堤现状
(图片来源:作者自绘)

图 2 江门长堤鸟瞰图
(图片来源:作者拍摄)

2 研究方法

2.1 理论知识层面

2.1.1 ZMET

ZMET 是由美国哈佛大学商学院萨尔特曼教授于 1995 年提出的一种心理学研究方法[10]。其独特之处在于其隐喻挖掘能力,使得研究者能够更全面地理解游客如何通过视觉符号和情感暗示构建目的地的独特意象[11],提供了全新的视角和方法论支持。该领域的研究不断深化:Mackay 和 Fesenmaier 通过视觉隐喻探讨游客对旅游目的地形象的构建方式，展示了图像在游客凝视中的重要性[12]；Robinson 运用数字隐喻方法，将游客凝视理论与隐喻分析结合，揭示游客如何在社交媒体上呈现和传达他们对目的地的情感及认知[13]；范添怡结合游客凝视理论和 ZMET，对哈尔滨市道外区中华巴洛克历史文化街区的场所感进行研究，构建共识地图[14]。

2.1.2　游客凝视理论(Tourist Gaze Theory)

游客凝视理论由英国社会学家约翰•厄里于 1990 年提出，旨在探讨游客如何通过特定的视角体验和理解旅游目的地。该理论认为，游客的凝视不仅是对景观的观赏，更是受社会文化、媒体和个人期待等因素影响的建构过程[15]。旅游目的地具有独特性，如何为游客提供更好的服务从而提升其体验感，值得我们不断研究[16]。简言之，游客可通过“凝视”赋予目的地独特的文化意义，如游客如何通过媒体、地方政府政策以及社会文化背景来构建对目的地的认知[17-18]。此概念被广泛应用于旅游地意象、游客体验、社会文化影响等方面，并且伴随着虚拟现实(VR)、增强现实(AR)等新兴技术在旅游业的应用持续探索游客如何增强与目的地的情感联系[19]。程绍文等分析了中西方学者以旅游凝视为视角，围绕游客体验、目的地文化变迁等方面展开的研究，强调了该理论在观察社会中的重要性[20]。张江驰等基于旅游凝视理论，构建了旅游者凝视、东道主凝视、地方依恋、感知价值和居民—游客价值共创行为的影响模型[21]。

2.1.3　结合

ZMET 与游客凝视理论的结合，为研究提供了一种全新的视角。将游客凝视理论引入 ZMET 的分析过程，可以更好地对访谈所得的数据进行解释和说明。深入解析数据中的隐喻指向并揭示游客凝视背后的社会文化意义。借助这一整合方法，研究者不仅能够深入理解游客心理和行为，还可以揭示旅游过程中更深层次的文化互动和价值体系。现有研究多集中于游客对文化遗产的单纯认知而缺乏对游客情感认知与历史文化街区保护之间关系的深度剖析，而这一整合方法则促使设计师们更全面了解游客在历史文化街区的真实需求，并有效引导相关的街区更新设计策略，为文化遗产的可持续旅游开发提供新的视角。

2.2　实际应用层面

本研究使用的访谈方法与要求如图 3 所示。

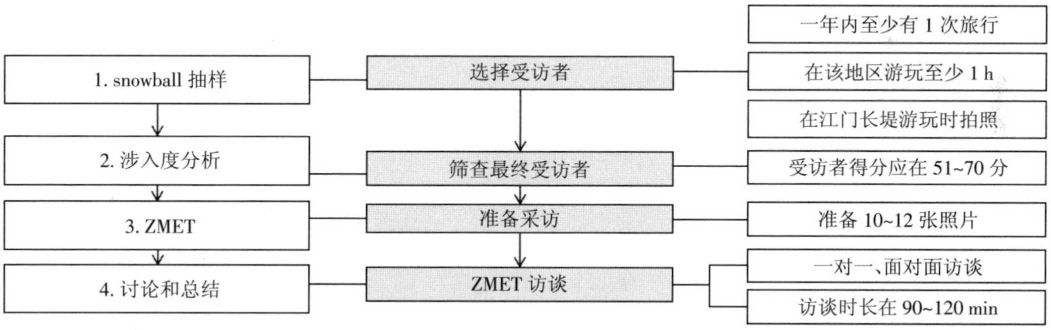

图 3　访谈方法与要求

(图片来源：作者自绘)

2.2.1　使用 snowball 抽样

由于 ZMET 访谈不要求外部效度的特殊性，其通常从少数符合研究标准的初始联系人开始。在此选择使用一种非概率抽样方法——雪球(snowball)抽样，它通常被视为研究游客凝视的一种非常有效的抽样技术。本研究通过多渠道收集图像和文本数据，涵盖不同类型的游客，确保样本的多样性和代表性，运用 snowball 抽样的具体流程如图 4 所示。

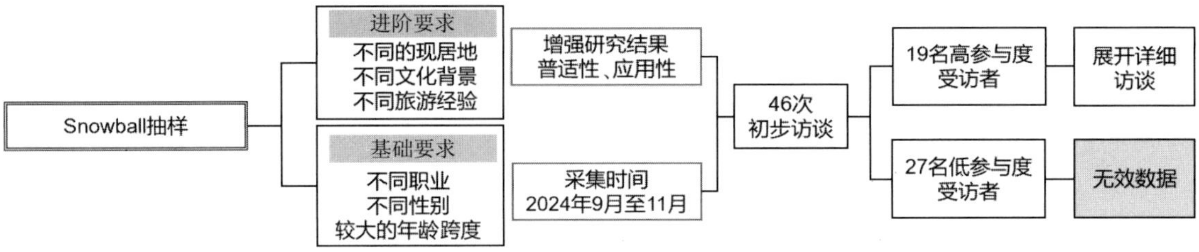

图 4　snowball 抽样流程

（图片来源：作者自绘）

2.2.2　参与分析

Zaichkowsky 开发了一种基于心理结构测量消费者参与的概念，用于描述个人对产品、服务的相关性或兴趣程度，并计算参与度。本文将 PII 的构造验证扩展利用李克特量表的基本特征，每个问题都按照分数表[22]进行排名，总分从 10 到 70 分不等，分数越高代表该主题的参与程度越高。Zaichkowsky 指出，高参与度人士的个人参与评分应在 51~ 70 分[23]，他们所提供的信息具有强代表性并可有效提高结果的可信度[24]。在 46 名预受访者中，有 19 名受访者的个人参与量表得分高于 51 分。

2.3　ZMET 分析

2.3.1　采访准备

访谈前，受访者被要求选择照片。考虑到研究地区的特殊性和收集照片的困难，作者在网络上以“江门长堤历史风貌街”“江门狂飙”为关键词进行街区照片的爬取，得到照片 2 135 张，经过筛查最终得到照片 906 张，供受访者选择。

首先在江门墟市内随机抽取，以游客为主，得到 11 份有效访谈数据；然后邀请本地居民及墟市内商家，得到 8 份有效访谈数据。所有受访者在访谈前需挑选 10~12 张图片交给研究人员，可以是骑楼的精美雕花，也可以是在墟市内沿街吆喝的商贩，但应该是极具代表性的，能够体现受访者对江门长堤的直观感受和想法。

2.3.2　ZMET 访谈和构念提取

在访谈过程中，研究人员将对受访者进行一对一提问（图 5），并引导受访者选择和解读他们上交的照片，最终得到受访者对每张照片及其背后所归属的场景的第一印象、认知、情绪感受和正负面评价，并通过构建共识地图揭示出他们对地点的感知结构[25]。

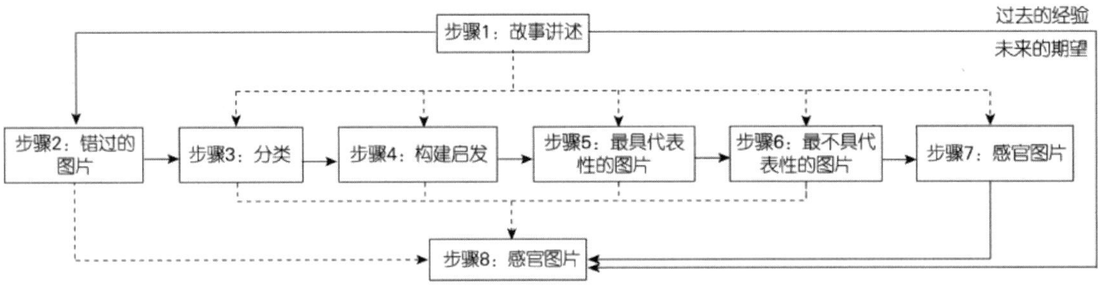

图 5　ZMET 访谈步骤

（图片来源：作者自绘）

研究从 19 次采访中收集了 190 张图像，并根据 ZMET 访谈得到 19 份文档，对口语化的文字进行修整，得到共计约 5 万字的访谈内容，使用 ROSTCM 6.0 分析软件进行提取及分类。考虑到研究区域的特殊性，将“墟顶老街”“水埠头”等词组加入自定义分词表中，并根据 ROSTCM 6.0 首次分析得出的高频词词库进行整理，对具有相同或类似属性的高频词组进行分类和合并，以提升词频分析的准确性和后期结论的代表性。通过 19 名受访者的访谈记录，初步获取出现频次为 10 以上的构念共 285 个。

3 分析

ROSTCM 6.0 是一款面向人文社会科学领域的大型社会计算平台，提供了一种对文本内容进行客观、系统和定量描述与分析的方法，为研究主流舆论的趋势和变化提供了准确的数据支持。该软件可对文本展开一系列相应分析，如词频分析、情感分析等。

本研究使用 ROSTCM 6.0 软件对草稿文本进行初步词频分析。首先，根据高频构念表(图 6)对江门长堤的地方感进行初步分析。然后，在初步分析的基础上绘制一份共识地图，包括起始构念、连接构念和终极构念。

主要类别	高频构念
物理环境	启明里、墟顶老街、钓台故居、水埠头、京果街、卖鸡地、永安当铺、余庆里、新市庙、莲平路、兴宁路、中华酒店、石湾庙、长堤历史风貌街、阳台护栏、拱廊建筑、骑楼建筑、街道、窗户、植物、墙面、招牌、立柱、摊位、灯光、屋顶、灯笼、历史文化街区
非物理环境	阳光、侨乡、痕迹、故事、生活气息、市井、手工艺
活动经历	休息、聊天、品尝、拍照、参观、玩、骑自行车、购买
场所依恋	浪漫、温馨、舒适、宁静、怀旧、狭窄、凌乱、不和谐、破败、嘈杂、拥挤、杂乱、历史文化、五邑侨乡、斑驳、热闹

图 6 江门长堤高频构念表

（图片来源：作者自绘）

3.1 江门长堤的共识地图

在 ZMET 的原则上，绘制共识地图遵循受访者单一构念与其他构念无关联可以忽略不计的“收敛原则”，即提取同一构念的人数需占总人数的 1/3，提取构念间关系的人数需占总人数的 1/4[26]。图 7 显示属性级别包括 20 个结构、11 个连接构念，以及 5 个最终构念。本文研究的受访者总数为 19 人，6 名受访者提到的构念被用作构建共识地图(图 7)，最终得到 31 个共识构念。共识地图揭示了物理环境、非物理环境和江门长堤与游客的对应关系

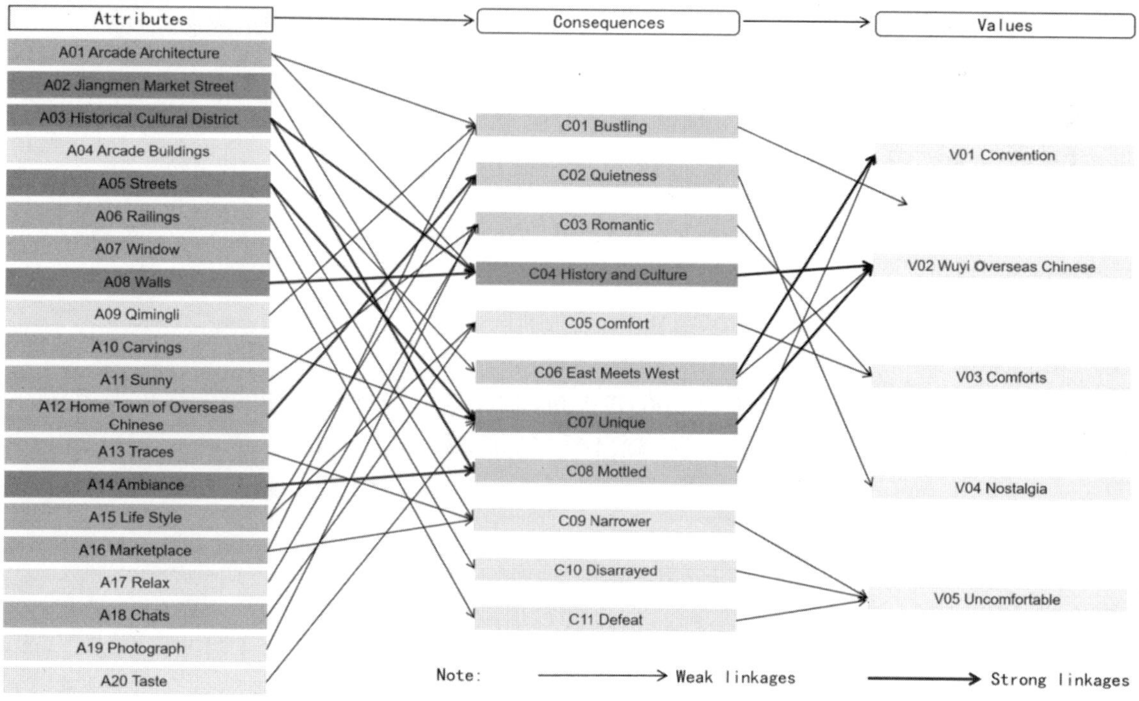

图 8 江门长堤共识地图

（图片来源：作者自绘）

3.2 地方感的结构模型

从游客凝视的角度来看，江门长堤的地方感由三个方面组成：物质环境、非物质环境和活动体验。场所感结构模型显示，地方感的基础由丰富的物质环境组成，具体为对江门长堤的骑楼建筑形式、街巷布局、肌理脉络的保留与传承（图 8）。游客对江门长堤的物质环境特征有意识的感知，主要在“启明里”“拱廊建筑”等地方获取，这些地方不仅拥有丰富的骑楼建筑，更是五邑地区侨乡文化活灵活现的物质性载体。游客主要通过“街道”和“骑楼建筑”在江门长堤进行最直接的物理接触，反映游客对骑楼建筑及其背后的侨乡文化的强烈喜爱与认可，也正是这些元素提升了游客对江门长堤的认可度。

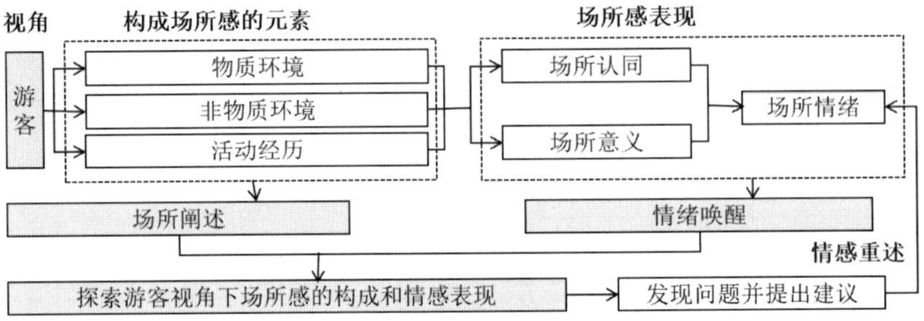

图 8 场所感结构模型

（图片来源：文献 [27]）

3.3 地方感的要素

3.3.1 物质环境中的场所感

作为五邑地区乃至全国区域内为数不多的建制规模较大且沿用至今的墟市，江门长堤内的骑楼建筑形式各异却又保持整体结构统一，给游客带来独特的体验。

“护栏”（A06）、“墙面”（A08）等作为建筑细部构造受到游客重视，因为它们带有“历史文化”（C04）、“斑驳”（C08）、“中西文化交融”（C06）的感觉，具有独特的“五邑侨乡”（V02）风情。

3.3.2 非物质环境的地方感

随着城市化进程的飞速发展，人们愈发向往具有独特历史韵味且安静休闲的场所。江门长堤以其独特的氛围和丰富的感官体验，为游客提供了非物质化的惬意、舒适的环境。

“生活方式”（A15）、“侨乡”（A12）和“市井”（A16）被游客多次提及，因为这些是“浪漫”（C03）且“独特”（C07）的，并最终归结为“五邑侨乡”（V02）、“舒适”（V03）。

3.3.3 体验活动中的场所感

对于体验活动中的场所感，“骑楼建筑”（A01）是极具“历史文化”（C04）的，在这些空间场所里既能营造“热闹”（C01）的活动场景，也不缺乏平日里“宁静”（C02）的生活。在骑楼街里进行传统的舞狮活动，具有“五邑侨乡”（V02）的特色。

3.3.4 负面反馈

对于负面影响，“聊天”（A18）、“护栏”（A06）、“痕迹（A13）”在特定情况下也会带来较为糟糕的体验，让游客感到“狭窄”（C09）和“破败”（C11），并带来“不适”（V05）感。

4 讨论

针对上述结果，提出如图 9 所示的对策框架，下面对措施进行具体说明。

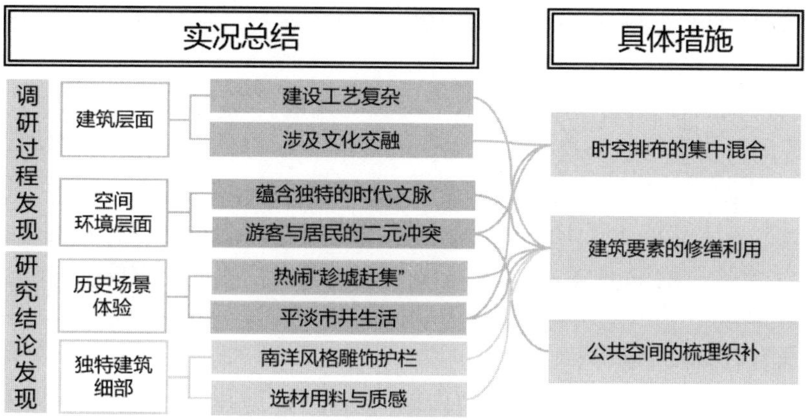

图 9　对策框架

（图片来源：作者自绘）

4.1　时空排布的集中混合

空间梳理方面，抓住江门长堤的侨乡、墟市、商贸文化，通过对历史建筑的保护和历史信息点的重新塑造，使其成为五邑地区的特色文化名片。通过对街巷空间的梳理与改善和特色民俗活动的策划，街区巷道的民俗生活场景体验得以重新汇聚。

空间布局方面，街区内传统建筑开间小而进深大，传统街巷尺度宜人，街区形成致密的肌理。尊重墟街内的小巷肌理，保护传统街道空间，强化历史街区的场所感并营造具有地域特色的城市空间意象，延续历史街区的空间形态。

街巷之间混合穿插且功能多样的文化商旅融汇集中。通过将新市路、莲平路等历史街道有效串联并布局如主题墟市、民俗工艺、华侨会馆等文化地标类业态，激活公共空间，同时以文化带动当地居住生活的复兴。

4.2　建筑要素的修缮利用

对江门长堤传统建筑的更新改造，应在保持原有空间格局的前提下，适当开展功能置换和调整，以满足现代商业和居住要求，在保护历史风貌建筑的同时使其能够重燃生机（图 10）。

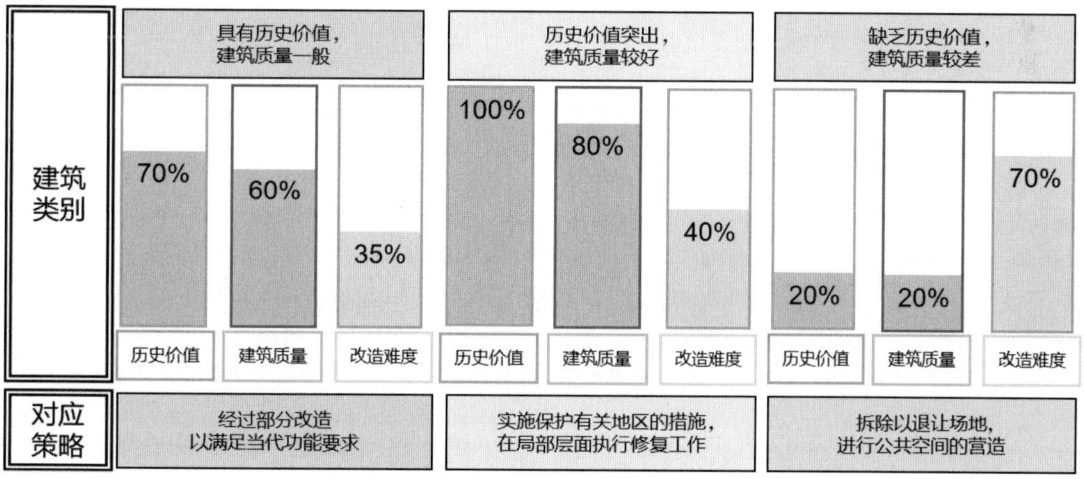

图 10　建筑修缮分类

（图片来源：作者自绘）

修缮建筑方面，以尊重历史街区整体风貌和推动历史街区更新发展为出发点，针对不同建筑选择不同的修缮方式。骑楼建筑群经历百年岁月侵袭，难免出现破损情况。而游客更愿意了解百年侨墟的真实场景和故事，采取“修旧如旧”原则，充分表达墟街的“原真性”，最大限度地保留建筑的原貌和历史价值，同时确保其结构安全。

依托智能技术如三维投影、VR 和 AR 技术使历史场景的再现更为生动，以有效弥补传统修缮无法呈现的历史遗失。这样不仅能增强公众对历史文化的理解和参与感，还使历史建筑从冰冷的遗迹转变为充满生机的文化载体，让游客通过数字化手段体验江门长堤的过去。

骑楼建筑的用材在质感与整体氛围的营造上发挥了关键作用。每一种材料的选择，都基于对地方气候、功能需求以及对美学原则的深刻理解，力求在细节中展现出建筑的历史深度、文化内涵以及与自然环境的和谐共生。

4.3 公共空间的梳理织补

规划布局方面，维护和加强原有肌理致密的传统街巷特色，提高街区内支路网密度，提升历史街区的流通性。在保证行人安全和保持街区宁静氛围的前提下，提倡混行及慢行的概念，打通尽端式巷子，创造良好的步行环境。清除个别质量差、价值低的建筑，将腾出的空地结合景观绿化布置为社区居民活动空间。

景观绿植方面，结合公共空间开展，以乔木种植为主，留出树下活动空间，以高效利用有限的公共空间。此外，设计适合墟街狭小空间的花坛，进行沿街绿化布置，部分骑楼外立面种植爬藤类植物，营造独具五邑侨乡特色的景观小品装置。

关于交通流线设计，各区域公共空间为节点，以交通布局为线，将江门长堤有机串联，建立连续而层次丰富的步行网络。

基金资助：教育部人文社会科学研究规划基金项目“中华文化认同视域下五邑侨乡传统墟市风貌保护研究”（项目编号：22YJA850003）。

黄健文 广东工业大学 副教授

刘泽晟 广东工业大学 硕士研究生

参考文献

[1]XI W. The concept of historic urban landscape（HUL）and its relation to cultural landscape[J]. Chinese landscape architecture，2012.

[2]XIAO J，LI H，CAO K. Value-oriented preservation and renovation of historic districts[J]. Urban development studies. 2019(26)：87-94.

[3] 肖竞，李和平，曹珂. 价值导引的历史文化街区保护与发展 [J]. 城市发展研究，2019，26(4)：87-94，2，37.

[4] 单霁翔. 城市文化遗产保护与文化城市建设 [J]. 城市规划，2007（5）：9-23.

[5] 刘敏. 青岛历史文化名城价值评价与文化生态保护更新 [D]. 重庆：重庆大学，2004.

[6] 郑利军. 历史街区的动态保护研究 [D]. 天津：天津大学，2004.

[7] 江门市莲江区地方志编纂委员会. 江门市蓬江区志 1984-2004[M]. 北京：方志出版社，2012.

[8] 倩娜. 墟顶掀开的时光书 [M]. 广州：岭南美术出版社，2020.

[9] 江门市地方志编纂委员会. 江门市志 [M]. 广州：广东人民出版社，2019.

[10]ZALTMAN G，COULTER R A. Seeing the voice of the customer：metaphor-based advertising research[J]. Journal of advertising research，1995，35(4)：35-45.

[11]GOVERS R，GO F M. Cultural symbols and their role in destination image building[J]. Tourism management，2009，30(1)：80-90.

[12]MACKAY K J，FESENMAIER D R .Pictorial element of destination in image formation[J]. Annals of tourism research，1997，24(3)：537-565.

[13]ROBINSON P. Mediating the tourist gaze：memory，emotion and choreography of the digital photograph[J].Information technology and tourism，2014，14(3)：177-196.

[14] 范添怡. 基于游客凝视理论和 ZMET 的历史文化街区共识地图构建研究 [J]. 包装工程，2024，45(6)：383-394.

[15]URRY J. The tourist gaze：leisure and travel in contemporary society[C]//Sites of Memory，Sites of Mourning：the Great War in European Cultural History，1990.

[16]JARRATT D，PHELAN C，WAIN J，et al. Developing a sense of place toolkit：identifying destination uniqueness[J]. Tourism and hospitality research，2018：146735841876867.

[17]LARSEN J. The social construction of tourist gaze and the role of media in tourism experiences[J]. Tourist studies，2017，17(3)：319–335.

[18]OOI C S. Tourist gaze and its social implications：the role of power and control[J]. Journal of tourism and cultural change，2015，13(2)：148–165.

[19]SAMARATHUNGA W，CHENG L. Tourist gaze and beyond：state of the art[J].Tourism review，2020. DOI：10.1108/TR-06-2020-0248.

[20] 程绍文，梁玥琳，李艳，等. 国内外旅游凝视研究进展综述 [J]. 旅游论坛，2017，10(3)：24–34.

[21] 张江驰，谢朝武，张江驰，等. 旅游凝视视角下城市边缘型社区居民：游客价值共创研究 [J]. 人文地理，2021，36(6)：173–182.

[22]KONG L，WU J，WEI L，et al. Typical tourism image elements of Fenghuang ancient town analyzed from the tourist gaze perspective：based on the Zaltman metaphor elicitation technique[J]. Tourism tribune，2018，33：42–52.

[23]ZAICHKOWSKY J L. The personal involvement inventory：reduction，revision，and application to advertising[J]. Journal of advertising，1994，23：59–70.

[24]ZHANG Y，HITCHCOCK M J. The Chinese female tourist gaze：a netnography of young women's blogs on Macao[J]. Current issues in tourism 2017，20：315–330.

[25]GLASER B G，STRAUSS A L，STRUTZEL E. The discovery of grounded theory：strategies for qualitative research[J]. Nursing research，1968，17：364.

[26]LEE T H，CHAO W H，LIN H Y. Cultural inheritance of Hakka cuisine：a perspective from tourists' experiences[J]. Journal of destination marketing and management，2018，7：101–111.

[27]HAN B W，MENG R Z，SUN J K，et al. Sense of place of heritage conservation districts under the tourist gaze–case of the Shichahai Heritage Conservation District[J]. Sustainability，2022，14：3–15.

基于多源数据的古城空间活力及其影响因素研究
——以泉州市丰州古城为例

A Study on the Spatial Vitality of Ancient City and Its Impact Factors Based on Multi-source Data
—A Case Study of Fengzhou Ancient City in Quanzhou City

苏 玉 张 杰

摘 要:随着经济的快速发展和城市化进程的加速,人们的生活方式也发生改变,许多历史古城难以满足现代化的需求,活力凋敝,亟待复兴。本文选取福建省泉州市丰州古城为研究对象,通过多源数据分析,利用ArcGIS对古城空间活力及其影响因素进行量化,再利用SPSS平台将两者进行相关性分析,探究开发强度、交通可达性、功能多样性和历史资源聚集度四个指标对古城空间活力的影响,以期实现古城文化传承与现代需求之间的平衡,加强文化自信,提升丰州古城的生活和经济价值。

关键词:丰州古城;多源数据;活力提升;古城空间活力

Abstract: With the rapid development of economy and the acceleration of urbanization, people's way of life has been changed, and many historical cities are difficult to meet the needs of modernization, and they are in urgent need of revival. This paper selects the ancient city of Quanzhou, Fujian Province as the research object, through multi-source data analysis, using the ArcGIS to quantify the spatial vitality of ancient city and its impact factors. SPSS platform are used to do the correlation analysis, exploring the influence of development intensity, traffic accessibility, functional diversity and historical resources on spatial vitality of ancient city, in order to realize the balance between the ancient city of cultural heritage and modern demand, strengthen cultural self-confidence, and improve life and economic value of ancient city.

Keywords: Fengzhou Ancient City; multi-source data; vitality enhancement; spatial vitality of ancient city

引言

长久以来,城市规划学研究主题离不开“空间”,近年来,“空间活力”成为与之关联密切的又一热点。前者往往被视为决定后者的基础,后者又常被看作前者的目标,二者相互呼应、相辅相成[1]。随着经济的快速发展和数字化时代的到来,人们的生活方式也在发生改变,历史古城难以满足人们生产、生活的需求。当前,许多历史古城活力凋敝,亟待复兴。古城不仅是历史的积淀,也是现代社会与传统文化交织的重要场所。提升古城空间活力不仅对促进当地经济的多元化发展有着重要意义,在改善居民生活质量方面也有着举足轻重的作用。传统的城市分析中的数据主要来源于大数据,缺乏小数据分析方法。然而,多源小数据如百度热力图、开源地图(OSM)、兴趣点(POI)等,因覆盖范围广、更新速度快等特征,在城市规划领域已得到广泛运用[2]。这些新型数据手段不仅打破了传统数据的局限,还为探索和提升历史古城空间活力提供了全新的研究路径。此外,目前已有研究多局限于工作日与普通休息日(以下简称“休息日”),本文添加3天以上节假日(以下简称“节假日”)期间的数据样本,增加了对不同时段古城空间活力情况的全面分析。

丰州古城拥有悠久的历史和丰富的人文底蕴,于2016年5月被福建省政府评为“福建省历史文化名城”。从地理位置上看,丰州镇位于泉州市,作为古代海上丝绸之路的起点,在历史上曾是闽南地区的政治、经济和文化中心[3]。因此,丰州古城空间活化对研究闽南文化、海上丝绸之路等都具有重要的学术研究价值与现实意义,同时对丰富地方文化资源及推动社会、经济、文化发展都具有积极的意义。

1 现有历史古城保护困境

1.1 历史古城的隐性威胁

历史古城在现代化进程中面临着多种隐性威胁,难以被人察觉,但对古城的长久保护具有重大影响。首先,新城扩张导致古城天际线被高层建筑切割,传统视廊与街巷肌理遭到破坏,文化遗产沦为“孤岛”[4]。其次,酸雨、工业废气加速古建材料风化,自然灾害加剧不可逆损伤。最后,保护策略碎片化,大量传统民居被拆除,历史环境整体性丧失。

1.2 历史遗产与现代社会的割裂

伴随着社会的快速发展和现代智慧科技的冲击,古城保护依赖单一大数据分析,缺乏小数据补充,公众参与局限于老年群体,年轻人口外流导致文化传承主体缺失;此外,保护工作过度聚焦微观建筑修复,忽视了宏观文化网络的活态延续,削弱了空间文化多样性。

1.3 历史古城经济与社会活力的挑战

历史古城保护与发展面临着经济匮乏与活力低下等困境。一方面,保护政策限制现代化开发,商业活力不足,功能单一化与人口老龄化形成恶性循环;另一方面,基础设施滞后制约旅游收益,短期流量难以转化为持续增长动能。

1.4 信息传递与管理体系的双重困境

古城保护的信息传递与管理体系的双重困境主要表现在历史资源和历史环境要素等未成系统,且缺乏实时性与量化。其一,历史资源档案分散,纸质与电子记录未整合,缺乏动态数据库支撑跨部门协作[5];其二,传统方法难以应对多源数据的实时性需求,量化分析与空间联动能力不足,制约保护决策科学性。

2 空间活力及其影响因素分析

2.1 空间活力分布特征

百度热力图利用手机用户的实时位置信息,统计某一特定区域内的实时活动人口数量并以热力图的方式呈现,相关结果可反映该区域的实时空间活力[6]。本文选取泉州市丰州历史古城2024年4月19日至5月5日连续17天的热力图,从6:00至22:00每隔2 h截取一次,共获取128张热力图。将获取的热力图导入ArcGIS进行地理校准,并提取相关数据信息。通过分析工作日、休息日及节假日丰州古城的相对热力值在时间和空间上的分布规律,评估古城空间活力的分布特征。研究结果显示,丰州古城空间活力在时间上呈现出“节假日大于休息日大于工作日”的特点,空间上呈现“南高北低、东高西低”的特点(图1)。

从时间分布来看,丰州古城内节假日整体空间活力高于休息日和工作日。工作日的空间活力在6:00—10:00出现峰值,古城苏醒,之后开始缓慢下降,10:00—14:00为午休时间,古城活力值降至最低,16:00后开始出现晚高峰现象并持续至20:00,随后空间活力开始下降,古城逐步进入夜间休息状态。休息日的空间活力在5:00—8:00增长较快,且比工作日持续的时间较节假日更长,古城在12:00—16:00呈现较长时间的午休状态,整体空间活力较低,17:00之后开始上升,21:00后古城空间活力缓慢下降。可以看出在周末,古城午间比晚间整体空间活力低,晚间活力持续时间较短且明显程度较低。节假日的活力在 10:00—12:00 逐渐达到峰值且持续时间较长，没有明显的午休状态，直至 21:00 后古城空间活力开始缓慢下降(图 1)。

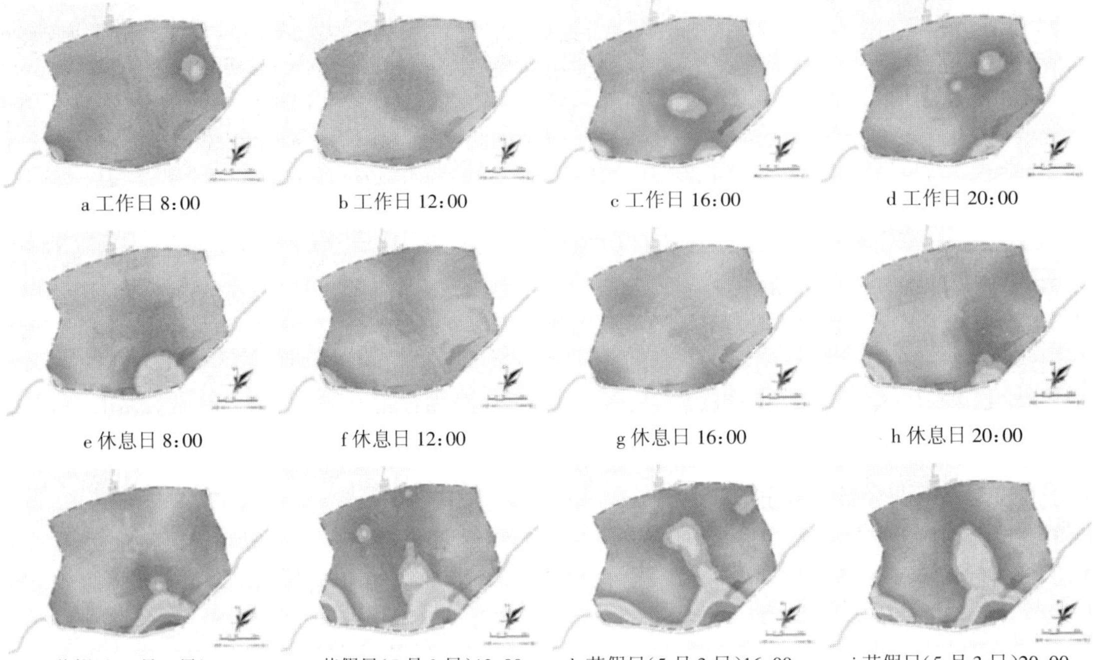

a 工作日 8:00　b 工作日 12:00　c 工作日 16:00　d 工作日 20:00

e 休息日 8:00　f 休息日 12:00　g 休息日 16:00　h 休息日 20:00

i 节假日(5 月 3 日)8:00　j 节假日(5 月 3 日)12:00　k 节假日(5 月 3 日)16:00　i 节假日(5 月 3 日)20:00

图 1　工作日、休息日、节假日相对热力值分布

(图片来源：作者自绘)

2.2　影响因素空间分布特征

2.2.1　开发强度

1. 建筑高度

丰州古城建筑高度及建筑风貌对其历史保护有着深远的影响。古城建筑层数的分布体现了城市发展的现状，其占地面积占比也反映了古城三维空间使用效率，即城市建设用地使用强度。根据现场调研结果显示，丰州古城内多数建筑为 1 层或 2 层，这些建筑物主要集中在城区的中心区域，3 层建筑较为分散，主要分布在城区的较边缘区域，4 层及以上建筑较为稀少，主要分布在古城区北部、南门街道路两侧和南部边缘。从占地面积占比来看，古城区内 1 层建筑占地面积占比最高，超过三分之一，其次是三层建筑(表 1)。对比占地面积占比与古城平均热力值发现，两者发展趋势较为吻合。

表 1　古城现状建筑层数情况

建筑层数	占地面积 /m^2	建筑面积 /m^2	占地面积占比	建筑面积占比
1 层	76 862	76 862	36.39%	8.83%
2 层	34 433	68 867	16.30%	7.91%
3 层	58 833	176 498	27.85%	20.27%
4 层及以上	41 101	548 305	19.46%	62.99%

表格来源：作者自绘。

2. 建筑类型

从建筑类型的分布来看，现代风格建筑在古城中占据绝大部分，其占地面积和建筑面积分别占

79.71% 和 76.64%。传统风貌建筑则主要集中在城区的中心区域，其占地面积和建筑面积分别占 18.79% 和 21.01%（表 2）。这些传统风貌建筑是古城历史文化的载体，其数量相对现代风格建筑而言明显较少。此外，番仔楼和洋楼等具有特定历史和文化价值的建筑类型在古城中数量稀少，其占地面积和建筑面积占比均极小。从传统风貌建筑和现代风格建筑的分布来看，该城区在现代化发展的同时，仍保留了一部分传统建筑。对比建筑类型与古城平均活力值分析发现，两者发展趋势吻合程度并不明显。

表 2　古城现状建筑类型情况表

建筑类型	占地面积 /m^2	建筑面积 /m^2	占地面积占比	建筑面积占比
传统风貌建筑	39 697	182 934	18.79%	21.01%
番仔楼	3 053	19 554	1.44%	2.25%
洋楼	118	833	0.06%	0.10%
现代风格建筑	168 362	667 211	79.71%	76.64%

表格来源：作者自绘。

2.2.2　交通可达性

1.OSM 路网数据分析

将从 OSM 平台获取的相关数据导入 ArcGIS 进行分析，得出古城内共有 76 个兴趣点。根据古城现状道路网结构，分析得出古城内的街巷结构与城门的设置之间存在联系（图 2）。由于丰州古城四门不相对，故而南街、东街、西街、顶街四条主街长短不一。其次，由于战争原因，城市道路进行了弯曲处理，使得城门不相对，形成"丁"字路口，城内其余街道均是长街短巷的"丁"字。最后，南街、东街与西街结束于县署，其余巷路较短，多与长街呈"丁"字交叉，街道等级清晰。综上所述，古城层面各街巷呈现"丁"字街的空间肌理。另外，由于交叉口道路等级不同，"丁"字街表现为以下三种类型（图 3）。①"主路 + 主路"型丁字路口构成交通节点型：道路交通流量较大，构成了联系古城各功能区块的重要交通节点。②"主路 + 支路"构成公共空间型：道路两侧空间较宽敞，构成了公共空间，可供居民日常活动。③"次路 + 次路"构成居住密集型：两侧建筑分布密集，休闲空间较少。将路网数据与古城平均热力值对比分析发现，两者呈现较高的吻合度。

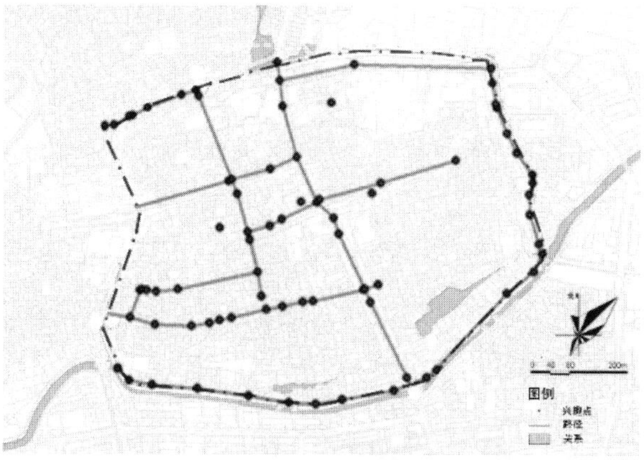

图 2　OSM 道路网数据分析

（图片来源：作者自绘）

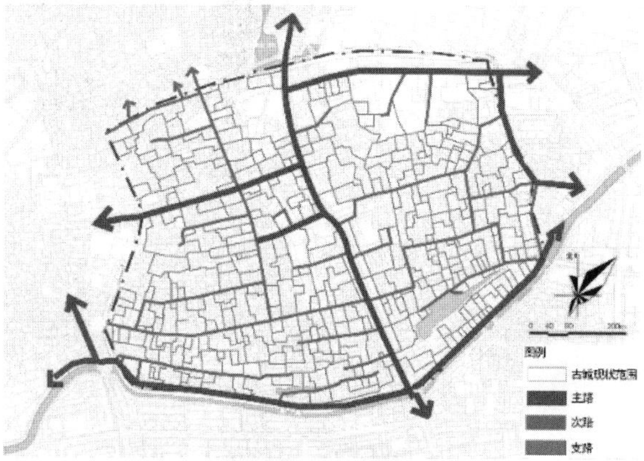

图 3　古城现状道路分析

（图片来源：作者自绘）

2. 道路宽度

古城主路南门街现状宽度为 9~20 m，燕山路现状宽度 6~20 m，侨中路现状宽度为 18 m，武荣街现状宽度为 15 m。古城现状以横向次路为主，宽度均不足 4 m。纵向次路仅顶街、桃源街，宽度为 4~6 m 不等，且古城内无规范停车场。古城历史街巷中南门街、燕山路两侧建筑与街道尺度变化幅度极大，部分街巷空间极为压抑，部分路段则较为空旷，沿街存在较多多层建筑，影响了街巷整体视线感受与空间延续性。从街巷空间 *D*/*H* 值来看，当 *D*/*H* 值接近 2 时，空间上围合且街巷空间舒适[7]，古城中仅南门街和燕山路部分 *D*/*H* 值在该范围内；西门街、长源巷、东门街、御史巷街巷空间 *D*/*H* 值均较低，街巷空间较为压抑，街巷宽度狭窄，人行舒适度较差，但沿街整体风貌较为完整，视线感受与空间延续性较好（表 3）[8]。将道路宽度与古城平均热力值对比分析发现，两者吻合度并不明显。

表 3　古城历史街巷空间分析

名称	街道长度 /m	*D*（街道宽度）/m	*H*（建筑高度）/m	*D*/*H* 值
南门街	728	6~7	3.5~24.5	0.24~2
燕山路	543	5~12	3.5~21	0.23~3.43
西门街	587	1.7~4	3.5~28	0.1~1.14
顶街	519	2.5~6	3.5~10.5	0.24~1.71
长源巷	201	1.5~2.6	3.5~10.5	0.14~0.74
东门街	205	2.5~4	3.5~14	0.18~0.14
御史巷	126	1.8~4	3.5~14	0.13~1.14

注：*D*/*H* 值 <1，街巷空间压抑；*D*/*H* 值 =2，空间上围合，街巷空间舒适；*D*/*H* 值 >3，空间围合度低，街巷空旷。
表格来源：作者自绘。

2.2.3　功能多样性

本文结合现场调研和规划云 POI 数据分析，对丰州古城内建筑功能进行分析处理。处理后共分为 4 大类，包括居住类（70.28%）、商业类（13.36%）、公共类（9.29%）、商住公混合类（7.06%）（表 4）。古城内建筑以居住功能为主，北部及东部功能密度低于西部及南部。古城南北向主要街道南门街为商业街，与古城北部居住区和南部商业区相连，故而南部热力值高于北部区域。西部燕山路和西门街道路两侧以商业功能为主，与西侧公共区域毗连，因此古城西部平均热力值高于东部（图 4）。

表 4　古城现状建筑功能情况表

建筑功能	占地面积 /m^2	建筑面积 /m^2	占地面积占比	建筑面积占比
居住	179 594	55 999	70.28%	53.25%
公共	23 757	284 154	9.29%	27.02%
商业	34 149	136 713	13.36%	13.00%
商住公混合	18 028	70 775	7.06%	6.73%

表格来源：作者自绘。

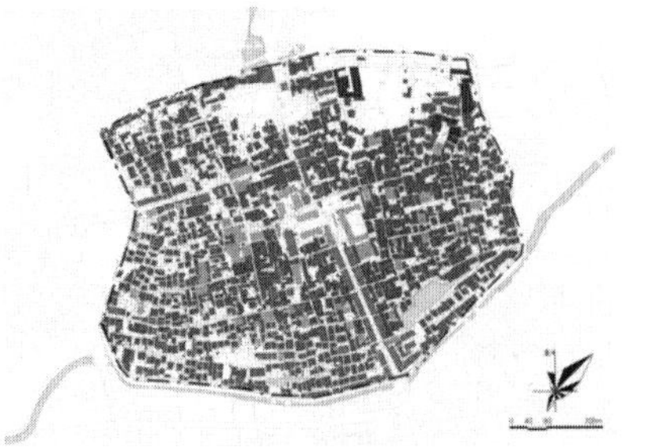

建筑物功能分类结果

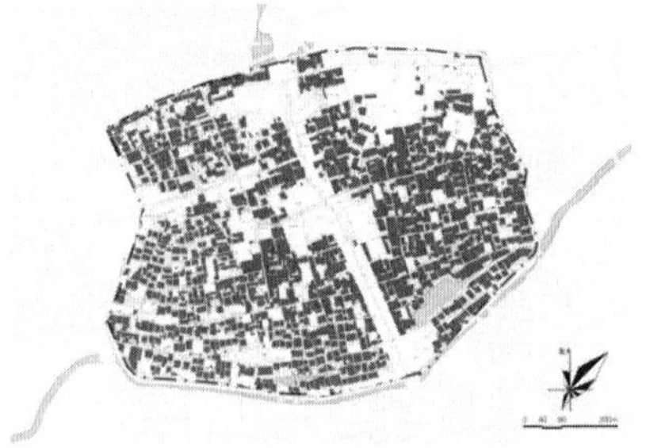

居住类建筑空间分布

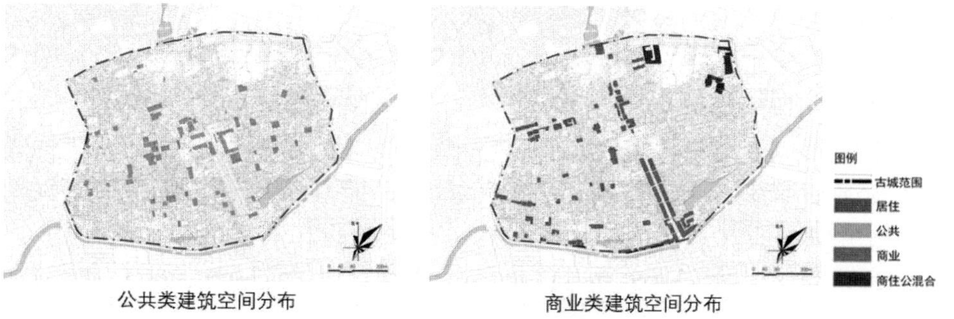

图 4　建筑功能分析图

（图片来源：作者自绘）

2.2.4　历史资源聚集度

丰州古城的历史要素点位数据源于《南安市历史文化名城保护规划》和南安市文物保护部门，结合现场调研并辅以百度数据对各点位进行坐标拾取，再导入 ArcGIS 中进行可视化表达，确定丰州古城各级文物保护单位 18 处、历史建筑 5 处、建议历史建筑 25 处、传统风貌建筑 36 处（图 5、图 6）。古城内历史环境要素涉及古城墙遗址，古树名木，护城河、池浦、古井，古桥，古石碑 5 类，共 87 个点位（图 7）。古城历史资源主要围绕古城中心向四周散布，其中东、西、南三部分的分布远高于北部区域，东北角几乎没有历史资源分布。结合现场调研及历史街巷分类结果，将一类历史街巷和二类历史街巷确定为风貌保护街巷，共 16 条，其中一类历史街巷 7 条，二类历史街巷 9 条（图 8）。将历史资源聚集度与古城平均热力值对比分析发现，两者呈现较高的吻合度。

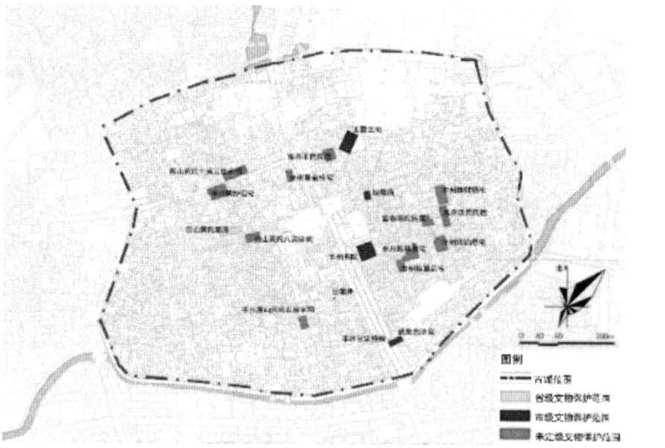

图 5　古城文物保护单位及文物点分布

（图片来源：作者自绘）

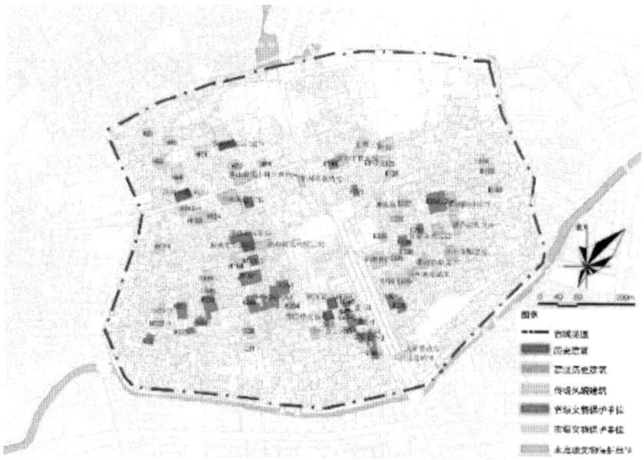

图 6　古城历史资源分布

（图片来源：作者自绘）

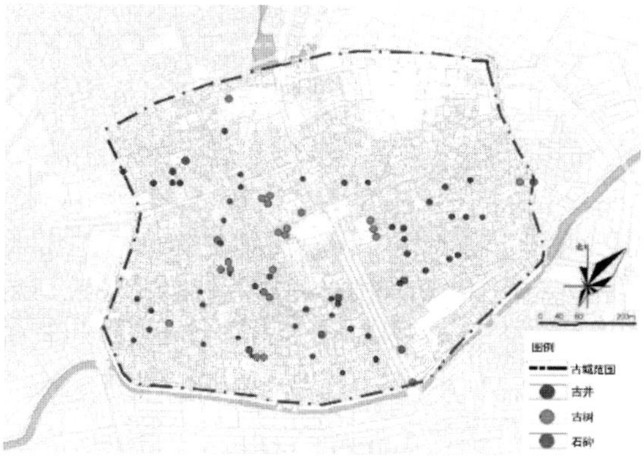

图 7　古城历史环境要素分布

（图片来源：作者自绘）

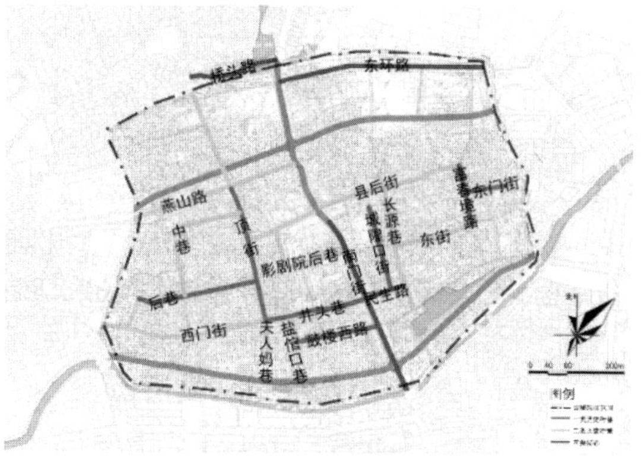

图 8　古城历史街巷分析

（图片来源：作者自绘）

3 相关性分析及优化策略

3.1 相关性分析

为使研究更具科学性，本文以丰州古城百度热力图为基础数据，利用 SPSS 平台研究古城的空间活力与古城开发强度、交通可达性、功能多样性和历史资源聚集度四个指标与古城空间活力在工作日、休息日和节假日的相互关系[9]。相关性分析用于测量和分析两个或多个变量之间的线性关系或关联程度。它可以帮助研究者理解和量化变量之间的相互关系，从而揭示它们是否以及如何相互影响。相关性计算公式为

$$r=\frac{\sum\left(x-\bar{x}\right)\left(y-\bar{y}\right)}{\sqrt{\sum\left(x-\bar{x}\right)^2\sum\left(y-\bar{y}\right)^2}} \tag{1}$$

从相关性分析结果来看，所有相关系数均为正值，即开发强度、交通可达性、功能多样性和历史资源聚集度与丰州空间活力均呈显著的正相关关系（表 5），反映出建成环境质量对古城空间活力有着至关重要的影响。从工作日、休息日和节假日的对比来看，整体上节假日活力大于休息日，又大于工作日。在工作日，古城空间活力更多地受到开发强度和功能多样性的影响，而在节假日和休息日，交通可达性和历史资源聚集度对古城空间活力的影响更为显著。从不同指标来看，功能多样性和开发强度是影响丰州古城空间活力的最显著因素。功能混合度高的区域拥有更大的人流和活动。从交通可达性结果来看，道路宽度与古城空间活力的相关性较弱，这是由于古城的部分历史街巷较窄且格局较为固定，改造空间有限。历史要素分布与古城空间活力也呈正相关，尤其在休息日和节假日相关性更为显著。高活力区域具有开发强度较高、业态较丰富、历史资源要素更集中的空间特征。较高的开发强度使得特定区域内能够容纳更多的人群，而历史资源聚集度和丰富的业态能够吸引更大的人流。

表 5　工作日、休息日、节假日的空间活力及其影响因素相关性分析

指标	因子	工作日空间活力	休息日空间活力	节假日空间活力
开发强度	建筑高度	0.423**	0.397**	0.402**
	建筑类型	0.113**	0.125**	0.108**
交通可达性	路网密度	0.341**	0.391**	0.404**
	道路宽度	0.141**	0.165**	0.209**
功能多样性	功能混合度	0.435**	0.415**	0.408**
历史资源聚集度	历史要素分布	0.256**	0.304**	0.357**

注：** 表示在 0.01 级别（双尾），相关性显著
表格来源：作者自绘。

3.2 优化策略

丰州古城空间活力南北、东西差异显著，节假日吸引力不足问题尤为突出。基于现状调研与 GIS、SPSS 数据分析，提出功能、定位、线路、遗产四维活化策略，推动文化传承与空间活力共生。

3.2.1 功能活化

针对水系污染、用地混杂、文化设施缺失问题，构建“公共绿地 + 景观水系 + 广场”分级分类提升其空间活力[10]。首先，利用空置地改造街头绿地，均衡布局小型公园；沿护城河、东浦等水体打造滨水绿带，增设市民公园与文化主题池塘，保留小微水体并配建休憩设施。其次，在南北门、燕山路等 6 处入口及宗祠、城隍庙前打造主题广场，结合街巷交叉口改造口袋公园，形成社区活动网络。最后，植入文创、非遗体验

等“小而精”的特色商业，既满足游客深度体验需求，又解决居民就业问题，留住原住民，提升功能复合性[11]。

3.2.2　定位活化

根据《泉州名城规划》《泉州国土空间规划》《南安国土空间规划》对古城的发展目标和定位要求，深挖“海丝源头”“闽南文化发祥地”内核，强化“闽南文化之根”品牌。通过梳理骑楼建筑、南音、庙会等特色元素，塑造山水古城空间意象，构建整体性保护体系。同步开展媒体宣传、IP孵化，将古城打造成闽南文化展示典范，提升历史文化辨识度[12]。

3.2.3　线路活化

通过优化古城的线路规划和设计，提升其可达性和游览体验。构建“三纵四横”主路网+街巷“井”字结构，串联九日山、城隍庙等23处节点，形成环形游览动线。重点活化顶街、御史巷等12条特色巷道，增设步行标识系统[13-14]。对接215省道公交干线，在旅游集散中心设公交首末站，加密古城微循环线路。植入智慧导览系统，提供实时导航、AR（增强现实）解说等服务，增强游览沉浸感。

3.2.4　遗产活化

丰州古城历史资源聚集度与其空间活力存在显著的正相关关系，虽然历史资源相较于普通资源更具吸引力，但这一优势尚未得到充分利用，有待激活。从遗产活化角度看，共包含文物保护、文化展示、活态传承和文化活动四个方面。首先，针对文物保护，需针对不同类型、不同保存情况的建筑进行修缮、维修、改善、保留、整修、拆除、新建七个等级的分类整治。在文化展示方面，建立博物馆、文化展示馆，打造丰州特色民俗、客栈等，以展示丰州古城的历史、文化和传统。在活态传承方面，鼓励传统技艺和手工艺的传承，通过工作坊、酒吧、咖啡馆、戏院等形式让公众参与和了解，同时吸引年轻人群体，营造活力氛围[15]。在文化活动方面，重点是非物质文化遗产的保护，针对丰州镇的传统表演艺术项目，挖掘、整理传统剧目，及时抢救老艺人绝技及其代表性剧目。对传统技艺类项目，重点保护该项目整个工艺制作流程。对民俗类项目，重点树立整体性保护观念，以突显该项目维系日常生活的功能。此外，对濒危项目进行抢救性保护，对已经消亡的项目进行记录研究[16]。

4　结论

丰州古城作为一座具有深厚历史文化底蕴的城市，承载着丰富的文化资源和独特的地理优势。为了全面理解其空间活力的现状及其影响因素，本研究首先结合现场调研以及多源数据分析，利用ArcGIS对古城空间活力及其影响因素进行量化。其次，将古城空间活力与丰州古城开发强度、交通可达性、功能多样性、历史资源聚集度四项指标分别通过SPSS相关性分析平台进行分析，探索其对古城空间活力的影响。研究结果显示，丰州古城空间活力在时间上呈现出“节假日>休息日>工作日”，空间上呈现出“南高北低、东高西低”的特点。在相关性方面，功能多样性和开发强度对空间活力的影响最为显著，其次是交通可达性和历史资源聚集度。最后，基于相关分析结果和古城特点，提出功能活化、定位活化、线路活化、遗产活化等古城活化策略，以期实现古城文化传承与现代需求之间的平衡，加强文化自信，提升丰州古城的生活和经济价值。

基金资助：国家社会科学基金重大项目“涉台传统村落资源整理与保护利用研究”（项目编号：21&ZD215）；国家社会科学基金艺术学项目“移民文化下闽台古村落空间形态特征与营造技艺研究”（项目编号：20BH154）；上海哲学社会科学规划专项课题“三重维度下新江南水乡村落保护与振兴的‘上海范式’研究”（项目编号：2024VSJ030）。

苏玉　华东理工大学　硕士研究生
张杰　华东理工大学　教授

参考文献

[1] 高富丽，王成芳，杨若梅. 城市活力研究进展：尺度、测度与机制 [J]. 新建筑，2023(6)：10–14.

[2]LOUAIL T，LENORMAND M，ROS O G C，etal. From mobile phone data to the spatial structure of cities[J].Scientific reports，2014，4：5276.

[3] 林培元.《武荣纪事》：镜头里的"闽南文化"[J]. 新闻研究导刊，2015，6(11)：185，200.

[4] 赵宏宇，甄世楠，韩超，等. 基于多源数据的历史文化名城空间格局与形态导控：以长春市历史文化名城保护规划为例 [J]. 中国名城，2022，36(9)：25–34.

[5] 陈龙，孟戈. 基于 DEMATEL–ISM 的 BIM 技术推广影响因素分析 [J]. 建筑经济，2023，44(S1)：305–309.

[6] 王晓草，刘一光，禚保玲，等. 基于多源数据的历史文化街区空间活力及其影响因素研究：以青岛市历史文化街区为例 [J]. 上海城市规划，2023(4)：147–153.

[7] 杨浩然，王靖涵，肖志高. 长沙历史街巷空间结构分析 [J]. 家具与室内装饰，2022，29(5)：96–99.

[8] 周钰，卢曼，唐诗. 街道界面与街道网络的形态关联性研究：以武汉市中心城区为例 [J]. 新建筑，2024(3)：142–146.

[9] 张天洁，苏静. 基于多源数据的"夜津城"活力时空特征及规划策略研究 [J]. 现代城市研究，2023(12)：59–66.

[10] 吴抒玲. 构建日常生活网的城市微更新：以三明市沙溪滨水绿地微游乐场所更新为例 [J]. 新建筑，2024(3)：147–151.

[11] 禚保玲，王振，陈天一，等. 青岛市城市空间活力昼夜特征与提升策略 [J]. 规划师，2021，37(S2)：94–100.

[12] 张杰，孙晓琪. 海丝港市聚落：泉州土坑国家历史文化名村空间解析 [J]. 规划师，2018，34(1)：145–146.

[13] 黄梦欣，张惠臻，姚水林，等. 基于多源数据的城市街道空间品质探索：以厦门市为例 [J]. 新建筑，2023(1)：94–99.

[14] 樊钧，唐皓明，叶宇. 街道慢行品质的多维度评价与导控策略：基于多源城市数据的整合分析 [J]. 规划师，2019，35(14)：5–11.

[15] 季宏. 遗产化视角下的福州古厝保护与活化研究：兼论《福州市历史建筑保护修缮改造设计技术导则》的价值与局限 [J]. 新建筑，2024(1)：81–85.

[16] 徐敏，吴姗姗，徐俊. 青岛历史文化街区改建旅馆对街区活力的贡献度研究 [J]. 规划师，2019，35(6)：43–50.

深圳改革开放建筑遗产调查与价值体系的构建

Research on the Survey and Value System Construction of Shenzhen's Architectural Heritage from the Reform and Opening-up Period

张轶伟　张文静

摘　要：本文以深圳自 20 世纪 80 年代以来改革开放建筑遗产的历史调查为切入点，探讨了其价值体系构建的可行路径。首先，通过系统研究城市建设史和建筑史，推动建筑普查工作的开展，厘清保护对象的范畴，从而确立其作为改革开放建筑遗产的身份；其次，通过建筑学本体分析，对核心保护要素进行识别，讨论史学研究与遗产价值的关联；最后，通过构建多元价值体系，探索具有适应性再利用特征的保护策略。

关键词：深圳现当代历史建筑；改革开放建筑遗产；建筑调查；价值体系；适应性再利用

Abstract: This paper takes the historical investigation of Shenzhen's architectural heritage since the 1980s Reform and Opening-up as its starting point, to explore viable approaches for establishing its value system. Initially, the paper advocates for a systematic study of urban construction history and architectural history to advance architectural surveys, delineates the scope of preservation targets, and thereby affirms their status as Reform and Opening-up architectural heritage. Subsequently, it employs architectural ontology analysis to identify key elements for protection and discusses the interplay between historical research and heritage values. Lastly, it advocates for the development of a multifaceted value system to uncover preservation strategies that emphasize the adaptive reuse of these architectural legacies.

Keywords: Shenzhen modern and contemporary historical buildings; Reform and Opening-up architectural heritage; architectural survey; value system; adaptive reuse

1　速生实验：深圳改革开放建筑遗产概述

自 1980 年被设为经济特区以来，深圳实现了超高速与跨越式的城市建设。作为中国改革开放的重要窗口与发源地，深圳在 40 余年的城市建设中留下了众多体现现代化进程的建筑物和实践经验。就历史建筑认定而言，深圳改革开放初期的建筑没有超过 50 年，但其价值已经开始得到学界的关注。深圳 20 世纪 80 年代以来的建筑发展所呈现的复杂性与丰富性具有独特的样本价值，其溯源与流变体现出深圳实验对全国建筑设计行业所产生的影响。

如果从历史建筑保护名录的登记来看，深圳改革开放初期的现当代建筑离国家和省级文物保护单位尚有距离①，但其对承载历史发展与集体记忆的作用却不可忽视。深圳国际贸易中心、上海宾馆、深圳大学早期建筑等 12 个历史建筑（群）已先后入选九个批次中国 20 世纪建筑遗产名录。2018 年以来，深圳市先后公布了第一批至第三批历史建筑名录，其中包含联检大楼、电子大厦旧楼、地王大厦等 28 个 1980 年以后建成的建筑（图 1）。2023 年，深圳“10+1”区公示的《历史风貌区和历史建筑保护线索（草案）》进一步提升了建筑与所在区域风貌保护的完整度。对上述建筑进行类型区分，可以发现，体现城市化进程的办

① 改革开放以后新建的构筑物莲花山邓小平铜像、孺子牛雕塑已于 2022 年 7 月增设为省级文物保护单位。

公建筑、旅馆建筑、口岸建筑都成为深圳改革开放建筑遗产的代表，体现鲜明的时代性（图 2）。以雕塑、画像等为代表的 11 组构筑物（或建成环境）也是深圳城市遗产的重要载体，更具传播层面的意义。

深圳城市建设的“速生实验”一定程度上导致了传统历史建筑研究与遗产保护理论分析具体问题时的失效。近年来对建筑遗产价值辨析与评估体系的讨论已经成为新中国成立和改革开放以来近现代建筑历史研究的核心。作为探索国内 20 世纪建筑遗产价值评估和保护方式的“实验”，20 世纪建筑遗产（The 20th Century Heritage）、现代建筑遗产（Modern Architectural Heritage）、批判性遗产（Critical Heritage）、晚近遗产（Recent Heritage）等遗产保护理论都为研究深圳城市与建筑历史提供了可借鉴的视角[1-5]。对于深圳城市建筑遗产的独特性，单霁翔、金磊等已有过纲领性的描述，并倡导形成遗产建筑研究的新话语[6-7]。

在上述史论研究与遗产保护观念的基础上，改革开放建筑遗产的概念能更为清晰地定义深圳 20 世纪 80 年代以来重要的历史建筑，由此形成讨论这类建筑大众与专业价值的学术框架[8]。自 20 世纪 80 年代以来，在建设与破坏、保护与更新的动态辩证过程中，深圳丰富的建筑实践催生了一系列具有地域与时代特色的遗产话语，产生了具有改革开放特征的遗产类型，如涉外宾馆、商住综合体、基础设施、“二线关”、教育建筑等。东门商业街、渔民村、东湖丽苑等有集体记忆的建筑群落也受到广泛的关注。改革开放建筑遗产的研究范畴从文保建筑、列入法定名录的历史建筑拓展到具有保护与再利用价值的一般性建筑遗产[9]。这种遗产类型不再单一强调历史年限和静态美学风格特征，而寻求保护与使用的平衡，即通过适宜的再利用获得更大的经济、社会价值。

作为 20 世纪 80 年代以来快速城市建设的产物，深圳“文化沙漠”的刻板印象虽有所改变，但其与京、津、沪、穗等有近现代历史文化积淀的城市相比仍有差距。“遗产”本身需要时间沉淀，但深圳作为城市超速发展建设的样本价值却值得深究。正如仅有 70 年建设史的巴西利亚被列为世界文化遗产，其重要依据就是城市规划与建筑设计的独特价值①。深圳的“速生”建设与改革开放的历史进程同步，其成就、经验与教训都具有唯一性。因此，改革开放建筑遗产的研究需要跳出以往建筑遗产以断代和历史价值为导向的思路，采用更开放、更多元的方式进行探讨。

图 1　深圳 20 世纪建筑遗产及市级历史建筑（截至 2024 年）

（图片来源：作者自制）

① 1987 年，根据文化遗产遴选标准Ⅰ和Ⅳ，巴西利亚被联合国教科文组织世界遗产委员会批准作为文化遗产列入《世界遗产名录》。

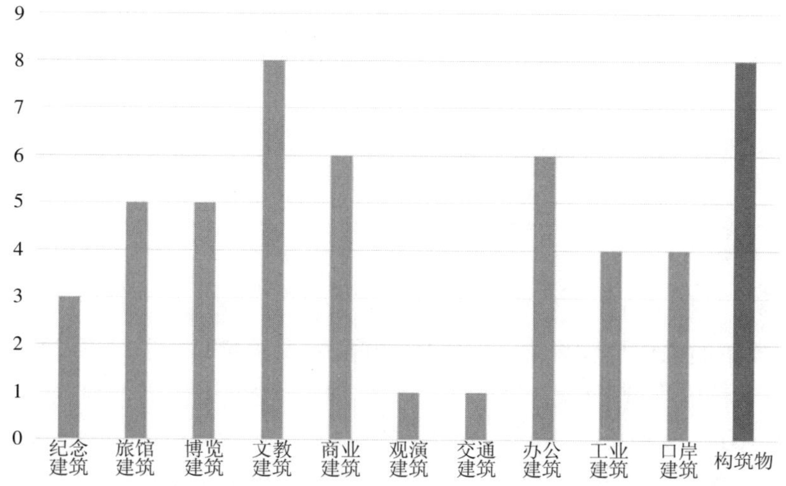

图 2　深圳各级文物保护单位与历史建筑类型统计（1980 年以来）

（图片来源：作者自制）

2　现状与挑战：改革开放建筑历史研究及遗产保护

作为建筑遗产保护工作的前期准备，深圳城建史的系统研究是明确其价值体系的先决条件。这类基于建筑本体的史学研究不仅是提高专业领域历史意识的有效途径，还有助于消除深圳遗产保护中重传统历史遗产和非遗传承、轻当代遗产这种厚古薄今的认知偏差。建筑史学研究介入下的建筑调查强调不仅把握技术数据等基本信息，而且关注建筑发展的渊源关系与建筑整体风貌的维系。例如，深圳早期建设多组团、多中心的模式形成了以海外和国内建筑模式为参照系的特征，并催生了一批在建筑行业和大众领域具有影响力的作品（表 1）。尽管深圳形象已经被国贸大厦、地王大厦、市民中心等超级地标所定义，但仍有大量媒体关注度不高却具有独特价值的历史建筑有待深入调查。深圳近年来推行的“历史风貌区 + 历史建筑保护线索”政策在于加强片区内建筑物和建成环境的联系，突出城市文化与内在基因的延续性。

表 1　深圳各片区重要建筑

对外交流与传播史实	代表片区		代表建筑类型	具有历史价值的建筑
陆路口岸枢纽与口岸商贸	罗湖区	罗湖口岸	口岸及边检建筑、早期购物中心	联检大楼 *、罗湖火车站 *、罗湖桥、罗湖商业城
早期跨境商贸活动与港人消费		国贸—人民南商圈	商住楼、超高层办公楼、商业大厦、购物中心、旅馆建筑	国贸大厦 *、国际商业大厦、深圳发展中心大厦
引入港资与管理制度的现代商贸建筑		深南大道东段	办公建筑、购物中心	地王大厦 *、深圳书城 *、证券交易所 *、深圳发展银行大厦 *
早期港资住宅与跨境生活		东门翠竹片区	商住楼、大型集合住宅	竹园宾馆 *、翠竹苑
早期行政文化建筑组团，受岭南建筑思潮影响	福田区（原上步区）	上步中路组团	文教建筑、博览建筑、市政设施	深圳科学馆 *、深圳博物馆 *、新闻大厦 *、深圳会堂、深圳市委大院
“内引外联”“三来一补”，部委投资、港资企业参与的“前店后厂”模式		华强北工业区	工业建筑、高层办公楼、旅馆建筑	上海宾馆 *、赛格广场 *、电子大厦旧楼 *
香港商品房与公营房屋制的引入，境外建筑师实践		梅林、莲花片区	大型集合住宅、社会公共住宅	梅林一村、梅林四村、莲花二村、白沙岭居住区

续表

对外交流与传播史实	代表片区		代表建筑类型	具有历史价值的建筑
新加坡低密度居住模式，生态社区理念	南山区（原南头区）	华侨城	大型集合住宅、文化建筑	华夏艺术中心*、何香凝美术馆*、华侨城东西组团
外资引入与涉外服务，建设制度改革		蛇口工业区	工业建筑、办公建筑、旅馆建筑	南海酒店*、浮法玻璃厂*、蛇口大厦*、蛇口金融中心、碧涛中心

注：*为列入保护名录的历史建筑。
来源：作者自制。

从历史建筑保护政策的操作层面来看，深圳改革开放建筑遗产的名录征集、保护范围划定、建档、挂牌等工作已经启动，但其价值标准、保护方式、评估体系等技术性的工作仍待细化深入。正因为改革开放建筑遗产具有量大面广的特点，所以部分建筑认定程序不规范、定级不明确、保护范围不清晰。作为超速造城的范例，深圳现代建筑遗产保护观念已经逐步被接纳，但如何从法规与行业标准层面形成保护与评价的机制需要多元主体参与和多方协调，尚未完全落实。显然，全面、静态、封存式的保护对于改革开放建筑遗产是不现实的，对其遗产价值进行准确定位并采取适当的保护策略是其区别于传统遗产项目的特征。

从建筑利用与现实运维角度来说，尽管深圳已有超过 50 个建筑进入省、市、区级历史建筑名录，但并不意味这些建筑处于良好的使用状态。市区的遗产建筑绝大多数处于使用状态，部分年久失修，很多楼宇也存在着复杂的权属关系。解决这类历史建筑的适应性再利用问题是未来城市建设与遗产保护工作共同面临的任务。更为紧迫的问题是，在深圳物质空间资源紧张、经济利益驱动和城市更新的压力下，部分具有历史价值的既有建筑已经被粗暴拆改，或面临着拆除风险。深圳体育馆拆除事件（2019 年）、蛇口培训中心重建（2022 年）等争议话题体现出建筑存量更新中的设计价值判断问题，曾引发全国范围的热议。

3　从建筑调查到多元价值体系的构建

3.1　案例数据库建立与建筑谱系梳理

在建筑史学研究中，实物、图档、文字和口述档案四类史料的交叉互证是不可或缺的。区别于以测绘为核心的传统历史建筑调查方法，现当代建筑的文献资料保存更完善，也更庞杂，因而需要借助数据库和数字化工具进行管理。以笔者团队对深圳福田上海宾馆图档数字化的研究为例（图 3），基础工作包含施工图/竣工图、设计草图、照片、影像等史料的分类检索，建筑图纸的重绘和电子模型的整理。通过历史建筑的数字化呈现，我们能够更清楚地了解上海宾馆 20 世纪 80 年代建成初期和 2000 年以后改造的不同状态，并为后续研究提供依据。单体建筑复杂的档案可以借助数据库软件进行分类检索。在建筑普查基础之上，结合建筑、结构、设备、市政等技术图纸，建立数字模型，完善信息，利用 Lumion、Enscape 等软件进行数字化呈现，包含老旧地图、照片影像修复和重要历史场景的虚拟现实（VR）复原。

此外，深圳现当代城建史与建筑史的研究包含传统的建筑史料搜集，也包括设计机构、建筑师、工程技术人员等人物的系统考察。在中国现代建筑的史纲论述中，以深圳为代表的南方实践是国内当代建筑发展与创新的驱动力。但相对于京沪等地建筑设计机构的学术研究，对深圳市建筑设计研究总院、华森建筑与工程设计顾问有限公司、香港华艺设计顾问（深圳）有限公司等早期深耕于特区的设计机构的研究仍处于起步阶段，亟待从单一化、个人化的机构话语转向系统的机制研究，以概括深圳建筑实践的制度化特征。口述研究方面，早期参与深圳建筑实践的工程技术人员的采访史料仍长期缺失。更为紧迫的是，涉港、涉外工作以及在深实践的海外建筑师也未曾被关注。这类建筑师对改革开放初期深圳建筑的跨文化语境有着深入的理解，极具访谈价值。这一具有抢救性的口述史工作应尽早进行，以获得更为完整、详尽的口述史档案。此外，区别于“格物”的传统史观，国内现当代建筑图文资料相对丰富，因而研究重点不应只限于“物”，应更关注其产生的机制。

作为毗邻港澳特别行政区且最早设立的经济特区，深圳最完整地受到香港、台湾，甚至国外的新加坡等华语地区建筑设计的影响，通过移植、转化逐步形成具有现代特征的本土模式；另一方面，归因于对外开放红利的持续效应，深圳更为直接地吸纳以美国、西欧等为代表的海外建筑思潮与建筑实践，逐步成为新建筑的试验田。当下，深圳建筑个案的史学研究大多以类型学为基础，强调形态学上的特征演变，但缺乏从知识体系角度进行梳理，并把握其技术谱系的传承关系。相对于具体建筑案例，深圳现当代建筑实践的整体性描述及其传播的知识与技术谱系，是理解建筑历史演进的抓手，也更能体现出深圳建筑实践的本质特征。

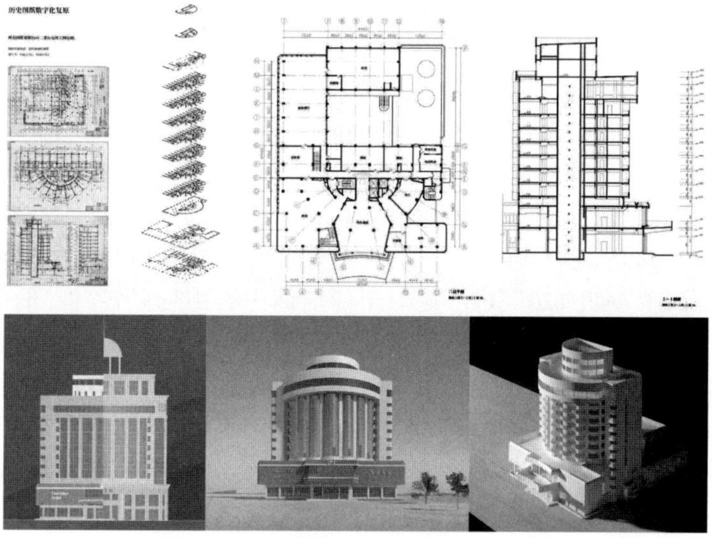

图 3　上海宾馆图档数字化及空间形态复原

（图片来源：根据深圳城建档案馆资料绘制）

3.2　建筑本体研究与保护要素的识别

作为建筑学科的核心价值，空间、结构、材料、构造这些基于现代建筑基本理论的要素是理解深圳 20 世纪 80 年代以来建筑发展与演变的基础。要想深入认识建筑个案需强化对建筑设计原理、建造技术以及对应知识体系的认知，并借助于建筑师和历史研究者的合作。倘若缺乏足够的建筑学本体研究，建筑遗产保护的价值判断往往只能借助社会舆论与大众认知，而缺乏对专业技术价值的讨论。基础研究的深度不足同样会导致难以界定建筑遗产保护的对象，也相应的无法明确识别保护要素。

以 20 世纪 80 年代网架技术的应用为例，深圳体育馆（1985 年，现已拆除）与深圳大学演会中心（1988 年）这两个案例颇为重要，其结构设计、装配施工等工程做法在当时具有实验性和示范性。演会中心采用当时先进的螺栓球节点网架技术，并采用日本进口的门式脚手架进行“满堂红”的施工方法[10]。结合跨度、网架结构数据与参数及其他技术经济指标的比对，我们能够分析出其网架设计、建造的历史线索以及其在国内同类型建筑案例中的影响力。深圳体育馆在建筑技术上的创新是同时期大跨建筑中的孤例，同时具有全国范围的影响①。这类本体研究显然更说明深圳体育馆拆除决策的失误，也更突出演会中心原始网架结构在南方地区的影响力。

遗产保护要素的讨论还体现在建筑遗产的整体性与原真性甄别上。超过 10 年的建筑必然面临着老旧建筑构件的更换，超过 30 年的建筑则面临内外建筑材料与装修饰面的整体替换。在这种不可避免的历史变迁中，历史建筑的空间、形态、结构、构造等特征性要素应该如何留存值得商榷。例如，2018 年进行的南海酒店（1986 年）修缮工程相对完整地保留了陈世民设计方案的建筑体量和内部空间，部分延续了原有建筑的材料和构造做法。上海宾馆（1985 年）这座具有重要历史价值的建筑虽然在华强北土地开发的热潮中得以保留，却经历了颠覆性的改造装修而完全丧失了原有现代建筑的空间形态特征，成为商业

① 深圳体育馆在当时代表了最先进的建造技术，对 20 世纪 90 年代落成的北京亚运会场馆、广州全运会场馆都有影响。

风格构件堆砌的拼贴物。

深圳改革开放以来的历史属于“晚近过去”，这一现状导致深圳历史建筑的保护更加依赖于保护与发展的平衡，并强调建立具有针对性、突出核心价值要素、精细化管控的保护机制。在这种动态保护的过程中，建筑专业知识对完善遗产保护体系起到支撑作用。

3.3 价值体系完善与多元化协调机制

价值体系构建是深圳改革开放建筑遗产保护的核心问题。深圳城建史与改革开放的历史语境相互锚固，并与城市现代化、现代建筑传播、建筑设计对外交流等现象关联。因此，准确区分传统与当代建筑遗产，采用体现建筑实践实验性的评估体系来认定深圳现当代建筑的公共价值、活态属性、城市社会影响等因素是必要的。显然，传统建筑保护评估体系静态化、指标化的评价方式并不完全适应深圳改革开放以来历史建筑的特征。表 2 所梳理的部分名录外建筑案例显然是深圳城市化进程的重要见证，其指标分类体现出多元的价值导向。这类案例大多承载了深圳城市巨变，代表了当时较高的建筑设计水准，具有一定的史料样本价值。但另一方面，这些案例显然不能全都进入保护建筑名录，有些必然面临拆改的窘境。

借用“批判遗产”的基本原理，遗产价值的体现可以借助于不同参与主体的协商与对话。在拆改留存的争议过程中，这种由多方对话、多方协调所产生的历史价值就具有相对性与批判性。这类案例在深圳城市更新中屡见不鲜。除了“湖贝 120”事件，蛇口招商培训中心由“拆”转“保”的故事也值得记述。该项目是华森设计早期的代表作之一，由建筑师黄建才主持设计，并采用当时西方现代建筑的空间形式语汇。但培训中心近年来日趋衰败，本来已纳入拆迁名单。在深圳市规划和自然资源局周红玫团队的协调下，“百校焕新”的研究团队重新发现这一案例在建筑设计的创新性，北京、深圳多名资深建筑师联合呼吁，蛇口培训中心拆除项目最终被叫停，该建筑也于 2024 年 4 月被列入《深圳市历史建筑(第三批)保护名录推荐名单》。在此案例中，遗产价值通过社会事件而产生，借助媒体话语而传播，这种多元协调的保护模式也符合改革开放遗产的特征。

在全面建筑调查的前提下，建筑价值评估体系的构建需要明确其在创作理念、结构体系、工艺技术等方面的特定价值，挖掘其创新性与影响力。各级参与者需要明确改革开放遗产价值的多元性，结合历史文化、公共形象、功能改善、形态优化等标准形成符合城市发展的二、三级指标，细化优化现有的价值评估体系。此外，这种价值体系也强调图文档案与实物关联，以弥补传统遗产研究重实物保护、轻档案梳理的问题，探索现当代建筑遗产保护机制的多样性，推动建筑研究与保护策略研究同步进行，为探索我国当下大量非静态保护历史建筑的价值评估与保护方式提供示例。

表 2　部分目录外建筑遗产(市级以上)价值体系示意

二级指标	三级指标	代表建筑 (历史建筑名录外)	说明
A 历史价值	A1 历史年代	罗湖侨社	1962 年建成，改革开放以后进行改造
	A2 背景信息	南岭村村委会办公楼	体现“中国第一村”的发展历程
	A3 人物与事件	深圳国际商业大厦	港资建设，邓小平南方视察地点
B 文化价值	B1 体现特区建设	沙头角保税区办公楼	中国大陆第一个保税区建设历程的见证
	B2 象征性	东门深圳戏院	20 世纪 50 年代戏院的迁建工程，文化符号
	B3 集体记忆	渔民村文化长廊	“万元户村”的建设历程，村民参与制
C 社会价值	C1 社会标志性	东湖丽苑	国内最早的商品房小区，土地转让制度
	C2 公众参与度	深圳体育场及外广场	多个具有历史意义的大型集会的所在地
	C3 城市发展	南头检查站	“二线关”，特区一体化的重要标志
D 艺术价值	D1 形式风格	向西小学	1983 年建成，陈达昌设计，空间构成理念
	D2 设计水平	蛇口培训中心	华森黄建才设计，现代建筑空间组织
	D3 美学价值	贝岭居酒店	1987 年建成，齐康设计，曲线外部造型

续表

二级指标	三级指标	代表建筑 （历史建筑名录外）	说明
E 技术价值	E1 结构	华侨城保龄球馆	采用预应力拱架结构，40 m 跨度
	E2 材料	蛇口第一幼儿园	1983 年建成，毛石、预制和地域材料表达
	E3 构造	深圳发展中心	最早采用曲面四边结构玻璃幕墙
F 经济价值	F1 经济效益	金融中心建筑群	陈世民设计，早期城市综合体探索
	F2 更新经济预期	华侨城办公楼	1989 年建成，片区第一栋办公建筑
	F3 环境设施改造	梅林四村	香港公屋制度影响的社会住宅，设施老化
G 环境价值	G1 地域气候	小梅沙旅游中心	山海环境间的现代建筑
	G2 区域环境	东湖宾馆	近深圳水库，岭南建筑风格，合院布局
	G3 协调性	新都酒店	香港投资及设计，因高架修建而衰落
H 使用价值	H1 使用现状	白沙岭居住区	高层长曲板式跃层住宅，“学位房”
	H2 设施服务	滨河居住区	探索社区公共服务配套设施，架空连廊
	H3 适应性	华侨城 B10	由工业办公空间转化为艺术工厂

表格来源：作者自制。

最后，从参与遗产保护的多元主体来说，市级规划、住建、文保等政府职能部门主要起到管理、组织作用；业主或建筑所有者负责建筑日常运维与管理；高校、行业和其他第三方组织则能够发挥研究、监管与协同参与的作用。这种多方参与的机制有助于建立以公共事件为触媒的协商对话机制，并形成调查、研究、决策与监督互相协调的遗产保护工作路线。

4 结语

深圳 1980 年以来的建筑实践是中国现代建筑史研究与 20 世纪建筑遗产的重要组成部分，也是特区对外开放背景下快速城市化的见证物和载体。深圳改革开放建筑遗产价值体系的建立需要史学研究、遗产保护理论与社会参与机制的知识准备，需要借助多元参与的协调机制才能实现。深圳建筑遗产的话语源于市场化、大量性的建筑实践背后的规律总结，从现代建筑知识体系与遗产保护范式重构的角度强调其独特的学术和实践价值。

张铁伟　深圳大学　副教授
张文静　深圳大学　硕士研究生

参考文献

[1] 单霁翔.“二十世纪遗产”提出的国际背景 [N]. 光明日报，2008-4-25(5).

[2] 陶汝聿，青木信夫. 从批判到对话和建构：批判性遗产研究范式的本土化再认知 [J]. 中国文化遗产，2023(4)：4-11.

[3] GIBLIN J. Critical approaches to post-colonial (post-conflict) heritage: the palgrave handbook of contemporary heritage research[M]. London: Palgrave Macmillan，2015.

[4] LAURAJANE S. The uses of heritage [M]. New York: Routledge，2006.

[5] HARRISON R. Heritage: critical approaches [M]. London: Routledge，2012.

[6] 单霁翔. 20 世纪遗产保护的实践与探索 [J]. 城市规划，2008(6)：11-32，43.

[7] 金磊. 用改革开放精神传承深圳建筑文化遗产 [J]. 建筑，2021(15)：72-73.

[8] 张杨，何依. 改革开放遗产的价值形态与保护传承路径 [J]. 规划师，2024，40(4)：10-15.

[9] 崔翀，宋聚生，高原. 深圳市特色文化遗产保护的体系构建与思考 [J]. 城市规划学刊，2020(5)：100-108.

[10] 张铁伟，刘尚，罗泽霖. 在地适应与场所营造：深圳大学演会中心建造溯考 [J]. 新建筑，2024(6)：107-113.

城乡建筑遗产分类保护视角下的传统风貌建筑保护探索

Exploration on the Protection of Traditional-style Buildings from the Perspective of Classified Protection of Urban and Rural Architectural Heritage

薛梓彬

摘　要：当前城乡建筑遗产依据法定概念可分为文物保护单位、历史建筑、传统风貌建筑等类型，根据不同类型实施分类保护。文物保护单位现已建立起完善的保护体系；历史建筑在纳入历史文化名城名镇名村体系之后，保护机制亦逐步成熟；而传统风貌建筑尽管潜在价值巨大，但保护工作起步较晚，尚未建立完善的保护机制，现有保护模式多借鉴历史建筑致使传统风貌建筑未能体现分类保护的意义。因此，本文以广州市传统风貌建筑为例，梳理传统风貌建筑的发展及现状，并从保护内容、修缮及利用等多个角度分析传统风貌建筑保护与历史建筑保护的异同，提出在城乡遗产分类保护视角下传统风貌建筑在保护规划制定、修缮技术、活化利用等方面的优化建议。

关键词：历史文化遗产；历史名城；传统风貌建筑；保护利用

Abstract: Currently, urban and rural architectural heritage can be legally classified into types such as cultural relic protection units, historic buildings, and traditional-style buildings, with differentiatel protection approaches applied accordingly. The cultural relic protection units have already established a complete conservation system. After the historic buildings were incorporated into the system of famous historic and cultural cities, towns and villages, the protection mechanism is gradually maturing. However, although the traditional-style buildings possess great potential value, the protection work started relatively late, and a complete protection mechanism has not yet been established. Most of the existing protection models draw on those of historic buildings, so that the traditional-style buildings fail to reflect the significance of classified protection. Therefore, taking the traditional-style buildings in Guangzhou as a case study, this paper sorts out the development and current situation of traditional-style buildings, analyzes the similarities and differences between the protection of traditional-style buildings and that of historic buildings from multiple perspectives such as protection content, renovation, and utilization, and puts forward optimization suggestions for traditional-style buildings in terms of protection plan formulation, renovation techniques, and revitalization and utilization from the perspective of classified protection of urban and rural heritage.

Keywords: historical and cultural heritage; historic city; traditional-style buildings; conservation and utilization

引言

中华人民共和国住房和城乡建设部、国家文物局于 2012 年 11 月出台《历史文化名城名镇名村保护规划编制要求》（试行），首次在法定层面提出了传统风貌建筑的概念。文件中指出，历史文化名城、名镇、名村的保护内容一般包括传统风貌建筑。这一概念的提出，标志着传统风貌建筑正式纳入历史文化名城名镇名村保护规划体系中。继而构建了文物保护单位、历史建筑、传统风貌建筑等多类型的城乡建筑遗产保护体系。但是受限于社会公众认知和地方政府保护意识不足、传统风貌建筑认定标准模糊且潜在数量巨大等原因，目前传统风貌建筑的保护尚未建立有效的保护体系，在保护模式上甚至直接按照历史建筑执行，这将不利于城乡建筑遗产分类保护体系的构建。本文正是基于此，以广州市传统风貌保护经验为研究基础，以期从城乡建筑遗产分类视角，探索传统风貌建筑如何建立符合自身特性的保护机制。

广州市于2014年2月1日起施行《广州市历史建筑和历史风貌区保护办法》(2019年被废除)，作为地方政府规章，其首次明确了传统风貌的保护要求。2023年7月，《广州市传统风貌建筑保护规定》(简称《规定》)正式实施，对广州传统风貌建筑的认定标准、认定程序、保护管理、活化利用等方面进行了规范。在此基础上，广州市各区相继组织编制传统建筑保护规划图则，以一栋一册的形式明确传统风貌建筑的保护内容、保护范围以及活化利用要求。

1 传统风貌建筑保护发展历程

传统风貌建筑是指能够反映历史文化内涵和地方特色，对整体风貌特征形成具有价值和意义，且未被确定为不可移动文物和历史建筑的建筑物、构筑物。尽管已被纳入历史文化名城名镇名村保护体系，但传统风貌建筑一直未有明确详细的保护政策。2014年公布的《广州市历史建筑和历史风貌区保护办法》是地方上首个对传统风貌建筑进行明确保护的行政规章文件，办法指出未达到文物和历史建筑标准的，由所在地的区(县级市)人民政府登记为传统风貌建筑，按照本市传统风貌建筑的相关规定予以保护。而2021年福建省发布的《福建省传统风貌建筑保护条例》则首次在立法层面上提出对传统风貌建筑进行保护。此后福建、广州等省市陆续出台更加详细的保护规划以及技术指引(表1)。

表1 传统风貌建筑历年相关法规政策

出台时间	文件名称	涉及内容	发布主体
2012年	《历史文化名城名镇名村保护规划编制要求》(试行)	将传统风貌建筑纳入历史文化名城名镇名村保护体系	中华人民共和国住房和城乡建设部、文物局
2014年	《广州市历史建筑和历史风貌区保护办法》	提出了传统风貌建筑的概念，并明确了其保护要求	广州市人民政府
2021年	《广东省历史建筑和传统风貌建筑保护利用工作指引(试行)》	明确传统风貌建筑保护范围及认定标准	广东省住房和城乡建设厅
2021年	《福建省传统风貌建筑保护条例》	明确传统风貌建筑认定与保护利用相关规定	福建省人民代表大会常务委员会
2023年	《青岛市历史建筑和传统风貌建筑保护利用条例》	对传统风貌建筑的认定、保护、利用、保障与监督等进行了系统全面的规定	青岛市人民代表大会常务委员会
2023年	《广州市传统风貌建筑保护规定》	对广州传统风貌建筑的认定标准、认定程序、保护管理、活化利用、支持保障等方面进行规范	广州市人民代表大会常务委员会
2023年	《龙岩市传统风貌建筑认定和管理导则》	明确地方传统风貌建筑认定及管理修缮等相关规定	龙岩市住房和城乡建设局
2024年	《三明市传统风貌建筑认定和管控导则》	明确地方传统风貌建筑认定及管理修缮等相关规定	三明市住房和城乡建设局
2024年	《宁德市传统风貌建筑认定和管控导则》	明确地方传统风貌建筑认定及管理修缮等相关规定	宁德市住房和城乡建设局

表格来源：作者自制。

1.1 广州市传统风貌建筑基本特征分析

截至 2024 年 6 月，广州市已认定传统风貌建筑共计 1 291 处，其中荔湾区认定的传统风貌建筑数量最多，达 385 处。建筑类型包括宅第民居、坛庙祠堂、近现代住宅 、牌坊影壁、文化教育建筑及附属物、工业建筑及附属物，等等。传统风貌建筑对比历史建筑在类型上更加丰富细致，每个区的传统风貌建筑的主体类型也不尽相同，如同样以住宅类型为主的越秀区与黄埔区，越秀区更多的是以西式洋房为主的近现代住宅，而黄埔区则是传统岭南民居形式的宅邸民居样式。目前，越秀区公示已认定的传统风貌建筑达 71 处，并且多数集中在新河浦历史文化街区(图 1、图 2)。花都区最新公布的第二批传统风貌建筑名单中有 26 处位于传统村落塱头村中，这也反映了广州市传统风貌建筑的分布特征，即更多集中在历史文化街区、历史风貌区及传统村落中，是构成区域历史风貌的重要空间要素，同时也奠定了历史文化街区等区域整体风貌的基调。

广州市传统风貌建筑年代上主要集中在清末民国这段时间，建筑风格上则较为多样，既有传统岭南民居三间两廊、竹筒屋、明字屋等布局形式，也有集合住宅、独立别墅等西式住宅布局样式，能够反映广州作为通商口岸多元化的风格特征。同时，名单上还有不少宗庙祠堂等建筑，侧面反映广州保留有的传统乡绅文化。此外，工业遗产、临街商店等能够体现广州市早期工业建设、商业贸易发达的建筑也被列入保护名单中。

图 1　越秀区近现代住宅 1

(图片来源：作者自摄)

图 2　越秀区近现代住宅 2

(图片来源：作者自摄)

1.2 广州市传统风貌建筑保护现状

《规定》指出，相关部门应当组织编制传统风貌建筑保护图则，划定保护范围，确定保护要素，提出修缮要求。目前各行政区已陆续组织编制保护图则，从已公示的图则来看，传统风貌建筑的保护图则构成与历史建筑相似，包括基本建筑信息以及价值评估，根据价值评估划定确定传统建筑的保护要素，其中保护要素是传统风貌建筑的保护核心内容，保护要素通常包括外立面材料、门窗样式、具有特色的装饰构件等部位、材料或构件。同时图则还提及活化利用要求和明确禁止使用的功能、需要审批和无须审批的建设活动等内容，进一步为传统风貌建筑保护责任人明确了保护责任。保护图则的编制是传统风貌建筑保护工作开展的重要依据(图 3、图 4)。

图 3　传统风貌建筑保护图则建筑基本信息

（图片来源：政府公示文件）

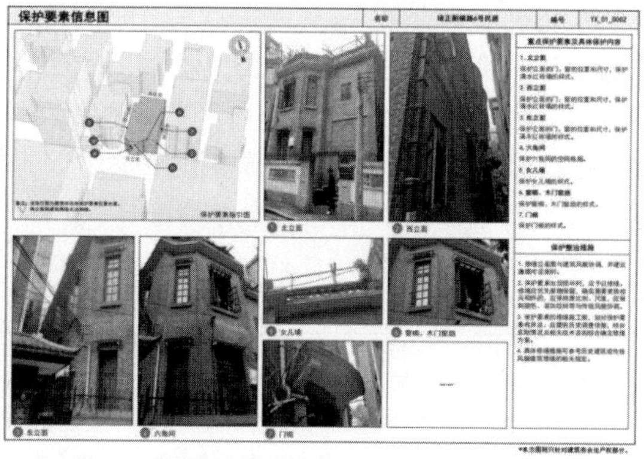

图 4　传统风貌建筑保护图则建筑保护内容

（图片来源：政府公示文件）

2　分类保护：与历史建筑保护的对比

传统风貌建筑与历史建筑作为城乡建筑遗产体系中数量最多的建筑遗产类型，都已被纳入城乡历史文化遗产的保护对象，但是目前出台的政策及法规中专门针对传统风貌建筑保护的法律条文比较欠缺。不少地方对于传统风貌建筑的保护参考历史建筑的保护模式，但是传统风貌建筑作为独立的建筑遗产类型，在保护模式上既与历史建筑有相同的地方，也有存在差异的地方。下面通过梳理《广州市促进历史建筑合理利用实施办法》《广州市历史建筑维护修缮利用规划指引》《广州市传统风貌建筑保护规定》等规章条文及现行公布的历史建筑、传统风貌建筑保护图则，从分类保护的视角进一步梳理历史建筑与传统风貌建筑在保护上的差异（表 2）。

表 2　历史建筑与传统风貌建筑保护的差异

遗产类型	定义	认定标准	主要保护内容
历史建筑	经城市、县人民政府确定公布的具有一定保护价值，能够反映历史风貌和地方特色，未公布为文物保护单位，也未登记为不可移动文物的建筑物、构筑物	建成 30 年以上且未被确定为不可移动文物，符合下列条件之一的建筑物、构筑物，可以确定为历史建筑。 ①反映广州历史文化和民俗传统，具有特定时代特征和地域特色。 ②建筑样式、结构、材料、施工工艺或者工程技术反映地域建筑历史文化特点、艺术特色或者具有科学研究价值。 ③与重要政治、经济、文化、军事等历史事件或者著名人物相关的代表性建（构）筑物。 ④代表性、标志性建筑或者著名建筑师的代表作品。 ⑤其他具有历史文化意义的建（构）筑物、市政基础设施、园林等。 对建成虽不满 30 年，但是符合上述特征之一，突出反映地方时代特点的建（构）筑物，也可以确定为历史建筑	核心价值要素，主要有 32 种要素，包括建筑外观、室内等部位
传统风貌建筑	能够反映历史文化内涵和地方特色，对整体风貌特征形成具有价值和意义，且未被确定为不可移动文物和历史建筑的建筑物、构筑物	具有一定外观风貌特色，能够成片、成组、成线地反映历史风貌和地方特色；位于历史文化街区、历史文化名镇、历史文化名村、历史风貌区、传统村落、历史地段等的保护范围内，作为区域整体历史风貌和传统格局的重要组成；其他能够一定程度反映历史文化、产业发展、艺术价值、民俗传统、时代特征，或者凝聚社会公众情感记忆的建筑物、构筑物	根据现公布的保护办法，保护要素绝大多数为与外观风貌有关的建筑部位

表格来源：作者自制。

2.1　保护范围与保护内容的差异

从定义上看，历史建筑增加了对保护价值的强调，而传统风貌建筑则关注整体风貌特征，结合《规定》

来看，传统风貌建筑也提及保护过程中强调保障结构安全，保持原有外观风貌。传统风貌建筑相对于历史建筑，更多是对外观整体性的保护，其价值是整体风貌的价值。从认定的标准上看，历史建筑对建成年限有限定，传统风貌建筑则无年限限定。同时，历史建筑更加强调建筑本体的价值属性，如建筑本身自带的历史信息等，而传统风貌则注重成片连片、历史文化街区等整体风貌组成，强调建筑在区域风貌中的作用。关于保护图则的内容，历史建筑的核心价值要素（图 5）包括室内、室外部分，而传统风貌建筑的保护要素则更多地针对外观风貌构成的要素，例如屋面、山墙装饰、门窗等部位及构件等，较少涉及室内（图 6）。

部位	编号	价值要素	部位	编号	价值要素
总体	1	主要立面	门窗	18	趟栊门等门口三件
	2	主体结构		19	满洲窗
	3	平面布局		20	槛窗
	4	历史环境要素	装修	21	西式栏杆
楼面 / 地面	5	花阶砖		22	落水管
	6	特色楼梯		23	西式铁艺
墙体	7	青砖墙		24	斗拱
	8	清水红砖墙		25	灰塑
	9	上海批荡		26	木雕
	10	意大利批荡		27	砖雕
	11	新艺术装饰线条		28	石雕
	12	西式柱式或拱券		29	彩画
	13	特色阳台		30	琉璃构件
屋面	14	辘筒瓦	其他	31	中式凉亭
	15	中式琉璃瓦		32	西式构筑物
	16	西式山头			
	17	封檐板等檐口三件			

图 5　历史建筑核心价值要素

（图片来源：《广州市历史建筑修缮图则》）

序号	部位	保护要素	常见类型
一	总体	1. 平面布局	三间两廊、竹筒屋、明字屋
		2. 历史环境	水塘、庭院环境、围墙、围栏、室外铺装
		3. 主体结构	木结构、砖混结构、钢结构
二	屋面	1. 屋面形制	悬山顶、硬山顶、西式四坡顶、卷棚
		2. 屋面瓦件	筒瓦、板瓦、勾头、滴水
		3. 屋脊	博古脊、龙船脊
		4. 女儿墙	西式山花、宝瓶栏杆
三	外墙	1. 砖墙	青砖墙、清水红砖墙、夯土墙
		2. 石材外墙	花岗岩墙基、红砂岩墙基
		3. 特色饰面	水刷石、意大利批荡
		4. 蚝壳墙	—
		5. 特色造型墙体	镬耳山墙、人字山墙
		6. 特色阳台	内阳台、外阳台
四	门窗	1. 门窗大小、位置	—
		2. 门窗类型	铁艺窗花、趟栊门三件套、满洲窗、镂空花窗
		3. 门窗配套构件	门楣、窗楣、门框、窗框

图 6　传统风貌建筑保护要素

（图片来源：《广州市传统风貌建筑修缮技术导则》）

2.2 修缮要求的差异

根据现行历史建筑保护利用规划与传统风貌建筑保护规划文件，对两者的相关修缮要求进行整理（表1）。可以发现，在修缮过程中，历史建筑作为核心价值要素的主要立面在修缮时需按原有的材料、形状、色彩等进行修缮，这里涉及修缮过程中关于建筑“真实性”的保护，即强调按“原样”修缮主要立面，在不得不更换构件时也需保持更换材料与原有风貌风格相协调。同时，对于有特色的构件或材料，还需要按原有工艺进行修缮。而传统风貌建筑主要立面作为保护要素时修缮仅要求保护整体风貌、比例、尺度及色彩等，可看出相较于历史建筑的修缮，传统风貌建筑主要立面并未着重“原样”修缮，而是更加注重修缮后的整体风貌。对于特色部位、材料、构造和装饰，历史建筑与传统风貌建筑基本采取相同的修缮策略，均提到了遵循原色彩、原材料等。这也意味着在修缮过程中，需要对损坏部位、构件的真实性信息进行判断，以进一步按“原样”修缮。这些特色部位、材料等往往具有较强的历史、艺术、科学等价值，是将建筑纳入保护体系的重要依据，因此无论是历史建筑还是传统风貌建筑，在修缮中都需要重点关注，从而保护其独特价值。

表3 历史建筑与传统风貌建筑修缮要求的对比

遗产类型	主要立面	特色部位、材料、构造和装饰
历史建筑	被确定为核心价值要素的主要立面，不得改变其整体形状、材质、色彩等原状，以及各门窗洞的原位置和尺寸。修缮或局部改动，须与风貌协调，并遵循可识别原则。原有门窗以修整为主，确实需要替换的门窗应尽量做到风貌协调，风格尽量统一	特色部位、装饰构件、材料作为核心价值要素的，不得随意改动位置、材质、工艺、色彩，遵循真实性原则
传统风貌建筑	典型传统风貌建筑主要立面作为核心价值要素的，保护立面整体风貌、比例、尺度、色彩	特色部位、装饰构件、材料作为核心价值要素的，按照原样式、色彩、材料或原样式、色彩进行修复

表格来源：作者自制。

2.3 活化利用要求的差异

在活化利用的层面，历史建筑提到合理利用的要求，鼓励在符合建筑核心历史文化价值的前提下开展多功能使用。当前历史建筑在保护利用实践过程中，根据活化的需求对建筑空间的改造策略也有所不同，按照使用功能的差异可分为：①延续原有功能，例如部分具有老字号的历史建筑等；②功能置换，这也是保护利用中较多的一种，原有空间被改造为他用；③展示用，即保留原有空间的布局陈列作为展览空间使用，例如名人故居等（表4）。

表4 广州市历史建筑活化利用案例

序号	历史建筑	地点	当前用途	完成时间
1	诚志堂货仓旧址	海珠	幼儿园	2018年
2	白云山双溪别墅	白云	展示陈列	2020年
3	林克明故居	越秀	展示陈列	2023年
4	沙湾古镇农荫厅	番禺	民宿	2018年
5	侨商楼	越秀	咖啡厅/文化空间	2020年
6	模范住宅区旧址农林上路14号	越秀	文化空间	2017年
7	新河浦馨园	越秀	民宿/文化空间	2016年
8	广州第二棉纺厂	天河	创意园	2020年

表格来源：作者自制。

传统风貌建筑则提到以用促保。相比于历史建筑，传统风貌建筑的数量更加巨大，同时分布较为集中，以恩宁路历史文化街区为例，传统风貌建筑常常连续分布形成街区历史风貌，因此在活化利用过程中强调在其活化利用基础上进行的保护应有利于保持历史街区的原生业态，从而进一步激活历史街区活力，这也是由传统风貌建筑分布特点以及自身的价值特征决定的。

历史建筑与传统风貌建筑活化利用要求的对比如表 5 所示。

表 5　历史建筑与传统风貌建筑活化利用要求的对比

遗产类型	原则	具体要求
历史建筑	保护优先、合理利用、惠民利民、鼓励创新	内、外部增加面积或者内部调整楼层层高，不得改动主体框架及遮挡体现历史风貌特色的部位、材料、构造、装饰，建筑内部空间及外观形象应可通过拆除、增加或者调整的部分予以恢复
传统风貌建筑	科学保护、以用促保、社会参与、协调发展	在不改变传统风貌建筑的外观风貌及保证安全的前提下，保护责任人可以进行外部修缮、日常保养、内部装饰、添加设施等活动

表格来源：作者自制。

3　分类视角下的传统风貌建筑保护优化建议

尽管传统风貌建筑保护机制日趋完善，但是由于保护工作起步较晚，在早期基本参照历史建筑保护机制开展工作。不同于文物保护单位在历史、艺术等各方面的价值具有较高的精准性，传统风貌建筑的价值评估与历史建筑有一定的相似性，这也导致公众对传统风貌建筑与历史建筑的认知界限模糊，不利于落实城乡建筑遗产的分类保护原则。在此，通过对比传统风貌建筑与历史建筑保护的差异，进一步探讨传统风貌建筑保护的特点，根据现有保护工作与研究，提出未来针对传统风貌建筑保护的优化建议。

3.1　建立系统的价值评估体系，进一步明确传统风貌保护范围及保护内容

广州市各行政区现已陆续制定传统风貌建筑的保护规划文件，但是根据已公示的保护规划文件，各区对传统风貌建筑的保护内容存在一定差异，例如部分保护规划文件增设“建议保护价值要素”，而对“建议保护价值要素”却无明确定义，这可能会给保护责任人在修缮利用过程中带来困扰，即被列入“建议保护价值要素”的部位在实际过程中是否需要完全按照保护价值要素的要求进行，若不是应该明确其界限所在。因此，制定传统风貌建筑保护规划应该明确保护范围及内容，结合传统风貌建筑的认定标准建立系统的价值评估体系，严控传统风貌建筑的可改变部分和不可改变部分，以及历史环境的可建设空间及不可建设空间 [1]。同时可以适当增加对建筑周边环境整治的指引，并且对于连片成片的传统风貌建筑需要考虑建筑间的衔接及整体风貌对建筑的考量，进一步突出传统风貌建筑的价值特征，从而与历史建筑有较明确的区分机制。

3.2　制定传统风貌建筑的修缮利用正负面清单

广州市传统风貌建筑目前的修缮要求基本是参照历史建筑制定的，而历史建筑修缮又借鉴参考于文物保护单位的修缮。众所周知，文物保护单位的修缮秉承不改变原状、真实性、完整性、最小干预手段等原则进行，即遵循完整保护的思路。而传统风貌建筑更加强调以用促保的保护理念，因此修缮过程中应当结合建筑实际活化利用开展，同时需要考虑功能舒适以及安全合理等需求。针对列入保护范围的建筑部位、材料、构件等，应当明确修缮过程中所选用替换的构件样式、材料类型、做法技艺及色彩等的要求，可制定正面的修缮选材、技艺清单，设置底线空间。同时总结实际工程中采用不恰当修缮方式的案例，明确修缮过程中禁止出现的行为，制定负面清单。最大限度为传统风貌建筑修缮制定可行性依据，为传统风貌建筑修缮利用提供灵活空间的同时保留具有价值的地方，从而实现建筑遗产分类保护的目标。

3.3 创新活化利用模式，提升传统风貌建筑使用价值

目前广州市已出台《广州市促进历史建筑合理利用实施办法》等文件，逐步健全历史建筑的合理利用机制。传统风貌也可参照历史建筑合理利用的相关规章文件进一步制定传统风貌建筑活化利用的工作指引，可在历史建筑合理利用的模式上进一步放宽对传统风貌建筑的限制，在保证结构安全和外观风貌的前提下，在楼层层高、室内使用面积、加建改建等方面允许传统风貌建筑开展活化利用实践，推动传统风貌建筑适应性发展。同时相关职能部门可在简化建设审批程序、建筑功能置换、新旧材料选用、强制性构造做法等方面提供相关指引、导则，为传统风貌建筑保护责任人提供细致、有效、可实施的规范性文件[2]。2024 年广州市已出台《广州市传统风貌建筑日常维护与修缮资金补助办法》，活化利用结合补助资金支持机制，可选取优秀活化利用案例作为宣传，进一步推广传统风貌建筑活化利用。

4 结语

城乡建筑遗产的数量巨大并在不断增加，建立有效的分层保护体系有利于建筑遗产的保护与延续。目前，受社会保护意识薄弱等因素的限制，传统风貌建筑尚未建立起一套完善的保护机制，现有的保护模式因受历史建筑保护体系影响，在许多策略上存在借鉴重合的情况，导致传统风貌建筑的保护边界趋于模糊。作为城乡建筑遗产体系中的重要构成部分，传统风貌建筑对城乡历史风貌的形成起到关键作用。广州市传统风貌建筑保护工作在国内开展相对较早，已逐步建立起一套相对成熟的保护机制。本文从法规条文到保护规划，再到具体的技术指导，梳理广州市传统风貌建筑的保护经验，以期为国内其他城市的传统风貌建筑保护工作提供参考，推动传统风貌建筑的活化利用并实现可持续发展。

薛梓彬　广州市城市更新规划设计研究院　工程师

注释

目前各区公示的保护图则中对保护要素的叫法尚未统一，有的延续历史建筑的称呼，使用“核心价值要素”一词，有的使用《广州市传统风貌建筑保护规定》中的“保护要素”一词，本文使用的是《广州市传统风貌建筑保护规定》中的名词。

参考文献

[1] 李淑倩，刘晖. 历史建筑保护规划的精细化改进：以广州为例 [J]. 智能建筑与智慧城市，2022(5)：46-50.
[2] 王林，鲍柏江. 上海历史风貌区保留历史建筑保护与管理路径探索 [J]. 建筑遗产，2024(1)：34-43.

文旅融合视角下鼓浪屿红色建筑遗产的保护与利用

Protection and Utilization of the Red Architectural Heritage in Gulangyu from the Perspective of the Integration of Culture and Tourism

付梦佳　吴　征　郭　雨

摘　要：本文聚焦鼓浪屿红色建筑遗产，深入挖掘其历史与文化内涵，系统阐释建筑形制及装饰特征，梳理保护举措与旅游开发现状，并基于使用后评价，提出针对性优化策略，以期为鼓浪屿及其他地区红色建筑遗产保护与红色文化传承提供有效参考范式。

关键词：文旅融合；鼓浪屿；红色建筑遗产；文化遗产；保护与利用

Abstract: This paper focuses on the red architectural heritage of Gulangyu, deeply explores its historical and cultural connotations, systematically expounds the architectural forms and decorative features, sorts out the protection measures and the current situation of tourism development. Based on the post-occupancy evaluation, it puts forward targeted optimization strategies, with the aim of providing an effective reference paradigm for the protection of red architectural heritage and the inheritance of red culture in Gulangyu and other regions.

Keywords: integration of culture and tourism; Gulangyu; red architectural heritage; cultural heritage; protection and utilization

引言

红色建筑遗产是我国文化遗产的关键部分，承载着重要的历史文化。全面推进中华民族伟大复兴历史进程，就必须充分发挥红色文化凝心铸魂的新时代价值。习近平总书记作出批示：“红色资源是我们党艰辛而辉煌奋斗历程的见证，是最宝贵的精神财富，一定要用心用情用力保护好、管理好、运用好。”[1] 中共中央印发《党史学习教育工作条例》也明确提出“保护好、运用好红色资源，加强革命传统和爱国主义教育”[2]。随着政策的颁布，各地区积极推动文旅融合，红色建筑遗产研究[3]、遗产数字化保护传播[4]、遗产基因图谱构建与价值评价[5]等成为全社会广泛关注的焦点议题。

鼓浪屿红色建筑遗产作为中国近现代革命历程的见证，不仅是地方历史文化的瑰宝，更是全民族共同的精神财富。2017年，鼓浪屿申遗成功，但相比于“历史国际社区”的头衔，红色文化资源并未被广大群众所认知，如何保护和利用好鼓浪屿的红色建筑遗产，使其在弘扬革命精神、促进文化旅游等方面发挥更大的作用，成为亟待解决的重要课题。

1 鼓浪屿红色建筑遗产概述

1.1 研究区域概况

鼓浪屿位于福建南部海域，与厦门岛隔海相望，素有“海上花园”之美称。虽面积不到 2 km^2，却拥有上千栋历史建筑，其中不乏红色建筑遗产。第一次鸦片战争后，根据中英《南京条约》，1843 年 11 月厦门成为通商口岸。1902 年 1 月，清政府与十国签订《厦门鼓浪屿公共地界章程》，鼓浪屿被迫成为公共租界所在地之一。第二次国内革命战争时期，鼓浪屿作为中共福建省委、军委和团省委领导机关的所在地，是当时福建革命的指挥中心。解放战争时期，中共闽浙赣区委员会闽江工作委员会派党员到厦门建立组织支援解放战争。

1.2 样本类型调研

依据福建省《厦门经济特区鼓浪屿世界文化遗产保护条例》(简称《保护条例》)《福建红色文化保护、传承和弘扬工程实施方案》，鼓浪屿地区现存八座红色建筑遗产，分别是中共福建省委机关旧址、中共福建省第二次代表大会会址、中共福建省委军委机关旧址、中共厦门中心市委联络站旧址、厦门青年战时服务团旧址、启新书店旧址、中共(城工部)厦门市委机关旧址以及琴园景区英雄园，具体信息如表 1 所示。

表 1 鼓浪屿八座红色建筑遗产概况

名称	位置	建成时间	历史事件发生时间	不可移动文物级别	历史风貌建筑级别
中共福建省委机关旧址	虎巷 8 号	1920 年	1931 年	省保重点	E6–31
中共福建省第二次代表大会会址	内厝澳路 449 号	1920 年	1930 年	省保重点	C–08
中共福建省委军委机关旧址	福州路 127 号	1930 年	1931 年	一般保护	A1–13
中共厦门中心市委联络站旧址	泉州路 54 号	1932 年	1934 年	区级重点	E3–63
厦门青年战时服务团旧址	安海路 14 号	1898 年	1938 年	省保重点	—
启新书店旧址	龙头路 53 号	1920 年	1946 年	一般保护	A6–48
中共(城工部)厦门市委机关旧址	内厝澳路 197 号	1933 年	1948 年	一般保护	D2–02
琴园景区英雄园	鼓声路 1 号	2000 年	1949 年	一般保护	B1–24

表格来源：作者自制。

中共福建省委军委机关旧址曾是军事指挥的枢纽，和中共福建省委机关旧址紧密相关，军委机关提供保障，省委机关则是政治决策的核心所在，在政治上引领方向，两者共同构成了革命斗争的核心力量。厦门青年战时服务团旧址和启新书店旧址与文化教育宣传有关，战时服务团通过宣传活动激发民众的抗日热情，启新书店则通过出售进步刊物传播革命思想。中共厦门中心市委联络站旧址为地下党同志提供了联络和掩护的场所，而中共(城工部)厦门市委机关旧址则是决策和领导的中心。按照历时性分布特征，鼓浪屿红色建筑遗产涉及历史事件发生的时间从 19 世纪 40 年代一直延续到现代，反映了中共在厦门地区的活动具有历史的延续性，尤其是抗日战争与解放战争时期最为集中，与省内其他红色资源既相区分又相互辉映。

2 鼓浪屿红色建筑遗产特征

鼓浪屿红色建筑遗产主要源于租用、征用和自建三种方式，根据建筑性质及其原有功能，又可划分为商铺、洋楼民居以及文教建筑三类，且以民居住宅类型为主，具体信息如表 2 所示。

表2 鼓浪屿红色建筑遗产特征

名称	建筑类型	建筑结构	装饰风格	立面形态	现状照片
中共福建省委机关旧址	洋楼民居	砖木	早期现代风格	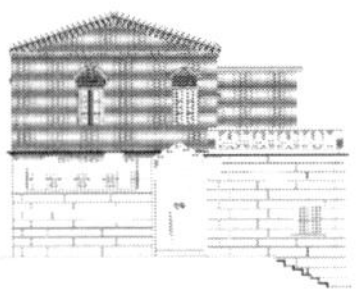	
中共福建省第二次代表大会会址	洋楼民居	混合	厦门装饰风格	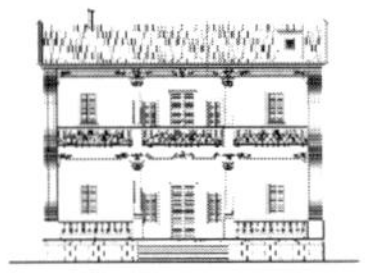	
中共福建省委军委机关旧址	洋楼民居	砖混	西方古典复兴式	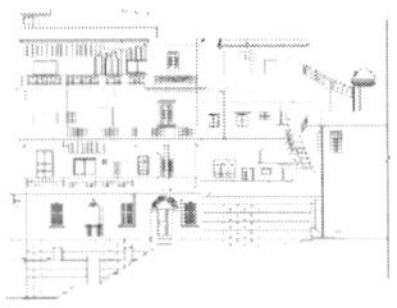	
中共厦门中心市委联络站旧址	洋楼民居	砖混水泥	厦门装饰风格	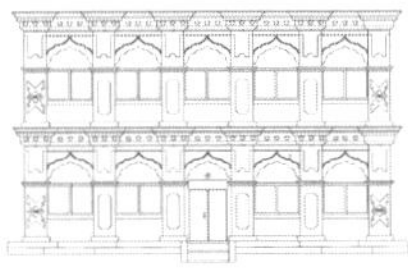	
厦门青年战时服务团旧址	文教建筑	砖木	早期现代风格	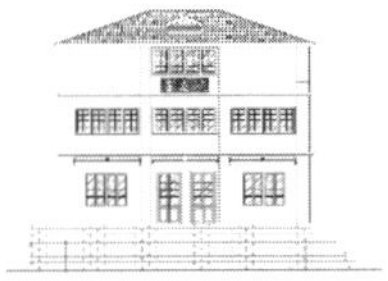	
启新书店旧址	商铺	砖木	早期现代风格	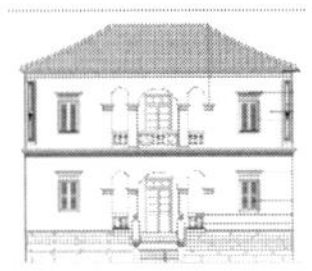	
中共(城工部)厦门市委机关旧址	洋楼民居	砖混	厦门装饰风格		
琴园景区英雄园	文教建筑	砖混	早期现代风格	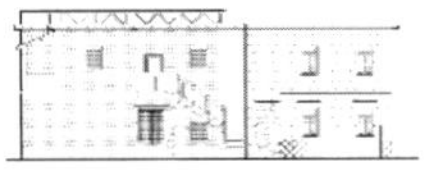	

表格来源:作者自制。

2.1 建筑特征

2.1.1 商铺

位于龙头路53号的启新书店旧址,始建于20世纪20年代,建筑为方正体量,底层有大台阶可上到一层平台。四坡屋顶，上铺板瓦。主立面中间部分局部设外廊，廊柱间距不同，中廊较两侧距宽。

2.1.2 洋楼民居

（1）中共福建省委军委机关旧址位于福州路 127 号，建于 1930 年，为总高五层的砖混结构洋楼，面宽 16 m，进深 28 m，二楼正面有券拱门，三、四楼正面有走廊，廊外有护栏。该建筑的第二层有一相通的一厅两房，其内部相互连通，暗藏的后门用来传递情报，掩护撤退。

（2）位于虎巷 8 号的中共福建省委机关旧址，是一座典型的两层红砖木西式洋楼，于 1920 年建成，原是南洋华侨私宅。建筑双坡布瓦顶，坐西南朝东北，总面宽为 17 m，总进深为 10 m。下层布有天井，上层房间呈“同”字形布局，房间外设有带栏杆的走廊。

（3）位于泉州路 54 号的中共厦门中心市委联络站旧址，由院墙、院门和两座并列的两层西洋楼房组成，均为砖混水泥结构，总面宽为 24 m，总进深为 32 m。54 号建筑（右栋）门和窗均为尖拱形，具有哥特风格，线脚装饰，围墙采用闽南地区常用的水洗石做法。

（4）位于内厝澳路 197 号的中共（城工部）厦门市委机关旧址，建于 1933 年，为一座有院墙和小院落的二层洋楼建筑。总面阔 13 m，总进深 21 m。它的正立面右侧为棱状体楼，左侧上下层均有廊道和水泥楼梯，屋顶为平顶，上铺红方砖。

（5）位于内厝澳 449 号的中共福建省第二次代表大会会址，其前身是印尼华侨曾坤东的住宅，建于 1920 年。建筑结构为折中式双层洋楼。建筑坐北朝南，砖混结构，正立面设有廊柱。

2.1.3 文教建筑

（1）位于安海路 14 号的厦门青年战时服务团旧址坐西北朝东南。其为三层建筑，采用砖木结构，顶部是四面坡折瓦顶，整体面阔 14 m，进深 15 m。从构造来讲，建筑运用了通天柱与双步梁，台基的表石下是砖体，山墙的汉白玉压线石上有精美的二龙戏珠浮雕。

（2）位于鼓声路 1 号的琴园景区英雄园，由纪念广场、纪念雕塑和纪念馆三部分组成，占地超 2 000 m^2，主体雕塑《英雄赞》坐北朝南，雕塑下方是济南二团团长王兴芳、政委张钦芝烈士的合葬墓，雕塑右侧岩石上刻着“英雄岩”。

2.2 装饰风格

20 世纪二三十年代，西方古典复兴与装饰艺术风格风靡全球，中国建筑界受其影响掀起华人洋楼建设潮，厦门尤为突出。受新艺术运动影响，融合两种风格的建筑大量涌现，在此基础上形成了“厦门装饰风格”（表 2）。

2.2.1 厦门装饰风格

由于历史原因，鼓浪屿红色建筑中还融入了西方设计元素，形成了独特的厦门装饰风格，例如内厝澳路 449 号、泉州路 54 号和内厝澳路 197 号。红砖白石的组合，传承了闽南红砖厝的传统装饰风格，如花鸟、山水、人物、吉祥图案等。同时，建筑还吸收了西方古典装饰元素，例如柱式、拱券等。

2.2.2 西方古典复兴

福州路 127 号是典型的西方古典复兴式风格，这种形式也被称为帕拉第奥式风格，建筑中使用古希腊和古罗马建筑中的经典元素，如柱子、圆顶、拱门等，外墙以白色抹灰为主，建筑整体较为简洁，主要细节体现在窗套和檐口，建筑门楼既保留古典建筑的韵味，又适应时代需求和审美观念。

2.2.3 早期现代风格

虎巷 8 号东北立面为红砖方柱拱廊结构，房间呈“同”字布局，结合中式传统居住理念和实际使用需求，各个房间功能明确，相互连接又相对独立。装饰细节上，既有中式元素，也有西式元素，体现了 20 世纪 30 年代的建筑风貌；安海路 14 号立面外墙除花岗岩基础外，通体为红色抹灰饰面，正立面底层设方柱，平梁外廊，屋盖为四坡木头梁嘉庚瓦；龙头路 53 号启新书店建筑的腰线、檐口处线脚丰富，转角柱上有装饰纹样，窗户上部有平顶式线脚装饰，外立面为水泥抹灰；鼓声路 1 号的英雄岩纪念馆，于 2000 年经过省政府的改造，如今成为纪念革命英雄的新地标。

3 鼓浪屿红色建筑遗产保护与活化利用

3.1 遗产保护更新

2017年7月8日,"鼓浪屿:历史国际社区"正式列入《世界遗产名录》, 2019年,厦门市政府编制的《厦门经济特区鼓浪屿世界文化遗产保护条例》出台实行。2021年,国家文物局印发《革命文物保护利用"十四五"专项规划》。基于国家政策与鼓浪屿地区完善的保护体系, 2024年,厦门市人民政府制定《厦门市鼓浪屿世界文化遗产核心要素保护管理办法》(简称《文化遗产核心要素》)。鼓浪屿管委会依据政策的出台,组织了规划设计单位,持续推进《鼓浪屿文化遗产地保护管理规划》的编制。

3.2 建筑活化利用

根据厦门市政府编撰的《保护条例》以及《文化遗产核心要素》提出的鼓浪屿建筑遗产活化利用原则,在红色建筑遗产活化利用中,应当秉持公平性与社会效益优先原则,以社会效益为根本。在确保社会效益、环境效益的基础上,通过资源优化配置实现经济效益的可持续性。

(1)2021年,中共福建省委机关旧址被精心打造为"鼓浪屿红色教育主题馆",馆内房间分别改造为七个独具特色的展示空间,增设多媒体展示空间与实景布置。如今成为红色教育主题馆,面向公众传播红色文化知识,具有教育和文化传承的功能。

(2)中共福建省第二次代表大会会址,最初为华侨私人住宅, 2005年因建筑材料全面自然老化,二楼被拆除, 2013年重建恢复两层建筑结构。如今经过重新设计,作为红色旅游基地之一曾家园酒店,供游客参观打卡,店内有珠宝首饰展示区、体验区以及休憩区。

(3)中共福建省委军委机关旧址,如今是一座普通民居,二楼则是中共福建省委军委机关所在地,共有3间相互连通的房子,中间为厅,左右各1个房间。三楼直通临近福州路125号的屋顶,由普通洋楼变为指挥全省武装斗争和军事建设的机要之地,后因省委机关遭破坏而迁移。

(4)中共厦门中心市委联络站旧址,由院墙、院门和两座并列的两层西洋楼房组成,整体有所老化,但仍然保留了其独特的哥特风格和闽南建筑特色。这里曾为台湾医生开设的神州医院和私人住宅,后转变为中共厦门中心市委联络站,如今作为红色建筑文化遗产,暂未完全开放。

(5)自新中国创立以来,英华中学同厦大校友中学、厦门女子中学等学校合并,改建成厦门第二中学。原本作为厦门青年战时服务团原址所处之地的英华中学,成为厦门二中的固定校址所在,校舍历经多次改造与翻修,留下的仅有百友楼一幢。

(6)启新书店旧址,历史上由普通民居住宅转变为翻印革命书籍、出售进步读物的红色刊物革命书店,如今经过改造作为红色文化遗产宣传书店,供游客参观、打卡盖章,弘扬爱国主义精神。

(7)中共(城工部)厦门市委机关旧址,从普通洋楼转变为市委领导机关所在地,如今改造为私人住宅,窗台、门楼独具特色。作为红色建筑文化遗产,展示城工部在厦门的革命活动历史。

(8)琴园景区英雄园,由自然景区改造为专门纪念解放厦门烈士的广场,红色革命氛围浓厚,在此可以参观纪念馆,了解革命历史事件,缅怀致敬先烈,重温入党誓词,弘扬爱国主义精神。

3.3 建筑利用评价

3.3.1 吸引力量化研究法

传统定性研究虽能对红色建筑遗产有所认识,但难以精准把握内在特征与影响因素。参考黄佩芝等研究的吸引力评价体系,初步提出"周边环境""街巷道路""红色资源""建筑细部""标志物""非物质文化""路线规划"七大"吸引力因子"定量化研究,通过量化结果分析,更准确地评估鼓浪屿红色建筑遗产价值对大众的吸引力程度。第一,拟定鼓浪屿红色建筑遗产吸引力因子及对应的意象元素。第二,通过专家问卷确认吸引力因子为大众调查问卷的依据,制定吸引力因子的得分与权重占比,并排序计分。第三,以各意象元素得分乘以权重,得出该意象元素的知晓度指数与重要性指数,进行标准化值处理。第四,以知晓度指数标准值为横轴,重要性指数标准化值为纵轴,绘制鼓浪屿红色建筑意象元素矩阵分布图。

3.3.2 大众感知调查

1. 调查问卷发放

以鼓浪屿八处红色建筑遗产为目的地，围绕 8 个意象元素，设置“知晓度深刻”“重要性较佳”“重要性较差”三个选项供大众选择，其中知晓度衡量大众对鼓浪屿红色建筑遗产意象的记忆深刻程度，重要性方面则着重凸显意象元素契合游客参观需求的水平。每次勾选便计一分。负责调查的团队分成四个小组，在鼓浪屿的游客中心以及进出鼓浪屿的三个码头，以随机抽样的方式发放问卷。总计发放问卷 100 份，经筛选后回收得到有效问卷 98 份，有效问卷所占比例高达 98%。

2. 吸引力因子排序与权重分析

因子重要性指在遗产意象塑造中的影响程度，因大众社会背景和认知不同，所选因子及重要性排序有别。为从全局评估各因子对鼓浪屿红色建筑遗产的影响，依据统计学原理采用式(1)计算。

$$X_i^m = \frac{N_m - i + 1}{\sum_{i=1}^{N_m} i} \quad i = 1,\cdots,N_m \quad \sum_{i=1}^{N_m} X_i^m = 1 \tag{1}$$

式中：X_i^m用以表示大众 m 所作出的选择排序，即处于第 i 位的吸引力因子所对应的分值；N_m 用以明确大众 m 所择取的意象因子数量。七大类因子累计相加后总值为 98 分（依据样本统计而得）。同时，各因子权重的总和为 1。各遗产吸引力因子的分值排列次序以及权重如表 3 所示。

表 3 鼓浪屿红色建筑遗产吸引力因子重要性排序及权重

排序	吸引力因子	因子得分	因子权重
1	红色资源	14.656	0.153
2	非物质文化	14.571	0.148
3	建筑细部	14.398	0.146
4	路线规划	14.253	0.145
5	标志物	13.564	0.138
6	周边环境	13.346	0.136
7	街巷道路	13.212	0.134

3. 意象元素的矩阵分析

在调查时要求大众对八个意象元素按知晓度、重要性评价筛选指数，采用式(2)至式(4)计算。

知晓度指数：$ID_i^n = B_n \times R_i^n$ （2）

式中：ID_i^n用来指代第 n 类意象因子中第 i 个意象元素所对应知晓度情况的量化数值；B_n被用于确定第 n 类吸引力因子在整体中的相对重要性权重占比；R_i^n用于表示第 n 类吸引力因子中第 i 个意象元素在知晓度这一评价维度上所获得的分值。

重要性指数：$QI_i^n = GQ_i^n - BQ_i^n$ （3）

式中：QI_i^n为第 n 类吸引力因子中第 i 个意象元素的重要性指数；GQ_i^n为第 n 类吸引力因子中第 i 个意象元素在重要性较好这一评价因子方面的得分（该意象元素在该评价因子方面的得票总数）；BQ_i^n为第 n 类吸引力因子中第 i 个意象元素于重要性较差这一评价因子维度上的分值。

$$\text{标准化值}: Z = \frac{X - \mu}{\sigma} \qquad \mu = \frac{\sum_{i=1}^{n} X_i}{n} \qquad \sigma = \sqrt{\frac{\sum_{i=1}^{n} (X_i)^2}{n}}$$

式中:X 是知晓度指数、重要性指数;μ是指数集合的均值(平均数);X_i表示第 i 个数据点;n 是数据点的总数;σ是数据集合的标准差。运用标准化手段,将原始数据进行转化,使其呈现出均值为 0 且标准差为 1 的数值,绘制成鼓浪屿红色建筑遗产意象元素象限分布图(图 1)。

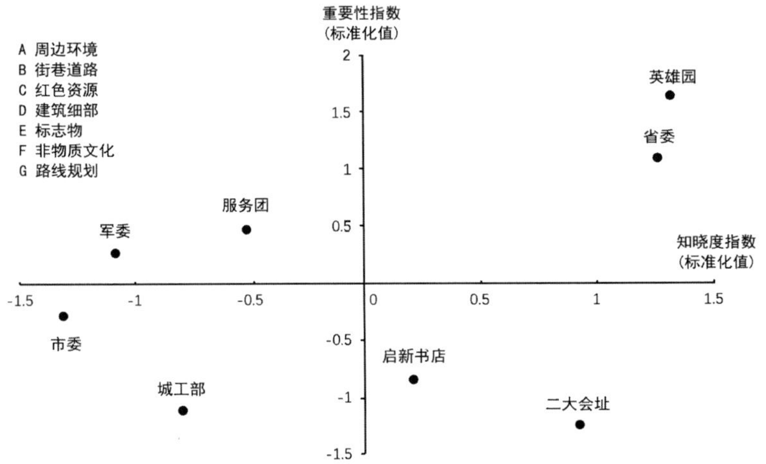

图 1　鼓浪屿红色建筑遗产意向元素象限分布

(图片来源:作者自制)

3.3.3　意象元素的象限分析

分布图以知晓度指数标准化值为横坐标,以重要性指数标准化值为纵坐标,划分为四个象限。当知晓度指数值是正数时,意味着该意象元素为多数大众所知晓,数值越大,大众对其印象就越深刻;而当知晓度指数值为负数时,状况相反。当重要性指数值为正数,表明此意象元素的保护状况良好,得到大众的肯定;而重要性指数值为负数,则表示该意象元素需要进行保护与修缮。

英雄园、省委位于第一象限,说明遗产知晓度与重要性程度较高,表示大众对其印象深刻,遗产内容得到有效传播,同时品质又好。因此,该遗产在文化、经济、社会等多个维度都有着积极且重要的作用。服务团、军委位于第二象限,说明大众对遗产印象不深刻,但是遗产品质较好,可能是因为对该遗产的内涵挖掘不够,地理位置导致吸引力较低。因此,针对此象限的红色建筑遗产应加强宣传推广。城工部、市委位于第三象限,说明大众对遗产印象不深刻,同时遗产品质也处于较低水平,可能是因为较少被当作关键节点或有特色的红色建筑遗产来呈现。因此,希望后期通过遗产修复,提升关注度与重要性认知程度。启新书店、二大会址两处遗产位于第四象限,说明大众对其知晓度深刻,但遗产品质不高。因此,需要在今后的工作中,有计划地进行改造,提升遗产品质。

4　鼓浪屿红色建筑遗产优化策略

根据各遗产意象元素象限分析的定量结论,鼓浪屿红色建筑遗产主要在宣传推广、遗产内涵挖掘、建筑遗产保护以及旅游服务四个方面存在问题和不足。因此,有针对性地提出以下优化策略。

1. 宣传推广策略

拓宽线上宣传渠道,利用社交媒体平台,定期发布鼓浪屿红色建筑遗产的特色故事等。线下在学校、社区、旅游景点各处张贴海报、发放宣传册,举办红色文化讲座、研学等活动,提高大众对鼓浪屿红色建筑遗产的认知度。

2. 遗产内涵挖掘策略

结合新质生产力与红色文旅，组织专业人员深入挖掘鼓浪屿红色建筑遗产内涵，进行建筑修缮与空间重构。丰富展示内容，开发与鼓浪屿红色建筑遗产相关的文化产品，如纪念品、明信片等。

3. 建筑遗产保护策略

定期检查和维护，使建筑遗产重现历史风采。激活建筑遗产蕴含的深厚红色文化与旅游发展潜能，促进文化传承与旅游振兴协同共进，打造红色文旅数字化，赓续红色记忆。

4. 旅游服务优化策略

完善旅游设施，优化旅游线路与配套服务，如提供集中休憩区、餐饮服务等，方便游客参观。组建专业讲解团队，优化旅游路线，完善标识系统，避免游客在游览过程中迷路或错过重要景点。

5 结论

红色文化遗产是鲜活的党史教材，蕴含深刻的革命内涵，具有重要的历史、社会、人文及教育价值。本文基于鼓浪屿红色建筑遗产的意象特征，通过走访调查等定量研究手段发现：①红色建筑遗产可在党史教育方面为红色文化传承提供坚实的理论支撑；②红色建筑遗产可丰富鼓浪屿现有文旅产业。期望通过本研究，为鼓浪屿红色建筑遗产的保护与开发利用提供创新性思路与有益参考，助力鼓浪屿在新时代实现红色文化与旅游产业的深度融合。

付梦佳　福建理工大学　硕士研究生

吴征　福建理工大学　副教授

郭雨　福建理工大学　硕士研究生

参考文献

[1] 习近平. 加强文化遗产保护传承 弘扬中华优秀传统文化 [J]. 求是，2024(8)：4-13

[2] 蒋桂芳，王贝贝. 用好红色资源 传承红色基因 [N]. 光明日报，2024-04-29(6).

[3]LI Y C，WANG Y. Historical logic and value of"red architectural heritage" in Jiangxi[J]. China cultural heritage，2024(4)：42-50.

[4]CHEN A，LIANG X H，HUANG L Q，et al. Study on the protection，development and utilization of the relics of the red revolution in Guangxi[J]. Urbanism and architecture，2023，20(5)：151-156.

[5]WEI Q，H L，CHEN X G. Study on red architectural heritage landscape revitalization design in Jiangxi Province under the perspective of culture and tourism integration[J]. Journal of social science and humanities，2024，6(5).

城乡可持续发展中

建筑遗产保护传承的策略与实践

金陵大学教员住宅历史建筑保护与传承路径探讨

Preservation and Transmission Strategies for the Historical Faculty Residences of the University of Nanking

武苗苗　赵潇欣

摘　要：作为历史校园的重要组成部分，历史建筑承载着深厚的记忆，是校园文化精神的传承载体。金陵大学教员住宅曾经作为校园中不可或缺的一部分，长期被忽视，其历史信息与文化价值逐渐模糊，也影响了校园文化的完整性。本文通过实物遗存、历史文献、图纸与照片，系统梳理金陵大学教员住宅的历史演变与建筑特征，深入探讨其多重价值。基于此提出修缮历史建筑本体、利用数字化技术和复合功能开发等保护与传承策略，以实现文化传承与现代价值重塑，为历史校园文化遗产保护提供新思路，推动校园"场所精神"的复原与创新。

关键词：历史校园；历史建筑；教员住宅；保护与传承

Abstract: Within historical campuses, heritage buildings are vital for preserving historical memories and embodying the cultural spirit of the institution. However, the faculty residences of the University of Nanking, once an integral part of the campus, have long been overlooked. As a result, their historical significance and cultural value have been slowly eroding, weakening the overall integrity of the campus's cultural identity. This paper systematically explores the historical evolution and distinctive features of the University of Nanking's faculty residences, drawing on physical evidence, historical documents, drawings, and photographs, and examines their multifaceted value. Based on the results, the study proposes strategies for preservation and inheritance, including the restoration of these buildings, the integration of digital technologies, and the development of multifunctional spaces. The aim is to ensure the continuity of cultural heritage, reshape the buildings' contemporary significance, and provide innovative methods for preserving the architectural heritage of historical university campuses, thereby promoting the restoration and innovation of the "spirit of place" on campus.

Keywords: historical campus; architectural heritage; faculty residences; preservation and transmission

引言

历史建筑承载着校园的记忆与文化精神，是不可再生的文化资源。在今南京大学鼓楼校区内坐落有30多栋金陵大学时期的历史建筑（图1）。除了校园轴线上极具象征意义的北大楼等公共建筑外，校园边缘区域还分布着13栋历史住宅建筑，其中7栋为原金陵大学教员住宅。然而，这些历史住宅建筑数量少、位置偏僻、分布零散，且多被改造为办公用途，外观和内部格局失去原貌，出现了历史信息被掩埋、缺乏足够的认知与关注等问题，曾作为金陵大学历史校园重要组成部分的它们"隐身"于现代校园空间中，导致校园文化模糊缺失。

如今在保护历史校园文化的背景下，作为校园建筑遗产的金陵大学教员住宅面临双重使命：既要保护其物质形态，延续其历史风貌，又要挖掘其深层文化价值，使之在现代校园文化中焕发新的活力。传统的保护方法，往往关注物质形态的修缮，忽视了文化价值和“场所精神”的传承。而随着现代技术的兴起，数字化保护、虚拟现实等新技术、新方法，为历史建筑保护提供了新思路和可能性。这些技术手段能够弥补传统方法的不足，将保护从“静态保存”转向“动态传承”，实现历史建筑与现代社会需求的有效融合。

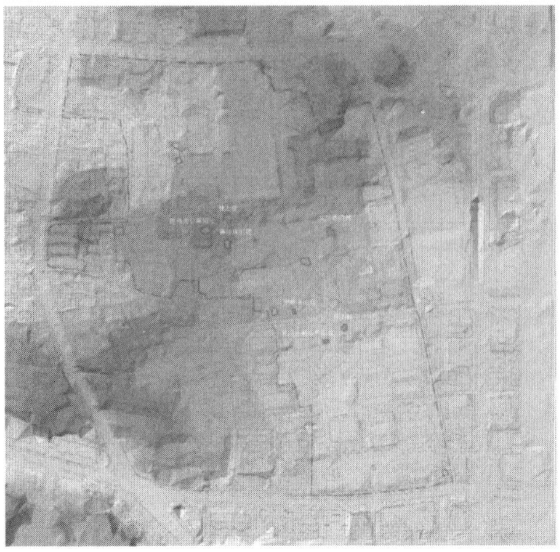

图 1　南京大学鼓楼校区住宅历史建筑分布

（图片来源：作者绘制）

1　从金陵大学到南京大学：教员住宅历史建筑的演变脉络

金陵大学建于 1910 年，是教会在中国创办的 16 所大学之一。基督教会派传教士来中国从事教育工作以间接传教。后来，随着科举制度废除、新式教育的兴起，就读教会学校逐渐成为一种广泛的选择。教会学校选中了 19 世纪美国具有代表性的大学社区模式，期望师生共同生活在校园内，从而形成一个基督教学术区。为此，校园内往往有教学楼、教堂、教员住宅和学生宿舍等建筑。

1.1　金陵大学时期(1888—1951 年)

金陵大学前身为美国基督教会在南京创办的各书院。1888 年，美以美会于干河沿创设汇文书院。1891 年，基督会于鼓楼创设基督书院。1894 年，北长老会于户部街创设益智书院。随着维新变法、科举制度废除和教育改革等社会变革，申请教会学校的人数倍增，教会学校趁机提高办学水平，扩大学校规模和体系建设，采取普遍联合的方法，将部分教会学校合并成大学。1907 年，基督、益智两书院合并，称宏育书院。1910 年，宏育、汇文书院合并，成立金陵大学，仍以汇文书院所在地干河沿为校址，同时开始在鼓楼择地兴建校舍。

与金陵大学发展同步，教员住宅区发展大致分为三个阶段。①前期：分散独立。书院合并初期教员住宅随原书院用地布置，相对零散。②中期：依据校园规划。合并后学校发展迅速，雄心勃勃地开展校园建设，积极制定校园规划方案，教员住宅按照校园规划方案进行布局建设。③后期：因地制宜。随着学校规模进一步扩大，师生人数愈来愈多，教员住宅需求增多，但校园用地逐渐紧张，住宅规划建设只能因地制宜，见缝插针地选择可利用的空余地块。因后期学校资金不足及战乱等情况，校园建设发展逐渐停滞。

1.1.1　前期：分散独立

据 1910 年金陵大学成立后的校园规划（图 2），教员住宅已有两栋：一栋是校长包文的住宅，位于干河沿以南原汇文书院用地内；另一栋是梅格斯牧师的住宅，位于鼓楼原基督书院用地内。

当时各书院地块相对分散且狭小，为了快速获得更多土地，学校采用了零星购置最终围合成片的校园土地扩张策略。1911 年的校长报告资料记录了学校的土地购置计划：购买干河沿区域土地，并尽量多购买位于干河沿和鼓楼之间区域的土地，以东侧百步坡道路为边界，向西扩张到与百步坡平行的小路。

此条小路即为现今的平仓巷。

据 1911 年的教员住宅区分布资料(图 3),此时已有 6 栋教员住宅建设完成,分别是位于西南侧干河沿区域的包文住宅、威尔逊住宅和马丁住宅,位于东北侧鼓楼医院区域的梅格斯牧师住宅,分散布置在干河沿与鼓楼之间的布洛克住宅和威廉姆住宅,即保留至今的中山楼和文宅。

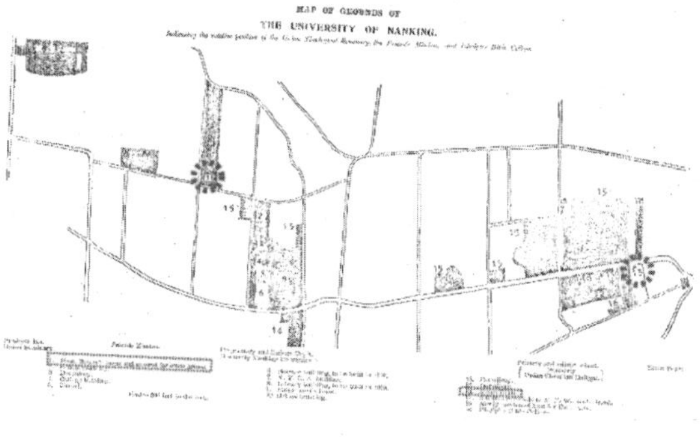

图 2　金陵大学地图(1910 年)

(图片来源:耶鲁大学神学院图书馆数字馆藏)

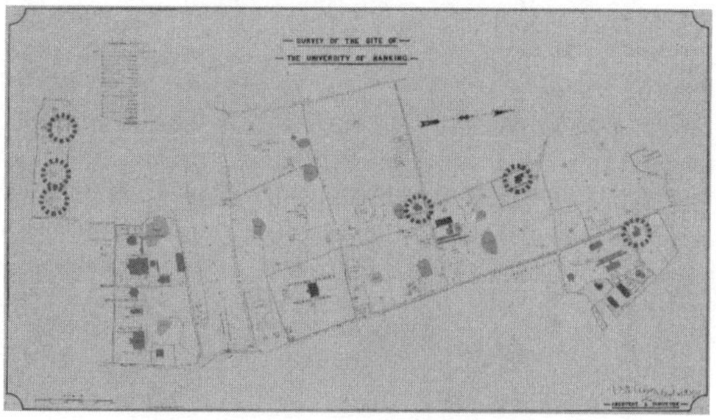

图 3　教员住宅分布及学校地产范围示意(1911 年)

(图片来源:耶鲁大学神学院图书馆数字馆藏)

此时形成了干河沿住宅区、汉口路住宅区、中大路住宅区和鼓楼医院住宅区的雏形。

1.1.2　中期:依据校园规划

随着 1911 年土地购置计划的逐渐落实及学校机制日益成熟,学校开启总体校园规划。校方先后委托过纽约卡迪与格雷戈呈(Cady & Gregory)建筑公司和芝加哥帕金斯 - 费洛斯 - 汉弥尔顿(Perkins, Fellows & Hamilton)建筑公司,并最终采用 Perkins, Fellows & Hamilton 的总体规划方案。总体规划方案为美国近代轴线式大学校园,其中"学术村"模式也继续延续。

1912 年 3 月,美国赛勒斯•麦考密克夫人承诺为金陵大学捐献一栋宿舍,并为 Perkins, Fellows & Hamilton 公司争取到规划大学校园的机会。1912 年 5 月, Perkins, Fellows & Hamilton 的大学校园规划方案初步完成。费洛斯于 1913 年 12 月来到中国南京,几经修改,最终于 1914 年底完成金陵大学校园总体规划方案(图 4)。

在此规划方案中,干河沿住宅区仍保留,依然为 3 栋教员住宅。西侧平仓巷区域也仍保留为住宅区用地。在 1914 年的校园总体规划图中,已经可以看到西侧沿平仓巷的 4 栋教员住宅了。

1919 年,学校购置平仓巷北侧地块土地,继续建设教员住宅。1920 年北侧教员住宅完工。之后又陆续在其西侧建设教员住宅,至 1931 年,规划的平仓巷教员住宅区基本稳定。

1.1.3　后期:因地制宜

1925 年是金陵大学校园发展建设高峰期,学校主要建筑物基本完工。学校规模愈发壮大,教员数量日益增多,而既有教员住宅已无法满足使用需求。因此学校在尽可能保证校园规划主体的前提下进行局部调整,于汉口路区域布置教员住宅区。

至 1931 年,形成了 5 个教员住宅区(图 5):最南端为干河沿住宅区,共有 3 栋教员住宅;中部为汉口路住宅区,共有 9 栋教员住宅;中北部为中大路住宅区,共有 5 栋教员住宅;北部为鼓楼医院住宅区,共有 3 栋教员住宅;西侧为平仓巷住宅区,共有 13 栋教员住宅。

后期因资金不足等各种原因和问题,校园建设没有按照规划继续发展。1936 年金陵大学图书馆的建设提前终结了原规划的南北长轴线,配套的教员住宅建设也日渐停滞。

此后金陵大学西迁,至 1947 年回迁南京,学校也无能力继续发展建设。

1.2　南京大学时期(1952 年至今)

1952 年,随着全国院系调整,南京大学迁至金陵大学校址,包括教员住宅在内的校园建筑被全部接收。新中国成立初期,大学校园规划多以苏联的规划模式为范本,原金陵大学校园的规划已不符合且也不满足使用要求。因此，南京大学在原金陵大学校址基础上开启了新时代的校园规划。老的金陵大学轴线被放弃，开辟了西侧新轴线，并向南一直延伸至干河沿。

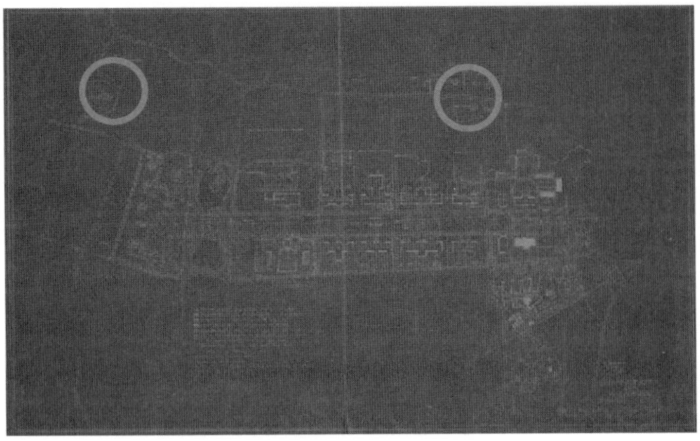

图 4 金陵大学规划（1914 年）

（图片来源：耶鲁大学神学院图书馆数字馆藏）

图 5 金陵大学教员住宅区分布（1931 年）

（图片来源：作者绘制）

教员住宅的居住功能逐步削弱直至不再需要，因其空间相对狭小且不灵活，也并非具有重要功能，故后期或被置换为办公功能，或被拆除为其他新建筑的建设提供场地。它们不再是片区型的住宅区，而是隐匿散落在新校园的角落。

有幸得到保存并置换为办公功能的教员住宅，存在原空间和流线存在不符合新功能需求、设备条件无法满足舒适性、外观日渐老旧破损等问题，因此使用者对其进行了改造。由于当时人们对历史建筑的保护意识淡漠，这些改造对建筑本体及环境均造成了不同程度的破坏，如更换门窗、维修屋面时拆除烟囱，分体式空调室外机在外墙随意安置，外墙贴面砖或刷涂料等。经此阶段的改造，教员住宅历史建筑所承载的历史信息被封印、割裂或掩埋，留下了层叠交错的信息废墟，需要一点点挖掘梳理而使之呈现。

近年来，随着人们对不可移动文物遗产价值的认知逐渐提升，校园历史建筑日渐受到重视，学校逐步启动了历史建筑保护修缮工作，开始践行较为规范的文物建筑保护修缮程序；如 2002 年的大礼堂修缮工程、2012 年的赛珍珠故居修缮工程。

从早期部分住宅历史建筑被拆除或改造，到后期加强管理并实施合理修缮复原，其中的变化反映出人们对此类近代住宅历史建筑的认知和保护意识不断加强。

2 建筑特点：空间、技术与文化的融合

历史上金陵大学教员住宅数量多，设计不尽相同，但根据对既有建筑图纸和实物的梳理，可以概括出教员住宅在空间、流线和结构材料方面相似的特点。

2.1 空间布局与流线设计

通过对保存的平面图纸的比较，发现金陵大学教员住宅平面布局具有相似的拓扑关系。结合当时人们的生活方式可以将教员住宅内部空间和流线分为主要空间、主要流线与辅助空间、辅助流线（图 6）。

主要空间一般包括门厅、起居室、餐厅、卧室、书房、阳光房等教员及其家人主要使用的空间。对应的主要流线则是由主入口进入，通过走廊、（主）楼梯等交通空间进入各主要空间。一层较开放，多为公共性活动空间。二层较私密，基本是卧室、洗漱间之类。辅助空间包括厨房、备餐间、洗衣房、储藏室等佣人主要使用的空间。对应的辅助流线则是由次入口进入，到达厨房、备餐间、洗衣房、储藏室等，通过服务楼梯到达其他楼层。辅助空间多位于建筑物北侧一角，较主要空间而言较为狭小，并形成独立流线。（图 7）

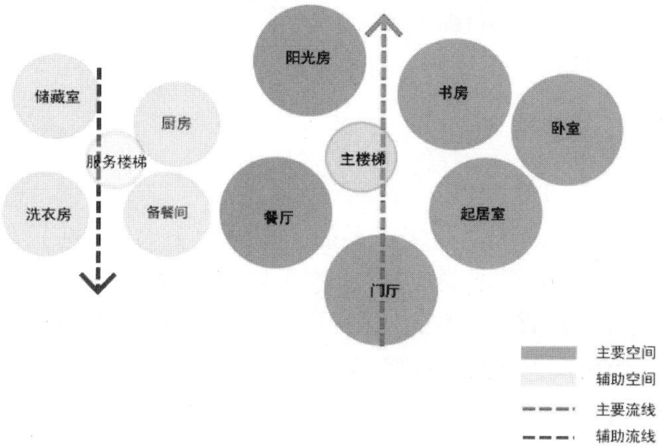

图 6　空间布局与流线关系分析

（图片来源：作者绘制）

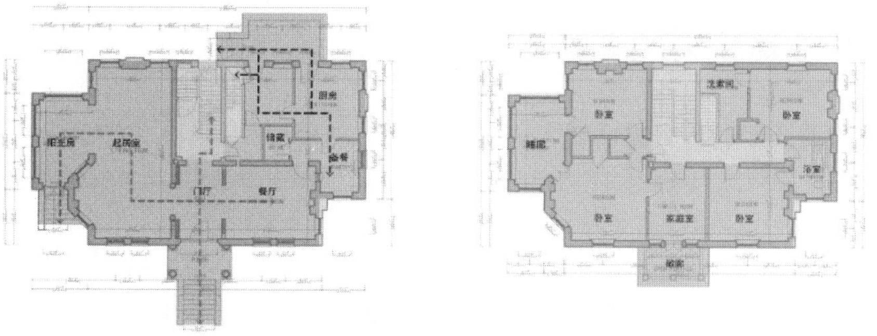

图 7　教员住宅平面空间流线分析

（图片来源：作者绘制）

教员住宅的空间布局与流线反映了当时真实的生活方式和空间需求，体现了高效、集约的流线特点，也体现了当时不同使用者支配空间的权限。

2.2　结构体系与材料

教员住宅基本采用当时西方通用的砖木混合结构体系，即砖墙砌体竖向承重，楼面密肋木梁水平向承重，屋顶设三角形木屋架架于承重砖墙上，屋架上承木檩条或木肋条等支撑屋面。教员住宅体量小，建筑师采用了熟悉的砖木混合结构，实现了快速设计。

从保留的建筑本体和历史照片可以看到，除了青砖，部分教员住宅勒脚或地下室使用了城墙砖，如健忠楼（图 8）。屋面材料随着时间推移也有所变化。早期教员住宅屋面常为金属屋面，如中山楼、赛珍珠故居（图 9）等。之后，水泥（鱼鳞）瓦成为教员住宅屋面材料，如健忠楼（图 10）、陈裕光公寓旧址、罗根泽故居等。

图 8　健忠楼局部

（图片来源：AZ 工作室）

图 9　赛珍珠故居

（图片来源：耶鲁大学神学院图书馆数字馆藏）

图 10　健忠楼整体

（图片来源：耶鲁大学神学院图书馆数字馆藏）

上述特点使这些近代住宅历史建筑群具有明显的时代烙印，了解并掌握这些特点能更准确地把握其空间布局及历史技艺，为后期修缮工作提供有力支撑。

3 历史人物群英荟萃

在金陵大学办学的40多年中，涌现了众多优秀的国内外历史人物，如卜凯教授创办了金陵大学农业经济系，在农科的研究和教育方面取得丰硕成果，改进了耕种技术等，培养了众多农科专家；赛珍珠女士为促进中国和西方人民的相互理解做出了杰出贡献，被誉为“一座沟通东西方文明的人桥”；金陵大学第一位中国人校长陈裕光校长为中国开展收回教育主权运动贡献了力量；此外还有众多在各个学科领域作出巨大贡献的教育家，如李方训、潘菽、匡亚明、戴安邦、高济宇、魏荣爵等。

历史人物与其故居密不可分，例如卜凯教授和赛珍珠女士曾居住的10号教员住宅，现为“赛珍珠故居”；陈裕光校长曾居住的17号教员住宅，现为“陈裕光公寓旧址”；戴安邦和高济宇教授曾居住的24号教员住宅，现为“戴安邦高济宇旧居”。

4 金陵大学教员住宅的多重文化意义

4.1 校园空间发展演变的历史见证者

作为历史校园的重要组成部分，金陵大学教员住宅区的发展与大学各阶段的办学理念和扩张策略紧密相关。初创时期，校园用地零散，教员住宅数量少，布局分散；合并后，学校逐步实现了围合性校园空间。教员住宅区的规划反映了这种围合圈地式的校园空间发展理念；鼎盛时期，校园用地接近饱和，教员住宅区则逐渐转向在现有土地上进行灵活布局；后期，由于资金短缺和社会政治环境变化，学校整体发展进入停滞期，教员住宅区的建设逐渐停滞。

4.2 20世纪西方居住理念与建筑技术在中国的融合体现

为迎合中国人的文化认同，大型教学建筑常常采用中西合璧的外观。但教员住宅则选择体现西式居住空间理念的设计。独立式住宅布局体现了西方住宅的私密性与社交性平衡。建筑空间具有相似的拓扑结构，根据居住者的需求和活动模式，空间与流线划分明确，体现了平面布局集约高效。住宅建设从实用性出发，选用西方人熟悉的结构体系，反映了当时西方住宅建筑的建造特点和技术水平。建筑材料的灵活使用体现了因地特点，建筑材料的演变也见证了建筑营造体系的逐步完善与技术的进步。

4.3 历史人物的居住空间与思想文化的交汇点

这些住宅不仅是建筑物，更是历史人物的生活场所，反映了他们的思想和生活方式。许多教员住宅曾是重要历史人物的居住地，营造了特有的“场所精神”。通过对这些住宅的研究，了解这些人物的居住环境和日常生活，可以挖掘出一系列重要的历史人物群像，有助于揭示他们在学术、文化、政治等方面的贡献。

5 保护与传承发展的技术与方法

5.1 数字化保护与虚拟现实重建

整理是历史建筑保护的基础工作，只有摸清了“家底”才能做好保护。利用现代手段建立资源数据库，汇集历史建筑的相关资料，包括历史的、现状的及修缮后等各阶段的图纸、照片、资料文献、研究报告等，串联相应的历史人物，才能形成全面多维的二维信息数据库。

利用三维扫描技术，精确记录和保存历史建筑的各项本体信息，如结构、空间布局、装饰等信息，形成三维数字化信息数据库。结合数字化处理的二维信息数据库，既能传承历史建筑技艺，为后期复原提供依据，又可以为研究者等提供丰厚研究资源，促进深入探索，方便后续展示。

5.2　历史建筑本体修缮与外部空间环境改善

外部空间环境和历史建筑本体共同构成了校园的建筑空间环境，对再现“场所精神”起到了决定性作用。在现状调研勘察的基础上，结合数字化资源库信息，与现场对比分析，推测原貌，通过加固与修缮复原措施，复原历史风貌。同时，改善历史建筑周边环境，包括景观管理和空间规划，尽可能再现历史场所环境，延续其独特的历史文化。对于一些名人故居的历史建筑，还可以对内部建筑情况进行还原，使室内空间尽可能真实地反映名人生活时期的状态和习惯，加强名人故居对历史校园“场所精神”营造的促进作用。

5.3　复合功能与共享利用

修缮后的住宅历史建筑大部分仍作为办公空间，于公众而言，缺乏开放性。在避免干扰办公空间的前提下，基于住宅历史建筑的空间布局流线特点，结合原辅助流线设置参观流线，利用原辅助空间，设计开放展陈空间，复合其功能使用，提高历史建筑的开放程度，使历史建筑更具活力。

展陈方式可以是阅读式展陈，展出与历史建筑、历史人物相关的文献、历史照片及历史建筑模型等；也可以是体验式展陈，借助虚拟现实技术，将数字化的历史建筑或历史人物与实物展示结合，通过投影、全息影像等技术手段，使公众与其进行互动，沉浸式参观展览，带来更加丰富和全新的历史体验，更加充分地了解和感受历史建筑的文化价值。

6　结语

保护作为中国近代校园重要遗存的金陵大学教员住宅，不仅是对物质形态的维护，更是对文化内涵与精神价值的传承。历史建筑不仅记载了校园发展的空间叙事，更承载了文化价值。通过历史资料的深入挖掘与整理，结合现代技术，如三维扫描、虚拟现实和数字化重建等，不仅可以复原历史建筑的物理形态，还能够重现其背后的历史情境，使公众更加直观地感受其文化与历史价值。此外，修缮历史建筑并非仅是保存其形态，而是通过功能的复合化和适应性利用，将历史建筑融入现代生活，为当代社会提供具有文化内涵的公共空间。

武苗苗　南京大学建筑规划设计研究院有限公司　建筑师
赵潇欣　南京大学　副研究员

参考文献

[1] 南京大学高教研究生校史编写组. 金陵大学史料集 [M]. 南京：南京大学出版社，1991.

[2] 张宪文. 金陵大学史 [M]. 南京：南京大学出版社，2009.

[3] 杰西格•格雷科里•卢茨. 中国教会大学史 [M]. 曾钜生，译. 杭州：浙江教育出版社，1987.

[4] 钟娉雯. 近代教会学校的历史分期与社会价值研究 [C]// 卓新平. 基督宗教研究（第 28 辑）. 北京：宗教文化出版社，2020.

[5] 袁琴. 金陵大学近代西式住宅空间要素及其组织方式初探 [D]. 南京：南京大学，2022.

[6] 金筱敏. 历史校园中名人故居建筑研究：以赛珍珠楼修复过程为例 [D]. 南京：南京大学，2014.

[7] 王荷池. 南京近代教育建筑研究（1840—1949）[D]. 南京：东南大学，2018.

城市既有工业空间更新改造方法研究
——基于尺度层级结构视角

Research on Renewal and Transformation Method of Existing Urban Industrial Space
—Based on the Perspective of Scale Hierarchy

陈　萌　冯　琳

摘　要：城市既有工业空间更新改造是一项针对用地及建筑存量改造提升的重要工作，有助于人性化、品质化的城市高质量转型发展。基于对我国发展现状和尺度层级理论的阐述，提出工业空间的三个尺度层级为工业园区层级、工业厂区层级和工业厂房层级，并构建了工业空间尺度层级体系框架。基于此，解析了基于三个尺度层级的工业空间更新改造方法：工业园区层级从区位特点、交通组织、空间布局和配套设施入手，工业厂区层级关注空间布局、道路交通、绿化景观和基础设施，工业厂房层级着眼于空间功能、结构形式、建筑风格和附属设施，以此作为实践决策过程中的理论参考。

关键词：工业空间；更新改造；尺度层级

Abstract: The renewal and transformation of existing urban industrial space is an important work for the transformation and upgrading of land and building stock, which is conducive to the high-quality transformation and development of humanized and high-quality cities. Based on the elaboration of China's development status and scale hierarchy theory, three scale levels of industrial space are proposed: industrial park level, industrial plant level and industrial building level, and the framework of industrial space scale hierarchy system is constructed. Based on this, this paper analyzes the method of industrial space renewal and transformation based on three scale levels, starting from the location characteristics, traffic organization, spatial layout and supporting facilities at the industrial park level, focusing on the spatial layout, road traffic, green landscape and infrastructure at the industrial plant level, and focusing on the spatial function, structural form, architectural style and ancillary facilities at the industrial building level, which is used as a theoretical reference in the process of practical decision-making.

Keywords: industrial space; renewal and transformation; scale hierarchy

引言

随着我国城镇化进程的加速推进以及经济结构的深度调整，城市发展面临着全新挑战。《"十四五"住房和城乡建设科技发展规划》和党的二十大提出以促进城市空间结构优化和人居环境品质提升为目标，研究城市更新基础理论与技术方法。作为城市发展的核心驱动力，产业是精准把握城市物质空间更新改造的重要切入点。产业的内涵具有广义与狭义之分。从广义上看，产业泛指行业，由于广义范畴过于宽泛，聚焦用地性质（工业园区）、空间类型（工业厂区）、建筑类型（工业厂房）的特征，将研究对象界定为城市中用于工业（制造业）生产的空间类型，即工业空间。

早期相关研究主要关注旧有工业区的改造、城市更新和产业转型的实践性策略。2008 年以来，相关研究集中于老旧工业区的更新转型理论，如旧工业区“适应性更新改造”[1]“有机更新”理论在旧工业区保护与更新中的应用[2]、156 工业遗产群的保护与利用理论体系[3]等。发展至现阶段，研究逐渐呈现出综合发展和多维度态势，如城市设计视角下的“有机更新、微介更新、统筹更新、精明更新”的四维更新方法[4]，功能置换视角下的“适应性改造”策略[5]，数字孪生视角下基于数字技术支撑的城市共建机制[6]等。然而，现有研究多从某个特定改造方向、就工业空间的某个特定层级或针对某一具体案例展开讨论，对于既有工业空间的尺度层级划分界定尚显模糊，工业空间更新的对策研究也存在不足之处。

我国工业空间的发展在不同尺度和功能维度上均具有复杂性与系统性，应依据不同地区的资源禀赋及政策导向建设工业园区，基于生产、仓储、办公等多种功能谋划工业厂区，依据特定生产工艺和需求构建工业厂房，形成多层次体系。此外，尼科斯•塞灵格勒斯的分形城市理论提出，一个理想的城市从庞大到微小的所有尺度上都存在一种相互关联的层级结构，进而构建起一个相互连通且毫无缝隙、充满活力的城市格局[7]。我国工业空间的国情发展现状及相关理论的提出均为工业空间尺度层级的划分提供了借鉴和依据。

因此，研究提出既有工业空间更新改造的三个尺度层级，即工业园区、工业厂区和工业厂房，明确其各自的更新需求导向，探讨不同尺度层级下的工业空间特征和现存问题，并提出相应的改造方法，以期为既有工业空间的科学、高效、可持续更新改造提供系统的理论依据与实践参考。

1　工业空间尺度层级结构框架

1.1　工业园区层级

工业园区指以工业或仓储物流用地为主，随城市产业结构调整需要进行转型升级的城市功能区，包含生产性功能区、居住性功能区、服务性功能区。其中，生产性功能区指工业区域内用于工业生产活动的特定空间范围，包括各类制造业企业与产业集群、专门的物流运输线路、各类生产设施等；居住性功能区指为在工业区及周边工作的人员及家属提供居住场所的区域，包括多种形式的职工住宅、基本生活配套设施等；服务性功能区指为生产活动以及居民提供各种服务的区域，包括商业服务设施、基础教育设施、医疗服务设施等。城市既有工业园区改造过程中面临的主要困境与问题见表 1。

表 1　工业园区层级改造相关问题

问题类型	问题描述
区位条件	早期既有工业园区选址靠近原材料产地、能源供应地或交通枢纽，多位于城市边缘地带，周边基础设施建设滞后，缺少活力元素带动区域发展
交通组织	园区内部各产业集群出入口设置不合理，内部与周边道路无法顺畅连接，致使彼此联系被极大削弱
	园区在城市总体交通网络中的融入度较低，不利于园区与城市协同发展
空间布局	多个企业集中于同一传统产业领域，产业布局呈现同质化现象，制约产业的创新转型发展
	由于渐进式、零散式的土地开发，具有关联性的产业可能呈现分散布局，难以进行整体性改造
配套设施	配套设施不能满足现代需求，如设施老化且环境质量差、服务水平低且维护管理不善、业态低端等

1.2　工业厂区层级

工业厂区通常指在城镇开发边界内建成 30 年以上的工业企业及其相关设施集中分布的区域，包含生产加工区、生产辅助区、生活服务区三类。其中，生产加工区指工业厂区中直接进行产品生产、加工制造活动的区域，包括用于生产的厂房建筑、生产线布局等；生产辅助区指为生产加工区提供支持性服务和资源保障的区域，包括附属建筑以及其所在区域；生活服务区指为厂区内员工提供生活相关服务的区域，包括餐饮设施、休闲娱乐设施、员工宿舍等。城市既有工业厂区改造过程中面临的主要困境与问题见表 2。

表 2　工业厂区层级改造相关问题

问题类型	问题描述
空间布局	以生产流程为核心的工业厂区规划导致生产区域空间占比过大，而公共空间和交流空间等较为匮乏
	为适应高效生产的需求形成紧密布局，导致空气污染集中、人员疏散困难、后续维护和改造不便等
道路交通	生产区、辅助区与服务区等区域之间界限不明晰，导致内部人车流线交叉、空间使用率较低等
	久未修缮的厂区内部道路大多较狭窄，且道路连通性不佳、路面坑洼破损、人车混行现象普遍，易造成交通拥堵甚至导致安全事故频发
绿化景观	工业厂区内部弹性空间少，不利于及时调节场地微气候，难以抵御突发自然灾害
	过少的自然景观会对厂区内部人员的情绪造成消极影响
基础设施	残障人士、老年人等弱势群体的需求并未被纳入考虑，各辅助功能设施也未能及时升级
	现代服务设施缺失问题，如办公商业通信网络、消防灭火设施、升降电梯等

1.3　工业厂房层级

工业厂房指城乡建成区内较早的工业生产、产品加工制造用房和直接为工业生产服务的附属设施，以及工业物资存储用房等。该层级包含单层厂房、多层厂房、附属建筑三类。其中，单层厂房和多层厂房指为满足工业生产直接需求形成的室内空间，是从事生产的人员主要的工作与活动场所；附属建筑指配合工业生产建造的一系列建筑，包括但不限于能源供应建筑、仓储建筑、办公建筑等。城市既有工业厂房改造过程中面临的主要困境与问题见表 3。

表 3　工业厂房层级改造相关问题

问题类型	问题描述
空间功能	传统工业厂房功能单一，仅可用于生产或仓储，且空间划分依生产流程而定，多为封闭小隔间或空旷大空间，导致后续使用灵活性受限、空间利用率低等问题
结构形式	工业厂房结构老化，出现混凝土碳化、钢结构锈蚀、裂缝变形等现象，导致建筑整体承载能力降低
	由于建筑原结构体系更适应工业生产设计，在功能转换时与空间的匹配度表现不佳
建筑风格	具有独特工业特征的建筑风格反映出特定时期珍贵的工业文化内涵，也成为凝聚当地社会群体文化认同与归属感的独特精神纽带，但现阶段大量既有工业厂房立面被不合理拆除、改造甚至肆意破坏
附属设施	市政管线存在老化、破裂等安全问题，老旧通风系统风量与空气质量均难以达到使用标准
	现代服务设施缺失问题，如办公商业通信网络、消防灭火设施、升降电梯等

1.4　多尺度层级框架

基于工业空间的三个层级，结合各层级转型改造中的困境与问题，形成如图 1 所示的层级框架。

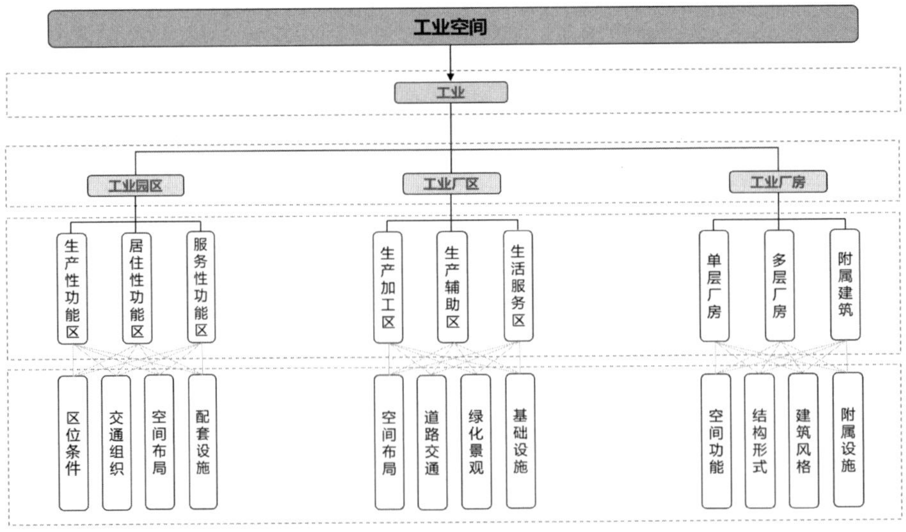

图 1　工业空间多尺度层级框架

2 既有工业空间更新改造方法

2.1 工业园区层级更新改造方法

2.1.1 园区区位功能衔接

针对区位条件不佳的工业园区与周边城市功能的“割裂”问题，需打破工业园区与城市之间的壁垒，即“产”与“城”需就功能布局、生产生活方式等方面进行有机融合和良性互动[8]，可归纳为优化产业结构、复合用地功能两种方法，二者共同作用促进园区更新，具体更新类型及方法如表4所示。

优化产业结构指根据园区既有产业的现状基础条件与发展需求趋势，从宏观规划层面因地制宜提出清晰合理的未来产业定位。工业园区是层级框架中等级最高、规模最大的一环，多利用原址优势采用“工改工”或仅局部功能调整的方法实施更新，包括新型产业置换型、内部产业升级型、非产业功能置换型等[9]。复合用地功能指给予单一功能的较低品质产业用地以一定比例的辅助功能兼容，以实现空间集约高效利用[10]。基于此，采用内外功能联动的方式为使用群体“制造”必要的交流机会，解决因园区内外功能业态差异过大而导致的活力流动阻滞问题。

表4 基于区位条件的工业园区更新类型及方法

产业结构定位	园区区位条件	园区用地功能	服务设施配套
新型产业置换型	位于核心区边缘，且规模较大	降低工业比重，发展收益价值更高的都市型工业	标准化厂房、物流仓储中心、产品检测中心等
内部产业升级型	近核心区，具有高新技术支撑优势，且具有提升基础及提升意愿	由传统工业转为办公、创意研发、电子商务、信息软件、物联网等	人才公寓、联合办公设施、创新孵化平台、物流配送中心、物联网研发平台等
非产业功能置换型	规模较小、分布散乱、建筑质量较差和产业“低、小、散”的工业区块	居住、公共开放空间、商业、酒店、市场等	社区服务设施、教育设施、医疗设施、商服设施、市场管理服务设施等

2.1.2 交通组织网络规划

对工业园区内部交通组织进行统筹规划与全面升级，需兼顾既有交通状况的改良优化与宏观层面的系统构建，可归纳为交通路网建设和多元交通融合两方面。

交通路网建设指全面整合区域交通资源与产业布局信息，通过深入分析园区在城市中的总体定位以及与周边功能区域的交通互动关系，构建促进区域产业协同的交通战略框架，提升园区整体交通承载能力，同时满足大规模物质流、能量流高效运输以及人员便捷出行需求。多元交通融合即依据园区内各产业组团位置、交通联系方向以及各交通方式换乘需求，统筹公路、铁路、慢行系统等形成互补运输格局，增强园区与内外各功能区的交通联动性。

2.1.3 空间布局均衡构建

空间布局方面侧重立足区域自然资源、社会经济和生态效益发展需求，对园区内的空间资源进行合理分配重构，以获得用地冲突最小化的工业园区再分布格局，保障空间利用公正性[11]。过程中主要考虑四方面因素：红线控制、经济安全、社会和谐[12]和环境友好[13]，如表5所示。

表5 工业园区空间布局重构依据分类及策略

空间布局重构依据	空间布局重构次级依据	考虑要素	空间布局重构策略
红线控制界定	生态红线	生态系统完整性、连通性等	划定生态红线范围，规划缓冲带
	城市开发边界红线	城市的发展阶段、人口增长趋势、资源承载能力等	合理预测城市未来空间需求，预留一定弹性空间

续表

空间布局重构依据	空间布局重构次级依据	考虑要素	空间布局重构策略
经济安全保障	产业集群布局	产业关联性与产业链完整性、资源共享与成本优势等	集中布局形成完整产业链，规划产业集群内的共享资源区域
	土地经济价值评估	土地用途与规划限制、市场供求关系与周边土地价格参照、产业结构与市场风险等	制定差异化开发和利用要求，适时调整土地供应策略，预留弹性用地应对经济波动等
社会和谐构建	社区融合与公众参与	集体记忆唤醒、社会感知重建、社区园区融合等	建立健全公众参与决策机制
	社会公平与利益分配	土地征收与补偿公平性、产业布局与就业岗位匹配性等	制定公平合理的土地征收与补偿政策，合理布局产业与就业岗位
环境友好营造	污染防控与环境容量	环境容量核算方法与参数、污染防控措施与技术可行性等	开展全面环境质量现状评估，制定严格污染物排放总量控制目标
	生态景观与环境舒适	景观多样性与可持续性、心理与情感需求、文化历史景观传承等	构建生态景观斑块，保护和修复具有历史文化价值的景观资源

2.1.4　配套设施精准协同

根据总体产业定位与用地功能需求，结合园区内产业结构层次和布局等因素，形成以生产、办公、居住、娱乐等不同目标为导向的设施配套原则[14]，可作为实现园区活力转型的“催化剂”。配套设施可分为生产服务设施、生活保障设施和休闲娱乐设施三类。

生产服务设施方面，依据产业结构层次与生产需求，设置产品加工中心、物流仓储设施等；生活保障设施方面，着眼于园区内产业人口的日常生活需求，涵盖多元化居住设施、医疗服务机构、餐饮服务场所等商业设施；休闲娱乐设施方面，基于不同人群的娱乐偏好，建设综合性活动中心、主题公园与休闲绿地等，促进产城融合背景下的人文环境建设。

2.2　工业厂区层级更新改造方法

2.2.1　空间布局科学重构

侧重外部空间环境和厂区内建筑布局的均衡性、协调性，分别从空间形态、空间秩序、空间构成三个层面入手，依照“以点带线，以线带面”的方式，展开循序渐进的改造。典型应用案例如德国埃森关税同盟工业厂区更新实践，见图 2~ 图 4。

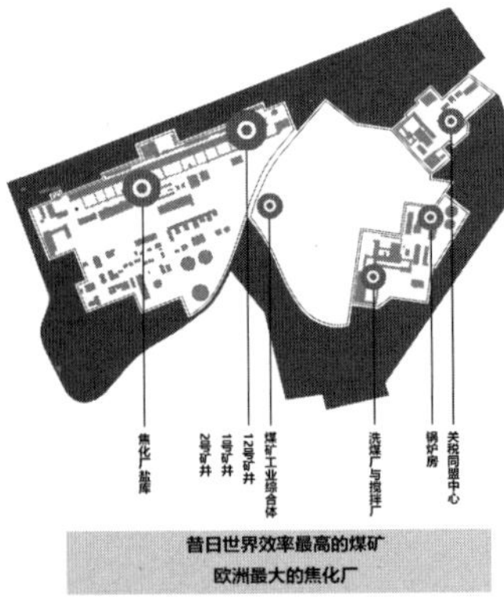

图 2　空间节点示意

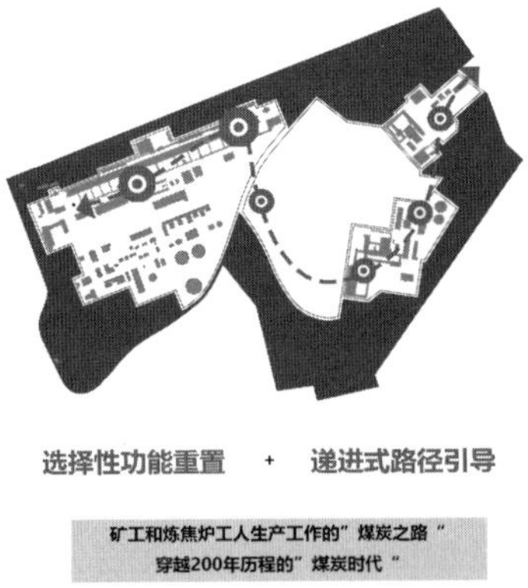

图 3　空间秩序示意

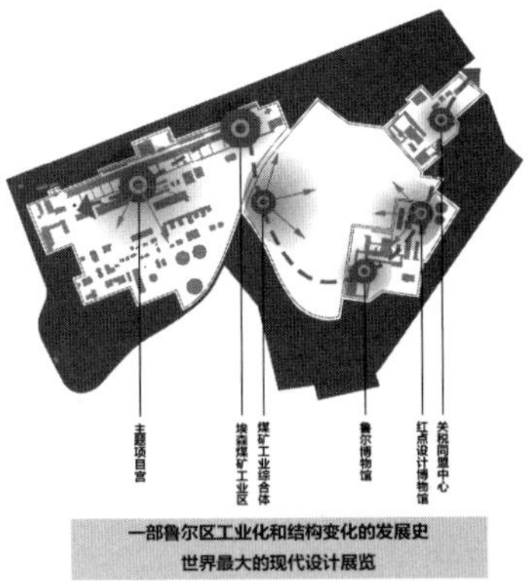

图 4　空间形态示意

空间形态可被视为“点”。在充分考虑人行为尺度的前提下，通过每一个节点处实体界面的消解、重构、加建等改变可感知空间的几何形状和组织模式，在改善整体视觉效果的同时具有强暗示性的情绪调控作用。空间秩序可被视为“线”。空间秩序组织涵盖外部空间节点营造和空间活动路径设计两方面：外部空间节点可作为叙事性场景讲述历史文化记忆[15]，也可作为过渡枢纽连接各个空间；空间活动路径作为空间序列的指向性引导，有助于节点空间组织、空间轴线建立和空间层次形成，也便于片区层面的协调与管理。空间构成可被视为“面”。通过放大各空间节点的辐射和覆盖范围，辅以空间秩序的串联作用，对原本生产导向下紧凑密集的片区空间布局进行梳理并重构，形成共享导向下从近人尺度到片区尺度的宜人活动空间。

2.2.2 道路交通系统升级

相较于宏观层面的工业园区层级，中观层面的工业厂区层级更关注内部各区域的运转协作，针对具体的道路质量、泊车规划以及引导体系等提出更加细致的要求，如图5所示。

道路系统构建指通过对各区域间物流、人流联系强度的调研，重新规划人车道路连接方式、各层级道路宽度等，进而形成合理的微循环道路系统，有利于解决厂区内人车出行问题。停车设施规划指基于对停车需求的详细分析预测，进行合理设施布置的同时完善内部停车管理制度，可对厂区有限空间资源进行深度整合与高效利用。交通标识完善指依据厂区道路布局及人车流量分布情况，运用色彩心理学、环境心理学等理论，合理规划交通标识的位置、内容和呈现方式等，以提供更加准确直观的引导信息。

2.2.3 绿化景观提质修复

从防灾减灾、减少污染、美化环境等方面提升既有工业厂区的整体生态环境质量，可归纳为海绵城市建设、蓝绿设施设置、生态景观营造三个方向的修复方法。

海绵城市建设是针对雨洪径流问题的一种可持续发展模式，通过屋面或地面雨水收集系统、雨水调蓄系统和污水处理回用系统等的建设实现雨水自然循环和利用，全面提升厂区生态系统的抵抗力和恢复力。蓝绿设施设置指在海绵城市建设的基础上，通过湿地植物、土壤和微生物的协同作用或雨水花园、植被缓冲带的过滤吸附作用，构建多层次、全方位的立体生态保护网络体系，提供舒适、健康的空间氛围。生态景观营造指针对生态环境品质与景观环境品质两方面的提升，通过构建兼具观赏和净化功能的植物群落、融合旧工业设施与新生态景观元素、设置生态景观节点与路径等手段，形成兼具生态功能和美学价值的景观空间。

2.2.4 基础设施优化进阶

利用高质量基础设施可实现厂区吸引力与运营效率的有效提升，改善内部人员体验，可归纳为市政设施和服务设施两方面的优化，如图6所示。

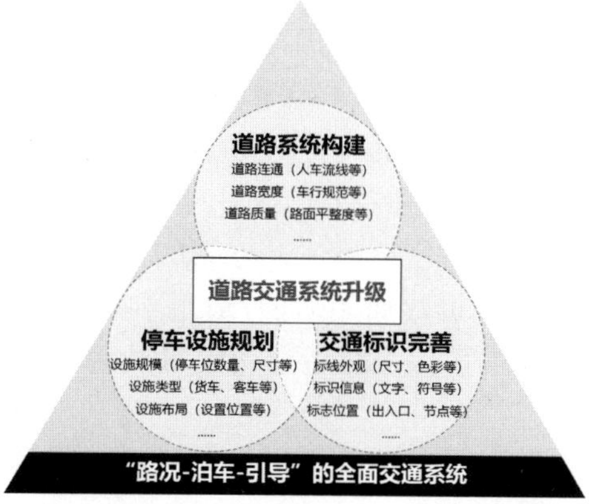

图5 工业厂区道路交通系统升级方法

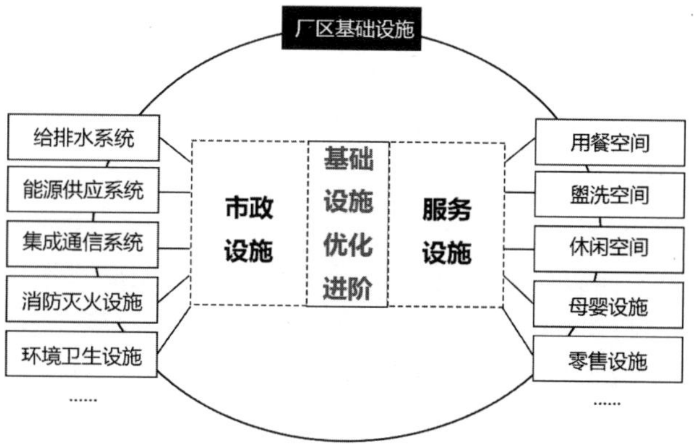

图6 工业厂区待提升基础设施构成要素

市政设施优化指供水、电力、通信等方面的综合性能提升。基于对现存市政设施如供水排水系统、能源电力系统、集成通信系统等的评估与规划，建立并落实相应方案，有助于内部管网系统融入总体市政系统网络。服务设施优化指在原有基础上，对厂区内的用餐空间、盥洗空间、休闲空间等进行改造升级。注重“一老一小”、现代化、智能化设施设备等，满足多元人群需求，也使辅助空间可更好地服务于主体功能空间。

2.3 工业厂房层级更新改造方法

2.3.1 空间功能适配转型

重新规划工业厂房内部空间功能，使工业厂房能适应全新产业，促进多元化发展，可归纳为公共设施导向、居住设施导向和景观标志导向[16]。

公共设施模式倾向于将建筑转型为大众共享空间，涵盖商业服务设施、体育健身设施、大型观演设施等，如美国波士顿昆西市场由原海港货栈和交易区转型为新型商业中心和旅游购物景点[17]，德国波鸿西园中的世纪大厅由发电站和压缩空气站转型为举办文化活动的多功能大厅[18]，原空间采用大跨度结构，内部空间规整，墙体较少且非承重结构占比较大，根据后续需求可快速分割空间和重新布局。居住设施模式意在将建筑改造为生活居住空间，包括住宅、公寓、酒店等，如上海1933老场坊将部分原宰牲场空间改造为酒店式公寓，杭州国家厂丝储备仓库转型为旅游酒店[19]，原内部空间相对独立，为单元式的多层厂房，便于划分成不同户型的居住单元，同时保证私密性。景观标志模式旨在对工业建筑物进行艺术加工使之成为文化象征，如上海民生码头八万吨筒仓改造为空间艺术展览场馆[20]，一般原建筑风格鲜明，便于形成具有独特艺术风格和文化内涵的景观标志，使建筑本身成为空间的视觉焦点。

2.3.2 结构形式借旧拓新

对厂房结构进行检修加固的同时，可利用厂房既有结构对其内部空间形态进行再塑造，以满足全新的使用需求，可归纳为结构层次营造、结构拆解重塑、结构延续拓展[21-22]。

结构层次营造指采用夹层和错层等空间设计方法，打破建筑室内高度均质化，使之具有丰富的层次感，如利用墙体、轻质隔断等划分建筑空间，或在垂直方向上单独设置楼板、楼梯或电梯等，适用于单层大空间工业厂房，使用者空间体验更加多元。结构拆解重塑指采用空间贯通或空间转化等手法，形成更具开放性的共享交流空间、室内外过渡空间或交通联系空间，适用于多层工业厂房，改善通风采光性能的同时创造了各空间彼此的交通联系和视觉联系。结构延续拓展指在基本保持原始建筑完整性的前提下，将一附加建筑体量以延拓的形式与主体建筑相连接，形成更大的整体性空间，适用于单层大跨度厂房或有较好外部环境条件的工业厂房，实现空间顶部或外部的有序延展。

2.3.3 建筑风格传承焕新

基于既有工业厂房的外部形象，从建筑色彩、材料、结构等方面入手，突出视觉效果，通常可以归纳为立面保护延续、立面新旧交融、立面表皮置换[23-24]。

立面保护延续指在改造过程中仅对既有工业厂房的原始立面进行必要维护与加固，最大限度维持建筑原始风貌，适用于结构较稳固、内部空间基本满足新需求、建筑本体具有较高保护利用价值的既有工业厂房。立面新旧交融指在原始建筑缺损处放置全新现代构件，与既有建筑构件形成强烈对比，往往单个构件尺寸较小而整体覆盖面积较大，可被视为工业历史与现代审美共存的象征，适用于建筑整体结构稳固、需要新颖外立面形象的既有工业厂房。立面表皮置换指保留原始建筑整体外框架的前提下，拆除整面墙体后加建全新建筑立面，或以全新表皮直接覆盖原始立面，无须拆除原始立面，适用于建筑立面损毁严重、保留利用价值较弱的既有工业厂房，在不影响内部空间改造的前提下营造全新建筑风貌。

2.3.4 附属设施完备升级

附属设施改造需满足现代人的使用需求，同时保障多种场景下的使用安全性，可归纳为安全隐患排查修复、服务设施完善补充两方面，前者指针对附属设施的检查与修复，后者指对缺失服务设施的补充与优化。

安全隐患排查修复针对市政管线、电气线路、通风与消防系统等的老化、损坏等安全隐患，运用专业检测技术进行系统性排查与修复，有效提升附属设施的安全性与可靠性。服务设施完善补充包括对通信网络、无障碍与停车设施、绿化景观等进行补充建设，极大地提升厂房的整体品质与使用舒适度。

2.4 既有工业空间更新改造方法框架

基于工业空间尺度的三个层级，结合由各层级既有条件特征形成的对应更新改造方法，形成层级框架，见图 7。

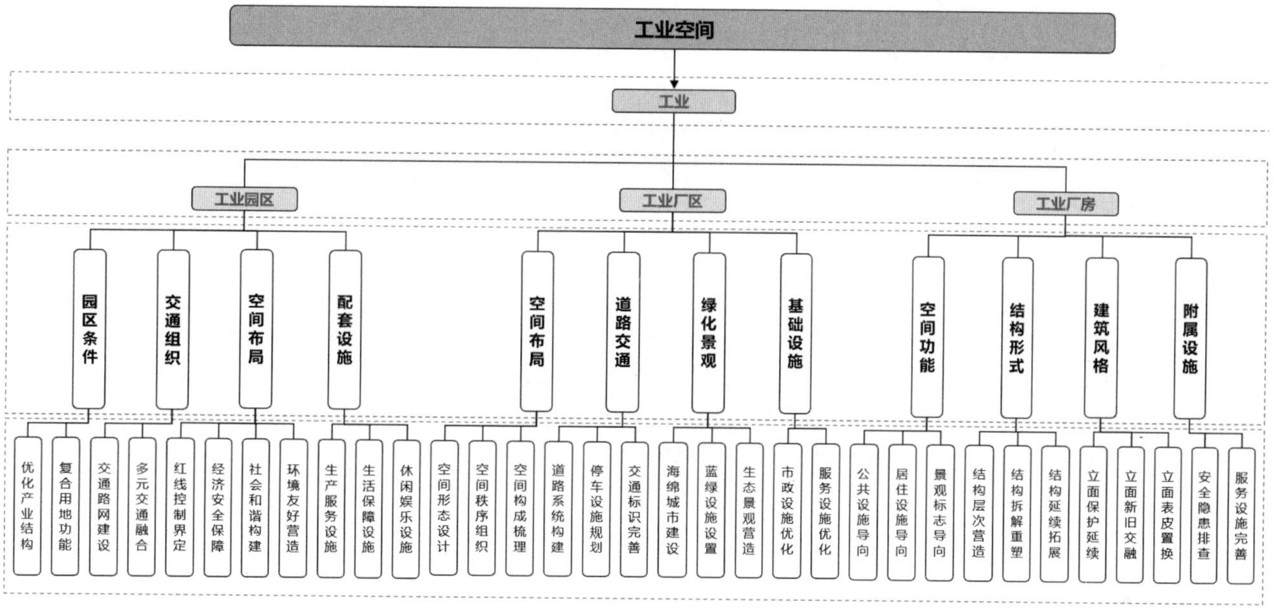

图 7 工业空间改造方法多尺度层级框架

3 结语

既有工业空间的更新改造是城市更新行动背景下的重要研究内容，然而，这并非简单地推倒重建，而是综合性、系统性的工程。本文基于我国国情现状与分形城市理论的独特视角建立城市既有工业空间三层级尺度框架，包括工业园区、工业厂区和工业厂房。在此基础上，通过对各层级面临困境的挖掘和反思，有针对性地探讨了适宜的更新改造方法：工业园区层级关注园区区位功能衔接、交通组织网络规划、空间布局均衡构建和配套设施精准协同；工业厂区层级着眼于空间布局科学重构、道路交通系统升级、绿化景观提质修复和基础设施优化进阶；工业厂房层级可从空间功能适配转型、结构形式借旧拓新、建筑风格传承焕新、附属设施完备升级四方面入手。研究明确了各层级工业空间提质增效、转型升级的方法，为工业空间更新未来的发展路径提供思路。今后需进一步针对更新改造过程中的实施机制、政策保障、公众参与等方面展开深入研究和探索，实现城市工业空间可持续发展。

基金资助：国家重点研发计划课题（项目编号：2022YFC3800303）。

陈萌　天津大学　博士研究生
冯琳　天津大学　副教授

参考文献

[1] 李冕，常江. 旧工业区适应性更新改造研究：以夏桥为例 [J]. 现代城市研究，2011，26(6)：80–83.

[2] 陈诗莺. 旧工业厂区空间环境的有机更新设计研究 [D]. 西安：西安建筑科技大学，2010.

[3] 徐苏斌，孙跃杰，青木信夫. 从工业遗产到城市遗产：洛阳 156 时期工业遗产物质构成分析 [J]. 城市发展研究，2015，22(8)：112–117.

[4] 王鹏，单樑. 存量规划下的旧工业区再生：以深圳旧工业区城市更新为例 [J]. 城市建筑，2018(3)：62–65.

[5] 周忠凯，江海涛，郑恒祥. 基于功能更新的济南重工车间"适应性改造"策略研究 [J]. 工业建筑，2018，48(8)：43–47.

[6] 翟宇琦，吕宁."智慧城市"视角的城市共建研究：阿姆斯特丹工业区更新机制研究 [J]. 城市建筑，2019，16(4)：16-22.

[7] 尼科斯•塞灵格勒斯，刘洋. 连接分形的城市 [J]. 国际城市规划，2008，23(6)：81-92.

[8] 蒋姣龙. 上海存量工业区转型的规划策略探讨：以外高桥自贸区和金桥自贸区规划为例 [J]. 城市规划，2018，42(8)：103-110.

[9] 李如贵，池晓星，林观众. 新型城市发展观视角下的旧工业区块更新策略：以温州市城市核心区工业区块改造专项规划为例 [J]. 规划师，2014，30(S3)：208-212.

[10] 赵聃."产城融合"视角下深圳市"工改工"优化策略与实践 [J]. 住区，2019(6)：20-23.

[11] 张磊，陈晓琴，董晓翠，等. 三生互斥视角下工业用地空间布局优化：以天津市为例 [J]. 地理与地理信息科学，2019，35(3)：112-119.

[12] 闫芳，黄明华，杨辉，等. 基于集体记忆的老工业区更新改造策略研究：以洛阳涧西区为例 [J]. 城市发展研究，2022，29(12)：19-24.

[13] 唐魁，郭永聪，郑剑娇."三生"视角下我国既有城市工业区功能提升研究 [J]. 工业建筑，2021，51(6)：48-53，58.

[14] 宁雅静，阳建强. 新加坡产业园区综合规划方法及其对我国产城融合的启示：以纬壹科技城为例 [J/OL]. 国际城市规划 [2024-12-15].https://kns.cnki.net/kcms2/article/abstract?v=5nxW69XXs-7XXPPCz1jVfR8poBBYloI-tsJkg6nkz-Hh67BzevQXMlMawn-Pl0qS91cuIzFSlM9gabUaJK_u8ZuViNcTAyK7gkUW_-kS8JtxlLV2HByxzYDBvOC3NmrPtRF0dLtqqWrV1UY0IlEWiyb2nzkEZkJQPWPTLGmTUcFArbo38muw6Q==&uniplatform=NZKPT&language=CHS.

[15] 赵晓璇，王刚. 城市活力视角下的旧工业区更新策略研究：以济南啤酒厂为例 [J]. 建筑设计管理，2022，39(3)：47-55.

[16] 刘抚英. 工业遗产保护与再利用模式谱系研究：基于尺度层级结构视角 [J]. 城市规划，2016，40(9)：84-96，112.

[17] 张轶佳，周叶渊，梁颖烨. 商贸市场区城市更新案例 [J]. 城市规划学刊，2017(4)：120.

[18] 刘抚英，沈珊珊. 德国波鸿西园后工业景观设计方法探析 [J]. 新建筑，2015(3)：134-137.

[19] 刘抚英，于开锦，王倩，等. 杭州国家厂丝储备仓库建筑保护与再生解码 [J]. 建筑与文化，2023(1)：100-103.

[20] 马宏. 民生码头八万吨筒仓一期改造 2017 上海城市空间艺术季主展场馆多重限定下的改造策略 [J]. 时代建筑，2018(1)：142-148.

[21] 程家远. 旧工业建筑室内空间改造的设计方法 [J]. 居舍，2020(34)：61-62.

[22] 刘抚英，崔力. 旧工业建筑空间更新模式 [J]. 华中建筑，2009，27(3)：194-197.

[23] 黄天航，王志宏，范嘉芸，等. 面向先进制造业的老旧工厂伴随式微更新：城市存量工业用地规划改造政策与实践 [J]. 城市发展研究，2023，30(12)：19-24.

[24] 刘宇，周雅琴. 面向创意产业园的旧工业建筑立面改造策略研究 [J]. 艺术与设计(理论)，2010，2(12)：115-117.

鄂北地区乡村建筑遗产的保护困境与突围
——以大悟县熊畈村九重屋为例

Dilemmas and Breakthroughs in the Protection of Rural Architectural Heritage in Northern Hubei
—The Case of Jiuchong House in Xiongfan Village of Dawu County

钱 艺 李险峰 刘 剑 林 悦

摘 要：建筑遗产在乡村发展中扮演着关键角色，但活化利用中多元主体间的博弈导致了资源浪费和价值损失。本研究以湖北省大悟县熊畈村九重屋修复保护工作为例，通过参与式观察和访谈，分析了建筑遗产产权变迁、村民诉求、资源失衡、利益冲突和协调机制缺失等问题。本文提出以社会组织协调、村民意识转型、村集体运营提升为突破构建的多元主体协同机制，建议通过成立"乡村文保专项合作社"实现乡村"再集体化"，进一步确保建筑遗产的长期保护和可持续利用。

关键词：多元主体；建筑遗产；九重屋

Abstract: Architectural heritage plays a key role in rural development, but the competition among multiple subjects in the revitalization and utilization leads to waste of resources and loss of value. Taking the restoration and conservation work of Jiuchong House in Xiongfan Village, Dawu County, Hubei Province as an example, this study analyzes the problems of changes in property rights, villagers' demands, resource imbalance, conflicts of interest and lack of coordination mechanism of architectural heritage through participatory observation and interviews. It is proposed that the coordination of social organizations, the transformation of villagers' consciousness, and the improvement of village collective operation are the breakthroughs of the synergistic mechanism of multiple subjects, and it is suggested that the establishment of the "special cooperative for rural cultural protection" can realize the "re-collectivization" of villages, and further guarantee the long-term protection and sustainable use of the architectural heritage.

Keywords: multiple subjects; architectural heritage; Jiuchong House

截至 2023 年，湖北省文物保护单位增至 1 098 处[1]。其中位于乡村地区的文物保护单位约占总数的三分之一，而乡村建筑遗产仅存 7 处。熊畈村是鄂北传统村落典型样本，自明洪武二年（1369 年）熊氏先祖迁居至此迄今逾 600 年，其核心建筑群九重屋历经明清两代营建，兼具赣鄂文化融合特征与宗族社会研究价值（图 1）。该建筑群于 2007—2014 年先后获评县、省级文物保护单位，2019 年随村落整体入选第五批国家级传统村落名录。当前保护工作面临多重困境：内生性产业缺失导致维护动力不足，社会资本介入存在制度性障碍，多元主体协同机制尚未形成，加之基层文物保护意识薄弱，加速了建筑遗产的物理衰败。本研究以九重屋为典型案例，旨在解析鄂北地区乡村文物保护单位保护困境的形成原因，探索构建多方参与的遗产活化协同模式。

图 1　熊畈村域与九重屋航拍图

（图片来源：作者实地调研航拍）

1　建筑遗产保护中的多元主体构成

乡村建筑遗产保护的过程是多元主体协同的过程，其中村民、村集体、地方政府、企业与社会组织是主要参与主体，在保护工作中承担不同任务的同时拥有不同的利益诉求（表 1）。

表 1　乡村建筑遗产保护多元主体及利益诉求

参与主体	职责	任务	利益诉求
地方村民	主要受益者	配合与监督	个人利益与效益最大化
地方村集体	主要执行者	执行与维护	提高集体收益与长效发展
地方政府	主要发起者	领导与决策	最大限度提高地区公共效益
企业	主要响应者	支持与运营	增加短期经济效益与企业价值
社会组织	主要协调者	协助与指导	促进地区协同与持续发展

而在多方参与的决策过程中，往往出现多元主体参与的失效博弈，如个体理性与集体理性的冲突、协调机制缺乏、能力与信息不对称、长期视角缺失等问题，最终导致集体行动的失败，呈现出空间闲置、任其损坏，文保资源浪费，决策结果不理想等情况。

1.1　村民与村集体的理性冲突

建筑遗产保护中的多元主体产权矛盾可归纳为以下三点（图 2）。其一，搬迁村民虽对九重屋保护认可度与修缮意愿较高，但受限于个人修缮能力不足，加之与村集体在利益诉求和时间维度下面（短期个人收益与长期集体利益）存在结构性冲突，最终导致建筑衰败与资源闲置。其二，村民诉求呈现三重分化：部分持有祖产控制权的主体倾向通过股权化运作实现个体利益，对于乡村内部而言，每个主体都试图通过自己的策略来使个人利益最大化，但这种做法汇总起来可能导致所有人都得不到最优结果，即个体理性行为与集体理性要求之间存在矛盾[2]；多数搬迁户对补偿方案的经济合理性与即时性存在异议；另有群体将保护责任主体定位于村集体与政府。其三，存在制度性缺陷，体现为法律保障体系缺位与基层治理能力薄弱，具体表现为村集体因经济资源匮乏难以协调公益事业与个体利益，且现行担保机制无法消弭产权置换过程中的信任危机，致使保护实践陷入制度困境。较少的村集体经济决定了办理村中公益事业需要从村民手中抽取资源，因为缺乏强制手段，降低了村干部强制少数村民顺应村中大多数人意愿参与村中公益事业的能力[3]。

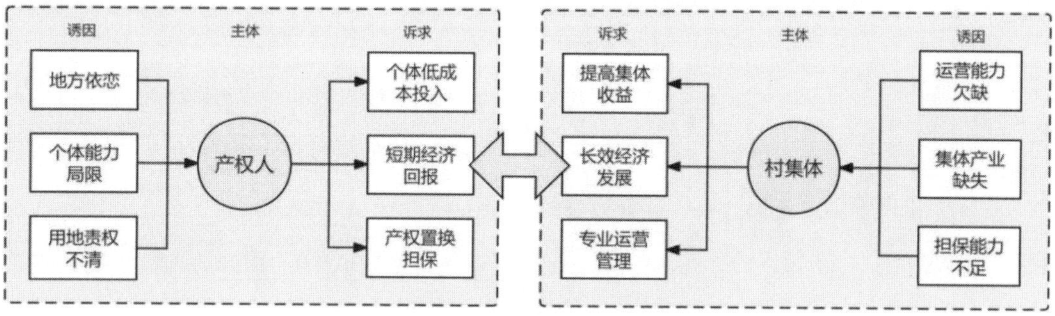

图2　产权人与村集体矛盾诱因及诉求

（图片来源：作者自绘）

1.2　村集体与政府的信息失效

《中华人民共和国文物保护法》规定，非国有不可移动文物由所有人负责修缮、保养；有损毁危险且所有人不具备修缮能力的，当地政府应当给予帮助；具备修缮能力却拒不依法履行修缮义务的，县级以上人民政府可给予抢救修缮，所需费用由所有人负担。然而，地方政府针对众多文物古迹的资金投入有限[4]。2020年大悟县初步脱贫，乡村振兴与县域内建筑遗产保护均处于初期阶段。熊畈村集体和地方政府目标一致，但在实际工作中存在能力与信息不对称问题，如2019年曾出现传统建筑遗产修缮款项未落实、村集体解读信息有偏差等情况，这易导致决策失误，难以形成有效集体行动。乡镇政府与村集体本为指导协作关系，但乡镇政府习惯用行政手段干涉乡村事务。地方政府将前期工作交予村集体，可熊畈村集体收入低、无政策资金保障，只能进行低成本维护与基础整治。村集体迫切需要地方政府及外界支援，需求呈现“问题多、需求大、事项杂”特点；在资源下乡中，乡镇政府“权力上浮和责任下沉”，加剧对乡村控制；双方能力与信息不对称等使村集体难以形成个体理性，政府应遵循最小干预原则，适当放权，转变角色，成为合作与评估者。

1.3　企业与村集体的能力失衡

参与乡村治理的企业按目标可分为无偿援建和有偿参与两类[5]，两类企业对村集体与村民有不同预期和诉求。地产、建筑遗产修缮等各类企业属有偿参与，虽具备一定专业水平但追求短期高额收益，需提前评估建筑遗产开发价值与运营空间，并实现企业增收；部分央企、国企及公益性企业无偿援助，却易忽视村民文化认同，导致村集体主体失语。地方企业介入熊畈村九重屋修缮，要兼顾九重屋价值、周边配套及上位规划定位，且需政府保障。熊畈村虽处旅游路线，但产业落后、人才流失，依赖外部政策资金扶持。我国多数村庄无集体经营性收入，农村集体经济“单打独斗”，市场运营能力不足，发展受限。村集体与企业因处境不同诉求有差异，难以达成共识，短期利益追求影响长期目标，且工作缺乏协调保障，阻碍了村集体招商与企业介入。

1.4　地方政府的集资困境

自乡村振兴战略提出，我国出台多项政策引导社会力量参与。《中共中央 国务院关于做好2022年全面推进乡村振兴重点工作的意见》明确要“广泛动员社会力量”[6]。地方政府虽掌控资源，但受职能限制，需企业以“非官方”身份介入村民与村集体生活，了解情况并提供专业支持。以九重屋保护为例，镇政府在资源引入上采取申请建筑遗产保护资金、招标引资第三方公司、国债资金投入三路并行的方式，然而执行中面临诸多困境（图3），这主要源于政企间的“权－益”悖论。地方政府委托企业介入是为构建资源平等互换的合作关系，而非完全主导。依据相关规定，禁止将文物保护单位商业化经营[7]，这要求企业介入建筑遗产保护时，村集体、社会组织等多方协同参与。政府与市场的信任合作对挖掘空间发展潜力至关重要。为避免协同机制缺失导致的资源分配不均、效率低下等问题，需解决政府专项资金申报需求与技术、运营支持不足的矛盾，平衡企业逐利与政府保护乡村风貌的矛盾。

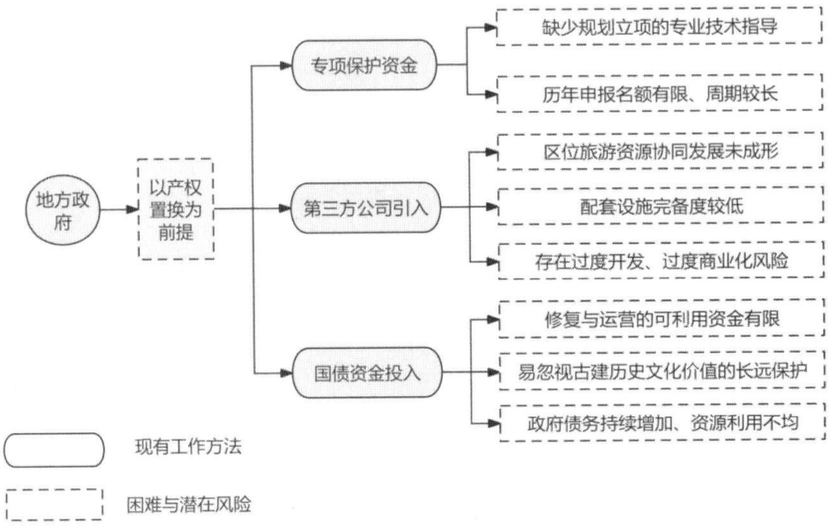

图3　地方政府九重屋修复保护中的集资路径

（图片来源：作者自绘）

2　多元主体协同的建筑遗产保护路径

九重屋保护修复协同合作经历单向执行、企业合作、多元协同三个阶段。早期单向执行阶段，政府与村集体、村民单向沟通，在缺乏明晰制度安排的情况下，文化遗产的利益结构较为混沌，在保护过程中也就难免会出现利益冲突和悖论[8]。村民虽为产权持有者，但在缺乏明晰制度安排的情况下，文化遗产利益结构混沌，易引发利益冲突。后来，在文化遗产所有权和经营权“两权分离”思想的指导下，我国的文化遗产景区大多转让给企业经营[9]。在企业合作阶段，县级政府牵头委托建设开发公司介入，企业提供专业规划运营方案，但“自上而下”的设计使村集体与村民边缘化，与“共同缔造”理念相悖。此外，景区企业在文化遗产活化中易出现活化不足、不当和过度活化问题，根源在于缺乏多元主体的参与与监督。政府与企业的政策、资金扶持对修复工作在短期内效果显著，但建筑遗产的活化利用才是文化遗产长期保护的根本。

学者提出，公众参与是当今多元主体共同参与的社会治理的基本要求[10]。为实现建筑遗产长效保护，应提升村民公共参与意识和村集体规划运营能力，畅通沟通渠道，借助政府权力严控企业红线，形成企业专业运营、村集体与村民参与的闭环。而社会组织依托高校等社会资源与政府、企业间的直线沟通相较村民与村集体效率更高，更易维护各方利益平衡，实现社区增权[11]。社会组织因具备公益属性，能深入村民内部传递利益诉求、整合资源、提升村民与村集体能力，平衡各方利益，最终促成政府授权管控、企业修缮引资、村集体维护运营、村民参与监督、社会组织协调推进的多元主体协同机制。熊畈村的协同合作流程以九重屋修复为切入点，逐步扩大至熊畈村古民居村落整体修复，形成保护区，建立“修复—保护—管理—运营”运作机制(图 4)。

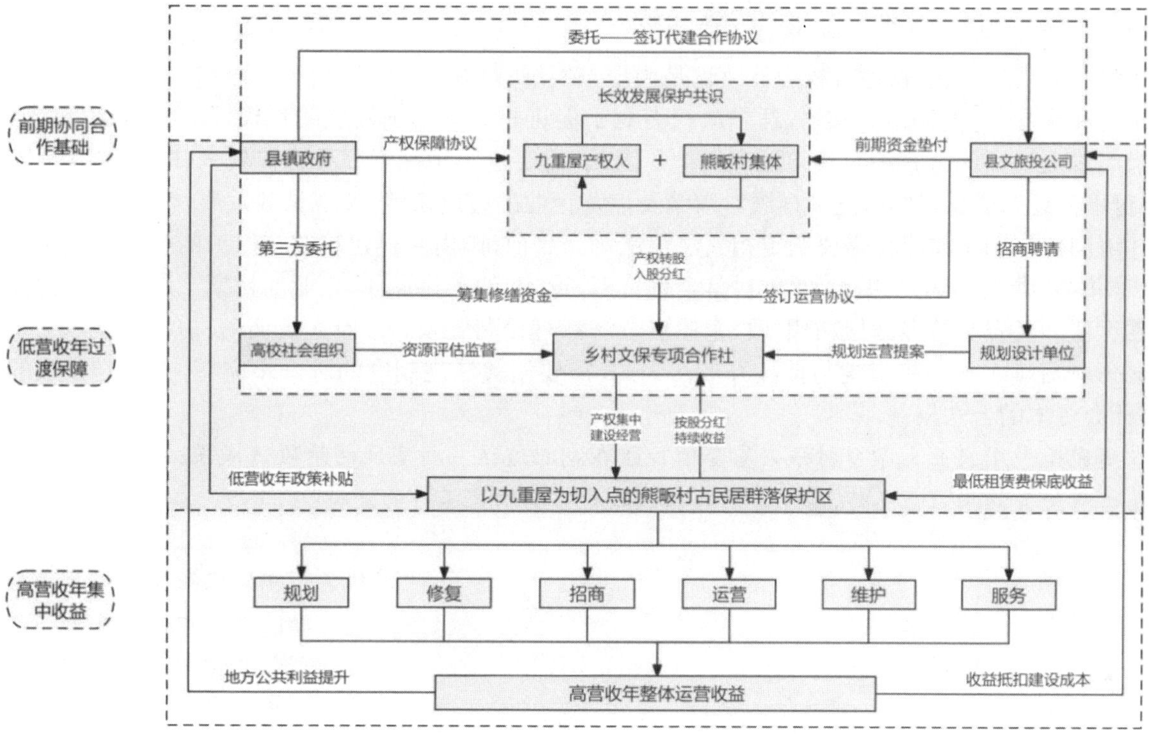

图 4　九重屋保护多元主体协同合作流程

(图片来源:作者自绘)

该流程由县镇政府统筹,通过产权保障协议动员村民以古民居入股,创立“乡村文保专项合作社”。文旅投公司牵头与合作社合作成立运营公司,政府委托其代建,资金由镇政府筹集、公司垫付并纳入应收账款。社会组织深度参与,促成“产权集中”与“再集体化”。文旅投公司统筹项目建设,聘请设计单位编制方案,社会组织与村集体代行监督责任,方案经认可后报县政府审批实施。通过多方协同,发挥各方优势,平衡利益诉求,实现乡村建筑遗产长久保护目标。

3　结语与讨论

3.1　结语

本文以湖北省大悟县熊畈村九重屋建筑遗产为案例,探究乡村建筑遗产保护中多元主体协同困境与解决策略。熊畈村保护工作受村民、村集体、政府、企业和社会组织等多元主体间的失效博弈影响,存在个体与集体理性冲突、能力与信息不对称、缺乏长期视角等问题,致使集体行动失败,保护工作推进受阻。以多元主体共建“乡村文保专项合作社”为导向的传统建筑遗产保护,强调了前期政府政策保障、企业资金垫付、社会组织介入对提升村民公共意识、增强村集体规划能力的重要性,为同类乡村遗产保护路径的探索提供了可借鉴的经验。

3.2　讨论

本研究认为通过行政、市场和社群机制的互补协同,可以构建有效的多元主体协同保护路径,实现乡村建筑遗产的长久保护。该路径为乡村文保单位困境突围提供了一种可行方案,但仍有待探讨与进行实践检验。

①“确权”是进行乡村文物保护单位保护的前提条件,村民集体意识提升并与村集体达成长期保护共

识是多元主体协同合作的基础。一方面可以通过高校等社会组织的深度介入、定点帮扶工作促进村民、村集体的意识提升，形成长效合作共识；另一方面需要政府与企业提供法律保障与前期资金垫付，以信任为基础，完成确权造册、产权置换、依权入股的工作。

②政府适当放权、进行地方权力让渡也是为地方发展"赋权"的方式之一。在保持对建筑遗产保护工作的监督和指导下，遵循地方实情，适当放权有利于促进村集体自主发展的积极性，同时吸引更多企业、社会组织以更灵活的方式参与建筑遗产保护。因此，需要进一步探索公私合作模式（PPP）的具体实施办法，让村集体逐渐成长、独立，逐渐摆脱对政策及运营企业的过度依赖，实现长效发展。

③协同合作的工作流程需要制定相关法律法规。目前，国内乡村建筑遗产保护的资金筹集模式仍在进一步探索之中，近年也产生了如"古村落金融贷"等形式，便于村集体、企业的初期工作开展。但建筑遗产开发运营涉及资金较多，对政府财政、企业资金链都有较高要求。政府人员调动、前期运营水平未达标等都会影响后续工作的积极性与持续开展。因此，需要相关法规制度的进一步完善，确保产权人的基本保障、社会资本的合法权益。

本研究是中国农业大学乡村振兴基金项目组在湖北地区乡村实践的阶段性成果，感谢香港陈张敏聪夫人慈善基金会的捐赠与支持，感谢大悟县人民政府对本研究工作的支持。

钱艺　中国农业大学　博士研究生
李险峰　中国农业大学　教授
刘剑　中国农业大学　副教授
林悦　中国农业大学　博士研究生

参考文献

[1] 湖北省文化和旅游厅. 湖北省省级文物保护单位公布名录（1 098 处）[EB/OL].（2023-06-25）[2024-12-15].https://wlt.hubei.gov.cn/bsfw/bmcxfw/wwbhdwml/202306/t20230625_4721281.shtml.

[2] 王青斌，贾丹. 论区域规划主体间的协作机制：以博弈分析为视角 [J]. 行政法学研究，2016（4）：27-36.

[3] 贺雪峰，何包钢. 民主化村级治理的两种类型：村集体经济状况对村民自治的影响 [J]. 中国农村观察，2002（6）：46-52.

[4] 肖建莉. 历史文化名城制度 30 年背景下城市文化遗产管理的回顾与展望 [J]. 城市规划学刊，2012（5）：111-118.

[5] 徐冬，黄震方，李东晔，等. 胁迫视角下乡村旅游地文化影响研究进展与框架构建 [J]. 人文地理，2019，34（6）：17-25.

[6] 中共中央 国务院关于做好 2022 年全面推进乡村振兴重点工作的意见 [EB/OL].（2022-02-20）[2024-12-15].https://www.gov.cn/zhengce/2022-02/22/content_5675035.htm.

[7] 国家文物局. 国有文物保护单位经营性活动管理规定（试行）[EB/OL].（2011-08-13）[2024-12-15].http://www.ncha.gov.cn/art/2011/8/31/art_2237_30923.html.

[8]LI H，LI T T，CHANG W Y. Family identity，place identity，and Chinese farmers' environment-friendly production behavior[J]. Agriculture（basel），2023，13（7）：1339.

[9] 唐培，何建民. 文化遗产活化体验质量对旅游者目的地忠诚的影响：一个链式多重中介模型 [J]. 南开管理评论，2020，23（5）：76-87.

[10] 李郇，刘敏黄，耀福. 社区参与的新模式：以厦门曾厝垵共同缔造工作坊为例 [J]. 城市规划，2018，9（42）：39-44.

[11] 保继刚，左冰. 旅游招商引资中的制度性机会主义行为解析：西部 a 地旅游招商引资个案研究 [J]. 人文地理，2008（3）：1-6.

开放语境下的滇西民族村落遗产保护话语变迁与地方性重构研究

Research on the Discourse Change and Local Reconstruction of Ethnic Village Heritage Preservation in Western Yunnan from the Openness Context

杨华刚 张海若 郑 溪

摘 要：在市场经济和文化消费语境下，滇西民族村落遗产保护日渐趋于一个开放和外向的生产场域。通过滇西民族村落遗产保护复杂语境与时代性批判，研究提出受全球现代性的影响，开放语境作为滇西地区与生俱来应对复杂、矛盾和多元困境的一种适容策略，推动了滇西民族村落遗产行动态度和保护话语变迁。研究进一步围绕物理空间、社会空间和精神空间，探讨了开放语境下滇西民族村落遗产保护及其地方性重构的相关思考和路径。在全球现代性及其开放语境下，滇西民族村落遗产保护具有更为开阔的话语空间和实践意义，厚植乡土内生逻辑和自身演变规律的地方性重构使滇西民族村落遗产保护得以在过程、结构和结果上适容地应对全球化的同质危机。

关键词：民族村落遗产；开放语境；话语实践；地方性；滇西

Abstract: In the context of market economy and cultural consumption, the preservation of ethnic village heritage in western Yunnan has gradually become an openness and extroversion production field. Through the complex context and era criticism of the preservation of ethnic village heritage, this paper suggests that as affected by global modernity, openness context is an adaptive strategy to deal with the complex, contradictory and multiple dilemma in western Yunnan, which promotes the change of action attitude and preservation discourse change of the ethnic village heritage. Furthermore, this paper also explores the relevant thoughts of heritage preservation and local reconstruction of the ethnic villages in western Yunnan from the openness context, focusing on the physical space, social space and spiritual space. Based on the context of global modernity and openness, the preservation of ethnic village heritage in western Yunnan has more expand discourse space and practical significance. Nurturing the vernacular endogenous logic and self-evollution rule of local reconstruction enables the preservation of ethnic village heritage in western Yunnan to easily cope with the homogeneous crisis of globalization in process, structure and result.

Keywords: ethnic village heritage; openness context; discourse practice; local; western Yunnan

在当前乡村振兴和文化复兴的时代语境下，尤其在云南民族地区“多元一体”格局下，民族村落遗产保护和在地实践无疑占据着举足轻重的位置。从认识域角度看，“遗产”本身就是一个极具鲜明时代“语境”特征的概念，同时也是一种“话语”[1]。在立足时代开放语境重新审视民族地区村落遗产保护及其现代发展转型的地方问题、动力机制和实践路径的，话语讨论作为一个无法回避的关键议题，构成新时代民族村落遗产保护实践的底层方向。

当下的中国乡村是一个可资多元主体公共讨论和开放注入的场域，被赋予诸多个体言说与话语建构的色彩。随着近年来乡村振兴战略实施推进，“谁的乡村”“谁的乡愁”以及“为谁而建”等问题日益浮出水面[2]，尤其是2000年以来的多次"设计下乡"营建行动以及衍生的乡村建设热议和反思，也在不断地催生乡村地区主体意识的觉醒和话语体系的拓演。但同时也需要注意，任何一种外来力量或话语介入民族地区乡村建设都必然有一个辨别和接受乃至于激烈冲突的过程，也正是此类冲突把乡村地区的意识及其主体能动建构再次推到了民族村落遗产保护学理探讨的台前。在某种程度上，时代的开放语境无疑为此类地区意识调和及其主体能动建构提供了契机，同样也为当前中国乡村振兴、乡土建筑及村落遗产保护当代性表述中无法回避的现实话题铺设了缓和的可能性。

1 滇西民族村落遗产保护的复杂语境及其时代开放走向

广义上讲的滇西是指昆明以西的云南西部地区，包括大理、丽江、保山、德宏、迪庆、怒江等地区。历史上的滇西，尤其是滇西北，地处我国地势一、二级阶梯交界处，是"藏彝走廊"的主要板块，居住着汉、白、彝、傈僳、纳西、藏、回、普米、怒、独龙等10余个民族[3]，并以地形地貌复杂、生态资源丰富、民族文化多样等自然和人文环境特征而在当下的民族建筑或区域文化研究中备受关注。目前滇西地区有国家级传统村落409个，占云南省国家传统村落（778个）的52.57%，受地域形态和民族文化影响，滇西传统村落在空间形态、材料匠艺、装饰审美等方面彰显出浓郁的地方属性和民族特色，也因时代变迁和遗产旅游等推动而陷入保护发展的复杂语境，总体上紧随当前城乡文明融合和地方社会发展，打破地方壁垒而日渐走向一种地域开放和适容状态。

1.1 景观社会与外向涌现的乡村

居伊•德波提出"景观社会"，形容从以生产为主导到以消费为主导的时代转变下，日常生活表现为系列庞大景观的堆砌和叠加，借由现代生产的蔓延和扩散，资本的隐秘统治转向对日常生活及其地方社会关系的殖民[4]。透过景观殖民化现象来看，以消费主义为表征的时代开放语境是景观堆砌、叠加、侵浸和殖民的根源。消费主义是理解当代社会的一种话术，消费不只是满足物质欲求的简单行为，同时也是一种出自各种目的需要对象征物进行操纵的行为，进而造就了一种不同于传统社会结构的别样的社会形态[5]。

受地理环境条件和传统农耕文明的影响，历史上滇西地区长期以稳定的农业、手工业生产和商帮文化为主导，在既定地域范围内形成以少数族群传统为主的乡土文明社会形态（图1）。随着现代生产和技术媒介的蔓延，滇西以其独特的区域文明形态和多元化资源禀赋而迅速被外界所识别，并快速卷入泛区域市场生产消费体系中，人、地与资本的流动性生产成为滇西地区一种不可遏制的发展进程。受此影响，滇西地区传统的边界和人地关系被打破，地方社会逐步由传统的自耕自产的"己有"转为外向倾销的"展示"，人与生产资料的地缘锚固关系异化，沦为空间与景观物的资本生产关系。景观社会和外向涌现成为地区民族村落发展的新趋向，而地缘秩序的失衡使地方社会更加难以自下而上地对这种潜移默化的殖民或企图做出有效解释、抵抗和自反。相较于千余年来滇西地区民族村落的自我发展演变状态，当前的乡村地区是突变的且在景观社会潮流中丢失了传统风韵和地区灵魂，奇观如雨后春笋般外向涌现。

1.2 遗产领地与文化经济的空间

在行为心理学研究中，"领地"具有"社会行为＋地理空间"的内涵，即强调一个或多个个体对某一特定地理空间的所有权、控制权，以及保护其免受侵犯的心理倾向和从事的与领地相关的各种行为[6]，具有社会性、组织性和排他性特征。滇西民族村落遗产作为乡村地区历代乡民物质生产和社会关系建构的产物，具有鲜明的个体或群体所有权和控制权，尤其对丽江宝山石头城村、白沙村等少数民族聚居地或大理喜洲严家大院、杨品相宅等家族式建筑而言，民族村落遗产无疑就是一种族群式的遗产领地。在滇西地区长时段的农耕文明形态和相对稳定持续的社会形态综合环境下，少数民族世代安居并依托土地生存，形成了一个个家族聚居地，在地方性的限制下这个"熟人"礼俗社会以其"有机的团结"[6]而在一定区域内形成了相对意义上的世居领地，并在其中塑造了相对可识别性的地域空间、文化心态和精神认同等。

早在六诏时期大理喜洲就形成了一个以白族为主体的民族集聚地，喜洲重商亲农，形成了繁盛的商帮文化和精湛的农耕艺术，故其自称“不城不市”。村镇空间以四方街为中心向四周延展，灵活布局，村镇聚落与周边农田景观紧密有机镶嵌。历史上喜洲以其商帮而冠绝一方，喜洲商帮形成于清光绪末年，以严家“永昌祥”、董家“锡庆祥”、尹家“复春和”、杨家“鸿兴源”等为代表形成的四大家、八中家、十二小家、一百四十家普通商号的喜洲商帮，塑造了以家族、血缘、宗族为联系的地方社会利益团体，资本与日俱增和社会知名度提高，促成了“喜洲商帮”对地方政权的垄断[8]。随着喜洲商帮的没落和解体，以及文化旅游和消费经济的崛起，喜洲逐渐由“农耕–商帮”地方经济形态转向“农商–文旅”新型产业模式，传统的农耕生产空间变成外向的文化消费空间（图2）。大理文旅数据显示，2023年喜洲共接待游客270万余人次，旅游总创收7.3亿元，同比上年增长10%。受文旅消费和经济利益刺激，大量的游客涌现以及地方社会对村落遗产的营销型生产，商业空间、经济行为和资本利益关系正在无形中侵殖或消解喜洲传统村落社会中的农业产业空间、小农经济模式和熟人社会人际范式等。受现代和开放的双重影响，滇西民族村落在传统地域边缘视域中所遮蔽的地域身份得以彰显并被外界所识别、接受和回应，同时一定程度上的跳脱和抵抗促成了全球开放语境下滇西民族村落保护语境的时代变革。

图1　大理周城村传统集市
（图片来源：作者自摄）

图2　大理喜洲村的景观稻田
（图片来源：作者自摄）

2　开放语境及其对滇西民族村落遗产保护话语变迁与本土适容的影响

2.1　开放语境及其时代特征

从词汇概念来看，“开放”与“传统”“保守”“封闭”等相对应，具有全球性、公共性、社会性、多主体等题义，强调边界的开放、参与主体的多元和行为利益的共通等，其本质在于打破主体单一性和边界限制性，其根源有全球现代性语境下空间主体自身的现实发展诉求，也有外来力量的诱导渗透注入。前者表达的是地方主体在时代开放语境下，由内而外做出的自发性选择；后者则强调的是全球化及其带来的消费主义和地方知识日趋标准化的过程，且这种开放时态及其衍生的开放性不仅是结果上的，也是过程上、结构上的[9]。

从生成逻辑或存在机制看，开放性设计具有以下显著特征：①其是一种开放、兼容的地域主义，注重与时代涌现思想、材料、技术等的适容；②其是一种广义理性的地域发展时态，必然以某一具体的空间场域为范畴，具有内在的自发突破与外在的渗透注入；③关注人的日常生活性和地域性文脉等感性要素，以及自下而上的价值阐释，强调建构的触觉性、知觉性和非标准化，浸染着固有或机变的地域精神；④对地方文脉和传统的提取与再诠释，强调符号意义和文化内涵的地域敏感；⑤以消费社会为经济基础，通常以公共供给形式出现，并具有可用于其他地区的潜在能力或可能性，具有普世的开放性和适容性。总体而言，在景观社会发展下，开放性为全球现代性的一种表征和不可逆的发展时态，是社会发展、空间环境、自身资源等综合语境的整体呈现，也是一种面向不同客观环境、主观条件从而灵活应变的适应性，还是一种积极参与社会发展、空间营造以促成自身与社会、城市整体发展为目标的协同机变[6]。

2.2 开放语境下的滇西民族村落遗产保护话语变迁与本土适容

信息流通和交互适容，是当下全球化语境下尤为突出的时态现象。建筑师张永和曾将市场经济下建筑师的行动态度分为“无条件参与、批判并（尽可能）拒绝参与和批判地参与”三种，并认为“批判地参与”借由其与时代发展的同步适应性而成为当代中国建筑实践应有的状态[9]。在市场经济和文化消费语境下，滇西民族村落遗产保护中也浸印着这种批判态度和开放立场，即强调社会实践复杂环境中民族村落遗产的物质属性、社会属性、文化属性、交往属性以及当下民族或地区遗产实践应该秉持的状态和视域。历史上的滇西地区位于中缅印交角地带，以其特殊的地理条件和人文环境在多国边缘地带发挥着“中间地带”的链环作用和桥梁功能，多变的交流和互动促进了滇西与中原、世界的文明交流和社会进步[11]。

滇西地方和地方意识的生成，既与地方内生性的边界塑造和自我族群认同有关，也与外界的认知、识别和推动、塑造等相关联，这就决定了地方不再是单纯的地理空间，也无法完整保持其原处文化属性，在各种思想话语的裹挟下，地方作为一种载体、媒介和表述观念的理论工具，主导了地方和地方意识以何种面相和姿态出现[12]。受地方和地方意识的影响，滇西民族村落遗产保护话语也相应地变动以适应现代性之下的地方和地方意识的发展转型。开放作为滇西地区与生俱来应对复杂、矛盾和多元语境的一种适容策略，其中也间隙着地方现代化进程中地方场域的剧烈变动，还必然涉及滇西地区民族村落遗产保护的行动态度和实践话语变迁等相关内容。随着 20 世纪 80 年代改革开放的发展趋势，大理、丽江、保山、德宏、迪庆、怒江等滇西地区的社会环境也随之发生剧烈变动，经济发展、产业结构、人口流动、基础设施、社会思潮等进一步拓宽了滇西地区的整体开放语境，开放和外向的本土适容成为滇西地区因时而变的客观写照。

大理白族自治州国民经济和社会发展统计公报显示，1978—2023 年大理地区生产总值年均增长 16.6%，产业结构比例由 15.2∶47.4∶37.4 优化调整为 5.6∶28.4∶66.0，城镇化率由 6.23% 提高为 73.35%。透过大理前后 40 余年的发展状况可见，以旅游业、服务业等为主导的第三产业已成为地区经济支撑，其中民族村落作为一项重要的地区资源而被多方关注。地方社会和普通民众对民族村落遗产的价值认知也发生了显著变化，从早期的村落建筑破败、自然坍塌和闲置废弃等变为自发保护、力行参与和营销输出。2021 年大理州出台《大理州加强传统村落保护发展工作方案》，提出探索一套欠发达少数民族地区传统村落保护发展模式，到 2025 年基本实现大理州传统村落“集群示范、整体保护、连片发展”，以及充分利用闲置的传统建筑推动村落内博物馆、陈列室等公共类项目建设；同时积极发展特色农业、健康养老、文化创意、乡村旅游、户外运动、民俗展示、民族手工业等产业，培育“一村一品”特色产业等[13]。“保护、发展、管控、培育、禁止、合理使用……”等多重语汇，以及“转让、出租、出借、出让……”等本土与域外主体的互动关联性概念在大理、丽江、保山等地区民族村落保护中频繁出现，围绕民族村落遗产展开的地域经营热望和社群参与度高涨，不断推动滇西民族村落遗产走向一个更为开放和外向的生产场域。

总体来看，开发语境下的滇西民族村落遗产及其地缘性发展，在承认、学习和借鉴全球现代性的同时，也根植本土知识而内化出自我的现代性，渗透着乡土地方社会对全球现代性的就地转译和批判性接受的行动张力，同时受全球现代性的影响，滇西地区从传统农耕社会道德诗性规约日趋走向现代资本契约理性化社会，在民族村落遗产保护行动意义预设、行动指向、行动方式和行动关联等方面，逐步具有现代性的行动特征[14]。在全球现代性视域下，滇西民族村落遗产保护的本土性、行动性和实践性超越地理空间范畴而具有更为开阔的话语空间和实践意义，这也意味着无论是滇西地区发展还是民族村落遗产保护实践，都需要立足于全球现代性这一开阔、全新的开放视域展开。

3 开放语境下滇西民族村落遗产保护及其地方性重构

锚固地方和地方意识，在开放语境中确立地域自身的主体意识和地区主体性是滇西民族村落遗产保护及其地方性重构的瞄点。在全球现代性开放语境的影响下，滇西地区不断由传统的地方社会化生产空间向开放型的地方空间社会化生产转变，广大民族村落既是物质实体（具体的），即人类劳动的无纸化、外在化现实，也是生产的社会关系的压缩集束（抽象的）[15]，地区民族村落发展及其话语变迁也是特定地域时空下人、社会和空间环境之间的关系实践性建构过程。列斐伏尔等认为场域的空间问题研究有三个主题，即空间自身的形塑、空间内部进行的物质生产生活实践、以空间为载体的符号与思想文化再生产之间的共时循环关系[16]，从空间属性及其形态特征，可大致归类为物理空间、社会空间和精神空间三个维度。

3.1 物理空间——空间自身的形塑

村落是族群以地缘为基础，在相对稳定的地理边界内建构的日常性栖居地，受全球现代性及其开放语境的影响，滇西民族村落保护也因需求而机变调整，呈现出复杂情形下的地域"变在"自适应性。村落历时性的发展层积及其形成的地域普遍性，在物理空间形态要素方面为全球现代性下的地区村落发展提供了恒常的本土资源，从这个意义上来看，乡土恒常为全球现代性及其开放语境下的滇西村落遗产保护及其地方性重构提供了维持其变在状态的文化原型或行动基石。整体来看，开放语境下滇西民族村落遗产保护及其地方性重构始终贯穿着一种"变在"的逻辑（变与不变）。前者既有社会历史演进的自然规律及其地域环境的被动嵌入，也有地方民众及其地方实践主动适应而带动的自我调适与更新，亦即时间及其地域流变；后者强调的是民族村落百余年来稳定的地域边界、社群想象、住屋形式与文化等本土知识及其内在恒常，亦即空间及其地域恒常。

这种"变在"既关注"存在"（being）的物质性，更强调"变在"（becoming）的方法论，显然作为本土恒常的滇西民族村落遗产物理空间本身就蕴含着这样的一种"变在"，以"不变"保障社会有序、防止社会失范，以"变"释放社会活力，突破"百姓日变而不自知"的定律[17]。正是这种动态传承以及不断摒弃其中的某些不合时宜，同时又吸纳出新，进而从地区价值和发展维度确保了滇西民族村落遗产及其本土知识体系百余年的代际传承。在地方现实环境中，"一正两耳""两房一耳""三坊一照壁""四合五天井"等传统民居形式和匠作艺术依然被地方社群现代建造所秉持和延续（图3）；以白族为代表的民族传统农耕生计，也并未被废弃反而焕然一新，成为景观稻田、药材花海盛宴等现代时尚消费资源（图4）。作为人类生存实践与环境协调相适的过程性塑造，空间自身的形塑本身就具有地方性建构的意图，在全球现代性及其开放语境影响下，这种地方性建构根植乡土内在逻辑和自身演变规律成为对抗全球化同质危机的重要筹码，其中也推动了地方性的革新演化和重构。

图3 传统营造的当代再现

（图片来源：作者自摄）

图4 大理巍山的生态药材花卉景观

（图片来源：作者自摄）

3.2 社会空间——空间内部的物质生产实践

作为一种开放、兼容和广义理性的地域发展时态，开放语境对地方社会的改造并非轰轰烈烈的革命式的展开，而是在潜移默化中完成了对地方社会的异化和重构。近年来，滇西地区以其地理环境条件和人文生态语境而被国内建筑设计所正视，高黎贡手工造纸博物馆、梅里雪山既下山酒店、杨丽萍大剧院、大理洱海小邑庄生态驿站等建筑创作的地域铺设，尤其是现代和开放也基于全球化流动和多元融合在地方社会塑造了一种更加包容和开放的视域，进而给予地方社会介入现代性表述的机会和渠道。受全球现代性及其开放语境的影响，地域经营和日常性维护成为滇西民族村落遗产保护及其地域性重构的关键线索，超越本土社群的圈层结构，吸纳外来群体的地方畅想和激情投射，进而依托内在社群的自我复兴和外来族群的渗透介入集体推动了具有滇西民族传统韵味的日常生活场域的地方性塑造。

受消费社会型经济基础的影响，滇西民族村落空间内部的物质生产实践通常以公共产品供给形式出现，注重对地方传统、特色等本土资源的提纯和经营，隐匿了社会分工体系下物质生产本身的他者需求性而成为一种超出功用性劳作的“影响着物和存在”的实践与诗性创制的运动，且这种理想化的诗性创制通过人化而控制着自然，并使之适应于人性[18]，现代和开放也借此而成为资本、文化和消费主义在全球化侵殖的一种浸染方式。对地方味道的矜持、文化消费对地方特色的关注，以及地方社群持续而深厚的情感化和创造性，使得开放语境下滇西民族村落遗产保护及其地方性重构呈现出内外结合、上下联动的多元复合趋势。在具体情形下，资本、业主、消费者和媒体网络等逐步抬头并成为地区民族村落保护和本土设计实践中的不可忽视的一股力量，尤其是消费主义时代下，乡村地方实践不再仅限于民居住宅单一类型或民宿酒店、书店、活动中心等遗产活化改造项目，涵盖主体参与、资本投入和营运管理等环节。民族村落遗产保护不再纯粹是建筑师、投资者等外来力量竞技的舞台，而是一个融合乡民、社会团体等多元主体共同参与和互为成就的、开放性的社会建造过程。不断变化的社会变革和时代现实，也催生着民族村落遗产保护实践更为深入透彻的反思和尝试，而这种反思尝试也是开放设计时代背景下民族村落及其遗产保护的真实处境和必然应答。

3.3 精神空间——空间符号与思想文化的再生产

“地”是空间的投射，而“地”又与故乡、故土、乡土等紧密联系在一起。节日、仪式、信仰等对日常生活的统辖和支配在滇西较为普遍和真实。即使深受全球现代性及其开放语境的影响，节日、仪式、信仰等地域崇拜也并未完全消散，只是相对应地潜匿于日常生活、节庆节点、本土聚会和诸多非正式场合中，但也某种程度上丧失了其固有的影响或魅力。在延续地方社会文化共性基础上，整合外来文化观念和族群信仰，重新编织一张“集体意义的网”，通过一种符号、文化观念或价值体认象征性地表达共同体成员的集体心态，是当前滇西民族村落应对全球文化滥觞的应然之举。

历史上的滇西地区，尤其是大理一带的白族聚集地，本土崇拜作为白族人民在传统农耕生产中，以村社为单位祭祀“村社神”的宗教活动，是将人的需求神化、又将神的作用人化的一种世俗的文化活动，它将个体、家庭、村社、自然资源连接起来，对村落中人们的生产与生活而言具有强烈的功能作用[19]。初一、十五作为中国民间社会具有特殊意义的重要节点，通常与仪式信仰、民间习俗、祭祀环节等活动联系在一起，大理周城村的村民也会在初一、十五的下午到本村景帝庙（本主庙）烧香、诵经（图 5）。本主崇拜作为大理一带的土著信仰，源自地方社会农耕文化和社神祭祀，各村各社都有自己的本主神或几个甚至几十个村社共同信奉同一个本主神。相反村寨中的龙泉寺则鲜有此类活动，龙泉寺供奉着儒释道三教的重要神灵，作为一种外来信仰形态与大理地区传统的文化信仰有着显著的差别。作为掌管本村本社本地的神灵，本主崇拜在大理一带有着深厚的民众基础和历史传统，本主崇拜承担着强化周城村地方社会的集体凝集和本土认同感的效能。此外，地方社会定期或不定期展开的大量的地方信仰和民间文化活动，依托地方文化输出达到彰显地方特色、凝集地方社群和寻求时代认同的多重目的（图 6），同时也能够借助异文化间的交流互鉴、反馈而对自身做出机变调整。从这个意义上来看，围绕文化输出及其反馈机制展开的滇西民族村落遗产空间符号与思想文化再生产的本质也是地方性重构的重要渠道，开展文化传播和互鉴已然成为滇西地区及其民族村落遗产保护的重要使命。

图 5　大理周城村本主庙的诵经仪式

（图片来源：作者自摄）

图 6　大理周城村古戏台火把节功德榜

（图片来源：作者自摄）

4　结语

受"中心–边缘"视域的影响，滇西民族村落遗产在相当长的一段时期内被外界所忽视。随着旅游开发和经济全球化的到来，滇西民族村落遗产过往所遮蔽的地域身份得以彰显出来并被外界所关注。受全球现代性及其开放语境的影响，滇西民族村落俨然超越了地理边界的范畴而具有更为开阔的话语空间和实践意义，并在全球现代性及其开放语境中根植地域本土知识而内化出自我的现代性，进而影响着民族村落遗产保护的话语变迁和实践多向姿态。

从地方社会来看，长期的城乡二元结构、城乡融合发展，以及地方社群社会展演化、布场式的乡土建造和营销型生产，以及民族村落固有的空间边界的日渐打破也为后续地区民族村落遗产保护导向埋下了开放式、适容性的伏笔。这看似"败退"的话语情形也揭示了当下滇西民族村落遗产保护日渐走向一个开阔、全新的开放视域和复杂状态，正在以一种未完成的现在进行时态进入乡村、乡土建筑及其民族文化遗产保护中，全球现代性及其开放语境也势必成为滇西民族村落遗产保护话语变迁及其地方性重构的视域支点。

基金资助：2024 年度教育部人文社会科学研究西部和边疆研究项目青年基金"基于价值决策的云南民族村落遗产保护与实施导控体系研究"（项目编号：24XJCZH019）。

杨华刚　昆明理工大学　讲师

张海若　昆明理工大学　硕士研究生

郑溪　昆明理工大学　讲师

参考文献

[1] 李明，王思明. 农业文化遗产：保护什么与怎样保护 [J]. 中国农史，2012，31(2)：119–129.

[2] 唐军，钱慧逸. 谁的乡愁？谁的乡村？乡村建设热潮和一个县域样本的观察与思考 [J]. 新建筑，2015(1)：12–16.

[3] 潘曦，丘容千，林徐巍. 滇西北井干式民居建筑的多民族比较研究 [J]. 世界建筑，2021(9)：8–12，137.

[4] 居伊•德波. 景观社会 [M]. 王昭风，译. 南京：南京大学出版社，2006.

[5] 包亚明. 消费文化与城市空间的生产 [J]. 学术月刊，2006(5)：11–13，16.

[6] 彭贺. 领地行为研究综述：组织行为学的新兴领域 [J]. 经济管理，2012，34(1)：182–189.

[7] 费孝通. 乡土中国 [M]. 北京：北京出版社，2011.

[8] 韩军. 大理白族"喜洲商帮"[J]. 云南民族学院学报(哲学社会科学版)，1992(3)：36–41.

[9] 赵星. 论当代建筑的开放性 [D]. 天津：天津大学，2010.

[10] 张永和. 第三种态度 [J]. 建筑师，2004(2)：24–26.

[11] 周智生. 跨越封闭的流动：中缅印交角地区远距离贸易交流史 [J]. 清华大学学报(哲学社会科学版)，2023，38(3)：76–91，226–227.

[12] 杨丹丹. 地方、现代国家想象与现代乡土小说理论的思想危机 [J]. 学习与探索，2024(10)：165–175.

[13] 大理州人民政府办公室. 大理白族自治州人民政府办公室关于印发大理州加强传统村落保护发展工作方案的通知 [EB/OL].(2021–06–25)[2024–12–16]. https://www.dali.gov.cn/dlrmzf/xxgkml/202106/88445e7804c34e5184b479876383ff63.shtml.

[14] 杨华刚，刘阳. 福建土楼世界文化遗产地的当代演进及其影响机制研究 [C]// 中国城市规划学会. 人民城市，规划赋能：2023 中国城市规划年会论文集(04 城市规划历史与理论). 北京：中国建筑工业出版社，2023：117–124.

[15] 亨利•列斐伏尔. 空间的生产 [M]. 刘怀玉，等译. 北京：商务印书馆，2021.

[16] 孙琳. 场域与空间异化批判：从马克思到列斐伏尔 [J]. 学习与探索，2013(6)：22–26.

[17] 陈玉生. 过渡社会："民—群"视角下的翟城村百年社会变迁研究 [J]. 福建论坛(人文社会科学版)，2021(6)：167–180.

[18] 张一兵. 消费意识形态：当代资产阶级日常生活的改变：列斐伏尔《当代世界的日常生活》研究 [J]. 浙江社会科学，2024(1)：142–154，160.

[19] 王冬. 族群、社群与乡土聚落营造：以云南少数民族村落为例 [M]. 北京：中国建筑工业出版社，2012.

桂中地区传统民居的防御机制研究

Research on the Defense Mechanism of Traditional Dwellings in the Central Guangxi Region

梁光勇　欧阳翎

摘　要：本文旨在探讨桂中地区庄园民居的建筑特点及其防御机制，特别聚焦于来宾市武宣县的客家民居与庄园民居。通过对这些民居的结构布局、建筑材料及文化背景进行系统分析，本文揭示了这些建筑形式在社会变迁中的适应与演变，并评估了其在现代背景下的保护与活化利用策略。研究发现，这些传统民居不仅是地方文化的重要载体，其独特的防御设计也反映了历史上人们对安全需求的回应。

关键词：桂中地区；传统民居；防御机制；客家围屋；庄园民居

Abstract: This article is dedicated to investigating the architectural features and defensive mechanisms of manor dwellings in the central Guangxi region, with specific attention directed towards the Hakka and manor dwellings in Wuxuan County, Laibin City. By conducting a comprehensive and systematic examination of the structural arrangements, construction materials, and cultural backgrounds of these residences, this study uncovers the adaptation and evolution of these architectural forms within the context of social transformation. Additionally, it assesses the strategies for their preservation and revitalization in the modern era. The research findings indicate that these traditional residences serve not only as significant repositories of local culture but also that their distinctive defensive designs mirror the historical responses to security requirements.

Keywords: central Guangxi region; traditional dwellings; defense mechanism; Hakka round houses; manor dwellings

引言

桂中地区，地处中国广西壮族自治区的中部核心地带，是一片文化底蕴深厚、民族风情浓郁的广袤区域。这里是多民族和谐共生的家园，涵盖汉族、壮族、瑶族、苗族等多个民族，各民族在长期的交流与融合中，共同书写着这片土地独特的历史篇章。其地形地貌呈现出复杂多样的态势，既有起伏连绵的山地，又有绵延起伏的丘陵，还有广袤平坦的平原。这种丰富多样的自然地理环境（图1），犹如一位无形的巨匠，深刻而又全面地雕琢着当地民居的建筑风格，使其成为自然与人文相互交融的生动写照（图2）。

本文聚焦于桂中地区的传统民居以及庄园民居这两类极具特色的建筑形式，深入挖掘其背后隐藏的防御机制奥秘。通过细致入微地剖析这些建筑在结构布局、建筑材料选用以及建造技术运用等方面的精妙之处，探寻它们是如何巧妙地运用这些元素，来有效应对历史长河中所遭遇的各类安全威胁，从而揭示出这些传统民居在历史演进过程中所承载的实用价值与文化内涵，为更好地理解和传承这一珍贵的历史文化遗产提供坚实的理论支撑。

图 1　五马拦江景区

（图片来源：梁光勇绘）

图 2　刘氏庄园与双髻山

（图片来源：梁光勇绘）

1　桂中客家民居的防御体系

1.1　建筑结构布局

在桂中地区，客家民居以其独特的围屋形式脱颖而出，成为一种将居住功能与防御功能完美融合的典范建筑样式。这种围屋的布局精巧而严谨，通常由正房、厢房、天井和门厅等多个部分有机组合而成，共同围合出一个封闭且规整的“九井十八厅”结构。其外墙犹如坚实的壁垒，不仅厚重异常，而且高耸入云，在建造过程中极少开设窗户，甚至在某些情况下完全摒弃窗户的设置，以此来最大限度地强化其防御能力，仿佛一座坚不可摧的堡垒，守护着居住其中的人们。

以刁经明故居和刘月鉴故居为例，在这一时期，碉楼尚未成为主要的防御元素，但围屋自身的结构布局已经展现出了强大的防御特性。围屋内的各个空间相互连接又相对独立，形成了一个复杂而有序的防御体系，一旦遭遇外部威胁，居民们可以迅速在围屋内组织起有效的防御，利用天井、门厅等空间进行周旋和抵抗，充分体现了当时人们在建筑防御设计上的智慧与匠心。

1.2　建筑材料与建造技术

客家围屋在建筑材料的选择上，充分体现了因地制宜的智慧。石材大多取自附近的溪谷之中，或是从旱地里精心挑选后挑运回来；木材则来自聚落后方的大瑶山，那里丰富的森林资源为围屋的建造提供了充足的优质木材；石灰则是利用当地喀斯特地貌所特有的石灰岩山体，开采石头后进行烧制而得。这些材料不仅来源广泛且易于获取，而且具有出色的耐久性和防御性能。

围屋的墙体异常厚实，采用鹅卵石与三合土混合砌筑而成，这种独特的砌筑方式使得墙体坚固无比，能够有效抵御外部的撞击和破坏。在建造技术方面，工匠们展现出了精湛的技艺，屋顶多采用硬山或悬山顶式的设计，巧妙地运用墙承檩的结构，使得出檐深远。这样的设计不仅能够有效地抵御雨水的侵袭，还能在一定程度上阻挡敌军投掷的武器，为居住者提供了更为安全的居住环境，进一步彰显了客家围屋在建筑技术上的高超之处。

1.3　典型实例分析：“九井十八厅”永安客家围屋和刁经明故居

永安客家围屋和刁经明故居堪称桂中客家民居的杰出典范，它们凭借着独特的建筑风格和深厚的历史文化底蕴，已被列入中国历史文化名村的名录之中。这些客家民居宛如一座桥梁，连接着当地少数民族的建筑文化与广东客家民居的传统特色，它们是历史的见证者，对于深入探究明清时期民族的迁徙、融合与变迁历程，具有不可估量的历史价值和文化价值。

永安客家围屋的“九井十八厅”布局严谨规整，各个空间功能明确，既满足了家族成员的居住需求，又通过巧妙的布局设计增强了防御能力。围屋内的天井不仅起到了采光通风的作用，还在防御时成为居民们相互支援和沟通的重要通道(图3)。刁经明故居则在建筑细节上更为精致,其木雕、石雕等装饰艺术精湛绝伦,这些装饰元素不仅具有极高的艺术价值,还在一定程度上反映了当时的社会文化背景和家族的荣耀与传承,为我们研究客家文化和历史提供了珍贵的实物资料(图4)。

图3 永安客家围屋

(图片来源:梁光勇摄)

图4 刁经明故居

(图片来源:梁光勇摄)

2 桂中庄园民居的防御特点

2.1 桂中地区庄园民居的防御机制

武宣庄园作为桂中地区庄园民居的典型代表,其防御体系呈现出高度的复杂性和精妙性。庄园内的民居大多采用封闭的合院结构,外立面进行了精心设计,极少开设窗户或者干脆不开窗,以此减少外部攻击的入口。这些庄园巧妙地依托当地的地形地貌,依山而建,将建筑的后部紧紧倚靠在大山之上,形成了一道天然的防御屏障(图5)。

在庄园建筑的后部以及制高点等关键位置,精心建造了碉楼。这些碉楼不仅具有瞭望的功能,能够让居民及时发现远处的敌情,还作为防御的核心堡垒,在遭遇安全危机时成为抵御外敌的重要据点(图6)。碉楼内部空间设计巧妙,除了具备防御功能外,还兼具储存粮食的功能,在紧急情况下可以迅速转变为炮楼,为防御作战提供有力的支持。而在和平时期,这些碉楼又可以用于居住人员或者储存各类物资,充分体现了空间利用的高效性和灵活性,展现了当时人们在建筑设计上防御与生活需求的完美平衡。

图5 覃氏庄园

(图片来源:梁光勇摄)

图6 黄氏庄园

(图片来源:梁光勇摄)

2.2 应对外力扰动的韧性理论

基于韧性理论的视角,桂中地区的庄园民居在面对自然环境的变迁以及社会局势的动荡变化时,展现出了令人惊叹的自适应能力和顽强的生命力。例如,在当今乡村振兴和美丽乡村建设的时代浪潮背景下,这些古老的建筑并没有因为时代的变迁而被淘汰,相反,它们通过巧妙的局部改造策略,尤其是在内部空间的改造和装饰方面进行创新探索,成功地增加了新的使用功能,满足了现代生活的部分需求。

在改造过程中，充分尊重和保留了传统建筑的防御特征，使得这些庄园民居在传承历史文化的同时，又能够与时俱进，焕发出新的活力。这种在历史演进过程中不断适应和调整的能力，不仅体现了建筑本身的韧性，也反映了当地居民对传统文化的坚守和传承精神，为现代建筑设计和文化遗产保护提供了宝贵的经验和启示。

2.3　典型实例分析：刘氏庄园和郭氏庄园

刘氏庄园与郭氏庄园无疑是桂中庄园民居中的璀璨明珠，它们凭借独特的建筑风格、丰富的历史文化内涵以及极高的艺术价值，已被列为全国重点文物保护单位（图 7、图 8）。这些庄园宛如一座历史的宝库，将中国传统建筑风格与西方建筑元素有机地融合在一起，呈现出一种独特而又和谐的美感。

图 7　刘氏庄园 1

（图片来源：梁光勇摄）

图 8　刘氏庄园 2

（图片来源：梁光勇摄）

刘氏庄园建筑规模宏大，布局严谨，其庭院深深，回廊曲折，展现出中国传统建筑的庄重与典雅。同时，在一些建筑细节上，又融入了西方建筑的装饰元素，如欧式的立柱、雕花栏杆等，体现了当时中西文化交流与融合的时代特征。郭氏庄园则在建筑材料的选择和工艺上独具匠心，采用了优质的砖石和木材，建筑工艺精湛，其内部的木雕、砖雕和石雕作品精美绝伦，题材丰富多样，不仅具有极高的艺术欣赏价值，还从侧面反映了当时社会的文化风貌和家族的审美情趣，为研究中国近代建筑史和社会文化史提供了重要的实物依据（图 9、图 10）。

图 9　郭氏庄园 1

（图片来源：梁光勇摄）

图 10　郭氏庄园 2

（图片来源：梁光勇摄）

3　桂中地区民居的文化与历史背景

3.1　多元文化的交融

桂中地区犹如一个文化的大熔炉，是湘赣文化、广府文化、少数民族文化以及西洋建筑文化相互碰撞、交流与融合的重要交汇地。这种多元文化的汇聚，为民居建筑的发展注入了源源不断的活力，使其呈现出丰富多样、独具特色的设计风格和元素。

以来宾市武宣县的庄园民居为例，其设计理念深受西洋建筑文化的影响。在建筑外观上，可以看到一些西方建筑的典型特征，如高大的石柱、精美的雕花、独特的穹顶等元素的运用，使得这些庄园民居在保留中国传统建筑韵味的同时，又增添了一份异域风情。同时，在建筑布局和空间利用上，又充分考虑了当地的自然环境和生活习惯，注重与周边山水的和谐共生，将中国传统文化中“天人合一”的思想体现得淋漓尽致。刘氏庄园和郭氏庄园便是这种中西建筑风格融合的杰出典范，它们宛如一部部立体的史书，生动地记录了当时文化交流与融合的历史进程，成为桂中地区独特文化景观的重要组成部分。

3.2 环境与历史的共同影响

桂中地区独特的自然环境和波澜壮阔的历史经历，犹如两把刻刀，共同塑造了当地别具一格的民居形式。在漫长的历史岁月中，这片土地频繁遭受战争的洗礼和匪患的侵扰，这使得当地居民在建筑设计中不得不考虑防御的需求，从而在民居建筑中融入了大量的防御元素。

厚重的墙体如同坚固的盾牌，能够有效地抵御外部的攻击；少量且设计巧妙的窗户，既保证了室内的采光通风，又在防御时成为射击的通道，为居民提供了反击的机会；高耸的炮楼则宛如警惕的哨兵，矗立在庄园的关键位置，用于瞭望远方的敌情，一旦发现危险便可以迅速发出警报并组织防御。这些防御元素的巧妙运用，不仅是当地居民在艰难环境下求生存的智慧结晶，也是历史在建筑上留下的深刻烙印，它们见证了桂中地区人民在动荡岁月中的坚韧与顽强，具有重要的历史价值和文化意义。

4 现代背景下的保护与活化利用

随着时代的车轮滚滚向前，桂中地区的传统民居在现代社会的浪潮中面临着前所未有的保护与发展的双重挑战。一方面，这些传统民居作为历史文化遗产，承载着丰富的历史记忆和文化价值，我们有责任和义务保持其原有的历史风貌，使其原汁原味地传承下去，让后人能够领略到先辈们的智慧和创造力；另一方面，为了使这些古老的建筑能够在现代社会中继续焕发生机与活力，我们也需要探索如何使其适应现代生活的多样化需求，实现传统与现代的有机融合。

4.1 保护策略

制定详尽且具有针对性的保护法规是保护桂中地区传统民居的重要基石。政府应加大对传统民居保护的立法力度，明确规定对重要历史建筑的保护范围、保护标准以及违规处罚措施等，确保这些珍贵的文化遗产在城市化建设的快速推进过程中不被破坏或不会消失。同时，应设立专门的保护机构和资金，用于对传统民居的修缮和维护工作，邀请专业的文物保护专家和建筑工匠，采用传统的工艺和材料，对受损的建筑进行精心修复，使其恢复到原有的历史风貌。

此外，加强公众教育也是保护传统民居不可或缺的一环。通过开展各种形式的文化宣传活动，如举办传统建筑文化展览、讲座、研学活动等，提高社会各界对传统建筑保护重要性的认识，增强公众的文化遗产保护意识，使保护传统民居成为全社会的共同责任和自觉行动，营造出全民参与保护的良好社会氛围。

4.2 活化利用策略

在保护的基础上，对桂中地区传统民居进行活化利用是实现其可持续发展的关键路径。通过巧妙的功能转换和创新利用方式，可以让这些古老的建筑重新融入现代生活，焕发出新的活力。

例如，将一些保存完好、具有代表性的民居改造成博物馆，展示当地的历史文化、民俗风情和传统手工艺等，使其成为传播地方文化的重要窗口；或者将其开发为民宿，为游客提供一种独特的住宿体验，让他们在感受传统建筑魅力的同时，深入了解当地的风土人情；还可以将其打造为文化体验中心、摄影基地和写生基地等，吸引更多的文化爱好者和创作者前来，促进文化的交流与传承，同时也为当地带来一定的经济效益，实现文化保护与经济发展的良性互动。

5 结论

桂中地区传统民居的防御机制是在特定的地理环境和历史文化背景下孕育而生的。这些独具特色的民居宛如一颗颗璀璨的明珠，镶嵌在这片广袤的土地上，不仅是当地人民世代生活的温馨家园，更是承载着丰富历史文化信息的宝贵遗产。在当今现代化的进程中，如何在保护与利用之间找到一个平衡点，是我们亟待解决的重要课题。

通过深入细致地研究这些传统民居的防御机制、文化内涵和历史背景，以及制定科学合理的保护与活化利用策略，我们有信心让这些古老的建筑在新时代的阳光下继续闪耀光芒，为我们传承历史文化、丰富精神世界、推动地方经济发展做出积极贡献，使其成为连接过去与未来的桥梁，让后人能够透过这些建筑，领略到桂中地区独特的历史魅力和文化底蕴，续写这片土地上新的辉煌篇章。

基金资助：广州城市理工学院青年科研基金（项目编号：61-K0222007）。

梁光勇　广州城市理工学院　工程师

欧阳翎　广州城市理工学院　讲师

参考文献：

[1] 谭乐乐. 基于文化地理学的桂林地区传统村落及民居研究 [J]. 科技资讯，2019（13）：1-2.

[2] 李秋丽. 韧性视角下桂北古壮寨传统民居建筑的活化利用研究 [J]. 中小企业管理与科技（上旬刊），2021（4）：90-92.

[3] 黄铮，唐凌. 武宣历史文化研究 [M]. 南宁：广西人民出版社，2019.

[4] 钟涛. 话说武宣 [M]. 南宁：广西美术出版社，2017.

[5] 中共武宣县委宣传部. 武宣古韵 [M]. 南宁：广西美术出版社，2010.

[6] 中国人民政治协商会议武宣县委员会. 武宣历史文化探研初录 [M]. 南宁：广西科学技术出版社，2022.

[7] 中国人民政治协商会议武宣县委员会. 武宣传统建筑壁画 [M]. 南宁：广西民族出版社，2019.

滇东北地区传统聚落及民居空间形态特征及影响因素研究

Spatial Morphological Characteristics and Influencing Factors of Traditional Settlements and Dwellings in Northeast Yunnan

陈 路 翟 辉 赵伟奇 李 婧

摘　要：本文以滇东北地区传统聚落为研究对象，从聚落选址、聚落平面形态、民居平面形制三个方面开展研究，对其进行归纳分类，借助 ArcGIS 建立地理信息数据库，运用最邻近指数、核密度分析等方法，分析各类聚落空间形态的分布差异及传统聚落类型分区，探讨地形、气候、历史文化、古道及产业发展等对聚落空间的影响，并为传统聚落及民居的保护提供参考。

关键词：传统聚落；空间形态；滇东北；影响因素

Abstract: In this paper, the traditional settlements in northeast Yunnan are taken as the research object. This paper conducts research from three aspects, namely settlement site selection, settlement plane morphology, and residential plane shape, and summaries and classifies them. Then a geographic information database is established with the help of ArcGIS. After that, by using the nearest neighbor index and kernel density analysis, the distribution differences of various settlement spatial forms are analyzed, and the traditional settlement types are partitioned, so as to explore the influence of topography, climate, history and culture, ancient roads and industrial development on settlement space, and provide reference for the protection of traditional settlements and dwellings.

Keywords: traditional settlements; spatial morphology; northeast Yunnan; influencing factors

引言

传统聚落是乡村人口聚集和生产生活的场所，承载了各类发展要素和社会活动，是最体现中国本土特色的遗产之一。我国自古是农业大国，广阔的地域和多元的民族文化形成了多种聚落空间。云南省是一个多民族聚居的边疆省份，传统聚落众多。第六批中国传统村落名录显示，中国传统村落数量达 777 个，分布广泛。作为入滇门户，滇东北地区具有独特的地理优势，处于金沙江下游，紧邻四川、贵州，是云南省开发最早的地区之一，也是古代汉族最先进入云南的地区，其地域性的人文特色、特殊的历史文化等，塑造了丰富的聚落空间。

当前传统聚落相关研究成果丰厚，研究内容层次多样，包括多学科交叉、空间分布、影响因素[1-3]、发展演变[4]和保护策略[5]等。其中在空间分布上多运用 ArcGIS 进行相关分析，如核密度分析、最邻近指数、莫兰指数、叠加分析等方法[6-8]，多以行政边界（省、市）、流域为研究范围，以典型聚落为研究样本[9]；影响因素多为自然环境、社会文化等，包括地理环境、交通条件、经济发展等[10-11]。

有关云南省传统聚落及乡土建筑的研究已取得了丰硕成果，主要研究了滇西、滇南及滇中等地区，且多为少数民族聚落，而滇东北地区的聚落研究相对薄弱[12]。本文以滇东北地区传统聚落及民居为研究对象，对空间形态进行类型化分析，剖析各类形态的空间分布和影响因素，为传统聚落的保护发展提供思路。

1 研究基础

1.1 研究范围和对象

本文的研究范围为滇东北地区，滇东北地区是一个相对的地理概念，在不同学术研究中有不同指涉：历史研究中，滇东北地区指曲靖以北地区[13]；地理研究方面，滇东北地区可概述为昭通市、曲靖市的会泽县及昆明市的东川区[14]。本文综合多种因素，确定滇东北地区的范围为昭通市、昆明市东川区、曲靖市会泽县和宣威市，共 14 个区（县）。

研究对象为滇东北地区的传统聚落，包括已评级的聚落和自选聚落。其中已评级的聚落包括中国传统村落、中国历史文化名镇名村、少数民族特色村寨、云南省历史文化名镇名村，如表 1 所示，共有 19 处考虑现存状况，本研究选择现状完好的 14 处作为研究对象。为使研究对象尽量覆盖滇东北地区的每个乡镇，避免研究盲区，进行了自选聚落。自选聚落以聚落山水格局显著、选址特征明显、聚落形态完整且肌理清晰、民居成片且一半以上质量较好为原则选取[15]，最终确定 199 处。

表 1 滇东北地区已评级传统聚落汇总

编号	市	区（县）	镇（乡、街道）	村	现状①
1	昆明市	东川区	铜都街道	汪家箐村	完好
2	曲靖市	会泽县	娜姑镇	白雾村	完好
3			大井镇	大噶地	完好
4		宣威市	杨柳乡	可渡村	完好
5			落水镇	宁营自然村	完好
6	昭通市	威信县	水田乡	湾子苗寨村	完好
7			高田乡	石坝子村	完好
8			双河乡	后房村	完好
9			扎西镇	老街村	重建
10		昭阳区	洒渔镇	巡龙村	完好
11		巧家县	药山镇	半箐村	已拆
12			老店镇	老店村	已拆
13			小河镇	拖车村	完好
14			大寨镇	车坪村	完好
15		永善县	大兴镇	大兴村驿马一社	完好
16				白雕村	已拆
17		绥江县	南岸镇	南岸村	完好
18		镇雄县	罗坎镇	发达村	已拆
19				凤翥村	完好

表格来源：根据相关资料编制。

①据实地调研，老街村已拆除重建，半箐村、老店村等中国传统村落因地震、扶贫易地搬迁已拆除重建。

1.2 数据来源

本研究所用到的数据包括行政区划数据、DEM（数字高程模型）数据、水系数据、传统聚落点位数据。省市县等行政区划的数据来源于国家地理信息公共服务平台和自然资源部标准地图服务网站；DEM 地形数据来源于 NASA 地球科学数据网站；水系数据来源于地图数据社区 OMS，即 Open Street Map 网站；传统聚落点位数据由 91 卫图 APP（应用程序）精准定位获取。

1.3 研究方法

运用民居建筑学与文化地理学结合的方法，分析聚落及民居的物质空间形态与社会文化的关系[16]。利用类型学对聚落空间形态进行原型抽象、归纳总结。通过定量分析，结合 ArcGIS 的核密度分析、最邻近指数法、缓冲区分析、叠置分析等方法分析聚落形态的分布特征。

2 滇东北传统聚落及民居空间形态类型及分布规律

滇东北地区历史悠久，聚落形成年代早，空间形态地域特色显著。为综合分析滇东北地区传统聚落的空间形态特征，本文将从聚落整体空间分布、聚落选址、聚落平面形制、民居平面形制等方面展开研究。

2.1 聚落整体空间分布特征

通过 ArcGIS 10.8 的最邻近距离分析法[17]得出聚落最邻近比率为 0.871 693，小于 1，校验值 Z 为 −3.462 642，小于 1，说明随机分布的可能性小于 1%。通过 ArcGIS 对传统聚落的空间分布进行相关性分析，得到全局 Moran’s I 指数为 0.179 235 1，大于 0[18]。对聚落点进行泰森多边形分析，发现 199 个多边形的平均面积为 0.016 176，标准差为 0.010 709，计算得出变异系数 CV=66.2%>64%，所得结论与最邻近指数、莫兰指数所得结果相符，可见滇东北传统聚落在空间上呈集聚分布的特征[19]。

滇东北传统聚落总体呈现多核心非均衡分布。两个主要密集区为会泽、宣威及周边地区。次密集区分布在威信、镇雄、绥江、水富、大关、永善、昭阳、巧家等地区。

2.2 传统聚落选址特征

2.2.1 高程

聚落选址考虑到高程对周边环境的影响。结合传统聚落高程数据情况，可将高程分为 <700 m、700~1 400 m、1 400~2 100 m、>2 100 m 四个区间。

对滇东北地区 199 个传统聚落的高程分布进行分析：高程处于 700 m 以下的聚落分布在绥江、水富的北部地区，共 7 处，占 3.5%，数量最少；高程处于 700~1 400 m 的聚落集中分布在威信、镇雄、盐津和大关等地区；高程处于 1 400~2 100 m 的聚落，共 100 处，占 50.2%，数量最多，集中分布在宣威、会泽北部、昭阳南部等地区；高程处于 2 100 m 以上的聚落分布在会泽南部、东川等地区。

2.2.2 水系分布

水系在生产生活中至关重要，人多逐水而居，水资源是传统聚落形成的重要影响因素[20]。根据水利行业标准，滇东北水系可分为一级水系、四级水系、五级水系及其他水系[21]。结合传统聚落与各等级水系的距离，将聚落水系关系分为近水、临水和远水（表 2）。威信、镇雄、绥江、水富地区以近水、临水为主；永善北部、大关地区主要是临水；巧家、昭阳、鲁甸、永善南部地区以近水、临水为主；会泽、宣威地区多为远水、临水。整体上滇东北传统聚落水系关系是由南向北临近水源。

表 2　滇东北传统聚落与水系关系等级划分

水系关系	一级水系	四级水系	五级及其他水系	数量/个
近水	≤ 3 000 m	≤ 1 500 m	≤ 1 000 m	62
临水	3 001~5 000 m	1 501~3 500 m	1 001~3 000 m	67
远水	>5 000 m	>3 500 m	>3 000 m	70

表格来源：作者自绘

2.2.3 地形

堪舆学说有“堪天道，舆地道”的说法，体现了对自然环境的优先选择，聚落定址时，多选环境好、易防御、近水源、朝向好的位置[22]。滇东北山脉多，地势起伏大，聚落选址情况复杂。本文结合聚落与山体地形的关系，将选址概括为平坝式、山底式、山腰式、山顶式四种[23]（表 3）。经分析，平坝式分布在会泽中部、昭阳等地区；山腰式数量多，占比 54.3%，分布在宣威、会泽南部、东川、巧家、大关、绥江等地区；山底式分布在威信、会泽、鲁甸、宣威南部等地区；山顶式数量较少，占比 7.5%，散点分布在会泽、东川、永善、巧家等地区。

表 3　传统聚落地形分类及分布

名称	示意图	聚落空间特征	实例	
平坝		处于地形平缓的坝子，地形条件好，聚落空间形态规整，规模大	 会泽县白雾村	 会泽县岩洞村
山底	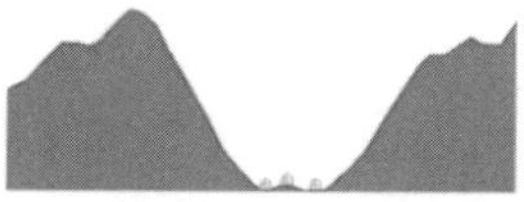	处于山谷，两侧山体间距近，空间狭长，聚落形态呈带状，沿山谷延伸	 威信县湾子苗寨	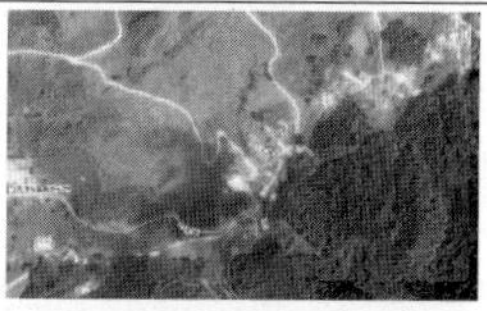 威信县中坝村
山腰		位于半山腰，空间形态多分散，沿等高线布局，聚落景观丰富	 东川区汪家箐	 会泽县大蒿地
山顶		位于山顶平台，规模小且聚集，呈防御状态	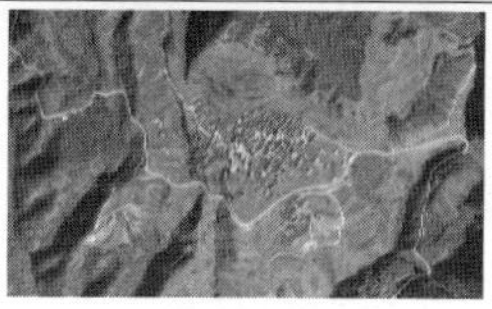 会泽县锅子谷	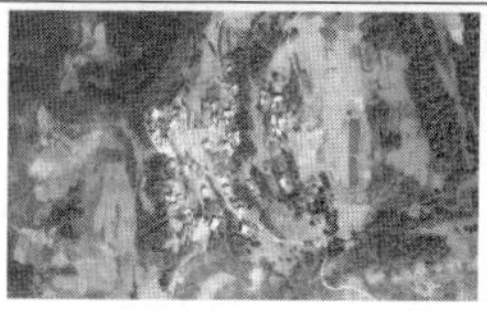 永善县老屋基

表格来源：作者自绘、自摄、91 卫图。

2.3 传统聚落平面形态

聚落平面形态反映了聚落空间组织、居民生活方式。聚落由街巷、建筑及各种环境要素组成，这些要素不同的组合方式形成不同的聚落平面[24]。根据分散程度，聚落分为分散式、集中式，结合聚落整体形态和街巷格局，将分散式分为离散点布式、组团枝状式，集中式分为团状集聚式、条带沿展式和规整平列式[25]（表 4）。

离散点布式多以 1~3 个民居建筑为一组分散布局，距离较远且分布灵活，民居朝向多变；组团枝状式由数个民居建筑形成组团，组团间由枝状道路连接，聚落分散生长；团状集聚式呈团状，布局紧凑，街巷格局主次分明且相互垂直，围绕中心向四周扩展；条带沿展式沿山谷或道路呈带状展开，沿带状延伸，长度大、进深小；规整平列式呈面状，建筑布局紧密，朝向一致，巷道规整。

表 4　传统聚落分散程度

类别		示意图	实例		分布范围
大类	小类				
分散式	离散点布式	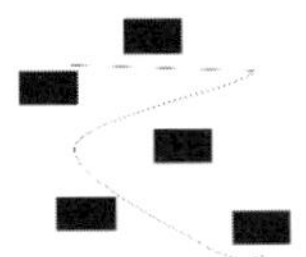	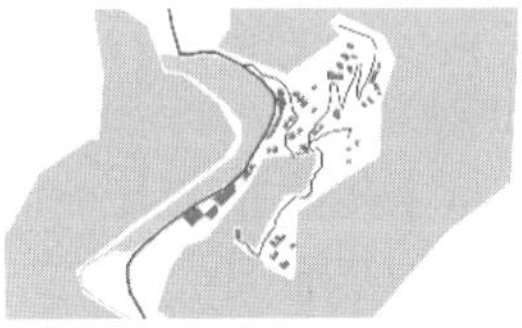 镇雄县凤翥村	 威信县后房村	绥江、水富、威信、镇雄
	组团枝状式	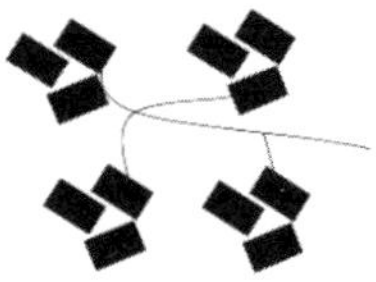	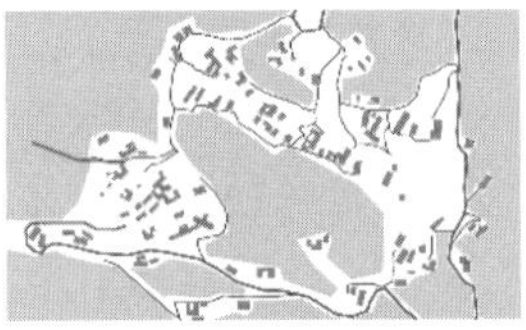 会泽县马路镇山脚村	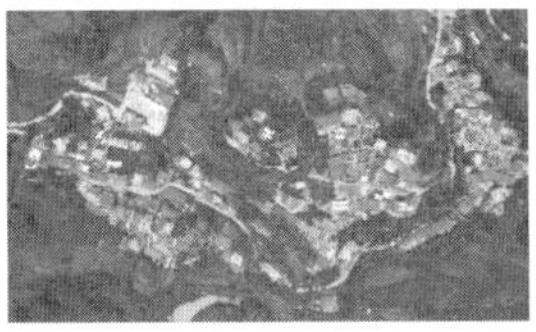 宣威市老地铺	会泽北部、巧家、鲁甸、宣威、威信
集中式	团状集聚式		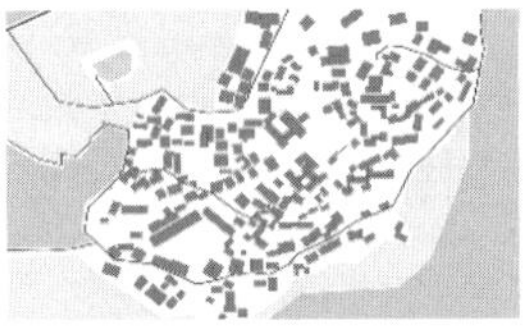 巧家县拖车村	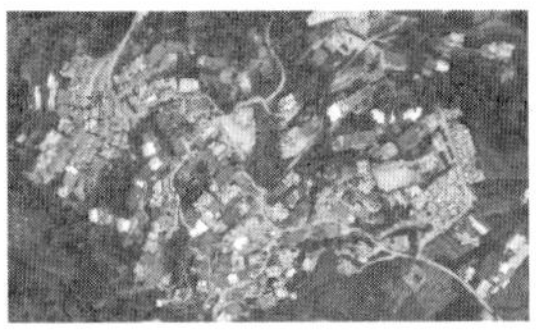 宣威市安那村	会泽、昭阳、宣威、巧家
	条带沿展式		 昭阳区大山包村	 会泽县邱家村	宣威市中部、会泽北部、昭阳
	规整平列式	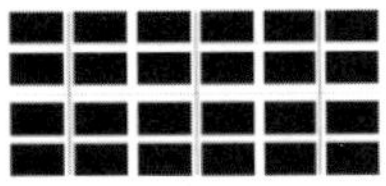	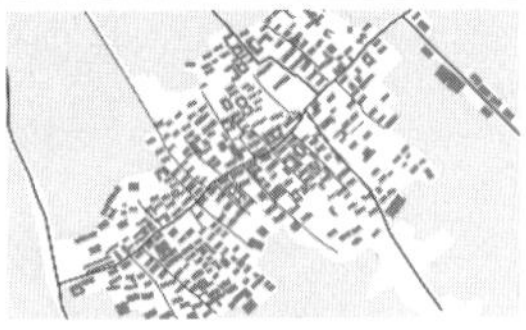 会泽县上海村	 会泽古城	宣威、会泽

2.4 传统民居平面形制

民居平面形制既反映不同地区的历史文化，也体现不同文化背景下居民的生活方式。人们在适应不同的地理气候环境和改善不利因素时，形成独特的民居建筑。滇东北地区民居平面形制可根据院落围合分为一字形、“L”形、三合院和四合院（表 5）。

一字形是最基本的民居类型，布局灵活、占地少，便于建造，多为三开间，生活起居的各类房屋集合在一起，根据是否有檐廊或堂廊、开间数量等分为三类。“L”形民居平面又称为“曲尺形”或“尺子拐”，在一字形民居平面的一侧加两或三开间的厢房，形成半围合的空间，根据正房是否有廊、正房和厢房的连接方式

（分离、拼接、连通等）分为四类。三合院又称作“簸箕头”“三合头”，一正两厢的平面形制，院落围合性较“L”形强，根据正房是否有廊、正房和厢房的连接方式分为五类。四合院，又称“四合头”，多对称布局，形制规整，根据正房是否有廊、正房和厢房的连接方式分为四类[26]。

表5 传统民居平面形制汇总

民居平面		平面示意图	特征	实例	分布范围
大类	小类				
一字形	A1无廊三（五）开间一字形	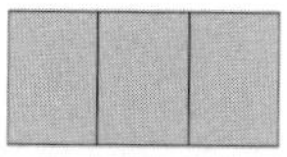 无廊三开间一字形	平面为一字形，建筑无檐廊或堂廊	 昭阳区大山包村  永善县大兴村	宣威市、昭阳区、永善县等
		 无廊五开间一字形		 会泽县大蒿地  宣威市新田村	
	A2带廊三（五）开间一字形	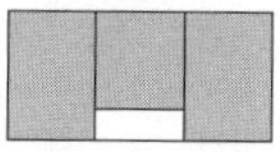 带廊三开间一字形	建筑为一字形，有堂廊或檐廊，形成室内外过渡空间	 会泽县上海村  镇雄县瓦房坪	威信、镇雄、彝良、会泽、东川等
		 带廊五开间一字形		 威信县黄连坝  威信县雷家田	
	A3单开间一字形	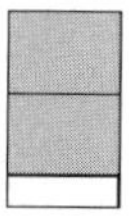	民居为单开间，进深较长	  会泽古城	莲峰镇、会泽古城等
“L”形	B1无廊连接式“L”形	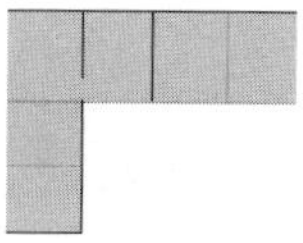	正房无堂廊或门廊，与厢房内部连通，建筑整体性强	 永善县大兴村  永善县万和村	巧家、昭阳等
	B2带廊（带耳）分离式“L”形	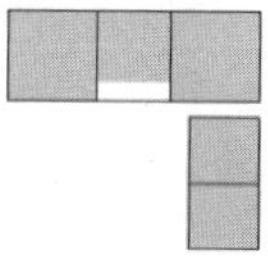 带廊分离式“L”形	正房与厢房完全分离，院落围合性不强。部分三开间两侧增设耳房	 会泽县小江口村  昭阳区巡龙村	东川、会泽西部等
		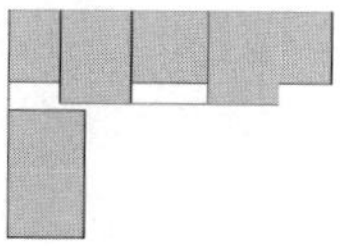 带廊带耳分离式“L”形		 会泽县小江口村  会泽县上海村	
“L”形	B3带廊拼接式“L”形	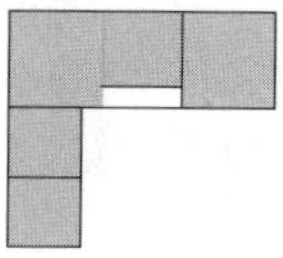	正房有堂廊或门廊，正房与厢房拼接，内部不通	 会泽县岩洞村  昭阳区上街村	会泽中北部，在昭阳、镇雄有少量分布
	B4带廊连接式“L”形	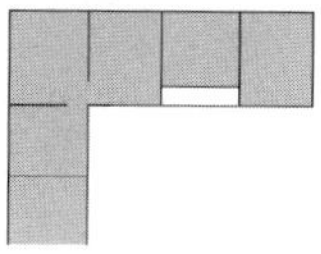	正房有堂廊或门廊，正房与厢房内部贯通，建筑整体性强	  绥江县南岸村	绥江、水富、盐津等

民居平面 大类	民居平面 小类	平面示意图	特征	实例	分布范围
三合院	C1 无廊分离式三合院	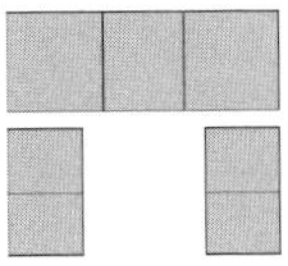	正房无堂廊或门廊，与两厢房分离，庭院开放	 昭阳区大山包村  宣威市管家屯	宣威及周边地区
三合院	C2 无廊连接式三合院	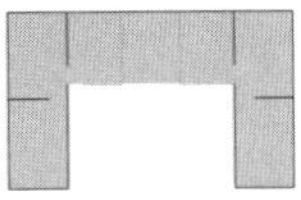	正房无堂廊或门廊，正房内部连通，多设围墙围合	 巧家县大寨村  巧家县车坪村	巧家、永善等
三合院	C3 带廊（带耳）分离式三合院	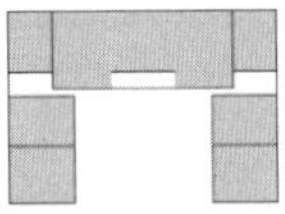	正房和厢房分开，呈现对称布局，多设围墙围合	 会泽县上海村  会泽县邱家村	东川、会泽西部等
三合院	C4 带廊拼接式三合院	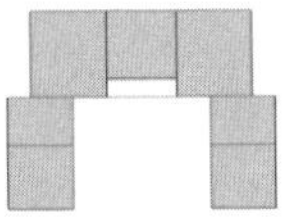	正房和厢房拼接在一起，外墙体错开或平齐	 会泽县孙家村  会泽县白雾村	会泽北部、东川、宣威北部等
三合院	C5 带廊连接式三合院	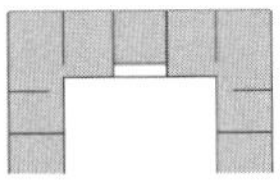	正房和厢房内部连通，占地面积大，正房进深长，开间多	 威信县湾子苗寨  镇雄县瓦房坪	威信、镇雄、彝良等
四合院	D1 无廊连接式四合院	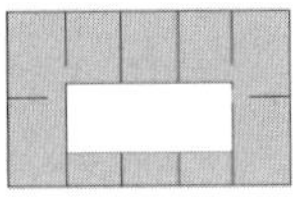	正房无廊，和厢房内部相通，建筑整体性较强	 巧家县车坪村  巧家县大寨村	巧家及周边地区
四合院	D2 带廊分离式四合院	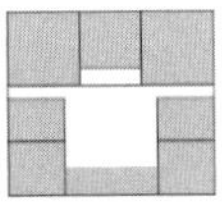 带廊分离式 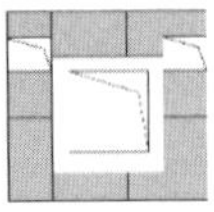 带廊带耳分离式	正房和厢房分离，部分正房两侧带耳，由走廊串联，形成“口”字形，可发展为重堂式院落	 会泽县白雾村  巧家县冶乐村  会泽古城 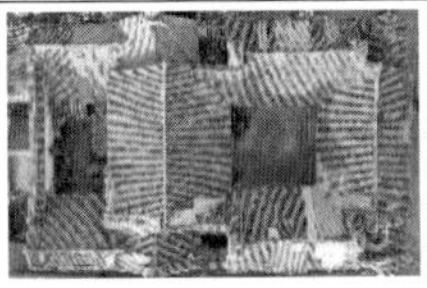 会泽县白雾村	会泽及周边地区
四合院	D3 带廊拼接式四合院	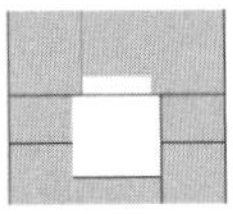	正房有廊，厢房与正房拼接	 会泽县白雾村  会泽县上海村	会泽及周边地区
四合院	D4 带廊连接式四合院	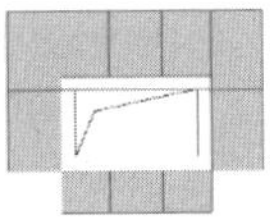	正房有廊，建筑布局紧凑，正房和厢房内部连通	 巧家县车坪村  巧家县大寨村	巧家及周边地区

3 滇东北地区传统聚落及民居类型区划

聚落及民居类型区划是对自然环境、人文、聚落形态及民居等多个层次的特征总结，是一个复杂且综合的体系[27]。对滇东北地区传统聚落及民居进行类型区划，意在实现对聚落现状的总体认识，为聚落的保护发展奠定基础。本文用主导因素法、叠合法对聚落进行类型区划，将聚落平面形态和民居平面形制作为主导因素，叠合地形、水系分布、乡镇级行政边界等[27]，并以“地区 - 聚落平面 - 民居平面形制”命名，最终分为五类：绥江盐津 - 离散点布式聚落 - 带廊连接式“L”形民居类型区、威信镇雄 - 分散式聚落 - 带廊连接式三合院民居类型区、昭阳巧家 - 组团式团状式聚落 - 无廊连接式“L”形民居类型区、会泽东川 - 集中式聚落 - 带廊分离式三合院民居类型区、宣威集中式聚落 - 无廊 - 一字形民居类型区。

4 滇东北地区传统聚落空间形态特征影响因素分析

4.1 地形导致聚落平面形态差异

自然地理环境对聚落平面形态的影响比较直接。滇东北地区地貌构造复杂，聚落平面形态与地形紧密相关。该地区多为山脉，山高谷深，地势坡度大，聚落平面以分散式为主，部分地区坝子较多，地势平坦，聚落形态为集中式[14]。

4.2 气候形成多样化的民居建筑

传统民居在发展过程中，不断与气候条件相适应[28]，生成不同的民居建筑。滇东北地区独特的地理环境使各区县气候各异，民居类型呈多样化。邻近四川的地区气候多雨且炎热，民居为带廊式，屋顶大多挑檐以避雨，建筑材料多为竹，以通风散热[29]。中部昭阳区、鲁甸等地区冬季温度相对较低，夏季凉爽，民居多为连接式合院，建筑多为土墙、砖墙，以适应温差变化[30]。

4.3 历史文化推动聚落演变

行政区划是为管理便宜而对地域进行划分，同一行政区多形成相似的社会文化背景、建筑风格等[31]。滇东北地区历史悠久，其历史建制历经多次分合，如东川、会泽在多个历史时期为同一个行政区，该地区聚落及民居形态有一定的相似性。滇东北地区早期为彝族聚居区，因战乱、改土归流等不可抗力，彝族减少，汉族迁入，成为数量最多的民族，推动合院式民居的发展。少数民族为躲避战乱，多依山而居，选地势复杂的地区。当前滇东北地区苗族聚落多分布在威信、大关，彝族聚落分布在镇雄、巧家等山地地区，汉族、回族多聚居在昭阳、会泽等地势平坦地区，合院式民居较多。

4.4 古驿道开拓及产业发展驱动聚落发展

滇东北地区古时以旱路人马古道为主，自秦汉以来开通多条古驿道，如石门道、乌蒙道、纳川道等[32]，推动地区的经济发展和生产力进步。古道自身的商业价值推动沿线聚落发展商业，聚落平面形态多为带状，如会泽古城在多条古道的影响下，沿街设联排式商业，建筑多为单开间式或前店后宅。明清时期滇东北地区的铜矿业迅速发展，古道兴盛，聚集大量商民、官员，他们在会泽和昭通古城兴建会馆，推动聚落的快速扩张。此外，滇东北川盐运输和滇铜京运路线大致相合，亦推动了川滇之间的人口流动和经济贸易往来[33]。

5 结论

通过研究滇东北传统聚落及民居空间形态，将聚落及民居分为五类；地形、气候等自然要素直接影响着聚落及民居的空间形态；历史文化使聚落空间、民居平面呈现不同地域性的空间特征；古道和产业发展是聚落空间形态的发展动力，推动聚落空间的扩张。期待以上研究为滇东北地区传统聚落的保护研究提供借鉴参考。

基金资助：国家自然科学基金青年科学基金（项目编号：52408022）“‘苗疆走廊’传统聚落文化景观互融规律与演化机制研究”；国家自然科学基金地区基金（项目编号：52168003）“云南循证乡村设计模式研究”；云南省科技厅基础研究计划面上项目（项目编号：202301AT070381）“基于文化地理学的云南汉民系

传统聚落文化景观特征及其演进机制研究”；云南省教育厅科学研究基金（项目编号：2023J0155）“滇东北古道沿线传统聚落形态特征及生成机制整体研究”；昆明理工大学自科类人才培养项目（项目编号：KKZ3202364046）“昆明地区传统聚落及民居文化地理基础理论研究”。

陈路　昆明理工大学　硕士研究生
翟辉　昆明理工大学　教授
赵伟奇　湖南省国土资源规划院　规划师
李婧　昆明理工大学　讲师

参考文献

[1] 李鑫，贾绿媛，林箐. 杭嘉湖丘陵山地区传统聚落景观空间格局探究 [J]. 现代城市研究，2021(9)：71-76.
[2] 李硕，石炀，张杰. 北京明长城沿线乡村聚落空间形态特征及其影响因素研究 [J]. 小城镇建设，2024，42(2)：50-58.
[3] 张定青，李霖芝，王宇鹏. 蜀道陕南段传统聚落时空分布特征及影响因素 [J]. 小城镇建设，2024，42(1)：31-40.
[4] 崔志华，严煜. 基于 GIS 的城市洲岛乡村聚落空间演变特征及影响机制分析：以南京市八卦洲为例 [J]. 现代城市研究，2020(2)：90-97.
[5] 张晓荣，杨辉. 陕北黄土丘陵沟壑区乡村聚落空间集聚演变特征与引导策略 [J]. 规划师，2019，35(22)：13-20.
[6] 潘莹，叶丹，施瑛. 基于地形分异的广东省梅州市丰顺县客家聚落景观特征分析 [J]. 风景园林，2022，29(7)：124-131.
[7] 曾慧子，张超，赵鸣. 湖南沅水流域水系影响下的传统聚落选址与形态特征研究 [J]. 现代城市研究，2020(3)：54-59.
[8] 潘莹，蔡梦凡，施瑛. 基于语言分区的海南岛民族民系传统聚落景观特征分析 [J]. 中国园林，2020，36(12)：41-46.
[9] 李婧，杨定海，肖大威. 海南岛传统聚落及民居文化景观区划定量方法研究 [J]. 小城镇建设，2020，38(5)：39-48.
[10] 胡赛强，肖安鹏，高原. 闽东北山区传统村落建设用地演变特征及机制分析：以福建省古田县桃溪村为例 [J]. 小城镇建设，2024，42(3)：104-111.
[11] 陈玮婷，赵建华，邱丽. 南江流域传统聚落景观特征及影响因素研究：以云浮郁南近江村落为例 [J]. 南方建筑，2024(6)：44-55.
[12] 孙婉，刘扬. 昭通市传统村落时空分布格局及影响因素研究 [J]. 林业调查规划，2022，47(2)：34-40.
[13] 方铁. 秦汉至元代的滇东北 [J]. 西南民族大学学报（人文社科版），2018，39(9)：195-200.
[14] 王静爱. 云南地理 [M]. 北京：北京师范大学出版社，2016.
[15] 冯志丰. 基于文化地理学的广州地区传统村落与民居研究 [D]. 广州：华南理工大学，2014.
[16] 曾艳，陶金，贺大东，等. 开展传统民居文化地理研究 [J]. 南方建筑，2013(1)：83-87.
[17] 梁步青，肖大威，陶金，等. 赣州客家传统村落分布的时空格局与演化 [J]. 经济地理，2018，38(8)：196-203.
[18] 王少飞，陈娟，戴文远，等. 福州十邑传统村落空间格局特征及其影响因素 [J]. 海南师范大学学报（自然科学版），2024，37(2)：259-268.
[19] 胡晓淼，冯艳，张玲玲，等. 伊洛河流域传统村落时空演变与影响因素研究 [J]. 林业调查规划，2024，49(6)：76-84.
[20] 高勇，杨定海，张瑞海，等. 海南岛传统聚落水适应性空间形态及文化特征 [J]. 新建筑，2021(2)：126-129.
[21] 冀晶娟. 广西传统村落与民居文化地理研究 [D]. 广州：华南理工大学，2020.
[22] 孔亚暐，赵子玉，关增达，等. 流域环境影响下的黄河三角洲乡村聚落空间形态成因研究 [J]. 建筑学报，2023(S2)：70-75.
[23] 李宇韬. 文化地理学视角下的渝东南地区传统村落保护研究 [D]. 重庆：重庆大学，2021.
[24] 蒋思玮，曹赛新，熊薇，等. 黑水河河谷型藏族聚落空间形态及形成机制分析 [J]. 小城镇建设，2024，42(8)：102-108，126.
[25] 张东，黄媛婷，程明洋. 壮族传统乡村聚落“那空间”形态研究：以桂西南地区村落为例 [J]. 小城镇建设，2024，42(3)：120-128.
[26] 李先逵. 四川民居 [M]. 北京：中国建筑工业出版社，2009.
[27] 李婧，杨定海，肖大威. 海南岛传统聚落文化分区及区际过渡关系研究：从海南岛传统民居平面形制及聚落形态类型谈起 [J]. 建筑学报，2020(S2)：8-15.
[28] 杨柳，袁玮晴，刘衍，等. 温和地区传统民居的气候适应原型研究 [J]. 新建筑，2022(6)：140-144.
[29] 杨大禹，朱良文. 云南民居 [M]. 北京：中国建筑工业出版社，2009.
[30] 蒋高宸. 云南民族住屋文化 [M]. 昆明：云南大学出版社，1997.
[31] 莫文彬. 基于文化地理学的潮汕地区传统村落及民居类型研究 [D]. 广州：华南理工大学，2017.
[32] 蓝勇. 四川古代交通路线图 [M]. 重庆：西南师范大学出版社，1989.
[33] 方铁. 唐宋元明清的治边方略与云南通道变迁 [J]. 中国边疆史地研究，2009，19(1)：73-88.

基于空间生产理论的理县老木卡寨空间环境更新研究

Study on the Renewal of Spatial Environment of Lao-mukazhai in Li County Based on Spatial Production Theory

张思艺　刘　伟

摘　要：当前，我国传统村落的空间环境面临诸多不稳定因素。本论文基于空间生产理论的核心——三元辩证法，以理县老木卡寨的空间环境为研究对象，探讨空间环境与空间生产理论之间的耦合关系，通过实地调研，解析老木卡寨在空间环境发展过程中遇到的现状问题，对其空间环境变化机制进行分析总结，并提出更新措施，以期为传统村落的可持续发展提供理论和实践上的参考。

关键词：空间生产；传统村落；理县老木卡寨；空间环境；更新措施

Abstract: At present, the spatial environment of traditional villages in China faces many unstable factors. Based on the core of spatial production theory—triadic dialectics, this article takes the spatial environment of Laomukazhai in Li County as the research object, explores the coupling relationship between the spatial environment and spatial production theory, analyzes the current problems encountered by Laomukazhai in the process of spatial environment development through field research, analyzes and summarizes the mechanism of its spatial environment change, and proposes renewal measures in order to provide theoretical and practical references for the sustainable development of traditional villages.

Keywords: spatial production; traditional village; Laomukazhai in Li County; spatial environment; renewal measures

引言

空间环境作为传统村落整体发展过程的重要元素，其形态、肌理与功能的变化映射出其社会关系的变化，而当前我国传统村落空间环境面临发展不足、房地空废化、道路界面风貌不佳等问题。空间生产理论为剖析空间中的社会关系提供了研究视角和方法论体系，为传统村落的发展和更新提供了一定的思路。

空间生产理论最先由列斐伏尔提出，他认为影响空间生产的因素可归纳为权力、资本、社会三个层面，因而将空间生产划分为与之对应的三种模式，提出了可整体呈现空间生产过程的三元辩证法，这也是列斐伏尔空间生产理论的核心[1]。随后，许多学者将其应用于不同领域和设计实践。列斐伏尔在研究实际空间与空间主体时，对城市化以及巴黎的工人状况进行过深入研究[2]；大卫•哈维以巴黎为研究主体，对城市景观和都市空间进行分析解构[3]；张晓旭等结合空间生产理论提出了西安大唐不夜城文化型消费空间的生产机制[4]；钱翀等从“城市复愈”角度提出了城市公共空间的更新路径[5]。

通过文献梳理发现，尽管空间生产理论具有较为宽泛的适用范围，但目前研究通常集中在城市空间领域。因此，将空间生产理论应用于传统村落空间环境研究，是一种创新的研究视角。本文以理县老木卡寨传统村落为例，基于空间生产理论探讨老木卡寨的空间环境问题并提出更新措施。

1 空间生产理论的传统村落空间环境概述

列斐伏尔提出，空间是社会之产物，空间生产的模式随社会历史的演进不断演变，我们所观察到的空间形态的变化实则表征了社会形态的变化。空间生产揭示了村落社会在空间层面展现的演变轨迹，并对空间环境产生影响，具体表现为制度空间、社会空间及物质空间三个维度上的变化。

1.1 空间生产理论的要点

1.1.1 制度空间

所谓制度空间，是“权力对碰”的场所。在此空间内，村民因相对匮乏力量与知识而处于弱势地位，他们在制度空间的维度上展现出被规范、引导和约束的特征，遵循着权力主体所确立的规则。随着资本的渗透，村民在空间资源利用上的话语权逐渐削弱。

一方面，权力的介入体现出一种强制力，对空间生产施加着“由上到下”的影响。在传统村落中，政府、村委会等权力主体对空间环境产生着驱动和塑造作用。具体而言，政府负责村落的保护和宏观规划，而村落的管理者则运用知识来制定制度和政策，以便于其管理。

另一方面，资本驱动着空间生产，但同时也限定了空间生产的方向，以满足空间的经济性需求为目标。市场、企业等资本因素将空间视为一种生产资料，以追求更高的经济回报。在这一过程中，资本极大地激发了空间的活力，并为了提高传统村落的空间价值而提升消费利用率。然而，若不对资本加以合理控制，必然会导致空间过度资本化的现象。

1.1.2 社会空间

在传统村落里，社会空间具体体现在居民长期生活与劳作中形成的生活方式、观念价值、乡土人情以及村落内部群体间的社会关系网络等方面。

传统村落中对空间环境产生影响的主体构成颇为复杂，其中村民扮演着核心角色。他们作为社会活动的主体，与村落的形成和发展紧密相连，对空间生产施加着“由下至上”的影响。空间生产的本质在于满足人类的生活需求，而村民对空间环境的需求是多元且深层次的。他们基于对美好生活的向往而参与空间生产，这也是空间生产普遍追求的方向。因此，在空间中应特别重视村民的主体性地位。

除了村民持续作用于空间生产外，社会空间还包容了政府、资本、消费者等外部主体。他们的行为活动与村民相互交织，共同作用于空间环境。各空间主体在空间生产上的目标存在差异，这种差异性的追求在空间内产生互动，进而推动环境发生变化。

1.1.3 物质空间

传统村落空间环境的演变映射出村落自然生态、居住结构、社会关系、政策框架及文化理念等多方面的演变。其中，自然生态与居住结构的变化归属于物质空间层面，体现为村落中可直接观察到的生产生活及生态环境的变化。空间环境中所有可感知的要素，诸如村落的布局形态、交通系统、界面风貌、空间节点等，共同构成了村落的物质空间基础。

据空间生产理论的三元辩证法构建空间环境的逻辑架构（图 1），以理解空间环境要素组成及其对空间的作用形式，为分析各空间主体在相互作用下产生的问题提供理论基础。

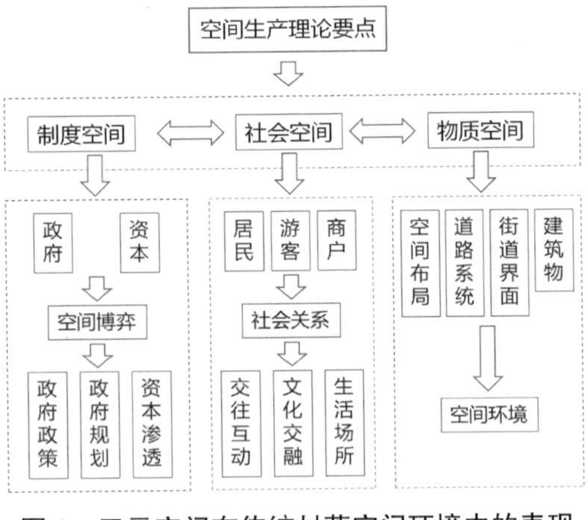

图 1 三元空间在传统村落空间环境中的表现

（图片来源：作者自绘）

1.2 基于空间生产理论的传统村落空间环境研究方法

1.2.1 文献研究法

在开展实地调研前，先对老木卡寨的现状进行了初步了解并规划调研路线。调研结束后，将收集到的数据与文献进行对比分析，以确保得出结论的可靠性。针对村庄中需更新的环节，参考了国内外多个成功案例，通过分析这些案例，提炼出适用的措施与方法，为设计提供参考。

1.2.2 田野调查法

通过道路测量、照片整理，并对老木卡寨及其邻近的传统村落进行现场调研，获取基础数据。深入分析老木卡寨空间环境的特点及现状，并总结出当前面临的主要问题，使老木卡寨的空间环境更新更加精准、便于实施，为设计工作奠定基础。

1.2.3 三元空间辩证法

本研究依据列斐伏尔的空间生产理论要点，将制度空间、社会空间、物质空间的三维生产逻辑应用于老木卡寨空间环境的研究中。在调研过程中，从权力结构、资本运作、社会关系三个层面出发，制订观察计划。

1.2.4 设计实践

以老木卡寨的更新设计为例，基于空间环境现存问题，结合空间要素的分析结果，明确设计思路，并制定了空间环境及关键节点的更新方案，旨在为传统村落的更新提供参考。

2 传统村落空间环境变化机制

随着乡村振兴战略的实施，传统村落空间环境变化过程中旅游业的发展加快了空间的生产，空间主体随之不断增加，各主体因空间利益竞争，引发三个维度的空间问题。

在制度和社会空间不断演进的影响下，村落主体中的村民外出务工，受城市文化影响，新建住宅逐渐脱离传统建筑风格，民居外观趋向现代化，功能结构不明显，居住结构呈现均质化趋势。而旅游业的发展促使村落不断被分为多个小空间，企业通过多种途径获取开发权，导致基础设施建设零散，交通系统的完整性被破坏，造成居住结构碎片化现象。因此，随着旅游空间的不断拓展，空间环境的碎片化问题日益凸显，物质空间中的交通系统和功能结构亟待更新。

2.1 主体博弈深化空间环境变化进程

苏贾认为社会关系中的事件在空间中形成，受空间限制，受空间的调解；福柯认为空间既是权力运作的场所，又是权力实践的机制 。传统村落依托其旅游资源开展活动，使村落空间从单一的村民活动场所转变为多元主体博弈场所，其产生的空间问题在相互作用中被处理，推动了空间环境的演变。村落空间生产的主体通过一系列实践活动塑造空间形态，为主体营造适宜的空间环境。多主体间的空间竞争促进了空间生产，这一进程不仅影响了传统村落空间环境的布局、建构，还深入交通等多个维度，深化了空间环境变化进程。

2.2 资本渗透加快空间环境变化速度

资本在逐利过程中不断增值，而资本的逐利性使空间生产走向现代化，资本则在空间生产的参与中走向商业化。而资本不断被投入高回报的地方，导致产生空间分裂与变化 。资本在空间中才能运作与增值，资金流转速度越快，增值越多，加快资本积累致使空间环境的变化加速。

这两种变化机制影响着传统村落空间环境的研究。传统村落利用其地理位置和旅游资源进行经济活动，产生资本渗透，引发多元主体博弈，进而引发其物质空间环境问题。

通过上述传统村落共性问题可知，传统的空间环境正在快速消失，而因名气保留下来的部分村落，又面临着交通系统破坏、功能分区不明显的局面。因此，对传统村落空间环境采取合理的更新措施势在必行（图 2）。

3 老木卡寨现状

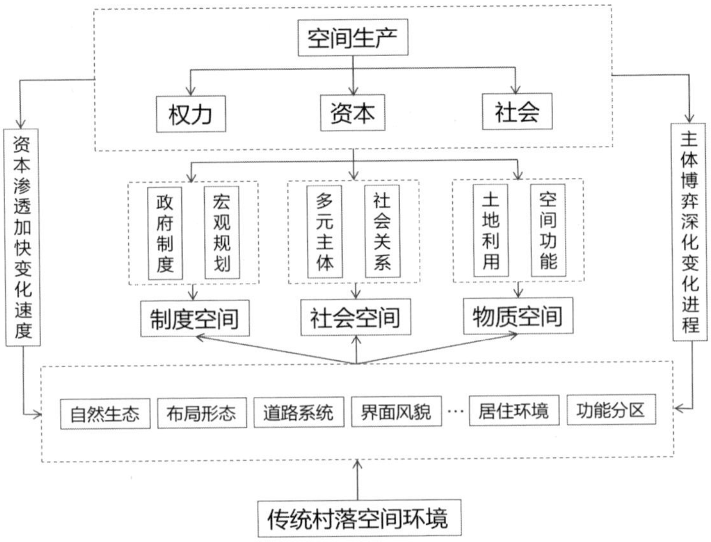

图 2　空间生产要点下的传统村落空间环境变化机制

（图片来源：作者自绘）

通过文献分析与实地调研发现，汶川县至理县之间杂谷脑河下游河谷的两岸，分布着许多传统村落，比如危关遗址、木卡羌寨、甘堡藏寨、桃坪羌寨、薛城古镇及东门寨等。这些村寨所面临的空间环境问题亟待解决，其中老木卡寨作为典范尤为突出。在这些村寨中，桃坪羌寨与甘堡藏寨历经长时期的开发，商业化气息浓厚，薛城古镇与东门寨则主要为仿古现代建筑；危关仅余一座完好无损的碉楼及破败的村落遗址。唯独老木卡寨不仅保存完好，又保留了原始风貌，偶有游客探访。

3.1　村落概况

老木卡寨，位于四川省阿坝藏族羌族自治州理县木卡乡境内，杂谷脑河下游河谷区域，西距理县县城 26 km，东距汶川县城 30 km，与成都市区相距 160 km，交通较为便利。

老木卡寨在旅游区位上具有显著的优越性。其紧邻的 317 国道，又名川藏北线，是四川通往西藏的要道。此外，该地区也是多条川西热门旅游路线的必经之地，比如红原至九寨沟线路、汶川至毕棚沟线路等均经过此地。因此，这座保存完好的传统村落蕴含着很大的发展潜力。

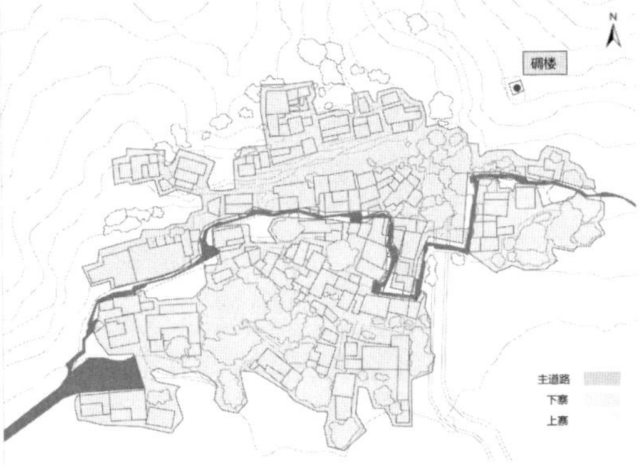

图 3　老木卡寨总体格局

（图片来源：作者自绘）

老木卡寨由上寨、下寨和碉楼三大部分构成。结合现状，以寨内主要东西向道路为划分依据可确定其具体范围。上寨分布于山崖之上，是全村中视野最开阔、建筑形式保存最好的部分，具有较高的历史文化价值；下寨分布于山崖之下坡度较缓的地带，建筑分布密集，道路曲折复杂，屋顶错落有致，空间丰富有趣，下寨中最核心的部分是交通枢纽“过街楼”，它连通各个方向的道路，室内外空间灵活变化，是体验村落特色的最佳场所；碉楼独立于村落之外，位于溪谷对面的村落最高处，地势较高，可俯瞰全村，目前村落与碉楼之间尚无道路或桥梁相连，碉楼难以抵达。（图 3）

3.2　基于空间生产的老木卡寨三元空间现状

大地震之后，政府将发展旅游业作为川西北灾后脱贫致富的重要方向，传统村落成为其旅游线路中不可或缺的一项。但改造与商业化会影响其空间环境，因此，要合理利用其价值进行更新，发挥其经济效益。

3.2.1　制度与社会空间在老木卡寨中的表现

随着空间生产的不断发展，2023 年理县政府按照政策构建“一带、三核、三区、多点”的发展格局，其对老木卡寨的制度空间改造主要表现在对传统村落的保护与建设上。同时，权力主体在社会空间中发挥主要作用，资本以旅游开发的形式介入，在追求经济效益的过程中与村民、政府进行博弈。作为生活主体的当地居民处于弱势。游客、商户作为外部人员也成为其空间主体。

3.2.2　物质空间演化

制度空间形成之下，理县政府通过颁布政策文件、开展城乡规划、加大资金投入等形式重塑村落功能和交通系统形态。社会空间中多元主体博弈，村民外出打工，积攒资本，在国家政策下，利用积累的资本改善居住环境。旅游开发商对村落进行考察，与政府合作进行农宅改造、景观美化和停车场、门楼牌坊、道路等的建设，推动了物质空间居住系统的演变。这种双元空间的改变促使村落交通系统和功能结构发生改变，使得村落空间规模向外延伸，交通系统和功能结构需承担更加复杂化的功能，道路的整体性、连续性、可达性都将影响村落各部分功能的发挥，建筑所承担功能轻重的不同也反作用于交通系统。

4 基于三元空间现状的老木卡寨空间环境问题要素分析

4.1 村落交通系统

当前，老木卡寨的上寨、下寨与碉楼三者间的联系不够紧密（图 4），特别是碉楼与上下寨间缺乏直达的交通道路。为了彰显老木卡寨的特点，需要将这三部分以更合理的方式整合，构建一条连贯的村落游览线路。

老木卡寨交通系统现状问题是道路无明显等级秩序、尽端路过多、碉楼与村落联系性差，需要着重解决。

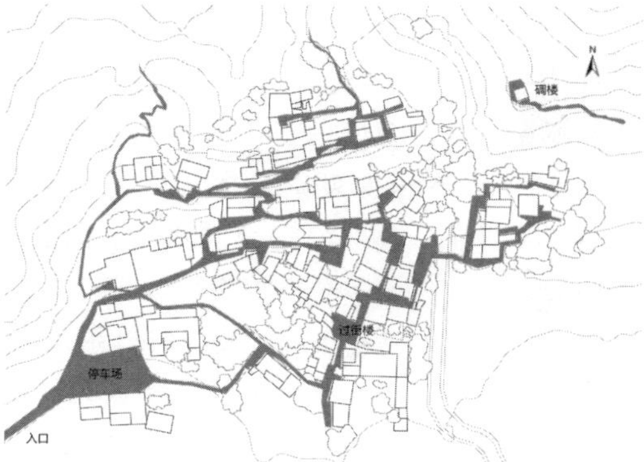

图 4 老木卡寨交通系统现状

（图片来源：作者自绘）

4.2 村落功能分区

老木卡寨中，上寨的建筑保存相对完好，只有个别房屋坍塌。碉楼与村落无直接连接关系，其前方空地区域杂草丛生，未能成为旅游资源融入村落。此外，溪流与山谷作为景观资源，其开发利用率不足。下寨中的民居建筑数量最多，这些建筑坍塌程度不一，其中具有羌族特色的“过街楼”，丰富了村落空间的趣味性，是全村可游玩程度最高的区域。（图 5）

4.3 村落空间节点分析

老木卡寨建筑风貌如图 6 所示。在下寨西南角的入口附近，有一组现代混凝土浇筑的建筑物，它们的形态和色彩与传统建筑具有一致性，但其中一处大面积的蓝色彩钢板屋顶破坏了整体风貌。由于其处于村落入口的独特地理位置，考虑将其重新设计作为游客服务中心，以更好地服务到访者。

另因村落中心缺少一个既能供游客休憩，又能体现村落文化的休闲类建筑，建议将老木卡寨主干道旁、位于村落中心的一栋倒塌建筑重建为茶室，因此保护原有建筑的风貌和格局至关重要。意大利的福尔泰扎城堡、浙江松阳木香草堂等案例，都巧妙地处理了新旧建筑之间的关系，如黑钢材与石墙的对比、现代玻璃与土坯房的融合等。这些案例表明，在保持村落原有风貌的同时，可以巧妙地引入新材料，使新旧建筑和谐共存，既保留传统村落的风貌，又赋予其茶饮、休息等现代化功能。

图 5 老木卡寨建筑状况

（图片来源：作者自绘）

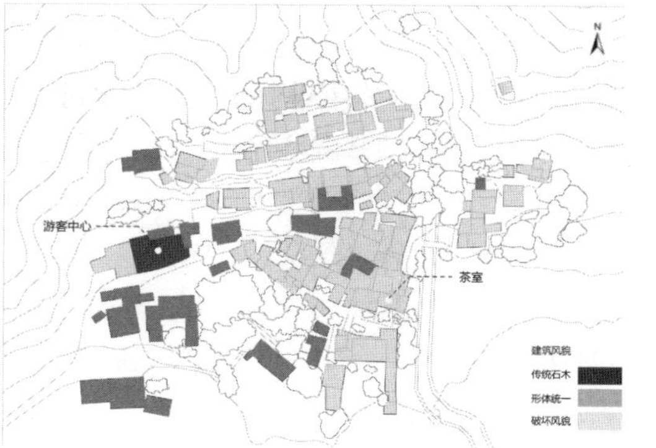

图 6 老木卡寨建筑风貌

（图片来源：作者自绘）

5 老木卡寨空间环境更新方案设计

5.1 老木卡寨交通系统设计

首先，需在村落内部选择一条合适的主干道。调研结果显示，当前村落中通达性最好的道路，具备成为承载大量公共活动的主干道的潜质，因此考虑将其拓宽，并整饬沿线的空旷地带，以塑造其清晰可见的路径，从而让村落中的交通系统呈现出层次分明的格局。而本来村内使用频率最高的道路，即穿越过街楼交叉路口的道路，因其空间层次错综复杂，不宜作为更新后的主干道，故考虑将其保留，用作体验区，减轻其交通负担。

其次，跨越溪谷，把主干道与对岸的碉楼相接，同时在碉楼前方增设一处公共活动区域，将沿溪小径设计为山野漫步区。

最后，尽可能打通村中的断头路，并整理空地节点，确保形成一个完整的交通系统（图 7）。

5.2 老木卡寨功能分区设计

结合上述分析，根据交通系统设计及村落各区域的特征，将老木卡寨划分为多个功能区（图 8），包括：西南角的入口处设立的游客接待服务区；将以复杂的村落空间为主体的下寨打造为古村体验游玩区，涵盖上寨旧建筑、碉楼及前广场区域；溪谷里的山野溪流漫步区。

此功能分区设计将服务接待、古村体验、山野游玩、碉楼观光远眺等多重功能有机融入村落，以打造出内容多元、流程完整的古村旅游项目。

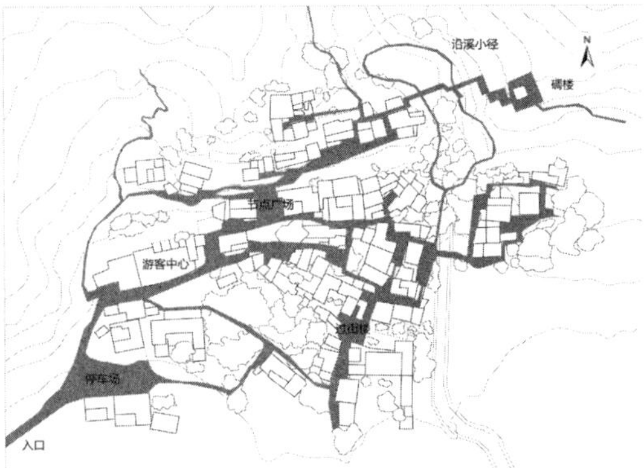

图 7 老木卡寨交通系统设计

（图片来源：作者自绘）

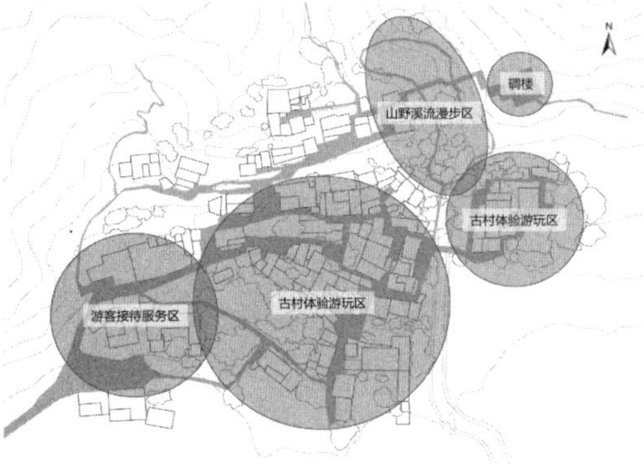

图 8 老木卡寨功能分区设计

（图片来源：作者自绘）

5.3 老木卡寨空间节点设计

5.3.1 游客中心

首要任务是拆除破坏村落风貌的蓝色彩钢顶。随后，在此空地上引入新的游客服务中心，外立面采用大面积的玻璃与钢架结构体现其现代感，与周边的传统建筑形成对比。由于基地面积较大，所以将新建筑分为两个拼接的体块，不至于使其在立面上看起来过于庞大、遮盖视线。其中一部分体块在内部掏空，形成老木卡寨中常出现的经典“过街楼”道路形式，既呼应了传统村落的建筑风貌，又在立面上消除了过长、过于死板的印象（图 9）。

考虑村落中公共活动空间稀缺的现状，游客中心被赋予了多重职能——不仅服务于游客，提供导向、问询、地方特产展售、乡村文化展览、传统技艺教学等服务，还面向村民承接活动、会议等任务，强调了空间设计需具备灵活性与适应性，以契合多元化的功能要求。因此，在设计游客中心时，采用了模块化的空间划分措施，利用可移动的隔断来灵活分割空间（图 11）。这样，空间既可连通成大范围的活动区域，也能依据具体需求分隔为多个功能单元，从而有效应对各种使用场景的需求。

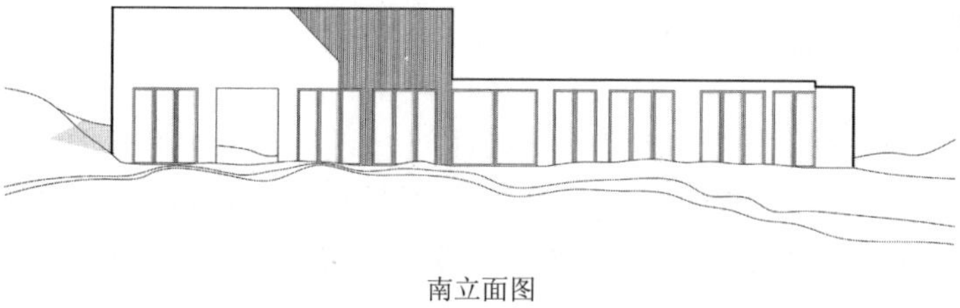

南立面图

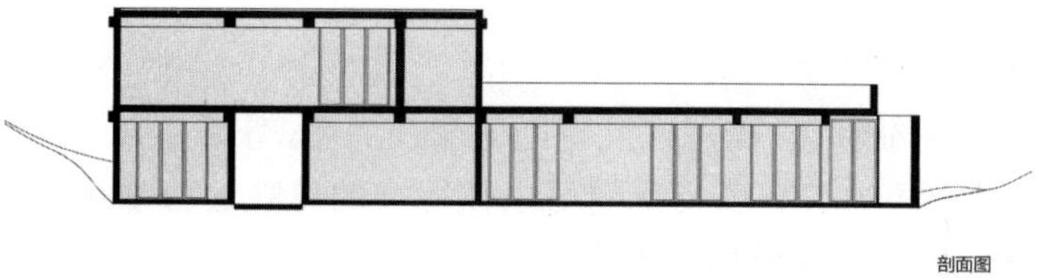

剖面图

图 9　老木卡寨游客中心设计立面图

（图片来源：作者自绘）

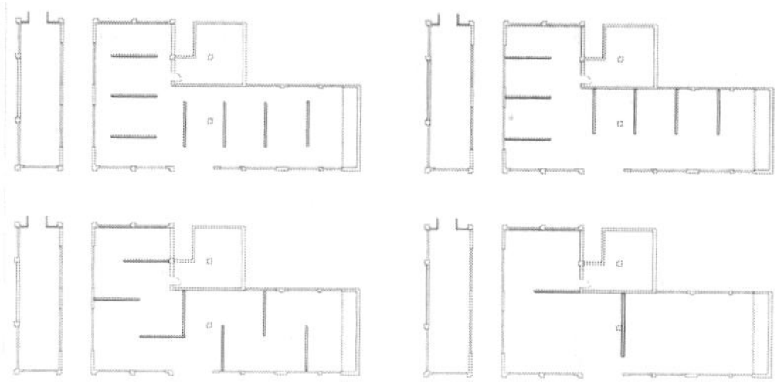

图 10　老木卡寨游客中心空间划分模式

（图片来源：作者自绘）

5.3.2　茶室

通过分析前文中的案例，以坍塌的房屋作为茶室（图 6）设计的基础，将余下未坍塌的外墙作为建筑的边界，内部墙体拆除，将空间重新分割重组，在坍塌建筑上部增设钢构架与玻璃围合出室内的空间，建筑形式上继续采用羌族传统建筑的平屋顶形式（图 11~ 图 13）。茶室的改造设计对村落整体风貌及布局的影响不大，是小空间置入传统村落的合理手法。

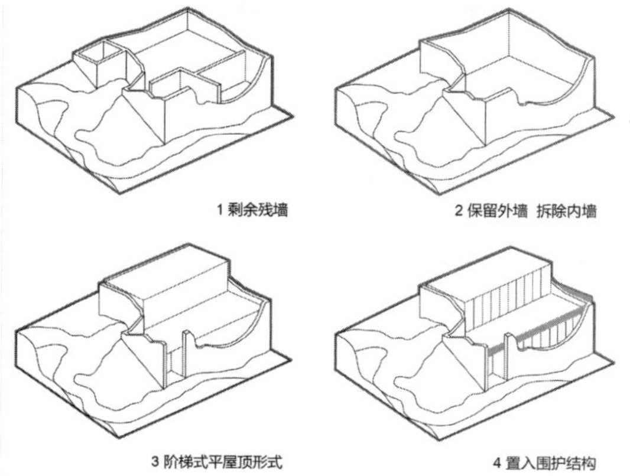

图 11　老木卡寨茶室体块生成分析

（图片来源：作者自绘）

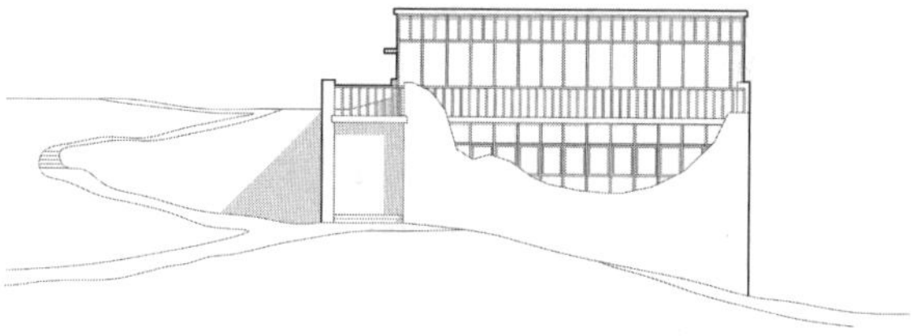

图 12　老木卡寨茶室设计南立面图

（图片来源：作者自绘）

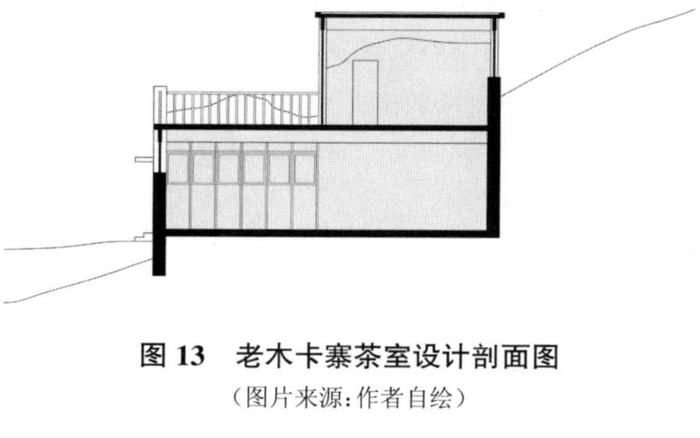

图 13　老木卡寨茶室设计剖面图

（图片来源：作者自绘）

6 结论与展望

本文基于空间生产理论对传统村落空间环境共性问题进行研究，在整理分析文献的基础上，总结出在传统村落空间环境中的三元辩证空间相互作用的体系框架，并通过实地调研的方式，将理论应用于实际研究解决问题的策略，最后通过设计实践对老木卡寨进行更新，同时也列举案例验证了研究角度和方法的可行性。

通过研究得出以下结论。

①对空间生产理论进行详细解读，梳理三元空间的辩证关系，分析主体与空间相互作用产生的影响。研究空间环境，需从主体对空间的影响以及空间对主体行为的反映过程着手。研究传统村落空间环境，需对理论进行界定，并关注、借鉴国内外相关案例。

②将空间生产理论的三元空间投射到具体空间环境进行分析，分析传统村落空间环境现代化过程中权力、资本、社会主体之间的博弈和空间环境要素在此机制下产生的变化，总结出传统村落空间环境的共性问题。

③通过构建空间主体之间的博弈机制，分析老木卡寨空间环境要素现状问题。结合设计实践提出了保护与更新相结合的措施，尽可能维护建筑风貌，打造提供多样化需求的公共节点空间，满足村民与游客对村落公共活动空间的需求。

未来的研究方向需持续深化，在后续研究中采取更为创新的视角进行综合分析。同时，选取更大范围的不同类型传统村落进行对比分析，找到不同村落的问题。在此基础上，提出更为完善的传统村落更新设计措施。旨在针对保护与发展并重的传统村落构建更为系统化的设计策略与方法体系，从而更有效地应对实际存在的问题。

张思艺　西南民族大学　硕士研究生
刘伟　西南民族大学　教授

参考文献

[1] 张笑夷. 列菲伏尔的“空间”概念 [J]. 山东社会科学，2018(9)：38-43.

[2] SHIELDS R. Lefebvre，love，and struggle：spatial dialectics[M]. London：Psychology Press，1999.

[3] HARVEY D. Social justice and the city[M]. London：Edward Amold，1973.

[4] 张晓旭，王晓敏，杨婷婷. 空间生产理论下大唐不夜城历史文化型消费空间形成机制研究 [J]. 城市地理，2017(10)：32-33.

[5] 钱翀，金云峰，吴钰宾. 城市复愈：基于空间生产理论正义向度的非正式公共空间更新 [C]//. 中国风景园林学会 2019 年会论文集(上册)，2019：395-400.

[6] 庄友刚. 西方空间生产理论研究的逻辑、问题与趋势 [C]//. 包亚明. 后现代性与地理学的政治. 上海：上海教育出版社，2001：13-14.

[7] 吴冲，朱海霞，彭邦文. 资本循环视角下大遗址区乡村社会空间生产机制研究：以秦始皇陵为例 [J]. 地理科学进展，2020(5)：751-765.

[8] 曾广录. 乡村振兴背景下传统村落活化的市场融资动力研究 [J]. 长沙大学学报，2022(1)：47-56.

[9] 理县人民政府. 理县自然资源局关于《理县杂谷脑城乡融合片区国土空间总体规划(2021—2035 年)》的公示 [EB/OL].(2023-06-13)[2024-12-13]. http://www.ablixian.gov.cn/lxrmzf/c100053/202306/18857c0d03774cd29fcd4f8132f99604.shtml.

基于活力提升的古镇历史街区“孤岛化”现象优化策略
——以昆明市晋城古镇为例

Optimization Strategy for the “Islanding” Phenomenon of Historical Districts in Ancient Towns Based on Vitality Enhancement
——Taking Jincheng Ancient Town in Kunming City as an Example

张天奕　王旭逵　何俊萍

摘　要：本研究以昆明市晋城古镇为例，采用空间句法结合光趣点(POI)核密度分析对古镇公共空间的整合度、选择度、协同度和可理解度进行量化分析，旨在解决古镇因点状历史要素孤立保护而形成的文化空间“孤岛”现象，探究古镇整体空间结构特征及内部空间的联系性。研究发现，晋城古镇街区存在隔离情况，核心空间难以识别，空间结构不够清晰，缺乏行走方向的引导性，内部空间联系性较弱，即“孤岛化”现象显著。为此，文章提出了适度分散整合度核心功能、提高整体可理解度以及降低部分街道深度值等优化建议，旨在提升古镇环境质量以及为古镇空间形态的研究与发展提供一定的参考，为古镇公共空间优化研究提供新的思路与技术方法，最终解决历史地段空间的“孤岛”现象。

关键词：空间句法；“孤岛化”现象；核密度分析；内部联系；历史街区优化改造

Abstract: Taking Jincheng Ancient Town in Kunming City as an example, the research uses space syntax combined with POI kernel density analysis to quantitatively analyze the integration degree, choice degree, synergy degree and intelligibility of the public space in the ancient town. The aim is to solve the phenomenon of “isolated islands” of cultural space formed due to the isolated protection of point-like historical elements in the ancient town, and to explore the overall spatial structure characteristics of the ancient town and the connectivity of its internal spaces. The research finds that there is a situation of isolation in the blocks of Jincheng Ancient Town. The core space is difficult to identify, the spatial structure is not clear enough, there is a lack of guidance for the walking direction, and the internal spatial connectivity is weak, that is, the phenomenon of “isolation” is remarkable. To this end, the article puts forward optimization suggestions such as moderately dispersing the core functions of the integration degree, improving the overall intelligibility, and reducing the depth values of some streets. The purpose is to enhance the environmental quality of the ancient town, provide certain references for the research and development of the spatial form of the ancient town, offer new ideas and technical methods for the research on the optimization of the public space in the ancient town, and ultimately solve the phenomenon of “isolated islands” in the space of historical areas.

Keywords: Spatial syntax; Phenomenon of ‘islanding’; Kernel density analysis; Internal connections; Optimization and renovation of historical districts

近年来，城市建设过程中对历史遗产的保护多为静态，注重建筑单体，忽视街区完整性，导致点状历史要素孤立保护，空间关联薄弱，历史建筑遗产与城市脉络割裂，形成文化空间“孤岛”。同时，国内古镇公共空间研究多为定性分析，主观性较强，而空间句法能够对空间布局进行量化分析，科学评估公共空间的可达性和可用性，为古镇公共空间优化提供客观的理论支持。

本研究采用空间句法及 Depthmap 软件，利用轴线分析法对昆明市晋城古镇公共空间的整合度、选择度、协同度和可理解度进行分析，并提出具有针对性的优化策略，改善古镇公共空间现存问题。本研究有利于提升古镇环境质量，促进社会交往与文化传承，并为古镇公共空间优化研究提供思路。

1 研究区域概况

昆明晋宁境内的晋城镇坐落于滇池以南，三面被群山环抱，余下一面毗邻湖畔的丘陵平地。如今的晋城镇，即古滇国的旧都所在 [1]。自明代起至今，这个古老居民群落始终维持着其规模、结构和建筑样式。晋城的历史源远流长，其物质文化和居民的传统生活方式均形成了一个较为完善的系统。作为一处跨年代的群体，晋城自成一格的地方特色尤为显著，在当前全球化背景下，这种特色又赋予了它独特的孤立性（图 1、图 2）。

图 1 晋城古镇街道

（图片来源：作者自摄）

图 2 晋城古镇现状

2 研究方法

2.1 空间句法

空间句法指的是通过对包括建筑、聚落及景观在内的人居空间结构的可达性或连通性等特征的量化描述，研究空间组织与人类社会之间关系的理论和方法 [2]。国内外学者运用此理论，耦合莫兰指数、核密度分析、标准偏差椭圆等方法 [3]，并融入孤岛效应 [4]、空间叙事 [5]、分形理论 [6] 等理论，对城市、社区、乡村、历史文化街区、校园等的空间形态、文化景观、社会经济、基础设施等方面进行了研究。本项研究主要采取空间句法理论中的四个分析手段——整合度、选择度、可理解度以及协同度进行量化研究，并利用

Depthmap 这一工具软件对晋城古城区域的轴线图进行了上述分析的数量化处理，并对结果实现图形化展示（图 3）。

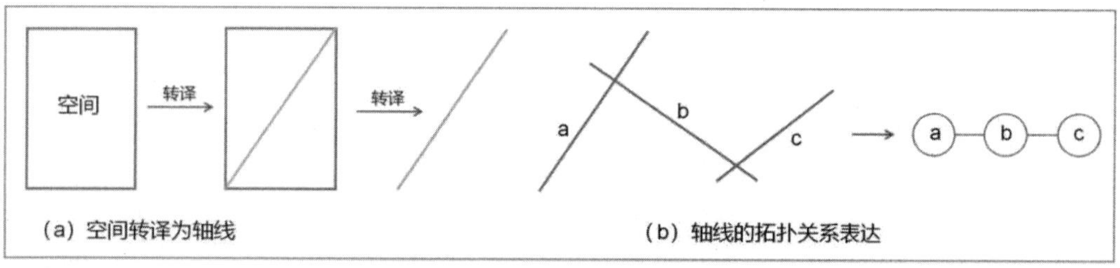

图 3　空间句法过程解析

（图片来源：作者自绘）

2.2　高德兴趣点（POI）数据爬取

高德开放地图是一个开放的数据信息平台，可以通过其爬取一个区域内所需要的 POI 信息，并可以将其导入 ArcGIS 进行下一步分析。本文将借助高德开放地图平台爬取晋城古镇内的商业 POI 数据。

2.3　核密度分析

核密度分析是 GIS（地理信息系统）分析中广泛运用的空间分析方法，用于离散数据的空间连续表达[7]。本研究将获取到的商业 POI 数据导入 ArcGIS 进行核密度分析，并将得到的商铺密度数据进行可视化表达。

3　古镇空间形态的句法解析

在道路轴线图中，需保证所有的轴线相互贯通，并以轴线长度（line length）作为权重。将其导入 DepthMapX 软件，可以获得古镇的整合度、协同度、选择度和可理解度等定量化参数。以下详细阐述使用 DepthMapX 软件分析后，所得到的古镇街道网络各个指标的含义（图 4、图 5）。

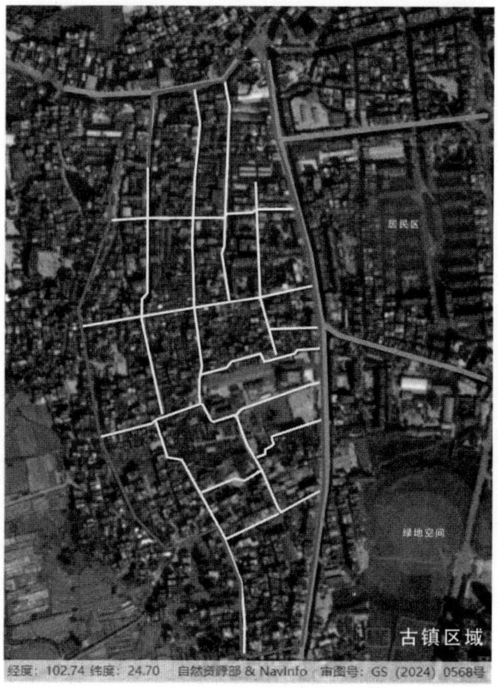

图 4　晋城古镇区位图

（图片来源：作者自绘）

图 5　晋城古镇街道标注

（图片来源：作者自绘）

3.1 整合度

整合度指空间系统中某一元素与其他元素之间的集聚或离散程度，整合度高往往意味着可达性和中心性更强。整合度可分为全局整合度和局部整合度。

晋城古镇道路轴线图有 318 个元素，研究中分别对其进行编号处理。从表 1 的整合度数据来看，全局整合度大于 1.15 的轴线共有 6 条，编号为 0 至 5 号。它们位于古镇主要街区的核心位置，结合现场的验证结果，这里是村落内部联通性和识别性最强的路段。剩下的轴线 6、7、8、9、10、11 数值也较高，体现了其联通作用的重要性，而轴线 12、13、14、15 则体现了联通节点环节的重要性。整合度大于全局整合度平均值的轴线是古镇住居最大化的线路，且呈现水平条形的延展形式。另外，全局整合度数值较高的轴线均处于古镇内部居住区域主要联通的线路上，全局整合度较高的轴线始终贯穿古镇街区的重要通道，由此推测，古镇的主要社交活动都是沿着这样的水平轴线进行的。这条线索为接下来对古镇格局识别的研究提供了参考。

表 1 也提供了晋城古镇的局部整合度数据：局部平均整合度为 1.35，局部最大整合度为 2.60。局部整合度最高的为轴线 7，为 2.60，轴线对应 12 条岔路口，是住宅组团连接附近水塘和主要路径的支路。另外四条轴线 5、8、16、17 位于西侧整个古镇的主要道路上，这四条轴线所对应的均为沿主要路径的主要交通地带，都反映了古镇现场调查中可以留下深刻视觉记忆的景观识别区域，且轴线 5 更为突出。因此，通过分析整合度可以得出以下结论：全局整合度高的部分路径表现了可达性高的特质，中心性更强，整体识别性也较好。

表 1　晋城古镇道路轴线的整合度数据

全局整合度		局部整合度	
属性	数值	参数	数值
平均值	0.81	平均值	1.35
最小值	0.45	最小值	0.33
最大值	1.23	最大值	2.60
元素总数	318	元素总数	318
>1.15	6	>2.37	5

3.2 选择度

从表 2 来看，晋城古镇道路系统的全局平均选择度为 2 335.7，其中全局最大选择度为 33 908，全局选择度大于 30 551.4 的轴线共有 3 条，分别是轴线 0 、轴线 1 和轴线 5。全局选择度代表空间的交通承载水平，其中轴线 0、1、5 同时是全局整合度较高的轴线，而轴线 5 是局部整合度较高的轴线。这揭示了村庄社会互动核心区域同时也是古镇社交与生产活动的聚集要地。

表 2　晋城古镇道路轴线的选择度数据

全局选择度		Choice【Norm】(全局选择度)	
属性	数值	属性	数值
平均值	2 335.7	平均值	0.05
最小值	0	最小值	0
最大值	33 908	最大值	0.68
元素总数	318	元素总数	318

3.3 协同度

协同度主要讨论全局整合度与局部整合度的线性关联关系，协同度越高表示古镇空间可识别性越高。其中，当 R^2<0.50 时，认为两变量不相关，当 R^2>0.50 时，认为两变量相关，当 R^2>0.70 时，认为两变量之间显著相关，即整个空间系统协同度高，古镇内人流与车流形成良好的空间特征。从散点分布图可看出，R^2=0.53<0.70，协同度较低，晋城古镇街区与外界存在隔离情况，人们无法通过局部感知反映整体，空间结构不够清晰，空间内部的协同度较差（图 6）。

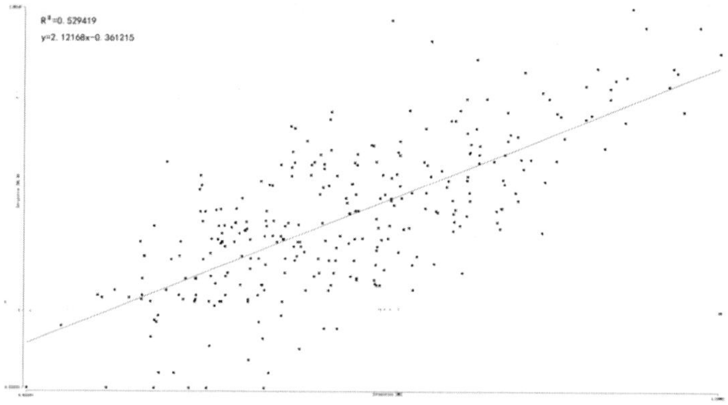

图 6　晋城古镇协同度

（图源：作者自绘）

3.4 可理解度

可理解度为空间被人群识别的难易程度，用来反映空间局部与整体的整合程度以及个体在空间中游走时对空间的理解程度。如图 7 所示，晋城古镇可理解度方程为 y=4.424 79x−0.883 55，拟合度 R^2=0.20<0.50，则全局整合度和局部整合度相关度较差，表明游客和村民无法通过街区的局部空间特征感知整个街区系统的空间特征。同时散点呈非线性分布，显示出极高的分散性，显示出两者之间没有显著的关联性。这一点表明晋城古镇的空间布局欠缺明显特色和辨识度，局部区域并不具备有效的引导作用，容易让人迷失方向，整个区域的空间规律或特色不明显。

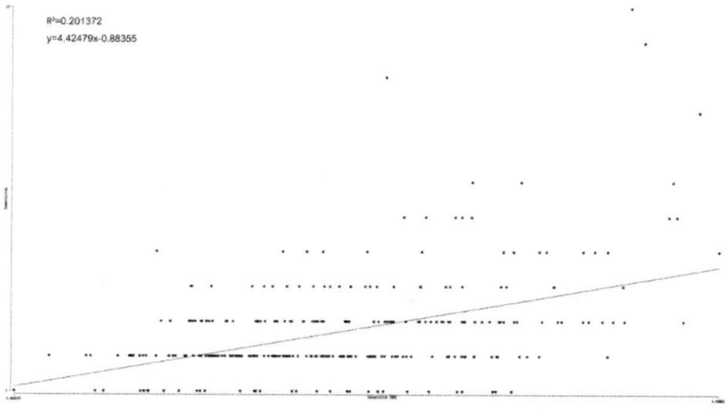

图 7　晋城古镇可理解度

（图源：作者自绘）

4　POI 核密度分析

商业业态与整合度均可用于描述空间中人流的集聚程度。本研究使用地图矢量抓取工具 6.0 版来获取商业兴 POI 数据，其中涵盖零售店、餐厅、酒店、银行和休闲场所五个类别，共记录 962 个名称和位置信息。借助 ArcGIS 软件对这些 POI 点位进行核心密度估算的同时，将其与晋城老城区的整合度进行叠加分析，并结合百度地图的人流量热度分布图，探讨将模型数据与在线数据相结合的方式，细致揭示街道内部人流的真实聚集特征，并以此为依托来分析街区的空间布局如何影响街道的活跃度（图 8 至图 10）。

图 8　晋城古镇周边人群热力图

（图片来源：作者自绘）

图 9　POI 热力图

（图片来源：作者自绘）

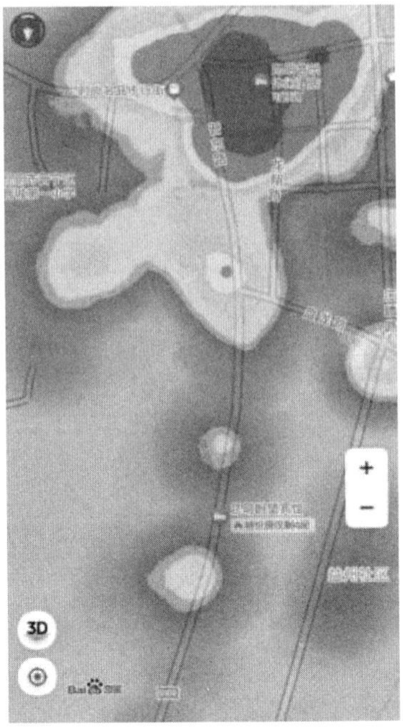

图 10　POI 热力图与整合度叠加图示

（图片来源：作者自绘）

分析图 9 得知，街道的空间整合度与其沿街商业分布的特点大致一致，展现出显著的对应关系。街区内的商铺主要集中在整合度较高的道路上。这些建筑密集的街区因其空间形态优势而成为人们便于抵达的地点，具有良好的可达性和中心性。因此，游客和当地居民往往频繁光顾这些易于通达的区域，这种现象又进一步加强了商业发展的态势，同时也增强了街道的活力与动态。

同样，商业店铺也对人群具有一定的吸引力，进而对街区内的人潮聚集状况产生影响。根据百度地图 5 月人群热力图（图 8）可以看出，人流分布较大区域为晋东路和龙翔路附近，呈集中区域分布，街道热度高于其他区域。在晋东路南侧一带选择度和整合度较低的区域，由于居民居住密度低，商业分布较少，所以在热力图上呈现低热度，能够到达的人群数量较少。

通过将 POI 点核密度分析图、百度热力图与古镇的整合度叠加分析后发现，三种类型的图示分析的选择度结果一致，证明数据分析具有一定的合理性，符合街区内人群的行为特征（图 10）。

5　晋城古镇空间形态系统优化建议

本研究运用实地考察、空间句法解析、高德 POI 数据采集以及 ArcGIS 平台的核密度分析技术，得出以下结论：①晋城古镇核心街道架构显著，古镇的核心区域由东侧四条历史悠久的街道与内部密集交错的巷弄共同构建，展现出一种独特的巷院式空间结构，此结构在古镇中占据主导地位；②街区空间特征的二元性显著，古镇街区在宏观上呈现出“大街条理清晰，小巷错综复杂”的空间组织特征，这种二元性导致了街区内部街巷可达性的显著差异，进而影响了居民及游客对古镇整体空间结构的认知与体验；③商业空间分布与街道整合度具有关联性，古镇的商业活动空间高度集中于整合度较高的街道上，街道整合度越高，该街道上的商业业态越丰富。

5.1 适度分散整合度核心功能,提高整体可理解度

晋城古镇当前的整合度核心轴线主要集中于古镇中央的南北主轴线上,为了凸显晋城古镇多中心、多节点的独特风貌,建议对整合度核心进行适度分散处理。在轴线设计方面,可以考虑通过合理引导,适度分散整合度核心街道的人流量。针对部分整合度和可理解度均较低的街道,建议加强这些街道与整合度核心空间的联系,降低这些区域的深度值,提升其空间可达性和吸引力。具体策略包括优化道路布局,增加道路交叉点,以提高区域间的连通性和可达性(表 3)。

表 3 古镇道路空间优化前后对比

区域	优化建议	优化前(整合度)	优化后(整合度)
古镇北端冷清区域	北部晋城古镇端部街巷区域,打通尽端断头路,尽量延伸至北部河道两岸,加强与东部大街的联系,创造古镇地方依恋感,发挥次级整合度核心功能		
古镇南端冷清区域	与东部主要道路相通,并依靠其商业、文化辐射力延长游客逗留时间,形成南北区域各有次核心的分布格局,并优化南面入口位置,打破南部街巷冗长意象		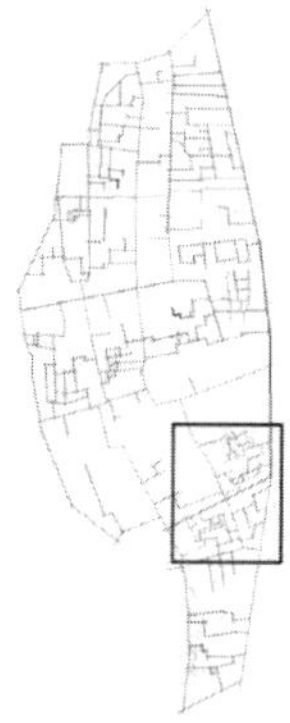
古镇中心空白区域	联系南北高整合度和可理解度区域的桥梁地带,由于该区域年久失修,导致占地面积虽然大但人流量较少,该区域的空间未被合理利用。对该地段进行改造和延伸,打破古镇核心区"孤岛"现象,将南北古镇地带紧密相连,形成一个古镇核心地带串联各区域		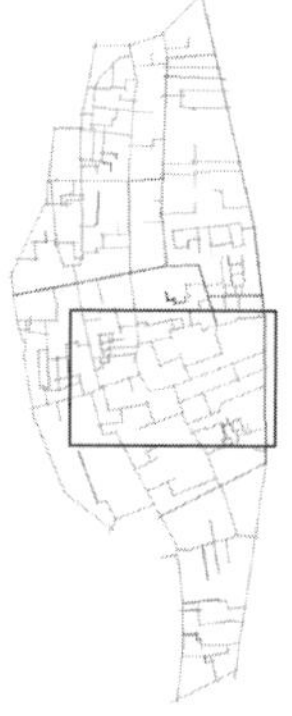

5.2 降低部分街道深度值,保留原始人气格局

晋城古镇整体街巷空间深度值较高,道路整体可理解度低,为加强古镇内部空间的使用率,可以强化与主要南北轴线街道垂直的支路的连接度,并且加强东部晋东街的规划,从而与南面老县府街形成一个

完整的环线，从而实现古镇整体的空间优化。同时，应当在不过多打扰原住居民正常生活的情况下进行旅游路线的优化，保障游客的游览路线完整、连贯（表 3）。

6 小结

古镇受其所处年代、地域、人文环境等不同因素影响，形成了具有地方特色的空间形态，如今多数古镇区的空间格局已基本稳定。在大数据时代，将空间句法与大数据分析结合，可以为古镇空间形态特征研究提供新的思路与技术方法，提升街区完整性和空间关联，将历史建筑遗产与城市脉络相结合，从而解决近几年来普遍存在的古镇街巷空间"孤岛化"现象。当然，空间形态最终要服务于人，被人所感知，本文主要运用理性的技术方法，在后续的研究中，可以通过理性与感性相结合的方法对古镇的空间形态特征进行深入研究。

张天奕　昆明理工大学　硕士研究生
王旭逵　昆明理工大学　硕士研究生
何俊萍　昆明理工大学　教授

参考文献

[1] 李翔宇，翟辉，梁峥. 昆明晋城古镇调研实例：人类学田野调查方法在建筑学中的应用 [J]. 华中建筑，2011，29(10)：53-55.

[2] 刘洋. 基于空间句法的高校新老校园规划比较研究：以安徽池州两所高校为例 [J]. 安徽建筑，2019，26(12)：17-19，192.

[3] 青果，胡金龙，艾烨，等. 基于空间句法和 POI 数据的综合性公园可达性研究：以成都市中心城区为例 [J]. 广西师范大学学报(自然科学版)，2023，41(2)：201-212.

[4] 王月涛，宋婧雯，薛滨夏，等. 基于空间句法的历史城市"孤岛效应"改善策略研究 [J]. 城市发展研究，2021，28(4)：99-107，2，37.

[5] 闫思雨，康洋鸣，郭荣朝，等. 基于空间句法的历史文化空间叙事研究：以洛阳城区核心区域为例 [J]. 地域研究与开发，2022，41(4)：94-99.

[6] 王量量，向彦霖，蒋珏瑾，等. 闽南传统村落核心保护区边界空间形态量化研究：以泉州晋江梧林村为例 [J]. 小城镇建设，2023，41(6)：23-30.

[7] 方铁铁，闻鸿，曾慕琳. 基于 POI 的公共服务设施核密度分析：以眉山市北部新城区为例 [J]. 中国水运，2022，22(6)：150-152，155.

天津建筑文化特色保护传承与创新发展研究

Preservation, Inheritance and Innovative Development of Architectural Culture Characteristics in Tianjin

尔 惟 张 萌 张 茜

摘 要:天津城市建筑遗产众多、文化底蕴深厚,被誉为“万国建筑博览会”,是全国知名的建筑之都与设计之都。天津的建筑文化特色凝练于“中西合璧”的建筑风貌,蕴含着“海纳百川、多元包容”和“精益求精、开拓创新”的文化内涵。天津的建筑文化特色主要体现在群芳争艳的形式美、因地制宜的技艺美、精巧宜人的尺度美、和而不同的整体美、水绿交融的环境美和历史传承的底蕴美。在深入挖掘天津建筑文化内涵与特色的基础上,本文围绕加强顶层设计、实施精品工程、强化科技赋能、搭建多元平台四个方面,提出天津建筑文化特色保护传承发展的对策建议,推动天津建筑文化焕发出更加璀璨的光芒。

关键词:天津市;建筑文化特色;保护传承与创新发展

Abstract: With numerous urban architectural heritage and profound cultural heritage, Tianjin is known as the “International Architecture Expo” and is a well-known architectural and design capital in China. The architectural culture of Tianjin is condensed in the architectural style of “combining Chinese and Western elements”, which contains the cultural connotation of “embracing all rivers, diversity and inclusiveness” and “striving for excellence, pioneering and innovation”. The characteristics of Tianjin's architectural culture are embodied in the beauty of diverse forms, the beauty of skills adapted to local conditions, the beauty of exquisite and pleasant scale, the beauty of harmony and diversity, the beauty of the environment blending water and green, and the beauty of historical heritage. On the basis of in-depth exploration of the connotation and characteristics of Tianjin's architectural culture, this paper puts forward countermeasures and suggestions for the protection, inheritance and development of Tianjin's architectural culture characteristics from four aspects: strengthening top-level design, implementing high-quality projects, strengthening scientific and technological empowerment, and building multiple platforms, so as to promote Tianjin's architectural culture to glow with more brilliant light.

Keywords: Tianjin; architectural cultural characteristics; preservation, inheritance and innovative development

1 天津建筑文化的基本概况

天津是第二批国家级历史文化名城,城市建筑遗产众多、文化底蕴深厚。目前,天津拥有超 50 km^2 的历史城区、14 片历史文化街区、超过 50 年的历史建筑 3 000 余栋,被誉为“万国建筑博览会”,是全国知名的建筑之都与设计之都。

天津的城市发展伴随着历代运河的开凿和漕运发展,1404 年明成祖设卫筑城,历经 400 多年,天津逐渐从河滨聚落发展成拱卫北京、连通南北的经济和军事重镇;1860 年后天津作为北方开埠最早的城市,在西方列强强占租界过程中迎来了东西方文明碰撞与交融的发展阶段,九国租界的划定与河北新区的拓展,奠定了天津城市“沿河拓展”“多元拼贴”的城市格局。新中国成立后,城市回到人民手中,历经 30 年,天津初步完成了从工商业城市向制造业城市的改造;进入 21 世纪,天津以海河两岸综合开发改造和滨海新区开发开放为标志，以“津城”“滨城”为核心，全面开启社会主义现代化大都市建设新征程，为实现“一基地三区”的宏伟目标不断前行。

建筑是“石头的史书”，是城市发展变迁的重要见证。天津的建筑特色伴随着波澜壮阔的城市发展进程沉淀与显现。“天津卫三宗宝——鼓楼、炮台、铃铛阁”记述了天津的城市起源和明清时期的繁荣；劝业场、百货大楼和众多的“小洋楼”见证着天津中西碰撞、南北交融的近代百年沧桑；体院北、王串场等居住区体现了天津在20世纪八九十年代在“经济、实用、美观”原则下形成的城市建筑风貌；21世纪以来，一批建筑精品工程不断涌现，津湾广场、文化中心、奥体中心、中新生态城、于家堡商务区、天开园等项目推动城市功能不断提升，天津的建筑基因在保护传承中不断发展，逐渐形成了“大气洋气、清新靓丽”的总体格调，演变出有别于北京“古都建筑”、上海“海派建筑”的文化内涵和艺术品位。

2 天津建筑文化特色与内涵

天津的建筑文化特色凝练于“中西合璧”的建筑风貌，蕴含着“海纳百川、多元包容”和“精益求精、开拓创新”的文化内涵。

2.1 海纳百川、多元包容

天津的建筑文化特色可以概括为内陆文化与海洋文化兼容并蓄，传统文化与现代文化交相辉映，本土文化与外来文化交融互鉴，彰显出与众不同的较高辨识度，东西荟萃、欧风华韵——既充满美丽、高贵的东方古典韵味，又呈现出跨越时空、典雅靓丽的“万国”人文景观。天津的形成依托运河交汇、河海通津的独特地利，元明清时期“干戈拱卫，盐粮漕运”的城市职能推动军商民在三岔河口附近生活聚集，也给后人留下了丰富的运河建筑遗产。从北方最大的妈祖庙宇——天后宫，到中国近代最著名的天主教堂——望海楼教堂，从中国近代第一座开启式桥梁——金华桥，到名震南北的北方第一私家园林——水西庄……彰显了天津城“五方杂处”的文化底蕴。近代开埠以来，在经历中西文化的碰撞与交流后，因天时，就地利，借鉴西方现代建筑技术工法并融入中国传统建筑观念成为建筑发展新潮流，也衍生出了“以西为体、以中为用、中西融合”的独特建筑文化。李吉甫旧居欧式外观与中式四合院布局的协调，大清邮政津局欧式立面与中式吉祥纹样砖雕的融汇，浙江兴业银行室内西式穹顶造型与室内细部中式钱币装饰图案的运用……林林总总，不一而足。这些建筑创意充分反映了天津作为近代中西文化交流前沿和中心的重要地位及其所肩负的独特使命，也彰显出天津多元包容的城市气质。

2.2 精益求精、开拓创新

近代天津以独特的地理区位与政治地位吸引着大量社会名流聚集于此。一流的人才、一流的智慧也造就了一流的建筑和创新的理念。天津是近现代建筑大师的摇篮，沈理源、阎子亨、杨廷宝、关颂声、张镈、虞福京、彭一刚等建筑名家在创作中匠心独运，为天津留下了诸多精巧传世的建筑精品。在近年评出的900项中国20世纪建筑遗产中，天津58项建筑位列其中。天津规划引领近代中国城市建设先河，五大道是国内最早践行“花园城市”理念的城市街区；天津是全国的桥梁之都，桥梁专家茅以升说过“几乎全国的开合桥都集中在天津”，以金刚桥、金汤桥、解放桥为代表，天津桥梁建造技术在国内首屈一指；高415 m的天津广播电视塔是20世纪90年代亚洲第一高塔；滨海新区图书馆以“滨海之眼”的独特创意引领当代世界图书馆设计潮流，被誉为“全球最酷图书馆”；国家会展中心（天津）是目前北方规模最大、配套设施最为齐全的会展综合体，整体采用装配式钢结构，同时采用太阳能光伏发电板、地源热泵等124项低碳、节能、环保技术，在国内率先实现“展馆智慧化 + 业务数字化 + 体验智能化”的全面融合。天津现代建筑不断推陈出新，始终诠释着“精益求精、开拓创新”的建筑文化内涵。

3 天津建筑文化特色的主要特征

3.1 群芳争艳形式美

天津的建筑功能多种多样，囊括居住、教育、医疗、工业、商业等几乎所有的建筑功能类别；天津的建筑风格群芳争艳，既有中国传统建筑风格的天后宫、独乐寺等，也有欧式西洋建筑风格的“小洋楼”建筑群落等。在近代以来时空交叠的历史演进中，各国建筑工匠们将西方的建筑文化和工法融入天津地域建筑根脉，衍生出多元化建筑风貌，为天津建筑的形成与发展注入了丰富的文化基因。天津的桥梁仪态万千，一桥一景，从永乐桥到春意桥，沿途 19 座桥梁各美其美、绚丽多姿，已然成为永不落幕的“世界桥梁博览会”，演绎着独属于天津的别样风情。

3.2 因地制宜技艺美

“九河下梢、河海要冲”的地理环境，造就了天津地势低洼、土壤盐碱的水土条件，也催生了天津独特的建造技艺。各类建筑首层适度抬高形成半地下室，不仅有利于建筑通风防潮，也增强了建筑立面的比例协调感和艺术美感。建筑屋顶平坡结合，能够更好适应夏季炎热多雨的气候条件，是天津本土建筑的典型特征。在建筑材料方面，天津的建筑注重就地取材，本地的黏土过火砖（疙瘩砖）、清水砖、粗面石材、仿石水刷石、细卵石等材料在五大道民居建筑中广泛使用；同时，依托良好的区位和交通条件，天津建筑也充分融合了南方工匠的建筑技艺与智慧，广东会馆的“鸡笼斗拱”、石家大院的“土空调”等都体现了顺应环境、务实适用的建造特征。

3.3 精巧宜人尺度美

天津是近代最早引入城市设计方法的城市之一。历史城区中的城市街道和建筑注重与人的视线、尺度等的相宜关系，带来舒适、愉悦的环境体验。五大道等街区窄路密网的格局营造了步行友好的街区尺度；新建建筑高度不超过 12 m，保证了历史街区内建筑整体景观的一致性和协调性。不断增强规划管理的精细化水平，通过出台针对“河流边、公园边、历史文化街区边”等重点地区的建筑高度管理规定，科学设定新建居住区的容积率、建筑高度等控制指标，形成了海河两岸和重要公共空间周边建筑前低后高、通透疏朗的空间秩序，有效避免了城市“钢筋水泥森林”给人带来的冰冷和压抑感，形成了别具一格的近人、亲人、宜人的现代化大都市空间特征。

3.4 和而不同整体美

天津的建筑风貌、群落关系和城市空间秩序无不让人感受到和而不同、美美与共的和谐之美。无论是徜徉在历史文化街区还是海河两岸，无论是漫步在天津文化中心还是环城铁路绿道公园，城市景观给人带来的井然有序的韵律感、舒适感、愉悦感始终如一。错落有致的万国建筑、交相辉映的海河桥梁、起伏灵动的城市天际线，仿佛在共同演奏一曲浑然一体的天津城市交响。这种和而不同的整体美也体现在单体建筑的细节上，渗透在天津建筑文化的骨髓里。建筑的柱头、入口、门窗、铁艺围墙、转角塔楼等别具匠心、不拘一格而又珠联璧合、相得益彰，彰显了天津建筑独特的和合之美。

3.5 水绿交融环境美

天津因河而生，因水而兴，水文化是城市文化的根和魂，水与建筑共生共融是天津建筑文化特色的精髓所在。城市建筑与水为邻、亲近自然，蓝天碧水、红墙绿树，展现了天津有别于其他北方城市的独特之美。天津的地名多以“水”命名，天津的地标建筑也多以水来点缀。天塔、奥体中心、津湾广场、文化中心等地标建筑群在水的映衬下，营造出映影、成波、虚实等美妙的场景体验。永乐桥上的天津之眼——天津的地标建筑，是世界上唯一建在水上、与跨河桥梁合而为一的摩天轮，登临其上可将海河两岸的美丽风景尽收眼底，匠心独具的设计创意让天津建筑文化蜚声海内外。夜色阑珊时，华灯初上，河中倒影，水中月光成为天津的标志景观。

3.6 历史传承底蕴美

目前，天津市有 877 幢历史风貌建筑，这些建筑集有形物质空间和无形人文资源于一体，彰显着天津特有的城市文化底蕴。这些建筑记录着城市的起源和发展变迁，承载着名人往事和梓里旧闻，见证了近代 140 余项中国第一，具有重要的历史价值。鼓楼所在的老城厢地区是天津城市的发祥地，历史城区范围内 200 多处名人故居讲述着名流显贵涌居天津的过往轶事，大清邮政津局大楼、北洋大学旧址等则见证了中国第一枚邮票、第一所现代大学的诞生和多项重大历史事件的发生，让天津的建筑文化更加与众不同。

4 天津建筑文化特色保护传承发展的对策建议

4.1 加强顶层设计，保护特色建筑景观风貌

一是进一步构建完善天津市历史文化遗产和建筑风貌保护的地方法规体系。借鉴北京、广州等成功经验，进一步加强天津市历史文化名城和历史建筑保护的专项立法，研究制定《天津市历史文化名城保护条例》《天津市历史建筑规划管理工作规程》等地方性法规和标准，结合新的形势适时更新既有法规有关内容，完整构建历史文化遗产保护地方法规体系。

二是结合文物普查，深挖建筑遗产资源，开展不可移动文物补充认定工作；加快构建数字名城体系，运用 VR（虚拟现实）、AR（增强现实）、地理信息、三维仿真技术构建建筑遗产数字档案，为守住城市文化的根脉做好基础工作。

三是立法保护城市代表性的建筑景观和天际线，城市更新中充分运用城市设计、城市体检工具对各类历史风貌建筑保护利用的情况进行监督和审查，避免拆旧建新对城市传统风貌的破坏。

4.2 实施精品工程，培育天津设计金字招牌

一是策划“10×10”建筑精品工程，推出一批天津城市地标建筑。利用 10 年时间每年推出 10 个公共建筑精品，通过建筑设计国际方案征集、设计竞赛等多元形式，广泛召集顶尖人才在天津开展建筑创意创作实践，提升天津市建筑设计和建造的整体水平，为天津留下一批“精而新”的传世建筑作品。

二是践行人民城市理念，提升天津市居住建筑设计水平，打造一批市民满意的“好房子”；落实完整社区理念，不断更新居住建筑建造标准，探索从好房子到好社区再到好街区的实践路径，持续提升市民的幸福感、获得感。

三是加强天津市高端规划人才和建筑英才的培养，通过交流评比、出国培训、竞赛竞图等多种方式拓宽人才培养渠道，为展现天津当代青年设计师的创造才华搭建平台，不断擦亮天津规划建筑设计金字招牌。

4.3 强化科技赋能，推动建筑产业焕新升级

一是推动天津市绿色建筑产业发展，完善对绿色建筑、近零能耗建筑的奖励机制，鼓励新建建筑采用绿色建材和节能技术；加大对新技术、新材料研发的支持力度，推动相关产业降本增效，降低绿色建筑成本增量；建立和推广相关认证标准，建立标杆示范性零能耗建筑项目。

二是以装配式建筑产业基地为载体，重点发展系统集成设计、装配式部品部件、一体化装修等现代建筑产业，推动天津市建筑业与制造业融合发展；积极引导设备制造企业提高自动化和柔性加工技术水平，鼓励施工单位提升装配施工水平，提高装配施工连接质量，提高装配化装修水平。

三是以新质生产力赋能天津市建筑产业智能化转型，积极推广智慧楼宇平台应用，促进绿色建筑主动式节能；积极推广数字装配式平台应用，推动实现建筑高预制率和高装配率；立足天津市产业优势，整合资源要素，培育具有天津特色的智能建造产业生态，力促建筑业全产业链提质增效。

4.4 搭建多元平台，强化建筑文化特色宣传推广

一是积极承办世界建筑师大会、中国建筑科学大会、中国数字建筑大会、中国国际建筑装饰及设计艺术博览会等国内外建筑领域盛会，通过会议会展平台拓展天津建筑文化特色的宣传渠道，提升传播力和影响力。

二是利用抖音、小红书等直播和短视频新媒体平台加强天津建筑文化特色宣传，组织力量支持天津

建筑文化系列丛书的出版发行，更加直观、更加翔实地展现天津独特的建筑文化魅力。

三是增强外来游客对天津建筑文化的真切感知和实地体验，策划开展"建筑+教育"的建筑文化沉浸式研学活动，推动津派建筑文化进课堂，在潜移默化中使青年人受到天津建筑文化的感染和熏陶；打造"建筑+文旅"的多元场景，策划开辟更多 Citywalk 建筑文化漫行线路，更大范围提升名人故居、深宅大院的开放度，推动标志性高层建筑屋顶设置观光功能，使游人能够多角度与城市建筑"深度对话"，感知天津厚重的人文底蕴与独特的都市魅力。

四是探索建立历史建筑楼长制、建筑文化遗产监督员制度等机制，发动文史学者、建筑专家、名人后代等多方社会力量参与天津市建筑文化特色的保护传承和宣传推广；同时，提升城市设计、建筑设计的公众参与度，鼓励志愿者利用自身文化知识和专业技能，参与天津建筑遗产保护传承利用各个环节，广集群众智慧，激发社会公众自发宣传、阐释天津建筑文化的热情，让天津建筑文化更多惠及人民群众。

本论文写作过程中，得到中国文物学会常务理事路红女士的悉心指导，特此致谢！

尔惟　天津市城市规划设计研究总院有限公司　高级工程师
张萌　天津市城市规划设计研究总院有限公司　正高级工程师
张茜　天津市城市规划设计研究总院有限公司　中级工程师

参考文献

[1] 路红. 天津历史风貌建筑及街区保护实践回顾 [J]. 城市学报，2023(5)：114–117.

[2] 尔惟，路红."花园城市"中的绿色街区："五大道"9 号街坊规划中的可持续设计策略 [J]. 城市环境设计，2016,(3)：318–320.

[3] 天津城市规划编写组. 天津近代建筑 [M]. 天津：天津科学技术出版社，1989.

数字化赋能建筑遗产保护传承的路径与应用

新媒体技术在古建筑科普中的应用研究：以样式雷科普漫画为例

Application of New Media Technologies in the Popularization of Ancient Architecture : A Case Study of the Popular Science Comics in Yangshi Lei Style

杨 菁 李凌飞 于千雅 冀蕾诺 王一辰 张旭洋

摘 要：样式雷作为清代皇家建筑的主要设计者，其家族历史和建筑作品蕴含着丰富的历史、科学和文化价值。然而，由于缺乏通俗易懂的科普作品，样式雷的科技文化和学术成果的传播受到限制。本研究以颐和园为案例，提出通过漫画与小程序结合的方式，实现样式雷历史文物资源的数字化展示和设计理念的通俗化阐释。研究旨在打破学术研究与大众科普之间的壁垒，利用新媒体技术提高科普效果，促进公众对样式雷的理解并激发公众兴趣。通过对样式雷的学术研究现状、古建筑科普教育现状及其发展困境的分析，提出了创新的科普方式——结合漫画与小程序进行文化传播，进行样式雷历史文物资源的展示和设计理念的通俗化阐释，探索了样式雷漫画数字化平台的参与机制。通过线上平台的推广，研究不仅有效传播了样式雷的文化价值，也增强了公众对古建筑文化的兴趣和认识，在促进样式雷建筑文化的传承与推广、为文化遗产的数字化保护提供新的思路和方法方面具有重要意义。

关键词：样式雷；漫画数字化平台；颐和园；古建筑文化；文化遗产保护

Abstract: As the main architects of the imperial structures of the Qing Dynasty, Yangshi Lei family's architectural legacy and architectural endeavors embody profound historical, scientific, and cultural significance. Nevertheless, the dissemination of Lei's scientific and technological contributions and academic achievements is constrained by the scarcity of accessible popular science materials. Taking the Summer Palace as an illustrative example, this study endeavors to facilitate the digital exhibition of historical relic resources and the user-friendly interpretation of its design concepts through a seamless integration of comics and small programs. The project's objective is to bridge the gap between academic research and popular science, leveraging new media technology to enhance the effectiveness of science communication and foster the public's appreciation and curiosity towards Yangshi Lei. By examining the current state of academic research on Yangshi Lei, the status of science popularization education in ancient architecture, and its development challenges, this research introduces an innovative science dissemination approach that merges comics with small programs for cultural propagation. It meticulously outlines the exhibition of historical and cultural relic resources, offers a popular interpretation of Lei's design concepts, and explores the engagement mechanisms of the Yangshi Lei comic digital platform. Through online platform promotion, this study not only successfully disseminates the cultural worth of Yangshi Lei but also amplifies public interest and understanding in ancient architectural culture, marking a significant step in promoting the inheritance and advancement of Yangshi Lei architectural culture while providing fresh perspectives and methodologies for the digital preservation of cultural heritage.

Keywords: Yangshi Lei; comic digitization platform; Summer Palace; ancient architectural culture; preservation of cultural heritage

引言

样式雷是多代持续担任清代皇家营造工程掌案之职的雷氏家族的统称。该家族在两百余年间主持了紫禁城、三山五园、承德避暑山庄、东西陵等皇家建筑和园林的设计与修缮，成为中国古代建筑技术与文化的杰出代表。样式雷家族遗留的大量建筑图档、烫样等珍贵资料，为研究传统营造技艺的创新与迭代提供了重要依据。2007 年，“样式雷”建筑图档被列入《世界记忆名录》，彰显其在文化与社会历史中的深远影响。

样式雷研究已近百年，是打破建筑史学研究“见物不见人”的局限以及弥补设计方法研究不足的重要一环。20 世纪 30 年代初，以中国营造学社为首的相关学者对样式雷图档的收集整理、修复、研究与组织展出，是样式雷研究的开端。新中国成立以来，有关样式雷的学术成果丰富，作者所在的天津大学建筑学院就是样式雷研究的重镇之一。本文即在海量研究的基础上，从科普与传播角度，探讨这一伟大文化遗产创新利用的可能。

1　古建筑科普教育现状和发展困境

传统的古建筑科普主要通过线下讲授和历史文化展览的方式开展。建筑领域的从业者通常通过建筑课程和宣讲，采用图文并茂的形式向大众科普古建筑。然而，这类科普活动因专业知识晦涩难懂、公众兴趣较低，难以实现良好的传播效果。博物馆等展览场馆则通过陈列古建筑模型与建造过程，帮助游客以游览的方式了解古建筑文化。但这种形式往往难以给受众留下深刻印象，科普知识的传播深度与广度受限，难以实现长期影响。

当前，科普传播正从传统的书籍、展板等平面化形式，逐步向线上线下相结合的数字化、智能化方向发展。在信息技术迅速发展的背景下，通过微博、微信等新媒体形式传播科学信息已成为主流，占比超过 80%。数字媒体技术的发展为科普内容的创新提供了重要机遇。一些学术机构与科技企业基于游戏引擎、物理仿真、数字还原等技术，推动了文化遗产的活化利用。例如，腾讯与中国文物保护基金会联合推出的“云游长城”小程序，利用“云游戏”技术实现高精度、沉浸式的长城数字还原体验，为文化遗产科普探索了新的方向。

与此同时，传统科普形式也面临诸多局限性：①传统科普传播模式以单向信息传递为主，受众在信息接收过程中的主动性不足；②科普活动受时间和空间的限制，难以实现广泛覆盖；③传统科普形式主要依赖文字、图片、音视频等单一媒介，难以调动受众的兴趣。这些问题表明，传统科普模式亟待与新媒体技术相融合，以提升传播效果并增强公众参与度。

尽管关于样式雷的学术研究成果丰富，但其形式多为专业论文，不能满足大众了解中国古建筑文化的需求。现有的传统科普活动，如讲座和展览，也存在传播范围有限、互动性不足等问题，导致样式雷的科技文化与学术成果难以有效传播。基于此，本研究以样式雷承建的皇家园林为对象，采用科普漫画与线上小程序相结合的方式，开发面向大众的数字化科普平台。本项目通过将样式雷的建筑文化与设计理念漫画化、通俗化，以生动、易于接受的形式提升公众的兴趣和理解效果，促进样式雷文化的传播。

研究旨在探索新媒体技术在古建筑科普中的应用路径，以颐和园工程为切入点，利用样式雷图档和相关文献资源，结合漫画与小程序的可视化方式，通过构建线上互动平台，向大众普及样式雷的设计理念与文化价值。旨在打破学术研究与大众科普之间的传播壁垒，激发公众对传统建筑科技与文化的热情，促进传统文化的传承与普及，并进一步增强文化自信与认同感。

2 基于漫画数字化平台的样式雷科普模块

2.1 颐和园基本情况及选取原因

颐和园，原名清漪园，是清代乾隆皇帝于1750年下令修建的皇家园林，是为庆祝其母六十大寿而兴建的。这座园林不仅是中国古典园林艺术的集大成之作，也是样式雷家族设计理念的重要体现。在漫长的发展历程中，颐和园经历了初建、改建、扩建和修复等多个历史阶段，其自然景观与人工建筑的融合展现了清代造园艺术的精髓。

颐和园的整体规划和营建细节，集中反映了样式雷家族的设计方法和建筑哲学。样式雷图档作为关键历史文献，记录了颐和园的布局、施工过程以及设计细节。这些图档，不仅为园林的再现提供了基础，也成为研究其历史变迁的重要依据。此外，清代皇帝御制诗中对园林的赞美和描述，也为理解其设计理念提供了文化背景和人文关怀。

本文选择颐和园作为研究对象，不仅因为其独特的艺术价值与历史地位，更在于它是清代建筑技艺与审美理念的集中体现，为研究提供了丰富的实物资料与理论依据。

近年来，在建筑历史与理论研究领域，天津大学建筑学院历史与理论研究所成果斐然，尤其是在清代建筑世家样式雷及其相关研究方面表现突出，这为深入探究颐和园等诸多古建筑提供了坚实的学术支撑。20世纪80年代以来，天津大学建筑历史与理论科研团队秉持中国建筑史学界的优秀传统，通过国家自然科学基金持续资助的中国古代工程图学研究、清代样式雷建筑图档综合研究、清代建筑哲匠样式雷世家综合研究等项目，重启对样式雷及其图档研究，并取得重大进展，直接促成样式雷建筑图档列入《世界记忆名录》。

清代建筑世家样式雷及其建筑图档综合研究目前的课题包括：对样式雷世家的综合研究[1]；对静宜园、静明园及相关样式雷图档的综合研究[2]；对静寄山庄及相关样式雷图档的研究[3]；对样式雷圆明园图档的综合研究[4]；对清代王府建筑及相关样式雷图档的研究[5]等。尤其是张龙的论文[6-7]，对颐和园样式雷图档研究有突出贡献，他聚焦颐和园这一特定研究对象，深度发掘样式雷图档蕴含的信息，促使颐和园研究范式从粗疏迈向精准，从孤立趋向综合，为研究者研究颐和园样式雷图档提供坚实的学术基础。样式雷研究团队对清代建筑世家样式雷及其建筑图档的综合研究分别围绕宫殿、王府等多种皇家建筑类型展开，不同类型建筑的样式雷研究成果，能够助力研究者突破园林单一视角局限，拓展至整个清代皇家营造体系去深度认知颐和园。

综上而论，天津大学建筑学院历史与理论研究所依托深厚扎实的学术积累对样式雷全方位、多层次的精研深耕，全面揭示了以样式雷为典范的古代建筑师在国家建筑活动中的作用，长期以来中国古代建筑设计理论和方法的“失语症”、相关建筑遗产保护“见物不见人”等弊端得以终结或改善。同时，弥补了相关空白或缺环，开拓了新的研究方向，促成相关文化遗产的保护和展示利用等跨上新台阶，为本研究提供多维度的参考。

2.2 样式雷设计理念的科普阐释

2.2.1 颐和园营造地图

为了更直观地展示颐和园的历史演变及其设计精髓，本研究制作了颐和园营造地图（图1）。该地图通过数字化手段，将样式雷图档、历史文献和学术研究成果整合在一起，重现了园林在不同历史时期的空间分布、建筑形态和景观特征。地图采用了交互式界面设计，用户可以逐层探索颐和园的布局、建筑元素与自然景观的关系，以及各时期改建过程中的关键决策。这一成果不仅为学术研究提供了全新的工具，也通过可视化手段向公众传递了颐和园的设计理念与文化内涵，让普通人也能感受到传统造园艺术的深刻魅力。

图1　颐和园营造地图

（图片来源：作者自绘）

2.2.2　样式雷漫画日志

样式雷漫画日志是本研究在传播形式上的一项创新尝试。由于样式雷家族及其图档文化的受众知识背景存在较大差异，为了更广泛地传播样式雷建筑文化，团队选择以漫画为主要媒介，创造了基于历史故事背景的漫画人物（图2），采用第一人称视角的叙述方式（图3），将样式雷的家族历史、设计理念及清代皇家园林的营造过程以轻松、有趣的方式呈现。

图2　样式雷漫画日志中的部分人物

（图片来源：作者自绘）

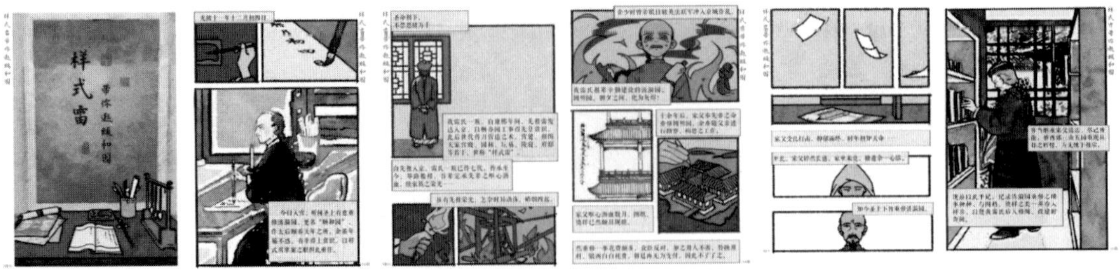

图3　样式雷漫画日志部分内容

（图片来源：作者自绘）

漫画让样式雷成为讲述者，与读者进行对话，分享建筑设计背后的故事。这种形式使样式雷家族的设计理念从专业化、学术化的语境中“走出来”，变得更易于被普通大众理解和接受。漫画内容不仅涵盖设计理念的形成与实践，还包括皇家园林建设过程中的技术细节和文化背景，旨在通过视觉化、叙事化的手段，向公众展示清代建筑文化的深度和广度。

与此同时，漫画日志强调了数字化技术在文化传播中的重要作用。通过与小程序结合，漫画日志不仅提供了静态的阅读体验，还加入了动态互动功能，让用户在浏览内容的同时，通过点击等操作感受样式雷图档的历史价值。漫画日志试图通过生动的叙述方式和直观的表现形式，缩短受众与传统文化之间的距离，唤起他们对建筑文化的兴趣和关注。

2.3 公众参与模块

公众参与模块是本研究的重要创新之一，其目标是通过互动体验提升用户对样式雷文化的认知与兴趣，并进一步提升文化遗产保护的公众参与度。为此，研究团队开发了一款基于数字技术的科普漫画游戏小程序，为用户提供了集知识性与趣味性于一体的参与方式。

小程序的设计以“寓教于乐”为核心理念，用户可以通过点击页面中的图标或人物，进入游戏化的交互场景。在这些场景中，用户扮演建筑师或工匠，与虚拟 NPC（非玩家角色）进行对话，学习并“模拟参与”清代皇家园林的营造过程（图 4）。内容设计不仅包含建筑施工的步骤，还通过任务引导用户了解样式雷图档中的设计细节、技术创新及文化内涵。例如，用户可能会在游戏中模拟测绘任务、规划园林布局或参与宫殿的装饰设计，从而获得更加直观的学习体验。

图 4　NPC 交互场景

（图片来源：作者自绘）

为了确保小程序的长期运营和内容优化，团队在小程序的起始页和结束界面设计了反馈机制，附加在线调查问卷，用于收集用户的意见与建议。通过分析这些数据，团队可以实时调整小程序的功能与内容，确保其始终符合用户需求并保持良好的科普效果。

此外，小程序还通过社交媒体进行推广，让更多公众了解样式雷建筑文化及其对中国传统建筑的深远影响。通过这种线上线下结合的方式，不仅打破了学术研究与公众科普之间的壁垒，还为文化遗产的数字化保护与传播探索了一种全新的可能性。公众参与模块不仅是文化传播的手段，也是样式雷文化可持续发展的重要实践，为古建筑文化的传承与发展提供了重要支持。

3 样式雷漫画数字化平台的参与机制

3.1 目标人群分析

本研究的小程序科普平台主要面向非建筑专业的广泛公众，通过漫画形式将样式雷文化与建筑历史相结合，实现对大众的普及教育，提升文化认同与文化自信。该平台以漫画形式展现样式雷文化精髓，传承古建筑的学术思想与文化内涵，挖掘其历史价值、科学价值、艺术价值和社会价值。

考虑到线下传统科普形式的局限性以及数字化时代公众需求的变化，通过开发小程序，满足公众对碎片化学习的需求，使其能够随时随地获取样式雷及其参与的颐和园设计相关知识。平台设计协同漫画内容与颐和园建筑实景，结合导航与科普游览路线功能，将二维漫画与三维旅游体验结合，为公众提供沉浸式科普体验（图 5）。

在当前旅游热潮背景下，本平台将科普漫画与现存建筑实景及测绘图相结合，通过数字化方式串联科普漫画涉及的建筑景点，规划线上线下同步的漫游模式。在线上平台学习样式雷知识的同时，用户可在线下景区实地感受其建筑实体，增强学习效果与文化认同，深化科普体验。

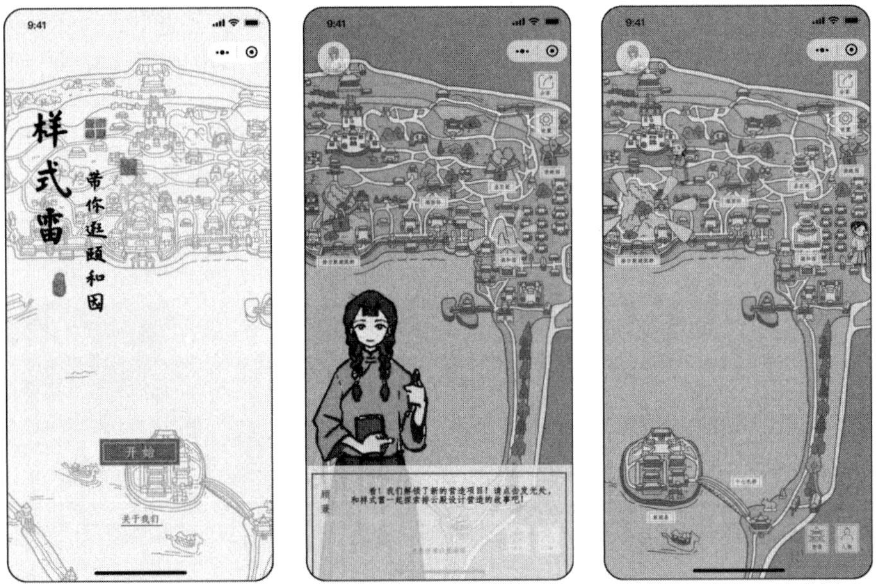

图 5 在游览中解锁古建筑故事

（图片来源：作者自绘）

3.2 公共参与机制

为实现“互联网 +”科普模式，本研究对样式雷在颐和园修缮过程中形成的重要建筑、空间结构，以及光绪年间相关的文化人物、日常活动等数据进行收集与整理，包括文字、图片、三维模型等多种形式，将其整合并嵌入小程序平台（图 6）。平台通过漫画形式展现建筑知识，并与实际景区游览体验结合，形成内容丰富、传播广泛的掌上科普体系。

公众通过平台不仅能够浏览样式雷文化相关的科普漫画，还可结合实景旅游体验，形成线上学习与线下实地观察的有机结合。通过整合导航与科普路线规划功能，平台将建筑科普内容嵌入旅游场景，助力文化传播的广度与深度拓展。该模式有望构建“建筑科普—数字旅游—文化教育”三位一体的互动体系，为文化遗产的活化利用提供新思路。

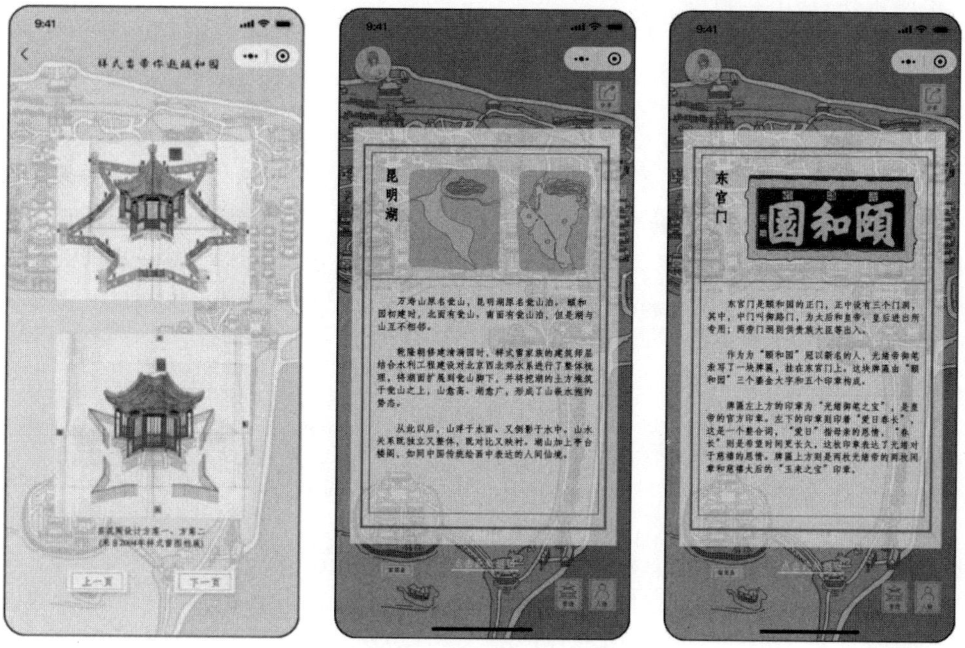

图 6　小程序科普页面

（图片来源：作者自绘）

4　成果及反馈

研究以新媒体为主要传播媒介，充分利用其传播速度快、覆盖范围广的特点，显著提升了建筑知识科普的教育效果。通过搭建线上科普平台——“样式雷带你逛皇家园林”小程序，深入挖掘样式雷建筑图档的历史价值与艺术价值。采用漫画形式，将传统建筑文化以更年轻化的方式呈现，扩大了其受众范围，让更多公众了解中华民族建筑瑰宝。此外，通过将漫画内容与小程序功能相结合，研究突破了传统科普的时空限制，构建了高效便捷的线上科普模式。

在平台搭建过程中，我们深入体会到科学的科普方式与内容应随社会发展与需求进行动态调整。主动挖掘并承担传播建筑知识的责任，既是建筑学专业师生在转型期的需要，亦能够有效增强公众对建筑文化的重视。研究在传播路径上采取了线上与线下相结合的模式。线上渠道包括微信公众平台、小红书、哔哩哔哩漫画及快看漫画等新媒体平台；线下以科普展览和建筑营造过程游戏的方式进行推广。截至目前，微信公众号“样式雷带你逛皇家园林”订阅用户已超过 500 人，总阅读量超过 4 000 次，并推出相关文创产品在天大海棠节展销。

对于传播效果的评估主要基于微信公众平台后台数据的收集与分析。从数据分析来看，科普公众号上线一个月以来，新增用户近 400 人，三篇推送的总阅读量超过 3 000 次。流量来源呈现多样化趋势，新增关注人数波动较大，但整体呈增长态势。常读用户占比接近 20%，阅读趋势受推送发布频次影响较为显著。这些数据为后续科普工作的优化提供了有效参考，尤其为精准了解受众接受程度与需求奠定了坚实基础。

综上所述，本项目通过新媒体平台的创新应用，建立了一种全新的古建筑文化科普传播模式，为建筑知识普及和文化自信提升提供了重要支持，具有显著的社会推广价值，基于此，本项目荣获多项全国性奖项，包括 2024 年新文科实践创新大赛金奖、第十一届中国青年创青春大赛优秀奖、第十四届“挑战杯”中国大学生创业计划竞赛天津大学选拔赛银奖等。在新时代背景下，古建筑科普知识以更加鲜活、生动的形式普及给广大民众，绽放出耀眼的光芒。

杨菁　天津大学　副教授
李凌飞　天津大学　本科生
于千雅　天津大学　本科生
冀蕾诺　天津大学　本科生
王一辰　天津大学　本科生
张旭洋　天津大学　本科生

参考文献

[1] 何蓓洁. 清代建筑世家样式雷研究 [D]. 天津：天津大学，2011.
[2] 杨菁. 静宜园、静明园及相关样式雷图档综合研究 [D]. 天津：天津大学，2011.
[3] 朱蕾. 境惟幽绝尘，心以静堪寄：静寄山庄研究 [D]. 天津：天津大学，2011.
[4] 张凤梧. 样式雷圆明园图档综合研究 [D]. 天津：天津大学，2009.
[5] 耿威. 清代王府建筑及相关样式雷图档研究 [D]. 天津：天津大学，2010.
[6] 张龙. 济运疏名泉，延寿创刹宇：乾隆时期清漪园山水格局分析及建筑布局初探 [D]. 天津：天津大学，2006.
[7] 张龙. 颐和园样式雷建筑图档综合研究 [D]. 天津：天津大学，2009.

基于 NeRF 技术的青海土司庄廓数字化保护研究
——以尕让千户院为例

Research on the Digital Preservation of Tusi Zhuangkuo in Qinghai Based on the NeRF Technology
—Taking Garang Qianhu Coutryard as an Example

陈 航 崔文河

摘 要:土司庄廓是藏区传统建筑,融合了中原儒家文化与藏族建筑艺术,兼具四合院式的空间布局、平顶密肋的建筑技术和二层台地的空间分布,集居住、行政、宗教功能于一体。由于其保护状况不一,亟待高效保真的数字化技术来支撑其传承。本文从建筑遗产保护视角出发,研究土司庄廓的建筑风格成因,并结合神经辐射场(NeRF)技术,通过平面、立面、剖面图示化呈现其特征。随后,对比土司庄廓与庄廓民居的建筑风格,从空间组织、功能布局、装饰艺术和建筑构造等方面分析其独特性。最后,基于研究成果,解构土司庄廓的建筑特征,探讨其在现代生活中的传承与活化,推动不同民族、文化与时代背景下建筑艺术的多元共生。通过 NeRF 技术,本文不仅记录并展示了土司庄廓的文化内涵与建筑艺术,还为其保护、修复和活化提供了一种科学方法,开辟了多民族文化交流与融合的新学术视角。

关键词:土司庄廓;建筑遗产;数字化保护;神经辐射场

Abstract: The Tusi Zhuangkuo is a traditional architectural style in Tibetan areas, blending the Confucian culture of the central plains with Tibetan architectural art. It features a courtyard-style spatial layout, flat roofs with ribbed beams, and a two-level platform spatial distribution, integrating residential, administrative, and religious functions. Due to varying conservation conditions, there is an urgent need for efficient and accurate digital technologies to support its preservation. This study explores the architectural style of Tusi Zhuangkuo from the perspective of heritage conservation. It first investigates the causes behind its unique architectural features and uses neural radiance field (NeRF) technology to visualize its floor plans, elevations, and sections. The study then compares the architectural style of Tusi Zhuangkuo with that of Zhuangkuo residences, analyzing their spatial organization, functional layout, decorative arts, and construction techniques. Finally, based on these findings, the study reconstructs the construction characteristics of Tusi Zhuangkuo and discusses its preservation and revitalization in modern life, promoting the coexistence of architectural arts from different ethnic groups, cultures, and historical periods. Through the application of NeRF technology, this research not only records and showcases the cultural essence and architectural artistry of Tusi Zhuangkuo but also provides a scientific approach for its protection, restoration, and revitalization. It offers a new academic perspective and theoretical support for the exchange and integration of multi-ethnic cultures.

Keywords: Tusi Zhuangkuo; architectural heritage; digital preservation; neural radiance field (NeRF)

引言

青海河湟地区位于蒙古、青藏、黄土三大高原交接处,是汉族、藏族、回族等民族聚居区,也是藏传佛教与中原儒家文化交融的核心地带,具有独特的地理条件和丰富的民族文化背景。党的十八大以来,习近平总书记强调“历史文化遗产承载着中华民族的基因和血脉”，要“像爱惜自己的生命一样保护好城市历史文化遗产”。

土司庄廓是土司建筑的变体，河湟地区的研究和保护工作仍处于初级阶段，存在诸多不足。尕让千户院作为该地区典型的土司庄廓，富含研究价值，却未得到专业的建筑遗产保护。本文拟通过安全、保真、高效、低成本的神经辐射场(neural radiance fields，NeRF)技术，为尕让千户院的保护与传承提供支持，并在此基础上对其展开综合性研究。

1　土司庄廓与数字化保护研究现状

土司制度作为土司建筑的文化载体，在青海少数民族地区最早可追溯至宋朝，是中央王朝的主要治边政策。鉴于土司制度分布之广，影响民族之多，学术界对土司制度的研究冗杂，关于土司庄廓的文献匮乏，缺少对土司庄廓系统性的研究，因此本文根据其建筑形制将土司建筑分为六类(表 1)。

表 1　土司建筑形制分类

建筑形制	案例	民族	地点
土司城	恩施土司城	土家族	湖北省恩施土家族苗族自治州
土司衙门	兰州鲁土司衙门	藏族	甘肃省兰州市
土司城堡	遵义海龙屯土司城堡	汉族	贵州省遵义市
土司官寨	贵州西江千户苗寨	苗族	贵州省黔东南苗族侗族自治州
土司庄园	毕节大屯土司庄园	彝族	贵州省毕节市
土司庄廓	尕让土司庄廓	藏族	青海省西宁市

表格来源：作者自绘。

现有的相关专著如王军的《西北民居》[1]、孙大章的《中国民居研究》[2]对庄廓有简要概述，相关的期刊文献如哈静等的《青海“庄窠”式传统民居的地域性特色探析》[3]对庄廓的功能、屋顶、建造方法进行了简述，邵楠的《青海民居庄窠与自然地理环境的适应性》[4]分析了地理因素对庄廓建筑的影响，赵璐等的《传统庄廓民居空间艺术浅析：以青海尕让千户庄院为例》[5]对土司庄廓的空间艺术进行了简析。

同时，现实中土司庄廓衰败，对这一建筑遗产进行保护与传承也尤为重要。传统的保护方式已无法满足当前对建筑遗产保护的全方面、多形式、高保真的要求，因此数字化保护应运而生，王敬萱等发表的《近二十年我国历史文化遗产数字化保护利用文献综述》[6]对当前主流的数字化保护技术进行了简述，以激光扫描与倾斜摄影技术对建筑遗产进行三维重建为主。

NeRF 技术作为一种新兴的三维建模方法，已开始用于文化遗产的记录。NeRF 通过深度学习高质量三维场景合成算法，能通过二维图片重建详细且连续的三维空间。程斌等在《基于 NeRF 的文物建筑数字化重建》[7]中，将 NeRF 与倾斜摄影建模进行了对比研究，发现 NeRF 在重建速度和保真度方面均优于后者。NeRF 适用于复杂和精细的文化遗产场景，如雕塑、古建筑和艺术品的细节展示，提供了精确且高效的记录手段。这不仅为未来的研究和教育提供了丰富的视觉资源，还能在文化遗产受损或灭失的情况下，通过已记录的数据进行数字化修复和再现。目前，文化遗产重建领域仍主要采用传统数字化技术，基于 NeRF 的方法和理论应用较少。

综上，本文拟基于 NeRF 技术从多个角度对土司庄廓展开综合性研究，探讨其保护与传承的可能性。

2 基于 NeRF 技术的土司庄廓营建特征分析

本节首先采用文献分析法、田野调查法对尕让千户院进行资料收集，通过相机、无人机采集尕让千户院的照片、视频数据，接着利用 NeRF 技术将数据集转化为尕让千户院的三维模型(表 2)，最后基于这一高保真的三维模型对千户院展开综合性分析与研究。

表 2 基于 NeRF 的三维重建图示

平面图	南立面	东立面	西立面	鸟瞰 mesh 图	点云剖透视

表格来源：作者自绘。

2.1 尕让千户院成因分析

陆元鼎在《民居史论与文化》[8]中提到“对传统民居的分类看法是人文、自然条件综合分类法……在满足生产、生活、习俗、信仰的前提下，充分考虑气候、地理、材料等自然条件是形成传统民居类型的主要因素”。因此本文就尕让千户院的成因从人文与自然两方面因素进行分析。

2.1.1 人文成因

构成尕让千户院的人文成因包括文化、政治与宗教等方面。

文化方面，明朝“洪武三十年……其府、州、县、巡检、驿传土官，仍隶吏部”[9]，明末清初，“土司”与“土官”逐渐统称为如今的“土司”。在土司制度不断演变的过程中，中原的儒家文化逐渐与边疆的游牧文化交融，在空间与功能上形成了中轴对称的土司庄廓。在装饰艺术方面，千户院提取藏族文化中唐卡的“白、蓝、红、绿、黄、黑、金”进行色彩搭配，《唐卡艺术概论》中所述“汉地青绿山水和金碧山水元素便自然成为历代藏族绘画大师们为丰富发展藏传绘画唐卡艺术表现技艺方法而用心追摩、学习借鉴的一部分”[10]，便反映出汉藏文化的相互交融。

政治方面，推行“土流参治”，以土官为主，流官为辅，共同参政，朝贡制度、茶马互市则通过交换物品的形式，加强了边疆地区与中央王朝的经济、文化交流，中原地区的建筑装饰也因此被土司引用于尕让千户院中。

宗教方面，明清中央王朝引入佛教与苯教对抗，经过两教长期的斗争产生了藏传佛教。由此，以土司制度为主、僧官制度为辅的治理结构在藏区发展。藏传佛教成为集宗教、政治、文化为一体的管理工具，尕让千户院的建筑时序映射了佛教万字等的形式特征，而其在青海最早可以追溯到公元前 5000 年的仰韶文化，逐渐演变成为如今的万字符。

2.1.2 自然成因

尕让千户院的自然成因主要包括地形和气候。贵德县地形复杂，山川交错，形成盆地丘陵地貌，尕让乡位于该县境内，主要以农业为主，同时兼营少量畜牧业。由于北靠拉脊山，尕让千户院形成了多层台地的山地建筑，这种地理条件为建筑提供了坚实的基础和独特的风貌。

处于三大高原交接处的尕让乡，具有显著的高原大陆性气候特征。这里太阳辐射强烈，日照时间长，昼夜温差大。极端的气候条件不仅影响了居民的生活方式，也对建筑材料和结构提出了特殊要求，尕让千户院的厚实夯土墙正是对这种气候环境的适应产物。因此，尕让千户院不仅体现了当地独特的地理和气候条件，也反映了土司建筑在复杂环境中的适应与演变。

2.2 基于 NeRF 技术的尕让千户院营建特征分析

据《贵德县志》[11] 记载，尕让千户院于 1939—1941 年建成，坐落在拉脊山背山的缓坡之上，其建筑特点与周边民居庄廓有关联性与差异性。本节研究了基于 NeRF 技术重建的尕让千户院三维模型，通过研究其空间组织、功能布局、装饰艺术、建筑营建对尕让土司庄廓进行系统性分析。

2.2.1 空间组织分析

庄廓民居基于方形的庄廓墙搭建而成，并在构建正房的基础上选择扩展其院墙内功能。庄廓功能分布没有固定格式，但按照空间组织可分为一面、二面、三面与四面房屋。庄廓大门与正房大门交错排布，多开于东南角。而尕让千户院为二进台地套庄型建筑，在整体空间与功能上呈严谨的中轴对称分布（图 1），传统庄廓中仅在大户头人住宅出现套庄形式 [12]。

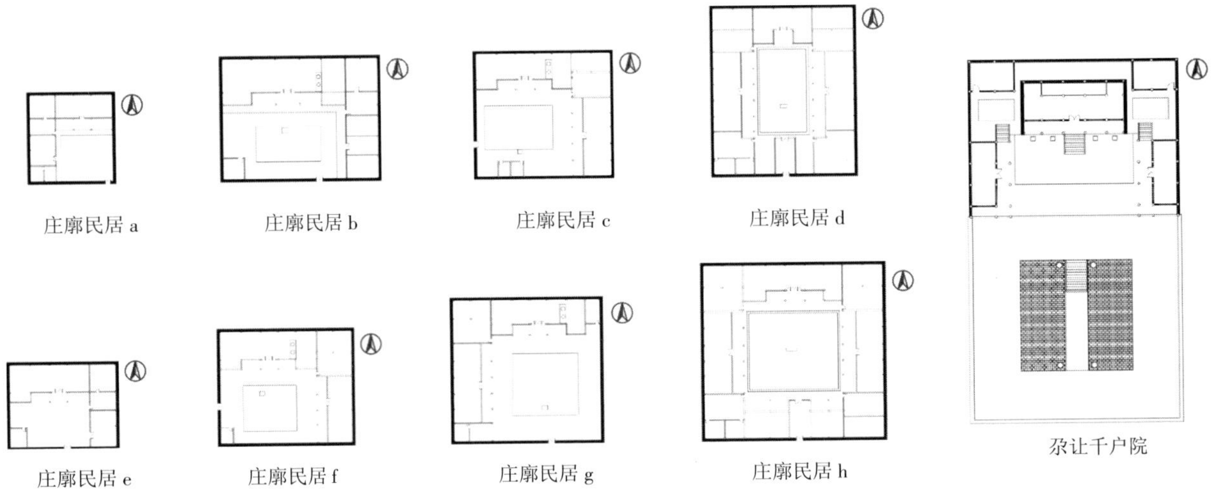

图 1 民居与土司庄廓户型

（来源：改绘自张君奇《青海古建筑论谈》[13] 尕让千户院）

尕让千户院选址坐北朝南，依山就势，充分利用了地形。建筑整体空间按照垂直分布分为上院与下院，上院为单层四合院，下院为双层四合院，上院地面与下院屋顶齐平，两院以中轴线上的楼梯相连，庄廓整体呈长方形。作为综合性的山地建筑，高耸的庄廓墙增加了建筑的防御性；垂直的空间分布不但明确千户院的功能，也便于防火分区；四合院式的平面布局增强了建筑的防风性 [14]；厚实的夯土墙使建筑有良好的储热性。

2.2.2 功能布局分析

美国建筑师爱德华•怀特在《建筑语汇》中提到设计者的思想对建筑时序的影响，“思想刺激来源的改变在设计的构想上也会引发相对的改变”[15]。李晓峰在《乡土建筑》中将中国乡土建筑及聚落成因分为血缘、地缘与业缘，“血缘群体和地缘群体在中国传统聚落社会中一直占主导地位。随着社会经济的不断发展……另一种群体关系逐渐显露出来。这就是以成员共同从事某种职业或相关行业而形成利益密切关联的业缘群体”[16]。这一理论阐释了尕让千户院集居住、宗教与政治功能为一体的原因。

千户院的功能空间主要分为居住空间、宗教空间、办公空间、辅助空间，其中辅助空间包含居室、厨房、厕所，宗教空间包含煨桑炉中宫与藏庙。

随着当地政府对尕让千户院的修葺，千户院的公署用房整体依旧保持中轴对称的布局形式，但部分功能进行了调换（表 3），最初的建筑时序遭到破坏，因此文章基于修葺前的千户院与田野观察期间的口述史进行分析。

作为整个庄廓的核心，宗教空间位于土司庄廓的二进院，藏庙与煨桑炉中宫将上院一分为二。藏庙作为主体建筑位于高出上院 1 m 的高台上，是整个庄廓的最高点，建筑形制也最为特殊。与其他空间的平屋顶不同，藏庙为六开间，采用了硬山屋顶，由青砖青瓦搭建而成，庙内设有佛龛，是土司及其家眷、僧人举行宗教仪式的主要场所。

表 3　庄廓修葺前后各层功能布局对比

位置	修葺前各层功能布局	修葺后各层功能布局	功能区块
上院	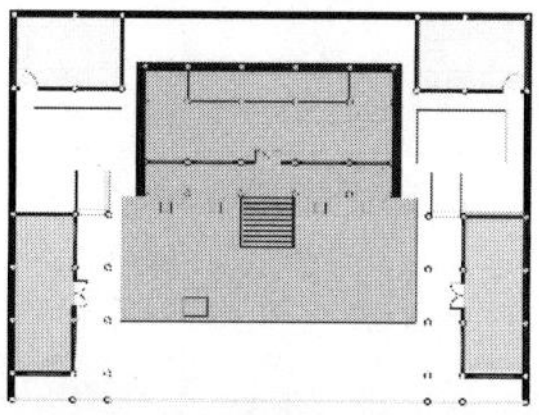	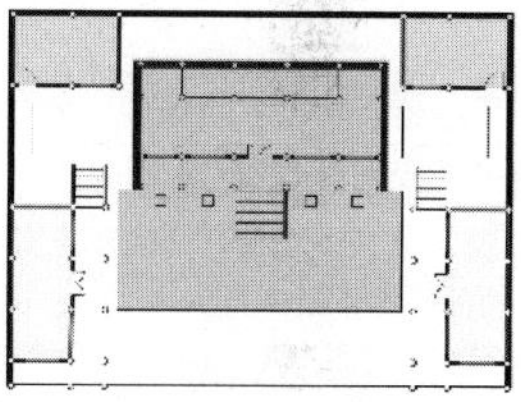	
下院二楼	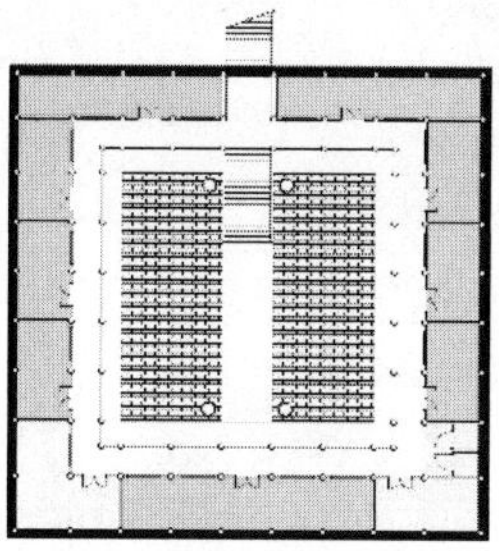	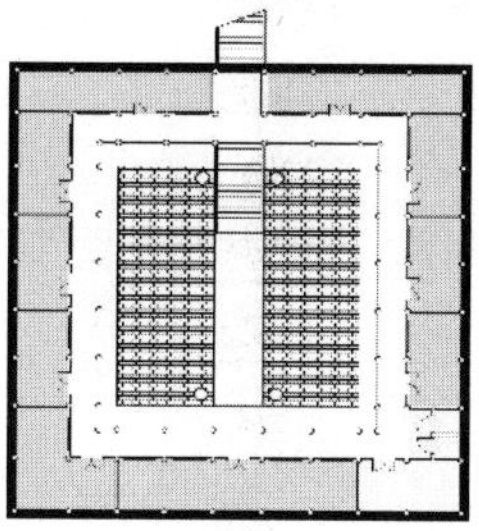	宗教空间 居住空间 辅助空间 公署空间
下院一楼	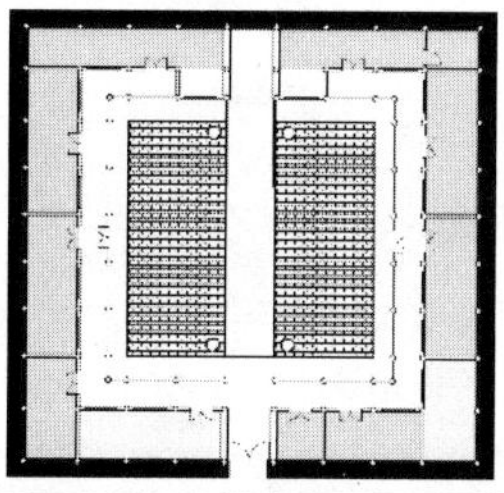	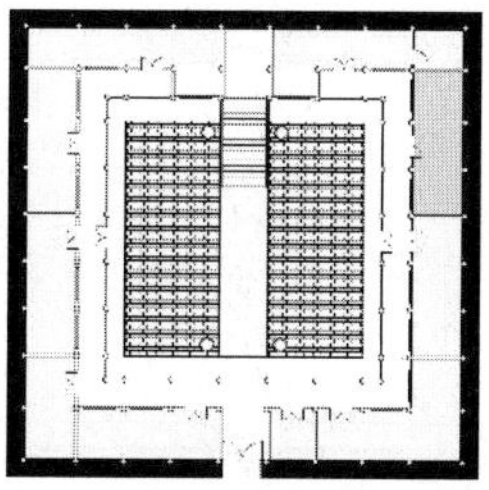	

表格来源：作者自绘。

修葺前的千户院功能在建筑时序上有着垂直方向按血缘，水平方向按业缘进行综合布局的特点，这些特点与院内官级大小、主客关系、僧官体系有着密切联系。

建筑整体结合血缘与业缘按地位由上而下垂直分为三层，每层人群分别对应僧人与土司、土司及家眷、公署与仆人。居住空间的平面按血缘顺时针排布，分别为客人卧室、仆人卧室、家眷卧室与主人卧室。

综上所述，通过与传统庄廓民居进行对比研究，发现千户院的功能布局与血缘、业缘紧密结合，体现出藏传佛教在土司制度中的崇高地位，也凸显了土司制度政教合一的特点，更是汉藏民族融合的有力佐证。

2.2.3　装饰艺术分析

尕让千户院藏庙内供奉着班玛列宗的雕像，为宁玛派专属。该派系建筑以红墙金顶为主要装饰特点，但千户院整体外观除棕黄色夯土墙外没有任何装饰，更偏向庄廓民居，其装饰特点主要体现在内部的色彩搭配与纹样上，在展现藏族艺术文化特色的同时，也交织着中原艺术文化。

在色彩搭配上，庄廓内部彩画多为油饰彩画，配以木质构件或墙体，而画师都来自当地，因此千户院彩画的色彩搭配借鉴吸收了藏族唐卡。庄廓的廊檐为旋子彩画，以藻头带有旋花、旋草而名。汉族旋子彩画以黄色、青绿色为主，辅以金色，而尕让千户院的旋子彩画与大门花罩均为藏族学者贡珠•云丹嘉措提出的“白、红、黄、绿、蓝”唐卡基色；库房内部吉祥八宝彩画则为博东班钦•乔来南杰提出的“白、红、黄、蓝、黑”唐卡基色辅以绿色[17]。

在纹样上，庄廓的木雕花罩与藏庙台地的砖雕都有口吐水纹、龙头人手的神，这类神只在中原神话中可以得到印证，如《山海经》所记载的雨神、山神，都有这一特征，结合千户院所处的山坡以及当地干燥的气候，不难看出设计的初衷透露出当地居民对神明的崇拜和对水资源的渴望。

上院藏庙台地的围栏由砖砌而成，形成镂空的八角曼陀罗样式。下院内墙砖雕都为吉祥八宝，寓意吉祥、圆满与美好。在入户大门前后、上下院楼梯两侧都有砖雕，都为制坯烧制而成，其纹样也多种多样，如大门前砖雕有五只蝙蝠寓意"五福临门"，荷花与莲叶寓意"连年有余"，金锁寓意"长命百岁"（表4）。

表4　基于 NeRF 的尕让千户院装饰纹样三维模型

建筑装饰	色彩搭配	NeRF 三维模型
廊檐	白、红、黄、蓝、黑、绿	
大门花罩	白、红、黄、绿、蓝	
龙纹砖雕	棕黄色	
台地围栏	棕黄色	
八宝砖雕	棕黄色	
大门砖雕	灰色	

表格来源：作者自绘。

尕让千户院的装饰艺术内敛含蓄，其外部的朴素与内部的奢华形成强烈对比，凸显了河湟地区人民的质朴与端庄，体现了河湟地区绚烂的民间艺术。

2.2.4 建筑营建分析

尕让千户院整体为土木结构，建造顺序为先夯筑庄廓墙，再搭建木质框架，后构筑屋顶与内墙。庄廓墙选用版筑法，在石块地基上使用模板加以泥土，用夯锤反复夯实，夯完一层就上移一层，直至完全夯筑，墙体呈“外收内直”，外侧墙体向上收分，内侧墙体垂直于地面，千户院的庄廓墙底部宽约 1 m，顶部约 0.3 m。屋顶施工选用平顶压栈法，多选用柳木制成长短不一的细柴杆均匀铺在椽子上使其不留空隙，随后用泥土附于柴杆上方踩踏夯实，再铺以干草碎，如此反复直至屋顶厚度约 20 cm，至此平顶屋面便制作完成。

青海乡村地区当地居民建房左邻右舍都会予以帮助，无须报酬，而建筑整体土、木又多为就地取材，因此除去千户院内的装饰性构筑物，庄廓本身有着造价与构筑期间的碳排放量低的优点。

综上，尕让千户院与传统庄廓民居有关联性与差异性，在空间组织上深受儒家文化影响，在功能布局上又体现了对藏传佛教的尊崇，装饰艺术巧妙融合了汉藏建筑艺术的特点且不显突兀，建筑建造更是透露出青海人民友善质朴的民风与宝贵的营建智慧。

3 土司庄廓数字化活化分析

土司庄廓作为多元文化的产物，其建筑风格不仅承载了历史的厚重感，还体现了与自然和谐共生的哲学思想。在科技匮乏、资源贫瘠的社会背景下，其建筑技术和艺术风格是顺应时代与环境的产物，蕴含的建筑艺术价值与营建智慧值得保护与传承。随着现代社会对历史文化遗产保护意识的增强，如何在数字化技术支持下有效保护和传承土司庄廓成为一个重要的议题。本节从多个方面对土司庄廓建筑遗产的活化进行探讨。

3.1 基于 NeRF 技术的土司庄廓遗产线上教育与传播

教育和传播是文化遗产保护的重要环节。通过宣传教育帮助公众了解土司庄廓的历史意义和文化价值，可以提高公众的保护意识和参与度。如利用 NeRF 技术、虚拟现实（VR）和增强现实（AR）技术，可以让公众在线上也能体验到土司庄廓的独特魅力，这种新型的教育方式能够吸引更多年轻人的关注。

3.2 基于生成式人工智能的土司庄廓活化策略

图像编码技术是基于机器学习的一种图像生成技术，如近年的 Midjourney、Stable Diffusion 等工具可以通过简单的语汇生成像素级的画面，通过构建土司庄廓建筑艺术数据库搭建土司庄廓建筑模型，并基于这一编码模型生成具有土司庄廓特征的图像，即“另一个维度的传承——把传统工艺美术转译成机器语言，即数据——从元素、主题、布局等维度……进行数据化和原子化”[18]，这样土司庄廓的传承便有了多维层面的工具。

3.3 土司庄廓参数化赋能可行性分析

鉴于前文的研究不难发现，土司庄廓空间和功能布局不仅承载着丰富的文化内涵，还体现了血缘、地缘和业缘等多层次的社会关系。这种建筑形式如同传统的四合院，具有明显的规律性和层次感，其布局反映了家庭成员之间的亲缘关系以及与外部社会的联系。

此外，土司庄廓的营建技艺在民间早已形成了特定的营造法式，具有独特的设计法则。这些传统技艺和规范在空间的构造与功能的安排上形成了一个完备的体系，使得每个空间不仅具备实用性，还承载着深厚的文化和历史背景。因此，利用现代算法和参数化设计对土司庄廓进行赋能，具有广阔的可能性。

通过对土司庄廓的参数化赋能，可以在保留其传统文化和建筑风格的基础上，进一步优化其空间布局和功能分区。这一过程不仅能提升建筑的实用性和舒适性，还能够更好地适应现代生活需求。借助计算机技术和算法模型，设计师可以探索出新的空间配置方式，从而在传统与现代之间找到平衡，实现土司庄廓在当代语境下的复兴与发展。

综上所述，综合利用科技、教育与市场的力量对土司庄廓进行全方位保护和传承是一种既实用又具有前瞻性的策略。这不仅保护了这一珍贵的建筑遗产，也为土司庄廓未来的建筑艺术创新和发展奠定了坚实的基础。

4 结论

本研究通过对尕让千户院进行深入分析，揭示了其作为藏族与汉族文化交流与融合的独特历史遗产的重要性。研究表明，土司庄廓不仅是民族区域自治制度下藏传佛教文化与儒家文化相互作用的产物，也是多民族聚居地区形成过程的历史见证和民族文化的集中体现。

首先，土司庄廓在建筑形式和艺术风格上体现了藏汉文化的交融与共生。其独特的建筑特点和装饰风格，既保留了藏传佛教的宗教元素，又融合了汉族的建筑技艺和美学观念，成为藏汉文化交汇的重要载体。

其次，通过应用数字化保护技术，本研究不仅成功记录和展示了土司庄廓的丰富文化内涵与独特建筑艺术，还为其保护和修复提供了科学依据。NeRF 技术的运用，使得土司庄廓的文化遗产能够以更加直观和精准的方式得以保存和传播。

最后，本研究为未来建筑遗产的保护与发展提出了有益的建议和方向。通过对土司庄廓的保护与研究，不仅可以更好地理解和传承这一宝贵的文化遗产，还能为其他类似文化遗产的保护提供借鉴。同时，本研究也为多民族文化的交流交往交融提供了新的学术视角和理论支持。

综上所述，本研究在借助数字化手段揭示青海土司庄廓历史文化价值的同时，为其未来的发展与保护提供了坚实的基础和广阔的前景。

陈航 西安建筑科技大学 硕士研究生
崔文河 西安建筑科技大学 教授

参考文献

[1] 王军. 西北民居 [M]. 北京：中国建筑工业出版社，2009.

[2] 孙大章. 中国民居研究 [M]. 北京：中国建筑工业出版社，2004.

[3] 哈静，潘瑞. 青海“庄窠”式传统民居的地域性特色探析 [J]. 华中建筑，2009，27(12)：89-91.

[4] 邵楠. 青海民居庄窠与自然地理环境的适应性 [J]. 青海科技，2010，17(1)：43-44.

[5] 赵璐，赵一凡，王军. 传统庄廓民居空间艺术浅析：以青海尕让千户庄院为例 [J]. 西安建筑科技大学学报（社会科学版），2012，31(5)：46-52.

[6] 王敬萱，张君宇，刘树鹏，等. 近二十年我国历史文化遗产数字化保护利用文献综述 [C]// 中国城市规划学会. 人民城市，规划赋能：2023 中国城市规划年会论文集（09 城市文化遗产保护）. 北京：中国建筑工业出版社，2023：10.

[7] 程斌，杨勇，徐崇斌，等. 基于 NeRF 的文物建筑数字化重建 [J]. 航天返回与遥感，2023，44(1)：40-49.

[8] 陆元鼎. 民居史论与文化 [M]. 广州：华南理工大学出版社，1995.

[9] 徐溥. 大明会典 [M]. 北京：国家图书馆出版社，2009.

[10] 康•格桑益希. 唐卡艺术概论 [M]. 北京：文物出版社，2015.

[11] 解成林. 贵德县志 [M]. 西安：陕西人民出版社，1995.

[12] 崔文河，王军，岳邦瑞，等. 多民族聚居地区传统民居更新模式研究：以青海河湟地区庄廓民居为例 [J]. 建筑学报，2012(11)：83-87.

[13] 张君奇. 青海古建筑论谈 [M]. 西宁：青海人民出版社，2002.

[14] 李秋香，罗德胤，贾珺. 北方民居 [M]. 北京：清华大学出版社，2010.

[15] WHITE E T. Concept sourcebook：a vocabulary of architectural forms[M]. South Melbourne: Architectural Media, Ltd.，1975.

[16] 李晓峰. 乡土建筑：跨学科研究理论与方法 [M]. 北京：中国建筑工业出版社，2005.

[17] 夏吾端智. 唐卡色彩理论研究 [J]. 四川民族学院学报，2020，29(4)：19-24.

[18] 范凌，李丹，卓京港，等. 人工智能赋能传统工艺美术传承研究：以金山农民画为例 [J]. 装饰，2022(7)：94-98.

参数化技术语境下斗拱构件设计的现代化演进技术与应用

Modern Evolutionary Technologies and Applications in Dougong Component Design within the Context of Parametric Technology

赵江阳　刘泽昊

摘　要: 斗拱是中国传统建筑榫卯结构体系中最常见的部件之一,采用木材建造而成,具有高度的复杂性,这种复杂性也是限制其在现代建筑应用的重要因素。随着数字化技术的广泛应用,参数化设计的发展为建筑师研究斗拱的营建逻辑并且应用于现代建筑中提供了新的技术方法。基于参数化技术,本文提出了一种设计方法对斗拱构件进行重新诠释,并将其应用于现代建筑的结构体系中。本文采用有限元分析网络和数字优化手段,对原始斗拱与转译后的构件进行了特性分析和比较研究,进而证明研究方法与路径的可行性,并深入研究斗拱这一重要结构节点的传统建造原理,以及应用于现代建筑的设计与建造时的转译机制。

关键词: 斗拱;参数化设计;有限元分析网络;结构体系

Abstract: Dougong is one of the most common components in the mortise and tenon joint structural system of traditional Chinese architecture. It is constructed from wood and features a high degree of complexity. This complexity is also one of the factors restricting its application in modern architecture. With the widespread application of the digital technologies, the development of parametric design has brought new possibilities for architects to better understand its design logic and apply it in contemporary architecture. This paper proposes a novel design method based on parametric technology to reinterpret the dougong components and apply them to contemporary architectural structures. This paper utilizes finite element analysis and digital optimization tools to analyze and compare the characteristics of the original dougong and the reinterpreted components, thereby verifying the feasibility of the proposed method. The research results will contribute to a deeper understanding of the traditional construction principles of the dougong joint and how these principles can provide references for its application in the design and fabrication framework of contemporary architecture.

Keywords: dougong; parametric design; finite element analysis network; structural system

1　斗拱构件的历史回溯与细分类型

斗拱在中国传统木质结构体系里属于一个独立的门类,其由多种不同类型的方形承重构件和弓形承重构件——“斗”与“拱”构成。从建筑历史演进过程来看,中国传统建筑的主体结构多为木质结构,墙体属于建筑的围护部分,屋顶的结构荷载经由梁枋传递至柱子,从而传入整个结构体系之内。斗拱作为梁枋与柱子之间的复杂过渡构件,数千年来始终是中国传统建筑中独具特色的结构与美学元素[1]。

最早的“斗”出现于商周时期的青铜时代,而后“拱”才随之出现[2]。杨鸿勋所著《建筑考古学论文集》记载,斗拱结构自汉朝起就已被广泛应用于房屋建造中。宋代以前的斗拱构件比例及名称由于缺乏相关史料文献而难以考证,但《营造法式》和《工程做法则例》两部重要的历史规范典籍中详细记载了中国传统古建筑及其构件设计的做法规范，前者由北宋建筑工匠李诫在宋代主持编修完成，后者则由清朝掌管营造工程事项的机关——工部于1734年刊行。《工程做法则例》中记载了大约三十种明清时期斗拱的节点尺寸、结构、工艺和材料等，其中还描述了斗拱的详细构件组成。根据斗拱处于建筑中的位置，可以将其分为两大类：位于建筑挑檐部分的“外檐斗拱”和位于檐内的“内檐斗拱”。相较于同时期民间建筑斗拱的规范和比例关系缺失，这一时期皇室建筑的斗拱建制趋于规范化，加之年代较近，大量建筑得以保存，因此研究以清朝时期的皇室建筑斗拱制式为主要研究对象，其中平身科是斗拱类型中体量最多的一种，研究将聚焦于外檐斗拱平身科这一细分（图1）。

角科　　平身科　　柱头科

图1　不同位置的斗拱

（图片来源：改绘自《斗栱》）

近年来，数字化辅助制作技术也逐步被广泛应用于木构建筑的理论研究和考古修复领域。国内外学者已将数字化设计和制造技术应用于斗拱节点的设计中。Lange[3]的研究基于数字化设计与建造技术，将斗拱节点、斗拱结构和鲁班锁等传统结构体系应用于现代木构设计中。Takabayashi等[4]探讨了将数字化建造技术用于日本传统木构建筑的可行性，依据日本传统木构建筑的工艺流程，尝试了建筑斗拱节点、柱与屋顶梁等构件的具体应用。袁烽等[5]利用参数化设计等方法完成了传统木塔设计，基于木塔斗拱节点的连接方式和多种木梁的复杂构成，使用数字化辅助制作技术完成了建筑构件的生产制作和建筑主体的搭建施工。基于参数化设计工具和机器人智能建造技术在古建筑现代化演进领域的现有研究，本研究创新性地提出了数字化全流程设计方法，用于辅助建筑师在传统建筑斗拱构件组合中的设计，进一步赋能斗拱在现代建筑中的应用实践。研究聚焦于斗拱构件的数字化解析和现代化转译。

2　实验设计与技术路线

研究以实验为核心方法，采用了数字模拟和模型模拟两种检验方法对其进行验证。实验主要包括三个阶段。在第一阶段，通过史料挖掘的方法，分析斗拱构件的尺寸比例关系。在第二阶段，参照传统斗拱的尺寸比例、结构特性以及便于数字化辅助制作技术的其他几何特性，对平身科斗拱构件进行现代化转译，衍生出一种适用于平身科斗拱的设计单元和参数化建模框架。在第三阶段，使用Rhino软件中的Grasshopper和Millipede插件对设计单元进行线性结构测试和非线性结构测试，以此实现对平身科斗拱转译的过程优化与精准模拟。技术路线如图2所示。

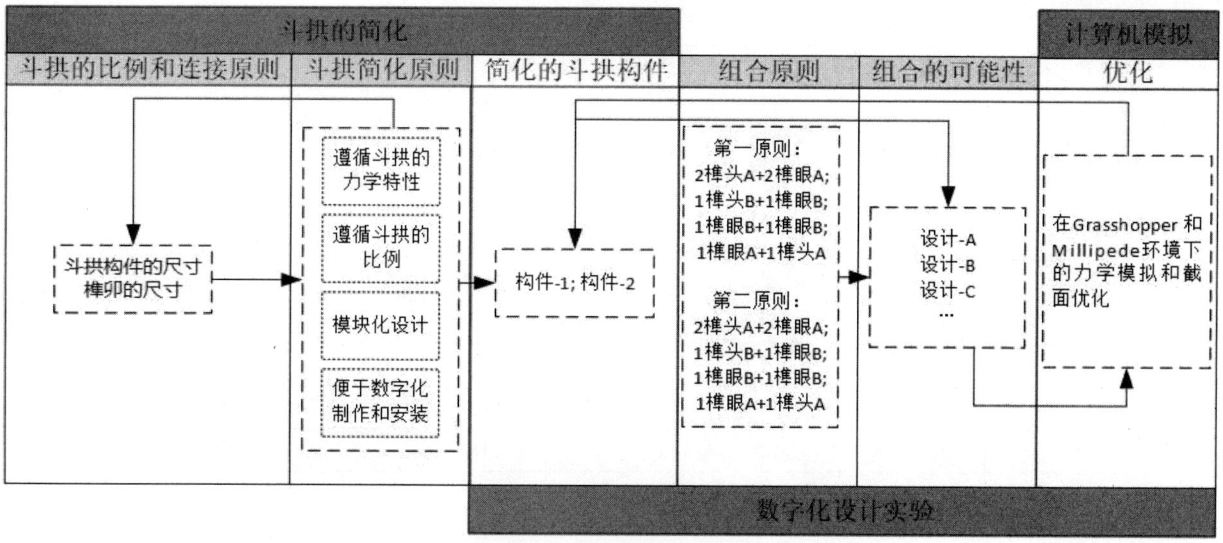

图 2　参数化技术重新诠释斗拱的技术路线

（图片来源：作者自绘）

3　实验过程

3.1　斗拱比例、组合关系和优化简化分析

《清式营造则例》等权威史料记载，斗口制共有十一个等级及十一等材（图 3）。头等材的大斗安装翘或昂的开口为 6 寸，即 19.2 cm，这个开口的宽度为一斗口，因此一个斗口的宽度为 19.2 cm。斗口的每个等级都与建筑的特定功能、形式和建制等相关联，等级之间的变化满足：

$$\text{一斗口的尺寸} = 19.2\ \text{cm} + (1 - N) \times 0.5\ \text{寸} \quad (1\ \text{寸} = 3.33\ \text{cm})$$

式中：N 为材的等级（1、2、3、4……11）

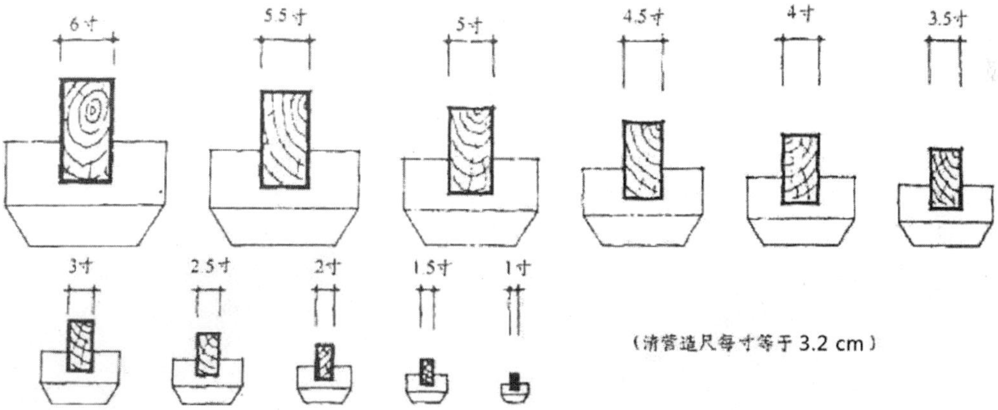

图 3　斗口制等级尺寸规范

（图片来源：《清式营造则例》）

本文选取平身科作为研究对象，探索设计原则的可行性。参照马炳坚[6]的研究，斗拱的比例关系如表 1 所示，研究基于比例表格和关联公式，设计用于研究的典型木构件，根据斗拱构件的比例分析，主受力点之间的距离大约是三斗口，构件的连接方法基于榫卯原理，榫头和榫眼通常位于受力点上，受力点通过榫卯相互连接，一个斗拱构件至少由一个榫头和两个榫眼组成。

表 1　平身科构件的比例关系

单位：斗口

构件名称	长	宽	高
单翘	7.1	1	2
正心瓜拱	6.2	1.24	2
大斗	3	3	2
重翘	13.1	1	2
曹升子	1.3 或 1.4	1.72	1
正心万拱	9.2	1.24	2
三才升	1.3 或 1.4	1.48	1
十八斗	1.8	1.48	1
厢拱	7.2	1	1.4
单才万拱	9.2	1	1.4
单才瓜拱	6.2	1	1.4
耍头	基于斗拱的种类	1	2
撑头木	基于斗拱的种类	1	2
三昂	基于斗拱的种类	1	头部 3，尾部 2
二昂	基于斗拱的种类	1	头部 3，尾部 2
头昂	基于斗拱的种类	1	头部 3，尾部 2
桁碗	基于斗拱的种类	1	基于斗拱的种类

构件的转译应当遵循传统斗拱的比例及结构特性，同时兼顾其模数化的特点，并能够使用常规机床制作。斗拱中原有的曲线元素不仅会限制斗拱在简约风格为主的现代建筑中的应用，同时还会增加生产时间。数字化辅助制作技术在生产矩形为主的木构件时具有相对较高的效率，可以通过将其简化至仅体现构件连接方式及其力学特性的程度去实现数字化辅助制作的可行性。根据斗栱有限元的相关研究[7]，将斗拱的构件简化成规整的长方体构件，分析其受力点的比例关系。相邻两个受力点的距离比约为 1 ∶ 1，研究基于拱和翘的截面尺寸衍生出两个标准构件，由榫头 A、榫头 B、榫眼 A 和榫眼 B 等四个元素组成，如图 4 所示。

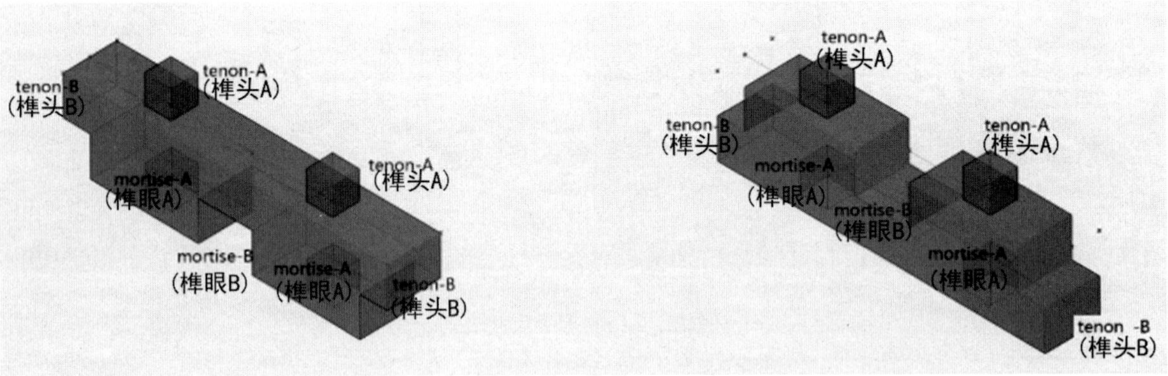

构件–1　　构件–2

图 4　重新诠释的斗拱

（图片来源：作者自绘）

根据原有斗拱的构件尺寸，对两个构件的长度、宽度和高度进行了调整，使其变为更易于制作的整数倍数，同时去除了装饰性元素和复杂曲线，标准构件的尺寸及比例关系如表 2 所示。

表 2　构件 –1 和构件 –2 的比例关系

单位：斗口

构件名称		长	宽	高
榫卯	榫头 A	0.5	0.5	0.5
	榫头 B	1	1	0.5
	榫眼 A	0.5	0.5	0.5
	榫眼 B	0.5	0.5	0.5
构件 –1		6	1	2
构件 –2		6	1	2

标准构件的组合遵循两条基本规则，如表 3 所示。规则一：按照构件 –1 与构件 –2、构件 –1 与构件 –1、构件 –2 与构件 –2 的组合。规则二：按照 2 个榫头 A + 2 个榫眼 A、1 个榫头 B + 1 个榫眼 B、1 个榫眼 B + 1 个榫眼 B、1 个榫头 A + 1 个榫眼 A 的连接方法。“&”符号表示两个构件的组合。例如，“构件 –1 & 构件 –2”即由构件 –1 和构件 –2 共同组成的单元。“+”符号表示两个构件的连接方法。例如，“2 个榫头 A + 2 个榫眼 A”表示一个构件的 2 个榫头 A 与另一个构件的 2 个榫眼 A 相连。

表 3　构件 –1 和构件 –2 的组合规则

组合规则	2 榫头 A+2 榫眼 A	1 榫眼 B+1 榫眼 B	1 榫头 A+1 榫眼 A	1 榫头 B+1 榫眼 B
构件 –1 & 构件 –2	P1（组合 1）	P1.1（组合 1.1）	P1.2（组合 1.2）	P1.3（组合 1.3）
构件 –1 & 构件 –1	P2（组合 2）	P2.1（组合 2.1）	P2.2（组合 2.2）	P2.3（组合 2.3）
构件 –2 & 构件 –2	P3（组合 3）	P3.1（组合 3.1）	P3.2（组合 3.2）	P3.3（组合 3.3）

标准构件存在三种主要的组合规则（表 3）：构件 1 与构件 2、构件 1 与构件 1 以及构件 2 与构件 2。此外，每种组合类型都包含三个不同的组合结果：方形（P1、P2 和 P3）、“T”形（P1.1、P2.1 和 P3.1）、十字形（P1.2、P2.2 和 P3.2）以及“L”形（P1.3、P2.3 和 P3.3）（图 5）。依据这些规则，不同构件的组合将会产生不同的设计结果。本研究评估了 7 个设计结果（图 6），分别为 A、B、C、D、E、F 和 G。设计 A 的组合单元是 P1.2，设计 B 的组合单元是 P1、P1.2 和 P3.3，设计 C 的组合单元是 P1.1，设计 D 由 P3.3 单元组成，设计 E 由 P3、P2 和 P1.2 组成，设计 F 和 G 由 P1.2 组成。

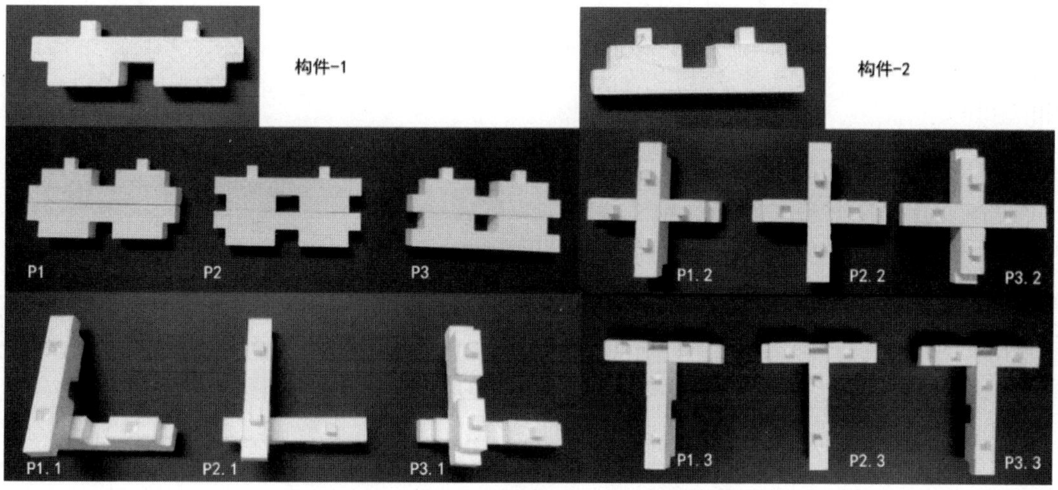

图 5　构件的连接方式和组合原则

（图片来源：作者自绘）

设计-A: (P2.3) +(P2.3)　　设计-B: (P1) + (P1.2) + (P3.3)　　设计-C: P1.1

设计-D: P3.2　　设计-E: (P3)+(P2)+(P1.2)　　设计-F: P1.2

设计-G: P1.2

图 6　基于构件 -1 和构件 -2 的组合原则生成的 7 个设计结果

（图片来源：作者自绘）

3.2　模拟和优化

优化与模拟的过程包含两个部分。第一部分是利用 Millipede 插件来比较原始斗拱与转译构件的力学性能。第二部分是使用 Rhino 软件中的 Grasshopper 和 Galapagos 插件，运用遗传算法对转译构件的横截面进行优化。经过优化后，结构的最大挠度将被最小化，将增强构件的力学刚度。其中 P1.2 与原始斗拱的链接方法最为接近，因此，研究选择对 P1.2 节点进行分析与优化。转译构件基于一等材等级构建，其尺寸为 1 斗口（19.2 cm）×1.5 斗口（28.8 cm）×6 斗口（115.2 cm）。该节点的优化聚焦于三个主要参数，即杨氏模量、泊松比和质量密度，杨氏模量用于衡量固体材料的刚度，而泊松比描述的是材料在受力方向上的收缩情况。研究将对比两种结构在 Z 轴上 4 个点的位移情况（图 7）。假定这些结构承受着 1 000 N/m^2 的均布荷载，根据 Millipede 插件分析结果，原始斗拱上 4 个点的位移分别为 1.04×10^{-6} m、1.21×10^{-6} m、1.08×10^{-6} m 和 1.0×10^{-6} m。P1.2 节点上各点的位移分别为 1.06×10^{-6} m、1.25×10^{-6} m、1.10×10^{-6} m 和 1.08×10^{-6} m。这 4 个点位移之间的差值仅为 0.02×10^{-6} 米、0.04×10^{-6} m、0.02×10^{-6} m 和 0.08×10^{-6} m，即证明原始斗拱与转译构件的力学性能是相似的。

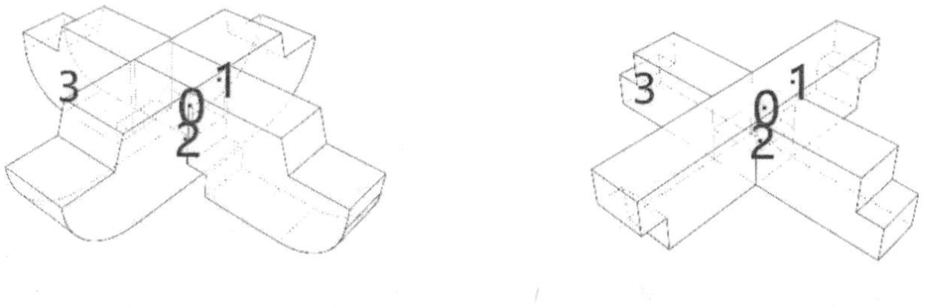

图 7　利用随机 4 个相同坐标的点验证新构件的力学性能

（图片来源：作者自绘）

第二部分使用 Rhino 软件中的 Grasshopper 和 Galapagos 插件转译新构件的横截面进行优化。研究沿用了之前模拟中相同的属性值。在优化前后，该结构的最大挠度分别为 1.375×10^{-6} m 和 1.055×10^{-6} m。两个构件横截面的新宽度和新高度分别为 1.12 斗口（21.5 cm）和 1 斗口（19.2 cm）（图 8）。优化前后单个构件的体积分别为 0.051 m^3 和 0.038 m^3。

优化前　　　　优化后

图 8　截面优化前后的模型

（图片来源：作者自绘）

4　讨论与结论

研究探索了一种转译斗拱构件的策略，旨在使其更适用于现代建筑结构体系。依据斗拱的力学性能和比例，研究通过将尺寸调整为整数以及去除装饰性元素和复杂曲线的方式，对平身科斗拱组中的两个构件进行了简化。此外，研究参照斗拱的原始连接方式转译出 2 种标准构件，并衍生出构件连接规则。构件间的相互组合会形成不同的组装可能，研究探索了 7 种组装可能，并在 Millipede 中模拟了一种连接结构，构件的横截面经优化后，宽高比为 1.12 ∶ 1。

在对结果进行分析之后，研究得出了以下结论。①原始斗拱各点与 P1.2 连接结构各点之间的位移差值仅为 0.02×10^{-6} m、0.04×10^{-6} m、0.02×10^{-6} m 和 0.08×10^{-6} m，证明两种结构的性能相似，因而转译构件的材料用量少于原始斗拱的材料用量。②当转译构件的横截面尺寸高为 1 斗口、宽为 1.11 斗口时，根据优化结果，P1.2 结构的体积应为 0.076 m^3。然而，优化前的体积值为 0.102 m^3，差值为 0.026 m^3，即证明转译构件的材料用量能够减少，同时，结构最大挠度之间的差值为 3.2×10^{-6} m，即证明结构的力学性能得到增强。

经过转译和优化的斗拱节点有融入设计方案的潜力，因为它不仅与原始节点有着极为相似的结构和力学性能，且具有形状简约、材料集约、形式灵活等特点，更加适配于现代建筑设计。本研究仅聚焦于平身科，未来将继续运用这一方法，基于对柱头科和角科的转译来设计新的构件，以便为基于斗拱的木构件设计和数字化制作提供理论支持。

赵江阳　西交利物浦大学　助理教授
刘泽昊　天津大学　博士研究生

参考文献

[1] 梁思成. 清工部《工程做法则例》图解 [M]. 北京：清华大学出版社，2006.

[2] 刘敦桢. 中国古代建筑史 [M]. 北京：中国建筑工业出版社，1984.

[3] LANGE C J. Elements: robotic interventions Ⅱ [C]// FIORAVANTI A，CURSI S，ELAHMAR S，et al. Proceedings of the 35th eCAADe Conference. Rome：Sapienza University of Rome，2017.

[4] TAKABAYASHI H，KADO K，HIRASAWA G. Versatile robotic wood processing based on analysis of parts processing of Japanese traditional wooden buildings[C] // WILLMANN J，et al. Robotic Fabrication in Architecture，Art and Design 2018. Texas：Springer，2018.

[5] 袁烽，柴华，谢亿民. 走向数字时代的建筑结构性能化设计 [J]. 建筑学报，2017(11)：1-8.

[6] 马炳坚. 中国古建筑木作营造技术 [M]. 北京：科学出版社，2003.

[7] 徐卫国. 参数化设计与算法生形 [J]. 世界建筑，2011(6)：110-111.

[8] 袁烽，许心慧，李可可. 思辨人类世中的建筑数字未来 [J]. 建筑学报，2022(9)：12-18.

[9] 魏力恺，张备，许蓁. 建筑智能设计：从思维到建造 [J]. 建筑学报，2017(5)：6-12.

[10] 孙澄，韩昀松，王加彪. 建筑自适应表皮形态计算性设计研究与实践 [J]. 建筑学报，2022(2)：1-8.

[11] 袁建力，施颖，陈韦，等. 基于摩擦 - 剪切耗能的斗拱有限元模型研究 [J]. 建筑结构学报，2012，33(6)：151-157.

[12] CHAI H，DARIO M，CHUN P S，et al. Design for mass customization robotic realization of a timber tower with interlocking joints[C] //Proceedings of the 39th ACADIA (2019). Texas：University of Texas at Austin，2019.

浅谈数字化媒介对建筑遗产的多维度展示与阐释
——以游戏和自媒体为例

An Introduction to the Multidimensional Interpretation and Presentation of Architectural Heritage by Digital Media —Taking Games and Self-Media as the Example

冯 睿 李简西

摘 要：随着数字化技术在文化遗产领域不断被普及，数字化媒介的应用从保护与展示延伸到创造与传承的层面。如何让建筑遗产以更丰富的形态活起来，成为运用数字化媒介展示与阐释建筑遗产的新课题。其中，游戏和自媒体在公众中认知度高、覆盖面广，具备融合建筑遗产、产生文化认同、促进公众对遗产的欣赏和理解的天然优势。同时，游戏和自媒体作为互动性与参与性极强的大众媒介，便于跨媒介、跨平台传播，为形成话题讨论、扩大公众参与度、培养建筑遗产保护所需要的公众意识及公众参与发挥了重要作用。

关键词：数字化；展示与阐释；长城；游戏；自媒体

Abstract: As the application of digital technology to cultural heritage becomes increasingly widespread, the use of digital media is evolving from a primarily preservation and display-oriented approach to one that encompasses the creation and inheritance of cultural heritage. How to present architectural heritage more vividly has become a key issue in the utilization of digital media for the interpretation and presentation of architectural heritage. Among these, games and self-media have high public awareness and wide coverage, which facilitate the implantation of architectural heritage and generate cultural identity, while promoting the appreciation and understanding of heritage sites. Concurrently, as highly interactive and participatory mass media, games and self-media facilitate cross-media and cross-platform dissemination and play a unique role in generating discussion on topics, broadening public participation, and fostering public awareness and participation in the conservation of architectural heritage.

Keywords: digitization; interpretation and presentation; the Great Wall; games; self-media

引言

中国文物保护基金会创立于1990年，是经中华人民共和国民政部批准、由国家文物局主管的具有独立法人地位的全国性公募基金会。在过去三十余年的发展历程中，该基金会一直致力于资助文物保护修缮，促进文物资源合理利用；开展文物价值的研究与传播，推进文物领域的公共文化服务；联络全国文物保护社会组织和志愿者，推进社会力量广泛参与。基金会在所资助的多个公益项目中利用数字化技术，并结合自身特殊的行业优势，聚集多方面资源，注重本体保护与数字保护并举，创新性地将数字化媒介运用到文物保护领域，对以长城为代表的建筑遗产进行多维度、创新性的保护、展示和利用。

本文将立足于当下数字化媒介赋能建筑遗产保护传承的路径与应用现状，结合中国文物保护基金会对文物保护方面的经验和案例，以建筑遗产为主要研究对象，对以游戏和自媒体为代表的数字化媒介在建筑遗产展示与阐释方面的作用进行研究分析，以期对利用数字化媒介进行文化遗产展示与阐释的路径与应用现状进行总结和思考。

1　理论基础与文献综述

1.1　建筑遗产展示与阐释的理论基础

自 1978 年以来，经过近半个世纪的发展，《保护世界文化和自然遗产公约》逐渐发展为缔约国最多的国际公约之一，成为促进人类文化交流和可持续发展的重要力量。《保护世界文化和自然遗产公约》明确指出，各缔约国承认确保其领土内的文化和自然遗产的识别、保护、保存、展示和传给后代是该国的主要责任。我国于 1985 年加入《保护世界文化和自然遗产公约》，自此其倡导的价值理念在我国发挥日益重要的作用。

“展示”是指一切可能提高公众意识，增强公众对文物建筑的理解的活动。只有在公众中引起广泛共识，才能将建筑遗产保护的驱动力由自上而下的单向驱动转向双向驱动发展，使遗产获得更大规模的保护。《中国文物古迹保护准则》认为：展示是文物古迹保护与管理中创造社会效益的最直接手段，对文物建筑自身的维护与发展有重要作用。通过合理利用，充分保护和展示文物古迹的价值，是保护工作的重要组成部分。

建筑遗产作为文化遗产的重要组成部分，符合《保护世界文化和自然遗产公约》所属的保护范畴。建筑遗产作为历史上留存下来的具有重要历史、艺术、科学价值的建筑，不仅是一个地方传统特色的空间表征，也是其身份由来的空间见证。建筑遗产既是历史赋予的文化资产，也是未来发展所需的文化资源，同时建筑遗产具有极大的旅游观赏价值和经济社会价值，它可以是一座城市的名片，也可以是当地文化、风俗、艺术等的载体，它们是学术研究的对象，也是工程实践的成果。

总的来说，建筑遗产是人类共同的文化遗产，其展示与阐释对文化传承、教育后代、保持文化多样性和促进可持续发展具有重要意义。

1.2　数字化媒介

1.2.1　游戏的媒介属性

作为媒介，游戏本身具有互动性、参与感和娱乐性三个主要特点，这些特点使游戏成为一种更具吸引力和沟通效果的传播形式。动机理论是游戏的核心，它涉及如何激发和维持玩家动机，游戏媒介可以给予受众沉浸式的交互体验。

数字化游戏是以数字技术为手段设计开发，并以数字化设备为平台实施的各种游戏，具备拟真化、网络化、互动性、激励性和多样性等特点。这些特征共同定义了数字化游戏，并显示了它们与传统游戏的区别。数字化游戏不仅在娱乐领域有着重要地位，也在教育、文化传承和技术创新等方面发挥着越来越重要的作用。通过营造特定的情景和设立目标、达成任务、获得奖励等机制，可将传统文化融入游戏设计进行再创造，激励受众参与并及时反馈，形成一种潜移默化和多维展示的效果。游戏媒介作为一种数字化文化载体，在传统文化中寻找灵感和厚度，成为展示与阐释传统文化的重要手段。

1.2.2　自媒体在文化展示与阐释中的角色

数字化媒介类型丰富、构成多元，其中以自媒体最为普及。自媒体指的是个人或小团队通过互联网平台发布内容，形成自己的影响力和粉丝群体。这些互联网平台在国内包括微博、微信公众号、哔哩哔哩等。UGC(user generated content，用户生成内容)是指用户将自己创作的内容通过互联网平台进行展示、利用与传播。自媒体与 UGC 是紧密相关的两个概念，自媒体是发布 UGC 的平台和渠道，而 UGC 是自媒体的核心内容。

随着 Web2.0 的兴起和发展，互联网从以下载为主逐渐转变为上传和下载并重。在这个过程中，强调个性、生活与交互的自媒体媒介逐渐成为用户使用互联网的新方式。在我国，随着 5G、大数据的兴起和发展，自媒体团队通过微博、抖音等平台展示生活、分享观念，并发展出许多细分领域，形成独特的传播模式。运用这些自媒体平台，用户上传和分享创作内容，促进了用户之间的互动和内容的创造。这些自媒体、大数据等数字化媒介，为进一步拓展文化遗产展示与阐释的方式、融合公众参与，提供了新的方式和土壤。

2 数字化媒介赋能建筑遗产展示与阐释

长城作为中国独特的文化名片，在世界范围享有极高的知名度，是我国重要的文物保护对象。对于中国人来说，长城不仅是一道古老的防御工事，更是中华民族的象征。对文物工作者来说，长城是建筑遗产，对其加以保护需要面对诸多困难：长城体量大、分布广、实地踏勘困难；公众对长城的认知往往局限在几个知名的景区，对其保护理念的理解则更加有限。腾讯公司作为中国科技企业中的佼佼者，在数字游戏和自媒体传播方面都积累了丰厚的经验。中国文物保护基金会与腾讯公司深度合作，利用各自的行业优势，将长城保护与游戏、自媒体相结合，让文物以更加丰富的形态活起来。

将长城进行数字化保护利用的构思源于对 360° 街景地图技术的转化应用。项目人员在对长城的打点测绘中发现了长城保护的价值。随着技术的发展，地图测绘数据在游戏开发中得到了转化应用。2016 年 9 月，中国文物保护基金会与腾讯公益慈善基金会合作设立长城保护公益专项基金，并启动“保护长城，加我一个”公募项目，文物保护领域首次采用“数字化 + 文保 + 公益”的模式开展活动：2022 年推出“云游长城”系列数字化产品；2024 年初开展《和平精英》“龙跃长城”主题数字文保合作项目。数字化媒介对长城在公众中的多维展示及再传播、再阐释发挥出积极作用。

2.1 数字化媒介的展示策略——《和平精英》“龙跃长城”

2.1.1 游戏设计中融入遗产价值要素

2024 年初，腾讯头部手游《和平精英》于龙年新春之际开展“龙跃长城”主题数字文保合作项目，支持“保护长城，加我一个”项目的创新性传播，以数字技术还原长城风貌，设置创意打卡互动，让公众沉浸式体验长城文化、了解长城考古发现（图 1、图 2）。该主题更新覆盖主题海岛、绿洲世界、超体模式等游戏模块，在龙年之际将最能象征中国龙脊的文化瑰宝——万里长城带进了《和平精英》的游戏世界，并同步上线了新载具“马”、主题城区龙脊关、骑龙大事件、超体新英雄雷枪少年等。与长城场景相得益彰的丰富内容，带给游戏玩家极具国风美学的游戏体验。同时，游戏内的运营活动，也搭配腾讯公益平台相应公益项目的捐赠，玩家可以通过游戏公益行为支持“箭扣长城”五期修缮本体保护项目。

这种创新是探索数字化媒介对长城的多维度展示与阐释方法的有益实践：通过数字长城的展示与互动，构建出数字长城的新场景，为长城保护与展示提供新思路，让公众尤其是青少年能够以新的方式了解长城故事，理解长城所蕴含的文化价值、艺术价值。

2.1.2 自媒体的话题式展示

“龙跃长城”主题版本是《和平精英》迎接春节的全新版本，将“万里长城”带入《和平精英》，让游戏玩家在数字世界里领略长城的宏伟壮阔。版本更新抓住了龙年新春的窗口期，连续多日发起线上联动，采用多平台、多账号、多互动的策略发起“# 和平精英龙跃长城 #”话题，包括在公众号、微博动态、抖音号、微信视频号等平台发布互动话题活动。同时在文案中 @ 中国文物保护基金会、北京市文物局、腾讯公益慈善基金会等相关官方账号并互相评论，保持话题讨论度的同时实现破圈。该项目上线后在微博引起 68.7 万次话题讨论，在抖音实现累计 99.7 亿次播放。

《和平精英》“龙跃长城”这一借助自媒体的创新性话题展示策略，令长城保护与活化利用的实践充满趣味性。这一设计有意识地将多种数字化媒介整合利用，结合长城保护的特点，发挥不同媒介的优势，将长城保护的价值传播到更多公众心中，在唤醒文化认同的同时，普及保护意识，以达到更大范围的保护与传承的目的。为展示长城文化、扩大公众参与，数字化赋能长城保护展开了一系列积极有效的实践。

图 1 “龙跃长城”主题海报
（图片来源:“和平精英”官方微博）

图 2 “龙跃长城”版本道具
（图片来源:“和平精英”官方微博）

2.2 数字化媒介的阐释策略——“云游长城”

2.2.1 游戏的互动性与参与性策略

通过利用天津大学建筑学院采集的整套明长城影像数据以及长城小站的整套明长城分布 GIS 数据，由腾讯用户与研究体验设计部产品团队规划设计，腾讯云相关技术团队提供云技术开发支持共同搭建的数字长城互动平台“云游长城”小程序（图 3），创新性地将游戏与考古结合在一起，采用第一视角让玩家沉浸式体验不同的修缮工艺，生动呈现“爬、学、修长城”的历程，趣味性地向公众展示了长城保护的内涵和科学修缮的理念，为关注长城的公众尤其是青少年提供了一次前所未有的体验:“探索”板块通过问答、展示等形式讲述长城历史，科普关于长城保护的相关概念，同时玩家可以积累里程数并兑换小红花;“云游”板块通过 360° 全景的方式带领玩家游览九边十一镇，实现考古、清理、砌筑等修缮工艺的沉浸式体验。借助游戏的激励反馈机制，通过兑换“小红花”，将公众的线上行为转化为对公益项目的助力，直接建立公众与长城保护的关系。小程序上线当月，全网曝光量超 50 亿，体验人次超 350 万，在 1 个月的时间里全网发布 5 766 条相关消息，数据活跃度超同类文化遗产小程序。该项目的推出是利用数字化媒介保护建筑遗产及助力公益的一次创举。

2.2.2 自媒体平台与建筑遗产阐释

“云游长城”自媒体矩阵注重统筹性策略。其中，公众号作为图文为主的自媒体平台，主要发布具有专业深度的文章，致力于向公众普及更多地域、更多种类、更多风光的长城，以及讲述长城与自然、长城与人的故事，尤其是讲述长城保护员的故事，丰富了长城与人文的关联。同时，公众号及时更新最新的长城考古成果、修缮进度，并发布志愿者招募等信息，将长城的故事讲得有深度、讲得有影响力。短视频账号则根据账号属性及平台特点，兼具趣味属性与科普属性，既可以以结合乐高积木与延时动画的形式，展示敌台的防御作用和正北楼的内部结构，也可以跟随专家的脚步寻找长城砖上的印戳，聆听长城的分界如何界定。

更为精妙的是，“云游长城”小程序及公众号、视频号三个不同类型的媒介之间，可以直接跳转体验，形成了账号间的关联闭环（图 4）。这一交互设计极大地延展了单一媒介传播的局限，形成了独特的“云游长城”系列数字化产品矩阵。这一创新性举动成功地将多种数字化媒介整合在一起，为多维度展示长城魅力、阐释长城保护价值发挥重要价值。

图 3 “云游长城”小程序主界面

（图片来源：“云游长城”小程序）

图 4 互相关联的数字化媒介产品

（图片来源：“云游中国长城”公众号 ）

3 结论与展望

3.1 总结与思考

随着数字化技术在文化遗产方面的应用从数据要素向生产要素转化，寻找让文化遗产“活”起来的正确打开方式，运用数字化技术让文化遗产“活在当下”，成为每一位文物工作者的新挑战。游戏作为互动性极强的媒介，在展示建筑遗产方面拥有得天独厚的优势；而自媒体传播本身就是多方参与的互动过程，在展示和阐释的过程中建筑遗产的价值得到了有效传递。通过上述案例，对使数字化媒介服务于建筑遗产展示与阐释的路径进行了归纳和思考，与此同时，也要面对目前数字化媒介对建筑遗产展示与阐释的水平不高、跨学科人才不足、效果评估困难等问题。

数字化技术对遗产的展示与阐释是线上线下的双重路径，线上通过数字化媒介多维揭示建筑遗产的神秘面纱和结构巧思，线下通过实地探访展现建筑遗产的古拙面貌和空间尺度。两者互为依傍，共同为中华文化价值传播添砖加瓦。

3.2 展望

2024 年夏天，一部以经典名著《西游记》为背景的 3A 游戏《黑神话·悟空》，裹挟着建筑遗产闯入大众视野，建筑遗产作为“卷入”其中的文化符号，通过游戏机制与叙事策略实现文化创新与再创造。后由自媒体博主自发进行二次解说创作，引发了更为广泛的互动效应，建筑遗产跟随《黑神话·悟空》彻底出圈。由此可见，数字化媒介作为文化遗产展示与阐释的新方法，侧重提供多层次、探索性的互动体验，重塑了公众对建筑遗产的空间认知和理解，同时让我们看到数字化媒介在赋能建筑遗产展示与阐释方面爆发出的潜力。

《黑神话·悟空》的爆火将数字化媒介展示与阐释建筑遗产的水平带到了新高度，也为文物工作者提示了建筑遗产数字化赋能方面的方向：对建筑遗产进行深度挖掘和价值阐释，将其背后丰富的文化内涵带入公众的生活中，并达到相应的社会效益，实现建筑遗产的可持续发展，最终实现中华文化的广泛传播与深度认同。

冯睿　中国文物保护基金会　研究宣传部助理主管

李简西　中国文化遗产研究院　助理研究员

参考文献

[1] 刁常宇. 笔谈：数字化为文明赋彩——文物和文化遗产数字技术应用现状与实践路径 [J]. 中国文化遗产，2024(2)：4-6.

[2] 许海军. 基于世界文化遗产视野的嘉峪关长城保护研究和展示利用 [J]. 长城研究，2022(5)：121-123.

[3] 马骏华，沈旸，周小棣. 城市缝隙中的"一般性"文物建筑生存：基于展示要求的保护规划策略 [J]. 建筑与文化，2012(9)：58-60.

[4] 王强春.《黑神话·悟空》跨文化传播策略与路径研究 [J]. 学术探索，2024(9)：1-7.

[5] 卓熳燕. 文物数字化赋能文化遗产保护与传承的路径：以数字敦煌为例 [J]. 黄河 黄土 黄种人，2023(20)：64-66.

[6] 刘瑞英. 数字技术赋能，让文物"活"起来 [J]. 文物鉴定与鉴赏，2024(12)：39-42.

[7] 傅亦民，施小蓓，柯明清. 科技赋能 云端共享：宁波文化遗产的数字化实践与探索 [J]. 宁波通讯，2021，21(31)：70.

[8] VARINLIOGLU G. New perspectives for cultural heritage: the role of digital architects and virtual reality[J]. Journal of architectural knowledge, 2023(5)：89-108.

长城景观资源的徒步旅游利用模式与游步道设计研究
——以长城国家文化公园(北京段)为例

Research on the Hiking Tourism Utilization Model and Trail Design of the Great Wall Landscape Resources —A Case Study of the Great Wall National Cultural Park (Beijing Section)

王天莲

摘　要:徒步旅游是长城遗产的重要游览方式,对促进长城地区的旅游开发和经济发展具有重要意义。研究以长城国家文化公园(北京段)为研究区域,提取该地区GPS徒步轨迹数据,利用地理信息空间分析法,发掘轨迹空间分布、形态特征与长城景观资源的耦合关系;结合不同的景观资源特征与徒步者动机需求,总结出遗产历史游览、自然风光游览、村落人文游览、山地健身游览四类长城徒步游览模式;利用最小成本路径优化登山步道,并针对单一景观、线性景观、组团景观、自然景观进行多种游览线路与墙上墙下等多种观景方式的游步道规划设计。研究可为长城景区发展建设与结构优化、游览模式与路线规划设计和长城国家文化公园建设背景下的文旅融合工程建设提供决策参考。

关键词:长城;徒步旅游;景观资源;长城国家文化公园;文旅融合

Abstract: Hiking tourism is an important way to explore the heritage of the Great Wall, which plays a significant role in promoting cultural tourism development and economic growth in the Great Wall region. This study focuses on the Beijing section of the Great Wall National Cultural Park as the research area. Extracting GPS hiking trajectory data in the region, and using geographic spatial analysis methods, it explores the coupling relationship between trajectory spatial distribution and morphological characteristics of the Great Wall landscape resources. Based on diverse landscape resource features and hikers' motivational needs, four types of hiking tour modes are summarized: heritage historical tour, natural scenery tour, village cultural tour, and mountain fitness tour. The study optimizes the mountain climbing trail with the minimum cost path and plans and designs various hiking trails for different types of landscapes, including single landscapes, linear landscapes, clustered landscapes, and natural landscapes. Moreover, it explores multiple viewing methods such as viewing from above and below the walls in the route planning and design. This research provides decision-making references for the development and structural optimization of the Great Wall scenic area, tour mode and route planning design, and the integration of cultural tourism in the construction of the Great Wall National Cultural Park.

Keywords: the Great Wall; hiking tourism; landscape resources; the Great Wall National Cultural Park; integration of culture and tourism

长城是我国现存规模最大的线性文化遗产。2021年8月《长城国家文化公园建设保护规划》颁布实施,其中一项重要任务是长城文旅融合发展,即利用长城本体及其周边的历史文化、自然生态、现代文旅优质资源形成文旅融合区,将长城遗产和文化资源转化为优质旅游产品,展现古代军事防御体系的建筑遗产价值,呈现人与自然融合互动的文化景观价值[1]。徒步旅游作为兼具亲近自然、休闲娱乐与社交属性的户外活动，其受欢迎程度较高。《全民健身计划（2021—2025年）》中提出"促进体旅融合"，"通过普及""山地户外"等户外运动项目……打造一批有影响力的体育旅游精品线路……引导国家体育旅游示范区建设，助力乡村振兴"。《户外运动产业发展规划（2022—2025年）》中提出"推进户外运动与旅游深度融合，以徒步、骑行……串联景区景点、度假区"，"统筹国家、省、市、县四级步道建设……推动构建……可持续发展的国家步道体系"。将徒步旅游与长城文旅项目融合，建设长城国家步道，可使户外运动兼具运动休闲与历史文化精神传播属性，并为长城景观资源利用带来新模式。

针对旅游者行为的已有研究主要包括游客轨迹的聚类分析[2-3]、行为模式及群体差异性[4]、旅游者空间感知[5]等方面，研究区域包括海岛[6]、山地[7]等不同地形，为本研究分析徒步旅游行为模式奠定了基础。近年来，新的数据获取技术为旅游者空间分布规律分析提供了新的视角和数据基础，利用GPS轨迹数据可对旅游者移动路线、活动位置和时间属性进行全面记录，与GIS空间分析结合，为定量研究行为提供了更加精确的数据与快速高效的方法[8]。已有针对长城遗产的研究，主要包括遗产本体的价值挖掘和文旅融合发展建设，前者主要包括资源点的新发现[9-10]、长城防御体系的整体性认知[11]、遗产主题内容的揭示[12]、遗产景观特征识别[13]等，后者包括文旅资源结构特征解析[14]、遗产阐释体系研究[15]、遗产空间格局构建[16]、长城景区规划建设[17]等方面。已有研究缺乏将旅游路线规划与遗产资源开发利用相结合，挖掘徒步者空间规律，为合理规划旅游空间及路线、有效利用长城遗产资源提供重要的支持和指导。

目前长城文旅资源的开发面临遗产本体的保护、资源及空间的约束性等挑战。截至2023年，已建设国家3A级及以上长城主题旅游景区共34家，但与上万千米的长城总长度相比，景区数量极其有限且分布不均，主要集中于重要关隘，大量的长城段和资源点没有被有效利用，尚未实现连片连线的统一开发。国家文化公园旅游规划的顶层设计与具体的步道建设落实之间存在隔离错位[18]。仅依靠政府自上而下宏观进行旅游路线方案规划缺乏空间尺度的敏感性，容易产生规划设计与旅游活动实际需求错位的问题[19]。同时，对长城遗产资源的游览及利用方式单一，单纯沿长城墙上的游览忽略了较多长城遗产资源的建筑细节，难以充分发挥长城遗产旅游的独特魅力。

因此，本文基于长城徒步GPS轨迹数据，利用ArcGIS地理空间分析，主要研究以下内容包括。①从宏观特征角度，对徒步轨迹的空间分布、形态类型等特征进行量化，探析轨迹特征与长城景观资源的耦合关系。②结合不同景观资源特征，总结归纳不同主题的徒步游览模式，并以典型长城段为实例总结路线特点与规划开发要点。③从微观建设出发，对徒步游览过程中的登山步道及长城步道进行墙上、墙下观赏等多种步道路线的设计优化。研究利用底层用户数据进行"自下而上"的规划实践，助力长城国家文化公园的建设规划与长城景观资源的文旅融合发展。

1　案例与研究框架

1.1　研究案例

研究区域为《长城国家文化公园（北京段）建设保护规划》（2021年）的规划范围，包括北京北部的平谷、密云、怀柔、延庆、昌平和门头沟六区。由于早期北齐长城资源的考古挖掘尚不充分，以明长城为主要研究对象。

1.1.1　长城景观资源特点

北京段长城总长度为520.77 km，拥有国家级长城旅游景区19个（至2023年）[20]，其长城资源具有以下特点。第一，长城景区数量居全国首位，景区开发较早，旅游基础设施水平和开发利用程度相对较高[21]，包括八达岭、居庸关等较成熟的旅游产品。第二，长城分布自然景观资源丰富，包括山地、丘陵等自然地形，与潮河、永定河等水系紧密交织。第三，长城本体遗产资源点丰富，保存现状较好。各个长城段在建筑及其构件的微观尺度上具有地域性和工程特色的众多遗址点，例如菱形敌楼、多箭窗楼等特殊敌楼形态，不同材料颜色构成的多彩长城，悬眼、吐水、射孔、望孔等多种墙体附属设施。

1.1.2　长城旅游开发现状

北京自开放八达岭风景名胜区以来，持续加强长城旅游资源的建设开放，长城景区热度超越颐和园、圆明园等历史人文景点，例如八达岭景区暑期仅单日客流量就达 6.2 万人次的红色预警值且一票难求，足以见长城旅游的巨大市场潜力。但目前长城旅游开发仍存在以下问题。第一，长城景区开发长度短，大量资源处于待开发状态。《长城主题旅游景区发展报告(2022 年 7 月—2023 年 6 月)》统计结果显示，北京已开发长城段仅占总长度的 10%。第二，景区热力分布不均。长城旅游多集中在八达岭、慕田峪、居庸关等热门景点，节假日的游客激增导致景区承载力不足，热力分布不均，游客需求与遗产资源配置之间的矛盾加剧。第三，长城游览模式单一，遗产资源利用不充分。游览模式仅限于“爬长城”，对潜在的遗产资源点的认知和价值阐释深度不足，导致景观同质化、叙事碎片化、区域开发不均衡(在空间层面扎堆游览)，进而导致全线景观资源的浪费、公众吸引力止步不前，对景区产业发展造成一系列制约。针对上述问题，应结合长城景观资源特点，针对不同空间尺度开展游览规划，引导规划建设对应景观资源类型进行整体保护和开发。

1.2　数据获取

对徒步旅游路线的分析，以徒步 GPS 轨迹作为基础数据。数据来源于两步路户外网站(https://www.2bulu.com/)，该网站是目前面向徒步用户下载量排名第一的户外软件，根据网站 2023 年度用户使用报告，其用户群体为喜爱户外探索和休闲游览的人群，年龄以 18~50 岁为主，“90 后”新青年为主力军，占比为 44%，“80 后”是亲子客群的主要构成部分，占比为 31.6%。利用旅游者自主上传的轨迹数据，记录运动时长、运动速度、轨迹经纬度、轨迹长度、轨迹起始点和终止点、用户自主标记点等信息，并对运动类型(如徒步、骑行等)和轨迹分布地区进行分类。以“长城”为关键词，在北京范围内对徒步数据进行搜索，获取轨迹 3 175 条，经过数据清洗和筛选过滤后，得到有效徒步轨迹 2 673 条。

北京长城资源数据来源于国家文物局开展的长城资源保护管理信息系统(http://www.greatwallheritage.com)，包括长城墙体、墙体设施、附属设施、相关遗存的位置编号等基本数据；同时利用课题组自主建设的“明长城全线图像与三维数据库”[21]，基于全线连续的低空无人机航测获得厘米级图像和三维数据，填补长城全线翔实现状资料的缺环。

其他基础数据，包括 DEM 高程、天地影像等自然地理数据，来源于国家地理信息公共服务平台，道路交通、旅游景点、文化遗产点等空间地理信息数据来源于高德地图 POI 数据。将上述文本数据利用坐标拾取器获取经纬度坐标，并转化为图层文件导入 ArcGIS 10.5 进行分析。

1.3　研究框架

研究基于 GPS 徒步轨迹数据，利用 ArcGIS 进行地理空间系统分析，制定本研究的框架和方法(图 1)。

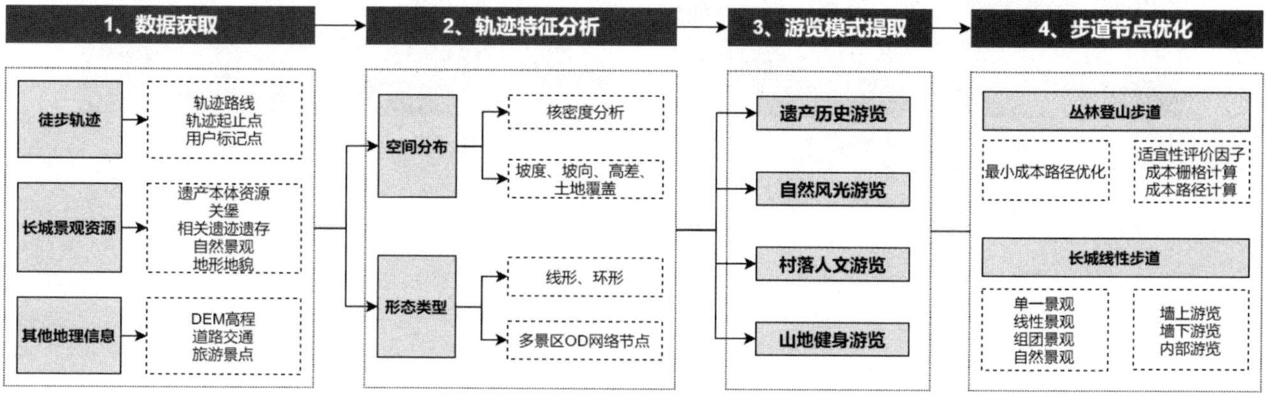

图 1　研究框架

(图片来源:作者自绘)

①数据获取：获取徒步轨迹数据，提取轨迹路径、起止点和用户标记点，并对长城景观资源类型进行分类，获取各资源点的经纬度坐标。②轨迹特征分析：从宏观角度利用地理空间分析法、OD 网络节点关系对轨迹的空间分布特征及形态进行解析，探析景观资源与轨迹分布的耦合关系。③游览模式提取：结合徒步者动机需求和景观资源特征，总结出长城徒步游览模式。④步道节点优化：针对游览过程中的丛林登山步道和长城线性步道，优化设计多种游览线路与观景方式。

2 长城徒步轨迹特征解析

长城景观资源类型包括长城遗产本体（长城墙体、单体建筑、附属设施等）、军事聚落、相关遗迹遗存[22-23]，其周边自然景观和丰富的地形地貌均可作为徒步游览过程中的吸引物，增加遗产资源“浓度”，具体资源类型见表 1。长城景观资源实例见图 2。

表 1 长城景观资源类型

资源类型		具体内容
长城墙体		土墙、石墙、砖墙、木障墙、山险墙、山险、河险
单体建筑		敌台（实心敌台、空心敌台）、马面、铺房、烽火台
附属设施	墙体附属设施	望孔、射孔、礌洞、登城道、吐水
	墙外附属设施	拦马墙、壕堑、品窖、阻马林
军事聚落		军堡、关城、关口
相关遗迹遗存		照壁、采石场、砖瓦窑、戍卒墓、居住址、古驿站、碑碣、刻石、碑刻
自然景观		森林景观、天文景观、气候景观、生物景观
地形地貌		山地、峡谷、丘陵

长城本体资源：敌台、墙体

长城与山水结合：司马台长城

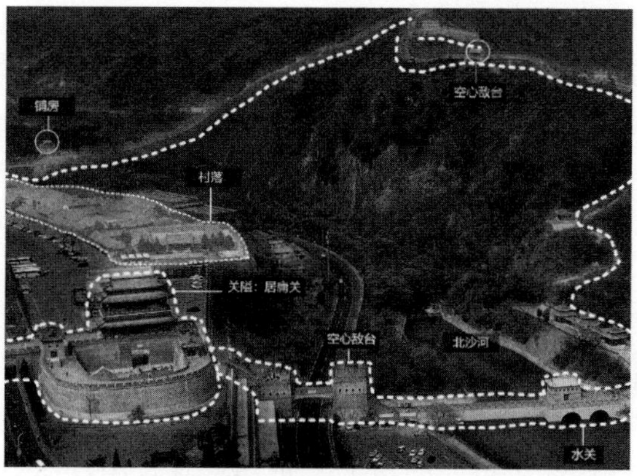

重要关隘及村落：居庸关长城

长城与杏花风光结合：黄花城长城

图 2　长城景观资源实例

（图片来源：作者自绘）

2.1　徒步轨迹空间分布

徒步轨迹空间分布特征与自然地理高程、坡度、土地覆盖类型紧密相关。利用 ArcGIS 软件将所获取的 GPS 徒步轨迹数据与高程 DEM 数据叠加发现，徒步轨迹所覆盖的区域以山地为主要地貌，多为中山和低山丘陵；土地覆盖以林地为主，少量为灌木地；坡度分布以 15°~30° 为主，局部点段坡度大于 45°。

徒步轨迹空间聚集度与长城资源的空间分布特点相耦合，整体聚集情况与保护规划中的五个重点区域规划一致。利用 ArcGIS 中的核密度分析轨迹与长城资源分布，可见怀柔区的轨迹最为密集，其次为密云区、延庆区，而平谷区、门头沟区和昌平区的轨迹数量最少，可见长城遗产的资源禀赋较为优越、保存情况较为良好的区段以及墙体连续性更高的区段更受旅游者的青睐。徒步者对路线极强的开拓性特点，可为选择重点开发区段和景区游览路线规划提供重要的参考依据。

2.2　徒步轨迹形态类型

徒步轨迹根据起止点之间的距离和形态分为线形和环形（图 3）。利用 ArcGIS 邻域分析工具计算起点与终点的距离，结果显示，68.2% 的起点和终点接近，相距在 3 km 内，可被视为环形闭合路线。

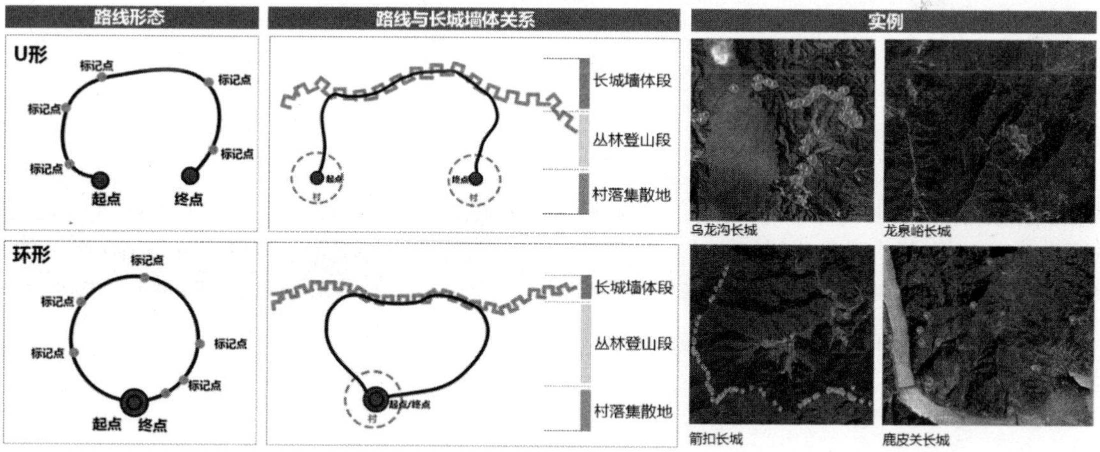

图 3　徒步路线形态分类

（图片来源：作者自绘、自摄）

将轨迹按照形态分类并与长城资源分布叠加发现，长城墙体的连续度和景观资源的不同，导致徒步者倾向选择线形和环形的路线。线形路线主要分布在长城墙体连续度更高，遗产本体保护更佳，或遗产资源分布较为分散的区段，如在长城资源最佳的怀柔区响水湖长城、慕田峪长城和延庆区龙泉峪长城、大庄科长城。线形路线轨迹平均长度为 9.48 km，与长城墙体之间的重合率为 36.2%，可以缩短丛林登山的距离，增加沿长城本体资源的游览体验。起止点之间的直线距离通常大于 3 km，行程需借助公共交通进行往返。环形路线与长城墙体的重合率较低，为 23.6%，轨迹平均长度为 11.64 km，较线形路线更长，但避免了起止点的折返。路线中包含较多丛林登山段，适合与自然山水景观结合的游览方式，且遗产资源的浓度较低或分布较为集中，多聚集在重要关口节点处，如古北口、撞道口等，主要分布区段为箭扣长城、卧虎山长城。

3　长城徒步游览步道设计与节点优化

游步道的规划建设直接影响徒步过程中的观景体验，针对不同的地形线路和景观资源，应设计不同的步道游览方式和观景点（图 4）。下面将针对徒步游览过程中的丛林登山步道和沿长城的线性游览步道进行优化设计。

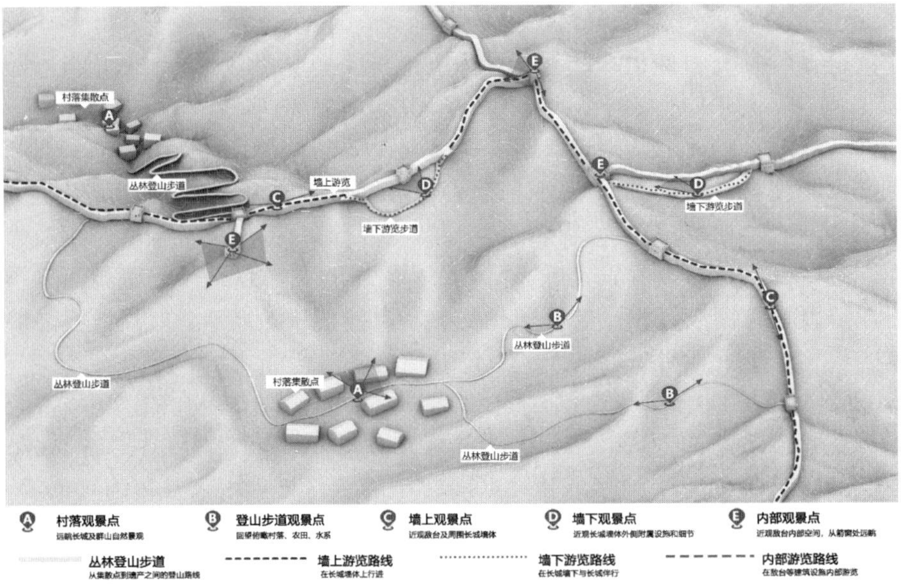

图 4　徒步旅游游览模式

（图片来源：作者自绘）

3.1　登山步道：利用最小成本路径优化路线

现有的路网体系仅涉及连接各村之间的乡道，村落集散点与长城之间区段的步行道路规划仍属空白。对徒步轨迹起始点与最近长城墙体进行最短距离分析，距离在 2 km 范围内分布集中（图 5）。此段山路丛林密布且缺乏文化遗产资源点，需要对这一“空白地区”进行进一步规划设计，增加“毛细血管”层级的丛林登山步道和景观标识点，以保证游览线路的完整丰富性。

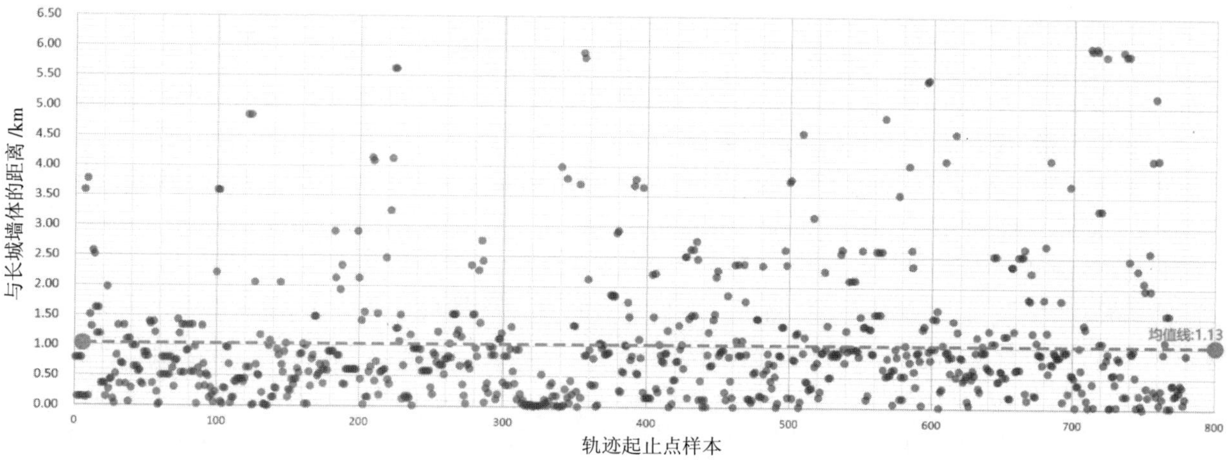

图 5　徒步轨迹起止点与长城墙体距离散点图(以怀柔区长城徒步轨迹为例)

(图片来源:作者自绘)

利用 ArcGIS 成本路径计算方法对该段丛林登山步道进行规划设计(图 6)。

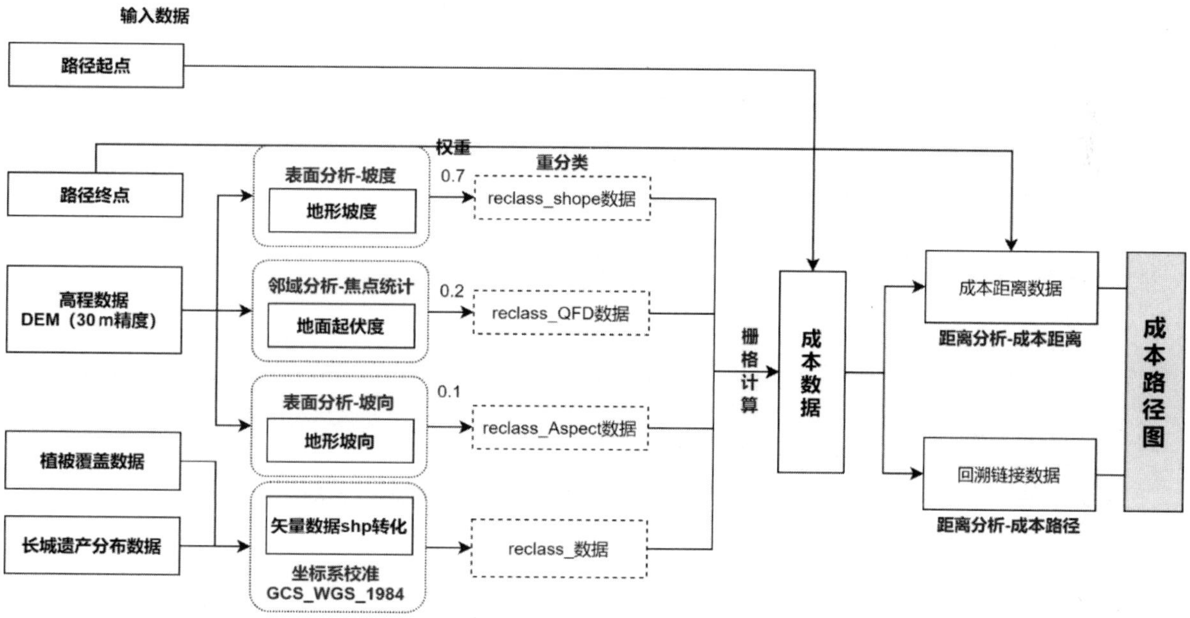

图 6　丛林登山步道成本路径计算技术路线

(图片来源:作者自绘)

首先,确定步道建设的适宜性评价因子,阻力因子包括地理因素(坡度、起伏度、坡向)、植被覆盖(林地、草地、农田),吸引因素包括长城遗产资源点。第二,确定各因子影响程度。应用“面转栅格”工具,将各因子矢量图层转化为栅格图层。根据对步道的影响程度,应用“重分类”工具,对各因子栅格图层进行赋值。参考郑宇[26]、白君亭[27]等在山地步道选线中的相关研究,并结合因素对步道的影响方式的差异性,因子赋值(幅度为 0~5)采取以下方式:①根据因子数值赋值,如坡度、高程越大,赋值越小;②根据缓冲距离赋值,如长城资源因子的缓冲距离越小,赋值越大;③根据属性值赋值,如植被因子按“林地”“草地”“耕地”分别赋值为 5、3、1,基本农田按“是”“否”分别赋值为 0、5。采用层次分析法,确定各因子的权重。第三,生成分级建设适应性评价图。基于重分类图层及因子权重,应用“加权总和”工具,计算各栅格的综合得分。根据综合得分,将各栅格划分为适宜、较适宜、较不适宜和不适宜建设等类型,生成国家登山健身步道的建设适宜性评价图。第四,最小成本路径分析。将步道建设适宜性评价的综合得分作为成本栅格，将徒步轨迹的起点作为源点，轨迹到达最近长城墙体的登墙点作为目标点，应用“成本距离”和“成本路径”工具，计算生成登山步道的最小成本路径图。最后，将生成路径与徒步轨迹的路线进行比对，结合现场勘探，确定最终丛林登山步道路线规划方案。

3.2　长城步道：设置墙上墙下多种游览路线

针对长城景观资源的不同类型、不同区段进行多种游览线路的规划，主要游览步道包括：①长城墙上游览；②墙下游览；③空心敌楼、暗门等内部空间穿行（表 2）。单一景观要素以近距离观赏方式展现特殊遗产空间、建筑细节、特殊形态、病害毁坏段，对于吐水、礌洞等位于墙体外侧的设施，设置墙下游览路径；结合暗门、特殊形制敌台设置内部穿行路径。线性景观资源以连续性体验为主，景观要素间有阻挡或有叙事序列要求，可进行墙上墙下连续步道的游览路线。组团景观要素展示主题叙事下的遗址空间关系与场所，如关口—暗门、关口—敌楼协防应援组合[28]、烽火传递路径等，保证景观要素均在视域范围内。自然景观要素以墙下远眺和墙上俯瞰为主，与特殊自然景观、地形地貌等结合，共同呈现长城在广袤地域中形成的多样景观。

表 2　不同类型景观资源游览模式

<table>
<tr><th>类型</th><th colspan="2">游览模式</th><th>适用场景</th><th>观赏内容</th></tr>
<tr><td rowspan="2">单一景观资源</td><td>
墙上游览</td><td>
墙下游览</td><td rowspan="2">特殊遗产空间、建筑细节、特殊形态、病害毁坏段</td><td rowspan="2">遗产单体建筑设施、构造细节及局部环境</td></tr>
<tr><td>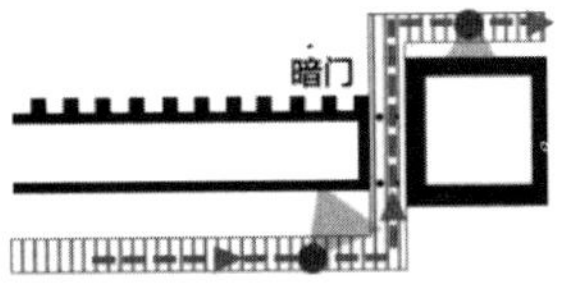
内部穿行</td><td>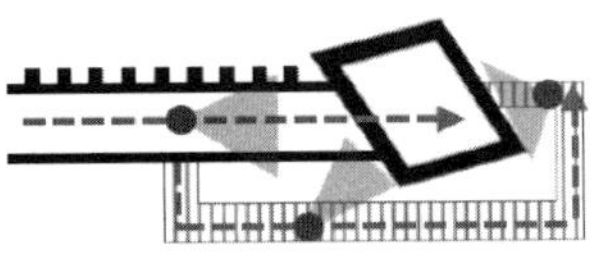
多线游览</td></tr>
<tr><td>线性景观资源</td><td>
墙上游览</td><td>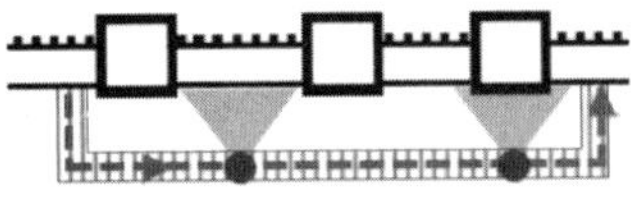
墙下游览</td><td>景观要素间有阻挡或有叙事序列要求</td><td>连续的建筑设施、有一致性的空间内容</td></tr>
<tr><td>组团景观要素</td><td>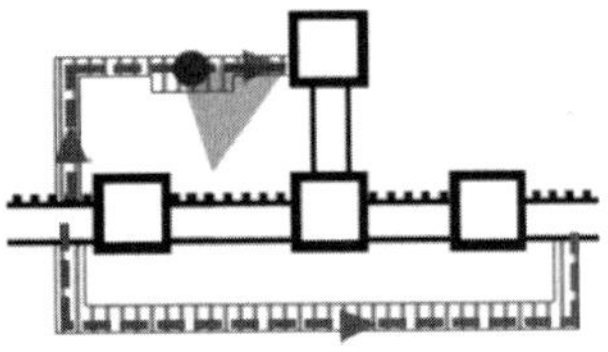
墙下游览</td><td>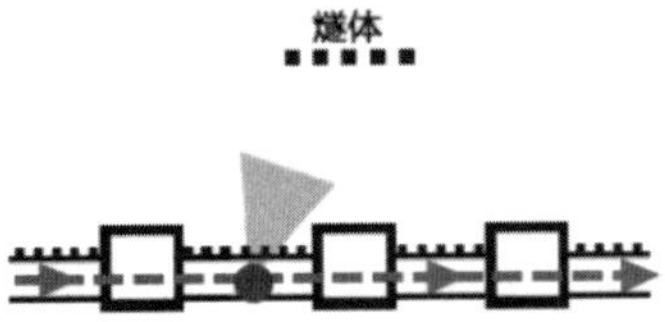
墙上游览</td><td>景观要素均在视域范围内</td><td>主题叙事下的遗产空间关系、场所</td></tr>
<tr><td>自然景观要素</td><td>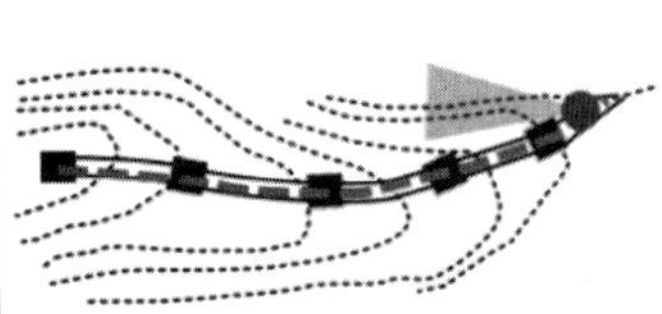
墙上游览</td><td>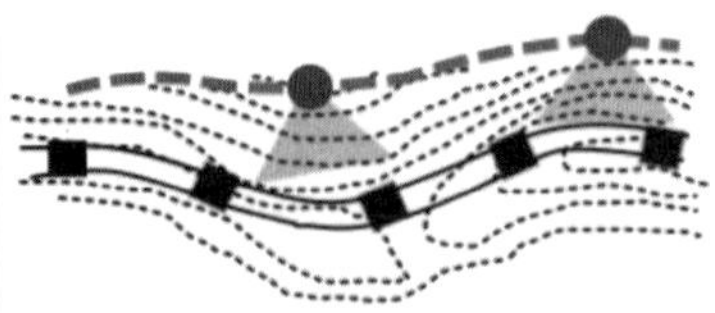
墙下游览</td><td>地形结合度高、形象突出或结合特殊自然景观</td><td>自然景观、风景植被、工程智慧、审美意象</td></tr>
<tr><td>图例</td><td colspan="4"></td></tr>
</table>

在游览路线中结合数字演示系统，基于情态复现成果对可见与不可见遗存进行展示，针对性地选择增强现实、地景沙盘、图文解说系统等展示手段，使景观获得良好的可感知性，营造沉浸式的历史氛围和知识体验。

4 结语

徒步旅游中对长城资源利用的模式，是旅游者以自下而上的方式，发挥“群众自主性”得到的结果，相比基于旅游资源分布自上而下的路线规划，通过徒步轨迹进行旅游路线的开发和游步道的建设，与实际旅游活动需求匹配度更高，与当地村落、自然地理环境的结合更加紧密。以徒步轨迹为基础数据，可为长城国家文化公园的规划建设与步道选线提供参考，助力长城文旅融合工程发展。

研究通过对徒步轨迹的特征解析，发掘轨迹空间分布、形态特征与长城景观资源的耦合关系，轨迹整体聚集情况与保护规划中的五个重点区域规划一致，集中分布于长城遗产的资源禀赋优越、保存情况较为良好以及墙体连续性更高的区段。结合不同的景观资源特征与徒步者的动机需求，总结出遗产历史游览、自然风光游览、村落人文游览、山地健身游览四类长城徒步游览模式。针对不同的地形线路和景观资源，利用最小成本路径优化登山步道；针对不同遗产景观资源类型（单一景观、线性景观、组团景观、自然景观）进行多种游览线路与观赏方式（墙上游览、墙下游览、内部游览）的规划设计与节点优化。

本文的研究局限性在于：①徒步 GPS 轨迹数据的记录主要包括地理空间信息，但缺乏对用户属性信息的关注，如年龄、性别、居住地、职业、收入水平和教育水平，未来应结合问卷调查和深入访谈的信息对游客行为进行更加细致的群体划分，在规划中针对不同群体的需求差异展开更多维度和精细化的考量；②研究仅针对北京地区长城进行了分析，对全国不同地区长城资源的特点，需结合各地情况进行适应性变化；③研究以徒步者为代表，重点关注徒步游览活动的模式及路线设计，对长城景观资源的利用，除了徒步游览外，可能还有骑行、越野跑等多种方式，未来需结合不同运动模式更细致地分类。

王天莲　天津大学　博士研究生

参考文献

[1] 陈同滨，王琳峰，任洁. 长城的文化遗产价值研究 [J]. 中国文化遗产，2018(3)：4-14.

[2] 刘培学，廖茂林，张捷，等. 山岳型景区游客轨迹聚类与体验质量差异研究：以世界遗产地三清山为例 [J]. 旅游学刊，2018，33(5)：56-67.

[3] 梁景宇，赵渺希，沈娉. 基于 GPS 轨迹的都市外围乡村徒步旅游社区聚类 [J]. 旅游学刊，2019，34(8)：129-140.

[4] 王章郡，温碧燕，方忠权，等. 徒步旅游者的行为模式演化及群体特征分异：基于“方法-目的链”理论的解释 [J]. 旅游学刊，2018，33(3)：105-115.

[5] 林涛，胡佳凌. 工业遗产原真性游客感知的调查研究：上海案例 [J]. 人文地理，2013，28(4)：114-119.

[6] 胡宇娜，马鑫涛，刘继生，等. 基于 GPS 数据的海岛型目的地游客时空行为相似性研究：以山东长岛为例 [J]. 地理科学，2022，42(11)：1954-1962.

[7] 李亚娟，欧阳辰星，虞虎. 基于多源数据融合的山地型旅游区游客时空行为研究 [J]. 地球信息科学学报，2022，24(11)：2171-2185.

[8] 李渊，刘嘉伟，严泽幸，等. 基于卫星定位导航数据的景区旅游者空间行为模式研究：以鼓浪屿为例 [J]. 中国园林，2019，35(1)：73-77.

[9] 李哲，李明帅，李严. 基于附燧遥感考古调查的明长城烽传场景新识 [J]. 航天返回与遥感，2023，44(1)：1-12.

[10] 李哲，拓晓龙，景一帆，等. 蓟镇暗门考实：分布、形制、功能 [J]. 建筑学报，2020(S1)：141-146.

[11] 李严，张玉坤，李哲. 明长城防御体系与军事聚落研究 [J]. 建筑学报，2018(5)：69-75.

[12] 李哲，谢佳妮，拓晓龙，等. 明长城沿线马市空间研究 [J]. 建筑学报，2022(7)：80-85.

[13] 贺鼎，卢丽娜，王晶，等. 大尺度线性遗产区域景观特征识别：以北京长城文化带为例 [J]. 风景园林，2022，29(9)：99-106.

[14] 程瑞芳，徐灿灿. 长城文旅资源结构特征及旅游化利用提升策略：以长城河北段为例 [J]. 河北学刊，2023，43(5)：

212–217.

[15] 王长松，张然. 文化遗产阐释体系研究：以北京明长城为评价案例 [J]. 首都师范大学学报（社会科学版），2020（1）：139–149.

[16] 冯潇，陈思淇. 线性文化遗产的空间格局构建：以明长城大同段为例 [J]. 风景园林，2019，26（11）：31–37.

[17] 李严，姚旺，张玉坤，等. 山海关长城国家文化公园体系的建构思路 [J]. 城市规划，2025，49（3）：90–99.

[18] 于淼，许冬，丁康，等. 长城国家文化公园（北京段）游憩服务评价与优化 [J]. 风景园林，2023，30（5）：108–116.

[19] 周觅，邬东璠，吴晶巍. 国家文化公园背景下大型线性文化遗产阐释框架：以长城为例 [J]. 风景园林，2023，30（2）：82–88.

[20] 刘昭祎，汤羽扬. 长城国家文化公园（北京段）建设保护实施路径的项目体系研究 [J]. 北京规划建设，2023（3）：5–11.

[21] 汤羽扬，刘昭祎. 北京长城保护规划编制的思考 [J]. 中国文化遗产，2018（3）：41–47.

[22] 汤羽扬. 中国长城志：建筑 [M]. 南京：江苏科学技术出版社，2016.

[23] 文物编辑委员会. 中国长城遗迹调查报告集 [M]. 北京：文物出版社，1981.

[24] 闫闪闪，梁宗正，刘国秋，等. 红色旅游流网络空间分布特征研究：以江西省为例 [J]. 经济地理，2024，44（2）：198–207.

[25] 孙一鸣，刘培学，张建新，等. 基于游线大数据的西北地区旅游流空间网络结构及影响因素 [J]. 陕西师范大学学报（自然科学版），2023，51（6）：123–133.

[26] 郑宇，成林莉，黄硕，等. 新时期多维度协同视角下城市山地公园步道设计探究：以福州市金鸡山公园为例 [J]. 中国园林，2022，38（6）：69–74.

[27] 白君亭，孙睿，陈靖雯，等. 多元数据支持下福州市乡村风景道选线规划研究 [J]. 中国园林，2024，40（15）：63–69.

[28] 李哲，拓晓龙，姚旺，等. 封锁下的隐秘交通：明长城暗门建筑类型及其价值揭示 [J]. 新建筑，2022（2）：140–144.

跨界视角下文化遗产活态再现的数字化艺术设计研究
——以山西建筑遗产设计实践为例

Research on Digital Art Design for Living Reproduction of Cultural Heritage under Cross-disciplinary Perspective
—Taking the Design Practice of Architectural Heritage in Shanxi as an Example

佟家琪　孙奎利

摘　要：随着数字时代的发展，文化遗产保护观念已由传统的单一静态保护转变为创新的多元数字化设计。文化遗产的数字化艺术设计及其创新活化应用，已然成为新时代中国文化遗传保护、传承与传播的新趋势。文章以山西建筑遗产的数字化设计及实践案例作为研究对象，通过“跨界设计”的研究视角，探讨当下建筑遗产活化的创新应用及多元化设计策略，以期为中国文化遗产的创新性设计与创造性转化提供新的发展思路。

关键词：文化遗产；数字化设计；活态应用；山西；建筑遗产

Abstract: With the development of the digital era, the concept of cultural heritage protection has been transformed from the traditional single static protection to the innovative diversified digital design. The digital art design of cultural heritage and its innovative and revitalising application have become a new trend in the protection, inheritance and dissemination of Chinese cultural heritage in the new era. The article takes the digital design and practice cases of the architectural heritage in Shanxi as the research object, and explores the innovative application and diversified design strategies of architectural heritage revitalization through the research perspective of "cross-disciplinary design", with a view to providing new development ideas for the innovative design and creative transformation of China's cultural heritage.

Keywords: cultural heritage; digital design; living application; Shanxi; architectural heritage

1　文化遗产数字化保护传承与传播应用

1.1　文化遗产的概念及其数字化设计

文化遗产是历史留给人类的宝贵财富。从存在形态上可以分为物质文化遗产(有形文化遗产)和非物质文化遗产(无形文化遗产)。文化遗产是拥有历史、艺术和科学价值的文物；非物质文化遗产是指各种以非物质形式存在、与人们生活密切相关并代代相传的传统文化[1]。有形文化遗产是指概念下的“文化遗产”，包括历史文物、历史建筑、人类文化遗址，具有考古价值和艺术价值[2]。文化遗产蕴含着人类对世界的思考[3]，是古往今来人们智慧的结晶，更是后代传承和学习的基石。

当前，数字信息技术快速发展，已经深度融入社会生产和日常生活的各个层面。这种变革不仅改变了以往人类社会传统的生产生活方式，而且全方位推动了社会的变革。与此同时，数字技术的崛起也为中华民族优秀文化遗产的传承开辟了新的道路。数字技术与传统文化的新交汇，必将为文化储存介质带来丰富的可能性[4]，重新赋予文化呈现的时代新涵义，拓展文化传播互动的渠道，从而打造焕然一新的文化氛围。这一融合为优秀传统文化遗产的传承与创新注入了新的动力和能量。

1.2 文化遗产数字化保护传承的意义

从传承和保护，到推广和兴盛，这是文明和文化持续发展的必由之路。作为文明的承载者，文化遗产具备不可再生和稀缺特性，一经毁损或消逝，将会造成历史的“遗忘”和文化的“缺失”[4]。伴随科学技术的发展与进步，人们沟通交流、传播知识的方式也在发生变化，当今时代科技与艺术的融合愈加紧密。数字化是焕活文化遗产、赋予其时代新意，并让现存数千年的文明得以延续的最佳路径。当下，文化遗产数字化跳出了过去单一保守的保护思维，不仅可以完好地记录保存静态的实体文化遗产，也能够更好地展示动态的无形文化遗产。一方面为现有文化遗产的记录、保护、展示和传播提供更加丰富的技术选择，可以进行数字化复制备份以便对文物资源的学习研究；另一方面，利用数字化修复和再现已经损毁或消逝的文化遗产，为解决文化遗产保护过程中的许多问题寻找到一个突破口，有助于文化遗产的再生和应用[5]。在数字化保护传承中借助科技手段不仅可以协调传统与创新之间的矛盾，还能够突破文化遗产传播利用的时空限制，助力打造中华优秀传统文化传播的新典范。

1.3 文化遗产数字化传播应用的发展

文化遗产数字化传播应用经历了从数字采集与记录、数字保存与管理到数字展示与传播的实践历程，文化遗产从数字保存到数字传播的过程也是逐级递增的(图 1)。随着信息传播技术的更迭换代，以及更多跨界领域的参与，文化遗产的传播应用场景呈现出更多元的联合，文化遗产数字化的焦点已经从单纯的保存记录转变为以传播为目标的创意设计，非遗数字化的途径已从资源数据库、数字博物馆等机构平台，转向社交媒体、短视频等新型媒体平台。这一过程被一些学者概括为从“入库”到“上线”再到“在场”[6]。

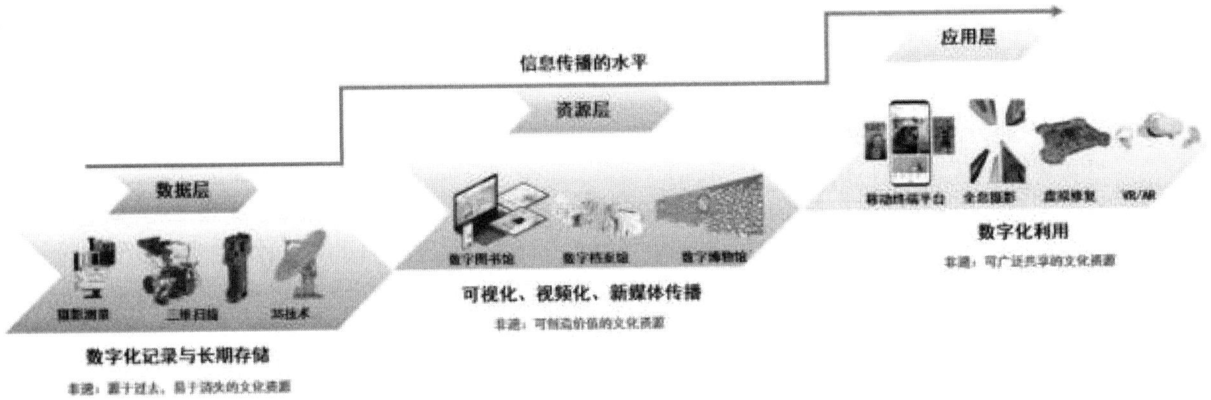

图 1 文化遗产数字化发展历程

(图片来源:作者自绘)

1.3.1 数字采集与记录

在数字时代，数字采集记录技术可以处理各类物质和非物质文化遗产，利用摄影测量、三维扫描、3S 技术(遥感技术、地理信息系统、全球定位系统)等采集文化遗产的各项信息进行数据库的搭建，慢慢积累成庞大的文化遗产“数字资产”[7]。如 1998 年进行的数字米开朗琪罗项目、2005 年龙门石窟三维扫描与虚拟修复项目等都是通过三维扫描技术来获取文化遗产宝贵的表面形态和空间信息，创建数字档案，为今后的研究提供有利的数据支持。

1.3.2 数字保存与管理

借助数字技术条件对文化遗产进行全方位储存，对文化遗产和资源的调研、采集工作进行整理，并以数字图书馆、数字档案馆与数字博物馆为主体，建立起相对应的若干个专题信息库、图片库、数据库、人物库等，利用数字化手段实现更大范围的文化资源保存与传播，这对推动大众学习、促进创新发展具有至关重要的作用[8]。

1.3.3 数字展示与传播

通过网络展示、虚拟漫游、体感交互、全息投影等技术，可将文化遗产数字化、虚拟化、智慧化呈现[9]。与传统数据展示方式相比，当下的数字展示汲取了多界的创新点，带给用户更加具有冲击力的虚拟交互体验和沉浸式感官体验。现实创造技术、全景摄影、移动终端平台与数字动画等技术手段的更新，为线下文化遗产的呈现带来更多元的选择[10]。例如2023年故宫博物院所推出的《石渠宝笈》绘画数字科技展，就是充分运用混合现实技术、全息多媒体技术以及人工智能人脸识别等数字科技手段，重新演绎经典绘画作品[11]，以动态数字化的方式活化历史文化遗产，打造出沉浸式跨越时空的文化对话体验。

2 山西建筑遗产数字化必要性与可行性分析

2.1 推动文化展示的必要性

建筑遗产属于物质文化遗产，随着时间的洗礼保留了下来。山西是全国文物大省，地上地下文物丰富多彩。木结构建筑上起唐朝、下至近代，代表了东方世界的建筑造型、建筑科学和建筑艺术水平；寺观壁画和彩塑存量巨大，异彩纷呈，为研究中国历代传统文化、宗教文化、民俗文化和美术史提供了弥足珍贵的实物资料；数百万件馆藏和出土文物，是人类起源、文明起源和中华民族共同体融合发展的历史见证。将山西的文化遗产数字化，包括对古建筑、传统工艺、文物的高精度数字化重现，有助于保存这些文化遗产，从而防止因自然因素导致的损坏。

近年来，山西对其建筑遗产保护传承也向多领域的数字化保护转变，其对标国际前沿，准确认识山西当下文化遗产数字化面临的发展困境，加快建筑遗产内涵数字化、可观化、信息化、智慧化的建设[12]。当下也已有团队尝试通过数据信息搜集、整理等方式全面构建山西遗产数字档案，借助联合国和相关国际组织的网站进行多语言、跨区域的网络文化传播实验，开辟“遗产智 iHeritage”版块，为后续山西开展项目数字化研究奠定了坚实的数据基础。

2.2 探寻文旅赋能的可行性

山西拥有得天独厚且地域特色鲜明的文化旅游资源——531处全国重点文物、518座木结构建筑、12 700余尊古代彩塑以及186项国家级非物质文化遗产等。人工智能时代背景下，用数字科技和创新模式焕活山西建筑遗产的开发、利用、存储、表达和传播，是赋能山西文化旅游的可行途径。现在，人们无须外出，便可利用互联网和数字技术，实现在线虚拟旅游。以莫高窟的“数字敦煌”和“虚拟洞窟”，以及龙门石窟的“万佛洞三维数字虚拟现实体验”为例，这些先进的数字技术和多媒体手段生动地展示了石窟的文化内涵和艺术特色，大大提升了服务质量和用户体验。山西拥有足够丰富的文化场景，能够发散出多种数字文旅的思路，同时研究出相关数字化产品和服务，打造引人入胜的沉浸式互动体验场景。

3 山西建筑遗产数字化艺术设计的跨界应用

3.1 建筑遗产数字化创作与传播场景

3.1.1 记录影像的创作

随着数字影像技术的迅速发展和新媒体平台的兴起，针对建筑遗产的具体特点选择合适的数字展示与传播技术，可以以更加创新、全面、直观和互动的方式向公众展示文化遗产，同时在传播过程中达到事半功倍的效果。中国文化遗产院与星球研究所联合出品的有关山西悬空寺的科普纪录片，通过 Mavic 3E 技术采集数据，大疆智图三维建模联合复刻出1∶1的悬空寺模型，进行数字化呈现（图2）。影像中通过实景与数字场景的共同展示，讲述了“中国第一空中楼阁”——悬空寺的建造历史、原理、过程以及工程结构等，新媒体和古老传统的融合，清晰明了地剖析了抽象的建造原理，展示了山西悬空寺令人叹为观止的建造智慧，同时大大传播了其文化价值。

图 2　山西悬空寺动态建模场景

（图片来源：星球研究所）

3.1.2　游戏设计的探索

在建筑遗产数字化转型进程中，与数字游戏的跨界融合越来越吸引大众的目光。游戏作为一种独特的数字媒介，拥有互动性高、沉浸感强的优势，这能为文化遗产的传播和公共参与提供助力[13]。目前，动漫、游戏的场景构建与建筑遗产的有力结合逐渐成为文化遗产生存发展的一大平台。例如国产游戏《黑神话•悟空》以山西为取景地，在其游戏世界中复刻了多个山西的古建筑场景和文物，如晋城玉皇庙二十八星宿、高平铁佛寺二十四诸天造像、临汾隰县小西天等文化遗产。游戏以《西游记》为故事线索，与山西特色景点进行联动，玩家能通过游戏"穿越"到几百上千年的古建中，感受充满文化自信的东方美学（图 3）。游戏上线后吸引了许多玩家专门来到游戏场景地游玩参观，这不仅带动了山西的文旅发展，还是一种让传统文化活起来的新时代途径。

图 3 《黑神话•悟空》取景山西场景

（图片来源：小红书）

3.1.3　新媒体的参与

新媒体平台的更新为建筑遗产提供了一个开放、多元且互动的交流渠道，其中短视频和直播成为标杆。国内知名的短视频平台，如抖音和快手等，正在开拓非物质文化遗产传承的新领域，其中直播成为向大众展示文化遗产最直接的方式。以去年在山西举办的"东方甄选山西行"直播活动为例，短短六天东方甄选团队销售"山西好物"达 1.3 亿元，100 多种山西特产几乎全部售罄，短视频播放量超过 6 亿次，"山西行”话题播放量登上热搜榜单 20 次，约有 1.1 亿国民观看了直播。东方甄选的山西专场直播活动向全国人民展示了魅力独特的三晋文化，提升了山西古建筑的知名度和美誉度，推动了数字经济与实体经济的深度融合。由此可见，新媒体平台的互动性成为山西建筑遗产宣传推介中具有实际效果和深远影响的重要组成部分。

3.2 建筑遗产数字化转化与体验场景

3.2.1 数字虚拟景区

科技 + 文旅的组合打破了体验形式和游客之间的界限，使不可移动的文化遗产走进大众的视野中，并与游客或场景进行互动，有着故事性、体验性、参与性和互动性等特征的沉浸式数字文旅体验覆盖了文化旅游过程中的“食住游娱购”等多个方面[14]。在山西皇城相府景区中，观光的游客亲身体验到了 5G、VR 和 AI 技术为旅游赋能带来的诸多便利。其中，“云游皇城相府”5G+AR 智慧旅游云平台结合实景虚拟导览、AR 实景表演等形式，激活了景区服务。同时，为实现景区与景区、景区与商户的区域联动，智慧平台推出的 AR 寻宝等趣味功能，让游客在游览过程中，通过各种互动方式获得文创产品折扣券、周边餐饮住宿优惠券等，带动旅游消费增长。

当文物保护插上“数字”翅膀，三晋大地上的文物才真真正正地“活”了起来。在第六届山西文化产业博览交易会的现场，展厅使用了大量声、光、电等现代展示手段，以及人工智能、多媒体互动体验等数字化技术，打造了一个沉浸式文化体验空间（图 4）。云冈石窟第 13 窟、第 18 窟已使用三维激光扫描收集了数据，打造出能够虚拟漫游的三维模型展示系统与数字资源系统，游客通过 VR 眼镜，可以全方位地观赏云冈洞窟的内景，实现数字技术虚拟模拟文化景点（图 5）。

图 4 第六届山西文化产业博览交易会 VR 体验

（图片来源：小红书）

图 5 云冈石窟第 13 窟三维模型展示系统的虚拟漫游与数字资源系统

（图片来源：小红书）

3.2.2 数字文创产品

数字化文化产品与文旅融合的形式之一为手机应用（APP）的开发，打通线上线下的联动，为景区打造具有交互感的游览体验。基于“IP+ 文旅”模式的沉浸式元宇宙旅游创意 APP——“云间寻晋”，通过数字化形式为文旅的发展提供了多样性的环境支撑。“云间寻晋”将山西整体的历史文化内容进行了分类呈现和深入解读，玩家可以线上代入角色沉浸式游玩山西，感受文化之美。“云间寻晋”还整合了预约购票、智慧景区导览、传统文化课程体验等线下功能，为游客提供全方位的创新服务（图 6）。

3.3 建筑遗产数字化传承与交流场景

3.3.1 博物馆数字化

如今，国内已有多个城市以博物馆为基础，以数字化为工具，为当地文化遗产保护画出新颖路径，数字化保护也将成为“让文物活起来”的重要途径和载体。近几年，山西博物院在数字化的研究、保护、展示和文化传播方面都做了大量的工作：利用数字技术进行无损的病害分析和多广谱技术，对壁画进行模拟修复；通过三维采集对院内文物进行扫描和动态视觉设计，打造 3D 全方位的文物展示平台，为公众提供更多元、更丰富、互动性更强的文化体验，游客可以通过检索自主了解感兴趣的藏品；运用数字技术对拥有复杂结构的山西应县木塔进行分解，提取和生成最真实的基础数据，通过构件之间的关联生成真实结构，最终实现对超复杂结构有效数据、参数的提取（图 7）。这样的数据收集研究为后续应县木塔的保护和维修工作提供了前提保障，也为观众提供可供浏览的内容和参考 [15]。

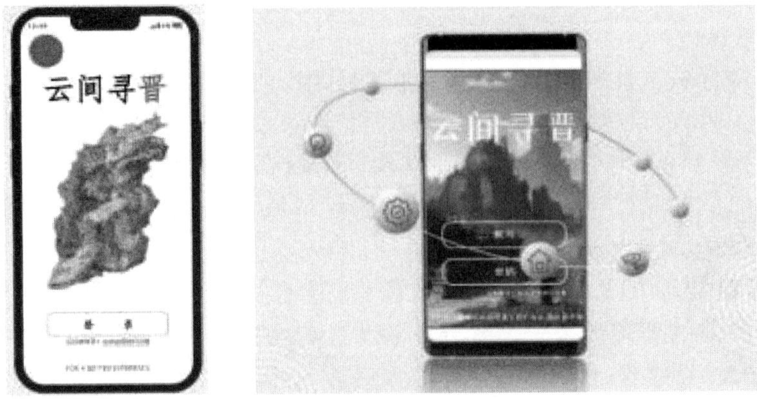

图 6 "云间寻晋"旅游 APP

（图片来源："云间寻晋"公众号）

图 7 山西博物院数字化运用

（图片来源：作者拍摄）

3.3.2 数字化比赛

随着现代化进程的加快，传统文化发展的空间被压缩。在当下探索中可以发现，将文化与科技结合是文化遗产得以发展的新型方式。文化遗产的传承需要多方联动探索可持续发展路径：一方面，文博机构、数字技术企业与消费者可组成共创主链，为文化遗产数字化持续带来经济效益；另一方面，政府、高校、投资机构等可组成支撑副链，组织各类数字文化比赛，为热爱数字化的年轻群体提供展现自我的文化交流平台，同时也提高大众对文化遗产数字化的认知，促使整个文旅数字化行业积极蓬勃发展。

4 跨界视角下文化遗产数字化艺术设计的新思考

4.1 依托新媒介数字展示平台的文化传播

伴随着互联网技术、多媒体技术以及虚拟现实技术等众多新技术的广泛应用，数字化展示的概念被赋予了更加丰富的内涵。所谓数字化展示，是以展示内容为主体，以数字化技术为实现手段，通过各类新媒体和数字媒体技术来呈现展示内容的数字化方式[16]。新媒体技术的应用，为数字化展示提供了全新的展示方法和表现手段，将多种媒介信息进行整合创新，搭建出信息化传播的新型平台[17]。

网络微短剧《逃出大英博物馆》是两位自媒体博主在英国取景、拍摄、制作而成的，依托各大短视频平台的传播火爆出圈。观众在观看的过程中进行情感化的表达，无形中实现了文化作品的价值创生，同时在遗产保护、文化传播等方面收获了社会价值、教育价值等。

"CGTN 艺术推广计划"推出的数字展览《千年调·宋代人物画谱》《千年调·宋代山水花鸟》，也依托于新媒介数字展示平台的新模式。其甄选了全球 24 家博物馆的 300 多幅宋画，打造了六大沉浸式数字展厅，融合三维古画修复、4k 级高清阅览、AIGC 等多媒体数字技术。运用各类新媒体技术实现数字化展示，将文化遗产通过数字化展现实现深度与广度的传播，这有助于更加多元地表达文化遗产，进而可持续地发展文化遗产[18]。

4.2 以文创为载体的数字化创新模式构想

近年来，通过科技赋能等方式，文化遗产在不断实现活态传承。"互联网 +"背景下的数字化文创也是国内博物馆文创产品开发的新趋势之一。文创产品从最初的手作文具、陶瓷、木工笔记本等发展为如今的数字书籍、电子笔记本、数字艺术品等。此外，随着智能设备和传感技术的发展，文创产品也越来越具有互动性。科技是文创的"骨翼"，以扩展现实（XR）为代表的数字技术逐步走向成熟，并与文化创意结合构建出"沉浸式文创"场景，开启了数字文创 3.0 时代（图 8）。一方面，借助新一代数字技术，沉浸式文创通过空间、时间和智能上的拓展，突破了传统图文和视频文创在创意表达上的局限性和用户体验的单向性，这种创新模式为人们营造了一个感知和互动相互交织的全新文化消费场景；另一方面，沉浸式文创也能够将虚拟与实际相融合，在数字世界与现实世界之间架起桥梁，为人们带来独特的数字文化体验。这种线上和线下融合的体验进一步强化了与用户的情感联系[19]。

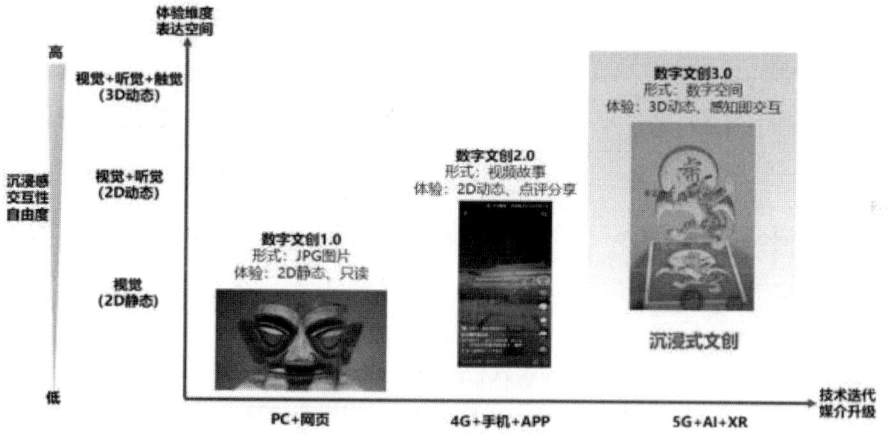

图 8　数字技术迭代开启数字文创 3.0 时代

（图片来源：商汤智能产业研究院）

故宫数字化文创是国内博物馆界推动"文化 + 科技"融合创新的领头羊。《妙顶金龙——彩画之美》是故宫出版社发布的《我在故宫修文物》系列数字产品的首款作品，基于商汤数字猫平台，创新地将 AI+AR 技术应用于国宝修缮场景中，通过虚实结合的互动方式，让体验者置身于 1∶1 等比例还原的故宫养心殿数字空间"紫禁妙境"元宇宙中。故宫文创的创新体现出对"巧创新"文创模式的融会贯通。巧创新是一种新文创模式，是以科技创新为主，兼并硬创新和文化创新的软创新策略[20]。以文创为载体的数字化创新模式能够有效将文化遗产进行线上 + 线下的联动，提升游客对文化遗产的认知，同时能够激励游客体验更加多元的文化遗产之美，全方位地促进传统文化的传播。

4.3 基于互动体验的数字化跨界多元合作

新科技、新理念的融入会助力文化遗产保护和活化传承再次升级，通过数字技术、多媒体以及跨界融合的手段演变成沉浸式体验的交互设计作品[21]，让观众真正走入历史的文化场景，深入了解丰富的中华优秀传统文化。敦煌研究院与腾讯联合推出的全球首个超时空参与式博物馆——“数字藏经洞”，是推动数字文化遗产进入互动式体验新阶段的代表之一。“数字藏经洞”运用游戏科技在数字世界高精度还原了莫高窟第16、17窟，再现了藏经洞的历史场景。游览者可以自由选择身份，通过几个历史片段，在晚唐、北宋、清末等历史时期穿越，亲身“参与”藏经洞的厚重历史，在关键历史场景的“见证”和变幻中，直观感受藏经洞的传奇故事。“数字藏经洞”凭借新颖的互动方式、高精度的建模、精巧的故事编排，在很短的时间内传达给游览者多元化的信息，并使其产生进一步了解的感性冲动。“数字藏经洞”是文化遗产在数字化应用领域全新的探索，突破了以往时空和设备的限制，实现了文化遗产由静态呈现转化为交互体验的动态传达方式。

5 结论

如今，随着网络信息技术的发展，数字化已经成为文化遗产保护和传承的重要方向。文章对文化遗产数字化的重要呈现方式——可视化进行案例研究，并重点收集分析山西文化遗产中建筑遗产活态再现的数字化案例，归纳得出文化遗产在跨界视角下的数字化传播和展示手段，为文化遗产保护传承提供新的思路和建议。目前，文化遗产数字化正处于蓬勃发展的阶段，数字技术赋能文化遗产的保护与利用，让古老的文化遗产焕发出全新的魅力，使文化遗产“活”在当下，走向未来[22]。

基金资助：2023年天津市高等学校研究生教育改革研究计划项目“交叉学科背景下设计学研究生创新人才培养模式探索与实践”（项目编号：TJYG014）。

佟家琪　天津美术学院　硕士研究生
孙奎利　天津美术学院　副教授

参考文献

[1] 张晓涵.“活起来”，是对文化遗产的最好传承 [N]. 济南日报，2021-06-15.

[2] 姚宏，吴旺延. 西安文化遗产旅游资源管理的战略地图设计分析 [J]. 中小企业管理与科技（上旬刊），2012（12）：148-150.

[3] 陈晓皎，苗甜，唐晓腾，等. 文化遗产数字化保护及可视化 [J]. 包装工程，2022，43（20）：26-37.

[4] 温雯，赵梦笛. 中国非物质文化遗产的数字化场景与构建路径 [J]. 理论月刊，2022（10）：89-99.

[5] 张铮，朴政安. 数字技术焕活文化遗产传承创新 [N]. 社会科学报，2023-09-14（6）.

[6] 杨红. 非物质文化遗产数字化传播的意义更新与趋势分析 [J]. 中国非物质文化遗产，2023（5）：102-107.

[7] 骆晓红. 文物数字采集与展示的基本流程探讨：基于良渚博物院文物数字化的建设实践 [J]. 自然与文化遗产研究，2020，5（3）：59-68.

[8] 杨红. 非物质文化遗产数字化记录的利弊与策略 [J]. 文化遗产，2015（2）：9-13.

[9] 蒋欢宜，梁正海. 地方文化遗产的价值及保护路径研究：以黔东丹砂文化遗产为例 [J]. 阿坝师范学院学报，2023，40（1）：66-72.

[10] 吕燕茹，张利. 新媒体技术在非物质文化遗产数字化展示中的创新应用 [J]. 包装工程，2016，37（10）：26-30，10.

[11] 恽彩锋，熊忠辉. 形态再造：媒介转型驱动中华优秀传统文化再生产 [J]. 传媒观察，2023（8）：36-42.

[12] 赵东. 数字化生存下的历史文化资源保护与开发研究 [D]. 济南：山东大学，2014.

[13] 曹辰星. 基于沉浸体验的文化遗产与数字游戏跨界融合探析 [J]. 新媒体研究，2023，9（17）：57-61，91.

[14] 腾讯研究院.“探元计划”2022 专家专访（二）：深度解读“文化遗产数字活化新纪元”[EB/OL].（2022-06-16）[2024-12-15]. https://mp.weixin.qq.com/s/7TO_nWmV3BMZD8OomLXwCw.

[15] 吴琼. 面向文化遗产的数字化体验设计 [J]. 装饰，2019（1）：12-15.

[16] 高丙中. 作为公共文化的非物质文化遗产 [J]. 文艺研究，2008（2）：77-83.

[17] 徐杰. 新媒体技术在非物质文化遗产数字化展示中的创新应用探讨 [J]. 中国民族博览，2018(9)：243-244.

[18] 李琤，高婷. 文化遗产数字化：机遇无限挑战不断 [N]. 中国文化报，2023-06-30(4).

[19] 文创宁波. 解读数字文创产品的破局之道 [EB/OL].(2023-05-11)[2024-12-15]. https://mp.weixin.qq.com/s/grrJjo-9skkboFzLkBcVcQ.

[20] 向勇. 故宫文创：传承优秀传统文化的先锋实验 [J]. 人民论坛，2019(9)：124-126.

[21] 李港丽. 交互设计的沉浸式体验探析：以 TEAMLABBORDERLESS 数字艺术博物馆为例 [J]. 设计，2021，34(19)：120-122.

[22] 李佳霖. 数字技术赋能文化遗产保护利用 [N]. 中国文化报，2022-12-09(4).

清代香山静宜园园林遗产信息数字化管理研究

Research on Digital Information Management of Landscape Heritage in Xiangshan Jingyi Garden during the Qing Dynasty

周文婷　秦　柯

摘　要：本文探讨清代香山静宜园园林遗产信息数字化管理现状及挑战。作为重要的皇家园林，静宜园承载着丰富的历史文化价值，但传统的管理方式难以满足现代保护需求。信息数字化管理技术的引入为遗产保护提供了新的思路。本文回顾了静宜园的历史及文化意义，并分析信息数字化管理的基本概念及其在遗产保护中的重要性。通过应用现有技术，研究揭示了其在数据收集、信息整合和公众参与方面的优势。为应对技术与管理方面的挑战，本文提出加强技术研发、建立多方合作机制以及提高公众参与的重要性。通过有效的数字化管理，香山静宜园的遗产能够更好地保护与传承，为后代提供珍贵的文化资源。

关键词：香山静宜园；数字化管理；园林遗产

Abstract: This paper explores the current situation and challenges of digital information management of landscape heritage in Jingyi Garden, Xiangshan during the Qing Dynasty. As an important royal garden, Jingyi Garden carries rich historical and cultural values, but traditional management methods are no longer sufficient to meet modern conservation needs. The introduction of digital information management technology provides new ideas for heritage protection. The paper reviewed the historical and cultural significance of Jingyi Garden, and analyzed the basic concepts of digital information management and its importance in heritage protection. By applying existing technologies, this paper has revealed its advantages in data collection, information integration, and public participation. The paper also points out the challenges in technology and management. To address these challenges, this paper proposes the importance of strengthening technology research and development, establishing multi-party cooperation mechanisms, and increasing public participation. Through effective digital management, the heritage of Xiangshan Jingyi Garden can be better protected and inherited, providing precious cultural resources for future generations.

Keywords: Xiangshan Jingyi Garden; digital management; landscape heritage

1　研究背景

我国文化遗产数量庞大、种类繁多、分布广泛，是中华优秀传统文化的重要载体，对文化遗产的保护、利用与传承具有重要意义。文化遗产管理作为保护、利用与活化的基础工作，受到国家和社会的高度关注，主要涵盖资源调查、档案完善、数字化档案建设和信息管理等内容。1950 年，《古迹、珍贵文物、图书及稀有生物保护办法》发布，明确规定了包括名胜古迹、文物、革命历史遗物在内的所有文化遗产，标志着我国文化遗产保护工作的开始。1982 年颁布的《中华人民共和国文物保护法》首次通过国家法律形式明确了文物保护管理工作，推动了文物保护的法制化进程，并开启了新的保护时代。2005 年，《国务院关于加强文化遗产保护的通知》提出设立文化遗产日，拓宽了文化遗产管理的范围，并强调了文物资源的调查和档案建设工作。2024 年，《国家文物局 2024 年工作要点》提出要提升文化遗产管理水平和活化利用。

在完善文化遗产调查、档案和等级管理的基础上，信息技术的应用推动了数字资源采集和管理的进步。《“十四五”文物保护和科技创新规划》要求建设国家文物资源数据库，并推动文化遗产管理智能化。党的二十大报告提出“实施国家文化数字化战略”。2022年中共中央办公厅和国务院办公厅发布的《关于推进实施国家文化数字化战略的意见》明确了建设国家文化大数据体系和中华文化数据库的任务，进一步推进文化遗产的数字化管理工作。数字化管理为园林遗产的保护提供了新的路径，可以提高信息存储标准，增强数据分析能力，并促进信息的共享与整合。随着园林遗产关注度增高，数字化管理与应用的研究更需拓展深入。园林遗产管理作为遗产保护、利用、活化的基础工作，受到较多关注[1]。在完善文化遗产调查、普查、建档、登录等管理制度的同时，使用信息化技术加强数字资源的管理，也将优化园林遗产信息管理模式，提升园林遗产管理的数字化水平[2]。

香山静宜园信息管理模式较为传统，更需构建数字化信息共享平台。香山静宜园原有档案存储式管理相对传统，针对这一现状提出适用于静宜园园林遗产信息数字化管理的工作框架与流程，完善其数字化管理模式，从而形成完整的园林遗产数据信息记录，促进我国园林遗产信息数字化管理的规范化和智能化发展。

香山的营建活动起于唐代，历代皆有延续。康熙十六年（1677年），清代在此地修筑行宫；乾隆十年（1745年）大规模营建二十八景，历时一年于乾隆十一年（1746年）竣工，翌年将其命名为静宜园。静宜园是乾隆皇帝钟爱的园林之一[3]。静宜园并非单纯的帝王游乐之所，亦为皇帝处理政务之地以及众多历史事件的摇篮，其在北京历史进程中占据关键地位，是中国近代历史的有力见证者。清朝末年，静宜园在英法联军和八国联军两次纵火焚烧下，与圆明园、清漪园等皇家园林一起化为废墟。民国年间，英敛之等人在静宜园遗址上创办辅仁社和静宜女校，后熊希龄在此创办香山慈幼院。静宜园遗址在抗日战争中被日军蚕食，昭庙被作为日本人的病院使用。1949年3月，中共中央进驻香山，为迎接新中国的诞生做最后的冲刺准备。1956年，依托香山静宜园遗址建成的香山公园正式向公众开放，然而其所蕴含的价值却未受到应有关注。新中国成立后，香山被定性为城市公园，并没有像圆明园那样被视为国家耻辱的明显标志，也没有像颐和园那样作为清代皇家园林的典型代表。长久以来，它只被看作一个以红叶为主要特色的大型公园绿地，因此经常被研究人员所忽视。

实际上，香山静宜园作为历史园林遗产，拥有丰富的假山叠石、构筑物与小品、园林植物、水体以及附属文物等众多园林要素遗存，保留着相对完备的山水格局、建筑布局、地形地貌以及外部环境，是探究清代皇家园林营造技艺、审美意趣、空间规划的关键实物资料，是彰显民族智慧的重要媒介[4]。借助数字化技术手段，能够全方位、多角度地对香山静宜园的各类信息进行记录与留存，涵盖园林的地理位置、风格特色、植物品类、历史沿革、文化底蕴等各个层面。这些信息的妥善保存有利于后续的查询与深入研究。数字化管理模式不仅能够显著提升工作效率，助力园林遗产资源的整合与规划布局，而且对其修复和保护工作也具有不可忽视的关键指导价值，有助于让香山静宜园这一珍贵的历史文化遗产在新时代绽放新的光彩。

2 清代香山静宜园的研究价值

目前，我国对园林遗产的价值分类尚无统一标准，香山静宜园的价值分析一般参照《中国文物古迹保护准则》中文物古迹价值分类（分历史价值、科学价值、艺术价值）的方法，并吸收借鉴其他国家的文化景观遗产价值分类标准[5]。香山静宜园的价值划分为历史、艺术、科学、社会、文化等多层次复合价值。

2.1 历史价值

香山静宜园历史价值突出。香山静宜园，是清代重要的皇家园林，承载着丰富的历史文化。作为皇帝处理政务的场所，静宜园见证了清代的辉煌与衰落[6]。在历史的长河中，这里经历了英法联军和八国联军的焚烧，曾经的繁华一度化为乌有。然而，静宜园在民国时期又焕发出新的生机，见证了众多教育机构的成立，孙中山曾亲临此地，赋予它新的历史意义。新中国成立前夕，静宜园成为中共中央进京的第一个驻地，毛泽东在此发布了重要的军事和政策文件，标志着新中国的开端，成为中国历史上一个不容忽视的地点。静宜园不仅是皇家园林的象征，更是历史变迁的见证者，承载着无数的故事与记忆，体现了中国从封建社会向现代国家转型的艰辛历程。静宜园在《清史稿》《黄册》《清实录》《起居注》等官方史籍中多次出现，体现了其重要的文献价值。这些记载不仅丰富了历史资料，也为后人研究清代历史提供了珍贵的参考[7]。

2.2 艺术价值

香山静宜园于“三山五园”中独据一山一园，借地势之便营建，园林艺术价值颇高。“静宜园二十八景”依山势造景，皆为园林艺术精品，园内古树名木繁多，如听法松孤赏之姿、绚秋林绚丽之色，尽显艺术魅力。其假山更是代表了清代皇家园林掇山技艺的巅峰水准。园内建筑艺术价值亦高，现存昭庙建筑精美，为立体曼陀罗佛教坛城，依山就势，轴线明晰，布局井然[8]。香山慈幼院建筑由德国名建筑师罗克格设计，属现代主义建筑典范，在北京近代建筑史上有一定地位[9]。

2.3 科学价值

静宜园是藏传佛教的研究对象，也是清史、民族史、园林史、近现代革命史、近现代教育史的研究对象。其堆砌的假山在清代北方园林中表现突出，香山寺、昭庙等处的鎏金、琉璃、彩画工艺均属同时期顶尖水平，具有显著的研究价值[4]。

2.4 社会价值

香山静宜园社会价值极高。香山公园建于静宜园遗址之上，作为北京关键的城市公园，年接待游客量近 500 万人次，是京城重要的旅游胜地之一。同时这里也是爱国主义教育基地，每年有大量游客赴双清别墅、碧云寺孙中山纪念堂等处缅怀，静宜园作为民族解放、民族团结、祖国统一的象征在今天仍有重要意义[10]。

2.5 文化价值

香山静宜园文化价值较高。乾隆留下众多与香山有关的诗文，民国名流也有题咏，毛泽东同志也在此写就《七律·人民解放军占领南京》。相关绘画作品虽不多，但均为画院画家所作，具有一定的艺术价值。乾隆的《金莲花图》、董邦达《静宜园二十八景图》、张若澄的《静宜园二十八景图》、沈焕等的《静宜园全图》等，都对静宜园有细致的刻画[11]。香山寺、碧云寺、洪光寺都是京西名刹。昭庙曾是藏传佛教要寺，宗教意义重大。

3 数字化管理的概念与意义

3.1 数字化管理的概念

数字化管理是指随着计算机技术、扫描技术、数据库技术等的发展，将各种载体的档案资源转化为数字化信息，以数字化的形式储存起来，以网络化的形式相互连接，利用计算机系统进行管理，形成档案信息库的有序结构并及时提供利用的一种新型数字化信息形态[12]。

3.2 数字化在园林遗产保护中的意义

本文将数字化管理技术应用于园林遗产领域，突破传统园林遗产档案管理局限，整合园林信息，以生成数字化信息成果，提升研究及管理水平，推动遗产资源利用与共享，以有力支撑园林遗产信息化实现。

3.3 国内外信息数字化管理相关案例

3.3.1 阿尔汗布拉宫信息数字化管理

阿尔汗布拉宫是西班牙格拉纳达的重要历史遗迹，蕴含着丰富且深厚的文化与建筑价值，在世界文化遗产体系中占据重要地位。阿尔汗布拉宫积极引入数字化管理策略，其核心目的在于增进公众对阿尔汗布拉宫的认知程度，与此同时，有力推动遗产保护工作的深入开展以及学术研究的稳步推进[13]。

在遗产资源数字化建设方面，运用高分辨率图像采集、先进的 3D 建模技术以及高精度激光扫描手段，针对宫殿的内外部建筑细节实施全面、精确且系统的记录，由此生成的海量数据为后续修复工程的实施以及各类学术研究项目提供了坚实、可靠且详尽的基础资料支撑。同时，成功搭建虚拟展览平台以及互动交流平台，使得参观者能够突破时间与空间的双重限制，随时随地开启虚拟游览模式，身临其境地感受历史场景的独特魅力，进而深入探究宫殿的历史背景以及其蕴含的重大文化与艺术价值，有效提升公众的参与热情与文化体验深度，实现了管理流程的科学化、规范化与高效化[14]。

阿尔汗布拉宫所实施的信息数字化管理举措，在文化遗产的保护实践、公众文化参与度的提升以及科学管理水平的强化等多个关键领域均发挥了不可替代的重要作用，其成功经验与实践模式，为全球范围内其他类似文化遗产的管理与保护工作提供了极具价值的参考范例与借鉴思路。

3.3.2　颐和园信息数字化管理

颐和园作为中国久负盛名的皇家园林典范，荣膺世界文化遗产之殊誉，其承载的历史文化底蕴与艺术价值之深厚与多元，使其在全球文化遗产领域具有独特地位[15]。

为切实肩负起文化遗产保护与传承的历史使命，颐和园在信息数字化管理维度展开了深入且系统的探索实践进程。于数字化档案构建层面率先发力，运用前沿技术手段，针对园区内建筑、景观及文物等核心要素进行全方位、高精度的数字化采集与记录[16]，进而创建了完备详尽且条理清晰的数字档案库。该档案库于科研探索、修复工程实施以及文化教育普及等方面发挥着关键支撑作用，为后续文化遗产保护工作的持续推进筑牢根基[17]。颐和园构建了功能完备的综合信息管理系统，将游客管理、票务系统高效运营、智能导览服务精准提供以及统计分析精准把控等多元功能有机融合，全方位优化游客的参观旅程，显著提升了游客的游览体验，并为园区的科学管理与运营决策提供翔实的数据支持，助力园区管理效能的稳步提升[18]。

颐和园所推行的信息数字化管理系列举措，在信息管理效率的进阶与优化等方面，均彰显出显著且积极的效能，其创新实践模式与成功经验为全球其他文化遗产的信息数字化管理路径探索贡献了极具价值的借鉴范式与参考蓝本。

4　香山静宜园信息数字化管理现状

香山静宜园作为历史悠久的皇家园林，其信息和资料管理工作与维护文化遗产和服务游客关系紧密。近年来，静宜园的信息与资料管理工作主要由香山公园管理处承担。静宜园现有信息数字化程度较高，包括建筑历史、古树名木、文物资源以及园林景观等多个方面，便于资料的查阅和保护，为学术研究和文化传播提供了重要支持；开发了多媒体导览服务，采用 AR 和 VR 技术，游客可以获取丰富的景点历史和趣味互动体验，增加了观赏价值；综合应用信息技术，涵盖景区票务、游客流量监控、安全管理等功能，实现了园区的智能管理，提升了运营效率和游客体验[19]。

尽管香山静宜园在信息和资料管理工作中已取得一定成果，但仍不可避免地面临着一系列严峻挑战。其一，数据整合程度欠佳，各部门之间的数据资源未能实现高效整合，存在明显的信息孤岛问题，迫切需要构建统一的数据标准规范和综合性数据平台，以促进信息的无障碍共享流通以及开展全面深入的数据分析工作，为管理决策提供更为科学精准的依据[20]。其二，技术更新与维护工作存在滞后现象，部分系统和设备未能及时进行更新换代和日常维护保养，致使部分信息的时效性难以保证，这在一定程度上对管理效率的提升和游客体验的优化产生了不利影响[21]。其三，专业人才储备匮乏，缺乏既精通信息技术又熟悉园林文化遗产管理的复合型专业人才，这在很大程度上制约了信息管理系统的持续优化升级以及科学合理管理策略的高效实施推进。

5 园林遗产数字化管理面临的挑战

5.1 信息数字化管理标准有待统一

目前，园林遗产并未得到足够重视，在第四次全国文物普查中园林遗址没有明确的归类，只能归属于古建筑类，在以往普查结果中鲜有出现。从全球来看，各国各地区虽在古建筑与文化遗产保护领域，借助多元工作规程、技术标准和行业规范，搭建起信息采集、建档及数字化的工作框架，但其多聚焦于建筑和文物主体[22]。这就限制了文化遗产保护的全面、深入发展，难以契合现代社会对文化遗产整体性保护与传承的多元诉求。当前对园林遗产信息数字化管理的研究多参照古建筑管理标准执行[23]，导致山石、植物、水体等要素多被忽视，或无法记录其复杂的、多时态的信息，造成大量园林遗址信息缺漏，无法展现园林的多要素、多时态的信息。

5.2 信息数字化管理系统建设有待完善

当前园林遗产数据收集与存储手段陈旧，各类数据，诸如植物、历史信息以及管理记录等，分散于多个系统或文档内，部分园林遗产信息甚至仍以纸质档案形式留存，既未实施集中管控，也未进行系统梳理，极大地阻碍了数据的查询效率与更新速率[24]。并且，信息管理手段落后。多采用传统档案存储式管理，信息整合困难，制约信息的利用、共享与更新，管理效率较低。

5.3 信息数字化管理技术应用不足

园林遗产信息管理的数字化技术应用正在逐步推进，但由于涉及多个领域的知识和技术，整体水平仍存在一定差距。部分研究开始使用遥感技术、无人机摄影和地理信息系统（GIS）等手段来采集园林遗产的空间信息和景观数据[25-26]。利用激光雷达技术和高清影像进行景观建模、植物识别和分析[27]。部分数据采集仍依赖传统的人工记录和现场测量[28]，且在不同园林遗产之间缺乏统一的标准，导致信息的标准化和统一性差，并且数据库系统多为封闭型，缺乏与外部平台的数据共享和互联互通，难以实现高效的数字化管理和利用。

6 未来发展方向与建议

6.1 深度信息数字化管理

加强对新技术的研发与应用，不断探索和引入新的数字化工具与方法，提高园林遗产管理的技术水平。提出适用于园林遗产数字化管理的工作框架和流程，将数字化管理技术应用于园林遗产中，构建基于物联网、大数据和人工智能的智慧园林信息管理平台。通过数据管理平台实现属性数据、文件数据的查看、检索与可视化，进行园林遗产要素数据采集和管理工作，从而形成完整的园林遗产数据信息记录，改变原有落后的传统档案存储式管理，便于遗产资源的利用、共享与更新，实现我国园林遗产信息数字化管理的规范化和智能化发展。

6.2 信息标准化与规范化建设

推动统一的园林遗产数字化管理标准，包括数据格式、信息编码、元数据标准等，突破传统园林遗产档案管理的限制，确保不同管理系统之间的兼容性与互通性，达到推进遗产资源的利用和共享。建立科学合理的数字化管理流程与规范，以提高管理效率和数据质量，确保园林遗产的持续保护与利用。

6.3 开放共享与加强各方合作

建立园林遗产数字化信息共享平台，开放各类数据资源，促进各方的交流与合作，提高园林遗产的信息利用效率。积极参与国际园林遗产数字化管理相关的合作项目，借助其他国家和地区的成功经验与技术，推动本地区的现代化管理发展。积极开展公众参与活动，让更多的居民、游客参与园林遗产的管理与保护。利用数字平台和社交媒体传播园林遗产的重要性，增强公众的归属感和责任感。

7 结论

信息数字化管理在园林遗产保护中扮演着至关重要的角色，其重要性体现在提高管理效率、优化资源配置、增强公众参与和支持可持续发展等多个方面。当下，技术持续革新，社会各方通力合作，园林遗产数字化管理前景广阔，在为其保护传承创造机遇的同时，也带来新挑战。借助有效的数字化管理手段，能够更妥善地保护与利用园林遗产，为后代留存可持续的生态环境与文化传承根基，确保这些珍贵遗产的价值得以延续，使其在历史长河中持续闪耀独特魅力，为人类文明的传承贡献力量。

周文婷　中国农业大学　硕士研究生
秦柯　中国农业大学　副教授

参考文献

[1] 周详，刘雅旭，谢伊鸣，等. 景观人类学视角下遗产阐释体系建构与多元认知研究：以苏州园林为例 [J]. 风景园林，2024，31(10)：17-27.

[2] 朱蓉，吴尧. 无锡近代园林遗产的保护与发展策略研究：以太湖鼋头渚风景区为例 [J]. 创意与设计，2017(6)：21-27.

[3] 艾君. 北京"三山五园"的形成以及历史文化 [J]. 工会博览，2021(26)：32-35.

[4] 赵宇翔. 香山静宜园营造研究 [D]. 西安：西安建筑科技大学，2021.

[5] 魏绪英，李晓莉."活态遗产"历史园林价值的研究进展 [J]. 江西科学，2023，41(5)：999-1004.

[6] 赵迪，王泽骞，刘华博，等. 清代皇家园林遗址价值评估体系研究 [J]. 景观设计，2023(2)：22-24.

[7] 傅凡，姜佳莉，李春青. 文化景观的共时性与历时性：对香山遗产价值构成多维度认知 [J]. 中国园林，2020，36(10)：18-22.

[8] 傅凡，崔淼. 昭庙文化价值评价 [EB/OL]. [2024-12-15]. https://kns.cnki.net/kcms2/article/abstract?v=RNIbheLHWEhp-76w-2pJSLqRt20hwiCh-_dhyTQjntZ_6s6xHZae9IBRAWSsAcBhqRjw1_csm5v91DxouxJwdReFNKCct4_OwbVgX7wTLy2Jt99FjhNX7q5SL4-TuIVwIBcMcIqdtBUZphDcIpzGxjvhpIKPMtz2VAqJ0ok3NdXoI-l0mejZJg==&uniplatform=NZKPT.

[9] 钱毅，张娟. 北京香山近代建筑的历史与现状 [J]. 三山五园研究，2020(1)：194-210.

[10] 张瑞芯，刘敏. 北京三山五园旅游 IP 形象营销研究 [J]. 北方经贸，2023(11)：147-152.

[11] 中国第一历史档案馆. 乾隆帝起居注：第 10 册 [M]. 桂林：广西师范大学出版社，2002.

[12] 胡碧. 基于人工智能的档案数字化管理路径研究 [J]. 兰台内外，2024(32)：34-37.

[13] 卡米拉·米莱托，费尔南多·维加斯，顾心怡. 阿尔罕布拉宫：历史、修复与保护 [J]. 建筑遗产，2019(3)：67-79.

[14] PUERTAS E，ÁVILA F，MACÍAS G E，et al. Preventive Preservation of rammed earth historical heritage through continuous monitoring，architectural inspections，and data fusion[J]. Buildings，2024，14(10)：3294.

[15] 时少华，孙媛媛，许启昌. 基于 TCIA 和 CVM 的皇家园林游憩价值评估研究：以北京市颐和园为例 [J]. 北京联合大学学报，2024，38(3)：62-70.

[16] 徐胜侠. 基于 WebGIS 的颐和园古树管理信息系统研究 [D]. 北京：北京林业大学，2019.

[17] 王晓玲，范文静，孙克勤. 世界文化遗产颐和园资源管理研究 [J]. 中国园林，2013，29(1)：87-90.

[18] 郑颖尔，黄骞，蔡建民，等. 智慧颐和园建设与智慧景区模式研究 [J]. 中国信息界，2014(12)：72-78.

[19] 耿玉环，赵瑾瑄，刘志华，等. 香山公园旅游资源的价值评估 [J]. 林业科技通讯，2020(6)：20-25.

[20] 赵蓬雯. 北京明清皇家建筑遗产保护实践研究(2000—2015)[D]. 天津：天津大学，2017.

[21] 李丽娟. 城市公园游客参与价值共创意愿倾向研究：以北京香山公园为例 [J]. 生态经济，2013(12)：145-148.

[22] 张青萍. 走向永续的未来：园林遗产的保护与可持续发展 [J]. 园林，2024，41(2)：2-3.

[23] 职慧，潘永圣，王喆，等. 江南园林遗产数字化可持续发展策略研究 [J]. 园林，2024，41(2)：13-22.

[24] 陈露. 数字人文视域下地方特色数字档案资源建设研究 [D]. 哈尔滨：黑龙江大学，2023.

[25] 肖湘东，陈曦，陶冶，等. 基于数字化技术的园林遗产复原与传播：以苏州艺圃为例 [J]. 中国名城，2023，37(8)：81-88.

[26] 陶冶. 基于点云技术的园林遗产信息模型构建 [D]. 苏州：苏州大学，2023.

[27] 廖怡. 北京香山静宜园见心斋园林三维数字信息模型建构研究 [D]. 北京：北方工业大学，2021.

[28] 张世琦，沈丽萍，吴飞. 口述档案在建构世界文化遗产记忆中的作用及参与路径：以苏州古典园林口述档案采集为例 [J]. 档案与建设，2023(4)：70-72.

基于网络文本与IPA分析的工业遗产改造研究
——以联发华美空间和嘉禾良库为例

Research on Industrial Heritage Transformation Based on Web Text and IPA Analysis
—Taking Lianfa Huamei Space and Jiahe Liangku Warehouse as Examples

陈于思 刘 静

摘 要:工业遗产是城市集体记忆的呈现,对工业遗产进行改造有利于延续集体记忆,激发城市空间活力。利用网络文本对工业遗产改造型创意产业园进行研究,有利于了解游客对改造后的工业遗产的真实感受。本文选取联发华美空间和嘉禾良库两个项目,采用网络文本与IPA分析方法对两个项目进行综合分析研究。首先利用八爪鱼软件爬取相关游客评论,其次将评论数据分别导入ROST CM 6等软件和网站进行数据分析,得到两个项目的高频词表、词云图、语义图和IPA象限图等图表,再从优势区域、保持区域、机会区域、修补区域对两个项目进行深层次分析,进而总结出将工业遗产改造成创意产业园的优势和现存问题,为其他工业遗产更新再利用提供参考。

关键词:工业遗产;创意产业园;网络文本;IPA分析

Abstract: Industrial heritage is the manifestation of the collective memory of the city, and the transformation of industrial heritage is conducive to the continuation of collective memory and the stimulation of urban space vitality. Using web text to study the creative industry park transformation from industrial heritage is helpful to understand the real feelings of visitors towards such transformed industrial heritage. In this paper, two projects of Lianfa Huamei Space and Jiahe Liangku Warehouse are selected, and the web text and IPA analysis methods are used to conduct comprehensive analysis and research on the two projects. First of all, Octopus software was used to crawl the relevant tourist comments, and then the comment data were imported into ROST CM 6 and other software and websites for data analysis, from which the high-frequency word list, word cloud map, semantic map and IPA quadrant chart of the two projects were received. Then, the in-depth analysis of the two projects was carried out from the advantage area, sustainability area, opportunity area and remediation area. Finally, the advantages and existing problems of transforming industrial heritage into creative industrial park are summarized, which provides reference for the renewal and reuse of other industrial heritage.

Keywords: industrial heritage; creative industrial park; web text; IPA analysis

引言

随着城市化和工业化不断发展,部分工业企业进行搬迁,导致工业厂房出现空置甚至废弃的现象,对保留下来的工业遗产进行改造是城市更新中不可或缺的一部分。将工业遗产改造成创意产业园,是激发老工业区活力的主要方法之一,有利于提升城市形象,提高居民生活品质,延续集体记忆。目前工业遗产改造类创意园以其独特的氛围吸引了许多游客,通过分析游客对创意园的情感体验,有利于为创意园的改善提供有效建议,推动工业遗产可持续发展。利用网络文本对工业遗产的研究多采用单个案例分析,李渊等探索了游客对东郊记忆的形象感知与情感倾向[1]；倪瑞雪和潘峥从高频词、语义网络及情感入手分析了解游客对合肥市“合柴 1972”的形象感知情况[2]；何林君等以绵阳市跃进路为例，利用网络文本补充空间活力数据[3]。而对多个工业遗产案例进行对比分析的学者主要基于问卷调查和 POI 数据，王凌等基于 POI 数据从宏观、中观、微观三个空间尺度层面对珠江琶醍啤酒文化创意艺术区和广州啤酒厂进行分析对比[4]；张亚莹等基于问卷调查，通过交通因子、氛围因子等五个因子，对南京 1865 创意园和南通 1895 创意园进行对比分析[5]；苏明明等从嵌入视角，利用访谈和网络文本，对杭州两个工业遗产改造型创意园进行双案例研究[6]。基于此，本文从游客感知层面出发，利用网络文本对厦门市的两个工业遗产改造型文化创意园进行对比分析，选取联发华美空间和嘉禾良库作为对比案例，利用网络评论数据，分析游客对不同风格特色的工业遗产改造项目的不同情感体验，得到工业遗产改造存在的共性优势和问题。

1 实例选取

1.1 联发华美空间

联发华美空间（图 1）位于厦门市湖里区，周边以居民楼和办公楼为主，与周边的联发东南天地等创意园组成特区 1980 创意产业园区。联发华美空间前身是华美卷烟厂，是新中国第一个中外合资的卷烟厂，总用地面积为 4.2 万 m^2，总建筑面积为 5.7 万 m^2，联发华美空间由一个大的综合体、两栋办公楼和六个独立建筑组合而成，现改造成具有餐饮、展览、演艺等功能的综合体[7]。目前原有生产厂房、仓库、员工食堂等工业遗产被改造成现代化办公楼和美学生活空间，具有锅炉咖啡等特色店铺，常年举办娱乐活动。

图 1 联发华美空间

（图片来源：陈于思拍摄并绘制）

1.2 嘉禾良库

嘉禾良库（图 2）前身为厦门第一座完整的粮仓即文灶库区，粮仓用来储藏粮食，创意园在改造后保留了运输粮食的粮道和生产粮食的工具用于展览，让城市中的游客体验到生产粮食的历史氛围。项目占地面积为 2.3 hm^2[8]，共有水次仓、含嘉仓、洛口仓等 7 个仓库。园区内功能十分丰富，具有工作室、艺术中心、育幼中心、游客服务中心等功能和酒吧、咖啡厅、健身房等商业业态，以及水幕、粮道展览、二十四节气长廊等公共空间，建筑多为木石结构，屋顶为平屋顶和坡屋顶，墙面材料以水泥、砖、石为主。建筑所处基地周边为居住小区和学校，距离高铁站较近，所服务人群不仅有周边居民、学生还有游客，基地周边有公交、地铁等公共交通，交通十分便利。

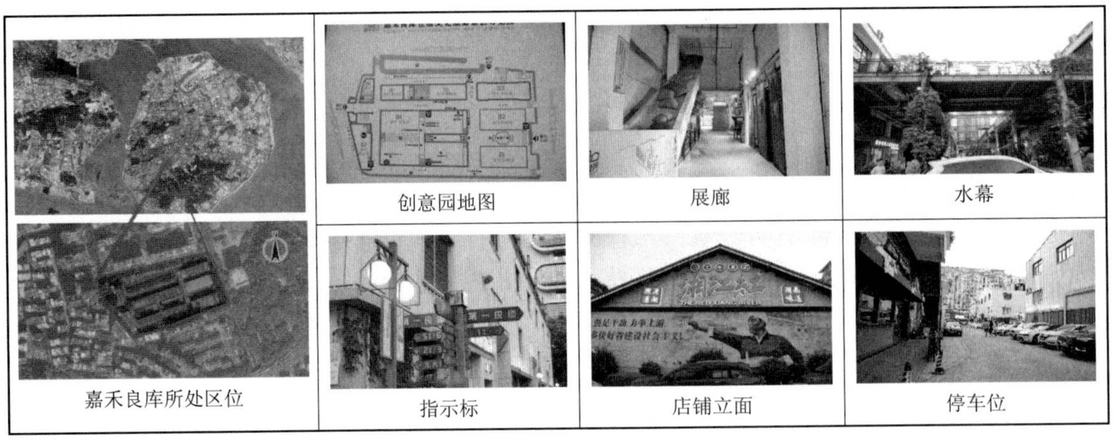

图 2　嘉禾良库

（图片来源：陈于思拍摄并绘制）

2　数据来源与研究方法

2.1　数据来源

分别在大众点评和微博两个应用软件搜索“联发华美空间”和“嘉禾良库”，利用八爪鱼爬虫软件爬取游客的评论，采集 2019 年 7 月至 2024 年 7 月的游记和点评作为研究数据来源。对收集到的数据进行筛选，删除不相关评论、重复的文本及无意义广告，得到有关联发华美空间数据 537 条，共 73 249 字，嘉禾良库数据 533 条，共 77 632 字。

2.2　网络文本内容分析法

内容分析法是对内容进行量化、客观分析的研究方法[9]。内容分析法以测量量变为主要目的，能够有效获取游客对景区最真实、直观的印象和评价[10]。本研究利用 ROST CM 6、wordart 软件和网站对收集到的文本进行内容分析，通过对文本进行词频分析、语义分析、词云分析等，得到可视化图表，可更加直观地了解到游客对两个文化创意园的情绪感知情况。

2.3　IPA 分析法

IPA 分析法最早由 Martilla 和 James 于 1977 年提出[11]，是分析重视程度和满意程度的方法，可以根据数据分布图表进行分析，是提出针对性策略的依据[12]。IPA 象限图以重视程度 i 值为横坐标，满意程度 p 值为纵坐标，各个元素根据表现处于不同象限中，可以直观判断出优势和不足。第一象限的元素游客重视程度和满意程度都比较高，应充分发挥这些显著优势；处于第二象限的元素游客重视程度不高，但实际情感体验良好；第三象限是机会区，游客对处于这个象限的元素重视程度和满意度都不太高，需对该区域元素的质量进行及时提升，将其发展成优势；处于第四象限修补区的是游客较为重视但满意程度不高的元素，该区域内的元素是今后发展需重点关注和重点考虑的内容[13]。

在本研究中，i 值是元素被游客提及的频率，i_n=（元素 n 在文本中出现的条数/文本中评论的总条数）×100%；p 值表示游客对元素评价的平均总分，p_n=（元素 n 的评分总和/元素 n 在文本中出现的条数）×100%[14]。在进行数据分析前，本研究在两个项目相关数据中各抽取 360 条评论，并根据李克特五点量表法对每条评论进行赋分处理，1~5 分依次表示“很差、差、中等、好、很好”。

3 数据分析对比

3.1 高频词分析

通过 ROST CM 6 软件的“词频分析”得到前 60 个高频词，高频词主要分为建筑外观、内部空间、工业元素、所处区位、外部交通、内部交通、商业特色、业态布置、商业品质、公共空间、娱乐活动、社区氛围、情感体验 13 个维度。

从联发华美空间高频词(表 1)可了解到，“华美空间”“改造”被提及较多，华美空间前身为华美卷烟厂，游客能感受到工业遗产所保留的元素；“湖里区”作为所处的区位常常被人们提及，“停车”区不仅有立体停车还有路面停车场；游客十分关注“咖啡”“美食”，特色咖啡店、美食店铺以及电影院对游客具有很强的吸引力；“打卡”“拍照”“音乐”等说明蝴蝶楼梯等公共空间的节点和园内不定期举办的活动，吸引游客慕名前来打卡拍摄；游客认为创意园总体氛围是“网红”和“复古”，游客认为华美空间是比较“热闹”的。

分析游客对嘉禾良库的高频词(表 2)可知，“粮仓”“改造”表明游客能感受到所保留的原粮仓痕迹；“九中”“车站”说明位于厦门站附近的嘉禾良库的服务对象丰富，且停车也十分方便；“烧烤”“酒吧”“健身”被提及很多，说明嘉禾良库的商业业态更加丰富，且游客对商业业态的满意程度较高；游客十分关注“水幕”，说明嘉禾良库的特色公共空间节点是吸引游客的主要因素；“文艺”“网红”等词被提及说明游客对嘉禾良库的整体印象良好。

总体而言，联发华美空间更具特色，嘉禾良库的商业业态布置更加全面。

表 1 联发华美空间高频词汇总

类型	因子元素	高频词(频数)	图片描述
风貌因子	建筑外观	厦门(785)、联发华美空间(359)、文创(147)、华美空间(143)、联发(85)、华美(77)、园区(73)、创意(70)、改造(61)、风格(37)、卷烟厂(34)、工业(32)、建筑(29)、发展(21)	
	内部空间		
	工业元素		
交通因子	所处区位	湖里(125)、地方(116)、湖里区(112)、华昌路(63)、东南(53)、天地(51)、停车(43)、过来(40)、对面(34)、方便(29)、福建(27)、特区(26)	
	外部交通		
	内部交通		
业态因子	商业特色	咖啡(108)、美食(107)、电影(84)、锅炉咖啡(84)、餐厅(25)、餐饮(23)、玩的(21)、影院(21)	
	业态布置		
	商业品质		
活力因子	公共空间	打卡(165)、拍照(158)、朋友(65)、文化(64)、拍摄(58)、出片(55)、特色(47)、音乐(45)、影视(38)、电视(34)、广场(31)、门票(26)、公共(23)、公园(23)、取景地(22)、小时(22)	
	娱乐活动		

类型	因子元素	高频词(频数)	图片描述
氛围因子	社区氛围 情感体验	文艺(70)、网红(68)、周末(51)、复古(31)、热闹(29)、感受(29)、第一次(25)、有意(25)、回忆(21)、下午(20)	

表 2　嘉禾良库高频词汇总

类型	因子元素	高频词(频数)	图片描述
风貌因子	建筑外观 内部空间 工业元素	厦门(838)、嘉禾良库(500)、文创园(228)、粮仓(85)、地方(81)、改造(78)、园区(64)、文创(54)、特色(50)、创意(41)、风格(32)、建筑(30)、保留(28)、整个(28)、嘉禾(27)、文化创意(22)、工业(22)	
交通因子	所处区位 外部交通 内部交通	停车(62)、思明区(58)、对面(40)、九中(37)、方便(36)、过来(29)、思明(23)、车站(23)、金榜公园(20)	
业态因子	商业特色 业态布置 商业品质	美食(220)、咖啡(134)、好吃(78)、餐厅(51)、烧烤(47)、餐饮(43)、市集(42)、酒吧(36)、健身(25)、吃饭(24)、集市(23)、啤酒(21)	
活力因子	公共空间 娱乐活动	打卡(80)、拍照(77)、朋友(75)、文化(69)、音乐(35)、小时(25)、入口(23)、仓库(23)、水幕(20)	
氛围因子	社区氛围 情感体验	周末(58)、网红(55)、文艺(51)、下午(36)、热闹(35)、第一次(33)、超级(27)、整体(24)、小孩(23)、有趣(23)、人气(20)、文明(20)、艺术(20)	

3.2　语义与词云分析

将原文本前200个高频词导入wordart网站，得到两个文化创意园高频词词云图，同时对相关文本进行分词，将分词后的文本导入ROST CM 6进行“社会网络和语义网络分析”，得到两个文化创意园的高频词语义网络关系图。

通过联发华美空间词云图(图3)和高频词语义网络关系图(图4)可知：“厦门”“联发华美空间”位于主核心层，游客的评价在此基础上开展；次核心层由“华美空间”“文创”“打卡”“锅炉咖啡”等元素组成，对核心层进行进一步补充，说明游客的需求；第三层边缘层有“影视”“周末”“卷烟厂”等感知元素，体现了游客对工业遗产元素和文化元素的关注。

从嘉禾良库词云图(图 5)和高频词语义网络关系图(图 6)可得:主核心层由“厦门”“嘉禾良库”“文创园”组合而成,其他元素围绕次核心环形布置;“粮仓”“美食”“餐饮”等元素组成了次核心层,是游客重点关注之处,美食餐饮让游客留下深刻印象,使用者被嘉禾良库保留的原粮仓的元素所吸引;第三层边缘层由“周末”“文艺”“特色”等元素组成,体现游客的总体印象良好,嘉禾良库风格独特具有辨识度,能满足游客的基本需求。

两个创意园相关高频词的主核心层由地区和建筑自身构成,联发华美空间的次核心层主要由打卡和咖啡这两个特色元素构成,而嘉禾良库的次核心层主要由餐饮、美食构成,说明嘉禾良库总体餐饮品质更符合游客的品位。

图 3 联发华美空间词云图

(图片来源:陈于思自绘)

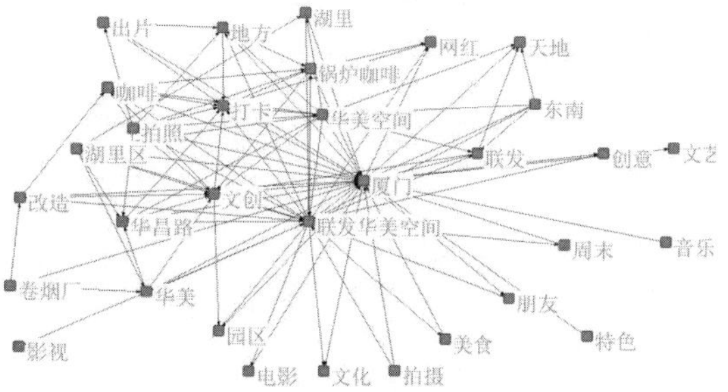

图 4 联发华美空间语义网络关系图

(图片来源:陈于思自绘)

图 5 嘉禾良库词云图

(图片来源:陈于思自绘)

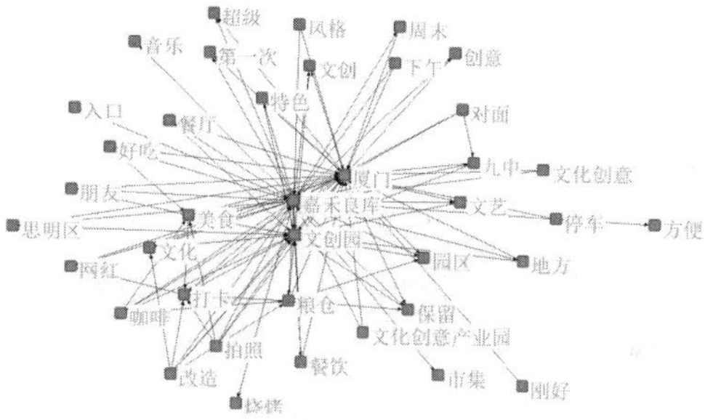

图 6 嘉禾良库语义网络关系图

(图片来源:陈于思自绘)

3.3 IPA 分析

从建筑外观、内部空间、工业元素等 13 个维度,分别对两个文化创意园的各条评论进行赋分。将两个文化创意园赋值后的数据进行计算,分别得出 i 值和 p 值,并将结果导入 SPSS 24 软件,以 i 值为横坐标,p 值为纵坐标,得出两个文化创意园的 IPA 象限图。

从联发华美空间的 IPA 象限图(图 7)可知,第一象限包含工业元素、商业特色等五个元素,联发华美空间内工业遗产元素保留良好,商业业态的布置合理且具有特色,公共空间的节点设计是联发华美空间的一大亮点,园内举办的展览、演出等娱乐活动十分受游客和居民的青睐。处于第二象限的建筑外观、内部空间、商业品质这三个维度获得游客的积极评价,联发华美空间建筑的外观和内部空间设计符合园区风格且具有特色,各个商业品质把控到位。游客对第三象限机会区的外部交通、内部交通评价较低,园方需及时关注场地的交通问题,并针对车流高峰期采取措施。位于第四象限的所处区位、社区氛围、情感体验是创意园需要重点关注的三个元素,联发华美空间虽位于湖里区,但所处地址较为偏僻,游客提出工作日及部分节假日白天较为冷清,社区氛围和游客体验是需要重点优化的内容。

通过嘉禾良库的 IPA 象限图(图 8)可得,第一象限的优势区有所处区位、业态布置等四个元素,游客便于到达嘉禾良库所处区位，水幕等公共空间是显著优势，游客对创意园内商业业态的布置及商品的品质持肯定态度。位于第二象限的元素较多，包括建筑外观、内部空间等，创意园对工业元素的运用较为巧妙，创意园周边交通十分便利，游客较为满意创意园举办的娱乐活动。内部交通、商业特色、情感体验位于第三象限，创意园需关注园区内商业业态布置较为完善但商业特色较少的问题，以及游客反映的地面停车数量太多导致情感体验不好的问题。位于第四象限的社区氛围是嘉禾良库现阶段的需要提升的主要方面。

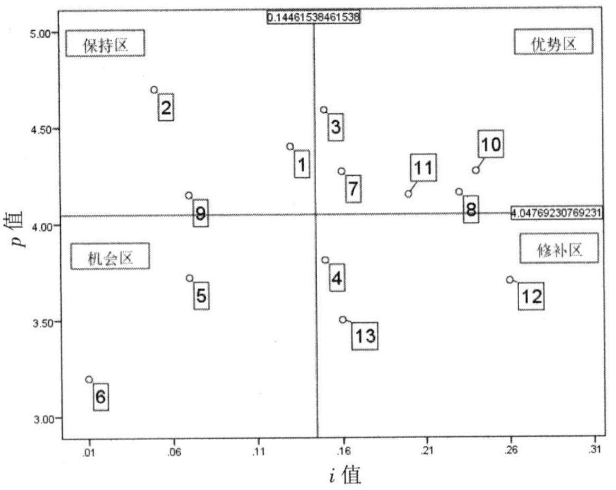

1—建筑外观；2—内部空间；3—工业元素；4—所处区位；5—外部交通；6—内部交通；7—商业特色；8—业态布置；9—商业品质；10—公共空间；11—娱乐活动；12—社区氛围；13—情感体验

图 7 联发华美空间 IPA 象限图

（图片来源：陈于思自绘）

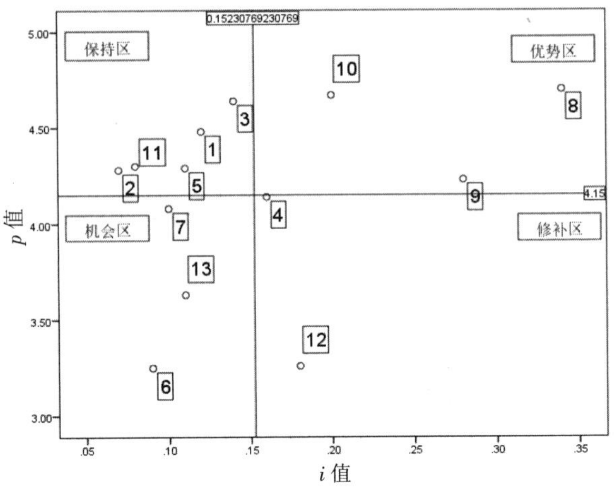

1—建筑外观；2—内部空间；3—工业元素；4—所处区位；5—外部交通；6—内部交通；7—商业特色；8—业态布置；9—商业品质；10—公共空间；11—娱乐活动；12—社区氛围；13—情感体验

图 8 嘉禾良库 IPA 象限图

（图片来源：陈于思自绘）

4 综合分析

4.1 优势区域

公共空间和业态布置是联发华美空间和嘉禾良库的共同优势（图 9），它们是吸引人流的重要因素。联发华美空间作为电视剧《开端》《猎罪图鉴》等影视作品的取景地，吸引许多游客前来拍照，将工业元素和影视元素巧妙结合和“美”字变化而来的蝴蝶楼梯为游客提供了丰富的打卡点。嘉禾良库的“水幕”和“仓库”经常被游客提及，嘉禾良库许多活动结合特色水幕举办，充分利用根据自身主题打造的特色公共空间，得到游客的高度评价，游客可以在此体验到乡土韵味。两个创意园都包含酒水、咖啡、美食等业态，满足游客基本的使用需求，联发华美空间的茶馆、服装店、摄影展览和嘉禾良库的游泳馆、健身房、亲子活动空间，满足了游客的多样化需求。

相比嘉禾良库，联发华美空间的优势区多了工业元素、商业特色、娱乐活动元素。“锅炉咖啡”和其他特色小店被游客频繁提及，特色的商业店铺给游客留下深刻印象。联发华美空间不仅将工业元素融入建筑中，还将电影元素和工业元素巧妙结合。联发华美空间举办的活动丰富多样，包括绿氧生活节等。嘉禾良库的所处区位和商业品质是其独特的优势。嘉禾良库位于“九中”和“金榜公园”对面，所处区位可达性较高，距高铁站近。“好吃”反映了嘉禾良库的餐饮更符合游客的口味，游客对嘉禾良库的商业品质给予高度评价。游客对此区域的元素关注度较高且较为满意，两个创意园应保持自身特色优势。

图 9　优势区域综合分析

（图片来源：陈于思拍摄）

4.2　保持区域

建筑外观和内部空间是两个创意园保持区域都包含的元素，两个创意园在设计时都注重将工业元素与创意园主题相契合，将工业元素装饰在建筑外观的主入口、窗台、楼梯、栏杆、管道等处。由于工业厂房室内通高和进深尺度较大，原建筑室内空间较为空旷，两个创意园在改造设计时，灵活划分室内空间，创造了丰富的空间体验。联发华美空间的商业品质满足游客的基本需求，嘉禾良库工业元素与主题的契合性、外部交通的便利性、娱乐活动设计的合理性，获得游客较高的评价。联发华美空间除了特色锅炉咖啡，其他美食和餐饮也符合游客的品位。嘉禾良库工业元素的设计十分契合“粮仓”的主题，不仅保留了工业遗产元素，也保留了有关粮食生产主题的乡土元素，而且嘉禾良库外部交通十分“方便”，周边有公交、地铁等公共交通，此外每周末举办的音乐相关活动以及不定期举办的其他活动获得游客的肯定。虽然游客对保持区域元素的关注度不高，但这些元素的表现超过了游客的预期，提高了游客的游玩体验，联发华美空间和嘉禾良库可在保持此区域现状的情况下，提高游客的感知，推动保持区元素成为优势区域的元素，扩大两个创意园的优势。

4.3　机会区域

游客对两个创意园内部交通的关注度和满意度都不高，两个创意园的部分车行流线和人行流线有重叠交叉的部分，混乱的交通流线设计影响了游客的满意度，联发华美空间内部配置停车楼稍微缓解了内部交通的压力，但节假日地面停车太多的现象影响了游客体验，而游客对嘉禾良库的停车位管理抱怨较多。除此之外，游客认为联发华美空间的外部交通较不方便，该创意园与嘉禾良库相比周边公共交通较少，可达性一般。与联发华美空间相比，嘉禾良库的商业种类较为齐全且满足需求，但缺少像联发华美空间的锅炉咖啡一样的商业特色，而游客指出在嘉禾良库的情感体验不佳多是由停车无序导致的。虽然机会区域元素的重要性和满意度都低于平均水平，但也需引起重视，尤其内部交通作为两个创意园此区域的共同元素，需进行进一步改善，以提高游客的游玩体验。

4.4　修补区域

社区氛围是游客认为重要性较高但表现不佳的因素。使用者反映，在工作日和节假日白天，创意园内较为冷清，人数较少，而嘉禾良库所处区位交通便利，但整体客流量一般，游客对联发华美空间和嘉禾良库的社区氛围评价都偏低，部分时间段客流量较少是两个创意园共同面临的问题。相比嘉禾良库，联发华美空间的修补区域还有所处区位和情感体验两个元素，游客反映联发华美空间所处地点较偏僻，可达性一般。联发华美空间除了蝴蝶阶梯和锅炉咖啡外，其他打卡点较少，创意园公共空间设计较为简单，导致游客情感体验一般。这个区域的元素是较为重要的元素，两个创意园需着重改善，实施相应措施，加强宣传，吸引人流，提高创意园活力。

5 总结

工业遗产见证城市的发展，承载丰富的历史信息，对于空置的工业建筑，不应盲目对其进行拆除，而应该对其改造再利用，赋予工业遗产新的功能，充分发挥工业遗产的价值[15]。本文以联发华美空间和嘉禾良库两个项目为例，利用网络文本和IPA分析方法梳理两个项目值得借鉴之处和共同存在的问题，为其他同类型项目提供参考。在网络文本的基础上结合IPA分析，可以直观了解工业遗产改造型创意园各元素的重视程度和满意程度表现，为后续两个创意园的更新设计提供科学的依据，针对不同区域的元素提出针对性的改善策略。

陈于思　厦门理工学院　硕士研究生
刘静　厦门理工学院　副教授

参考文献

[1] 李渊，罗疑惠，赵炜. 基于网络文本分析的工业遗产游客感知研究：以成都市东郊记忆为例 [J]. 华中建筑，2021，39（12）：91–96.

[2] 倪瑞雪，潘峥. 基于网络文本分析的工业遗产旅游地形象感知研究：以合肥市“合柴 1972”为例 [J]. 住宅产业，2023（1）：46–50.

[3] 何林君，徐苗，张莉媛. 基于共生活力的三线老工业历史文化街区更新研究：以绵阳市跃进路为例 [J]. 住区，2024（2）：17–27.

[4] 王凌，郑俊禧，叶昌东. 多尺度空间特征思考下的工业遗产差异化更新：以广州市两处食品加工类工业遗产为例 [J]. 南方建筑，2024（1）：96–106.

[5] 张亚莹，还浩南，王畅. POE 在工业遗产改造类创意产业园对比中的应用：以江苏两个创意产业园为例 [J]. 城市建筑，2020，17（32）：94–96.

[6] 苏明明，董航宇，王佳钰，等. 嵌入理论视角下工业遗产创意园区的发展模式及实践效果：杭州丝联 166 文创园和东信和创园的双案例研究 [J/OL]. 旅游科学 [2024–12–24]. https://link.cnki.net/doi/10.16323/j.cnki.lykx.20240523.001.

[7] 杜文超. 厦门工业建筑遗产活化保护路径研究：以厦门华美卷烟厂为例 [J]. 中国房地产，2020（23）：44–49.

[8] 张静雨. 闽南城市工业遗存改造再利用的功能模式研究 [D]. 泉州：华侨大学，2021.

[9] KANCS D，The economic geography of labour migration：competition，competitiveness and development[J]. Applied geography，2011，31（1）：191–200.

[10] 张瑞，张建国. 基于网络文本与 IPA 模型分析的上海辰山植物园旅游形象感知研究 [J]. 中国园林，2019，35（8）：83–87.

[11] MARTILLA J A，JAMES J C. Importance–performance analysis[J]. Journal of marketing，1977.

[12] 杨明. 旅游调研数据处理方法和分析技术探讨：以荷兰纳米根市旅游形象调研为例 [J]. 旅游学刊，2005，31（1）：84–89.

[13] 武乾，丁小燕，李雍，等. 旧工业厂区再生利用使用后满意度评价：以陕西某老钢厂创意产业园为例 [J]. 土木工程与管理学报，2019，36（4）：16–20，27.

[14] 王亚瑄. 基于扎根理论的龙门浩历史文化街区游客体验满意度评价 [D]. 重庆：西南大学，2022.

[15] 俞孔坚，方琬丽. 中国工业遗产初探 [J]. 建筑学报，2006（8）：12–15.

建筑遗产保护传承的公众参与和人才培养

社会力量参与文化遗产保护的保障和激励制度研究
——以我国城乡建成遗产相关法律法规为例

Research on the Guarantee and Incentive System for Social Forces' Participation in the Cultural Heritage Protection
—Taking Chinese Laws and Regulations on the Urban and Rural Built Heritage as Examples

王瑞坤

摘　要：扩大社会力量参与的广度和深度，对推进文化遗产的协同保护、活化利用和传承发展具有重要意义。在长期研究的基础上，文章梳理、提炼当前我国社会力量参与文化遗产事业中的若干典型问题，剖析、阐释其责任-权利缺乏统筹协调的内核，进而评估、揭示与现行制度设计之间的关系。借鉴、比较国际和国内相关制度和政策的成功经验，为研究制定行之有效的资金保障制度、保护补偿制度、扶持激励制度、志愿服务制度等关键支撑机制提供建议和参考。文章认为，应当不断探索创新制度设计，逐步拓宽社会力量参与遗产事业的途径，充分调动遗产产权人、保护责任人、市场主体等多方利益相关者的积极性，而法律法规可以为相关制度确认地位并确保实施。

关键词：社会力量；文化遗产；资金保障制度；保护补偿制度；扶持激励制度；志愿服务制度

Abstract: Expanding the breadth and depth of social forces' participation is of great significance for promoting the collaborative protection, innovative utilization, and inheritable development of cultural heritage. Based on long-term research, this article summarizes several typical issues regarding the social forces' participation in the cultural heritage protection of China at present, analyzes and explains the core issue of the lack of overall coordination between responsibilities and rights, and then evaluates and reveals the relationship between these issues and the current institution designs. By drawing on and comparing the successful experience of relevant international and domestic institutions and policies, this article provides suggestions and references for researching and formulating effective supporting mechanisms such as funding guarantee institution, protection compensation institution, support and incentive institution, and volunteer service institution. The article believes that we should continuously explore innovative institution designs, gradually broaden the ways for social forces to participate in cultural heritage protection, fully mobilize the enthusiasm of multiple stakeholders such as heritage property owners, protection responsibility persons, and market entities. Laws and regulations are important foundations for confirming the status of relevant institutions and ensuring their implementation.

Keywords: social forces; cultural heritage; funding guarantee institution; protection compensation institution; support and incentive institution; volunteer service institution

党的十八大以来，以习近平同志为核心的党中央高度重视文化遗产的保护、利用、传承工作，从坚定国家文化自信、提升文化软实力的全局和战略高度作出一系列重大决策部署。2021 年，中共中央办公厅、国务院办公厅印发《关于在城乡建设中加强历史文化保护传承的意见》，提出要"鼓励和引导社会力量广泛参与保护传承工作，充分发挥市场作用，激发人民群众参与的主动性、积极性，形成有利于城乡历史文化保护传承的体制机制和社会环境”。

扩大社会力量参与是文化遗产保护利用传承工作可持续发展的必然方向，不仅能使更多遗产资源焕发新活力、新价值，对提高国民素质和社会文明程度、推动经济社会发展也具有重要作用，更是在社会治理实践中逐步实现全过程人民民主的重要途径。

本研究从文化遗产这一宏大叙事中的城乡建成遗产切入，从拓宽保护资金来源、建立保护补偿制度、论证扶持激励政策、发展公益志愿服务等四个层面着手，在剖析社会力量参与城乡建成遗产保护实践中的问题的基础上，揭示与相应法律支撑制度之间的映射关系，最终讨论相应对策，并对建立健全相关法律法规提出建议。

1 拓宽保护资金来源

文化遗产事业无疑要以稳定、充裕的资金作为前提和基础。目前我国各地方文化遗产保护工作最主要的资金来源是政府财政资金（包括专项资金、补助资金等）以及相关经营收入。《文物保护法》（2025 年施行，第 13 条）、《非物质文化遗产法》（2011 年施行，第 6 条）、《历史文化名城名镇名村保护条例》（2017 年施行，第 4 条）规定县级以上地方政府须将相关历史文化保护工作纳入本级国民经济和社会发展规划以及本级财政预算。文物、文旅、住建等政府部门对各自管辖的遗产类别都有专项的财政列支，各地方出台的各种保护条例、办法、规则也进一步保障了相关财政资金的落实。

但是由于现实原因，相当多地方政府的债务风险较高，财政支出矛盾突出。文物、非遗、历史文化名城名镇名村等现有法定保护对象的财政资金支出已经捉襟见肘，倘若进一步扩大遗产保护范围，纳入现有保护名录之外的大量其他有价值的潜在遗产，则势必面临难以实施的局面。不同地区之间财政收入的差异更有可能放大这些问题。

以我国最早建立保护体系的文物为例，第三次全国文物普查结果显示，共登记不可移动文物 76 万多处，其中定级（全国、省、市县三级）文物保护单位 14 万多处。然而相当多未定级不可移动文物由于人力、财力所限，处于事实上的脱管失修状态，甚至有约 4.4 万处不可移动文物已经灭失[1]。由此更可以想见历史建筑、传统风貌建筑等大量一般建成遗产的处境，而这往往正是引发社会批评的焦点所在。

即便是定级文物保护单位，有限的政府财政资金无疑也是优先保障国有产权的国家级、省级重点项目。由于资金申报口径少、覆盖率低、保护要求高、审批严格等实际原因，私人产权的历史建筑、传统风貌建筑等获得政府财政资金资助的难度较大，由此成为保护工作中的薄弱点。然而事实上，完整、活态地保护大量不具备突出价值的私人所有的建成遗产，对保持和延续城乡聚落的传统格局和历史风貌的真实性和完整性具有十分重要的意义。

对比同样作为文化遗产大国的意大利，其政府每年相关投入约占整个国家财政预算的 1%~2%，各地方政府同时也有相应拨款[2]。但也不得不承认，遗产保护不能脱离或超越我国经济社会发展的实际情况。因此在持续呼吁中央和地方政府加强文化遗产保护工作的财政资金保障，加大对遗产密集地区以及革命老区、民族地区、边疆地区、欠发达地区的资金支持力度的同时，还应当通过各种方式拓宽保护资金的来源，统筹整合各类社会资金。例如《歙县徽州古城保护条例》（2016 年施行，第 5 条）、《福建省历史文化名城名镇名村和传统村落保护条例》（2017 年施行，第 26 条）、《揭阳古城保护条例》（2019 年施行，第 11 条）、《大同古城保护条例》（2020 年施行，第 7 条）、《西安历史文化名城保护条例》（2021 年施行，第 9 条）、《杭州市历史文化名城保护条例》（2023 年施行，第 9 条）等从省、市、县层面都提出了鼓励公民、法人和其他组织（或表述为企事业单位、社会团体和个人）以捐赠、资助、投资、设立基金等方式与政府合作。

这些高度概括的表述显然需要阐释为更多具体的措施。就此本研究建议：讨论建立文化遗产保护的政府专项基金，通过（国有）银行、保险、证券、信托机构发展相关信贷、债券、保险等金融产品，试行政府监管、市场化运作的彩票基金、私募基金和交易制度，以此吸纳社会各界、国内外组织和个人的资金[3]。通过创新金融产品、改善金融服务、提供金融支持等方式，在社会资金与政府、遗产产权人之间建立合作的纽带，拓宽社会力量参与文化遗产保护和利用的渠道，并通过国家和地方法律法规确认和保障这些制度的相应地位。社会资金可以对私人产权的建成遗产的保护进行补贴，作为政府财政资金的重要补充。

其中值得关注的一类国际经验是英国和意大利自20世纪90年代中期就已经开始将彩票收入用于遗产事业。英国遗产彩票基金会将发行彩票金额的约5%用作自然和文化遗产经费，譬如2015年投入了4.3亿英镑保护资金[4]。意大利通过法律规定将各类彩票收入的0.8%作为文化遗产保护专项资金，仅此一项每年就可增加15亿欧元经费[2]。法国在2018年也开始发行文化遗产专项彩票。这类制度不仅拓宽了遗产保护的融资渠道，增强了使用博彩收入的透明性和科学性，更重要的是调动了社会公众的关注度和参与度，使遗产保护成为全民共同参与的事业。

此外本研究建议：讨论建立私有产权的文物建筑、历史建筑、传统风貌建筑等建成遗产的交易制度，充分发挥市场作用，并接受政府监管。比照私人所有的可移动文物（古董）的交易行为，通过市场流动挖掘货币价值，从而提升社会关注度、遏制破坏行为、推动保护事业发展，甚至拓展相关行业边界。政府基金也可以在收储私有产权遗产后，通过提高价格、市场化转让等方式筹集更多资金用于保护事业[3]。

2 建立保护补偿制度

文化遗产的认定、保护、传承是系统性的工程，这种国家行为体现了国家意志，而价值判断正是其关键前提。换言之，之所以保护特定的文化遗产而非全部的历史遗存，是因为它们在当代被判断为中华民族文明成果中最有价值的部分，因为体现了国家的文化价值，所以成为国家的遗产。民间的私人财产被认定为国家的文化遗产后，将在事实上为国家文化价值的传承承担责任、作出贡献。

《民法典》（2021年施行，第207条）确定了私人的物权受法律保护。然而在遗产保护的过程中，私有产权人的所有权、用益物权和担保物权等合法权利将受到限制甚至损失，保护责任人将受到约束和监管，所以政府应当代表国家对（直接）利害关系人给予补偿或补助。本研究认为：对产权人、责任人的合法权利的保障，是遗产保护工程正当性的重要来源；对责任-权利关系的平衡，是建立补偿、补助制度的法理依据所在。

反过来说，当前时有发生对遗产置之不理、任其长期脱管失修或修而不用的现象，其根源就在于现行遗产保护实践相对缺乏对责任-权利等多重复杂关系的统筹协调：一方面由于各种历史或现实原因，导致产权人或保护责任人空缺、虚置、模糊，或者构成复杂、难以协商，或者不具备实施保护行为的能力；另一方面由于未能建立明确的经济利益共享机制或健全的保障、补偿、鼓励机制，产权人或保护责任人的利益诉求得不到合理解决，或是无法从保护活动中获得足够利益甚至无法平衡损失，因而缺乏支持保护的意愿甚至拒绝参与。这一现象在历史建筑、传统风貌建筑、历史风貌区、历史地段等未被纳入文物序列的建成遗产保护工作中十分明显，在基础设施落后、公共服务水平薄弱的地区尤为突出——简单以文化遗产保护之名对私有建筑的使用和改造作出“过度”约束事实上很难执行，由于有限的经济收益难以平衡修缮和运营成本，因此对社会资本的吸引力不强。简而言之，强调责任但忽视权利，强调公益但忽视私益，应当是难以发动社会力量自下而上地推动遗产保护事业的深层原因。文化遗产保护工作启动较早的一些国家，大多是通过强调不同人群的权利和责任，来倡导各方力量参与遗产事业，使保护对象的内涵具有延伸性和拓展性[5]。

当前我国学术界和实务界聚焦于不同类型遗产的相关保护责任人（包括所有权人、使用人、监管人等）的认定，对于划分、界定其具体责任以及告知和监督的方法，已经有了比较充分的讨论。《历史文化名城名镇名村保护条例》（第33条）、《福建省传统风貌建筑保护条例》（2021年施行，第17、18条）、《北京历史文化名城保护条例》（2021年施行，第33~38条）、《哈尔滨市历史建筑维护和修缮管理办法》（2022年施行，第 11~15 条）等都有较为成熟的基于实践的总结。

与之形成对比的是，我国对遗产的产权人或保护责任人的相应补偿、补助制度尚在初步摸索阶段。国家层面的《文物保护法》（第 32 条）、《历史文化名城名镇名村保护条例》（第 33 条）只有“应当给予帮助”“可以给予补助”这样过于空泛甚至缺乏强制力的表述，恐难切实有效平衡遗产保护中的责任与权利。地方层面目前只有《苏州国家历史文化名城保护条例》（2018 年施行，第 32 条）明确建立“历史城区保护补偿制度”并规定费用来源，《济南市历史文化名城保护条例》（2020 年施行，第 32 条）明确提出历史建筑的保护义务和享受补助权利，它们发挥了在建成遗产保护方面先行先试的标杆引领作用。此外，《云南省丽江古城保护条例》（2006 年施行，第 9、11、12 条）、《南京市历史文化名城保护条例》（2010 年施行，第 37 条）、《绍兴古城保护利用条例》（2019 年施行，第 16、20、27 条）、《石家庄市正定古城保护条例》（2019 年施行，第 18 条）、《漳州古城保护条例》（2021 年施行，第 14、24 条）等也说明某些情况下应当按规定予以安置、补偿、补助。

事实上，保护补偿制度在我国的国家治理体系中已经有了较为成熟的实践，譬如在现行《环境保护法》（2015 年施行，第 31 条）、《长江保护法》（2021 年施行，第 76 条）、《黄河保护法》（2023 年施行，第 102 条）和《峨眉山世界文化和自然遗产保护条例》（2020 年施行，第 20 条）中明文确认的生态保护的补偿制度和财政转移支付制度就值得借鉴吸收。

本研究认为：应当对因履行文化遗产保护传承责任而造成产权人或保护责任人的财产权利损失、产生的直接经济支出，给予适当的补偿、补助。应当通过国家和地方层面的法律法规，明确遗产的产权人和保护责任人享有的权利，包括获得指导和服务的权利、获得补助和奖励的权利、依法转让和交易的权利等。应当加强制度创新设计，尤其建立健全文化遗产保护的财政转移支付制度和补偿补助制度，包括资金、实物补偿和技术、就业、产业扶持等多种形式。具体的政策和措施应当由中央和地方政府的财政、文物、文旅、住建等有关主管部门因地制宜地制定；各地实践成熟的、具有共性的办法应当在国家法律法规中提升为确定的制度。

3 论证扶持激励政策

在讨论建立文化遗产保护的补偿、补助制度的同时，还有必要讨论制定有针对性的扶持、激励政策。与国家层面的法律法规基本同步，各地方的保护条例或规定大多只有“对作出突出贡献的单位和个人，或者在某些情况下，应当按照规定给予表彰、奖励”等表述。缺乏明确具体的保障、扶持、激励政策的规定条款，实践中往往存在较大的模糊甚至回避空间，导致遗产的创新性转化利用缺乏动力，这是我国现有实践中的明显薄弱环节甚至主要痛点。

3.1 利益共享的多方合作机制

为了鼓励和引导社会多方力量共同积极参与文化遗产资源的活化利用，本研究认为可以从产权的不同类型切入，讨论完善相应的合作机制，这也符合《关于在城乡建设中加强历史文化保护传承的意见》的要求。

对于不具备保护遗产的能力或意愿的产权人，或是由于保护工作迫切需要的某些情况，政府可以采取货币收购、产权置换等方式将私有和集体产权的文物建筑、历史建筑、传统风貌建筑等转为国有产权，进而实施保护利用。在不改变产权的前提下，可以采取产权人以土地、房屋、资金、技艺等合作入股，签订长期协议等公私合作的方式参与保护利用和开发建设，促成共建共治和利益共享。为保障产权人的合法利益，货币收购、产权置换、长期统租应当依据公平合理的价值评估标准。这一工作思路在《山西省历史文化名城名镇名村保护条例》（2018 年施行，第 33、43 条）、《天津市历史风貌建筑保护条例》（2018 年施行，第 33 条）、《济南市历史文化名城保护条例》（第 45 条）、《宁波市大运河世界文化遗产保护实施办法》（2023 年施行，第 11 条）、《广州市传统风貌建筑保护规定》（2023 年施行，第 13 条）等文件中有所尝试。

国有产权的建成遗产资源，应当不断探索创新社会力量参与保护利用的合作模式。可以通过公开招标、租赁、托管等方式转让使用权、经营权，在现行规则的基础上通过简化手续、减免租金、放宽承租（使用）年限、减免土地使用费、允许功能置换或兼容使用，以及给予资金扶助（如投资补助、运营补贴、资本金注入）、奖励开发权益（如转移容积率）、稳定市场预期等政策引导的方式，鼓励和支持符合要求的市场主体（单位和个人）对国有不可移动文物、历史建筑、传统风貌建筑等进行持续保护和合理利用，并定期评估检查。《扬州古城保护条例》（2017 年施行，第 37、39 条）、《重庆市历史文化名城名镇名村保护条例》（2018 年施行，第 54 条）、《开封古城保护条例》（2021 年施行，第 40 条）、《秦皇岛市山海关古城保护条例》（2022 年施行，第 27 条）、《保定市历史文化名城保护条例》（2023 年施行，第 51 条）等对此开展了许多有益探索。

本研究认为：无论何种类型的建成遗产，在鼓励和支持社会力量参与、投入遗产的本体保护修缮、历史风貌维护、文旅产业经营、文化传承发展的全过程中，都应充分注意（直接）利害关系人的诉求，给予长期可持续经营发展的支持和指导，保障市场主体、社会资本的合理收益，形成风险共担、利益共享的合作机制。对于社会力量参与成效显著，具有宣传、示范、推广价值的保护利用项目，应当通过授予荣誉、资金补助、以奖代补等方式进行表彰和奖励。

此外，特别值得讨论的一种多方合作机制是建成遗产的认养制度（或称认保、认领、领养），这也是应对保护资金短缺困境的一种重要措施[3]。如意大利从 1994 年就已经开始实施“遗产领养人”制度，政府在保有遗产的所有权、开发权、监督保护权以及重要人事任免、制定票价、决定开放时间等权力的基础上，将部分使用权与管理权有条件地让渡给遗产领养人，包括有能力的公众、社团组织或企业，最长年限为 99 年。领养人可以将（部分）遗产用于面向社会公众的文化旅游而获利，但也必须将一定份额的收入用于承担遗产的保护和修复工作并接受检查。这一制度为遗产配备了固定的维护者和稳定的资金来源，更重要的是使社会公众对文化遗产萌生主人翁意识，充分调动了参与遗产保护的积极性。我国黄山、金华、开平、曲沃等地从 2006 年也陆续开展了建成遗产的认养实践，但实施效果却不尽相同，部分地方“遇冷”的主要原因就在于责任 - 权利分配明显失衡、遗产活化利用限制过多或缺乏指引等，导致认养人实际获得的收益远小于成本[1，6]。

3.2 灵活引导的税赋优惠制度

税赋优惠是促进和引导社会力量参与文化遗产保护工作的有效路径，也是我国目前亟待开拓使用的重要政策[3]。相比之下，美国联邦和各州关于建成遗产保护有一些经过长期实践的税赋减额、抵扣政策：①对历史建筑及其土地的物业税（财产税）的评估与征收大幅度优惠于新建建筑；②产权人更新、修复历史建筑并用于生产、经营或居住用途的，一定比例的建设投资可以从其所得税（收入税）中抵扣；③将历史建筑及其地役权（easement，为实现特定意图使用他人不动产的权利）转让给政府管理机构或有关保护组织的，产权人可以获得与其所放弃权益相当的收入税减免作为补偿；④企业或个人对文化遗产保护事业的捐赠额、投资额，可以按比例从税赋中抵扣，或者直接降低计税总额，意大利《资助文化产业优惠法》《保护文化遗产、文化发展和刺激旅游产业紧急措施》也有同类的规定，抵扣计税总额甚至可以达到 65%[1，6]；⑤政府可以通过借贷来筹集资金用于遗产保护项目，过后对区域内因之受益的项目增税用于还贷，举债结束后即恢复正常课税水平[7–9]。

此外，美国凡申请联邦税赋优惠的历史建筑保护更新项目必须按照内务部颁布的《历史建筑更新标准》（SISR）执行[7]。以税赋优惠推动联邦制度下遗产保护政令的通行，绕开了美国各州法令不一以及私人业主价值观的差异。在我国也有与之类似的初步实践经验，譬如《苏州国家历史文化名城保护条例》（第 32 条）规定，传统民居保护责任人按照保护规划、技术标准和规范要求进行修缮、改建的应当给予资金补助，《苏州市区古建筑抢修贷款贴息和奖励办法》（2019 年施行）更与此充分衔接。

美国通过税赋优惠的政策，柔性地、灵活地促进历史建筑保护和利用，带动社会力量投入建成遗产保护的做法，值得我国研究和借鉴：以较少的国家预算撬动更多的社会资金，促进城乡建成环境改善以实现就业增加、经济发展、生活水平提高，使得政府可以从其他税源获得弥补。设定税赋减免、抵扣的不同额度、比例，可以引导遗产保护的方向。有检查条件的税赋逐年优惠、返还以及其他补助和奖励机制，不仅可以促进私人所有建成遗产的产权人、保护责任人加强日常维护，按照保护规划和技术规范的要求进行修缮，避免不受约束的翻建造成真实历史风貌破坏，更能实现长效管理。

我国可以与此参照比较的法律和政令主要是《公益事业捐赠法》(1999 年施行)以及《财政部、国家税务总局关于宣传文化所得税优惠政策的通知》(2006 年施行，2011 年失效)，然而其中只有关于企事业单位、社会团体和个人对宣传文化事业的公益性捐赠的所得税减免规定，有关建成遗产的捐赠对象仅仅局限在“重点文物保护单位”。

本研究认为：该政策的问题主要是税赋减免的条件只有向国家机关，或国家批准的数量有限的公益组织的捐赠；对捐赠主体、捐赠方式、受捐主体的审核要求较为严格，税赋减免的执行比例较低；捐赠的范围并不涉及历史建筑、传统风貌建筑等一般建成遗产，而且也不包括社会力量对建成遗产的直接保护修缮和活化利用。这些政策实际激励效果十分有限，更为重要的是，起主要作用的两项法律、政令中，《公益事业捐赠法》已有二十多年未经修订，《财政部、国家税务总局关于宣传文化所得税优惠政策的通知》早已失效，因此我国文化遗产保护事业的税赋减免制度事实上明显滞后于经济社会发展，甚至缺乏有效的法制依据，亟待就上述问题逐一改革创新。

4 发展公益志愿服务

一些发达国家的民间组织、社会团体在文化遗产保护工作中发挥了重要作用，不仅形成了较为成熟的经验，并且已经通过法律将相关制度固定下来。英国在 1948 年实施了《国家援助法》(*National Assistance Act*)，确立了民间组织的法定地位，主要分为两类：一类组织实施文化遗产的规划、保护、更新和监督等专业性工作，如国民信托(National Trust)、市民信托(Civic Trust)、建筑遗产基金(Architectural Heritage Fund)、地标信托(Landmark Trust)等；一类提供文化遗产的技术咨询、指导、培训、研究、出版以及宣传、游说工作，如古建筑保护协会(Society for the Protection of Ancient Building)、建筑遗产协会(Architectural Heritage Society)、拯救不列颠遗产协会(Save Britain’s Heritage)等[10]。

美国在 1966 年颁布了《国家历史保护法》(*The National Historic Preservation Act*)，确立了由联邦政府、州和地方政府、民间组织和个人共同保护管理文化遗产的原则和体制，后续出台的一系列法律法规对国家和地方及社会力量的各自职责与相互关系作出了明确规定。相关民间保护组织可以分为三类：保护联盟主要提供资金帮助和咨询服务；历史保护社团通常利用周转基金租赁或购入濒危的文化遗产，进而修缮并活化利用；社区组织的工作是制定相关保护条例并监督执行，按照专业领域细分为不同的委员会[8, 11]。

法国在 1983 年通过了《地方分权法》，各地方在城市规划和遗产保护等方面拥有了更多自主权。法国的“乡村和特色小镇协会”“最美乡村协会”“手工艺小镇协会”等地区性或全国性的保护组织，都以促进形成乡镇遗产保护互助网络、整合遗产资源、推广旅游品牌等为目标，但侧重点各不相同；强调居民在地区遗产管理中的主观能动性，通过与政府的合作机制引导社会力量在决策中发挥作用[12]。

立足于中国的语境来看，西方国家这些所谓“民办公助、独立运行”的社会团体、民间组织具有明显的“半官方”属性[13]，甚至在不同程度上发挥了政府职能。中国的社会团体、民间组织参与文化遗产保护工作，在规模、类型、主体、方式、程度等方面都尚在起步阶段，公益志愿服务目前是其主要内容。一些重点城市在政府引导的基本原则下探索实践了不同的工作模式，譬如北京“四名汇智”名城保护支持计划、广州“名城守护官”遗产保护志愿者组织、武汉“人文武汉”历史文化保护志愿者队伍等，在潜在遗产资源挖掘、文化价值传播、保护知识教育、历史信息记录和抢救等方面发挥了重要作用，助力地方政府完善相关工作，弥补了人力物力的不足。

民间组织、社会团体是汇集和发动社会力量广泛和深入参与国家治理的直接和具体角色，能够高效、灵活地在政府和群众之间发挥纽带作用，历史文化遗产保护日渐成为其中的重要内容。本研究建议：各地方政府应当通过给予扶持政策、补贴资金、减免税费、鼓励捐赠、提供物资、培训技能、颁发荣誉等方式，支持和鼓励企业事业单位、民间组织、社会团体通过公益志愿服务等多种方式，积极参与文化遗产的保护、利用、传承工作，并在有更多实践积累后探索更多参与方式。尤为重要的是，需要在国家和地方的法律法规中明确这些政策和措施的地位，建立长效机制，更需要明确细则、增强可操作性。

5 结语：通过法律法规保障制度落实

扩大社会力量参与文化遗产事业的重要意义就在于营造传承中华文明的整体社会氛围。在新时期、新阶段，支持和鼓励各方社会力量主体广泛、深入地参与和投入历史文化遗产和城乡建成遗产的保护、利用、传承，以及规划、建设、管理的各个环节，无疑将成为新方向、新要求。

建立健全行之有效、适合我国国情的资金保障制度、保护补偿制度、扶持激励制度、志愿服务制度等支撑性的机制和政策，则是正向激发遗产产权人、保护责任人、市场主体等多利益相关方的积极性，而非过多依赖负向惩罚措施的关键所在。本研究认为，应当通过不断探索创新制度设计，逐步拓宽社会力量参与遗产保护、利用、传承事业的途径。而国家层面的法律法规正是相关制度确认地位、确保实施的重要基础保障，有助于改变过多依赖各地方差异化行政管理的既往模式。国外和国内地方一些较为成熟的、具有启示意义的经验做法值得辩证地借鉴和提炼。

①改变完全依赖政府财政资金投入的既往模式，通过创新金融产品、建立市场化制度等各种方式扩充保护资金的来源，整合各类社会资金，引导多元投资主体共同参与文化遗产事业。

②探索建立文化遗产保护的财政转移支付制度，因地制宜地制定保护补偿制度，包括资金、实物补偿和技术、就业、产业扶持等多种形式，切实有效地平衡遗产保护中的责任与权利。

③探索建立产权、资金、税赋、产业、经营、土地等方面的扶持激励政策，促进遗产资源活化利用，实现灵活引导、长效管理。注意利害关系人的合理诉求，保障市场主体的合理收益。

④通过信息公开、宣传教育、经验推广、政策扶持等方式，培育和发展群众性、公益性保护组织，健全和完善志愿者服务制度，将其作为社会力量参与文化遗产保护事业的重要渠道。

基金资助：国家社会科学基金重大项目（项目编号：22ZDA085）；国家自然科学基金面上项目（项目编号：52278021）。

王瑞坤　清华大学　助理研究员

参考文献

[1] 张国超. 中国建筑遗产认养制度研究 [J]. 南方文物，2018(4)：267-272.

[2] 王星桥，史译. 意大利保护文化遗产不遗余力 [EB/OL].[2013-06-26]. http://www.chinadaily.com.cn/dfpd/2013-06/26/content_16660597.htm.

[3] 王瑞坤. 坊里何处？——西安古城空间制度变迁与历史建成环境保护的思考 [J]. 新建筑，2023(6)：27-33.

[4] 刘春凯. 英国文化遗产保护的公众参与借鉴 [J]. 中国名城，2016(6)：55-59，74.

[5] 朱晓明. 意大利中央政府层面文化遗产保护的体制分析 [J]. 世界建筑，2009(6)：114-117.

[6] 张国超. 意大利公众参与文化遗产保护的经验与启示 [J]. 中国文物科学研究，2013(1)：43-46.

[7] 沈海虹. 美国文化遗产保护领域中的税费激励政策 [J]. 建筑学报，2006(6)：17-20.

[8] 李和平. 美国历史遗产保护的法律保障机制 [J]. 西部人居环境学刊，2013(4)：13-18.

[9] 高原. 美国历史文化遗产保护中地役权制度的应用和启示 [J]. 西部学刊，2023(22)：142-145.

[10] 焦怡雪. 英国历史文化遗产保护中的民间团体 [J]. 规划师，2002(5)：79-83.

[11] 张如彬. 美国的历史文化遗产保护及其与其它发达国家的发展比较 [J]. 中国名城，2011(8)：51-58.

[12] 万婷婷. 法国乡村文化遗产保护体系研究及其启示 [J]. 东南文化，2019(4)：12-17.

[13] 高舒. 美国文化遗产保护机制中的"半官方"角色：兼议"史密森尼学会"与"民办公助"运行模式 [J]. 中国艺术时空，2019(5)：67-73.

实践导向下的英国建筑遗产保护本科教育探析
Analysis of Practice-Oriented Undergraduate Education in Architectural Heritage Conservation in the UK

张天洁　黄　艺

摘　要：建筑遗产保护在全球化和现代化进程中面临巨大挑战，培养能胜任的建筑遗产保护人才备受关注。本文通过梳理英国建筑遗产保护教育的发展历程，剖析英国高校的本科学位设置与教学特色，揭示其特色，如工地实践、多学科整合、合作伙伴关系、全球标准与地方价值观的平衡、扎根社区等，以期为我国建筑遗产保护教育提供参考。

关键词：英国；建筑遗产保护；本科教育；实践导向

Abstract: Architectural heritage conservation faces significant challenges in the process of globalization and modernization. The cultivation of high-level professionals in architectural heritage conservation has become an urgent issue. This paper analyzes the development of architectural heritage conservation education in the UK, examines the undergraduate degree programs and teaching features in UK universities, and extracts key educational elements such as field research, interdisciplinary integration, partnerships, the balance between global standards and local values, and community involvement. These elements offer insights for the future of heritage conservation education in China.

Keywords: UK; architectural heritage conservation; undergraduate education; practice-oriented

引言

建筑遗产保护是对历史文化的传承、艺术价值的保存、社会认同的强化、经济发展的促进以及环境可持续性的保障。随着我国城镇化迅速推进，培养建筑遗产保护专门人才的需求越来越迫切。当前国内的建筑遗产保护本科教育既有历史建筑保护工程这一独立的本科专业，又有在建筑学专业内设置的遗产保护方向，还有在考古与文物保护学院下开设的文物建筑专业[1]，反映了遗产保护教育与建筑学、考古学、历史学等学科的紧密交织，值得进一步探索。

英国是遗产保护领域的先行者之一，其遗产保护专业教育始于19世纪，从最初的建筑精英与古物学家的专门培训，历经多次变革，发展成今天的跨学科教育平台[2]。鉴于此，本文以英国建筑遗产保护本科教育为案例，梳理其发展脉络、课程设置，揭示其教学体系架构与特色，以期为我国遗产保护教育体系的发展提供参考。

1　英国建筑遗产保护教育的发展脉络梳理

英国的建筑遗产保护教育可以追溯至19世纪中叶，最初主要依赖于少数学者和建筑师的倡导。例如约翰·拉斯金和威廉·莫里斯[3]等人对历史建筑的保护表现出了强烈的兴趣，并提出了“修复而非重建”的理念，强调尊重建筑的历史价值。19世纪末，工业革命使城市化进程加速，许多历史建筑遭到破坏，建筑遗产保护受到更多的关注。1877年,英国古建筑保护学会(Society for the Protection of Ancient Buildings, SPAB)成立[4],开始通过现场实践和个人经验传授来培养遗产保护的专业建筑师,注重木匠、铁匠、茅草屋顶和石砌等工艺技能培养,旨在让学徒深入理解建筑的结构、腐蚀原因及修复材料的使用[5]。

二战后,英国的建筑遗产保护成为公共政策的一部分,相关教育也开始专业化。1950年,伦敦大学巴特利特建筑学院开设了首门建筑遗产保护课程,名为"历史建筑保护与修复证书课程",为已经具备资质的建筑师提供专门知识,帮助他们掌握英国群岛历史建筑的修复、保护与维护技术[5]。20世纪60年代,曼彻斯特大学、爱丁堡艺术学院等院校纷纷开设保护学硕士学位。1967年,英国政府颁布《城市宜人环境法》,为受保护的建筑提供更多政策支持。20世纪70—80年代,随着《阿姆斯特丹宣言》等一系列综合保护公约问世,除建筑学之外的历史学、艺术史、城市规划等学科也开始开设建筑保护的课程[5]。进入20世纪90年代,越来越多的大学和教育机构设立了建筑遗产保护的硕士和博士学位课程。英国皇家建筑师学会(RIBA)和英国古建筑保护学会等机构也开始提供认证课程,确保从业人员具备专业资格。1994年《国际文化遗产保护名录》中,英国有8个建筑遗产相关的国际项目名列其中[2]。21世纪,英国的建筑遗产保护教育越来越重视国际化,将培养具有全球视野的建筑遗产保护专家作为目标。许多英国高校和研究机构加强了与其他国家的合作,开展跨国的建筑保护项目和研究。

目前,建筑遗产保护教育已经成为建筑学、历史学、考古学等学科的重要组成部分。许多英国大学,如牛津大学、伦敦大学、巴斯大学等,开设了高度专业化的学位课程,涵盖建筑保护、文化遗产管理、修复技术等方面[6]。相关项目也从硕士阶段向本科阶段下沉,致力于为学生打下坚实的理论基础,也为其未来的深入学习和职业生涯做准备。因此,本文选取本科教学作为主要研究对象,尝试探讨如何在早期阶段培养学生的跨学科视野、实践操作能力以及社会责任感,以期为我国建筑遗产保护教育提供参考。

2 英国建筑遗产保护本科教学开展情况

据英国大学及院校联合招生系统(UCAS)数据,建筑遗产保护相关的本科项目约70个。如表1所示,默西塞德郡开设的建筑遗产保护相关专业最多,达18个,这与郡内第一大城市利物浦丰富的历史遗产和强大的文化产业背景密切相关。利物浦的历史遗产和多所高校的学术支持推动了该地区的教育发展,以满足日益增长的保护需求。诺丁汉郡紧随其后,开设了13个相关专业,这得益于诺丁汉及其周边的文化遗产和该地区高校的学术影响力,尤其是在建筑与遗产保护领域学术与行业深度结合。大伦敦地区数量位居第三,共12个,这与其全球文化中心地位及众多高等院校和国际机构的支持分不开。西米德兰兹郡开设了6个相关专业,这主要受到工业遗产保护和文化旅游需求的推动。

表1　英国各地区建筑遗产相关专业开设数量及相关院校(前五)

地区	专业开设数量	主要相关院校
默西塞德郡 (Merseyside)	18	利物浦希望大学 (Liverpool Hope University)
诺丁汉郡 (Nottinghamshire)	13	诺丁汉特伦特大学 (Nottingham Trent University)
大伦敦 (Greater London)	12	金斯顿大学 (Kingston University)
西米德兰兹郡 (West Midlands)	6	伯明翰城市大学 (Birmingham City University)
东萨塞克斯郡 (East Sussex)	3	布莱顿大学 (University of Brighton)

如表2所示,同一所高校常常设有多个建筑遗产保护本科项目,不仅有传统的建筑遗产保护,还在艺

术史、文化管理、建筑技术等领域设置。例如利物浦希望大学在艺术史与教育、艺术史与哲学与伦理学以及艺术史与创意产业商业管理等专业下设建筑遗产保护本科项目，充分发掘艺术与文化领域的综合性，培养学生整合建筑遗产保护和艺术产业的能力。

表 2　英国各院校建筑遗产保护相关本科专业开设数量(前八)

院校	相关专业开设数目	qs 排名
利物浦希望大学 (Liverpool Hope University)	12	1 001+
诺丁汉特伦特大学 (Nottingham Trent University)	8	701~750
利物浦约翰·摩尔斯大学 (Liverpool John Moores University)	7	801~1 000
纽汉成人教育学院 (Newham College of Further Education)	5	1 001+
诺丁汉学院 (Nottingham College)	5	1 001+
伯明翰城市大学 (Birmingham City University)	4	801~1 000
东伦敦大学 (University of East London)	4	1 001+
布莱顿大学 (University of Brighton)	3	601~650

就学位设置(图 1)而言，文学学士学位(BA)在建筑、艺术、设计类专业中最为常见，而理学学士(BSc)主要集中在建筑技术、建筑工程等技术类学科。科学基础学位(FdSc)、艺术基础学位(FdA)和高级国家文凭(HND)学位则主要面向那些希望通过较短课程直接进入职场的学生。学制方面，大多数学位为 3 年学制，部分课程提供基础年或校外实践年，工程硕士(MEng)类学位则为 5 年本硕贯通。

图 1　学位类别统计

值得一提的是，许多专业同时提供多种学制(图 2)的选择。例如利物浦约翰·摩尔斯大学(Liverpool John Moores University)的建筑测量学士学位，同时设计了带有实践年的 4 年制的三明治(Sandwich)学制，以及 3 年制的全日制(Full-time)学制。对于建筑测量等领域而言，实践经验至关重要，校外实践年为学生提供了深入了解行业运作、增强职业技能、建立行业人脉的机会，学生可以根据个人情况和兴趣做出更灵活的选择。例如，有些学生可能更倾向于快速完成学业并尽快进入职场，选择 3 年制的全日制学制；而有些学生可能希望通过校外实践年获得更深入的行业经验，从而选择 4 年制的三明治学制。此外，诺丁汉特伦特大学的学生可以选择在不同学期进入该专业学习，这让不同背景的学生都可以据兴趣进入该项目。这种灵活的入学方式，体现了对遗产保护领域人才培养的包容性与开放性。

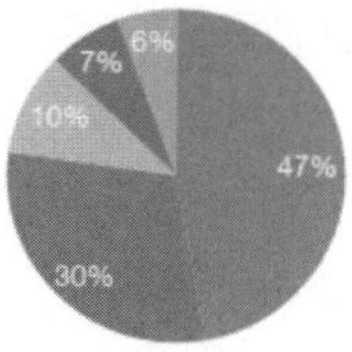

图 2　学制统计

3　相关教学特色解析

英国的建筑遗产保护教育强调教育、理论和实践的结合[7]，重视培养学生在遗产保护领域的知识深度、广度和批判性思维，特别重视培养学生通过历史建筑保护应对现代社会中多重挑战的能力。学生不仅需掌握修复技术和管理方法，还要学会在全球化和现代化背景下保护与利用文化遗产，确保其长期可持续性。课程内容具有实践导向，学生通过与社区、政府和遗产保护专家合作，深化对遗产保护复杂性及其社会影响的理解。同时也培养学生的沟通能力和团队合作精神，注重其和利益相关者的合作，确保遗产保护项目的多方协同和社会接受度。

以地方性的金斯顿大学历史建筑保护学位为例，其教育方案旨在为学生提供必要的理论知识和实践技能，以便他们在建筑遗产保护领域顺利发展。如表 3 所示，该方案为两阶段学习架构，结合广泛的跨学科内容、实践经验以及职业资格认证。基础学位为期两年，涵盖建筑历史、保护法制、建筑材料腐烂与修复等关键领域，注重理论与实践结合。学生通过实际操作、实地考察等形式，能够将课堂上所学的理论知识与真实世界中的建筑保护问题联系起来。接着，学士学位进一步深化学生对建筑遗产保护的理解，侧重于对历史建筑材料的详细学习、复杂保护项目的管理、适应性建筑设计等方面的内容，帮助学生在完成学位后更好地应对现实工作中的挑战。

表 3　金斯顿大学的历史建筑保护学位课程内容

学年	模块名称	学分	描述
第一年 基础学位	保护背景和建筑环境	30	介绍建筑环境保护运动及国内外相关组织
	历史环境技能的发展	30	学习建筑史、手绘和数字媒体技能，并通过海外实地考察发展实践能力
	自然保护立法和法规	30	研究保护行业的法规、健康与安全法、规划过程等
	在保护工作中的应用技能	30	开展实地调查，学习使用测量设备，提升绘图与草图能力
第二年 基础学位	应用保护测量与分析	30	学习传统建筑测量技术与腐蚀过程，应用于保护项目中
	保护项目管理	30	学习项目管理技巧、采购方法和资源配置
	传统建筑构造与修复	30	研究传统建筑的构造与修复技术，分析易腐蚀部分
	选修项目	30	设计并执行小规模研究项目，提升研究技能
学士学位 补充学年（1 年）	现有建筑环境	30	深入理解遗产建筑的保护立法与当前争议，学习适当的修复建议
	建筑遗产保护测量师高级技能	30	提升实践测量技能，应用于具体项目
	适应性建筑设计与应用	30	研究历史建筑的再利用与适应性设计，提出改造方案
	研究项目	30	启动并执行小规模研究项目，发展研究技能

该方案强调跨学科合作，融汇了建筑学、历史学、考古学、法律、环境学等多个领域的知识。通过学习传统建筑构造与修复技术、了解不同材料的腐化过程和修复方法，学生能够获得扎实的实践能力。此外，课程也注重全球遗产保护标准与地方文化价值观的结合，学生不仅学习如何应对国际遗产保护标准，还将探讨如何在具体的保护项目中考虑地方文化特色，确保保护方案既符合全球要求，又尊重地方的历史

和文化背景。金斯顿大学的课程体系还通过实地考察和项目管理的实际操作，使学生能够在学术知识和实际技能之间建立紧密联系。

该方案亦重视社区参与和社会责任，认为历史建筑保护不仅仅是技术性的问题，更是文化和社会层面的责任。学生探索如何通过与地方社区合作，促进社会对遗产保护的认同与支持。这一部分内容确保学生在保护工作中，尊重和回应社区的文化需求，并通过社区的积极参与推动保护项目的顺利进行。

毕业后，学生具备申请皇家特许测量师学会和历史建筑保护研究所会员的资格，将进一步提升其在行业中的竞争力。毕业生普遍表示，课程为他们提供了进入历史建筑保护行业的坚实基础，尤其在行业的第一手知识、建筑法规和管理实践等方面。此外，学生有机会接触行业中的重要人脉和职业发展机会，这对其未来的就业至关重要。例如，有些毕业生通过项目获得了在伦敦著名历史建筑（如白金汉宫、大本钟等）工作的机会。

5 结束语

英国建筑遗产保护的本科教育重视跨学科整合、全球标准与地方文化价值的平衡、社区参与和社会责任感的培养等，不仅要求学生掌握必要的保护技能，还要求其在多元文化与复杂环境中切实推进保护工作。总之，建筑遗产保护教育是一项长期而复杂的使命，需要不断总结经验，才能培养出具有创新精神和实践能力的专业人才，为全球文化遗产的保护贡献力量。

张天洁　天津大学　教授

黄艺　天津大学　硕士研究生

参考文献

[1] 张鹏．“建筑学”与“遗产保护”的交响：写在同济大学历史建筑保护工程专业创建 15 周年之际 [J]. 中国建筑教育，2017（Z1）：66-74.

[2] GODDARD J E. Best of Intentions：the historical development of education in architectural conservation[D]. Sydney：University of Sydney，2019.

[3] GODDARD J E. Education in architectural conservation：its origins and development[J]. Conservation perspectives，the GCI newsletter，2020，35(2)：4-10.

[4] SPAB. William Morris and Philip Webb[EB/OL]. (2018-07-10)[2022-08-09].https://www.spab.org.uk/about-us/william-morris-philip-webb.

[5] 陈曦，陈亚珉，张鹏．欧洲建筑遗产保护教育的起源与发展初探 [J]. 建筑师，2023(4)：87-94.

[6] 张慧，丘博文．以社会需求为导向的英国建筑遗产保护教学管窥：以爱丁堡大学为例 [J]. 中国建筑教育，2016（4）：71-77.

[7] CODY J，FONG K. Built heritage conservation education[J]. Built Environment，2007(11)：264-274.

共享视角下城市历史文化风貌区中的工业遗产更新
——以上海武夷路的三个更新项目为例

Renewal of Industrial Heritage in Urban Historic and Cultural District from the Perspective of Sharing
—A Case Study of Three Renewal Projects on Wuyi Road in Shanghai

陈钰颖　朱怡晨

摘　要:上海城市历史文化风貌区内散布着许多工业遗产。随着城市更新的展开,如何通过更新工业遗产来激活历史片区的经济、社会及文化活力,成为亟待研究的问题。本文基于文献研究和现状调研,总结了上海城市历史文化风貌区中工业遗产的基本特征。随后以共享为研究视角,基于对上海武夷路三个工业遗产更新项目的分析,提炼出城市历史文化风貌区中的工业遗产更新策略,即街区肌理的延续、公共空间的营造、建筑风貌的重塑以及多元功能的置入。希望能为其他同类型的工业遗产更新提供新的思路,激发城市历史文化风貌区的活力,促进城市可持续更新。

关键词:历史文化风貌区;工业遗产;共享理论;更新策略;城市更新

Abstract: There are many industrial relics scattered in Shanghai's historic and cultural districts. With the development of urban renewal, how to activate the economic, social and cultural vitality of these districts through the protection and renewal of industrial relics has become an urgent research issue. Based on literature research and current situation research, this paper first summarizes the basic characteristics of industrial relics in Shanghai's urban historic district. Then, based on three renewal projects on Wuyi Road in Shanghai from the perspective of sharing, the paper refines the renewal strategies of industrial relics in historic and cultural districts: the continuity of neighborhood texture, the creation of public spaces, the remodeling of architectural features, and the placement of multiple functions, hoping to provide new ideas for the renewal projects of the same type, revitalize the urban historic and cultural districts, and promote sustainable urban renewal.

Keywords: historic and cultural districts; industrial relics; sharing theory; renewal strategies; urban renewal

上海是中国近代工业的发源地,也是长三角地区工业规模最大、体系最完善、类型最多元的城市[1]。过去二十年的时间里,沿苏州河和杨浦滨江的大批优秀工业遗产被更新为创意产业园或文化设施。随着城市发展由增量开发转向存量更新模式,散布在城市腹地的工业遗产也逐渐受到关注。由于特殊的工业化和城市化进程,位于上海城市核心区的历史文化风貌区与许多工业遗产在空间上产生了交织,为城市更新带来了新的机遇和挑战。

本文通过文献查阅和实地调研,总结了上海城市历史文化风貌区内工业遗产的三个基本特征。选取武夷路历史街区的三个工业遗产更新项目,以"共享"为视角,运用类型学方法和层次分析法,提炼出城市历史文化风貌区中工业遗产的更新策略及途径。

1 上海历史文化风貌区的工业遗产现状及更新趋势研究

1.1 上海历史文化风貌区的工业遗产

上海历史文化风貌区，是指历史建筑集中成片，建筑样式、空间格局和街区景观较完整地体现上海某一历史时期地域文化特点的地区[2]。当前上海已确定44个历史文化风貌区，而在上海中心城区的12个历史文化风貌区内，分布着许多20世纪建成、当前或被废弃或已被更新利用的老旧厂房（表1）。随着城市更新的展开，这些位于城市历史文化风貌区内的工业遗产成为更新的重要支点，起着激活城市片区活力的作用。

表1 上海部分历史文化风貌区内的工业遗产更新项目信息

所属风貌区	项目名称	现功能用途	原建筑用途	更新时间
衡山路—复兴路历史文化风貌区	衡山路10号	中国船舶设备研究所	704所属家属楼及水塔	—
	陕西南路550弄	上海凤凰羊毛衫厂	羊毛衫厂	—
	锦和越界永嘉庭	时尚休闲、文化餐饮、创意办公	中国航天科技集团公司第八研究院808所	2010年
愚园路历史文化风貌区	创邑 Space	创意产业园	上海大明橡胶制品厂/上海长征制药厂	2019年
	武夷路351号	办公	上海市纺建工程公司	—
	新象限•武夷	办公、娱乐、商业、文化	上海第四电表厂	2023年
	WYSH 翡悦里	办公、娱乐、商业、文化	上海飞乐音响厂	2024年
	武夷 MIX丨320	餐饮、休闲娱乐、农贸市场	上海第一水泵厂	2021年
龙华路历史文化风貌区	D1国际创意空间	创意产业园	龙华冷库	2007年
	2977创意大院	创意产业园	江南枪炮局	2006年

表格来源：作者自制。

1.2 上海历史文化风貌区中的工业遗产特征

1.2.1 低层高密的空间环境

上海近代工业化进程开始较早，为在相同的用地面积上容纳大量的人口，近代上海在综合了建设成本、技术水平后，采取的措施是建设高密度的里弄。上海传统的里弄建筑多为窄面宽的2~3层建筑，大多采用联排式的密集排布方式，这些里弄建筑构成上海中心城区的空间肌底。而上海中心城区历史文化风貌区内的工业遗产，大多形成于20世纪20—30年代的上海工业快速发展时期，受限于当时的资金条件和劳动力资源，最终选址在当时市民生活的里弄空间[3]。20世纪90年代后，随着城市的不断扩张和人口的急剧增长，再加上基础设施的不断完善，中心城区的区位优势和土地价值进一步提升，对有限土地资源的利用进一步加剧了这种高密度的空间环境特征（图1）。

老城厢历史文化风貌区局部现状卫星图

愚园路历史文化风貌区局部现状卫星图

图1 部分历史文化风貌区现状卫星图

（图片来源：天地图在线地图）

1.2.2 历史叠合的风貌环境

近代上海发展起步较早，中心城区的建筑往往已经过多次更迭。当前上海城市核心区的建成环境，主要形成于上海开埠(1843 年)到浦东开发开放(1990 年)期间。新中国成立以前的这段时间(1843—1949 年)的主要建设成果包括金融办公建筑、里弄、花园住宅和工业区,而从新中国成立后到浦东开发开放的这段时间,上海城市核心区主要进行了工业布局的调整和旧区改造。浦东开发开放后至今(1990—2024 年),浦东开展大量城市建设的同时,在中心城区也进行了多轮改造[4]。因此,在上海城市核心区的历史文化风貌区中,建筑的建成年代、建筑风格往往有所不同,呈现出历史信息"叠合"的风貌环境(图 2)。

图 2　愚园路历史文化风貌区武夷路东段历史信息"叠合"的建筑风貌

(图片来源:作者自摄)

1.2.3　迥异的形态与功能

上海的工业遗产按历史分期,主要分为两类:一是近代由外国资本兴建的近代工厂和民族资本家兴办的民族工业厂房,二是新中国初期的工业遗产[5]。上海城区的历史文化风貌区工业遗产以轻工业为主,虽不像杨浦滨江和苏州河畔的工业遗产那样拥有横跨几个街区的惊人尺度和体量,但相较于中心城区的里弄建筑,尺度规模还是显得稍大。此外由于中心城区的工业外迁,失去了生产功能的工业厂房逐渐被废弃,成为热闹繁华的城市街区中荒芜的存在。总之,无论是巨大的生产空间尺度、封闭单调的外观还是功能的缺失,都让城市历史风貌区中的工业遗产与周边环境"格格不入"。

1.3　共享:工业遗产更新的新趋势

从 2003 年《下塔吉尔宪章》强调工业遗产更新应保持其原有功能和物质存在[6],到 2011 年《都柏林准则》将工业遗产的范围扩展至物质和非物质元素,再到 2012 年《台北宣言》强调亚洲工业遗产与当地社区的紧密联系[7],工业遗产的保护更新理念在近二十年间发生了显著的变化。当前,工业遗产的保护及更新工作不仅关注物质空间,还重视无形的文化遗产和社区参与,文化成为保护核心,跨学科视角和日常生活实践受到了更多关注。

近年来,上海涌现出大量优秀的工业遗产更新实践案例。滨水工业遗产的更新实践不断涌现:2014 年开始的杨浦滨江"工业秀带"更新项目和历时近十年的苏河湾项目,都在通过对滨水工业遗产的保护更新,将宝贵的滨水界面让渡给城市,塑造出以河岸为依托的城市"共享水岸"[8]。同时,对于散落在城市腹地的工业遗产,往往采用"社区化更新"[1]的方式,使原有的工业遗产面向街区和城市开放,塑造出丰富的共享空间和漫游路径,融入居民的日常生活。这些工业遗产的更新实践,不仅体现出工业遗产更新从"非日常"向"日常"的转变,还体现出工业遗产更新价值观念从"私有"到"共享"的转变。共享,正逐步成为工业遗产更新的新趋势。

2　上海武夷路城市更新项目

武夷路位于上海长宁区东部,东起延安西路,西至中山西路,全长 1 775 m,宽 10 m。武夷路的历史可以追溯到 1925 年,这条街道上不仅汇集了西式花园洋房和老上海里弄,还散布着改革开放后建设的一批工业建筑,这些建筑在轻工业发展时期与周边工厂共同引领了全国工业的发展。

2002 年,武夷路所属的愚园路片区被划入上海 44 个历史文化风貌区;2007 年,武夷路东段被确定为上海 64 条“永不拓宽”的道路之一。2017 年起，长宁区从“静雅武夷、海派街区”的定位出发，结合沿线地块向纵深发展从而带动腹地，以 1 个整体方案、5 个重点地块与“*N*”个节点提升的规划格局（图 3）展开城市更新。本文基于其中已更新完成的三个工业遗产更新项目（图 4），展开对城市历史文化风貌区内工业遗产的更新研究。

图 3　武夷路街区历史保护建筑及工业建筑分布

（图片来源：作者根据 RQ 商业观察室公众号文章内容改绘）

武夷 |MIX320　　新象限•武夷　　WYSH 翡悦里

图 4　武夷路三个工业遗产更新项目更新前后对比

（图片来源：谷德设计网、百度图片）

2.1　武夷 |MIX320

作为武夷路“城市更新”重点项目，该项目旨在将原有的农贸市场和社区卫生服务中心转型为一个多功能复合街区（图 5）。项目更新面临的主要难题包括混杂的建筑类型及风貌、内向封闭的地块边界以及落后的功能业态。为应对这些挑战，项目采取了一系列更新策略：首先，对场地内不同历史时期的建筑进行分级保护和改造，以历史叠合为前提，拆除违章建筑、复建危房，并修缮具有历史价值的花园洋房。其次，通过创造丰富的公共空间和室外漫游路径，打破地块的封闭性，增强与城市慢行系统的连接。最后，项目通过置入多元化的功能业态，如文创、餐饮等，提升了地块的活力和吸引力，实现功能业态的升级[9]。

2.2　新象限 · 武夷

该项目位于上海第四电表厂旧址，因工厂外迁，现已老旧的外立面和低能级的功能业态已与区域发展需求不符。为满足区域发展需求，在保留建筑的基础上，融合历史文化风貌，对建筑进行改造，打造集人工智能、文化创意、商业办公于一体的开放式产业园区（图 6）。更新过程中面临的难题主要包括与周边历史保护建筑的关系协调问题以及场地东西侧道路的交通拥堵问题。针对以上挑战，项目首先对主体建筑外立面进行优化改造，以呼应历史街区风貌；其次通过拓宽弄堂小马路和主动退界的方式，为街区腾出人行通道，激发街区活力；最后在朝向武夷路的界面上，结合商业运营策划，将面向道路的一侧设定为商业空间[10]，增加沿街面的趣味性和互动性。

2.3　WYSH 翡悦里

该项目原为飞乐音响厂旧址，该地块在 2019 年由嘉华国际竞得后，历经近 5 年的时间被打造为一个集商务、文化、生活、观光等复合功能的“可持续社区”（图 7）。项目更新中面临的难题包括用地形状及容积率的限制、与南北两侧街道及优秀历史建筑的关系处理以及工业建筑本身的保留与更新难题。针对这些挑战，开发商首先通过获得沿街两栋花园洋房的使用权，使得两栋洋房及其附带的花园成为该项目的一部分，并将其塑造为项目中最重要的公共空间和网红“打卡点”。其次对南北两侧沿街界面进行重新梳理，通过地面通道联系起南北街道，融入街区肌理。同时围绕中央花园设置廊下空间和公共平台，塑造出层次丰富的公共休闲空间。最后，通过对旧建筑轮廓的保留以及新旧建筑风貌的重塑，实现街区整体风貌的协调统一。

图5　武夷路 IMIX320

（图片来源：作者自摄）

图6　新象限·武夷

（图片来源：作者自摄）

图7　WYSH 翡悦里

（图片来源：作者自摄）

3　以共享为导向的更新策略提取

在当前城市更新的背景下，城市历史文化风貌区的工业遗产更新面临三大机遇。一是城市片区经济转型的机遇。如上海长宁区在2022年提出的“上海硅巷”理念，旨在以上海特色城市空间为依托，打造符合经济发展趋势的“双创街区”，实现片区的经济转型。二是重塑城市空间的机遇。对高密度、建成年代较早且基础设施薄弱的老城区而言，工业遗产项目的更新可以有效带动周边的道路交通、街道界面、城市配套基础设施的优化，实现历史文化风貌区内的空间品质提升。三是缔造“新日常”的机遇。通过引入新的功能业态，打造新的生活、工作、休闲、娱乐等场景，与时俱进，提升周边居民的生活品质，缔造生活中的“新日常”。

要兼顾复杂的城市历史环境和多样的权属关系，共享或将成为抓住以上机遇的重要“抓手”。同济大学李振宇教授曾在《共享建筑学导论》一书中提出“形式追随共享”时代的来临。他指出“共享”理念的置入为建筑形式带来了四个方面的变化：边界模糊、线性延展、建筑透明性、公共与私密空间的重组[11]。共享作为工业遗产更新的新趋势和价值目标，在历史文化风貌区工业遗产更新过程中置入，不仅能让宝贵的城市空间环境资源为更多主体所共享，也能塑造出丰富多元的业态及空间环境，打破工业遗产与周边环境的“隔阂”，对工业遗产更新中的空间、形式、功能的重塑产生重要的影响。

因此，本文基于“共享”这一理论视角，结合城市历史风貌区内的工业遗存特征分析及案例解读，提炼出城市历史风貌保护区内的工业遗产的更新策略：边界的消解、立体的回游、历史的对话以及多元的主体。

3.1　边界的消解——城市肌理的延续

城市历史文化风貌区的工业遗产常因封闭边界和大尺度空间与周围环境“割裂”，因此更新的重点在于“疏通”，即通过开放地块边界和延续城市肌理，使更新地块融入街区网络，提升可达性和空间通透性，实现与周边环境的良性互动。

在武夷 IMIX320 项目中，拆除违章建筑后，将南北向公共通道打造成“核心通道”，延续区域肌理，加强与武夷路历史街道的联系，使该项目成为该历史街道沿街界面的重要组成部分。WYSH 翡悦里项目保留了场地原来的南北向开口，通过地面通道连接两侧街道，实现了南北方向上的开放与渗透。新建建筑则通过地面路径和底层灰空间设计，减轻了体量感，对该历史街区的肌理和尺度都作出了较好的回应（表2）。

表 2　城市肌理的延续

项目	武夷 IMIX320	WYSH 翡悦里
肌理延续：边界开放、路径渗透		
沿街面		

表格来源：作者自制；分析图来源：作者自绘；照片来源：作者自摄。

3.2　立体的回游——公共空间的营造

作为城市更新的重要“支点”，城市历史文化风貌区中的工业遗产更新不仅需要积极回应周边街区环境，也要主动创造共享的公共空间。公共空间的营造，不仅为城市居民提供了日常游憩的场所，也能使历史建筑、工业遗产这样宝贵的城市空间和文化资源为更多人共享，进而提升其服务效率，促进社会公平。通过塑造立体漫游路径以及多样的公共空间节点，能够在极其有限的用地条件下，释放出更多可以为市民共享的公共空间，并为其带来多元的日常空间体验。

在武夷 IMIX320 项目中，通过利用建筑间的狭缝、灰空间等串联起一条次级路径，东侧沿南北向布置的菜场设置了一条开放的室内路径，两者通过数条东西向的联络道路与中间的公共通道相连接，并通过该公共通道接入城市慢行道路系统，并在面向武夷路的界面上打造出面向城市的公共空间，呈现出开放包容的姿态。WYSH 翡悦里项目则在洋房和中央花园周围增加了特色连廊，提供休憩空间，并通过大平台设计回应公共空间。这些空间通过地面通道、螺旋楼梯、连廊和台阶连接，形成连续的回游路径，带来了丰富的景观体验（表 3）。

表 3　立体开放的公共空间营造

项目	武夷 IMIX320	WYSH 翡悦里
整体回游路径及公共空间设计	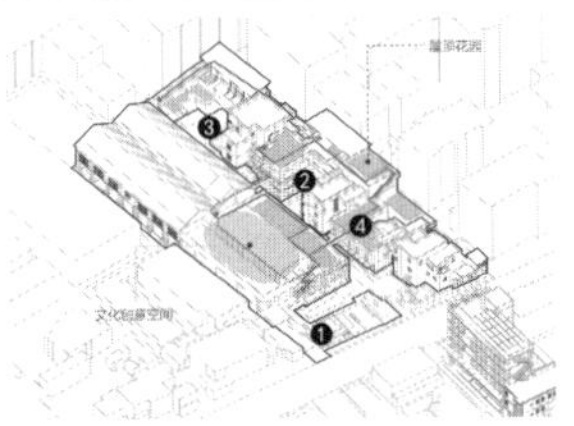	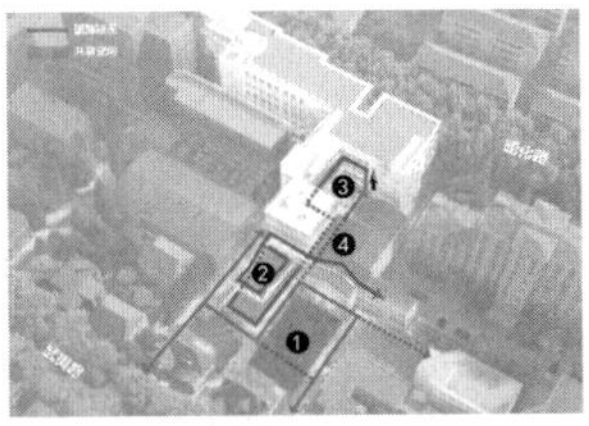
公共空间节点照片		

表格来源：作者自制；分析图来源：参考同济原作工作室资料、上观新闻相关资料改绘；照片来源：作者自摄。

3.3 历史的对话——建筑风貌的重塑

对于城市历史文化风貌区内已有的工业建筑，一方面要考虑其周边的历史街区环境，另一方面也要考虑其本身蕴含的“历史原真性”。所以首先往往需要对其进行详细评估，保留其特色部分，而对其特征性较弱的部分重新进行定义，使之更好地呼应周边的街区风貌。对于更新地块内的新建建筑，则需要遵循“补新以新”的原则，即采用现代的材质和手法，与旧建筑形成和谐统一的整体。

武夷 IMIX320 项目中，对于场地内原有的不同状况的建筑，根据其现状条件、年代价值及风貌特色进行分级分类保护。对阻碍地块与街区联系的违章搭建予以拆除；对场地内建设年限较短、结构岌岌可危的建筑，则在拆除后按原轮廓进行复建；对场地内原有的花园洋房，则采取修缮的方式恢复外立面及室内空间格局。新象限·武夷项目中，主体建筑在立面上延续了老厂房富有韵律的柱廊立面，并采用类似比利时领事馆外立面的条窗形式来获得更好的景观视野和采光。同时在东侧面向比利时领事馆的立面上，选用与该保护建筑外墙效果贴近的材质及色调，实现与周边历史环境的和谐统一。WYSH 翡悦里项目中，旧工业厂房采用了与花园洋房立面相似的材质和色彩，大面积的红砖墙对洋房及周边历史街区的风貌进行了很好的回应。新建建筑则采用了简洁的外立面设计，大面积的玻璃幕墙和简洁的金属铝板，与红砖历史建筑形成了鲜明的对比(表 4)。

表 4 建筑风貌的重塑

项目	武夷 IMIX320	新象限·武夷	WYSH 翡悦里
历史信息分级梳理			
旧建筑风貌			
新建筑风貌			
色彩提取	砖红色 银灰色 米黄色	银灰色 深灰色	砖红色 银灰色
材质提取	 砖 木 金属	 金属 混凝土 玻璃	 砖 金属 玻璃

表格来源：作者自制；分析图：根据参考文献 [9]、[10] 和访谈内容绘制；旧建筑风貌照片来源：百度图片；新建筑风貌照片来源：作者自摄。

3.4 多元的主体——复合功能业态的置入

随着工业遗产由传统的“园区化更新”[1] 转向“社区化更新”，多元混合的功能业态置入成为激发项目经济活力的重要手段。多元的业态能满足不同人群的需求，其中既有服务于当地居民的城市基础设施，也有服务于外来游客的商业、文化等设施。正是这些不同人群的汇入，为片区经济带来了持续增长的动力。

武夷 IMIX320 项目中，原有的菜场功能被保留，并对其空间进行了升级改造。同时还植入了文创、餐饮及创新型业态等，使其兼具潮流和烟火气，吸引了众多人前来打卡。新象限·武夷项目的主要定位是开放式产业园区，除了引入人工智能、文化创意领域的高能级企业外，还通过商业运营策划，将面向武夷路的一侧设定为商业空间，并通过材质和色彩的变换，增加沿街面的趣味性和互动性。WYSH 翡悦里项目更新的核心目标是为城市居民提供一个丰富的文化活动场所。项目底层置入咖啡、餐饮、购物等商业功能，同时通过公共空间系统的营造，在建筑的二层及以上设置了文化展览及活动用房，与层层后退的室外屋顶平台相结合，打造出多元、层次丰富的文化休闲场所（表 5）。

表 5　复合功能业态的置入

项目	武夷 MIX320	新象限·武夷	WYSH 翡悦里
原有业态	农贸市场、卫生服务中心	上海第四电表厂旧址	飞乐音响厂旧址
项目定位	融合之地、潮乐坐标	开放式产业园区	创新风尚生活地标
功能业态	社区菜场； 商铺：咖啡、特色餐饮、酒吧	商业：咖啡、甜品、日式料理、小酒馆、宠物咖啡等； 办公：文化创意、科技企业	商业：咖啡、餐饮、特色购物等； 文化：文化创意工作室、文化创意引擎、文化配套； 社区活动用房

表格来源：作者自制。

4　结语

当城市建设迈向“存量更新”的时代，城市历史文化风貌区内的工业遗产更新不仅涉及建筑空间本体的更新，还要考虑面对特定的城市空间和风貌环境如何做出适当的回应，以实现城市的可持续更新目标。“共享”作为工业遗产更新的新趋势，为历史文化风貌区中的工业遗产更新项目提供了新思路。

本文以共享为核心研究视角，探究在城市更新的一系列机遇和挑战下，历史文化风貌区内工业遗产的更新策略及路径。本文指出，上海城市历史文化风貌区内的工业遗产有三个基本特征：低层高密的空间环境、历史叠合的风貌环境以及迥异的形态与功能。基于共享理论的解读以及对上海武夷路历史街区内三个工业遗产更新案例的分析，提炼出城市历史风貌区内工业遗产的四项更新策略：边界的消解——城市肌理的延续、立体的回游——公共空间的营造、历史的对话——建筑风貌的重塑、多元的体验——复合功能业态的置入，并对具体的更新路径展开详细分析，希望能为后续的城市更新研究及实践探索提供有益的借鉴和参考。

基金资助：国家自然科学基金面上项目（项目编号：51978468）。

陈钰颖　同济大学　硕士研究生

朱怡晨　同济大学　助理教授

参考文献

[1] 孙淼. 厂城共生：长三角地区“城中厂”的社区化更新 [M]. 上海：同济大学出版社，2022.

[2] 上海市历史文化风貌区和优秀历史建筑保护条例 [EB/OL].（2002-07-25）[2024-12-15]. https://ghzyj.sh.gov.cn/nw2508/20231011/3ebd9e6592054f96ad79651107485914.html.

[3] 左琰. 上海弄堂工厂的历史兴衰与街区再生 [J]. 中国园林，2013，29（7）：23-28.

[4] 章明. 向史而新：城市有机更新视野下上海历史建筑保护利用 [M]. 上海：同济大学出版社，2024.

[5] 曹永康，竺迪. 中国工业遗产史录 · 上海卷 [M]. 广州：华南理工大学出版社，2023.

[6] 工业遗产之下塔吉尔宪章 [J]. 建筑创作，2006（8）：197-202.

[7] 季宏.《下塔吉尔宪章》之后国际工业遗产保护理念的嬗变：以《都柏林原则》与《台北亚洲工业遗产宣言》为例 [J]. 新建筑，2017（5）：74-77.

[8] 朱怡晨. 共享水岸：苏州河两岸工业遗产纪事 [M]. 上海：同济大学出版社，2022.

[9] 同济大学建筑设计研究院（集团）有限公司原作设计工作室. 上海市武夷路 MIX320 城市更新项目 [J]. 建筑实践，2023（7）：110-119.

[10] 王高欣. 关于历史风貌区内老旧工业建筑更新改造的设计探索：以上海市长宁区武夷路 155 号仪电地块装修改造项目为例 [J]. 中国建筑装饰装修，2024（13）：118-120.

[11] 李振宇. 共享建筑学导论 [M]. 上海：同济大学出版社，2022.

文化基因传承导控的建筑遗产保护有效路径研究
——以济南老商埠“一园十二坊”为例

Research on the Effective Path of Architectural Heritage Protection Guided by Cultural Gene Inheritance
—Taking Jinan's Old Commercial Port "One Garden, Twelve Squares" Area as an Example

徐雅冰　刘安珍

摘　要：随着国家大力推动实施城市更新行动，历史风貌区的遗产管理成为其中关键。文章以老商埠“一园十二坊”风貌区为例，通过应用文化基因相关内容，结合场地的具体情况，从显性文化载体、隐性文化载体以及行为活动载体的概念出发进行分析，评估得出街区文化基因存在的问题，并根据评估结果，分类提出依据三类文化载体为导向的遗产管理与保护建议，以求建立可持续发展的基于文化基因传承理念的历史风貌区。

关键词：文化基因；遗产管理；历史风貌区；城市更新；一园十二坊

Abstract: As the state vigorously promotes the implementation of urban renewal, the heritage management of historic districts has become curial. The article takes the "One Garden, Twelve Squares" neighborhood of the old commercial port as an example. By applying the concept of cultural genes and analyzing the concepts of explicit cultural vectors, implicit cultural vectors and behavioral activity vectors in the context of the specific conditions of the site, the article evaluates the problems of the district's cultural genes. Based on the results of the assessment, this article proposes suggestions for heritage management and protection based on the three types of cultural carriers, in order to establish a sustainable historic district based on the concept of cultural gene inheritance.

Keywords: cultural genes; heritage management; historic districts; urban renewal; One Garden, Twelve Squares

引言

在我国日益注重城市发展的背景下，历史风貌区的改造更新成为人们关注的重点。然而目前历史风貌区出现了“精品保护”[1]的商业化趋势，历史风貌区改造更新在市场资本的引导下逐渐偏离了保护的本质需求，更多关注商业活动，从而使得历史风貌区的原真性、整体性以及多样性都承受着不同程度的破坏与侵蚀[2]。为此，本研究引入文化基因理论，以商埠核心区“一园十二坊”为试点，尝试从文化传承的角度解决历史风貌区复苏的问题，在保留原本“文化基因”的前提下，提高风貌区活跃度、居民生活幸福感和游客舒适度。

1　相关理论

1.1　文化基因释义

基因，也叫遗传因子，是生物体遗传的基本单位，其内储存着生命的生长、延续、死亡等过程的全部信息。基因通过自我复制，以保持自身的基本特征[3]，具有物质性和信息性。文化基因同样具有基因特性[4]，包含了由物质到非物质的多种文化表现方式。本文将文化基因分为显性文化载体、隐形文化载体和行为活动载体进行分析[5]。运用到历史风貌区保护更新中，显性文化基因指的是风貌区中可见、可触摸的实体物质及空间；隐性文化基因则是经过历史演进，在发展过程中丢失部分物质形态实体后，留下的非物质形态的表现；行为活动载体则为显性文化基因的特殊表现形式，如人们的生活方式以及风貌区内留存下来的传统民俗活动。三者均受控于文化基因这一本质条件，因此三者具有相关性和一致性，也可以相互转化（图1）。

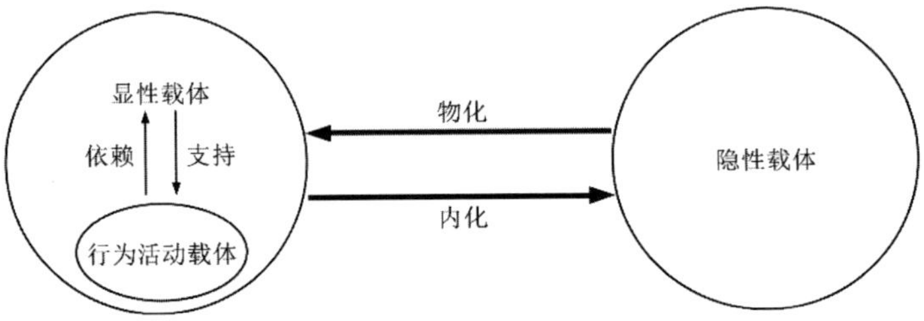

图1　文化基因载体之间关系

（图片来源：作者自绘）

1.2　文化基因理论国内外现状

20世纪50年代以来，人类学者相继提出了关于文化基因的假设与研究[6]，其中，以英国学者理查德•道金斯的《自私的基因》（*The Selfish Gene*）一书为节点，标志着“文化基因”这一理论研究的开端[7]。此后，道金斯的学生苏珊•布莱克摩尔的著作《谜米机器》（*The Meme Machine*）进一步阐释了在不同文化现象中“文化基因”作为一种复制因子与生物基因在功能和作用上具有的某种相似性[8]。国内，有关文化基因的相关研究也在与国际接轨，学者梁鹤年通过研究西方文明史，认为文化基因具有“唯一真”的特性[9]，进一步证明了其具有传承性和复制性。经过不断发展与演进，文化基因具有传承性的概念逐渐被广大学者所认可，并进一步被使用与研究。

目前，国内的文化基因理论在城乡历史文化遗产保护领域中起着极大的作用，指导着各类文化基因的遗传路径研究，但在理论研究范围、研究方法和实践应用方面仍旧存在着诸多不足。

2　研究背景

2.1　历史风貌区概况

2.1.1　研究范围与区位

研究范围“一园十二坊”风貌区位于济南市市中区的老商埠片区，且为片区内划分的核心传统风貌区，其中“一园”指中山公园，“十二坊”指其他经纬道路所划分的12个地块[10]。场地内多传统民居等普查历史建筑，有较为丰富的文化基因，具有极大的保护价值。

2.1.2　历史沿革

所选风貌区“一园十二坊”的发展很大程度上受老商埠历史影响。济南自1898年开埠至1906年商埠区成立，经历了从政治文化中心向工商业重镇的转型。“一园十二坊”在新中国成立后由商业功能转向居住功能，而改革开放后又恢复商业中心地位。1995 年城市经济重心东移导致商埠区衰落，直至 2005 年，随着商埠区保护规划转向注重街巷肌理与风貌延续 [11]，该片区保护等级提升至与古城相当(图 2)。

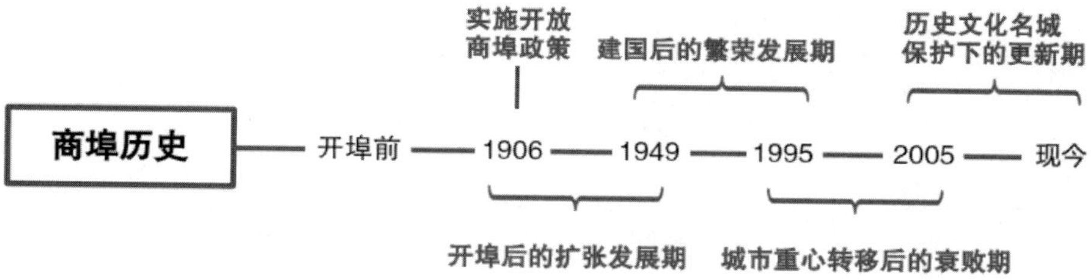

图 2　商埠保护规划范围

（图片来源：济南市自然资源和规划局）

3　“一园十二坊”文化基因解析

3.1　显性文化载体

3.1.1　宏观街区布局

从宏观角度来看，“一园十二坊”风貌区整体的显性文化载体主要体现在三个方面。首先是其东西为经、南北为纬的网格状街巷肌理和中山公园居中的整体格局 [11]；其次是经由一定控制的整体建筑高度所形成的相对和谐的街区天际线；最后，可根据原街区功能划分发展意向分区，结合区块功能定位及历史文化资源，打造具有独特性和指向性的特色风貌街道。

3.1.2　中观街巷单元

以中观街巷单元为分析目标来看，风貌区显性文化载体可分为两类：其一为基于功能分区细化的街巷用地功能，体现为依托历史文化资源构建的车行与人行双展示线路，串联文保单位、历史建筑等要素；其二为“一园十二坊”特色街巷界面，即由街巷走向、尺度及建筑形态共同界定的空间特征。

3.1.3　微观建筑空间

从微观分析，“一园十二坊”风貌区的显性文化载体可分为建筑形态与自然资源两类。建筑形态包括传统民居院落、商埠区重点历史建筑遗址及一般历史建筑遗址；自然资源则以中山公园为核心，其集中绿地率显著高于风貌区整体水平，同时分布有约 60 株古树名木，共同构成高保护价值的微观文化载体体系(图 3~ 图 5)。

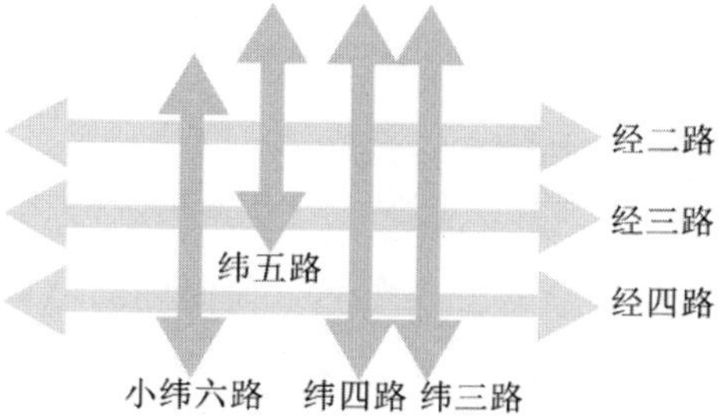

图 3　街区经纬网状格局

（图片来源：作者自绘）

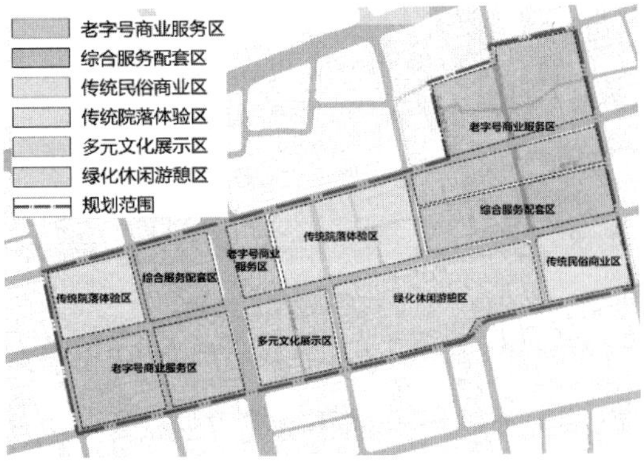

图 4　风貌区功能发展意向分区

（图片来源：作者自绘）

图 5　风貌区现状建筑高度分析

（图片来源：作者自绘）

3.2　隐性文化载体

在历史文化基因方面，可以总结为近代列强侵略与民族崛起的开埠文化。济南自开商埠是近代中国救亡图存的重要实践，其开埠办学、城市建设和商业发展不仅塑造了独特的历史文化特征，更奠定了持续的城市功能基础，商埠区的基础设施至今仍在使用，在城市发展中发挥着不可替代的作用。

在建筑文化基因方面，可以总结为中西结合下的传统与融合。济南商埠区建筑遗产是近代最完整、类型最丰富的建筑遗址群[11]，体现了中西文化交融演变的建筑特征。这些建筑不仅展现了特定时期的艺术风格与建造技术，更为研究近现代传统建筑在历史语境下的演变机制提供了重要实证基础。

在社会文化基因方面，可以总结为兼容并蓄的宜居氛围。商埠区作为中西文化交融的典型代表，兼具商业中心与居住功能双重属性。在历史街区保护更新背景下，依托既有的文化基底与商业基础，通过规划引导，发展为融合传统街巷空间与现代商业功能的复合型街区，以期实现保护与发展的有机统一。

3.3　行为活动载体

行为活动载体主要分为三类。首先是街区内居民的传统生活方式；第二类为街区内的传统民俗活动，涵盖曲艺、饮食、娱乐等多个方面；最后是街区内的商业活动，由于历史原因所发展出的独特商业包含传统民俗商业和现代餐饮、旅游商业。

表 1　风貌区现存非物质文化遗产汇总

文化遗产	文化表现形式	地点	目前状况
传统民俗（书鼓茶韵与曲山艺海）	戏曲（京剧、评剧等）	北洋大戏院	仍在营业
	相声、山东琴书、西河大鼓、梨花大鼓、山东快板	大观园	已经恢复营业
民间手工艺	面塑、泥塑、剪纸、吹糖人、拉洋片、蝈蝈葫芦	大观园、沿街	存在

4　“一园十二坊”文化基因问题分析

依据 218 份场地调查问卷和微信公众号上发布的有关商埠街道设计导则的社会调查问卷分析得出商埠区文化基因相关问题。此处主要从调查问卷中选取被调查者基本信息和与调研内容相关的部分进行分析。图 6 为具体问题和调查结果。

4.1　文化基因显性载体管理混乱

以“一园十二坊”为代表，商埠区内文化基因显性载体的混乱主要有三点。其一，保护规划与实际操作脱节，街区改造常出现功能置换现象[11]；其二，规划导则执行不力，导致地块间保护开发失衡，尤以街区内东南与东北地块差异最为显著；其三，传统建筑与周边环境割裂，约 35% 的城市肌理遭破坏，六层板式住宅与传统院落肌理形成鲜明对比[11]。

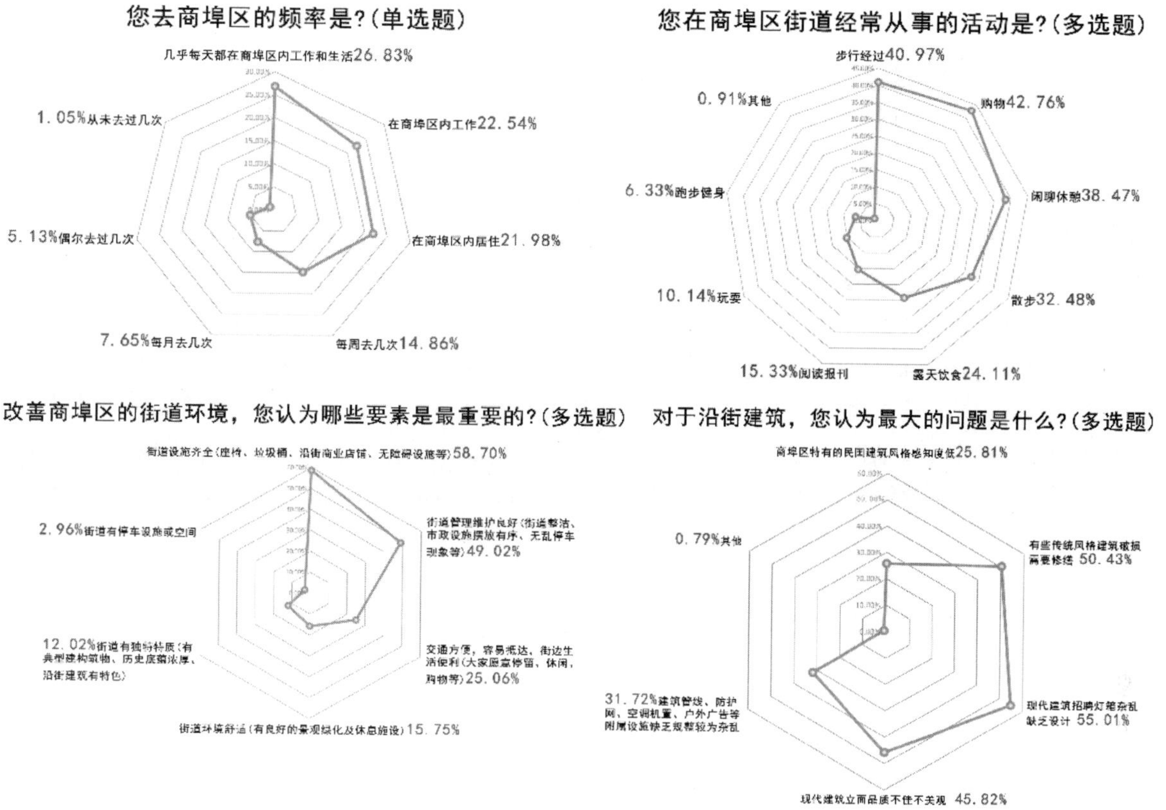

图 6　商埠区街道设计导则社会调查问卷相关部分

（图片来源：作者自绘）

4.2　文化基因隐性载体逐渐消隐

历史风貌区所表现出的独特气质是物质与非物质文化共同作用的结果[12]。“一园十二坊”内隐性载体的消隐主要体现在两个方面。其一是街区内原住居民的离开，新住民的涌入，加之街区内的人口老龄化，人口结构发生变化，导致街区的传统生活方式和民俗文化丧失；其二是不堪的居住条件导致居民需要搭建、扩建以满足生活基本要求，造成建筑空间内原本的艺术、历史价值等受到破坏。

4.3　文化基因行为活动载体被打破

行为活动载体的破坏源于物质空间损毁与人口结构变迁双重影响，主要体现在传统生活、民俗活动及商业活动三个方面。物质空间改变导致活动空间缺失，人口外迁与年龄结构单一造成参与主体流失，而现代商业改造则挤占了传统的营商环境，破坏了历史街区的整体肌理与环境氛围。

5　文化基因理论对“一园十二坊”保护与更新的启示

5.1　挖掘和物化隐形文化载体

商埠区具有重要的研究价值，通过系统挖掘其隐性文化基因并进行深入解析，可为街区保护更新提供理论依据与实践指导。首先应着重保护“一园十二坊”内现存的老字号与传统商业业态，通过政策扶持与资金投入，促进传统铺面与周边环境的有机融合，避免空间割裂导致的商业活力衰退。其次，针对已消失的传统商业业态，依托适宜的历史空间进行活化利用，实现历史文化基因的传承与延续。商埠区内还留存有国家危难之时伟大的革命精神，应将这一人文精神通过物化显现，将记忆留存。在保护与更新过程中，可采取居民自住改造的模式，通过居民参与来完成民族文化基因的物化过程[12]。

5.2 延续和焕发显性文化载体

为延续显性文化载体，应首先做到对风貌区内的建筑进行形态、色彩、材料、形制特征的维护、整合和提取。风貌区内许多建筑会随时间出现老化、坍塌的现象，应对街区内的建筑进行排查走访和调研，将有保护价值的建筑及空间及时修补更新，使显性文化载体得以延续。在此基础上，若想进一步焕发保护要素的生机，首先，可在修复更新后的历史建筑空间植入全新的现代化用途，在发挥空间功能的基础上凸显街区文化基因。其次，对文化基因载体进行提炼和再运用。将文化基因融入街区空间氛围，运用蒙太奇等理论，对建筑物或某些物质载体中最具代表性的符号或形象的原型进行元素提取和抽象化，通过对元素的整合利用，在街区内设计新的文化节点，促进新景观的生成，从而使得历史元素融入街区社会生活。

5.3 激活行为活动载体

目前，基础设施的落后使得居民无法完全延续过去的生活方式，街道独有的场所精神逐渐消失。若想重新激活风貌区内的传统生活与活动，除了在政策上对相关民俗活动进行支持外，更重要的是对行为活动主体的支持，具体体现在恢复原住居民的生活条件，即加强基础设施建设，满足现代生活需要，使得人们能够成为活动和消费的主力军。除此之外，还要进行深层次的文化活动策划及公共空间的留存与更新，保持和还原其原有的场所环境，为活动的发生提供空间支持。

基金资助：国家自然科学基金青年项目（项目编号：52 308 025）；山东省自然科学基金青年项目（项目编号：ZR2021QE207）；山东省重点研发计划软科学项目（项目编号：2023RKY07018）。

徐雅冰　山东建筑大学　副研究员

刘安珍　山东建筑大学　硕士研究生

参考文献

[1] 李和平，张睿，严爱琼，等. 重庆历史街区分级保护策略 [J]. 城市规划，2010，34（1）：80–82，85.

[2] 肖竞，曹珂. 从“刨钉解纽”的创痛到“借市还魂”的困局：市场导向下历史街区商业化现象的反思 [J]. 建筑学报，2012（S1）：6–13.

[3] 李云燕，赵万民，杨光. 基于文化基因理念的历史文化街区保护方法探索：重庆寸滩历史文化街区为例 [J]. 城市发展研究，2018，25（8）：83–92，100.

[4] 刘正增. 文化基因理念下历史文化街区的保护与更新研究：以徐州户部山为例 [J]. 今古文创，2024（12）：126–128.

[5] 常玉. 文化基因视角下三学街历史文化街区公共空间更新设计研究 [D]. 西安：西安建筑科技大学，2022.

[6]KROEBER A L，KLUCKHOHN C. Culture：a critical review of concepts and definitions[J]. American journal of sociology，1952，47（1）：35–39.

[7]RICHARD D. The selfish gene[M]. Oxford：Oxford University Press，1976.

[8]BLACKMORE S. The meme machine[M]. Oxford：Oxford Paperbacks，2000.

[9] 梁鹤年.“文化基因”[J]. 城市规划，2011，35（10）：78–85.

[10] 于沛哲. 基于“空间生产”理论的历史风貌区更新评价体系研究 [D]. 济南：山东建筑大学，2023.

[11] 黄亚茹. 济南商埠区保护与更新策略研究 [D]. 北京：北京建筑大学，2019.

[12] 袁媛. 文化基因视角下太原旧城区历史街区保护与更新研究 [D]. 西安：西安建筑科技大学，2013.

现代建筑语言视角下的建筑遗产设计价值传承尝试
——以呼和浩特大召大雄宝殿为例的空间转译设计教学

Transmission of Design Values in Architectural Heritage in Modern Architectural Language
—A Design Pedagogy Case Study of Spatial Translation of the Mahavira Hall at Hohhot's Dazhao Temple

夏 珩 梁展鸣

摘 要:本文基于现代建筑语言视角,探索传承历史建筑遗产中设计价值的方法。在2022年秋季,深圳大学建筑与城市规划学院二年级上学期的设计课题尝试以我国建筑遗产为参照,提取空间原型进行设计转译。其中一例是以呼和浩特大召大雄宝殿历史建筑为个案,以"盒子"抽象其空间类型特质进行在地演绎的尝试,在设计教育方面,对我国的历史建筑遗产保护传承的理论做出探索。

关键词:建筑遗产保护传承;设计教育;呼和浩特大召大雄宝殿;设计价值;转译

Abstract: From the vantage point of contemporary architectural language, this paper presents approaches to showcasing the spatial values inherent in the preservation of historical architectural heritage. In the fall of 2022, the design studio for the second-year students at Shenzhen University's School of Architecture and Urban Planning embarked on a project that utilized China's architectural legacy as a benchmark for extracting spatial archetypes and translating them into design. One notable case study involved the Mahavira Hall at Hohhot's Dazhao Temple, where the spatial characteristics were abstracted into a "box" concept for site-specific interpretation. This educational endeavor in design explores the theoretical aspects of conserving and passing on China's historical architectural heritage.

Keywords: architectural heritage conservation and inheritance; design education; Mahavira Hall at Dazhao Temple; spatial typology; interpretation

1 建筑遗产保护传承与建筑设计教学的断层

当下,建筑遗产保护传承与建筑设计教学之间存在日益分离的现象。虽然随着城市建设进入存量市场,更新改造类的项目实践得到日益重视,但是从历史建筑遗产中获得启发、进行设计创新的研究、教学尝试仍然非常少见。

在瑞士苏黎世高工(ETH)几十年的设计教学中,"类比建筑学"提供了很好的借鉴。阿尔多·罗西对类型学的研究以及法比奥·瑞哈特、米罗斯拉夫·西克等弟子发展传承的类比建筑学理论使得"类比"成为一种基于图像、视觉与体验的工具,使人可以从日常建筑中汲取灵感[1]。这一教学方法深刻影响了瑞士一大批建筑师(如 Olgiati、Kerez 等),他们目前已经成为影响全球的中坚设计力量。

值得一提的是,瑞士不少优秀建筑师和历史建筑遗产保护工作存在密切关联。例如,祖母托在开设自己的设计事务所之前,曾经参加文保工作近10年之久。克雷兹在决定从事建筑设计工作之前,是一名专注于工业遗产的摄影师。

故而，本文认为建筑遗产传承和建筑设计之间必然可以搭建起一座互相转化的桥梁。

2　中国本土建筑遗产作为参考的设计教学

受类比建筑学工作方法的影响，笔者在二年级基础设计教学中进行了持续尝试。在 2022 年秋季，二年级设计课题为“真题假做”：场地位于惠州河源临江镇，是一处废弃的乡村小学，设计需求为在场地内加建一处 500 m^2 的空间，包含多种功能的儿童疗养中心，供周边的留守儿童在周末使用。

在空间生成阶段，学生被要求从给定的历史建筑案例中获得启发，并从类型学视角通过手绘图纸、图解、工作草模的方法逐步推进设计。

笔者为 24 位学生提供了一系列历史参考案例，由学生自行选择。其中，中国古典建筑案例是内蒙古呼和浩特的大召寺。2022 年 10 月，笔者参加近现代建筑历史年会期间参观了大召寺，其空间品质令人印象深刻。其次，《内蒙古召庙建筑》一书的封面插图进一步引起笔者的兴趣：这是一张由一层、二层空间拼合的召庙平面图解，由圆点（柱）、单线（墙体剖线、围廊看线）构成[2]。从右侧的半张平面图，可以发现除却“点柱”构成，在线构成方面，它由两个大小不一的“U”形套接、拉开而成。在笔者看来，张鹏举老师采用这一抽象的空间图解作为插图而非具象的召庙照片，背后应该也有类型化思考，不单因为这是召庙中空间组织最为复杂、精彩的案例（图 1）。

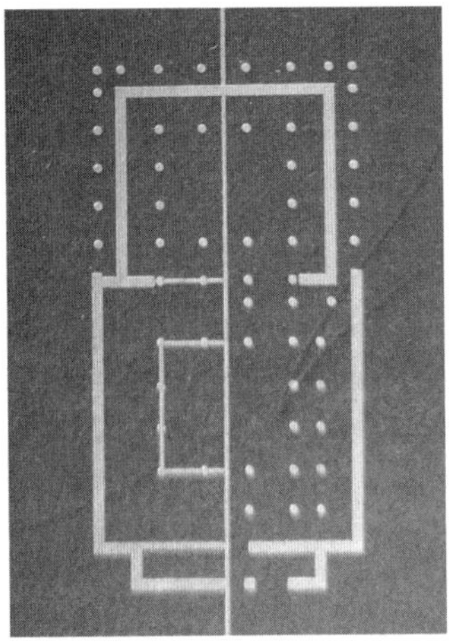

图 1 《内蒙古召庙建筑》一书的封面插图

通过文献梳理，这一抽象图解对应的实例正好是笔者参观过的呼和浩特大召大雄宝殿。有相似空间组织类型的还有大召的九间楼和席力图召的古佛殿。但是后者的前后两个空间围合界面却连接成“凸”形，并未形成推拉关系。因此，笔者最终还是将大召大雄宝殿作为经典实例提供给学生（图 2）。

3　设计训练与空间转译

在整个为期 12 周的设计教学安排中，笔者将其分为案例抄绘、空间原型探究与演绎、场地设计、空间功能设计、材料建造、图纸表达等六个环节，分配时间分别为 1 周、3 周、2 周、2 周、2 周、2 周，要求学生以手绘图纸、手工模型的方式进行学习、推进设计。

3.1　基础图纸抄绘与体验

开始空间案例探究之前的阶段为基础图纸抄绘与体验。以大召大雄宝殿为例，学生首先需在学习与绘制图纸的过程中了解汉传佛教寺庙的平面、剖面、光线以及结构上的特点，感受大雄宝殿平面上“抽拉关系”的“U”形空间原型以及剖面上由于结构和光线变化所带来的空间感受，认知大雄宝殿室内外空间关系，探索大雄宝殿的梁柱特点(图 3)。

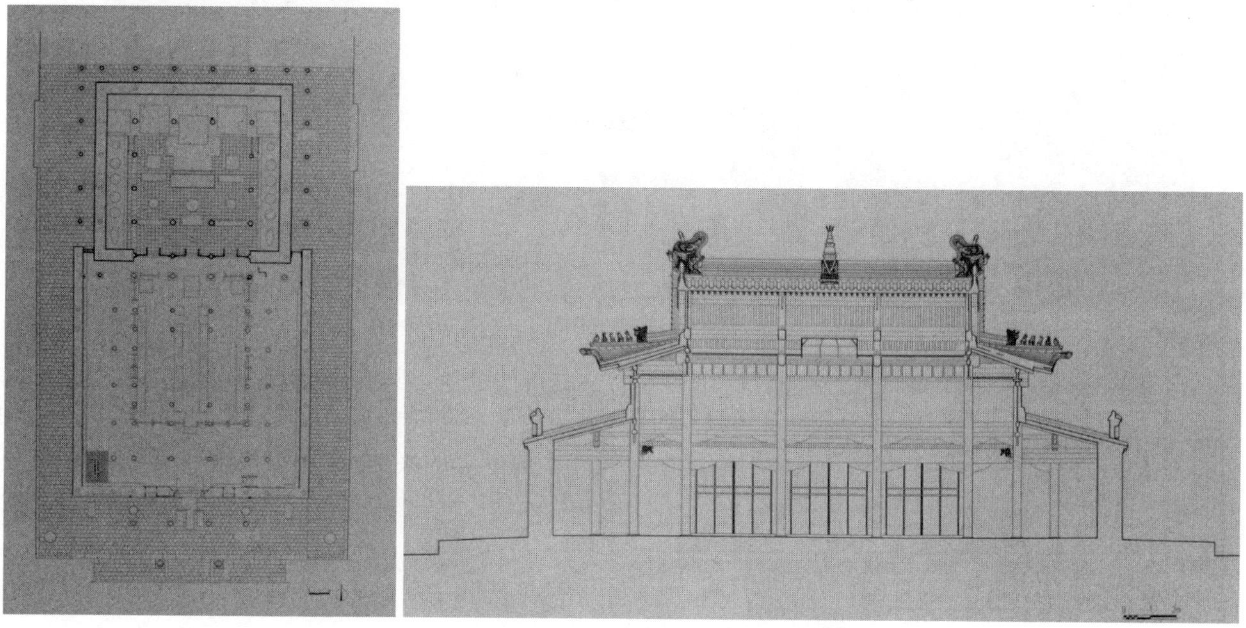

图 2　呼和浩特大召大雄宝殿一层平面和剖面图 [2]

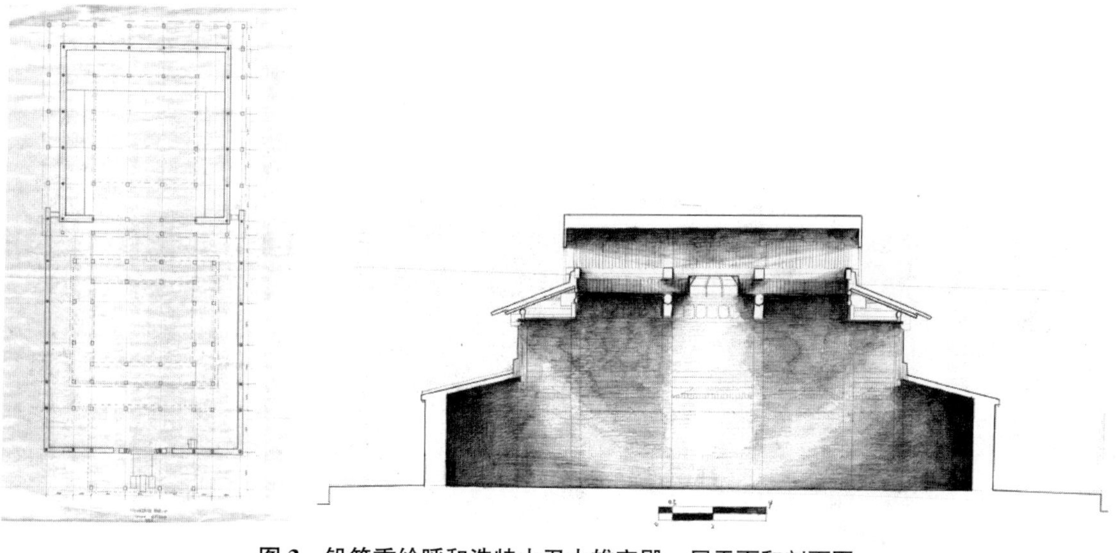

图 3　铅笔重绘呼和浩特大召大雄宝殿一层平面和剖面图

(图片来源：梁展鸣绘制)

3.2　空间原型提取与测试

针对此大雄宝殿案例，学生对“U”形空间的识别、推演实际上较为清晰。学生认识到空间变化推演的参数是“U”形空间之间套叠的间距、宽窄尺度。其后，进一步变化竖直围合面的高低，以对应学习、转译大雄宝殿的山墙变化、空间比例。在此阶段，分别尝试了三种可能。①在原抽拉的空间原型的基础上拉升墙体，观察空间品质的同时调整板片的不同高度，形成一定的错落有致的空间层次性。其优点是空间关系相对模糊，光线丰富。②尝试在竖直方向上改变空间类型，拉长较小体量的上层板片，形成下层抽拉、上层相融的两种空间类型。其问题是空间层次性削弱，空间体验较为单一。③在原抽拉空间原型的基础上旋转较小的体量，尝试以三维的角度来增加新的空间体验。其问题是将多层空间转化为单一空间，原有的板墙关系被削弱为围护结构，空间层次性削弱。因此，聚焦第一种可能进行发展(图 4)。

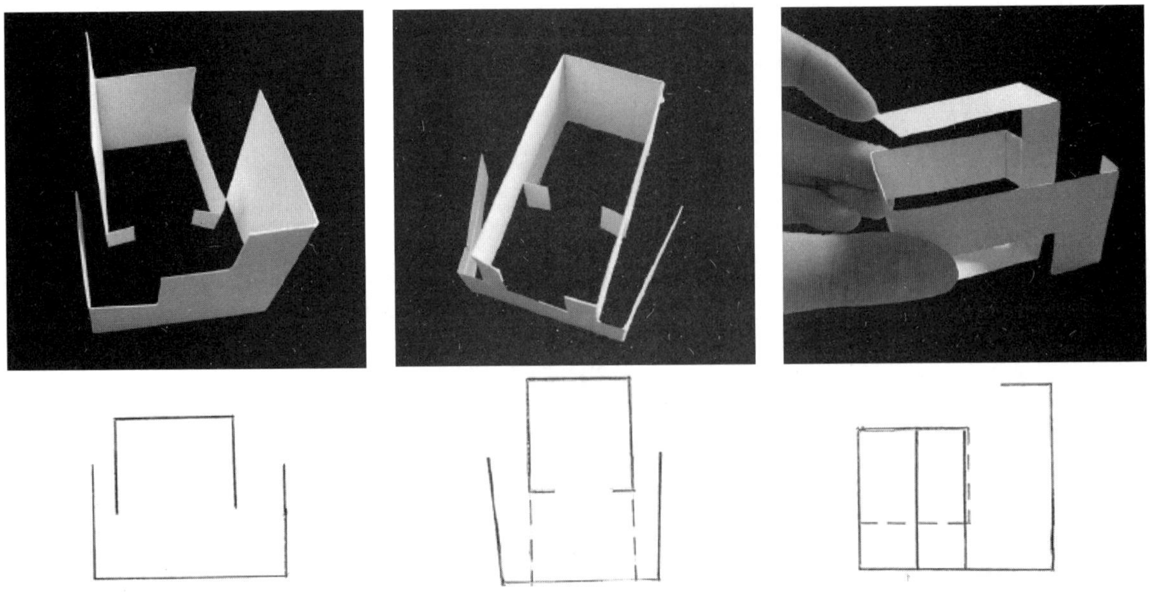

图 4　空间原型测试一：平面“U”形组织和竖向墙体高矮的围合

（图片来源：梁展鸣绘制）

但是如何转译坡屋顶对空间塑造的影响则较为困难。经过了 2~3 周的测试、调整才逐步理出头绪：首先，以一个带“盖子”的“盒子”对大雄宝殿进行抽象，“盖子”的不同倾斜角度类比坡顶的覆盖；其次，“盖子”可以向内、向外翻折形成斜面，并结合墙体围合出内、外不停变化的空间；再者，“U”形空间单元的两翼也可以产生夹角变化，以在未来适应不规则场地；第四，“U”形空间单元的数量也可以从 2 个增加到 3 个，如此可营造体验极为丰富的空间。

这一结论来自 4 次探索(图 5)。

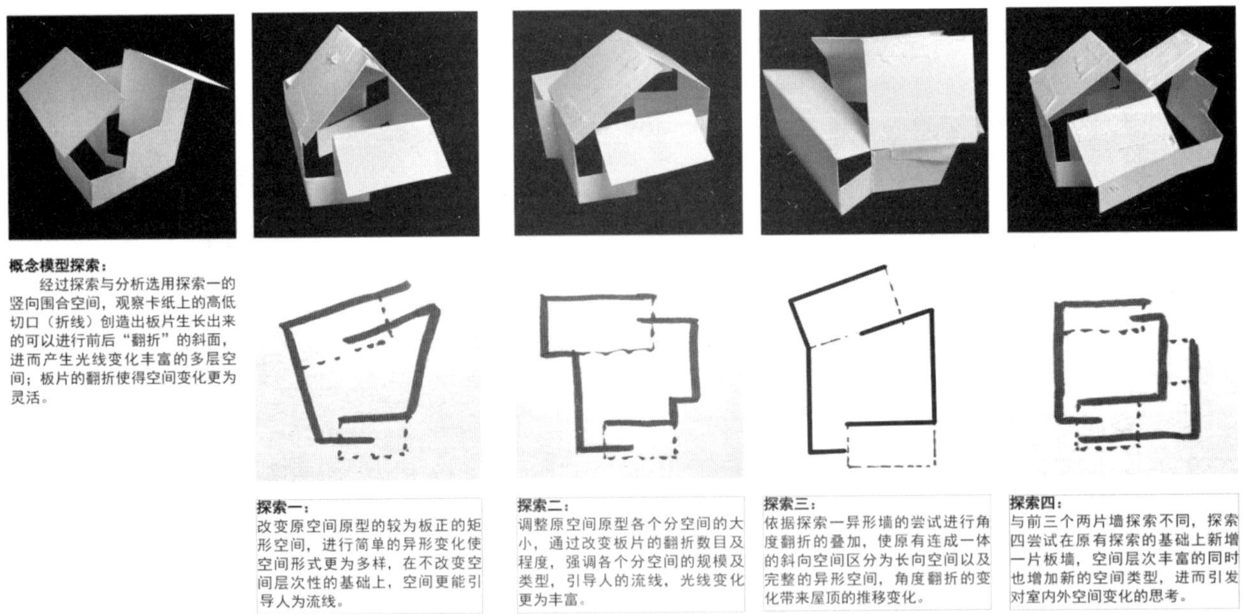

图 5　空间原型测试二：平面“U”形组织和竖向墙体、屋面的围合

（图片来源：梁展鸣绘制）

经过上述尝试，学生对这一带“盖子”的“盒子”模型之空间特点、要素之作用进行了总结：①进入室内较为开敞的大空间，由于屋顶的翻折以及板片的高低作用，室内光线丰富，给人一种室外的空间错觉，室内外空间界限模糊；②过渡空间内，板墙高度变化以及不同位置的屋顶翻折形成丰富的光线，引导人的流线，起到连接作用；③进入第一个由不同高度的板墙以及屋面围合而成的长向空间，于主体空间而言该空间仍为室外空间，但屋顶以及板墙变化会给人室内空间的错觉（图6）。

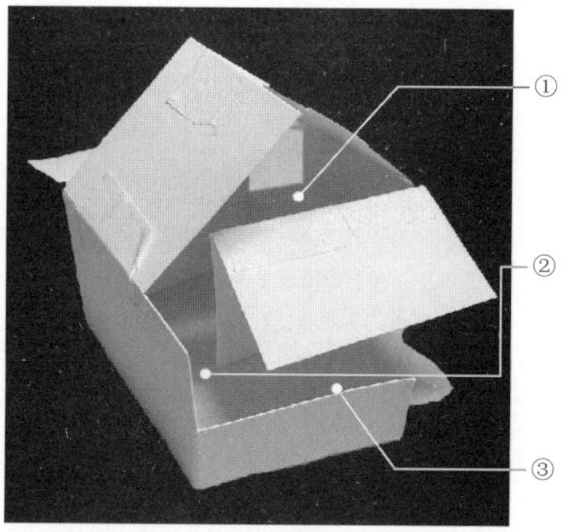

图6　带"盖子"的"盒子"模型

（图片来源：梁展鸣绘制）

3.3　场地设计与测试

接下来，进入将空间原型应用于场地的测试阶段。学生需要以板片要素在1∶100场地模型上测试6种布局的可能性，并以关键词命名其空间特质。在"板墙""生长""迷宫""对称""对称＋互动""穿行（对称＋互动＋并行）"的6个测试之后，学生倾向于选择第6种方案，增建部分的用地主要位于场地的左上角（图7）。

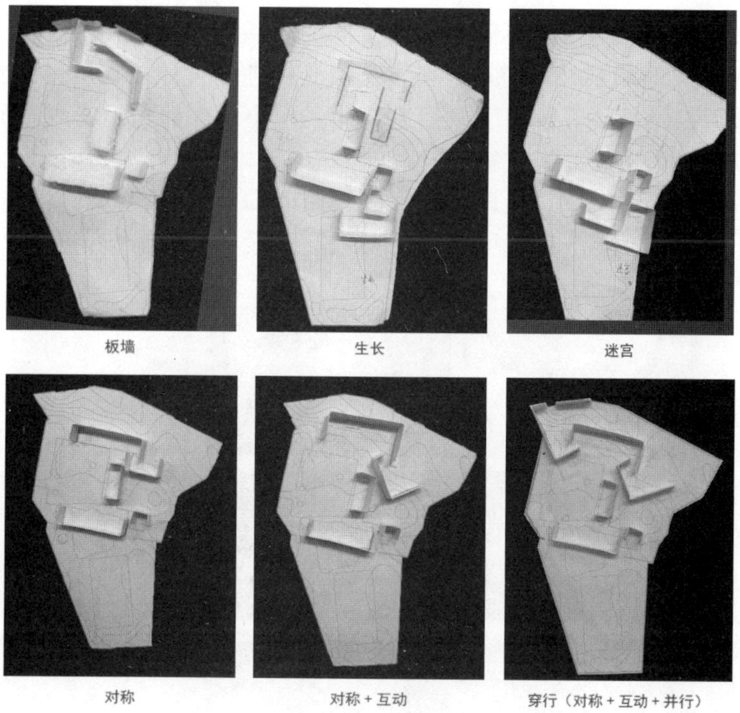

图7　空间原型在场地中的应用测试

（图片来源：梁展鸣绘制）

3.4　功能尺度与测试

在具体的功能尺度设计阶段，基于板墙间距、墙的高度以及屋顶的翻折程度三个因素对所围合的空间进行儿童与成人的行为与功能分析，探索不同空间的空间氛围及使用感受，对设计中由不同高度的片墙衍生翻折的屋顶所形成的模糊室内外边界的空间进行补充。如图 8 所示，在横向以 2 m、4 m、8 m、12 m 的空间宽度为参数，在纵向以 1 m、1.5 m、2 m、3 m、4 m 的竖向空间围合高度为参数，结合顶面的覆盖方向差异，组合出 20 多种空间剖面。

图 8　结合尺度、功能要素后的空间变体推演

（图片来源：梁展鸣绘制）

3.5　设计整合

在设计整合阶段，学生需要将上述不同尺度的空间变体应用于场地测试。为此，学生一共进行了 3 轮测试（图 9）。第一轮方案的测试是将“斜面”要素作为压倒性的设计要素，行为活动大部分在“斜面”上发生。其方案离案例之特质太远，并且对一个低造价的乡村小学加建项目来说，动作太大。故而第二轮方案的后退较多，以“墙面”为主要要素进行设计，“斜面”藏于内部为一大台阶。第三轮方案是在墙面和斜面要素之间取得平衡，强调空间路径的迂回和室内外空间的变化，较为契合低造价的乡村小学加建性质。学生也最终明确设计思路，结合场地内存在的绿植，将此设计命名为“暗巷觅香”（图 10）。

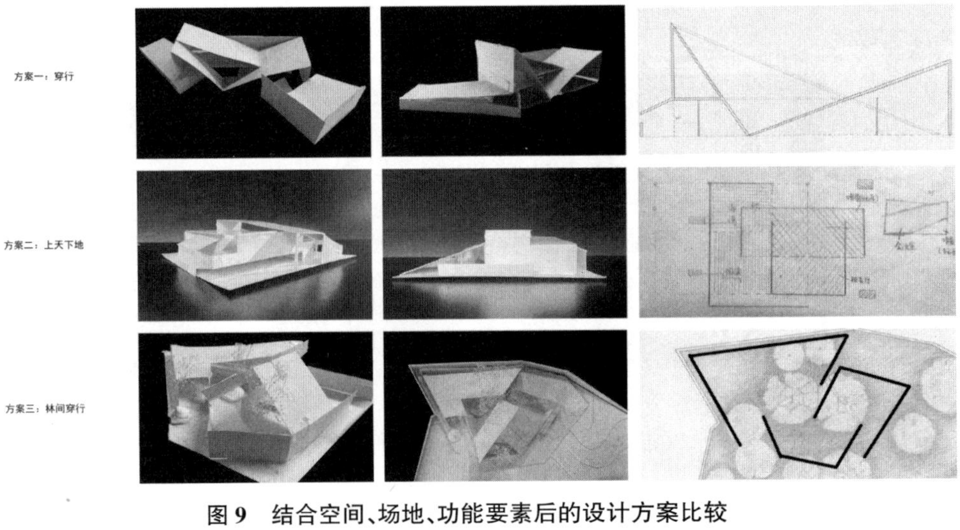

图 9　结合空间、场地、功能要素后的设计方案比较

（图片来源：梁展鸣绘制）

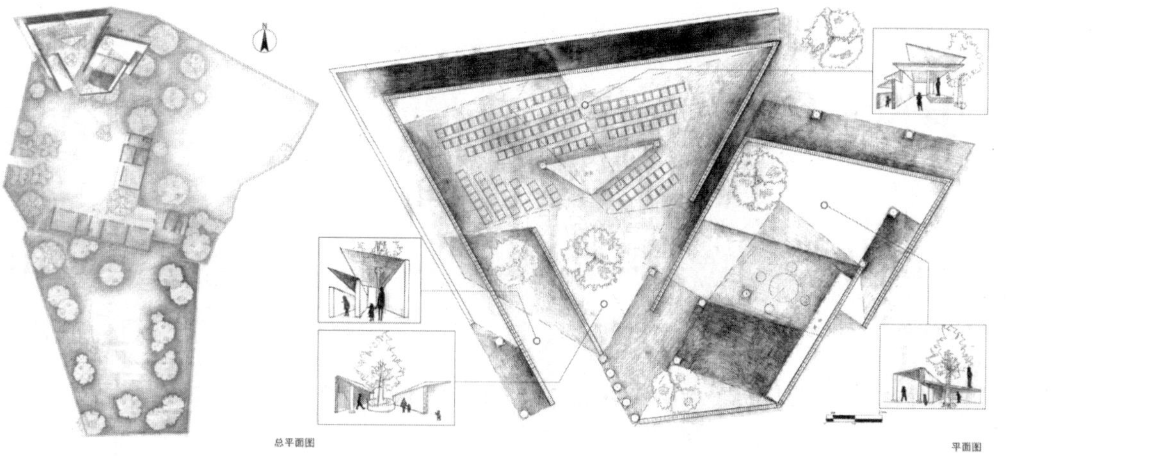

图 10　最终设计方案的部分图纸

（图片来源：梁展鸣绘制）

4　讨论与总结

在最终评图阶段，这一中国古典建筑案例的现代转译引起了评图嘉宾的巨大兴趣。评图嘉宾十分赞同中国本土历史建筑案例在提供设计源泉方面存在巨大潜力，值得深入挖掘。

反思整个教学过程当然存在很多不足，也是较为肤浅的。仅以本案为例，在设计转译阶段，学生对大雄宝殿实例的光线氛围讨论明显不足。当然很大一方面是因为学生没有到现场获得亲身体验。在设计深化阶段，对大召大雄宝殿木结构价值的学习存在较多不足，学生没有从案例中获得足够的启发，没能很好地支撑空间方案。这些都值得在新一轮的设计教学中进行调整。

回到建筑遗产保护与传承这一议题，我国历史悠久、建筑遗产丰富多样，重视其物质、文化遗产的价值已经是社会的普遍共识。但是如何从中汲取设计营养并建立自己的建筑话语体系是一个极为重要而长期的议题。我国学者在园林空间、建筑绿色技术的现代设计转译方面已经做出了重要探索，但是“日常性”的建筑遗产的内在设计价值，因为涉及建筑学本体问题，较难为大众所理解，需要专业教育更为深入的探讨。

夏珩　深圳大学　副教授
梁展鸣　深圳大学　本科生

参考文献

[1] 一种展览和一种发行物(翻译自“类比建筑”)[EB/OL]. [2024-12-15] https://mp.weixin.qq.com/s/plt4vrNdDiKI3MSdqiY3vA.
[2] 张鹏举. 内蒙古召庙建筑 [M]. 北京：中国建筑工业出版社，2020.

历史城区精细化更新保护的人本化策略研究
——以昭通古城为例

Research on the Humanization Strategy of Refined Renewal and Protection of Historic Urban Areas
—Taking Zhaotong Ancient City as an Example

罗 玮 王 颖 李 静

摘　要：在快速城镇化的浪潮中，历史城区常因粗放的商业开发而面临衰败、文化异化以及居民外迁等问题。然而，随着人本主义理念逐渐成为城市发展的核心，以及中国对提升既有资源质量与精细化管理的高度重视，历史城区的复兴与治理正迈入新阶段。本文提出从生活方式、生存环境和地方感知三个维度来恢复古城风貌；通过活化现有历史文化资源来激发古城的文化和旅游吸引力，打造高品质的街巷空间并对生活环境进行微改造。这些方法有助于在历史城区的街道空间规划和设计中更多地考虑人们的主观感受，引导城市更新回归以人为本的核心。

关键词：历史城区；昭通古城；精细化更新；人本化

Abstract: In the wave of rapid urbanization, historic urban areas often face problems of decay, cultural alienation, and out-migration of residents due to sloppy commercial development. However, with the concept of humanism gradually becoming the core of urban development, and with China's great emphasis on improving the quality of existing resources and fine-tuning management, the revitalization and governance of historic urban areas are entering a new phase. This paper proposes to restore the appearance of ancient cities from three dimensions: lifestyle, living environment and place perception. By revitalizing existing historical and cultural resources, the cultural and tourism attractiveness of the ancient cities can be stimulated, high-quality street and alley spaces can be created, and minor renovations can be carried out on the living environment. These approaches help to take more account of people's subjective feelings in the planning and design of street space in historic urban areas, and guide urban renewal back to its human-centered core.

Keywords: historic urban areas; Zhaotong ancient city; refined renewal; people-oriented

引言

在全球化与快速城市化的双重背景下，历史城区作为城市文化记忆的重要载体，其保护与更新成为城市规划领域关注的焦点。历史城区不仅承载着丰富的历史文化信息，更是城市特色与魅力的重要体现。然而，随着城市化进程的加速，许多历史城区面临着"建设性破坏"[1]、文化同质化[2]、功能衰退[3]等严峻挑战，如何在保护文化遗产的同时实现科学的更新发展，并找到两者之间的平衡点[4]，成为一个亟待解决的问题。

昭通古城地处云贵川交界处，历史悠久、风貌独特，是滇东北重要的历史文化名城。汉武帝设朱提县时，中原、巴蜀与古滇文化在此融合，形成朱提文化[5]。古城留存诸多历史古迹，如清代会馆、文庙、万寿宫等，还有丰富的市井文化与街巷风貌，承载深厚的地域文化与民俗风情，是展示地方历史文化的重要窗口。然而，昭通古城丰富的历史文化资源未得到充分重视与保护，众多历史建筑和文物残破，缺乏维修保养。随着时代发展，古城面临保护与发展的双重压力。为此，本文以昭通古城为例，探索历史城区精细化更新保护的人本化导控策略。通过剖析现状问题与挑战，结合国内外相关理论及实践经验，构建契合昭通古城实际的精细化更新保护策略框架。同时，突出人本化理念在策略制定与实施中的核心作用，关注居民文化认同及社会经济结构优化，为昭通古城及类似历史城区的保护与更新提供参考。

1 新时代历史城区更新背景

新时代下，历史城区的更新治理机遇与挑战并存。快速城镇化进程中，其保护与发展是衡量城市可持续发展的关键。以往粗放型的商业开发虽带动经济，却破坏了文化肌理，致使文化特色模糊、居民外流，经济与文化的和谐共生成为难题。然而，时代之潮亦孕育着希望。人本主义理念的蓬勃兴起，以及政府对资源优化与精细化管理[6]的高度重视，为历史城区的复兴之路铺设了坚实的基石。文化旅游的蓬勃兴起，为历史城区注入了新的活力，吸引着八方游客前来探寻历史的足迹；创意产业的巧妙融入，则让历史城区焕发出前所未有的现代魅力，成为城市文化创新的重要源泉。在此背景下，历史城区的更新与治理正逐步构建起一个集保护、发展、繁荣于一体的综合体系[7]。通过科学规划、精细管理、文化挖掘、社区共治等举措，既能保护文化遗产、传承历史记忆，又能在保护中谋发展、促繁荣，使历史城区成为城市现代化进程中的亮丽风景。

2 昭通古城历史风貌重要价值与更新过程中存在的问题

2.1 昭通古城现状

昭通位于云南省东北部，历史悠久，文化底蕴深邃，古迹众多[8]。昭通古城依山就势，东北高，西南低，有一条横的主街，四座城门，三横三直的街道，一横一直的四合院，曲线中间的直四合院，东西两路环城，都是古代城市格局的一部分[5]。今昭通古城周围有城墙，城东、南、西三面城墙脚下开凿护城河，面积约为 54.8 hm^2。城内有福禄街、陡街、怀远街、大局街等街巷 36 条，拥有先后建成的文庙、武庙、川主庙、陕西庙、雷神庙、妈祖庙（福建会馆）、黑神庙（贵州会馆）、广东庙等几十座历史建筑。昭通古城建筑历经 200 多年，融合会馆、寺庙、民居等元素与当地文化习俗，形成以清代建筑为核心、含民国和中西形式的多元改建风格，彰显地域特色、承载文化内涵。古城十字主街由青石板铺就，两侧多富商大宅，众多街巷风貌突出，见证发展，是传承昭通文化的重要物质基础。

2.2 昭通古城更新过程中存在的问题

昭通古城内仅有 9 处文物保护单位，与外围相比，文物价值低，难以形成吸引点，且缺少高价值古建筑群。居民保护意识淡薄，私建乱象频生，致使多处住宅受损。传统聚居模式瓦解，居住空间拥挤，居民侵占院落，居住环境恶化（图 1）。古城东北部建筑风格复杂、缺乏协调。同时，交通与公共服务设施不足，制约发展，道路狭窄、人车混行、停车难，公共开放空间和文体配套匮乏，影响居民生活质量与城市发展。

2.2.1 业态功能布局不合理

昭通古城部分街道经重塑后，现代商业气息过浓，历史底蕴展现不足，原有建筑布局与业态难以契合现代商业及旅游发展。其核心业态（图 2）中，餐饮美食、购物娱乐占比达 95%，主要面向周边居民；针对游客的住宿休闲业态仅占 2%，旅游文化产业缺乏标志性输出。开发时，原有资源被割裂，新建项目缺乏整体性，且只重主干街道，忽略内部小巷（图 3），致使古城整体风貌无法全面呈现。

图 1　昭通古城民居现状

	一级行业分类	二级行业分类	核心业态统计		所占比例
昭通古城	餐饮服务	中餐厅，外国餐厅，快餐厅，休闲餐饮场所，咖啡厅，茶艺馆，冷饮店，糕饼店，甜品店	餐饮美食	310	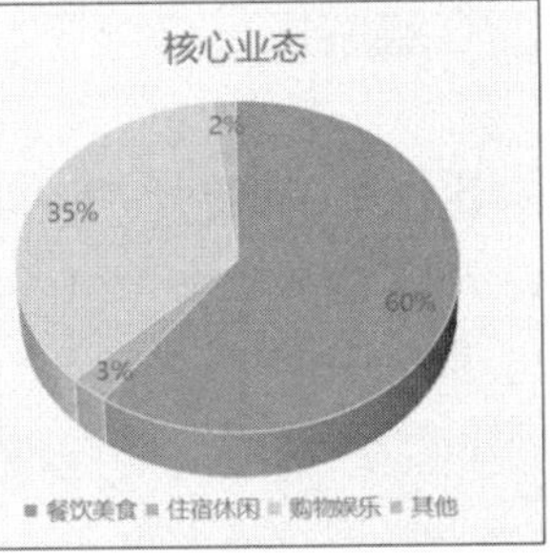
	住宿服务	宾馆酒店，民宿	住宿休闲	14	
	购物服务	商场，便民商店，便利店，家电电子卖场，超级市场，花鸟鱼虫市场，家居建材市场，综合市场，文化用品店，个人用品，文化体育用品店，专卖店，化妆品店	购物娱乐	183	
	风景名胜	名胜古迹	其他	9	

图 2　昭通古城业态分类统计

图 3　主要街巷与普通街巷对比

2.2.2　*居住空间设施不完善*

昭通古城传统民居多为砖混、土木结构四合院，讲究空间布局与古朴美感。但古城街巷及沿街立面整治不足，部分区域杂乱破败，影响美观与游客体验。毛货街、文渊街等民居加建扩建普遍，街巷空间变窄，采光通风恶化，严重影响居民的健康状况和居住舒适度[9]。更为严峻的是，古城内的基础设施建设相对滞后，无法满足现代生活的基本需求。因此，如何在保护古城历史风貌和文化遗产[10]的同时，改善居民的生活条件和提高古城的整体环境质量，成为当前亟待解决的问题。

2.2.3　地方特色保护不重视

昭通古城底蕴深厚，拥有汉孟孝琚碑、东晋霍承嗣壁画墓等众多文物古迹，这些文物古迹都是珍贵的文化遗产。但当下，它们面临诸多挑战。一方面，文物古迹价值未获全社会充分重视，部分处于待保护、待开放状态，难以发挥教育、科研作用，公众也无法领略其文化魅力。像迟家大院等周边，现代建筑与文物风貌不协调，环境景观差，部分建筑院落闲置。另一方面，传统建筑技艺因现代冲击和年轻人兴趣转移濒临失传。同时，在古城更新开发中，陡街、洋人街过度商业化、现代化，削弱了地方特色与历史文化氛围，居民和商家传承地方文化的意识不足，缺乏参与宣传的动力，古城历史文化遗产保护形势紧迫。

3　多维度历史城区人本化更新导控策略

昭通古城有社会、生态、文化多元需求，是可变的动态体系。基于场地文化，可让新、旧元素形式同构、功能异质。心理学家马斯洛把人类需求分为基础（生存、安全等）和高级（认知、自我实现等）两类，从多视角看，环境"供给"可对应九种生态功能，涵盖庇护所、安全、审美等。与马斯洛的模型[11]类似，环境功能有一个从低级到高级的递增过程（图4）。从"人本"看，人通过与社会环境互动满足需求，精细调整环境可提升生活品质、增强地方认同。昭通古城历史、景观俱佳，承载多元需求。但当下年轻人外流，导致人口结构失衡、老龄化加剧，商业、文化产业受冲击，文化生态危机显现。所以，古城急需尊重历史又面向未来的更新策略，实现可持续发展。为了迎合居民及游客日益增长的多元化需求，进而促进历史城区向更高品质的发展阶段迈进，本文围绕生活方式、生存环境和地方感知[12]三个方面，从业态功能、人居环境和历史风貌提出精细化更新策略。

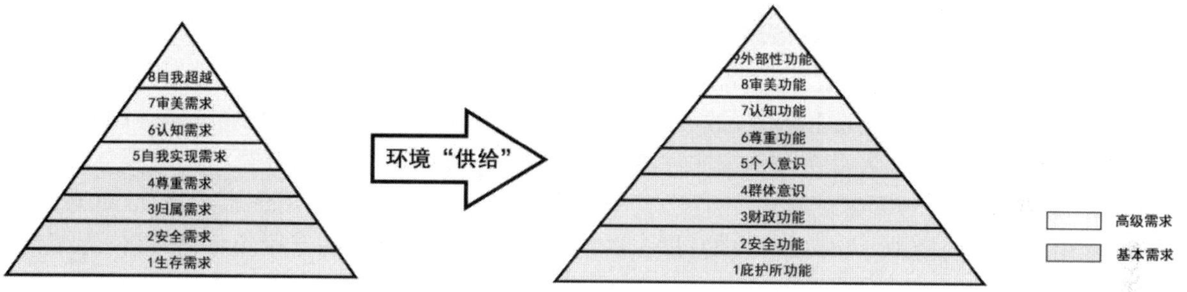

图4　基于马斯洛人类需求的功能概念更新

3.1　生活方式维度——业态功能精细化布局

通过科学合理的规划，最大化利用历史城区的空间资源，同时满足居民和游客的多元化需求。最大化利用空间资源并非简单地增加建筑密度或改变土地用途，而是要在尊重历史、保护文化遗产的基础上，实现空间的智慧布局与功能优化。这一过程不仅是对物理空间的重新配置，更是对历史文脉、生态环境与现代社会需求的深度融合与平衡。

3.1.1　文化内涵挖掘，特色业态引入

深入挖掘昭通古城的文化内涵，提炼出具有地方特色的文化元素（表1），作为业态布局的核心。根据文化特色，引入与之相匹配的业态。提升民俗文化品质，传承昭通市非物质文化遗产，树立民族自信，打造具有传统古建筑特色和少数民族风情的旅游、休闲和购物景点。保护传统手工艺、节庆活动等，同时引入现代文化元素，促进文化活态传承。挖掘少数民族文化、历史文化、产业文化等特色文化，提炼出彝族、苗族、白族、回族等代表性特色元素，充分考虑民族特色服饰、特色民俗以及特色美食，打造古城民族风情一条街。民族风情街发展依托特色产业，形成民族产业发展模式[13]，将各类分散的民族产业和旅游产业融合其他服务业发展，如非遗传承、文化创意、特色餐饮等，形成具有鲜明特色的业态集群。

表 1　昭通非物质文化遗产项目

类别	项目名称
国家级	苗族芦笙制作
省级	酒礼歌、昭通洞经音乐、四筒鼓舞、苗族花山节、马楠苗族芦笙舞之乡、端公戏、苗族芦笙舞、昭通唱书、湾子苗族传统文化保护区、金江号子、苗族服饰、苗族蜡染、毛毡制作技艺、张蝴绵制作技艺、牛干巴制作技艺、红糖制作技艺、舞族“喀红呗”、召赞和爷让彩娥、召彩和卯蚩彩娥翠、苗族(白苗)芦笙制作技艺、兴隆高竿狮舞、“阿作”芦笙舞、苗族(白苗)服饰、马树红毡、拖姑村回族传统文化保护区、昭通清拳、昭通酱、苗族射弩、竹编制作技艺、车灯、朱氏唢呐锣鼓、尹武刺绣、苗族古歌、甲马

3.1.2　多元业态整合，空间布局优化

昭通古城独具魅力且承载多元需求，开发需科学合理布局业态，避免单一化。鉴于古城居民结构多元、建筑形态多样，传统功能分区难以适配，需采取细腻灵活策略。经综合分析古城业态功能、地方特色及体验性，从城市布局到院落单元，系统性推进精细化商业形态升级[14]。结合人群需求与文化资源，针对本地居民和外地游客，确定出行吸引点，串联开发体验式旅游项目，如传统手工艺体验、历史文化讲座等，丰富游客体验，促进文化传承。对五条历史街巷进行特色化打造：陡街打造成民国风情街，修缮展示老旧建筑、举办特色文化活动，重现民国风貌；云兴街塑造为特色餐饮街，引入地方美食，保留传统餐饮文化；北正街打造成民俗风情街，展示传统手工艺、民俗活动，设置互动体验；文渊街建设为文化风情街，围绕文学艺术等元素，开展文化活动；怀远街改造成旅游商品街，汇集特色手工艺品、纪念品。同时，对重点地块进行改造：“挑水巷”地块建成迟家高端花园酒店；广东会馆改造为曲艺精粹博览馆；古城北端民居植入高端酒吧和咖啡吧；“李耀庭家祠”地块打造特色民宿与庭院餐饮酒吧；“女子师范学校”地块改造为民国文化文博集群游客中心；“文庙”地块建设为昭通历史文化园，展示各时期历史文化。此外，强调空间元素、集体记忆、社区居民三要素，推出多条旅游路线并举办系列展览，吸引游客感受古城市井生活。通过这些改造，昭通古城将更好展现历史文化资源，为游客提供多元化体验。

3.2　生存环境维度——人居环境精细化修补

随着城市化进程的加快，历史城区面临着人口密集、设施老化、环境恶化等多重挑战。人居环境精细化修补旨在通过细致入微的改造和修复，改善居民的生活条件，提升历史城区的整体品质，同时保护其独特的历史风貌和文化底蕴。人具有与他人来往的社交需求，公共空间[15]作为社交活动的载体，还承载着休闲与健身等功能。但古城因建筑密集，可用公共空间有限，且这些空间多被用作旅游开发。针对此难题，可以巧妙利用古城内的空地、废弃或破败的民居，这些区域若肌理混乱且缺乏历史特色，可作为城市更新的潜力地，进行公共空间的补足。

3.2.1　生活空间优化，整体品质提升

从人群出行角度对比工作日和休息日不同时间段昭通古城人口分布规律和特征，利用百度热力图挖掘昭通古城空间活力与场地建成环境之间的关系。以 2024 年 8 月 5 日(工作日)和 8 月 11 日(休息日)的 8:00—24:00 为例，研究昭通古城人口空间活力。研究发现，休息日人群热力高于工作日人群热力，休息日人群热力聚集区域也比工作日人群热力聚集区域大，人口聚集密度的区域主要在 12:00—22:00 变化最大，人群聚集度高的区域为陡街、古城外围商业街和广场，古城内部历史文化资源聚集区域的人群聚集度却相对较低，古城内缺少吸引人群的活力街道与公共空间(图 5)。基于研究结果，应针对不同人群设计各类公共空间活动模式，配套相应设施与绿化，使之与居民日常轨迹及游客观光流线紧密相连，织就古城公共空间网络[16]。将部分空间与公共服务设施相融合，并沿街巷进行布局，从而构建覆盖全城的 5 min 和 15 min 生活圈，确保居民和游客能够便捷地享受到所需的公共服务。

3.2.2　交通网络调整，停车设施增设

针对昭通古城特点与居民需求，优化交通布局(图 6)。保持传统街巷，设步行优先区，完善慢行系统，规划停车设施。古城外规划非机动车道，引导有序停放。交通设施融入古城文化，设特色标识。通过智能化管理、文化融合与旅游服务，全面优化交通布局，提升居民与游客出行体验。

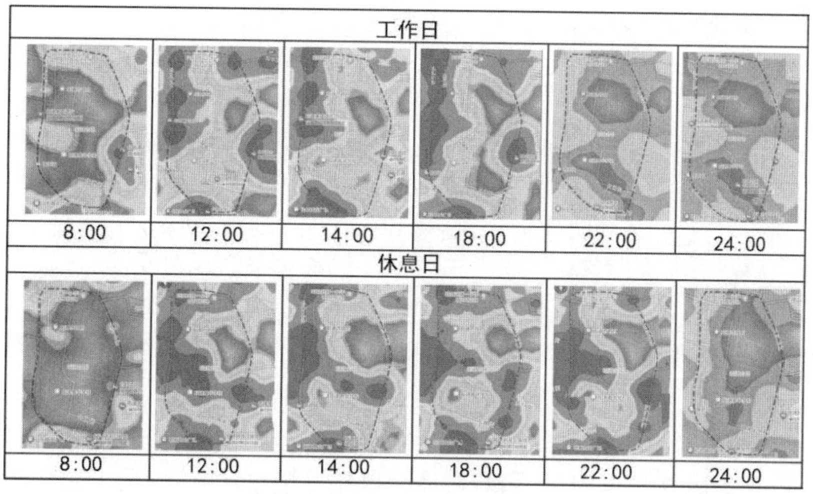

图 5　昭通古城人群热力分析

3.3　地方感知维度——历史风貌精准化定位

3.3.1　*历史元素活化，文化认同感增强*

古城的风貌、格局和民俗是历史的见证，居民传承着集体记忆，维护历史风貌能增强居民认同感，为游客留下真实记忆。更新时，应保护和延续风貌，修缮历史建筑，恢复传统格局，保留历史元素。同时，融合现代生活，使历史城区兼具文化底蕴与现代气息。深入挖掘文化资源，传承地方记忆，并结合现代生活，推动其发展。塑造和展现地方特色，如建筑风格、景观、产业等，打造独特魅力的历史城区，促进旅游产业的可持续发展。

因此，昭通古城历史风貌的维护应遵循“深度挖掘史料、精细化还原场所”的原则，在尊重城市历史格局保护及其真实性的同时，重现其往日的活力。将昭通古城文化精髓提炼为“市井文化”“老者闲情”“青春活力”和“人间烟火”四大类，并选取代表性节点进行功能整合与特色置入，打造古城文化展示网，包括挑水巷（“传统记忆”）、建国街（“百姓烟火”）、挑水巷北段（“时尚休闲”）、大局街（“青春气息”）、古玩广场（“老者闲情”）（图 7）。以陡街为主题打造昭通古城特色文化商业街，以姜亮夫故居、昭通古玩城、文渊广场为核心构建休闲文化区，以启文街、姜亮夫故居等为载体形成民俗展示带。此外，依托丰富的非遗资源，策划全年节庆活动，不仅可以加深公众的文化体验，还激活了古城的历史空间[17]。

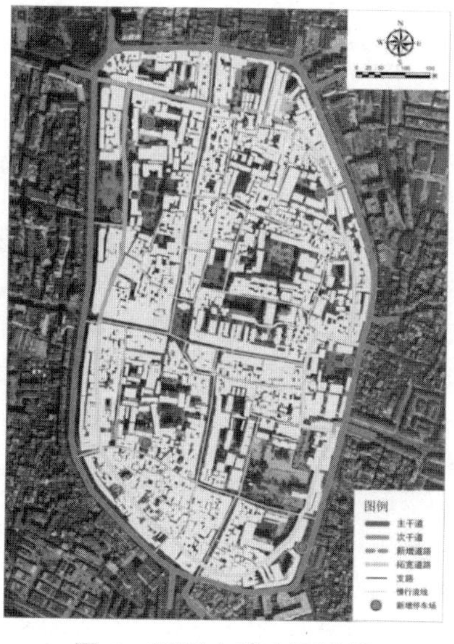

图 6　昭通古城交通流线

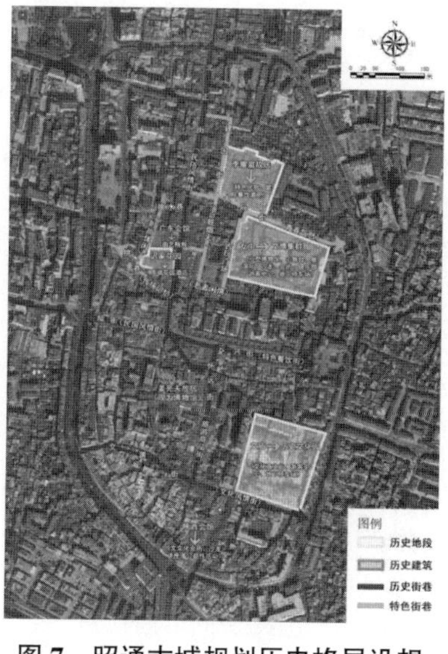

图 7　昭通古城规划历史格局设想

3.3.2 风貌特色展示，地域感知度深化

昭通古城历史文化资源丰富，需深入挖掘与保护，具体应做到：详细调查历史建筑、传统街区等，建立保护名录，制定风貌展示规划，设置文化标识，举办文化活动，增强文化魅力，维护空间肌理，保护街巷与建筑，营造历史氛围，利用媒体宣传，完善旅游设施，提升游客体验；鼓励居民参与社区文化活动，增强归属感，推出个性化旅游产品，促进游客与居民互动，在人居环境管控与开发建设中，兼顾居民现代生活需求与遗产保护，考虑居民传统及现代居住需求，修缮建筑时分析材料结构，采用科学修复技术，兼顾风格与安全。

4 结论与展望

历史城区存量更新是分阶段、重细节、循序渐进的系统工程，需在实践中探索，有序推进改造，并在总结反思中创新突破，确保老城新生。同时，面对古城街区错综复杂的问题，仅凭单一学科或技术方法难以奏效，亟待跨学科、多技术协同合作来共同应对。当前，昭通古城正在进入有机更新和活化利用的新阶段，应当积极调整和完善古城容量管控的内容和方法。如何将城市山水环境、人文环境、空间意境进行高度融合是古城更新改造需要思考的重要问题。本文尝试从昭通古城案例中探寻历史城区的精细化更新改造，聚焦生活方式、生存环境和地方感知三个层面，提出针对昭通古城功能布局、生态环境和历史风貌的精细化更新策略，以达成人与历史环境的良性互动，最终实现促进古城遗产保护与古城转型发展的双重目标。

罗玮　昆明理工大学　硕士研究生
王颖　昆明理工大学　副教授
李静　昆明理工大学　硕士研究生

参考文献

[1] 章国军. 历史文化保护需谨防“建设性破坏”[J]. 人民论坛，2016(31)：214-215.

[2] 王慧娟. 历史文化街区运营的“同质化”现象及对策分析 [J]. 建设科技，2024(6)：19-23.

[3] 何浩，亢晶晶. “以用促保”视角下的武汉历史城区规划策略研究 [J].《规划师》论丛，2021：405-413.

[4] 阮仪三，顾晓伟. 对于我国历史街区保护实践模式的剖析 [J]. 同济大学学报(社会科学版)，2004(5)：1-6.

[5] 佚名. 民国昭通县志稿：24 卷 [M].[出版地不详]：[出版者不详].

[6] 任小蔚，吕明. 城市设计视角下城市规划精细化管理思路与策略 [J]. 规划师，2017，33(10)：24-28.

[7] 刘斯捷，王瑾. 治理视角下更新型城市设计研究：以中山市历史城区为例 [J]. 城市建筑，2022，19(19)：86-91.

[8] 昭通市地方志办公室昭通旧志汇编编辑委员会. 昭通旧志汇编(二)[M]. 昆明：云南人民出版社，2006.

[9] 蔡云楠，杨宵节，李冬凌. 城市老旧小区“微改造”的内容与对策研究 [J]. 城市发展研究，2017，24(4)：29-34.

[10] 夏毓婷. 文化与经济的融合：现代城市更新发展的基本遵循——基于历史文化街区创新发展视角 [J]. 湖北大学学报(哲学社会科学版)，2018，45(5)：138-144.

[11] 万融，卢峰. 人本主义诉求之“人”的回归：乔恩•朗的环境行为学理论介述 [J]. 西部人居环境学刊，2020，35(5)：77-82.

[12] 潘心怡，金骞，毕敬媛，等. 城市更新背景下的社区可持续发展策略 [J]. 住宅科技，2022，42(11)：28-31.

[13] 邢启顺. 西南民族文化产业与旅游融合发展模式及其社会文化影响 [J]. 云南民族大学学报(哲学社会科学版)，2016，33(4)：122-127.

[14] 里志胜，龚彦俊. 历史文化保护视角下的城市更新策略 [J]. 城市建筑，2022，19(14)：91-93.

[15] 刘芳奇，牟琳. 人本视角下历史城区精细化更新导控策略研究：以韩城古城为例 [C]// 中国城市规划学会，成都市人民政府. 面向高质量发展的空间治理——2020 中国城市规划年会论文集(02 城市更新). 东南大学，同济大学，2021：12.

[16] 黄晴. 生活导向城市更新的问题缘起、理论建构及其实践反思 [J]. 东岳论丛，2024，45(8)：152-158.

[17] 冯艳，李金洁. 人—空间协同视角下的历史街区影响评估指标构建及应用研究：以嘉兴市月河历史文化街区为例 [J]. 规划师，2023，39(3)：64-72.

共生视角下“社区＋遗址”的工业遗产保护更新策略研究

——以郑州第二砂轮厂为例

Research on the Strategy of Industrial Heritage Protection and Renewal of “Community + Site” from the Perspective of Symbiosis

—Taking Zhengzhou No. 2 Grinding Wheel Factory as an Example

韩　冰　邓　萌　周　震

摘　要：当前我国城市化进程进入存量更新的发展阶段，工业遗产作为城市工业发展历程的重要见证，面临着与城市融合共生的时代问题。本文基于工业遗产保护更新背景，探讨共生理论在工业遗产更新改造中的应用。基于对共生理论的发展及其在建筑学领域的应用，分析了其对处理工业遗产更新改造中传统与现代、保护与利用、传承与发展等矛盾的重要性。从多维视角分析了中国工业遗产更新改造的背景、现状和存在的问题，并以郑州第二砂轮厂为例，探讨了其更新改造的必要性和现状。最后，基于郑州第二砂轮厂自身特色，提出共生视角下“社区＋遗址”的更新改造策略，包括建筑与文化的共生塑造、多元功能的共生复合以及多样人群活动的共生聚集，旨在实现工业遗产与现代社会的有机融合和可持续发展。

关键词：共生理论；工业遗产更新改造；郑州第二砂轮厂；社区；建筑与文化共生；功能复合

Abstract: At present, the urbanization process of our country has entered a development stage of stock renewal, and industrial heritage is an important witness of the development of urban industry, facing the problem of how to integrate with the city. Based on the background of industrial heritage conservation and renewal, this paper discusses the application of symbiosis theory in industrial heritage renewal. Based on the development of symbiosis theory and its application in the field of architecture, this paper analyzes the importance of symbiosis theory in dealing with the contradictions between tradition and modernity, protection and utilization, inheritance and development during the renewal and transformation of industrial heritage. This paper analyzes the background, current situation and existing problems of the renovation of China's industrial heritage from a multi-dimensional perspective, and discusses the necessity and current situation of the renovation taking the Zhengzhou No. 2 Grinding Wheel Factory as an example. Finally, based on the current characteristics of Zhengzhou No. 2 Grinding Wheel Factory itself, this paper puts forward the renewal and transformation strategy of “community + site” from the perspective of symbiosis, including the symbiosis of architecture and culture, the compounding of multiple functions, and the gathering of diverse human activities, aiming to realize the organic integration and sustainable development of industrial heritage and modern society.

Keywords: symbiosis theory; industrial heritage renewal and transformation; Zhengzhou No.2 Grinding Wheel Factory; community; symbiosis of architecture and culture; functional compounding

引言

在快速城市化和经济转型的背景下，工业遗产作为城市发展历史的见证，其更新改造不仅是城市空间再利用的问题，更是对文化传承与现代发展之间如何平衡的挑战。“社区 + 遗址”的更新改造策略成为融合历史文化传承与现代生活需求的关键命题，共生理论为此提供了创新性的思路与策略。共生理论强调不同物种或元素之间相互依存、协同发展的关系，将其应用于“社区 + 遗址”的更新改造中，旨在打破传统的二元对立模式，构建起社区与遗址互利共赢、和谐共生的有机整体。本文以郑州第二砂轮厂为案例，探讨共生视角下“社区 + 遗址”的工业遗产保护更新策略，旨在为城市更新提供理论指导和实践参考。

1 共生理论与工业遗产更新改造

1.1 共生理论的发展

共生理论的发展契合社会发展趋势，在规划与建筑领域最早由日本建筑师黑川纪章提出，涵盖社会、人文、伦理、经济和文化等多方面含义，在众多领域被广泛应用。共生理论奉行开放包容，呈现一种合作的姿态。该理论具有不确定性、变化通用性强的特点，以实现互利互惠为终极目标，旨在促进建筑领域及其他相关领域中不同要素之间的和谐共生与共同发展。

共生理论为处理建筑相关多方关系提供了新视角，对面临现代化与经济利益冲击的工业遗产更新改造意义重大，有助于协调其中的传统与现代、保护与利用、传承与发展等矛盾。

1.2 工业遗产更新改造

我国工业遗产更新起步较晚，20 世纪 90 年代中后期，随着市场经济发展，城市建设进入以更新再开发为主的阶段，但早期对工业遗产价值认知有限，大量工业遗产面临破坏。这一时期的更新以“自上而下”的整体运作方式为主，同时也开始关注工业建筑、城市更新和工业旅游等方面的研究，主要借鉴国外优秀案例经验。2006 年无锡会议召开，我国工业遗产保护进入新阶段，工业遗产更新实践逐步展开。国家层面加强了对工业遗产的保护，出台相关通知，工业遗产被纳入全国文保范围，各地积极开展相关研究，涉及工业景观设计、遗产廊道构建、创意产业发展等领域。一线城市率先进行城市更新与存量优化尝试，更新内容主要集中在文化博览、创意办公、娱乐商业、景观公园等方向。当前，我国经济步入后工业化时代，工业遗产再利用呈现保护与更新两分的局面。一方面，国家加强对重要工业遗产的审核保护，推动工业遗产保护利用工作；另一方面，一般性工业遗产成为开发重点，各地积极利用工业遗存发展文创产业，推动城市复兴。

1.3 共生理论与工业遗产更新的关系

在工业遗产更新改造领域，共生理念的引入尤为关键。工业遗产承载着特定历史时期的工业文化与记忆，在城市发展进程中，其更新改造不仅涉及建筑实体的再利用，更牵扯到如何在现代社会需求下，平衡传统工业文化传承与现代功能开发之间的关系。共生理念促使我们认识到，工业遗产的更新改造不应是简单的推倒重建或静态保护，而应被视为一个有机整体，综合考虑经济可行性、环境适应性、社会文化延续性等多方面因素（图 1）。

从经济层面看，工业遗产的更新改造需要兼顾开发成本与潜在收益，合理利用原有建筑结构和空间，避免过度投入，同时通过创新功能植入，激发地区经济活力，实现经济价值的再生。在环境方面，尊重原有场地生态和工业风貌，在改造过程中尽可能减少对环境的负面影响，通过巧妙设计将工业元素与自然环境相融合，创造出独特而可持续的空间环境。在社会文化维度，共生理论强调工业遗产更新改造应注重社区参与和公众认同。保留工业遗产中的历史记忆和文化符号，使其成为连接过去与现在的纽带，满足人们对工业文化传承与创新体验的需求，增强社区凝聚力和归属感。

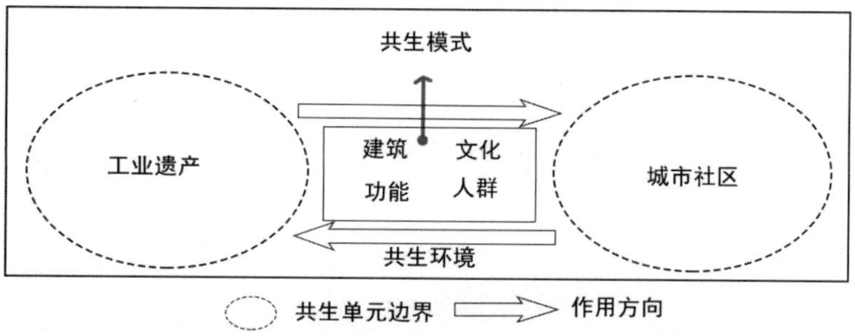

图 1　遗产与社区的共生关系

（图片来源：作者自绘）

共生理论为工业遗产更新改造提供了全面、系统的思维框架，引导我们在尊重历史、保护环境的基础上，实现工业遗产与现代社会的有机融合，推动其在新时代下的可持续发展，使其成为城市发展中兼具历史底蕴与现代活力的独特存在。

2　郑州第二砂轮厂现状及保护更新必要性

2.1　更新背景分析

1953 年，第二砂轮厂（简称"二砂厂"）筹备处在武汉成立，同年 9 月迁至郑州（图 2），1964 年建成投入生产。它是我国"一五"期间重点引进项目，是当时国内乃至亚洲最大的综合性磨料磨具制造企业。2016 年，二砂厂旧址被列为河南省第七批文物保护单位，2019 年 10 月，被列为第八批全国重点文物保护单位。二砂厂是郑州工业发展历程的见证者，承载着一代人的记忆（图 3）。

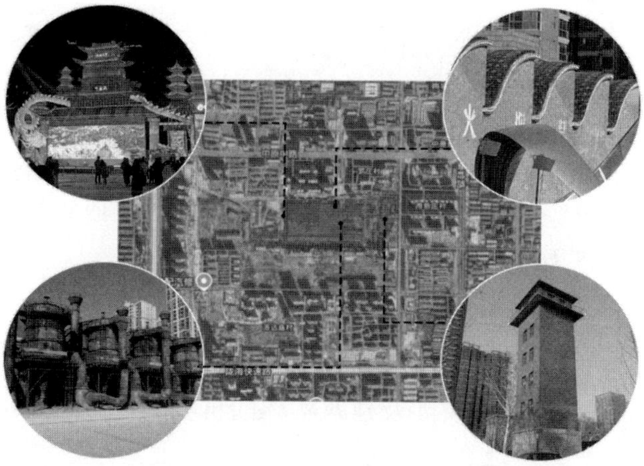

图 2　二砂厂区位与现状建筑示意

（图片来源：作者自绘）

在政策发展方面，郑州市的发展已经从增量扩张向存量优化转变，在郑州市积极推进的"城市更新改造"项目中，二砂厂改造就是其中之一。根据《郑州市城市更新实施办法（试行）》中的要求，二砂厂改造需明确以老旧的厂房、仓储等低效或者闲置用地、建（构）筑物为更新对象，在此框架下进行更新改造，以激发存量资源潜能。《郑州市二砂历史文化街区保护规划（2024—2035 年）》为二砂厂在保护历史文化遗产的基础上进行合理开发利用提供了具体指导和规范，使得园区建设能够在遵循文物保护原则的前提下顺利推进。

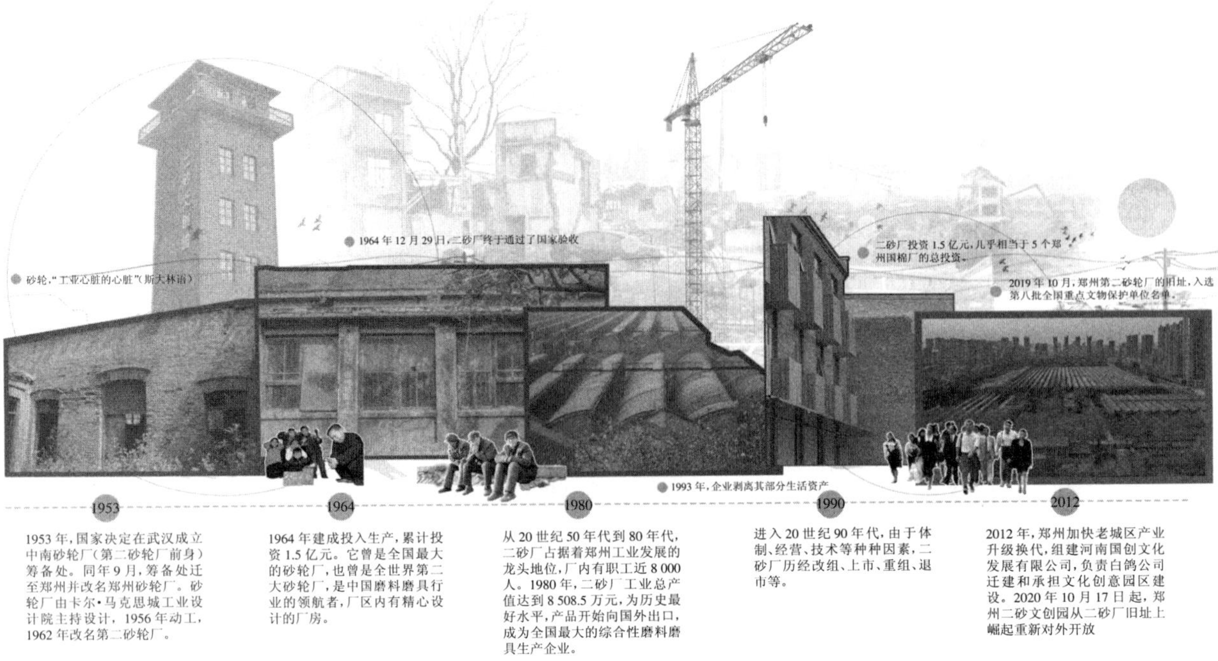

图 3　二砂厂历史沿革

（图片来源：作者自绘）

在区域发展方面，二砂厂位于郑州市中原区主城中轴，与城市和区域发展主线契合，南北连接城市更新产业带，东西衔接 CCD 文化中心和市政府政务中心。其更新建设符合郑州市的区域发展规划，有助于提升区域的文化软实力和综合竞争力，促进区域经济社会的协调发展

2.2　郑州二砂厂工业遗存现状

郑州第二砂轮厂旧址位于郑州市中原区华山路 78 号，周边交通较为便捷。厂区东西为 1 356 m，南北为 734 m，面积约 1 km^2，基建投资 1.49 亿元，生产区建筑面积 19 万 m^2，住宅 7.4 万 m^2。工厂由 6 个生产车间、2 个辅助车间和 2 个动力车间组成，均为装配式钢筋混凝土结构，各栋厂房之间有架空廊道相连，整个厂区形成一个既相互独立又相互联系的整体。二砂厂内 7 栋保留完好的工业建筑在 2015 年被河南省人民政府批准为近现代优秀史迹，其中最具代表性的弧形锯齿式屋顶的包豪斯风格 建筑 —— 陶瓷砂轮制造车间，单层建筑面积为 7.5 万 m^2，在国内极其罕见（表 1）。

表 1　二砂厂现存建筑

类型	名称	特点
建筑类	生产车间	具有典型的包豪斯风格，单层建筑面积大，空间开阔，弧形锯齿式屋顶设计独特，是二砂厂的标志性建筑
	办公用房	包括厂部办公楼等，是工厂行政管理和日常办公的场所，其建筑风格和布局体现了当时的工业企业办公特点，反映了工厂的组织架构和管理模式
	仓储设施	用于存放原材料、成品、半成品等物资的仓库，这些建筑空间较大，结构坚固
	附属用房	如配电室、泵房、锅炉房等，为工厂的生产和运营提供了必要的能源和动力支持
设备类	生产设备	砂轮制造的专业生产机器
	运输设备	工厂内部的铁路专线、运输车辆等，它们是原材料和产品运输的重要载体
景观与环境类	绿化植被	厂区内生长了近 70 年的大树等绿化体系
	工业景观小品	如烟囱、水塔等，它们是工厂的标志性景观元素

表格来源：作者自制。

2.3 二砂厂遗址更新矛盾点分析

2.3.1 工业文化保护与开发强度的矛盾

二砂厂工业遗址现留存有大量具有时代特色的工业建筑，在岁月的侵蚀下，这些建筑部分结构出现了老化和损坏，但整体格局依然具有独特的历史风貌。然而，目前相关单位对其进行修缮与保护的力度不够，内部空间也未进行装修改善。在遗址区域内东北角，有新开发的网红集市“磨街”，虽保留了二砂厂工业建筑的红砖外墙，但建筑的内部空间和街区的整体氛围商业化和网红感突出，未充分体现二砂厂原有文化特色，与二砂厂遗址未形成带动辐射作用。因此如何在保护工业建筑完整性与适度开发之间找到平衡，确定合理的开发强度和建筑体量，是一个关键矛盾。新建建筑的建设规模和风格也需谨慎把控，避免喧宾夺主（图 4）。

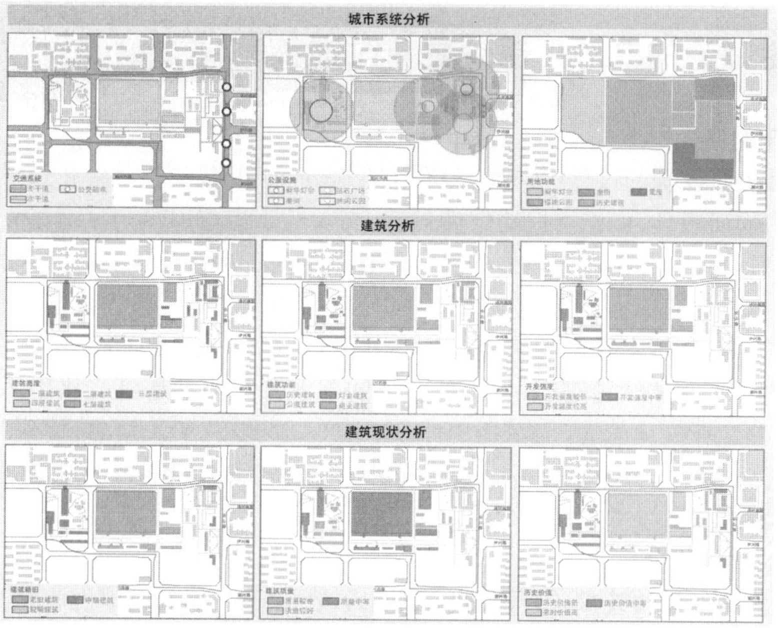

图 4　城市系统及现状建筑分析

（图片来源：作者自绘）

2.3.2 旧有功能布局与多元转型的矛盾

二砂厂工业遗址现占据着城市的一定空间，在功能结构调整和城市功能转型过程中，遗址内旧有的工业布局已不能适应新的发展需求。目前新开发的功能仅有商业，但过于理想化或单一化的功能定位可能会导致后期运营困难。在后续更新中，应考虑植入多样化的功能业态，注重与二砂厂文化和区域特色共生发展。通过重新规划空间，更新后的二砂厂工业遗址可以从传统工业经济向公共服务设施、文化创意产业、商业休闲等多元化功能模式转变，提升土地利用效率，优化城市空间结构，使该区域更好地融入城市整体发展格局，避免土地资源的闲置与浪费。

2.3.3 多样人群需求与空间设施短板的矛盾

目前二砂厂遗址周边为高密度居民区，居住人口较多，居住人群多样化。周边居民会在闲暇时在二砂厂遗址内休闲散步，遗址负责单位也会定期举办一些文化活动。然而由于二砂厂区域内及周边并未形成完善的生活服务配套和公共活动空间，导致二砂厂及周边社区活力不足，未形成联动效应。不同年龄段、不同身份的人群聚集在不同地方：年轻人、学生聚集在东北角的网红集市“磨街”，老年人、儿童聚集在遗址内的其他公共空间。因此更新项目应考虑增加公共服务设施、改善遗址内的空间环境、增强遗址与社区的联动发展等，吸引不同人群在此聚集、交流和活动，激发社区的生机与活力，促进社区和谐（图 5）。

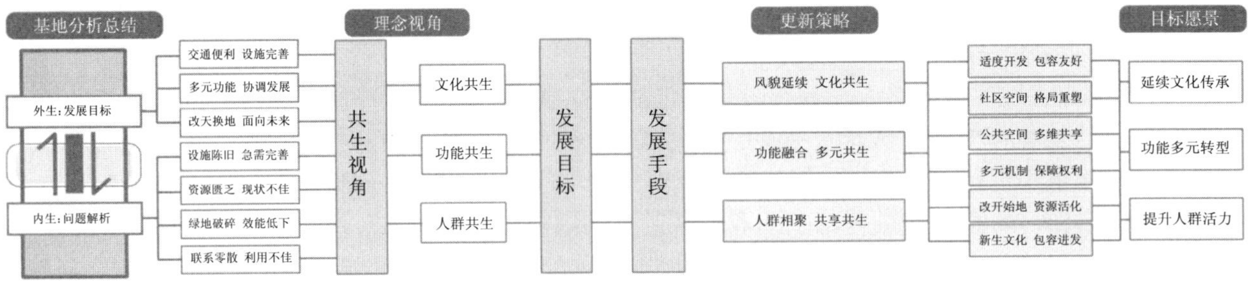

图 5 更新框架

（图片来源：作者自绘）

3 基于共生理论的二砂厂遗址更新改造策略

3.1 建筑与文化的共生塑造

在对二砂厂遗址更新保护的过程中，对于原有工业建筑，应保留其独特的建筑风格和结构特征，使其成为传承工业文化的物质载体，如标志性的红砖外墙、高大的锯齿形屋顶等。对于新建建筑，应遵循共生理念，处理好新建筑与原有工业建筑之间的关系。新建筑的设计应在高度、体量、风格等方面与工业遗址的整体风貌相协调，尊重原有工业建筑的空间尺度和形式特征。例如，新建建筑可以采用通透的玻璃幕墙与原有厂房的砖石结构形成对比和呼应，既展现现代气息又不失工业韵味，共同塑造富有特色的城市空间形态。在建筑内部空间的塑造过程中，可将无形的工业文化精神通过文化展示、艺术创作等形式融入，如在厂房内部设置工业文化长廊，展示历史照片、生产工具以及工人故事，使建筑与文化元素相互交融，延续工业文化脉络。通过为遗址文化注入新的活力，实现传统文化与现代文化的共生共荣，让“社区+遗址”成为文化创新的源泉与平台。

3.2 多元功能的共生复合

在更新过程中，尝试打破传统单一功能分区的模式，在二砂厂工业遗址内实现文化、社区、商业三种功能的有机复合与共生。可以考虑将遗址内最大的陶瓷砂轮制造车间——“大包”改造为集社区服务、文化展示、商业休闲于一体的综合性建筑，进而成为社区的综合节点。“大包”外围打造社区服务轴带，轴带上的新旧建筑改造为社区活动中心、图书馆、健身房等公共服务设施。在社区服务轴带外围，可引入其他新兴产业，实现社区空间的多元共享，改善周边配套服务不完善的现状。这种“中心+轴带”式的功能复合布局方式，可以促进“大包”作为社区的文化象征。通过功能的复合布局，不同功能之间可以相互促进，有利于形成 24 h 活力社区，从而实现社区空间与遗址空间的无缝对接与功能交织，让二者在空间上相互依存、相互促进。

3.3 多样人群活动的共生聚集

在二砂厂工业遗址更新改造的规划设计阶段，应广泛征求周边社区居民的意见和建议，鼓励居民参与公共空间的设计和决策过程。例如，通过举办居民座谈会等活动，让居民共同探讨公园、广场等公共空间的功能需求、设计风格和设施配置，使更新后的空间能够更好地满足居民的实际生活需求，增强居民对社区空间的归属感和认同感，促进居民与空间的共生关系。在更新改造后的实施运营阶段，应考虑将二砂厂工业文化与社区居民的日常生活紧密结合，通过开展各种文化活动和民俗节庆，使工业文化成为触媒，促进不同年龄、不同身份的人群聚集，增强社区的凝聚力，形成社区与遗址共生发展的社会合力，共同营造一个富有历史底蕴、充满生机活力、和谐稳定的“社区+遗址”共生环境。

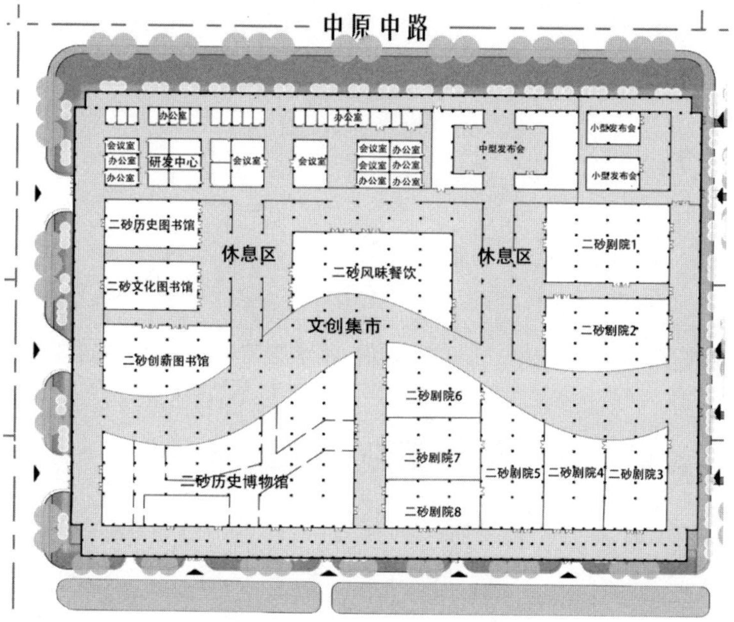

图 6 “大包”内部更新示意

（图片来源：作者自绘）

4 结语

通过对郑州二砂厂的更新改造策略的探讨，本文展示了共生视角下“社区 + 遗址”的更新改造策略，为城市更新中的历史文化保护与社区发展难题提供了综合且富有前瞻性的解决方案。本文不仅突破了传统观念的束缚，以一种全新的视角审视社区与遗址的关系，通过在空间、文化、社会等多个维度的协同共生发展，让古老的遗址在现代社区生活中重新焕发生机，同时也让社区因遗址的存在而拥有独特的文化魅力和发展机遇。这一策略不仅将有力地推动历史文化的传承与创新，更将塑造出具有高品质生活环境、浓郁文化氛围以及强烈归属感的城市空间，为城市的可持续发展写下浓墨重彩的一笔，也为其他类似地区的工业遗产更新改造提供了宝贵的借鉴范例，引领着城市走向更加和谐、繁荣且富有文化底蕴的未来。

韩冰　郑州大学　本科生
邓萌　郑州大学　本科生
周震　郑州大学　本科生

参考文献

[1] 万丰登. 基于共生理念的城市历史建筑再生研究 [D]. 广州：华南理工大学，2017.

[2] 马航，刘琳. 基于共生理论的城市边缘古村的保护性更新策略研究：以深圳凤凰古村为例 [J]. 现代城市研究，2016（1）：30–37.

[3] 聂华. 共生思想下旧工业建筑转换为创意产业园的设计研究 [D]. 大连：大连理工大学，2016.

[4] 乐曲萌. 共生理念下旧建筑空间改造研究：以陶溪川为例 [J]. 陶瓷，2024（6）：189–191.

[5] 王昊. 基于共生理论的美亚汽车厂厂房工业建筑遗产改造设计研究 [D]. 天津：天津理工大学，2023.

[6] 薄宏涛. 存量时代下工业遗存更新策略研究 [D]. 南京：东南大学，2019.

摘　要

“小三线”矿山遗产
——以耒阳白山坪煤矿为例
“Small–Third–Front” Mine Heritage
—A Case Study of Leiyang Baishanping Coal Mine

蒋皓琛　刘　晖

摘　要:20 世纪 60 年代湖南省被确定为长江以南“小三线”煤矿的重点建设区域，规划建设了多个矿区与矿井，围绕煤矿生产形成了配套的工人村和交通等公共服务设施。耒阳市的白山坪煤矿是“小三线”建设的国营省属煤矿之一，地理条件优越，功能完整，且配有专线铁路，附近的圩市也曾十分繁华。随着改革开放的推进和绿色发展理念的提出，国营煤矿企业竞争力下降，白山坪煤矿逐渐步入遗产行列，成为一代人记忆中的场所。剖析白山坪煤矿对研究煤矿建设及其对周边市镇发展的影响，展现“小三线”建设中的工业记忆，梳理遗产价值，以及探索可持续发展道路都有典型意义。

关键词:“小三线”；煤矿；工业遗产；耒阳市

Abstract: In the 1960s, Hunan Province was identified as the key construction area of the “Small–Third–Front” coal mine south of the Yangtze River, and a number of mining areas and mines were planned and constructed, and supporting public service facilities such as workers’ villages and transportation were formed around the coal mine production. The Baishanping coal mine in Leiyang City is one of the state–owned provincial coal mines under the construction of the “Small Third Front”, and it has superior geographical conditions, complete functions and is equipped with a special railway, and the nearby periodic markets were also very prosperous. With the reform and opening up and the concept of green development, the competitiveness of state–owned coal mining enterprises has declined, and Baishanping coal mine has gradually entered the ranks of heritage and become a place in the memory of a generation. The analysis of Baishanping coal mine is of typical significance for the study of coal mine construction and its impact on the development of surrounding towns, the display of the industrial memory of the construction of the “Small–Third–Front”, the sorting out value of heritage, and the exploration of the road of sustainable development.

Keywords: “Small–Third–Front”; colliery; industrial heritage; Leiyang City

蒋皓琛　华南理工大学　硕士研究生
刘晖　华南理工大学　副教授

传统重生：城市触媒视角下的市场建筑设计更新策略

Rebirth of Tradition: Strategies for Renewal of Market Architecture Design from an Urban Catalyst Perspective

郭子璇

摘　要：在建筑领域，既有建筑的更新一直是一个备受关注的话题，而其中菜市场建筑作为城市功能的重要组成部分，其更新直接关系着城市和社区的繁荣与文化传承。本文旨在探究城市触媒视角下的菜市场建筑更新生成策略，深入分析两个具体建筑案例，提炼出造型、功能、视觉、材料和结构五个方面的触媒设计策略，为菜市场建筑更新领域提供新的思路和指导，同时对城市更新做出积极贡献。

关键词：城市触媒；市场建筑；设计策略；菜市场

Abstract: In the field of architecture, the renewal of existing architecture has always been a topic of great concern, and among them, the renewal of vegetable market buildings, as an important part of urban functions, is directly related to the prosperity and cultural inheritance of the city and community. This paper aims to explore the generative strategies for the renewal of vegetable market buildings from the perspective of urban catalyst, and analyzes two specific architectural cases in depth to refine the catalyst design strategies in five aspects: shape, function, vision, material and structure. The aim is to provide new ideas and guidance for the field of vegetable market building renewal, and at the same time make positive contributions to urban renewal.

Keywords: urban catalyst; market architecture; design strategies; vegetable market

郭子璇　重庆大学　硕士研究生

沈阳历史建筑保护现状及问题

Current Situation and Problems of Shenyang Historic Building Protection

唐　宁　王　飒

摘　要:历史建筑是国家历史文化遗产保护体系中的重要组成部分,其保护情况是历史文化名城认定的重要考核标准。目前我国历史建筑数量较多、类型丰富、分布广泛、风格多样化,保护难度也随着城市更新进程加快而进一步加大,如何实现历史建筑保护的可持续发展成为研究的重点。本文在沈阳市历史文化名城政策导向和现实保护需求的背景下,对沈阳市历史建筑保护现状进行调研。一方面利用 ArcGIS 对沈阳市历史建筑空间分布、保护利用现状等情况进行分析;另一方面通过访谈法和问卷法深入了解公众对历史建筑保护的认知情况。结合两种方式全方位对沈阳市历史建筑保护成效进行初步评估。根据沈阳市历史建筑保护过程中的关键问题从政策管理机构、法律法规制定、普查认定制度、动态保护四个方面探究解决路径,为历史建筑保护提供参考。

关键词:历史建筑;遗产保护;现状巡查;保护管理

Abstract: As an important part of the national historical and cultural heritage protection system, historical buildings are the important assessment criteria for the identification of historical and cultural cities. At present, historical buildings in China are large in number, rich in types, widely distributed and diversified in styles. With the acceleration of urban renewal, protecting historical buildings becomes more difficult. How to realize the sustainable development of historical buildings protection has become the focus of research. Under the background of the policy orientation and realistic protection needs of Shenyang's famous historical and cultural city, this paper makes an inspection of the present situation of the protection of Shenyang's historical buildings. On the one hand, this paper analyzes the spatial distribution, protection and utilization of Shenyang's historical buildings by using ArcGIS. On the other hand, through interviews and questionnaires, the public's awareness of the protection of historical buildings is deeply understood. The comprehensive evaluation of the effectiveness of the protection of historical buildings in Shenyang is carried out by combining the two methods. According to the key issues in the process of historical building protection in Shenyang, this paper explores the solutions from four aspects—policy management institutions, laws and regulations, census identification system and dynamic protection, so as to provide countermeasures and references for historical building protection.

Keywords: historical building; heritage protection; current situation survey; protection management

唐宁　沈阳建筑大学　博士研究生
王飒　沈阳建筑大学　教授

历史语境中的城市更新
——以罗维尔与巴黎马赖街区复兴为例
Urban Renewal in Historical Contexts
—Cases of the Revitalization of Rowell and Marais Neighborhood in Paris

龙羽琪

摘　要:随着城市不断发展,历史文化街区成为每个城市独具一格的文化标志,是每个城市历史文化的积淀,也是一个城市构成与发展中不可或缺的组成部分。本文探讨了罗维尔与巴黎马赖街区在城市更新中的复兴实践,分析了它们在保护文化遗产、促进经济发展、实现功能混合使用和优化公共空间方面的共性与差异。两个案例展示了历史街区复兴中物质空间更新、产业功能重塑和社会问题应对的复杂性,为城市历史街区的可持续发展提供了宝贵经验。

关键词:历史文化街区;城市更新;更新策略;罗维尔;马赖

Abstract: With the continuous development of cities, historical and cultural neighborhoods have become the unique cultural symbols of each city, the accumulation of each city's history and culture, and an indispensable part of a city's composition and development. This paper explores the revitalization practices of the Rowell and Marais neighborhood in Paris in urban renewal, and analyzes their commonalities and differences in preserving cultural heritage, promoting economic development, realizing mixed functional use, and optimizing public space. The two cases demonstrate the complexity of physical space renewal, industrial function remodeling and social issues response in the revitalization of historic districts, and provide valuable experience for the sustainable development of urban historic districts.

Keywords: historical and cultural neighborhoods; urban renewal; renewal strategies; Rowell; Marais

龙羽琪　深圳大学　硕士研究生

文化线路与技术交融：昆明近代医院建筑作为滇越铁路建筑遗产关联域的研究

Cultural Line and Technological Intermingling: Study on Modern Hospital Architecture in Kunming as a Domain Associated with the Architectural Heritage of the Yunnan-Vietnam Railway

黄钰婷　杨　毅　赵嘉钰

摘　要：滇越铁路是云南近代化的起点，亦是省会昆明近代医院建筑之肇始。出于敲开本地社会大门和保卫西人健康的目的，滇越铁路南段始建时法国当局同步在昆明设立了领事医院，此后又在云南府站附近开办甘美医院，这条跨国文化线路成为传播现代医院建筑所需功能空间、技术设备和营造体系的关键载体。其引发的现代医疗模式刺激以及相关经费资助又在20世纪30年代至抗日战争期间推动了一批国人自办医院的诞生。本文通过梳理昆明近代医院建筑与滇越铁路在成立原因、城市空间布局、医疗功能与设备、建造材料与技术等方面的紧密关系，证明它是滇越铁路滇段沿线历史建筑研究和遗产保护传承的重要关联域，并以此为其价值认知、评估及可持续保护策略制定提供有力支撑。

关键词：滇越铁路；文化线路；建筑遗产；昆明近代医院建筑

Abstract: The Yunnan-Vietnam Railway was the starting point for the modernisation of Yunnan, and was for the construction of modern hospitals in Kunming. For the purpose of opening the door to the local community and safeguarding the health of Westerners, the French authorities set up the consular hospital in Kunming when the southern section of the Yunnan-Vietnam Railway started construction, followed by the opening of the Calmette Hospital in the vicinity of the Yunnan provincial station, and this transnational cultural route became a key carrier for the transmission of the functional space, technical equipment and construction system required for modern hospital architecture. The stimulation of the modern medical model and the related financial support supported the birth of a number of national hospitals from the 1930s to the War of Resistance Against Japanese Aggression. Thus, this paper demonstrates the close relationship between the modern hospital architecture in Kunming and the Yunnan-Vietnam Railway in terms of the reasons for the establishment of the railway, the urban spatial layout, the medical functions and equipment, and the construction materials and technologies, and proves that it is an important domain for the study of the historical architecture along the Yunnan section of the railway and the heritage conservation and inheritance, in order to provide a strong support for the recognition of its value, the assessment and the strategy of its sustainable preservation.

Keywords: Yunnan-Vietnam Railway; cultural line; architectural heritage; modern hospital architecture in Kunming

黄钰婷　昆明理工大学　讲师
杨毅　昆明理工大学　教授
赵嘉钰　昆明理工大学　硕士研究生

中国古代城市的人水共生关系

Coexistence of Humans and Water in Ancient Chinese Cities

尚君慧　王崇臣　吴永发

摘　要: 人水共生理念贯穿人类文明发展脉络，具有深厚的文化、实践和政策内涵。本研究围绕中国古代城市人水共生关系展开深入剖析，通过梳理人水共生在不同文明阶段(原始文明的依附型共生、农业文明的干预型共生、工业文明的掠夺型失和、生态文明的和谐型共生)的演进特征，旨在挖掘其在历史长河中的演变轨迹与内在运行机制。研究表明：在城市规划和建设过程中，人水共生具体表现为水引人——傍水而居并遵循科学选址策略，人导水——涵盖规划建设、水系开发、园林营造的空间布局手段，水帮人——促进经济繁荣、推动水利科技进步、优化人居环境。本研究有助于深入理解古代城市发展规律，并为现代城市规划与水生态保护提供宝贵的历史经验与理论依据。

关键词: 中国古代城市；人水共生；文明演进；共生机制

Abstract: The concept of human-water symbiosis runs through the development of human civilization and has profound cultural, practical, and policy connotations. This study focuses on an in-depth analysis of human-water symbiotic relationships in ancient Chinese cities, and aims to explore the evolution trajectory and internal operation mechanism of human-water symbiosis in the course of history by sorting out the evolutionary characteristics of human-water symbiosis in different stages of civilization (dependent symbiosis in primitive civilization, interventionist symbiosis in agricultural civilization, predatory disharmony in industrial civilization, and harmonious symbiosis in eco-civilization). The study shows that: in the process of urban planning and construction, human-water symbiosis is specifically manifested as water attracting people to live by the water and follow the strategy of scientific site selection, water guiding people to cover the spatial layout means of planning and construction, development of water system and gardening, water helping people to promote economic prosperity, promote the progress of water conservancy science and technology, and optimize living environment. The study helps to deeply understand the ancient urban development principles, and provides valuable historical insights and theoretical foundations for modern urban planning and water ecology protection.

Keywords: ancient Chinese cities; human-water symbiosis; civilization evolution; symbiosis mechanism

尚君慧　苏州大学、北京建筑大学　博士研究生(联合培养)
王崇臣　北京建筑大学　教授
吴永发　苏州大学　教授

台湾殖民地外廊建筑的外廊形态演变研究

Study on the Evolution of Veranda Forms in Colonial Veranda Architecture of Taiwan

陈文旭　张书铭

摘　要：殖民地外廊式建筑是中国近代建筑遗产的典型案例，也是台湾地区建筑文化遗产的重要组成部分。文章采用实地测绘、历史影像、ArcGIS 地理分析等多种研究方法，对台湾地区共计 41 个殖民地外廊式建筑进行系统性分析、整理。研究发现：①殖民地外廊式建筑具有不同的设计取向；② 5 种廊化构图语言；③英国的殖民地外廊式建筑有惯用的建模数尺度。本文意在增补我国殖民地外廊式建筑的研究，为台湾地区近代殖民地外廊式建筑及洋楼建筑遗产的溯源及还原提供帮助。

关键词：台湾建筑；殖民地外廊式建筑；环廊围合；廊化构图；模数尺度

Abstract: Colonial veranda-style architecture is a typical example of modern architectural heritage in China and an essential part of the architectural cultural heritage in the Taiwan region. This study employs various research methods, including on-site surveys, historical imagery, and ArcGIS spatial analysis, to systematically analyze and organize a total of 41 Colonial Veranda-Style Buildings in the Taiwan region. The findings reveal the following: ① colonial veranda-style architecture exhibits different design orientations; ② five compositional patterns of veranda integration; ③ British colonial veranda-style architecture adheres to standardized modeling dimensions. This research aims to enhance the study of colonial veranda-style architecture in China and contribute to the historical tracing and restoration of colonial veranda-style and western-style architectural heritage in the Taiwan region.

Keywords: Taiwan architecture; colonial veranda-style architecture; peripheral corridor enclosure; veranda integration composition; modular scale

陈文旭　华侨大学　硕士研究生
张书铭　华侨大学　讲师

三线建设的工业建筑遗产保护与新型工业化下的发展模式研究
——以四川省夹江县909核工程基地项目为例

Research on Architectural Heritage Protection of Third-Front Construction and Development Mode under New-type Industrialization
—Case of the 909 Nuclear Project in Jiajiang County, Sichuan Province

赵 立 孙聪健

摘 要:文章介绍了我国三线建设的建设背景,提出了三线单位搬迁后的建筑再生利用对策,研究了三线建设的建筑遗产保护与新型工业化过程中的发展模式,并以四川省夹江县909核工程基地项目为例,具体分析和阐述了有关其模式的研究成果,最后总结出其社会意义。

关键词:三线建设;建筑遗产保护;发展模式

Abstract: This paper introduces the construction background of the Third-Front construction in China, puts forward the countermeasures of building regeneration and utilization after the relocation of the Third-Front units, and studies the architectural heritage protection of the Third-Front construction and the development mode under the new-type industrialization. Taking the 909 Nuclear Project in Jiajiang County, Sichuan Province as an example, the paper analyzes and expounds the research results of its model, and finally summarizes its social significance.

Keywords: Third-Front construction; architectural heritage protection; development model

赵立 成都工业学院 副教授
孙聪健 中国核动力设计研究院 工程师

国内建筑遗产保护研究进展、热点与趋势
——基于 CiteSpace 的文献计量分析

Research Progress, Hotspots, and Trends in the Protection of Domestic Architectural Heritage
—Bibliometric Analysis Based on CiteSpace

肖文君　谷　玲

摘　要：建筑遗产保护作为“软实力”的重要方面成为世界各国关注的核心问题，其对文化传承、经济发展、学科教育具有深远意义。我国建筑遗产保护研究成果丰富，但目前缺乏系统性梳理。本研究以中国知网 1995—2024 年收录的 518 篇高质量核心期刊文献为研究对象，借助 CiteSpace 从年度发文数量、研究热点和发展历程等方面绘制知识图谱，对国内近 30 年以来的建筑遗产保护研究现状进行可视化分析，将建筑遗产保护划分为“发轫期—深化期—拓展与融合期”三大阶段，并凝练出当前建筑遗产保护的三大热点议题，即跨学科融入与预防性保护、生态与生计可持续、价值体系，最后基于分析结果与文献阅读，提出未来建筑遗产保护的热点研究趋势与展望。

关键词：建筑遗产保护；研究热点；研究进展；趋势；CiteSpace

Abstract: The protection of architectural heritage, as an important aspect of “soft power”, has become a core issue of concern for countries around the world, and it holds profound significance for cultural inheritance, economic development, and disciplinary education. China has achieved rich research results in the protection of architectural heritage, but currently lacks systematic review. This study takes 518 high-quality core journal articles included in the China National Knowledge Infrastructure (CNKI) from 1995 to 2024 as the research object. With the aid of CiteSpace software, it draws a knowledge map from aspects such as the annual number of published articles, research hotspots, and development history, conducting a visual analysis of the current research status of architectural heritage protection in China over the past 30 years. It divides the protection of architectural heritage into three major stages, “inception period-deepening period-expansion and integration period”, and distills the three major hot topics of current architectural heritage protection, which are “interdisciplinary integration and preventive conservation, ecological and livelihood sustainability, and value system. Finally, based on the analysis results and literature review, it proposes the hot research trends and prospects for the future protection of architectural heritage.

Keywords: architectural heritage protection; research hotspots; research progress; trends; CiteSpace

肖文君　昆明理工大学　硕士研究生
谷玲　昆明理工大学　硕士研究生

“关系”表现：论当代艺术中的社会景观

Expression of “Relationship”: Social Landscape in Contemporary Art

吴国栋

摘　要: 社会景观具体是指社会生活中的常见场景或各种社会现象。当代艺术中,社会景观表现的根本是“关系”,即景观与人之间无形而密切的社会关系。艺术家通过对景观与人之间“关系”的表现来阐述艺术理念,引发观者对历史的反思以及对当下现实的关注。这种对“关系”的表现既可以单纯以景观的暗示来实现,也可以将景观与人并置来指出两者之间的“关系”。在当代社会景观迅速变化的背景下,艺术家不断探索新的艺术媒介来描绘社会景观,表现景观与人的“关系”。

关键词: 关系;当代艺术;社会景观

Abstract: Social landscape specifically refers to common scenes or various social phenomena in social life. In contemporary art, the fundamental expression of social landscape is the “relationship”, that is, the intangible and close social relationship between landscape and people. Artists use the expression of the “relationship” between landscape and people to expound artistic concepts, stimulate viewers’ reflection on history, and draw attention to current reality. This expression of “relationship” can be achieved either through pure hints of landscape or by juxtaposing landscape with people to indicate the ‘relationship’ between the two. Against the backdrop of rapid changes in contemporary social landscapes, artists are constantly exploring new artistic media to depict social landscapes and express the “relationship” between landscapes and people.

Keywords: relationship; contemporary art; social landscape

吴国栋　山东工艺美术学院　硕士研究生

基于技术视角的“无拉力砖薄壳组合屋面”遗产史料拼贴

Heritage Document Collage of “Tensile-Free Brick Thin-Shell Composite Roof” Based on Technological Perspective

夏 珩

摘 要:1958 年,在“洋土结合”的技术方针下,以用砖代替钢材、水泥也可作“薄壳”的替换性技术思路为指导,西北工业建筑设计院(现中国建筑西北设计研究院有限公司)徐永基(1935—2019 年)综合了匈牙利试验的无拉力砖薄壳和苏联的板式组合屋面,提出差分法,创造性地完成了“无拉力砖薄壳组合屋面”结构设计,应用于陕西省第一建筑工程公司机具修理站,节约钢材 20%~40%。但是,这一技术遗产缺失翔实文献与图档,仅有工程报告与简图。本研究基于技术视角与工程经验直觉,通过对徐永基家属采访及对匈牙利砖薄壳、苏联板式组合屋面、钢筋混凝土圆柱形铰等技术进行史料汇总,以对比互证的方法尝试为“无拉力砖薄壳组合屋面”结构虚拟复建实验做好基础工作。这也为缺乏具体原始图档的结构技术遗产的建造研究提供了可能。

关键词:西北工业建筑设计院;徐永基;无拉力砖薄壳组合屋面;技术遗产;溯源

Abstract: In 1958, under the technological policy of “combining Western and local practices”, guided by the alternative technological ideas of using bricks instead of steel and cement to create “thin-shell”, Xu Yongji (1935-2019) from the Northwest Industrial and Architectural Design Institute (now China Northwest Architectural Design and Research Institute Co., Ltd.) integrated the Hungarian experiment of tensile-free brick thin-shell and the Soviet panel composite roof, proposing a differential method to creatively complete the structural design of the “tensile-free brick thin-shell composite roof”. This design was applied to the machinery repair station of Shaanxi Province’s First Construction Engineering Company, saving 20%~40% of steel. However, this technological heritage lacks detailed literature and drawings, with only engineering reports and simple diagrams available. Based on the technical perspective and engineering experience intuition, this study attempts to lay the groundwork for a virtual reconstruction experiment of the “tensile-free brick thin-shell composite roof” structure by summarizing historical materials through interviews with Xu Yongji’s family, Hungarian brick thin-shell, Soviet panel composite roofs, and reinforced concrete cylindrical hinges, using a comparative mutual verification method. This also provides possibilities for the construction research of structural technological heritages that lack specific original drawings and archives.

Keywords: Northwest Industrial and Architectural Design Institute; Xu Yongji; tensile-free brick thin-shell Composite roof; technological heritage; provenance

夏珩 深圳大学 副教授

抗战强音：昆明广播电台发音室旧址建筑技术研究

Strong Voice of Resistance: Research on the Architectural Technology of the Former Broadcasting Studio of Kunming Radio Station

唐　莉　史明洁　曹谨韵

摘　要：抗战大后方物质环境受限，因大量内迁急需，其现代建筑工程广泛借鉴非正规的民间营建技术，其间互动和改进所体现出的逻辑与探索，迄今未被系统关注。本文以抗战大后方昆明广播电台发音室为例，以云南音像出版社企业档案室及云南省档案馆藏图文档案、合同信札等档案为基础，通过图文史料查阅、田野调查、声学分析等方法，挖掘昆明广播电台发音室建筑技艺，以期揭示多元现代性在抗战时期的呈现方式和学理机制，补充本土营建知识体系的构建，补强中国近代建筑史研究的薄弱环节并加以拓展。

关键词：抗战大后方；广播电台建筑；建筑技术；建筑声环境；价值认知

Abstract: In the rear area of the War of Resistance Against Japanese Aggression, the material environment was constrained. Due to the urgent need for a large-scale internal migration, modern architectural projects extensively drew upon informal folk construction techniques. The logic and exploration manifested in the interaction and improvement during this period have not received systematic attention hitherto. This article takes the broadcasting studio of the Kunming Radio Station in the rear area of the War of Resistance Against Japanese Aggression as an example. Based on the graphic and textual archives, contracts, letters, etc. archived in the enterprise archives of Yunnan Audio-Visual Publishing House and the Yunnan Provincial Archives, through methods such as the review of graphic and textual historical materials, field investigations, and acoustic analysis, it excavates the architectural craftsmanship of the broadcasting studio of the Kunming Radio Station, with the aim of revealing the presentation mode and theoretical mechanism of multiple modernities during the period of the War of Resistance Against Japanese Aggression, supplementing the construction of the local construction knowledge system, strengthening and expanding the weak links in the research of modern Chinese architectural history.

Keywords: the rear area during the War of Resistance Against Japanese Aggression; radio station buildings; architectural technology; architectural acoustic environment; value recognition

唐莉　昆明理工大学　讲师
史明洁　昆明理工大学　硕士研究生
曹谨韵　昆明理工大学院　硕士研究生

从防火看徽州古建筑外墙构造与装饰

View the Structure and Decoration of Exterior Wall of Ancient Building in Huizhou from the Perspective of Fire Prevention

王　益　肖昊煜　吴永发

摘　要：徽州古建筑以高大封闭的外墙为代表，其防火功能对外墙的构造与装饰发展产生了深远影响。文章通过史料梳理和火灾理论分析，从外墙演变、构造技术与装饰特征三方面，系统探讨其防火机理。研究发现，在从早期干阑式建筑到砖木结构的发展过程中，封火墙的防火分隔与抗风串火作用至关重要；增加外墙厚度与层次，以及木构与砖墙的弹性连接，显著提升了整体耐火性能。同时，外墙装饰（如座头、博风板、封护檐、墀头）在兼具美学与防火功能上体现了地域性适应创新。文章试图解析徽州古建筑外墙的实用和美观之间的共生关系以及地域风格的形成动力机制，并期望为当前的建筑设计提供启发和思考。

关键词：防火；外墙；座头；封护檐；墀头

Abstract: Huizhou's ancient architecture is characterized by its tall and enclosed exterior walls, with their fire prevention functions exerting a profound influence on the development of wall structures and decorative features. By combing through historical records and analyzing fire prevention theories, this article systematically explores the mechanisms of fire prevention from three aspects: wall evolution, structural techniques, and decorative characteristics. The study reveals that the development from early stilt-style buildings to brick-and-wood structures highlights the critical role of firewalls in fire compartmentalization and wind-driven fire prevention. Enhancements in wall thickness and layering, as well as the flexible connections between wooden frameworks and brick walls, significantly improved overall fire resistance. Additionally, exterior wall decorations (such as eaves gable ornament, windbreak panels, eaves enclosures, and gable ends) demonstrate an innovative adaptation to regional needs, balancing aesthetic and functional fire prevention considerations. The article seeks to analyze the symbiotic relationship between practicality and beauty in the exterior walls of Huizhou's ancient architecture, along with the driving forces behind the formation of regional styles, while aiming to inspire and provide insights for contemporary architectural design.

Keywords: fire prevention; exterior wall; eaves gable ornament; eaves enclosure; gable ends

王益　合肥工业大学　讲师
肖昊煜　合肥工业大学　硕士研究生
吴永发　苏州大学　教授

基于闽南大风气象的沿海村庄古厝建筑文物外立面病害表征研究
——以福建漳州埭美村为例

Research on the Characterization of Facade Deterioration of Ancient House Buildings in Coastal Villages Based on the Strong Wind Climate in Southern Fujian
—A Case Study of Daimei Village, Zhangzhou City, Fujian Province

张向宁　富婉婷　朱　莹

摘　要：闽南沿海地区的大风是一种常见的气象现象。大风气象高发于每年夏季的7月中旬到9月上中旬（多表现为台风）以及冬季的12月下旬到次年2月上旬。本文以福建省漳州市埭美村为研究对象，聚焦大风气象对古厝文物外立面的影响，通过实地考察、气象数据分析以及对古厝文物的材料的研究，深入探讨在闽南大风气象作用下古厝文物外立面受到的病害影响，从而为历史文化遗产预防性保护提供理论支持。

关键词：闽南古厝文物；大风气象；预防性保护；外立面病害表征

Abstract: The strong wind climate in the coastal areas of southern Fujian is a common climatic phenomenon. The high-incidence period of the strong wind climate is from mid-June to early and mid-september every summer (mostly manifested as typhoons) and from late December to late February of the following year in winter. This paper takes Daimei Village, Zhangzhou City, Fujian Province as the research object, focusing on the impact of the strong wind climate on the exterior facades of ancient buildings and cultural relics. Through on-site investigations, meteorological data analysis, and research on the materials of ancient buildings and cultural relics, it deeply explores how the strong wind climate in southern Fujian affects the exterior facades of ancient house and cultural relics with diseases, thereby providing theoretical support for the preventive protection of historical and cultural heritage.

Keywords: cultural relics of ancient buildings in southern Fujian; strong wind climate; preventive protection; characterization of exterior facade diseases

张向宁　华侨大学　教授
富婉婷　华侨大学　硕士研究生
朱莹　华侨大学　副教授

市域视角下的历史文化遗产保护格局研究
——以邯郸市为例

Research on the Pattern of Historical and Cultural Heritage Protection from the Perspective of Cities
—A Case Study of Handan City

王欢欢　刘语林　刘馨璞

摘　要:近年来我国历史文化遗产保护工作卓有成效,但有关历史文化遗产保护格局的研究相对较少。本文从市域视角研究历史文化遗产保护格局,以邯郸市历史文化遗产为研究对象,分析其历史文化脉系、遗产保护现状及问题,特别是格局方面存在的问题,并提出针对性的策略。

关键词:格局;历史文化遗产保护;市域

Abstract: In recent years, China's historical and cultural heritage protection has achieved remarkable effectiveness, but few studies on the protection pattern of historical and cultural heritage have been conducted. This paper studies the protection pattern of historical and cultural heritage from the perspective of cities, takes the historical and cultural heritage of Handan City as the research object, analyzes its historical and cultural veins, the status quo and problems of heritage protection, especially the problems existing in the pattern, and puts forward the targeted strategy.

Keywords: pattern; historical and cultural heritage protection; cities

王欢欢　天津城建大学　硕士研究生
刘语林　天津城建大学　硕士研究生
刘馨璞　沈阳城市建设学院　本科生

综合物理环境下闽南地区红砖建筑材料病害表征研究

Characterization of Red Brick Building Material Diseases in Southern Fujian under Comprehensive Physical Environment

朱 莹 杨秀华

摘 要:闽南地区是指中国福建省南部的一个地理文化区域,主要包括厦门、泉州、漳州三个地级市。该地区为亚热带海洋性季风气候,东南沿海地区自然气候多变,高湿、高温、光辐射强度大、江海风速高等综合物理环境导致文物建筑极易遭受病害破坏。本文以闽南地区特色红砖建筑为研究对象,对其立面红砖材料进行病害实地调研,通过图像识别对主要病害类型——斑痕变色、酥碱及裂缝进行表征分析,以期为后续红砖建筑的预防性保护提供数据支撑。

关键词:闽南地区;红砖材料;斑痕变色;酥碱;裂缝

Abstract: The southern Fujian is a geographical and cultural region in the south of Fujian Province, China, which mainly includes three prefecture-level cities: Xiamen, Quanzhou and Zhangzhou. This region features a subtropical oceanic monsoon climate with changeable natural conditions in the southeast coastal area. The comprehensive physical environment of high humidity, high temperature, high light radiation intensity and high river and sea wind speed easily leads to the disease in cultural relics buildings. This paper takes the characteristic red brick buildings in southern Fujian as the research object, conducts a field survey of the red brick material diseases on its facade, and characterizes and analyzes the main types of diseases, which are speckle discoloration, efflorescence and cracks through image recognition, in order to provide data support for the preventive protection of red brick buildings in the future.

Keywords: Southern Fujian; red brick material; speckle discoloration; efflorescence; cracks

朱莹 华侨大学 副教授
杨秀华 华侨大学 硕士研究生

建筑构件类遗产的再利用
——以砖雕类文物为例

Reuse of Architectural Component Heritage
—Taking Brick Carving Cultural Relics as an Example

黄　磊

摘　要:天津建筑遗产在过去三十余年的快速城市化进程中遭受较大破坏,历史风貌建筑一旦与建设进度相悖便迅速被拆除。砖雕作为天津传统建筑的重要构件,具备宝贵的历史人文讯息与技艺观赏效果。因此在传统建筑拆除过程中,部分精美的砖雕构件幸运地留存下来,作为地域性建筑残存构件被博物馆收藏,有很高的再利用价值。从文物藏品的角度来说,再利用过程中,应采取合理评估分析、复原性重组等方式,通过合理方法表达天津地域特色建筑的完整历史信息,使其在利用中获得新生。

关键词:天津砖雕;建筑构件遗产;文物保护利用

Abstract: Tianjin's architectural heritage has suffered significant damage in the rapid urbanization process over the past thirty years, and historic buildings that conflict with the construction progress are quickly demolished. Brick carving, as an important component of traditional architecture in Tianjin, possesses valuable historical and cultural information as well as artistic appreciation effects. Therefore, during the demolition process of traditional buildings, some exquisite brick carving components fortunately survived and were collected by museums as regional architectural remnants, with good reuse value. From the perspective of its cultural relics collection, in the process of reuse, reasonable evaluation and analysis, restorative restructuring, and other methods should be adopted to express the complete historical information of Tianjin's regional characteristic buildings through reasonable methods, so that they can be revitalized in utilization.

Keywords: Tianjin brick carving; heritage of architectural component; protection and utilization of cultural relic

黄磊　天津美术馆　初级馆员

武汉传统里分基于绿色建筑理念的现代改造

Modern Renovation of Traditional Lifen in Wuhan Based on the Concept of Green Building

王馨竹　黄子婷

摘　要: 里分是近代武汉独特的民居形式,有重要的历史价值,也急需更新以适应现代生活需求。本文从绿色建筑的理念出发,对同兴里 10 号的里分住宅建模,使用 ClimateStudio、绿建斯维尔通风 Vent、Ladybug 等软件对武汉里分进行风环境、光环境、声环境、热辐射的模拟计算,结合实验结果提出武汉里分的现代改造策略及建议,因地制宜地为武汉民居的改造更新以及再生设计提供思路。

关键词: 里分建筑;绿色建筑;建筑节能;传统建筑

Abstract: Lifen is a unique residential form in Wuhan, which has important historical value and is in urgent need of updating to meet the needs of modern life. Starting from the concept of green building, this paper modeled the No. 10 Lifen in Tongxingli, and used ClimateStudio, Vent, Ladybug and other softwares to simulate and calculate the wind environment, light environment, sound environment and thermal radiation of Lifen in Wuhan. Based on the experimental results, this paper puts forward the modern reconstruction strategies and suggestions for Wuhan Lifen, and provides ideas for the renovation, renewal and regeneration design of Wuhan residential buildings according to local conditions.

Keywords: Lifen; green building; building energy efficiency; traditional architecture

王馨竹　武汉大学　本科生
黄子婷　武汉大学　本科生

苏州长洲苑古诗词中的空间节点与生活场景
——文化遗产保护与城市形象塑造的历史与现状研究

Spatial Nodes and Life Scenes in the Ancient Poems of Changzhou Garden in Suzhou
—Research on the History and Current Situation of Cultural Heritage Protection and Urban Image Building

陈羽佳

摘　要：苏州长洲苑虽已不存，但通过古诗词和历史记载，我们依然能感受到其昔日风貌。在现代城市规划与文化传承中，这些资料为长洲苑重建提供了依据，有助于深入理解古代文化与传统美学的价值。政策建议包括整合文献资料、建立虚拟重建平台、加强文化推广、制定保护政策、塑造城市文化形象和设立研究基金。未来研究可集中于：①将古诗词中的空间意象与现代城市规划结合；②利用数字技术复原古代生活场景；③探讨诗词描绘的生活场景对居民文化认同及城市品牌的影响。这些研究将推动文化遗产与现代城市的融合，丰富城市文化内涵。

关键词：长洲苑；文化遗产保护；空间节点；生活场景

Abstract: Although Changzhou Garden in Suzhou no longer exists, we can still perceive its former appearance through ancient poems and historical records. In modern urban planning and cultural inheritance, these materials provide a basis for reconstruction and contribute to a deeper understanding of the value of ancient culture and traditional aesthetics. Policy recommendations include integrating documentary materials, establishing virtual reconstruction platforms, strengthening cultural promotion, formulating protection policies, shaping the urban cultural image, and setting up research funds. Future research can concentrate on the following. First, combine the spatial imagery in ancient poems with modern urban planning. Second, restore ancient living scenes by utilizing digital technology. Third, explore the influence of the living scenes depicted in poems on residents' cultural identity and the city's brand. These studies will facilitate the integration of cultural heritage and modern cities and enrich the cultural connotation of cities.

Keywords: Changzhou Garden; cultural heritage protection; spatial nodes; life scenes

陈羽佳　苏州科技大学　硕士研究生

变与不变：不可移动文化遗产保护与变化管理的关联性研究

Change and Non-change: a Study on the Correlation between Immovable Cultural Heritage Conservation and Change Management

陆　地　陈宇腾　徐添炜

摘　要：基于语言学与语用学研究，本文指出英语"conserve"或"conservation"既有"防护""保存"的首义，又有"精明地节俭使用"的次义，后者使英式"保护"概念与"利用""可持续发展""变化管理"关联起来。通过历史梳理，文章勾勒了英式"保护"概念从自然资源管理领域扩展到不可移动文化遗产管理领域的历程与动因。文章认为，遗产保护与变化管理的关系，本质上是英式"保护"概念的首义与次义的关系，是遗产防护、保存与开发利用的关系，指出对英式"保护"概念两种词义的侧重不同，导致了对保护的不同理解与争议。

关键词：自然资源管理；防护；保存；保护；发展；变化管理

Abstract: Based on linguistic and pragmatic research, this paper emphasizes that the English word "conserve" (or "conservation") primarily denotes protection and preservation, with a secondary implication of wise and thrifty use. The latter connects English-style conservation with utilization, sustainable development, and management of change. By conducting a historical survey, this paper outlines the trajectory and catalysts behind the extension of the concept of English-style conservation from the realm of natural resource management to the domain of immovable cultural heritage management. The paper argues that the relationship between heritage conservation and management of change fundamentally reflects the relationship between the primary and secondary meanings of English-style conservation, which also encompasses the relationship between the protection, preservation, exploitation, and utilization of heritage. It highlights that the differing emphasis on the two meanings of English-style conservation has resulted in varying interpretations and debates surrounding conservation.

Keywords: natural resource management; protection; preservation; conservation; development; management of change

陆地　同济大学　副教授
陈宇腾　同济大学　硕士研究生
徐添炜　同济大学　硕士研究生

论文物建筑价值评估
——以无锡周舜卿故居为例

Valuation of Cultural Relics Architecture
—Case Study of Zhou Shunqing's Former Residence in Wuxi

向纾娴

摘　要:周舜卿故居是无锡地区重要的历史文化遗产,它是无锡近代民族工商业家周舜卿发迹后回报乡梓、推动地方发展的见证。周舜卿故居的保护活化工作,不仅在于建筑本身的修缮,还涉及周边环境综合治理和文化功能再造,使之成为集历史体验、艺术创意、文化交流、都市休闲于一体的历史文化街区。通过深度参与第四次全国文物普查工作,进一步了解周舜卿故居的历史价值和现状,为制定更为科学的保护方案提供了依据。第四次全国文物普查工作的开展,有助于提升公众文化遗产保护意识,同时也为文化遗产的活化传承和利用提供了重要数据支持。周舜卿故居的历史沿革考据、价值评估、遗产保护活化,共同构成了无锡文化遗产保护和利用的重要一环,对传承地方历史文化、促进文化旅游发展具有重要意义。

关键词:周舜卿故居;历史沿革;文物价值评估;文物普查

Abstract: The Zhou Shunqing's former residence the is an important historical and cultural heritage in Wuxi. It is a witness that Zhou Shunqing, the national industrial and commercial entrepreneur in Wuxi, returned to his hometown and promoted local development after his successful career. The preservation and activation work of Zhou Shunqing's former residence not only involves the renovation of the building itself, but also includes the comprehensive renovation of the surrounding environment and the reconstruction of cultural functions, making it a historical and cultural block integrating historical experience, artistic creativity, cultural exchange, and urban leisure. By deeply participating in the fourth national survey of cultural relics, we can further understand its historical value and current situation, and provide a basis for formulating a more scientific protection plan. The survey of cultural relics helps to raise public awareness of the protection of cultural heritage, and also provides important data support for the active utilization and transmission of cultural heritage. The historical analysis, value assessment, heritage protection and activation of Zhou Shunqing's former residence constitute an important part of the protection and utilization of Wuxi's cultural heritage, which is of great significance for inheriting local history and culture and promoting the development of cultural tourism.

Keywords: Zhou Shunqing's former residence; historical evolution; cultural relics value assessment; cultural relics survey

向纾娴　天津大学　本科生

西安“156 工程”工业遗产价值建构与保护利用策略研究

Research on the Value Construction and Conservation and Utilization Strategies for Xi'an's Industrial Heritage from China's “156 Projects”

孙鑫姝

摘　要：我国对工业遗产的研究正处于推进“遗产化”的关键阶段。尽管近年来工业遗产保护受到更多关注，但对于新中国成立后的现代工业遗产，尤其是“156 工程”的认识仍显滞后。“156 工程”作为我国现代工业的开端，具有重要的历史价值、社会文化价值与科技价值，亟待深入挖掘。西安作为重点工业城市之一，在“156 工程”中占据重要地位，共有 17 个项目落地，涉及国防、机械、电力等多个领域，为国家工业化做出了巨大贡献。这些工业遗产见证了西安工业文明的飞速发展，是城市文化的重要组成部分。然而，随着城市更新的推进，这些工业遗产面临诸多困境与机遇。本文梳理了西安作为“156 工程”重点城市的建设历史背景，梳理了 17 项“156 工程”项目的构成与现状，并明确了研究拟解决的科学问题。基于《中国工业遗产价值评价导则(试行)》，本研究意图构建西安“156 工程”工业遗产的价值体系，同时验证该导则的普适性，并结合西安工业遗产的特点，提出针对性的保护与利用策略。通过与国内外典型案例的比较分析，旨在为西安乃至全国的工业遗产保护与再利用提供理论支持与实践参考，推动城市更新的可持续发展与文化传承。

关键词：工业遗产；价值建构；保护利用；156 工程

Abstract: The research on industrial heritage in China is currently at a crucial stage of promoting “heritagization”. Although industrial heritage conservation has garnered increasing attention in recent years, the understanding of modern industrial heritage after the founding of the People's Republic of China, especially the “156 Projects”, remains significantly behind. As the beginning of China's modern industry, the “156 Projects” possess significant historical, socio-cultural, and technological values. Xi'an, as one of the key industrial cities, played a pivotal role in the “156 Projects”. A total of 17 projects were constructed and implemented in Xi'an, covering fields such as national defense, machinery, and electricity, and making significant contributions to the country's industrialization. These industrial heritage sites have witnessed the rapid development of Xi'an's industrial civilization while constituting vital components of its urban identity. However, with the advancement of urban renewal, these industrial heritage sites face many challenges and opportunities. This paper reviews the construction history of Xi'an as a key city in the “156 Projects”, analyzes the composition and current situation of the 17 projects, and clarifies the scientific issues to be addressed in this study. Based on *Guidelines for the Evaluation of the Value of Industrial Heritage in China (Trial)*, this study aims to construct the value system of Xi'an's industrial heritage from China's “156 Projects”, verify the universality of the guidelines, and propose targeted protection and utilization strategies in combination with the characteristics of Xi'an's industrial heritage. Through comparative analysis with domestic and international typical cases, this study aims to provide theoretical support and practical references for the protection and utilization of industrial heritage in Xi'an and across the country, promoting sustainable urban renewal and cultural heritage.

Keywords: industrial heritage; value construction; conservation and utilization; 156 Projects

孙鑫姝　西安建筑科技大学　博士研究生

历史街区的景观特征评估方法研究

Research on Landscape Characterization Assessment Method for Historic Districts

杨雪妍

摘　要:在城市发展和更新过程中,历史街区景观的可持续管理是建筑遗产保护和再利用的重要方式,因此找到一种通用的历史街区景观评价方法具有重要意义。根据历史街区的景观特点,本研究借鉴并改进了原始的历史景观特征(HLC)方法,提出一种主观与客观相结合的景观管理方法。本研究以杭州北山街历史街区为案例,通过时间切片,梳理历史街区建筑格局的演变过程,分析得到量化的景观特征评估结果。评估结果显示了历史街区中景观价值较高的位置,价值得分可以为景观管理提供重要依据。将评估结果与景观敏感性相结合可以确定景观的关注等级,更全面地展示未来景观管理和保护的重点地块。

关键词:历史街区;历史景观特征(HLC);建筑遗产;地理信息系统(GIS)

Abstract: The sustainable management of historic district landscapes is a crucial aspect of preserving and reusing architectural heritage within the context of urban development and regeneration, thus finding a universal landscape evaluation method for historic districts is of great significance. Based on the landscape characteristics of historic districts, this study has enhanced the original historic landscape characterization (HLC) method, and proposes a landscape management framework that integrates both subjective and objective assessments. Employing Beishan Street historic district in Hangzhou as a case study, we trace its historical evolution using temporal slices and assess landscape characterization quantitatively. The findings underscore the considerable landscape value of some locations with value scores offering valuable insights for landscape management strategies. Combining assessment results and landscape sensitivity enables the determination of landscape priority levels, providing a comprehensive identification of key areas for future landscape management and conservation.

Keywords: historic districts; historic landscape characterization (HLC); architectural heritage; geographic information system (GIS)

杨雪妍　浙江大学　博士研究生

“一二·一”运动烈士陵园景观变迁的遗产阐释
Heritage Interpretation of the Landscape Change of the December 1st Movement Martyrs Cemetery

缪慧妍

摘　要：烈士陵园是纪念革命先烈、讲述革命往事、凝聚国家认同、传承红色文化的重要遗产地。在国家意志主导下，不同话语群体之间的互动促成了烈士陵园集体记忆的形成与遗产价值的建构。厘清烈士陵园的营建历程，总结景观营建、仪式展演等遗产实践反映出的不同群体与遗产互动的历时性特征，有助于阐释烈士陵园的遗产价值，更好地继承革命精神。本文聚焦于位于昆明云南师范大学校园内的“一二·一”运动烈士陵园，分析烈士陵园各阶段的景观营建过程与纪念仪式展演对烈士墓葬遗产化的推动作用，讨论不同话语通过遗产实践为革命旧址赋予的纪念意义。

关键词：“一二·一”运动烈士陵园；革命文物；纪念价值；景观营建；遗产阐释

Abstract: The martyrs cemetery is an important site for commemorating the revolutionary martyrs, telling the revolutionary past, consolidating the national identity and inheriting the red culture. Under the guidance of the will of the nation, the interaction between different discourse groups has contributed to the formation of the collective memory of the martyrs cemetery and the construction of the heritage value. Clarifying the construction process of the martyrs cemetery, summarizing the diachronic characteristics of the interaction between different groups and heritage reflected by heritage practices such as landscape construction and ceremony performances, will help to interpret the heritage value of the martyrs cemetery and better inherit the revolutionary spirit. This paper focuses on the December 1st Movement Martyrs Cemetery on the campus of Kunming Yunnan Normal University, analyzes how the landscape construction process and commemorative ceremony performance in each stage of the martyrs cemetery promote the heritage-making of the martyrs' tombs, and discusses the commemorative significance of different discourses to the revolutionary cultural relics through heritage practice.

Keywords: the December 1st Movement Martyrs Cemetery; revolutionary cultural relics; commemorative value; landscape construction; heritage interpretation

缪慧妍　中国人民大学　博士研究生

故宫践行《世界遗产公约》的历程

Course of Imperial Palace in Practicing the *World Heritage Convention*

程枭翀

摘　要:故宫于 1987 年被列入《世界遗产名录》,是中国首批世界文化遗产之一。申遗成功以来,故宫博物院按照《世界遗产公约》精神和《实施世界遗产公约的操作指南》要求,推进世界文化遗产的保护管理工作。本文回顾了故宫申遗的背景和历程,梳理了其突出普遍价值,结合世界遗产大会相关决议及世界遗产中心相关文件,重点梳理了国际反应性监测、北京文件出台、遗产边界划定、保护管理规划编制等事件的来龙去脉,为今后故宫的保护管理提供借鉴。

关键词:明清故宫;世界遗产公约;世界文化遗产;突出普遍价值

Abstract: The Imperial Palace of the Ming and Qing Dynasties (Forbidden City), was inscribed on the *World Heritage List* in 1987, which was one of the first World Cultural Heritage of China. Since the successful inscription for world heritage, the Palace Museum has been promoting the protection and management of the property in accordance with the spirit of the *World Heritage Convention* and the requirements of the *Operational Guidelines for the Implementation of the World Heritage Convention*. This article reviews the background and process of the Forbidden City nomination for world heritage and outlines its outstanding universal value. According to relevant decisions of the World Heritage Committee Sessions and documents of the World Heritage Centre, it focuses on causes and effects of events such as international reactivity monitoring, release of the Beijing document, delineation of heritage boundaries, and compilation of protection and management plans, in order to provide reference for the protection and management of the Forbidden City in the future.

Keywords: Imperial Palace of the Ming and Qing Dynasties; the *World Heritage Convention*; world cultural heritage; outstanding universal value

程枭翀　故宫博物院　副研究馆员

以《申报》为信息源的近代吉林省城自开商埠地的城市建设与管理探析（1906—1911年）

Analysis of Urban Construction and Management of the Self-Opened Commercial Port in the City of Jilin（1906-1911）Based on *Shenbao*

王洪倩　钟昕达　刘思铎

摘　要：在中东铁路未开通前，吉林省城（今吉林市）因交通便利有着得天独厚的地理优势，成为近代吉林省的行政中心。吉林省城因其地理优势，成为1905年签订有关东三省事宜的条约后第一批自行开埠通商的城市。吉林省城在开埠通商后，城市规模迅速扩大，推动了城市基础设施的完善、社会事业的进步以及城镇化的加速，为当今的城市格局勾画了一个基础框架。1906—1911年是自开商埠地发展的初期，这一从无到有的过程是城市开发至关重要的一环。由于现阶段研究的历史资料来源比较局限，对历史真相的还原存在模糊性，因此通过对《申报》报道的信息进行研究，以还原历史真相，分析吉林省城在开埠初期的筹备、建设情况，分析自开商埠地的发展对吉林省城近代化的影响。

关键词：吉林省城；申报；商埠地；开埠章程；商埠地建设

Abstract: Before the opening of Chinese Eastern Railway, the city of Jilin (now Jilin City) was the administrative center of modern Jilin Province because of its unique geographical advantage in convenient transportation. Because of its geographical advantages, it became one of the first to open port trading cities after the sign of the treaty concerning the affairs of the three eastern provinces in 1905. After opening ports to trade, the city scale of Jilin expanded rapidly, which promoted the improvement of urban infrastructure, the progress of social undertakings and the acceleration of urbanization. From 1906 to 1911, as the initial period of the development of the self-established trading ports, the process from scratch is crucial to the urban development. Due to the limited sources of historical materials, there is ambiguity in the restoration of historical truth. Therefore, by studying the reporting information of *Shenbao*, this paper analyzes how the city of Jilin was prepared and constructed in the early period of opening the port, and analyzes the influence of the development of the self-opened port on the modernization of the city of Jilin.

Keywords: the city of Jilin; *Shenbao*; port territory; charter; port construction

王洪倩　沈阳建筑大学　硕士研究生
钟昕达　沈阳建筑大学　硕士研究生
刘思铎　沈阳建筑大学　副教授

基于文明文化传播视角的南江古道文化价值创新性转化研究

Research on the Innovative Transformation of the Cultural Value of the Nanjiang Ancient Road from the Perspective of Civilization and Cultural Dissemination

梁光勇　欧阳翎　黄欣仪

摘　要: 本文聚焦古驿道文化价值的创新性转化，以南江古道为核心，结合国内外古驿道保护开发案例，深入探讨其在文化文明传播中的作用与影响，以及面临的挑战与解决方案。通过对古驿道历史脉络、分类特点的梳理，分析国内广东南粤古驿道、安徽浙江徽杭古道、云南茶马古道以及国外相关古道的活化模式与成果，总结经验启示。针对南江古道活化面临的交通方式改变、城市化工业化冲击、社会文化变迁、基础设施滞后、公众意识淡薄等问题，提出解决文化遗产管理保护、融资体系建设、旅游发展优化、创新模式应用、公众参与提升等问题的方案，旨在为南江古道及其他古驿道的可持续发展提供理论支撑与实践指导，推动古驿道文化的传承与弘扬，助力地方经济文化振兴与城乡一体化发展，实现文化遗产与现代社会的有机融合。

关键词: 南江古道; 古驿道活化; 文化价值转化; 文化传播; 乡村振兴

Abstract: This paper focuses on the innovative transformation of the cultural value of ancient post roads, with the Nanjiang Ancient Road as the core. Combining the cases of the protection and development of ancient post roads at home and abroad, it deeply discusses their roles and impacts in the dissemination of civilization and culture, as well as the challenges and solutions they face. By sorting out the historical context and classification characteristics of ancient post roads, it analyzes the activation models and achievements of the Guangdong Nanyue Ancient Post Road, the Anhui-Zhejiang Huizhou-Hangzhou Ancient Post Road, the Yunnan Tea-Horse Ancient Road in China and relevant ancient roads abroad, and summarizes the experiences and inspirations. In response to the problems faced by the activation of the Nanjiang Ancient Road, such as changes in transportation methods, the impact of urbanization and industrialization, changes in social culture, lagging infrastructure, and weak public awareness, it proposes solutions including the management and protection of cultural heritage, the construction of a financing system, the optimization of tourism development, the application of innovative models, and the improvement of public participation, aiming to provide theoretical support and practical guidance for the sustainable development of the Nanjiang Ancient Road and other ancient post roads, promote the inheritance and dissemination of the culture of ancient post roads, and help local economic and cultural revitalization and the integration of urban and rural areas, so as to realize the organic integration of cultural heritage and modern society.

Keywords: Nanjiang Ancient Road; activation of ancient post roads; transformation of cultural value; cultural dissemination; rural revitalization

梁光勇　广州城市理工学院　工程师
欧阳翎　广州城市理工学院　讲师
黄欣仪　广州城市理工学院　本科生

乡建“5C”视角下的乡村工业遗产活化利用
——以晋江塔头孙村矿坑改造为例

Rural Industrial Heritage Revitalization from the “5C” Perspective:
—Case of the Tatousun Village Mine Pit Rehabilitation in Jinjiang

王绍森　刘　启　陈　鸣

摘　要:近年来,随着乡村振兴战略不断深入,乡村工业遗产作为乡村空间的重要组成部分,其功能转变和空间重新利用逐渐成为乡村振兴的重点,但由于缺乏对乡村内系统性和复杂性的深入理解,大量乡村工业遗产资源未能得到充分利用。因此,本文以乡建“5C”理论作为更新策略,从“Countryside”(乡间)、“Construction”(乡建)、“Concern”(乡愁)、“Custom”(乡土)、“Connection”(乡联)五个维度出发,对乡村工业遗产进行系统性改造设计,并以晋江塔头孙村工业遗产的发展历程及规划实践为例进行研究,以期为乡村工业遗产的活化利用提供借鉴依据。

关键词:乡村振兴;乡村工业遗产;更新改造;设计策略

Abstract: In recent years, with the continuous deepening of the rural revitalization strategy, rural industrial heritage, as an important component of rural space, has gradually become a focal point in rural revitalization due to its functional transformation and spatial reutilization. However, a lack of in-depth understanding of the system and complexity within rural areas has led to underutilization of many rural industrial heritage resources. Therefore, this paper adopts the rural construction “5C” theory as an updating strategy, starting from five dimensions: “Countryside”, “Construction”, “Concern”, “Custom” and “Connection”. It systematically redesigns rural industrial heritage and takes the development and planning practices of the industrial heritage in Tatousun Village, Jinjiang, Fujian as a case study, aiming to provide a reference for the revitalization and utilization of rural industrial heritage.

Keywords: rural revitalization; rural industrial heritage; renovation and upgrading; design strategy

王绍森　厦门大学　硕士研究生
刘启　厦门大学　硕士研究生
陈鸣　厦门大学　硕士研究生

基于乡土记忆的非文保类乡村建筑遗产调查及活化利用研究

——以西安市长安区为例

Research on the Investigation and Revitalization of Non-Protected Rural Architecture Heritage Based on Local Memory

—Taking Chang'an District of Xi'an City as an Example

丁春梅

摘　要：本研究针对当前和美乡村建设中非文保类乡村建筑遗产保护利用的现实问题，从乡土记忆的视角，通过"摸底普查—现状分析—特征识别—价值认知—活化策略"对西安市长安区16个街办204个村庄的非文保类乡村建筑遗产展开系统调查研究，通过摸底普查及价值评估识别7种类型83处非文保类乡村建筑遗产。在梳理当前乡村建筑遗产保护发展的理论成果和实践经验的基础上，通过文献研究、田野调查、影像描述分析、空间分析等方法，结合多年扎根陕西乡村建设实践的经验，在深入系统研究后提出基于乡土记忆的"分类型、分层次、分阶段"的保护利用策略。

关键词：乡土记忆；非文保类乡村建筑遗产；存续状态调查；价值认知；活化利用；西安；长安区

Abstract: This study starts from the current problems in the protection and utilization of non-protected rural architectural heritage in the construction of beautiful rural areas. From the perspective of local memory, the systematic investigation and research were carried out on the non-protected rural architectural heritage in 204 villages in 16 street offices in Chang'an District, Xi'an City, through the methods of "survey-current situation analysis-feature recognition-value cognition-activation strategy". Through the survey, 83 sites of non-protected rural architecture heritage were identified, belonging to 7 types. On the basis of sorting out the theoretical achievements and practical experience of the current development of rural architectural heritage protection, through literature research, field investigation, image description analysis, spatial analysis and other methods, combined with years of experience in rural construction practice in Shaanxi, a "type-level-stage" protection and utilization strategy based on local memory is proposed after in-depth and systematic research.

Keywords: local memory; non-protected rural architecture heritage; survival status investigation; value cognition; activation and utilization; Xi'an; Chang'an District

丁春梅　西安建筑科技大学　博士研究生

坝子社会：大理赵州风土聚落与建筑空间营造研究

Bazi Society: Study on the Place-making of Vernacular Settlement and Architecture in Zhaozhou, Dali

陈虹羽　杨　毅

摘　要：云南滇西北大理地区的"赵州坝子"地处滇西交通要冲，镶嵌着大理文化历史基因，对大理地区的发展具有重要意义。本研究借鉴人类学"坝子社会"概念，将其定义为一种社会历史单位，并从建筑学视角进行探讨。结合人类学、社会学理论，选择赵州坝子社会风土聚落与建筑作为研究对象，通过跨学科方法，运用地理地域分析、逆推顺述分析、人类学测度分析等手段，探讨风土聚落与建筑空间的营造功能，分析物质空间特征与内核因素。研究认为赵州坝子风土聚落与建筑的发展是物质文化与精神文化相互作用的结果，提出以"坝子"为社会空间结构构建区域建筑学理论，揭示风土聚落与建筑发展的营造机制，探索"坝子社会"空间形态背后的社会观念变化与规则样态。研究补充了风土聚落与建筑领域的理论视角，推动建筑历史研究的跨学科发展，有助于开拓建筑、历史、地理、社会等学科在建筑历史研究中的新领域，建立坝子地理环境与人造空间力量之间社会发展关联研究的新视角。

关键词：大理赵州坝子；风土聚落与建筑；空间营造；坝子社会；社会记忆

Abstract: The "Zhaozhou Bazi" in the northwest of Yunnan's Dali region is located at a key transportation hub in western Yunnan, embodying the historical and cultural genes of Dali, making it of significant importance to the development of the Dali region. This study adopts the anthropological concept of "Bazi society", defining it as a socio-historical unit, and explores it from the architectural perspective. Combining theories from anthropology and sociology, the research focuses on the vernacular settlements and architecture of the Zhaozhou Bazi society. Through interdisciplinary methods, including geographic analysis, retroactive and progressive analysis, and anthropological measurement analysis, the study investigates the functions of place-making and architectural space, analyzing the physical spatial characteristics and core factors. The research argues that the development of the Zhaozhou Bazi's vernacular settlement and architecture is the result of the interaction between material culture and spiritual culture. It proposes the construction of a regional architectural theory based on "Bazi" as a social spatial structure, revealing the mechanisms behind the development of vernacular settlement and architecture. The study explores the changes in social concepts and rule patterns behind the spatial forms of "Bazi society". It enriches the theoretical perspectives in the field of vernacular settlement and architecture, promotes interdisciplinary development in architectural history research, helps to open up new fields in the research of architectural history for disciplines such as architecture, history, geography and sociology, and contributes to the establishment of new research perspectives on the relationship between geographical environments and human-made spaces in social development.

Keywords: Dali Zhaozhou Bazi; vernacular settlement and architecture; place-making; Bazi society; social memory

陈虹羽　昆明理工大学　博士研究生
杨毅　昆明理工大学　教授

文旅融合视阈下海南岛明清海防建筑遗存活化研究

Research on the Revitalization of Ming and Qing Coastal Defense Architectural Heritage in Hainan Island from the Perspective of Cultural-Tourism Integration

杨 蕾

摘 要:海防作为中国古代重要的海上防御系统,是中国治边思想的集中表达,凸显了中国人民的政治智慧。海防建筑遗存既是历史文化遗存保护的核心要素,又是海洋强国战略的重要一环。海南岛海防的产生、形成和发展,与中国整体海防的历史几乎是同步而行。加之海南岛独特的地理位置、气候特点等因素,中国的海防,尤其是中国历史上的海防研究成为迫切需要关注的焦点。本文基于海南岛海防建筑遗存的特点,建立以"海防建筑遗存保护"为核心,"文化、数字化、旅游"为基础,"本体激活、空间激活、场景激活、产业激活"为目标,"建筑遗存本体保护、建筑遗存智慧监测、建筑空间功能更新、建筑空间虚拟体验、场景历史记忆焕活、建筑遗存智慧服务、海防遗存廊道搭建、海防文化品牌打造"为支撑的活化策略,促进建筑遗存的活态保护与文旅交融发展。利用数字技术优势,在活化策略基础上具体通过"遗存 + 数字""遗存 + 研学""遗存 + 演艺""遗存 + 景区""遗存 + 廊道"打造更多丰富、形式多样的遗存旅游新产品,推动海防建筑遗存由静态向动态转变,为海南的旅游业注入新的活力,用深厚海防文化底蕴和独特历史遗迹突出地域特色,促进文化与经济的双重繁荣。

关键词:海防;海南岛;海防建筑遗存

Abstract: As a crucial maritime defense system in ancient China, coastal defense epitomized Chinese frontier governance philosophy and demonstrated the political wisdom of the Chinese people. Coastal defense architectural heritage not only constitute core elements of historical and cultural heritage preservation but also serve as vital components of the maritime power strategy. The emergence, formation, and development of Hainan Island's coastal defense system evolved synchronously with China's overall coastal defense history. Hainan Island's unique geographical location, climatic characteristics, and other factors have rendered the study of China's coastal defense, particularly its historical dimensions, an urgent focus. Based on the characteristics of the remaining martime defense buildings on Hainan Island, this paper proposes a revitalization framework centered on coastal defense architectural heritage preservation, grounded in culture, digitalization, and tourism,and targeting four activation dimensions: heritage ontology, spatial functions, historical scenarios, and industrial development. The strategy is supported by eight key pillars: structural conservation of architectural heritage, intelligent monitoring of heritage sites, functional renewal of architectural spaces, virtual experience of spatial configurations, rejuvenation of historical memory contexts, smart services for architectural heritage, establishment of coastal defense heritage corridors, development of coastal defense cultural brands. The aim is to promote the living protection of architectural heritage and the integrated development of culture and tourism. On the basis of the revitalization strategy, digital integration enables innovative tourism products via hybrid models: heritagedigitalization, heritage-education, heritage-performance, heritage-attractions, and heritage-corridors. This transforms static relics into dynamic cultural commodities while injecting vitality into Hainan's tourism sector. By foregrounding regional identity through maritime historical narratives and unique heritage landscapes, the approach fosters dual advancement of cultural preservation and sustainable economic growth.

Keywords: coastal defense; Hainan Island; coastal defense architectural heritage

杨蕾 武汉理工大学 博士研究生

会理市松坪村合院式民居空间形态的生态可持续设计分析

Analysis of Ecological Sustainability Design of Courtyard-style Residential Space in Songping Village, Huili City

潘明慧　刘　伟

摘　要：会理是我国历史文化名城，松坪村传统合院式民居是本土文化吸收外来文化精华后形成的生动空间形态。本研究聚焦会理市松坪村的合院式民居空间形态，深入剖析其生态可持续设计理念。以松坪村的地理环境和历史背景为基础，通过田野调查与测量绘图方法，对三合院、四合院和"L"形院三种民居形态进行比较，着重从建筑形体、空间构成以及营造技艺等方面探索松坪村传统合院式民居空间形态，揭示其建筑设计和营造中的"节能、节地、节材、节时、节工、节财、环保"和"长效、健康"等多方面的生态设计观念。相关研究的开展不仅挖掘传统民居生态智慧，并探讨可供当代建筑设计借鉴的生态可持续设计理念。

关键词：合院式民居；空间形态；生态可持续；7 词 + 2 词；松坪村

Abstract: Huili City is a famous historical and cultural city in China, and the traditional courtyard-style residence in Songping Village is a vivid spatial form formed by local culture after absorbing the essence of foreign culture. This study focuses on the spatial form of Songping Village, Huili City, and deeply analyzes its ecological sustainable design concept. The paper compares Sanheyuan (three-sided courtyard house), Siheyuan (four-sided courtyard house), and L-shaped courtyard house, based on the geographical environment and historical background of Songping Village by the field survey and measurement mapping method, focusing on aspects such as architectural form, spatial composition and construction techniques. The architectural design and construction of the traditional courtyard-style residential space form reveal the "saving energy, land, material, time, labor, money, and environmental protection" and "long-term, health" aspects of ecological design concept. In addition to uncovering the ecological wisdom of traditional residences, related research investigates the idea of ecologically sustainable design, which can serve as a model for modern architecture.

Keywords: courtyard-style residence; spatial form; ecological sustainability; 7 words + 2 words; Songping Village

潘明慧　西南民族大学　硕士研究生
刘伟　西南民族大学　教授

探索人文艺术助推农旅兴村的扶贫模式
——以华新村为例

Exploration of Assistance Model of the Agricultural Tourism Prospering Villages Assisted by Humanities and Arts
—Taking Huaxin Village as an Example

高云庭

摘　要:华新村具有发展农旅的良好资源,构筑近郊乡村旅游目的地、提升农产品附加值、开展艺术展览与文化活动是华新村农旅兴村的扶贫模式,通过对文化老建筑、生态农园、配套设施、售卖品、活动项目、村间环境的华新村帮扶举措进行探析,初步厘清方法路径、发展向度、作用模块等人文艺术助推农旅兴村的扶贫模式。

关键词:人文艺术;农旅兴村;扶贫模式

Abstract: Huaxin Village has good resources for the development of agricultural tourism. Constructing suburban rural tourism destinations, enhancing the added value of agricultural products, developing art exhibitions and cultural activities are the new assistance models for Huaxin Village to achieve rural revitalization through agricultural tourism. Through analysis of the development patterns and measures of agricultural tourism in the six aspects of old cultural buildings, ecological farms, supporting facilities, products for sale, activity projects, and the inter-village environment, this paper preliminarily clarifies the methods and paths, development orientations, functional modules and other models of humanities and arts help agricultural tourism prosper villages.

Keywords: humanities and arts; agricultural tourism prospering villages; assistance model

高云庭　广东白云学院　讲师

活态文化遗产保护与发展策略
——以苏州震泽古镇历史文化街区为例

Protection and Development Strategies for Living Cultural Heritage
—Case of the Historical and Cultural Block of Zhenze Ancient Town in Suzhou

何　静

摘　要:文化遗产作为文化保护体系中的关键层级,具有动态特征,属于典型的活态遗产范畴。随着我国城镇化建设的快速推进,不少历史文化街区多采用"重物质轻文化"的手段,物质文化遗产层面的"静态性"被广泛关注,而非物质文化遗产以及物质文化遗产的"活态"往往并不十分受重视,也缺乏系统的理论和方法的研究。本文以苏州震泽古镇历史文化街区为研究案例,从活态文化遗产理念的解析和应用模式出发,挖掘、梳理文化遗产并进行价值解读,借助实地调研、访谈等方式,剖析街区的现实问题,提出街区空间营造、街区功能提升、街区事件联动等整体性策略,以期达到街区空间复兴、业态活力再现、形态保护与城市现代化发展相协调的目的。

关键词:活态;文化遗产;历史文化街区;空间品质

Abstract: Cultural heritage, as a key level in the cultural protection system, has dynamic characteristics and belongs to the typical category of living heritage. With the rapid advancement of urbanization in our country, many historical and cultural blocks adopt the approach of "emphasizing material over culture". The "static nature" of material cultural heritage have been given too much attention, while intangible cultural heritage and the "vitality" of material cultural heritage are often not highly valued, and there is a lack of systematic theoretical and methodological research. This paper takes the historical and cultural block of Zhenze Ancient Town in Suzhou as a case study. Starting from the analysis and application mode of the concept of living cultural heritage, it explores and sorts out cultural heritage and interprets it value. Through field research, investigation, interviews and other methods, it analyzes the practical problems of the block, proposes overall strategies such as block space creation, block function improvement, and block event linkage, in order to achieve the goal of block space revitalization, business vitality reproduction, coordination between morphological protection and modern urban development.

Keywords: active state; cultural heritage; historical and cultural block; space quality

何静　苏州科技大学　硕士研究生

汕头蓬洲村祠堂门楼装饰符号探析

Analysis of the Decorative Symbols of the Gatehouse of the Ancestral Hall in Pengzhou Village, Shantou

谢 颖

摘 要:蓬洲村为汕头本埠最古老的一处古迹,其现存最久远的祠堂建筑可追溯到宋庆元时期,所存祠堂建筑保护完善且功能基本不变,是研究潮汕祠堂建筑的重要样本,展现了地域特色。自宋朝起,祠堂门楼装饰便展示出其独特性,其不仅丰富了潮汕建筑装饰艺术,同时门的形制与装饰也彰显了建筑的等级,侧面反映了潮汕礼仪制度。本文首先从符号学角度探析,分析其能指与所指两个范畴,强调对其系统研究的重要性;其次对蓬洲村门楼装饰构件符号进行分析,说明不同祠堂门楼的装饰特点;最后总结祠堂门楼装饰作为一种符号形象,反映了潮汕地区的礼制精神和宗法文化,体现出潮汕特有的宗族文化。

关键词:祠堂门楼;符号学;能指;所指;装饰

Abstract: Pengzhou Village is the oldest historical site in Shantou, with its oldest ancestral hall dating back to the Qinyuan period of the Song Dynasty. The ancestral halls in the village are well-preserved and have remained functionally unchanged, making them an important sample for studying Chaoshan ancestral hall architecture and showing regional characteristics. Since the Song Dynasty, the decorations on the ancestral hall gatehouse have displayed unique features. These decorations not only enrich the artistic decoration of Chaoshan architecture but also reflect the architectural hierarchy, indirectly reflecting the Chaoshan etiquette system. This paper first explores from a semiotic perspective and analyzes the signifier and signified aspects to emphasize the importance of systematic research. It then analyzes the symbolic components of the Pengzhou Village gatehouse decorations, explaining the features of different ancestral hall gatehouse decorations. Finally, it concludes that the decorations on the ancestral hall gatehouse, as a symbolic image, reflect the spirit of Chaoshan etiquette and patriarchal culture, embodying the unique clan culture of Chaoshan.

Keywords: the gatehouse of ancestral hall; semiotics; signifier; signified; decoration

谢颖 汕头大学 硕士研究生

“建筑可阅读”赋能城市更新中的历史建筑保护与传承

Protection and Inheritance of Historical Buildings in Urban Renewal under “Readable Architecture”

周　霏

摘　要：历史建筑是城市文化景观的一部分，包括文物建筑、优秀历史建筑及建筑群、保留历史建筑和一般历史建筑。上海作为近现代史迹型国家历史文化名城，有各级文物保护单位及登记不可移动文物 3 467 处，优秀历史建筑 1 058 处，历史文化风貌区 44 片。2018 年，上海在全国首创“建筑可阅读”项目，开启历史街区文旅融合和历史建筑数字活化利用的新模式。本文以上海城市更新的时代背景为主线，通过梳理上海市历史文化风貌区中的“红色文化、海派文化、江南文化”三种建筑文化景观的保护和传承现状，同时借鉴“建筑可阅读”项目的优秀案例，提出集历史建筑保护、传承、创新为一体的数字化平台建设可行性建议。

关键词：历史建筑；城市更新；建筑可阅读；保护；传承

Abstract: As a part of the urban cultural landscape, historical buildings include cultural relic buildings, excellent historical buildings and architectural complexes, preserved historical buildings, and general historical buildings. Shanghai, as a national historical and cultural city with modern and contemporary historical sites, has 3 467 cultural relics protection units and registered immovable cultural relics at all levels, 1 058 excellent historical buildings, and 44 historical and cultural areas. In 2018, Shanghai pioneered the “readable architecture” project nationwide, ushering in a new model of cultural and tourism integration in historic blocks and digital revitalization and utilization of historic buildings. This article takes the background of Shanghai’s urban renewal as the main line, sorting out the current situation of the protection and inheritance of three architectural cultural landscapes in the historical and cultural areas of Shanghai, namely “red culture, Shanghai style culture, and Jiangnan culture”. At the same time, it draws on the excellent case of the “readable architecture” project to propose feasible suggestions for the construction of a digital platform integrating historical building protection, inheritance and innovation.

Keywords: historical buildings; urban renewal; readable architecture; protection; inheritance

周霏　上海工程技术大学　讲师

交互体验视角下历史建筑保护与更新中的数字化设计研究

Research on Digital Design in the Conservation and Renewal of Historical Buildings from the Perspective of Interactive Experience

童晶莹　孙奎利

摘　要：当今城市中存留了大量富含历史文化价值的古建筑和遗址，数字化技术的应用不仅可以通过数据预估更好地对历史建筑进行保护，也能够通过多种技术融合的方式进行更新设计，使历史遗产更好地融入现代化城市。基于此，本文就“交互体验视角下的数字化设计”如何与“古建筑保护与更新”相结合展开论述，分析数字化设计在历史建筑领域的发展现状，并通过归纳其辅助下的历史建筑保护更新案例，总结出数字化时代古建筑保护更新的新思维，以期探索出能更好应用于今后古建筑保护更新工程的新方法。

关键词：历史建筑保护与更新；数字化设计；交互体验

Abstract: Today's cities have a large number of ancient buildings and sites rich in historical and cultural value. The application of digital technology can not only better carry out preservation work of historical buildings through accurate data prediction, but also conduct renewal design through the integration of various of technologies, so that the historical heritage can be better integrated into the modern city. Based on this, this paper discusses how "digital design from the perspective of interactive experience" can be combined with "conservation and renewal of ancient buildings", analyzes the development status of digital design in the field of historical buildings, and summarizes the cases of historical building conservation and renewal with its assistance. By summarizing the cases of historical building protection and renewal with its assistance, we derive the new thinking on ancient building protection and renewal in the digital era, in order to explore new methods that can be better applied to future ancient building protection and renewal projects.

Keywords: conservation and renewal of historical buildings; digital design; interactive experience

童晶莹　天津美术学院　硕士研究生
孙奎利　天津美术学院　副教授

数字建模在传承中国传统建筑艺术中的应用研究

——以样式雷家族建筑设计为例

Research on the Application of Digital Modeling in Inheriting Traditional Chinese Architectural Art

——Taking the Dsign of the Lei Family Architecture as an example

梁玮莎

摘　要:随着科技的进步,数字建模技术在传统建筑遗产保护和修复中发挥着越来越重要的作用。本文探讨了数字建模技术在中国传统建筑艺术传承中的应用,特别以样式雷家族建筑设计为例,分析了技术如何支持传统建筑艺术的保存与复兴。通过运用 3DMAX、MAYA、Rhinoceros(犀牛)和 SketchUp(草图大师)等现代设计软件,本研究详细探讨了这些工具在样式雷家族建筑数字化建模、修复和展示中的具体应用及其效果。论文还考察了数字建模技术对建筑细节复原、历史资料重构、公众展示和教育推广的贡献。

关键词:数字建模;传统建筑艺术;样式雷建筑;修复与传承

Abstract: With the advancement of technology, digital modeling technology is playing an increasingly important role in the protection and restoration of traditional architectural heritage. This paper explores the application of digital modeling technology in the inheritance of traditional Chinese architectural art, especially taking the design of the Lei family architecture as an example, and analyzes how technology supports the preservation and revival of traditional architectural art. By using modern design software such as 3DMAX, MAYA, Rhinoceros, and SketchUp, this study explores in detail the specific applications and effects of these tools in the digital modeling, restoration, and display of the Lei family architecture. The paper also examined the contribution of digital modeling technology to the restoration of architectural details, reconstruction of historical materials, public display, and educational promotion.

Keywords: digital modeling; traditional architectural art; Lei family architecture; restoration and inheritance

梁玮莎　长春理工大学　硕士研究生

历史文化街区可持续发展中的“原真性”讨论
——以绍兴徐渭故里历史街区为例

Discussion on “Authenticity” in the Sustainable Development of Historic and Cultural Blocks
—Taking the Historic Block of Xu Wei’s Hometown in Shaoxing as an Example

刘阳雪

摘　要:我国城市更新的进程不断推进,历史街区作为发展新时代中的历史老地区,在城市发展过程中面临角色转变,需要兼顾保护历史和未来发展的双重考虑。文章对原真性内涵进一步论述,提出以相对原真性应对街区发展,并以徐渭故里历史街区规划设计实践为支撑进行说明,以期实现绍兴徐渭故里历史街区的活化再生,进而促进街区发展。

关键词:原真性;历史街区;公共空间;保护利用

Abstract: The process of urban renewal in China is constantly advancing. As historical old areas in the new era of development, historical blocks are taking on new roles in the process of urban development and need to balance the dual considerations of protecting history and promoting future development. This article further discusses the connotation of authenticity, proposes responding to the development of blocks with relative authenticity, and illustrates it with the planning and design practice of the historical block of Xu Wei’s Hometown, hoping to achieve the activation and regeneration of the historical block of Xu Wei’s Hometown in Shaoxing and promote the development of the block.

Keywords: authenticity; historical blocks; public space; protection and utilization

刘阳雪　浙江大学　博士研究生

基于城市漫步的遗产导览特征解析
——以伦敦为例

Feature Analysis of Heritage Tour Based on Citywalk
—Taking London as an Example

赵亚美　石笑语

摘　要:城市漫步作为一种新兴的文化体验方式，正在全球范围内受到广泛欢迎。本研究以英国伦敦遗产步行导览为案例，分析导览活动的时间分布、空间分布及主题特征，探讨其作为城市遗产传播与公众参与途径的核心特征。研究发现，导览活动在时间上集中分布于周末和春夏季，在空间上高度依赖伦敦中心区域的历史遗产资源，并呈现出不同历史时期的时空集聚特征；在主题上，建筑与城市景观主题占据主导，体现了建筑遗产在城市文化记忆中的重要地位。免费导览活动频率高，覆盖面广且多集中于标志性遗产地，主要由地方政府和非营利组织主办，充分体现了普惠性；市场化导览活动则以主题创新和深度体验为核心，体现了更高的专业化水平与文化附加值。

关键词:城市漫步；遗产步行导览；建筑与城市景观；伦敦

Abstract: Citywalk, as an emerging cultural experience, has gained widespread popularity globally. By examining heritage walking tours in London, UK, this study analyzes their temporal distribution, spatial distribution, and thematic characteristics to explore their core features as a way of urban heritage dissemination and public engagement. The findings reveal that the tours are predominantly scheduled on weekends and during spring and summer, with a strong spatial reliance on the historical heritage resources of central London, exhibiting distinct spatiotemporal clustering across different historical periods. Thematically, architecture and urban landscapes dominate, highlighting the critical role of architectural heritage in urban cultural memory. Free tours, characterized by high frequency and wide coverage, are primarily organized by local governments and non-profit organizations, underscoring their accessibility and inclusivity. In contrast, market-oriented tours focus on thematic innovation and immersive experiences, reflecting higher levels of professionalism and cultural value.

Keywords: citywalk; heritage walking tour; architecture and urban landscape; London

赵亚美　天津大学　硕士研究生
石笑语　天津大学　本科生

人居三元论视角下城市中心的“孤岛求生”
——以上海市建国西路里弄建筑群为例

“Island Survival” of Urban Centers from the Perspective of the Triple-Element Theory of Human Settlements
—Case of the Architectural Complex in Jianguo Xilu Lane, Shanghai

苏　玉　张　杰

摘　要：上海里弄作为城市历史文化遗产的重要组成部分，见证了上海城市的演变和发展。近几年，由于一系列原因，上海里弄逐步沦为中心城区内的生存“孤岛”。本文以上海市建国西路里弄建筑群为研究对象，结合人居三元论，分析其物质空间形态特征、单体建筑形态特征，以及显性与隐形人居活动基因，并探讨其历史、文化和发展演变等内容，以期为保护和传承上海城市历史文化遗产提供参考，并从城市社会学角度探讨城市中心“孤岛”的未来。

关键词：上海里弄；城市“孤岛”；人居三元论；建国西路

Abstract: Shanghai Land, as an important part of the city’s historical and cultural heritage, has witnessed the evolution and development of the city. In recent years, due to a series of reasons, Shanghai Lane has gradually become “isolated islands” for survival within the central urban area. This paper takes the architectural complex of Jianguo Xilu Lane in Shanghai as the research object, and combines the theory of the triple-element of human settlements to analyze its material spatial form characteristics, individual building form characteristics, and explicit and implicit human settlement activity genes. It also explores its history, culture and development, in order to provide a reference for the protection and inheritance of Shanghai’s urban historical and cultural heritage, and to explore the future of the “isolated island” in the city center from the perspective of urban sociology.

Keywords: Shanghai Lane; urban “island”; triple-element theory of human settlements; Jianguo Xilu

苏玉　华东理工大学　硕士研究生
张杰　华东理工大学　教授

文化基因理论下工业遗产更新优化路径研究

Research on the Renewal and Optimization Path of Industrial Heritage under the Cultural Gene Theory

彭　方

摘　要：工业遗产作为城市工业化进程的独特印记，是城市文化不可或缺的一部分。通过对文化基因理论的解读去搭建工业遗产文化基因的指标体系，并且从工业遗产文化基因的遗传过程分析工业遗产更新过程中存在的问题和优化路径。结果表明，工业遗产更新存在两个问题：①工业遗产文化基因恶性突变，导致价值衰减；②部分特色空间闲置，导致工业遗产文化基因被灭活。对此，针对更新过程提出系统性的优化路径：①在基因复制阶段，对工业遗产文化基因进行原真性培育和组织重构；②在基因转录阶段，对工业遗产文化基因进行隔离与建档保护；③在基因翻译阶段，对工业遗产文化基因进行融合重塑和功能嫁接。期望本研究能为工业遗产的重新利用提供一定的参考意见。

关键词：文化基因理论；工业遗产；更新优化

Abstract: Industrial heritage, as a unique hallmark of urban industrialization, constitutes an indispensable part of urban culture. By interpreting the cultural gene theory, this study establishes an indicator system for the cultural genes of industrial heritage and through the lens of the genetic process of these cultural genes, analyzes the issues and optimization paths in the process of industrial heritage renewal. The results indicate two major problems in industrial heritage renewal: ① malicious mutations in the cultural genes of industrial heritage, leading to a decline in value; ② the idling of certain distinctive spaces, resulting in the inactivation of industrial heritage cultural genes. In response, this study proposes holistic optimization paths for the renewal process: ① in the gene replication stage, authentic cultivation and organizational restructuring of industrial heritage cultural genes; ② in the gene transcription stage, isolation and archival protection of industrial heritage cultural genes; ③ in the gene translation stage, revitalization and functional grafting of industrial heritage cultural genes. This research aims to provide reference insights for the reuse of industrial heritage.

Keywords: cultural gene theory; industrial heritage; renewal and optimization

彭方　福建理工大学　硕士研究生

建筑遗产保护的公众参与路径探索：南京大校场的理论构建与实践启示

Exploring Public Participation Pathways in Architectural Heritage Conservation: Theoretical Framework and Practical Insights from Nanjing Dajiaochang

庞婕妤

摘　要：本文探讨了南京大校场机场的历史建筑遗产保护中的公众参与机制。作为中国航空历史的重要遗址，大校场虽然具有深厚的历史文化价值，但公众参与在其保护中的作用仍显不足。本文利用文化记忆理论、利益相关者理论和协作治理理论，分析公众参与的必要性及其对遗产保护的多维意义。研究结合大校场的实际情况，构建了创新的公众参与路径，旨在通过教育、互动和传承等手段，提高公众对遗产保护的认知与参与感，并推动文化遗产的保护与活化。最终，研究成果为类似历史建筑遗产的保护提供了实践启示和机制设计参考，推动历史遗产保护的社会化与全民参与。

关键词：南京大校场；建筑遗产保护；公众参与；文化记忆；历史文化教育

Abstract: This paper explores the public participation mechanisms in the protection of historic architectural heritage at Nanjing Dajiaochang Airport. As a significant site in the history of Chinese aviation, Dajiaochang holds substantial historical and cultural value. However, the role of public participation in its preservation has been insufficient. Using cultural memory theory, stakeholder theory, and collaborative governance theory, this study analyzes the necessity of public involvement and its multifaceted significance for heritage conservation. The research, based on the specific context of Dajiaochang, proposes innovative pathways for public participation, aiming at enhancing public awareness and engagement in heritage preservation through education, interaction and inheritance. These efforts seek to promote both the conservation and revitalization of cultural heritage. Ultimately, the findings provide practical insights and mechanism designs for the preservation of similar historical architectural heritage, advancing the socialization of heritage protection and fostering nationwide participation.

Keywords: Nanjing Dajiaochang; architectural heritage conservation; public participation; cultural memory; historical and cultural education

庞婕妤　南京工业大学　本科生

高校人才培养应对建筑遗产保护传承公众参与中的问题与策略研究

Research on the Problems and Strategies of University Talents Cultivation in Response to Public Participation in the Protection and Inheritance of Architectural Heritage

刘国傲　袁千惠

摘　要:随着社会的发展和人们文化素养的提升,公众参与建筑遗产保护传承的角色在不断强化,其对保护工作具有重要意义。高校是人才的发源地,其培养的专业人才可以解决公众参与建筑遗产保护传承中专业知识不足、文化价值理解偏差及参与渠道不畅等问题。因此,高等教育的人才培养需发挥关键作用。但如今的高等教育在人才培养方面存在跨学科融合度不足、实践考察学习缺乏等问题。基于此,本文从高校学生的视角出发,探究高校人才在帮助公众参与建筑遗产保护时存在的问题,并向高等院校提出人才培养建议以适应公众参与需要,以期为高等教育的人才培养思路提供补充,提升公众参与质量,为推动建筑遗产保护传承事业的可持续发展注入新动力。

关键词:建筑遗产保护传承;公众参与;高等教育;人才培养;跨学科融合;实践考察学习

Abstract: With the development of society and the improvement of people's cultural literacy, the role of the public in the protection and inheritance of architectural heritage is increasing, and it is crucial to the conservation work. As the birthplace of talents, colleges and universities can address the lack of professional knowledge, misunderstandings of cultural values and the lack of participation channels in the protection and inheritance of architectural heritage. Therefore, talent development in higher education needs to play a key role. However, there are problems in today's higher education in terms of talent training, such as insufficient interdisciplinary integration and lack of practical investigation and learning. Based on this, this paper starts from the perspective of college students to explore the problems in helping university-trained talents assist the public in participating in the protection of architectural heritage, and puts forward suggestions for talent training to colleges and universities to meet the needs of public participation, in order to provide supplement to the talent training ideas of higher education, improve the quality of public participation, and inject new impetus into the sustainable development of the protection and inheritance of architectural heritage.

Keywords: protection and inheritance of architectural heritage; public participation; higher education; talent training; interdisciplinary integration; practical investigation and learning

刘国傲　青岛理工大学　本科生
袁千惠　青岛理工大学　本科生

北京西山地区文化遗产时空分布特征及影响因素

Spatiotemporal Distribution Characteristics and Influencing Factors of Cultural Heritage in Xishan Area of Beijing

梅晓林

摘　要：北京西山地区文化遗产景观资源丰富、特色鲜明，其时空分布特征在一定程度上映射了西山地区人类聚居空间的演变规律，对文化遗产的整体性保护与改造具有重要意义。论文以西山地区文物保护单位、传统村落为研究对象，运用 ArcGIS 空间分析法分析不同时期文化遗产的空间分布特征，探讨其与自然环境的关系，并运用随机森林模型分析各自然因素对文化遗产分布的重要性。结果表明：① 4 个历史时期的文化遗产总体呈集聚分布，其中宋元明清时期的空间分布聚集性最强；②各时期文化遗产分布格局明显不同，高密度分布区随时间推移由房山区中部向门头沟区南部迁移；③文化遗产分布重心呈现整体向东部偏移的趋势；④受自然环境影响，西山地区文化遗产主要分布在海拔 1 km 以下的平原或丘陵、坡度 5°~15° 的缓斜坡和斜坡、距地质灾害点大于 5 km 的区域，各坡向分布较为均匀，距河流 1 km 范围内及褐土地区分布最多；⑤坡向为影响该地区文化遗产分布的最重要因素，其次为坡度和河流，土壤因素的重要性最低。

关键词：文化遗产；GIS 分析；时空演变；自然环境；北京西山地区

Abstract: The cultural heritage landscape in Xishan area of Beijing is rich in resources and distinctive, and its spatial and temporal distribution characteristics map the evolution of the human settlement space in Xishan area to a certain extent, which is of great significance to the overall protection and transformation of cultural heritage. Taking the cultural relics protection units and traditional villages in Xishan area as the research objects, the thesis uses ArcGIS spatial analysis method to analyze the spatial distribution characteristics of cultural heritage in different periods, explores the relationship between them and the natural environment, and applies the Random Forest Model to analyze the importance of each natural factor to the distribution of cultural heritage. The results are as follows. ① The cultural heritage of the four historical periods is generally clustered, among which the spatial distribution of the Song, Yuan, Ming and Qing periods is the most clustered. The distribution pattern of cultural heritage in each period is obviously different, and the high-density distribution area migrates from the central part of Fangshan District to the southern part of Mentougou District with the passage of time. ③ The center of gravity of cultural heritage distribution shows an overall trend of shifting to the east. ④ Influenced by the natural environment, the cultural heritage in Xishan area is mainly distributed in the plains or hills with an elevation of less than 1 km, gentle slopes and slopes with a gradient of 5° –15° , and the areas with a distance of more than 5 km from the geologic disaster spots, with a relatively even distribution in each slope direction, and the most distribution in the area of 1 km from the river and brown soil. ⑤ Slope direction is the most important factor influencing the distribution of cultural heritage in this area, followed by slope and river, and the soil factor is the least important.

Keywords: cultural heritage; GIS analysis; spatiotemporal evolution; natural environment; Xishan area of Beijing

梅晓林　中国农业大学　博士研究生

跨境系列文化遗产保护合作研究
——以《世界遗产名录》中的跨境遗产为例

Research on Transboundary Serial Cultural Heritage Conservation Cooperation
—A Case Study of Transboundary Heritage in the World Heritage List

欧振宇

摘　要：鉴于跨境遗产研究目前在国内尚处于起步阶段，选取《世界遗产名录》中的跨境文化遗产作为研究对象，基于跨社会体系、跨国境合作与跨国城市合作的理论与实践视角，着重分析跨境遗产的类型特征，重识跨境遗产的整体价值。进一步分析跨境遗产保护合作在社会文化、经济贸易、政治关系和生态环境等方面的效益和挑战，以及受此影响的保护合作层级。最后总结提炼跨境遗产保护合作的模式，详细阐述"评估—规划—实施—反馈"四个环节的具体策略。本研究旨在借鉴国际跨境遗产保护合作经验，引起我国对跨境遗产以及遗产保护国际合作议题的关注，为我国提高跨境遗产保护国际合作能力和国际影响力提供参照。

关键词：跨境系列文化遗产；跨社会体系；遗产保护；国际合作

Abstract: Given that transboundary heritage research is still in its infancy in the country, this study selects transboundary cultural heritage from the "World Heritage List" as case studies. It is based on theoretical and practical perspectives of cross-social systems, cross-border cooperation, and city to city cooperation, focusing on analyzing the typological characteristics of cross-border heritage and re-recognizing its overall value. Furthermore, it examines the benefits and challenges of transboundary heritage conservation cooperation in areas such as socio-cultural, economic trade, political relations, and ecological environment, as well as the levels of conservation cooperation affected by these factors. Finally, it summarizes and refines the models of transboundary heritage conservation cooperation, detailing specific strategies for the four stages of "assessment-planning-implementation-feedback." This research aims to draw on international experiences in transboundary heritage conservation cooperation, raising awareness in our country regarding transboundary heritage and international cooperation on heritage conservation issues, thereby providing a reference for enhancing our country's capacity and international influence in transboundary heritage conservation cooperation.

Keywords: transboundary serial cultural heritage; cross-social system; heritage conservation; international cooperation

欧振宇　东南大学建筑学院　博士研究生